概率论与数理统计解题指导

——概念、方法与技巧

马　丽　韩新方　/编著

北京大学出版社
PEKING UNIVERSITY PRESS

图书在版编目(CIP)数据

概率论与数理统计解题指导：概念、方法与技巧 /马丽，韩新方编著. —北京：北京大学出版社，2020.8

ISBN 978-7-301-30985-8

Ⅰ. ①概… Ⅱ. ①马… ②韩… Ⅲ. ①概率论—高等学校—题解②数理统计—高等学校—题解 Ⅳ. ①O21-44

中国版本图书馆 CIP 数据核字(2019)第 291893 号

书　　名	概率论与数理统计解题指导——概念、方法与技巧 GAILÜLUN YU SHULI TONGJI JIETI ZHIDAO——GAINIAN、FANGFA YU JIQIAO
著作责任者	马　丽　韩新方　编著
责任编辑	潘丽娜
标准书号	ISBN 978-7-301-30985-8
出版发行	北京大学出版社
地　　址	北京市海淀区成府路 205 号　100871
网　　址	http://www.pup.cn　　新浪微博: @北京大学出版社
电子信箱	zpup@pup.cn
电　　话	邮购部 010-62752015　发行部 010-62750672　编辑部 010-62752021
印 刷 者	北京市科星印刷有限责任公司
经 销 者	新华书店
	787 毫米 × 1092 毫米　16 开本　24.5 印张　548 千字
	2020 年 8 月第 1 版　2022 年 6 月第 2 次印刷
定　　价	60.00 元

前　言

本书以中山大学编写的《概率论与数理统计》为基础，结合每章的知识网络，针对重、难点进行简要的分析.对典型例题、近年来研究生考试中涉及概率统计的考题用多种方法进行解答，在解答的过程中，对每一步所用到的知识点、理由给出详细的说明，以巩固学生的基础，锻炼学生举一反三的能力，从而提高学生在习题解答以及知识应用方面分析、解决问题的能力.最后对原书中的全部习题给出了详细解答过程，并对其中部分典型题目从多个角度采用不同的方法给出了详细的解答.数理统计部分我们还增加了软件操作内容以及对软件输出结果的解释，以适应传统教学模式与信息化相融合的发展.限于作者的水平和能力，本书中难免有错误和疏漏，恳请各位专家和读者在阅读和使用过程中不吝赐教，给我们提出宝贵的意见.

借此机会感谢中山大学的各位教授，给我们提供了学习的素材《概率论与数理统计》.感谢海南师范大学给我们锻炼和成长的环境.感谢海南师范大学数学与统计学院领导和前辈一直以来给我们的支持和帮助.感谢中山大学的谢树香博士提供的帮助.特别感谢邓永录教授给我们的鼓励和支持，正是老一辈教授的鼓励和对后辈的提携才使得我们敢于努力将此书付诸实践.

本书的出版得到了海南省自然科学基金(118MS040)、海南省高等学校科学研究项目(Hnky2018ZD-6，Hnky2017ZD-10)、海南省高等学校教育教学改革研究项目(Hnjg2017ZD-13)、海南师范大学教育教学改革项目(Hsjg2019-51)等的资助，北京大学出版社的编辑也付出了辛勤的劳动，对此我们一并表示衷心的感谢.

编者

2020 年 3 月

目　　录

第一章 随机事件和概率

一、本章内容全解

知识点1 随机试验

1. 定义的要点：

(1) 试验在相同条件下可以重复进行；

(2) 每次试验结果事前不可预知.

2. 判断随机试验需要注意的地方：

(1) 事前不可预知.例如，袋中有10个红色球，从这10个球中随机取一个球，考虑所取到球的颜色，因为事前知道取到的一定是红色的球，因此此试验不是随机试验.

(2) 此定义中试验的概念不同于物理或者化学中的实验.

知识点2 基本事件、复合事件

1. 试验的每一个可能结果一般称为**随机事件**，简称为**事件**，其中，把不能再分的事件称为**基本事件**.

2. 由若干个基本事件组合而成的事件称为**复合事件**.

3. 判断基本事件及复合事件需要注意的地方：

一个事件是否称为基本事件是相对于试验目的来说的.例如，从0到9这10个数字中随机抽取一个，若考虑抽到的数字是几，则抽到数字为5是一个基本事件，抽到数字为偶数是一个复合事件；若考虑抽到的数字是偶数还是奇数，则抽到数字为偶数是一个基本事件.又如，量度人的身高(单位：m)，一般来说，区间(0,4)中的任一实数，都可以是一个基本事件，这时，基本事件有无穷多个；但如果度量身度是为了了解乘车是要买全票、半票，还是免票，这时就只有3个基本事件了.

知识点3 互不相容事件、对立事件

1. 互不相容事件：若两个事件 A 与 B 不可能同时发生，则称事件 A 与 B 为**互不相容事件**.

2. 对立事件：若两个事件 A 与 B 互不相容，且 $A \cup B=\Omega$，则称 A 与 B 互为**对立事件**.

3. 互不相容事件与对立事件之间的关系：

若 A 与 B 互为对立事件，则 A 与 B 为互不相容事件，但反之不成立，因为 $A \cup B$ 不一定是整个样本空间.例如，从 1 到 10 这 10 个数字中随机抽取一个，考虑抽到的数字是几，A 表示抽到的数字是 2，B 表示抽到的数字是 3，则事件 A 与 B 不会同时发生，因此 A 与 B 互不相容，但 $A \cup B$ 表示抽到的数字是 2 或者 3，并不是所有的结果，从而 A 与 B 不是对立事件.

知识点 4　样本空间、样本点

1. 样本空间：由所有基本事件对应的全部元素组成的集合称为**样本空间**，通常用 Ω 来表示.

2. 样本点：样本空间的每一个元素称为**样本点**，通常用 ω 来表示.

3. 找样本空间、样本点需要注意的地方：

不同的试验，其样本空间和样本点都不一样，我们一定要注意试验的目的，例如从 1 到 10 这 10 个数字中随机抽取一个，考虑抽到的数字是几，则样本空间为 $\Omega_1=\{1,2,3,4,5,6,7,8,9,10\}$，样本点为 $\{1\}$，$\{2\}$，$\{3\}$，$\{4\}$，$\{5\}$，$\{6\}$，$\{7\}$，$\{8\}$，$\{9\}$，$\{10\}$.如果考虑抽到的数字是偶数还是奇数，则样本空间为 $\Omega_2=$｛偶数，奇数｝，样本点为｛偶数｝，｛奇数｝.

4. 从样本点的个数考虑，样本空间可以是有限集、无限集、可数集、不可数集.

知识点 5　古典概型

1. 定义：

对于某一个随机试验，如果它的全体基本事件 $E_1,E_2,\cdots,E_n$ 是有穷的，且具有等可能性，则对任意事件 A，对应的概率 $P(A)$ 由下式计算：

$$P(A)=\frac{\text{事件 } A \text{ 包含的基本事件数 } k}{\text{基本事件总数 } n}.$$

这样计算的概率称为**古典概率**.

2. 古典概型的两个特点：

(1) 样本空间包含的样本点个数有限；(2) 每个样本点出现的可能性相同.

例如，向上抛掷一枚硬币，考虑正面向上还是反面向上，如果硬币质地均匀，则正面向上与反面向上的可能性相同，此时就能用古典概型；如果硬币质地不均匀，则正面向上与反面向上的可能性不同，此时就不能用古典概型.

再如，向上连续抛掷一枚质地均匀的硬币两次，每次考虑正面向上还是反面向上，则会出现 4 种结果：｛正面、反面｝，｛正面、正面｝，｛反面、正面｝，｛反面、反面｝，其中｛正面、反面｝表示第一次正面向上，第二次反面向上，其他的以此类推.由于两枚硬币质地均匀，因此这 4 种结果出现的可能性相同.如果我们不考虑正面和反面出现的次序，只考虑反面出现的次数，则有 3 个基本事件 $\{0\}$，$\{1\}$，$\{2\}$，但这 3 个基本事件的可能性不相同，因为 $\{0\}$ 对应着｛正面、正面｝，$\{1\}$ 对应着｛反面、正面｝、｛正面、反面｝，$\{2\}$ 对应着｛反面、反面｝，从而 $\{0\}$ 出现的可能性为 $\frac{1}{4}$，$\{2\}$ 出现的可能性为 $\frac{1}{4}$，$\{1\}$ 出现的可能性为 $\frac{1}{2}$.

知识点 6　统计概率

1. 统计概率定义：

设在同一条件下进行了 n 次试验(其中 n 足够大)，事件 A 发生了 m 次，则事件 A 发生的**频率** $f(A)$ 定义为

$$f(A)=\frac{A\text{ 出现的次数 }m}{\text{试验的总次数 }n}.$$

我们用 $f(A)$ 作为事件 A 发生的概率的一个度量，这样计算的概率称为**统计概率**.

2. 统计概率即是我们通常说的频率，当基本事件不能判定是否为等可能性时，我们通常采用统计概率.当我们考虑事件 A 发生的可能性大小时，只要我们在同一条件下做大量的重复试验，事件 A 发生的频率将呈现某种稳定现象.一般来说，当试验次数增加时，事件 A 发生的频率总是稳定于某一数附近，而偏离这个数的可能性很小，此数即事件 A 发生的概率.但统计概率也有缺陷，我们不知道试验总次数 n 取多大才行，如果 n 很大，我们不一定能保证每次试验的条件都完全一样(如射手射击 1 000 次，很难保证每次射击时的条件都完全一样).

知识点 7　几何概型(难点)

1. 几何概率定义：

设某一随机现象的样本空间可用欧氏空间的某一区域 S 表示，其样本点具有所谓“均匀分布”的性质，设区域 S 以及其中任一可能出现的小区域都是可以度量的，其度量大小用 $\mu(\cdot)$ 来表示.设某一事件 A(也是某一区域)，$A\subset S$，它的度量大小为 $\mu(A)$，若以 $P(A)$ 表示事件 A 发生的概率，考虑到“均匀分布”性，事件 A 发生的概率取为

$$P(A)=\frac{\mu(A)}{\mu(S)}.$$

这样计算的概率称为**几何概率**.

2. 几何概型的特点：

(1) 样本空间包含的样本点数可以是不可数的；

(2) 样本点要有等可能性；

(3) 样本空间及事件对应的区域都是可测集.

3. 一维欧氏空间中，一个集合的度量即长度；二维欧氏空间中，一个集合的度量即面积；三维欧氏空间中，一个集合的度量即体积.

4. 做题步骤：

(1) 找出样本空间及事件对应的区域，看是否满足几何概率的要求；

(2) 把样本空间及事件对应的区域画出来，特别是事件对应的区域要用阴影部分标出；

(3) 用几何概率的公式计算事件的概率.

知识点 8　代数、σ-代数(难点)

1. 定义：

(1) 代数：设 Ω 是样本空间，$\mathscr{F}$ 是由 Ω 的一些子集构成的集合族，如果 $\mathscr{F}$ 满足如下条件：

(i) $\Omega\in\mathscr{F}$；

(ii) 若 $A \in \mathscr{F}$,则 $\bar{A} \in \mathscr{F}$;

(iii) 若 $A_i \in \mathscr{F}, i=1,2,\cdots,n$,则 $\bigcup_{i=1}^{n} A_i \in \mathscr{F}$,

则称 $\mathscr{F}$ 为**体**,或叫**代数**.

(2) σ-代数:如果 $\mathscr{F}$ 除了满足上述条件(i),(ii) 外,还满足

(iii)′ 若 $A_i \in \mathscr{F}, i=1,2,\cdots$,则 $\bigcup_{i=1}^{\infty} A_i \in \mathscr{F}$,

则称 $\mathscr{F}$ 为 **σ-代数**.$\mathscr{F}$ 中的集合称为**事件**,$\mathscr{F}$ 也称为**事件体**.

2. 代数与 σ-代数的区别与联系:

当样本空间有穷时,它的任何代数也必是 σ-代数.当样本空间无穷时,代数与 σ-代数是两个不同的概念.

3. 引入代数与 σ-代数的原因:

考虑这样一个例子:向单位正方形 Ω 内任意投点,设 $A \subseteq \Omega$,E=“点落入区域 A 内”,考虑 $P(E)$.如果 A 是可测集,则由等可能性及几何概型可得 $P(E)=S(A)$,即 A 的面积;如果 A 是不可测集(不具有面积的那些子集),则我们没有办法定义概率,因此概率只能对 Ω 的一切具有面积的子集去定义.因此概率的定义域不能太大.

其次,人们总是希望通过用简单事件的概率来推算复合事件的概率,当基本事件的概率已确定,是否 Ω 的任何子集的概率都能确定?如果样本空间只有有穷个样本点,答案是肯定的.但是对任意样本空间却不一定这样.事实上也不必这样要求,只是对相当广泛的一类事件(Ω 的子集或样本点组成的集合)能定义概率就够了.我们通过引入的代数与 σ-代数,给出了概率的定义域.

4. σ-代数的 4 个典型例子:

(1) 对于任意给定的样本空间 Ω,只由 $\varnothing$ 与 Ω 组成的集合族是 σ-代数.称 $\{\varnothing,\Omega\}$ 为平凡 σ-代数,它刻画了必然现象.

(2) 由 Ω 的一切子集组成的集合族,它对于一切集合的运算封闭,因而是 σ-代数.

(3) 设 A 是样本空间 Ω 的一个非空真子集,则 $F=\{\varnothing,\Omega,A,\bar{A}\}$ 为 σ-代数.

(4) 在编号为 $1,2,\cdots,n$ 的 n 台电脑中任取一台,

(i) 若只考虑电脑是正品还是次品,则样本空间有两个样本点 ω_1=“正品”,ω_2=“次品”,从而样本空间为 $\Omega=\{\omega_1,\omega_2\}$,所以我们可以建立这样的 σ-代数 $\mathscr{F}=\{\varnothing,\Omega,\{\omega_1\},\{\omega_2\}\}$.

(ii) 若考虑电脑的编号,则基本事件为 $A_i=\{i\}, i=1,2,\cdots,n$,样本空间为 $\Omega=\{1,2,\cdots,n\}$,除了上述基本事件外,还有如下事件:

$$A_{k,s}=A_k \cup A_s,\quad 1 \leqslant k < s \leqslant n;$$

$$A_{i,k,s}=A_i \cup A_k \cup A_s,\quad 1 \leqslant i < k < s \leqslant n;$$

$$\cdots\cdots;$$

$$A_{i_1,i_2,\cdots,i_{n-1}}=A_{i_1} \cup A_{i_2} \cup \cdots \cup A_{i_{n-1}},\quad 1 \leqslant i_1 < i_2 < \cdots < i_{n-1} \leqslant n.$$

可以验证,$\{\varnothing,\Omega,A_k,A_{k,s},\cdots,A_{i_1,i_2,\cdots,i_{n-1}}\}$ 组成了一个 σ-代数.

可见有时虽然研究的具体对象是相同的,但由于所考虑的目的不同,其样本空间和 σ-代数的结果也就不同.

5. σ-代数的性质：

(1) 若 $\mathscr{F},\mathscr{G}$ 都为 Ω 上的 σ-代数，则 $\mathscr{F}\cap\mathscr{G}$ 仍为 σ-代数.

证明 (i) 由 $\Omega\in\mathscr{F},\Omega\in\mathscr{G}$ 可得 $\Omega\in\mathscr{F}\cap\mathscr{G}$.

(ii) 若 $A\in\mathscr{F}\cap\mathscr{G}$，则 $A\in\mathscr{F},A\in\mathscr{G}$，由 $\mathscr{F},\mathscr{G}$ 都为 Ω 上的 σ-代数可知 $\bar{A}\in\mathscr{F},\bar{A}\in\mathscr{G}$，故

$$\bar{A}\in\mathscr{F}\cap\mathscr{G}.$$

(iii) 若对任意的 n，$A_n\in\mathscr{F}\cap\mathscr{G}$，则 $A_n\in\mathscr{F},A_n\in\mathscr{G}$，由 $\mathscr{F},\mathscr{G}$ 都为 Ω 上的 σ-代数可知，

$$\bigcup_{n=1}^{\infty}A_n\in\mathscr{F},\quad \bigcup_{n=1}^{\infty}A_n\in\mathscr{G},$$

故 $\bigcup\limits_{n=1}^{\infty}A_n\in\mathscr{F}\cap\mathscr{G}$.

因此，$\mathscr{F}\cap\mathscr{G}$ 为 σ-代数.

(2) Ω 上任意多个 σ-代数的交仍为 σ-代数.

(3) 设 H 为 Ω 的子集类组成的非空集，假定所有包含 H 的 σ-代数组成了一个 σ-代数族 $\{F_t,t\in T\}$，则 $\bigcap\limits_{t\in T}F_t$ 仍是包含 H 的 σ-代数，称为类 H 生成的 σ-代数，记为 $\sigma(H)$.

(4) (Borel 集) 设 $\Omega=\mathbf{R}$，取全体半直线组成的类 $H=\{(-\infty,x):-\infty<x<+\infty\}$，则 $\mathscr{B}=\sigma(H)$ 称为 Borel σ-代数，而 $\mathscr{B}$ 中的集合称为 Borel 集.事实上，一维实数空间的 $\varnothing$，Ω，单点集，一切开区间、闭区间、半开半闭区间等都为 Borel 集.

知识点 9　可测空间

1. 定义：

我们把任一样本空间 Ω 以及由 Ω 的子集所组成的一个 σ-代数 $\mathscr{F}$ 写在一起，记为 $(\Omega,\mathscr{F})$，称为**具有 σ-代数结构的样本空间**，或称为**可测空间**.特别对有限样本空间，则称为**有限可测空间**.

2. 可测空间 $(\Omega,\mathscr{F})$ 的性质：

(1) $\varnothing\in\mathscr{F}$；

(2) 若 $A_i\in\mathscr{F},i=1,2,\cdots$，则 $\bigcap\limits_{i=1}^{\infty}A_i\in\mathscr{F}$；

(3) 若 $A_i\in\mathscr{F},i=1,2,\cdots,n$，则 $\bigcup\limits_{i=1}^{n}A_i\in\mathscr{F}$；

(4) 若 $A\in\mathscr{F},B\in\mathscr{F}$，则 $A-B\in\mathscr{F}$.

知识点 10　概率、概率空间(难点)

1. 概率定义：

(1) 设 $(\Omega,\mathscr{F})$ 是一个有穷可测空间，对每一集合 $A\in\mathscr{F}$，定义实值集函数 $P(A)$，它满足如下三个条件：

(i) (非负性) 对每一集合 $A\in\mathscr{F}$，有 $0\leqslant P(A)\leqslant 1$；

(ii) (规范性) 对必然事件 Ω，有 $P(\Omega)=1$；

(iii) (有穷可加性) 设 $A_i\in\mathscr{F},i=1,2,\cdots,n,A_i\cap A_j=\varnothing,i\neq j$，有

$$P\left(\bigcup_{i=1}^{n}A_i\right)=\sum_{i=1}^{n}P(A_i),$$

称 P **为 $(\Omega,\mathscr{F})$ 上的概率**，$P(A)$ 称为**事件 A 的概率**.

(2) 设$(\Omega,\mathscr{F})$是一个可测空间,对每一集合$A\in\mathscr{F}$,有一实数与之对应,记为$P(A)$(因此在$\mathscr{F}$上定义了一个集函数P),如果它满足如下三个条件:

(i) (非负性) 对每一集合$A\in\mathscr{F}$,有$0\leqslant P(A)\leqslant 1$;

(ii) (规范性) 对必然事件Ω,有$P(\Omega)=1$;

(iii) (完全可加性) 设$A_i\in\mathscr{F},i=1,2,\cdots,A_i\cap A_j=\varnothing,i\neq j$,有

$$P\left(\bigcup_{i=1}^{\infty}A_i\right)=\sum_{i=1}^{\infty}P(A_i),$$

则称**实值集函数P为$(\Omega,\mathscr{F})$上的概率**,$P(A)$称为**事件A的概率**.

2. 概率空间定义:

设Ω是一样本空间,$\mathscr{F}$为Ω上的σ-代数,P为$\mathscr{F}$上的概率,我们称具有上述结构的样本空间为**概率空间**,记为$(\Omega,\mathscr{F},P)$.

3. 概率与函数的区别:函数是数到数的映射,而概率是集合到数的映射.

概率与函数的共同点:这种映射都可以是多对一或一对一.

4. 概率空间的例子:

(1) 平凡概率空间:样本空间Ω,事件σ-代数$\mathscr{F}=\{\varnothing,\Omega\}$,定义$P(\varnothing)=0,P(\Omega)=1$.不难验证,$\mathscr{F}$上的$P$具有非负性、规范性与可列可加性,即$P$为概率.此$(\Omega,\mathscr{F},P)$为平凡概率空间.

(2) 伯努利(Bernoulli) 概率空间:设Ω为样本空间,取$\mathscr{F}=\{\varnothing,\Omega,A,\bar{A}\}$,其中$A$为$\Omega$的非空真子集.任取两个正数$p$与$q$,且$p+q=1$,令

$$P(\varnothing)=0,\quad P(\Omega)=1,\quad P(A)=p,\quad P(\bar{A})=q.$$

易证P是一个概率,从而$(\Omega,\mathscr{F},P)$是一个概率空间.

(3) 有限概率空间:样本空间是有限集$\Omega=\{\omega_1,\omega_2,\cdots,\omega_n\}$,事件$\sigma$-代数$\mathscr{F}$取为$\Omega$的一切子集(共$2^n$个)组成的类.取$n$个非负实数$p_1,p_2,\cdots,p_n$,使$p_1+p_2+\cdots+p_n=1$,令$P(\{\omega_i\})=p_i$.最后,对$\Omega$的每一子集$A$,令$P(A)=\sum\limits_{\{i:\omega i\in A\}}p_i$.不难验证,$\mathscr{F}$上的$P$具有非负性、规范性与可列可加性,即$P$为概率,称此$(\Omega,\mathscr{F},P)$为有限概率空间.特别地,取$p_i=\dfrac{1}{n},i=1,2,\cdots,n$,$(\Omega,\mathscr{F},P)$就是描述古典概型的概率空间.

(4) 离散概率空间:样本空间$\Omega=\{\omega_1,\omega_2,\cdots,\omega_n,\cdots\}$,$\mathscr{F}$仍取为$\Omega$的一切子集所组成的类.取非负实数列$\{p_n\}$,使$p_1+p_2+\cdots+p_n+\cdots=1$,定义$P(\{\omega_i\})=p_i$,对$\Omega$的每一子集$A$,令$P(A)=\sum\limits_{\{i:\omega i\in A\}}p_i$.不难验证,$\mathscr{F}$上的$P$具有非负性、规范性与可列可加性,即$P$为概率,称此$(\Omega,\mathscr{F},P)$为离散概率空间.

特别地,设$\Omega=\{1,2,\cdots,n,\cdots\}$,$\mathscr{F}$是$\Omega$一切子集所组成的集合族,对任意的集合$A\in\mathscr{F}$,定义$P(A)=\sum\limits_{\{k:k\in A\}}\dfrac{\lambda^k}{k!}e^{-\lambda}$,$P(\varnothing)=0$.注意到$\sum\limits_{\{k:k\in\Omega\}}\dfrac{\lambda^k}{k!}e^{-\lambda}=e^{\lambda}e^{-\lambda}=1$,因此$(\Omega,\mathscr{F},P)$为离散概率空间.

(5) 一维几何概率空间:样本空间Ω是$(-\infty,+\infty)$中的Borel集,具有正的有限Lebesgue测度.事件σ-代数$\mathscr{F}$取作Ω中的Borel集.对每个集合$A\in\mathscr{F}$,取$P(A)=\dfrac{m(A)}{m(\Omega)}$,其中$m$为Lebesgue测度.不难验证,$P$具有规范性、非负性、可列可加性,于是得到描述几何概型的概率

空间$(\Omega,\mathscr{F},P)$.

5. 概率空间的性质：

(1) $P(\varnothing)=0$.

(2) 对任一事件A,有$P(\bar{A})=1-P(A)$.

(3) 若$A\supset B$,则$P(A-B)=P(A)-P(B)$,且$P(A)\geqslant P(B)$.

(4) (概率连续性) 设$A_1\supset A_2\supset\cdots$,且$\bigcap\limits_{n=1}^{\infty}A_n=\varnothing$,则$P(A_n)\to 0,n\to\infty$.

(5) 设$A_1\supset A_2\supset\cdots$,且$\bigcap\limits_{n=1}^{\infty}A_n=A$,则$P(A_n)\to P(A),n\to\infty$.

(6) 设P为可测空间$(\Omega,\mathscr{F})$上的非负实值集函数,$P(\Omega)=1$,则P为完全可加的充要条件为

(i) P是有穷可加的；

(ii) P是连续的.

(7) (多除少补原理) 设$A_i\in\mathscr{F},i=1,2,\cdots$,则

$$P\left(\bigcup_{i=1}^{n}A_i\right)=S_1-S_2+S_3-S_4+\cdots+(-1)^{n+1}S_n,$$

其中

$$S_1=\sum_{i=1}^{n}P(A_i);$$

$$S_2=\sum_{1\leqslant i<k\leqslant n}P(A_i\cap A_k);$$

$$S_3=\sum_{1\leqslant i<k<s\leqslant n}P(A_i\cap A_k\cap A_s);$$

……

$$S_n=P(A_1\cap A_2\cap\cdots\cap A_n).$$

(8) (次可加性) 设$A_i\in\mathscr{F},i=1,2,\cdots,n$,则有

$$P\left(\bigcup_{i=1}^{n}A_i\right)\leqslant\sum_{i=1}^{n}P(A_i).$$

6. 运用概率空间的性质时需注意的问题：

(1) 对任一事件A,有$P(\bar{A})=1-P(A)$,通过此式可以把事件A的概率转化为对立事件的概率.特别地,如果A与B独立,计算$P(A\cup B)$时,可以按如下计算:

(i) $P(A\cup B)=1-P(\overline{A\cup B})=1-P(\bar{A}\cap\bar{B})=1-P(\bar{A})P(\bar{B})$,

(ii) (多除少补原理)
$$\begin{aligned}P(A\cup B)&=P(A)+P(B)-P(A\cap B)\\&=P(A)+P(B)-P(A)P(B).\end{aligned}$$

(2) 只有当$A\supset B$时,才有$P(A-B)=P(A)-P(B)$.否则的话,

$$P(A-B)=P(A)-P(A\cap B).$$

(3) 当$n=2$时,用多除少补原理,可得

$$P(A\cup B)=P(A)+P(B)-P(A\cap B);$$

当$n=3$时,用多除少补原理,可得

$$\begin{aligned}P(A\cup B\cup C)=&P(A)+P(B)+P(C)-P(A\cap B)\\&-P(A\cap C)-P(C\cap B)+P(A\cap C\cap B).\end{aligned}$$

知识点 11 条件概率(难点)

1. 条件概率定义:

设$(\Omega,\mathscr{F},P)$为一概率空间,$A\in\mathscr{F},B\in\mathscr{F}$,且$P(B)>0$,在"已知事件$B$发生"的条件下,"事件$A$发生"的**条件概率** $P(A\mid B)$(或者记为$P_B(A)$)定义为

$$P(A\mid B)=\frac{P(A\cap B)}{P(B)}. \tag{1.1}$$

2. 从条件概率的定义不能看出事件A的概率$P(A)$与条件概率$P(A\mid B)$有什么必然的大小关系,如不能说$P(A)\geqslant P(A\mid B)$或$P(A)\leqslant P(A\mid B)$.但以下四种情况可以判断其大小:

(1) 若$B=\Omega$,则$P(A\mid B)=\dfrac{P(A)}{P(\Omega)}=P(A)$;

(2) 若$A\subset B$,则$P(A\mid B)=\dfrac{P(A)}{P(B)}\geqslant P(A)$;

(3) 若$B\subset A$,则$P(A\mid B)=\dfrac{P(B)}{P(B)}=1\geqslant P(A)$;

(4) 若$B\cap A=\varnothing$,则$P(A\mid B)=\dfrac{P(\varnothing)}{P(B)}=0\leqslant P(A)$.

3. 条件概率的性质:

(1) 性质1:设$(\Omega,\mathscr{F},P)$为一概率空间,$B\in\mathscr{F}$,且$P(B)>0$,则对任意的$A\in\mathscr{F}$,有条件概率$P(A\mid B)$对应,且$P(A\mid B)$是$(\Omega,\mathscr{F})$上的概率,即$P(A\mid B)$满足:

(i) $0\leqslant P(A\mid B)\leqslant 1$;

(ii) $P(\Omega\mid B)=1$;

(iii) (完全可加性) 设$A_i\in\mathscr{F},i=1,2,\cdots,A_i\cap A_j=\varnothing,i\neq j$,有

$$P\left(\bigcup_{i=1}^{\infty}A_i\mid B\right)=\sum_{i=1}^{\infty}P(A_i\mid B).$$

(2) 性质2:设A为概率空间$(\Omega,\mathscr{F},P)$上的正概率事件,又设$B\in\mathscr{F}$,且$P_A(B)>0$,则对条件概率空间$(\Omega,\mathscr{F},P_A)$而言,对任意$C\in\mathscr{F}$,有

$$P_A(C\mid B)=P(C\mid A\cap B).$$

4. 两种观点理解条件概率:

(1) 观点1:可测空间不变,概率变了,概率空间变为$(\Omega,\mathscr{F},P_B)$.

(2) 观点2:可测空间变了,Ω变为$\Omega_1=\Omega\cap B=B$,而$\mathscr{F}$变为$\mathscr{F}_1=\{B\cap C:C\in\mathscr{F}\}$,这样$\Omega_1$中的样本点比$\Omega$少了.于是我们得到另外一个概率空间$(\Omega_1,\mathscr{F}_1,P'_B)$,其中,对任意的$A\in\mathscr{F}_1$,有

$$P'_B(A)=\frac{P(A)}{P(B)}.$$

5. 条件概率的两个性质的含义:

(1) 条件概率的性质1表明,由(1.1)式给出的集函数$P(A\mid B)$,其中$A\in\mathscr{F}$,仍是$(\Omega,\mathscr{F})$上的一个概率.因此,我们已经得到与即将导出的有关概率测度P的一切性质,同样适用于条件概率$P(A\mid B)$.此外我们指出,在条件概率的定义中要求作为条件的事件B有正概率,形式上是使(1.1)式中的分母不为0.它的实际意义是人们不以零概率事件(例如不可能事件)的发

生作为讨论问题的前提.

（2）条件概率的性质 2 表明，条件概率空间上的条件概率可以转化到原来的概率空间上计算.

知识点 12　乘法公式

1. 乘法公式：

（1）若 $P(B)>0$，则 $P(A\cap B)=P(A\mid B)P(B)$；

（2）若 $P(A)>0$，则 $P(A\cap B)=P(B\mid A)P(A)$.

2. 乘法公式的推广：

设 $A_i\in\mathscr{F}, i=1,2,\cdots,n, n\geqslant 2$，满足 $P(A_1\cap A_2\cap\cdots\cap A_{n-1})>0$，则

$$P(A_1\cap A_2\cap\cdots\cap A_n)=P(A_1)P(A_2\mid A_1)P(A_3\mid A_1\cap A_2)\cdots P(A_n\mid A_1\cap A_2\cap\cdots\cap A_{n-1}). \tag{1.2}$$

注意，由概率的单调性，有

$$P(A_1)\geqslant P(A_1\cap A_2)\geqslant\cdots\geqslant P(A_1\cap A_2\cap\cdots\cap A_{n-2})\geqslant P(A_1\cap A_2\cap\cdots\cap A_{n-1})>0,$$

因此，$P(A_1\cap A_2\cap\cdots\cap A_{n-1})>0$ 已经保证了(1.2)式中出现的条件概率有意义.

知识点 13　全概率公式(重点)

1. 全概率公式：

设 $(\Omega,\mathscr{F},P)$ 为一概率空间，$A_1,A_2,\cdots,A_n$ 是 Ω 的一个有穷剖分（即 $\bigcup\limits_{i=1}^{n}A_i=\Omega$，$A_i\cap A_j=\varnothing$，$i\neq j$，且 $P(A_i)>0$，$i=1,2,\cdots,n$），则对任一事件 $B\in\mathscr{F}$，有

$$P(B)=\sum_{i=1}^{n}P(B\mid A_i)P(A_i),$$

称上式为**全概率公式**.

2. 要点：

（1）全概率公式体现了数学上一个重要的思想——分解.一个复杂事件 B 的概率不好求，我们可以看一下事件 B 是由哪些原因造成的，先求每个原因的概率及在每个原因发生的条件下事件 B 的概率，从而求和得到事件 B 的概率.一般地，由原因求结果用全概率公式.

（2）直观地说，只要知道了在各种原因发生的条件下该事件发生的概率，该事件的无条件概率就可以通过全概率公式求得.

（3）当 $n=2$ 时，我们有 $P(B)=P(B\mid A)P(A)+P(B\mid\bar{A})P(\bar{A})$.

3. 条件全概率公式：

设 $(\Omega,\mathscr{F},P)$ 为一概率空间，$A_i\in\mathscr{F}$ 是 Ω 的一个有穷或可列无穷剖分，则对固定的事件 $D\in\mathscr{F}$，任一事件 $A_i\in\mathscr{F}$，$P(A_i\cap D)>0$ 以及任意 $B\in\mathscr{F}$，有

$$P(B\mid D)=\sum_{i}P(A_i\mid D)P(B\mid A_i\cap D), \tag{1.3}$$

称上式为**条件全概率公式**.

4. 如何理解条件全概率公式？

因为条件概率也是概率，因此考虑概率空间 $(\Omega,\mathscr{F},P_D)$ 上的全概率公式即可得条件全概

率公式.此外 $P(D) \geqslant P(A_i \cap D) > 0$,从而(1.3)式中的条件概率是有意义的.

知识点 14 贝叶斯(Bayes)公式(重点)

1. 贝叶斯公式定义:

设$(\Omega, \mathscr{F}, P)$为一概率空间,$A_i \in \mathscr{F}, i=1,2,\cdots,n$ 是Ω的一个有穷剖分且$P(A_i)>0, i=1,2,\cdots,n$,则对任意$B \in \mathscr{F}$,且$P(B)>0$,有

$$P(A_i \mid B)=\frac{P(B \mid A_i)P(A_i)}{\sum_{j=1}^{n} P(B \mid A_j)P(A_j)}, \quad i=1,2,\cdots,n,$$

称上式为**贝叶斯公式**.

2. 关于贝叶斯公式的三点说明:

(1) 由条件概率的定义及全概率公式立即可得贝叶斯公式.

(2) 把 B 当作结果,A 当作原因,已知结果发生,问是哪一种原因造成时,用贝叶斯公式.

(3) 在贝叶斯公式中,我们特别关注事件A_i的概率$P(A_i)$和已知事件B发生的条件下事件A_i发生的概率$P(A_i \mid B)$.假定$A_1, A_2, \cdots, A_n$是某个过程的若干可能的前提,则$P(A_i)$是人们事先对各前提条件出现的可能性大小的估计,称之为验前概率或者先验概率.如果这个过程得到了一个结果B,那么贝叶斯公式提供了我们根据B的出现而对各前提条件做出新评价的方法.$P(A_i \mid B)$即是对前提A_i出现概率的重新认识,称概率$P(A_i \mid B)$为验后概率或者后验概率.

知识点 15 事件独立(重点)

1. 两个事件相互独立:设$(\Omega, \mathscr{F}, P)$为一概率空间,若事件 A 与 B 满足

$$P(A \cap B)=P(A)P(B),$$

则称**事件 A 与 B 相互独立**.

2. n 个事件相互独立:设概率空间$(\Omega, \mathscr{F}, P)$中 n 个事件$A_i \in \mathscr{F}, i=1,2,\cdots,n$,若对任意$s, 1<s \leqslant n$及任意$i_k, k=1,2,\cdots,s, 1 \leqslant i_1<i_2<\cdots<i_s \leqslant n$,有

$$P(A_{i_1} \cap A_{i_2} \cap \cdots \cap A_{i_s})=P(A_{i_1})P(A_{i_2})\cdots P(A_{i_s}),$$

则称 **n 个事件 A_i 相互独立**.

3. n 个事件相互独立与两两独立之间的关系:n 个事件相互独立可以推出这n 个事件两两独立,反之则不成立.

4. 相互独立事件的性质:若事件 A 与 B 相互独立,则事件 A 与 $\bar{B}$,$\bar{A}$ 与 B,$\bar{A}$ 与 $\bar{B}$ 也分别相互独立.

知识点 16 独立试验概型(重点)

1. 伯努利概型定义:

如果 n 次重复试验满足下列条件:

(i) 每次试验的条件都一样,且可能的结果为有限个;

(ii) 各次试验的结果不相互影响,或者称为相互独立,

则称此为 **n 次独立试验概型**.特别地,当每次试验的基本事件只有两种,即只有两个事件 A 及

$\bar{A}$，且 $P(A)=p, P(\bar{A})=q=1-p$ 时，称此为**伯努利概型**.

2. 判断伯努利概型的要点：

(1) 各次试验相互独立，一般地，有放回的抽样是独立的；无放回抽样时，这次抽样会影响到下次的结果，因而不是独立的.

(2) 每次试验只有两个结果.

二、经典题型

题型Ⅰ　几何概型

◆ 题型解析：

1. 几何概型要求：(1) 样本空间及事件对应的欧氏区域是可测集；(2) 样本点有等可能性.

2. 做题时一定要把样本空间及事件对应的欧氏区域写出来并画图，分析样本点的等可能性（一般体现在随机两个字），最后再用几何概型的概率公式求解.

3. 样本空间所对应的区域一定包含了事件所对应的区域.

例 1　从区间(0,1)中随机地取两个数，求下列事件的概率：

(1) 两数中较小的数小于 0.5；　　(2) 两个数中较大的数小于 1/3；

(3) 两个数之和小于 1.5；　　(4) 两个数之积小于 1/4.

解　设从(0,1)中随机地取两个数分别为 x, y，则样本空间为

$$\Omega=\{(x,y)\mid 0<x<1, 0<y<1\}.$$

(1)“两数中较小的数小于 0.5”对应的集合为

$$A=\{(x,y)\in\Omega\mid 0<\min\{x,y\}<0.5\}$$
$$=\{(x,y)\mid 0<x<y<1 \text{ 且 } x<0.5 \text{ 或 } 0<y<x<1 \text{ 且 } y<0.5\},$$

见图 1.1 中的阴影部分.由抽取的随机性知道，样本点有等可能性.由几何概型可得

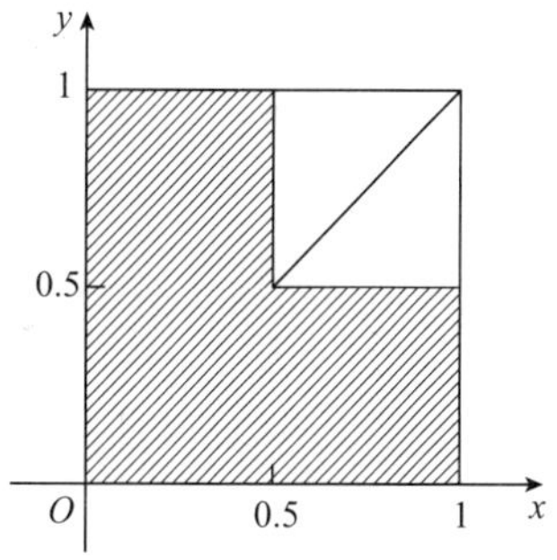

图 1.1

$$P(A)=\frac{S_A}{S_\Omega}=\frac{1-0.5\times0.5}{1}=\frac{3}{4}.$$

(2)“两数中较大的数小于 1/3”对应的集合为

$$B=\left\{(x,y)\in\Omega\mid \max\{x,y\}<\frac{1}{3}\right\}$$
$$=\left\{(x,y)\mid 0<x<y<\frac{1}{3} \text{ 或 } 0<y<x<\frac{1}{3}\right\},$$

见图 1.2 中的阴影部分.由抽取的随机性知道，样本点有等可能性.由几何概型可得

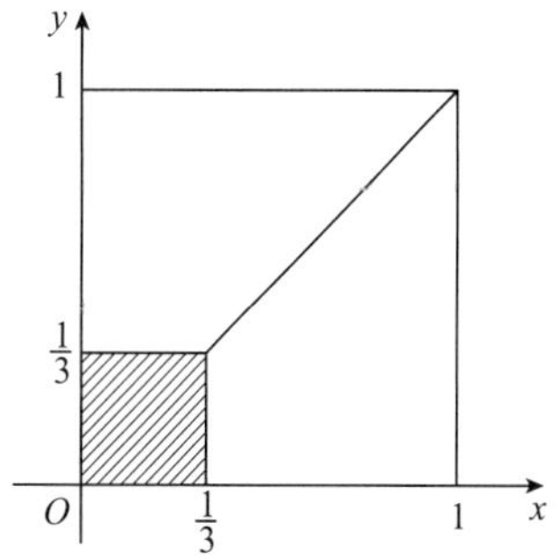

图 1.2

$$P(B)=\frac{S_B}{S_\Omega}=\frac{\frac{1}{3}\times\frac{1}{3}}{1}=\frac{1}{9}.$$

(3)"两个数之和小于 1.5"对应的集合为

$$C=\{(x,y)\in\Omega\mid x+y<1.5\}=\{(x,y)\mid 0<x,y<1\text{ 且 }y+x<1.5\},$$

见图 1.3 中阴影部分.由抽取的随机性知道,样本点有等可能性.由几何概型可得

$$P(C)=\frac{S_C}{S_\Omega}=\frac{1-\frac{1}{2}\times\frac{1}{2}\times\frac{1}{2}}{1}=\frac{7}{8}.$$

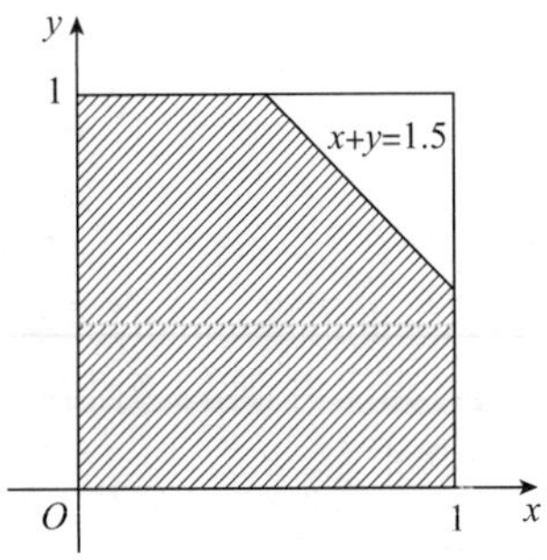

图 1.3

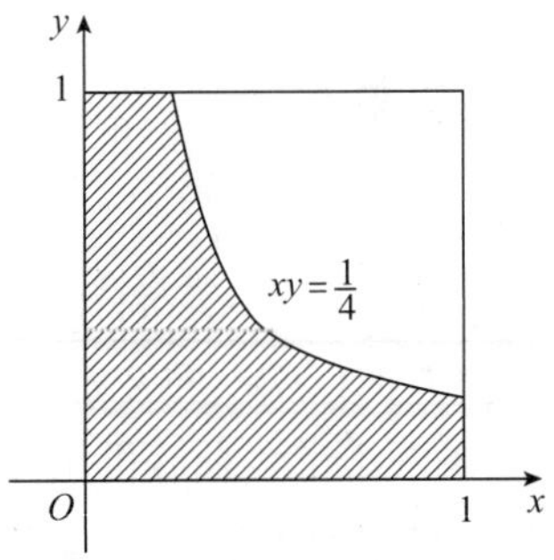

图 1.4

(4)"两个数之积小于 1/4"对应的集合为

$$D=\left\{(x,y)\in\Omega\mid xy<\frac{1}{4}\right\}$$

$$=\left\{(x,y)\mid 0<x,y<1\text{ 且 }xy<\frac{1}{4}\right\},$$

见图 1.4 中阴影部分.由抽取的随机性知道,样本点有等可能性.由几何概型可得

$$P(D)=\frac{S_D}{S_\Omega}=\frac{\frac{1}{4}\times 1+\int_{\frac{1}{4}}^{1}\frac{1}{4x}\mathrm{d}x}{1}=\frac{1+2\ln 2}{4}.$$

方法技巧 遇到求不规则图形面积时要用定积分来算,特别要注意积分的上下限和被积函数,否则概率可能求错.

例 2 在线段(0,1)上任意取三个点 x,y,z,求:

(1) y 位于 x,z 之间的概率;

(2) 线段 Ox,Oy,Oz 能构成三角形的概率.

解 (1) 由三个点选取的任意性知道,y 位于 x,z 之间的概率为$\frac{1}{3}$;或者,x,y,z 的全排列有 6 种,y 位于 x,z 之间的排列有 2 种(xyz 或者 zyx),因此由古典概型可得所求概率为$\frac{1}{3}$.

(2) **法一** 设线段 Ox,Oy,Oz 的长分别为 x,y,z,则样本空间对应的集合为

$$\Omega=\{(x,y,z)\mid 0<x<1,0<y<1,0<z<1\}.$$

设"线段 Ox,Oy,Oz 能构成三角形"这一事件为 A,则 A 对应的集合为

$$A=\{(x,y,z)\in\Omega \mid z<x+y, x<y+z, y<z+x\}.$$

见图 1.5，由几何概型可得

$$P(A)=\frac{V_A}{V_\Omega}=1-3\times\frac{1}{6}=\frac{1}{2}.$$

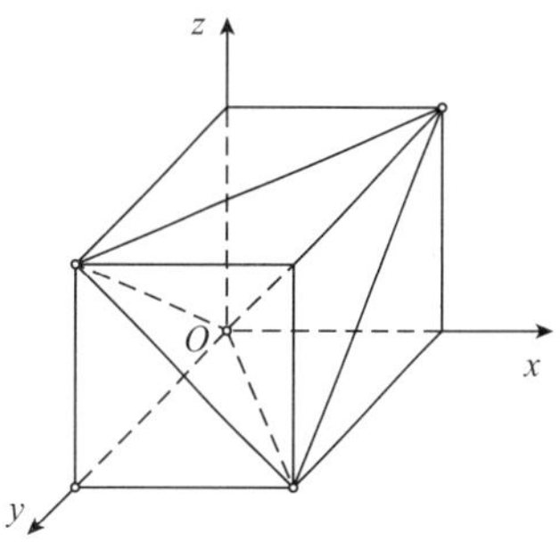

图 1.5

法二　不妨设线段 Ox,Oy,Oz 中最长的线段的长度为 y，最短的线段的长度为 x."线段 Ox,Oy,Oz 能构成三角形" 等价于"最长的线段与最短的线段长度之差小于第三条线段的长度"，即 $y-x<z$，也即 $y-z<x$.设 $m=y-z$，$n=x$，则样本空间对应的集合为

$$\Omega=\{(n,m) \mid 0<n,m<1\}.$$

设"线段 Ox,Oy,Oz 能构成三角形" 这一事件为 A，则 A 对应的集合为 $A=\{(n,m)\in\Omega \mid m<n\}$，见图 1.6 阴影部分.由抽取的随机性知道，样本点有等可能性.由几何概型可得

$$P(A)=\frac{S_A}{S_\Omega}=\frac{1}{2}.$$

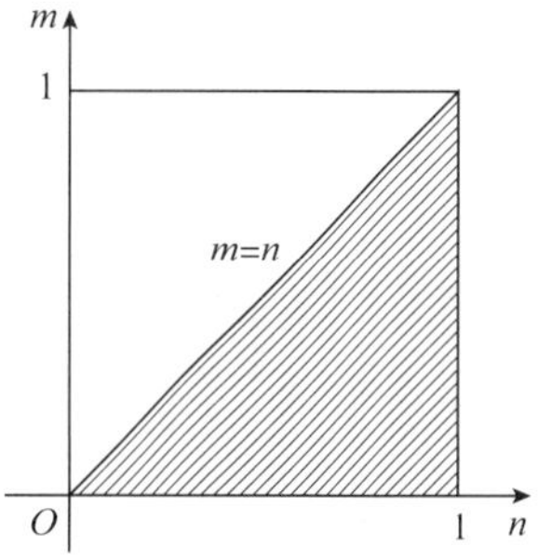

图 1.6

特别提醒　本题(2) 的第一种解法中，线段 Ox,Oy,Oz 能构成三角形这一事件，我们考虑的是任意两边之和大于第三边，即 3 个不等式，而没有同时考虑任意两边之差小于第三边，即 6 个不等式.实际上任意两边之和大于第三边已蕴涵着任意两边之差小于第三边，移项即可，所以 3 个式子就可以了.还要注意，在要考虑任意两边之和时，3 个式子全都考虑任意两边之和，不要有的式子考虑两边之和，有的式子考虑两边之差，避免可能出现等价的不等式，而遗漏一些不等式.

题型 Ⅱ　概率的性质、事件独立性

◆ **题型解析**：求多个事件并的概率时，要注意这些事件是否两两互不相容.如果事件互不相容，则可以用概率的完全可加性，转化为每个事件的概率之和.一般来说，事件并的概率小于等于各事件的概率之和.若不是，再看一下这些事件是否相互独立，若相互独立，则可以转化为 1 减去多个事件交的概率，而多个事件交的概率又可以转化为各事件的概率之积.若没有独立性，需用多除少补原理来算.

例 3　设 A,B 是两个事件，已知 $P(A)=0.3$，$P(B)=0.8$，$P(A\cup B)=0.9$，求 $P(A-B)$.

解　$P(A-B)=P(A\cap\bar{B})=P(A-A\cap B)=P(A)-P(A\cap B)$

$$=0.3+\big(P(A\cup B)-P(A)-P(B)\big)$$

$$=0.3+(0.9-0.3-0.8)=0.1.$$

例 4　设两两相互独立的三个事件 A,B 和 C 满足条件 $ABC=\varnothing$，$P(A)=P(B)=P(C)<\frac{1}{2}$，且已知 $P(A\cup B\cup C)=\frac{9}{16}$.求 $P(A)$.

解　$\frac{9}{16}=P(A\cup B\cup C)$

$$=P(A)+P(B)+P(C)-P(AB)-P(AC)-P(BC)+P(ABC)$$

$$=P(A)+P(B)+P(C)-P(A)P(B)-P(A)P(C)-P(B)P(C)$$
$$=3P(A)-3P(A)^2,$$

即 $3P(A)^2-3P(A)+\dfrac{9}{16}=0$,因此 $P(A)=\dfrac{1}{4}$.

例 5 设有两门高射炮,每一门高射炮击中飞机的概率都是 0.6.求同时发射一发炮弹而击中飞机的概率是多少?又若有一架敌机入侵领空,欲以 99% 以上的概率击中它,问至少需要多少门高射炮?

解 用 A_k 表示"第 k 门高射炮发射一发炮弹而击中飞机",$k=1,2,\cdots$,则 $P(A_k)=0.6$,$k=1,2,\cdots$.

(1) $P(A_1\cup A_2)=1-P(\overline{A_1}\cap\overline{A_2})=1-P(\overline{A_1})P(\overline{A_2})=1-0.4^2=0.84$.

(2) $P(A_1\cup\cdots\cup A_n)=1-P(\bigcap\limits_{k=1}^{n}\overline{A_k})=1-\prod\limits_{k=1}^{n}P(\overline{A_k})=1-0.4^n>0.99$.

由 $0.4^n<1-0.99=0.01$,解得 $n>\dfrac{\lg 0.01}{\lg 0.4}\approx 5.026$,可取 $n=6$,则至少需要 6 门高射炮,当同时发射一发炮弹时,可保证以 99% 的概率击中飞机.

题型 Ⅲ 全概率公式、贝叶斯公式

◘ **题型解析**:全概率公式与贝叶斯公式的区别在于是求结果的概率,还是由结果求原因的概率.若题中只是求某个事件的概率,一般考虑用全概率公式;如果是已知某种结果的条件下,求一个事件的概率,则要考虑用条件概率公式或者贝叶斯公式.

例 6 在只有选择题的考试中,每道选择题列出四种答案供学生选择填答,其中只有唯一正确答案.现在希望从学生的答卷中考查学生知道正确答案的可能,也就是说,在学生答对的情况下,希望估计学生知道正确答案的概率.(假定考生在不知道正确答案的情况下填写每一个答案是等可能的,知道和不知道正确答案的概率各为 0.5.)

解 令 $A=$"考生答对了",$B=$"考生知道正确答案",则 $\bar{B}=$"考生不知道正确答案",则

$$P(A\mid B)=1,\quad P(B)=P(\bar{B})=0.5,\quad P(A\mid\bar{B})=1/4.$$

可得

$$P(B\mid A)=\frac{P(A\mid B)P(B)}{P(A)}=\frac{P(A\mid B)P(B)}{P(A\mid\bar{B})P(\bar{B})+P(A\mid B)P(B)}$$
$$=\frac{\frac{1}{2}\times 1}{\frac{1}{2}\times\frac{1}{4}+\frac{1}{2}\times 1}=\frac{4}{5}.$$

例 7 一种用来检验 50 岁以上的人是否患有关节炎的检验法,对于确实患关节炎的患者有 85% 的概率给出了正确的结果,而对于已知未患关节炎的人有 4% 的概率会认为他患关节炎.已知人群中有 10% 的人患有关节炎.问一名被检验者经检验,认为他没有患关节炎,而他却患有关节炎的概率.

解 设 $A=$"认为检验者没有患关节炎",$B=$"检验者确实患有关节炎",$\bar{B}=$"检验者确实没有患关节炎",则

$$P(A \mid B)=0.15,\quad P(B)=0.1,\quad P(\bar{B})=0.9,\quad P(A \mid \bar{B})=0.96.$$

可得

$$P(B \mid A)=\frac{P(A \mid B)P(B)}{P(A)}=\frac{P(A \mid B)P(B)}{P(A \mid \bar{B})P(\bar{B})+P(A \mid B)P(B)}$$

$$=\frac{0.15\times 0.1}{0.96\times 0.9+0.15\times 0.1}=\frac{5}{293}.$$

题型Ⅳ 独立试验、伯努利概型

例 8 一个质点从平面上某点开始，等可能地向上、下、左、右四个方向游动，每次游动的距离为 1，求经过 $2n$ 次游动后质点回到出发点的概率.

解 向任一方向移动一步的概率等于 1/4，用 A_k 表示"在 $2n$ 次游动中向上移动了 k 次"，$k \leqslant n$；B_j 表示"在 $2n$ 次游动中向左移动了 j 次"，$j \leqslant n$；C 表示"经过 $2n$ 次游动后质点回到出发点"，则 $A_k B_{n-k} C$ 表示"在 $2n$ 次游动中向上、下各游动 k 次，向左、右各游动 $n-k$ 次".可得

$$P(C)=\sum_{k=0}^{n} P(A_k B_{n-k} C)=\sum_{k=0}^{n} C_{2n}^{2k} C_{2k}^{n} \left(\frac{1}{4}\right)^{k} \left(\frac{1}{4}\right)^{k} C_{2n-2k}^{n-k} \left(\frac{1}{4}\right)^{n-k} \left(\frac{1}{4}\right)^{n-k}$$

$$=\frac{1}{4^{2n}} \sum_{k=0}^{n} C_{2n}^{2k} C_{2k}^{n} C_{2n-2k}^{n-k}$$

$$=\frac{1}{4^{2n}} \sum_{k=0}^{n} \frac{(2n)!}{(2k)!\,(2n-2k)!} \cdot \frac{(2k)!}{k!\,k!} \cdot \frac{(2n-2k)!}{(n-k)!\,(n-k)!}$$

$$=\frac{1}{4^{2n}} \frac{(2n)!}{n!\,n!} \sum_{k=0}^{n} \left[\frac{n!}{k!\,(n-k)!}\right]^{2}=\frac{1}{4^{2n}} (C_{2n}^{n})^{2}.$$

综合型 (2010—2020 考研题)

例 9(2017 年数学一第 7 题) 设 A,B 为随机事件，若 $0<P(A)<1, 0<P(B)<1$，则 $P(A \mid B)>P(A \mid \bar{B})$ 的充要条件是( ).

A. $P(B \mid A)>P(B \mid \bar{A})$ B. $P(B \mid A)<P(B \mid \bar{A})$

C. $P(\bar{B} \mid A)>P(\bar{B} \mid \bar{A})$ D. $P(\bar{B} \mid A)<P(\bar{B} \mid \bar{A})$

◆ **题型解析**：$P(A \mid B)=\dfrac{P(AB)}{P(B)}>P(A \mid \bar{B})=\dfrac{P(A\bar{B})}{P(\bar{B})}=\dfrac{P(A)-P(AB)}{1-P(B)}$

$$\Leftrightarrow P(AB)>P(A)P(B)$$

$$\Leftrightarrow P(AB)-P(AB)P(A)>P(A)P(B)-P(AB)P(A)$$

$$\Leftrightarrow P(AB)P(\bar{A})>P(A)P(\bar{A}B)$$

$$\Leftrightarrow \frac{P(AB)}{P(A)}>\frac{P(\bar{A}B)}{P(\bar{A})}$$

$$\Leftrightarrow P(B \mid A)>P(B \mid \bar{A}).$$

因此选 A.

例 10(2016 年数学三第 7 题) 设 A,B 为随机事件，$0<P(A)<1, 0<P(B)<1$，若

$P(A \mid B)=1$,则下面正确的是(　　).

A. $P(\bar{B} \mid \bar{A})=1$　　B. $P(A \mid \bar{B})=0$　　C. $P(A+B)=1$,　　D. $P(B \mid A)=1$

◆ **题型解析**:根据条件得 $P(AB)=P(B)$,则

$$P(\bar{B} \mid \bar{A})=\frac{P(\bar{B}\bar{A})}{P(\bar{A})}=\frac{P(\overline{A \cup B})}{1-P(A)}=\frac{1-P(A \cup B)}{1-P(A)}$$

$$=\frac{1-P(A)-P(B)+P(AB)}{1-P(A)}=\frac{1-P(A)}{1-P(A)}=1.$$

因此选 A.

例 11(2016 年数学三第 14 题)　设袋中有红、白、黑球各 1 个,从中有放回地取球,每次取 1 个,直到三种颜色的球都取到为止,则取球次数恰为 4 的概率为________.

◆ **题型解析**:若前三次取到两种颜色的球,第四次取到另外一种颜色的球,这样三种颜色的球都取到了,且取球次数恰为 4.从三种颜色中挑出两种颜色有 C_3^2 种方法,例如挑了红色和白色.要决定两种颜色中哪一种颜色在前三次中出现了两次,共有 2 种方法,例如红色在前三次中出现了两次.从三次中挑一次,此次取到的为在前三次中出现一次的颜色,例如取到的白色,共有 C_3^1 种方法.每次取到一种颜色球的概率都为 $\frac{1}{3}$,因此所求概率为

$$C_3^2\left(\frac{1}{3}\right)^2 \times \frac{1}{3} \times 2C_3^1 \times \frac{1}{3}=\frac{2}{9}.$$

或者考虑有放回地取 4 次球,球的颜色共有 $3^4=81$ 种可能.这 4 个球中前三次取到的球有两种颜色,第 4 次取到的球为另一种颜色的球,这样取球次数恰为 4,且三种颜色的球都取到,共有 $C_3^1C_2^1C_3^1=18$,从而所求概率为 $\frac{18}{81}=\frac{2}{9}$.

例 12(2016 年经济类联考综合能力题第 29 题)　一个袋中有 4 个球,编号为 1,2,3,4,从袋中一次取出 2 个球,用 X 表示取出的 2 个球的最大号码数,则 $P(X=4)=$(　　).

A. 0.4　　B. 0.5　　C. 0.6　　D. 0.7

◆ **题型解析**:最大号码为 4,则取出的球必然有 4 号球,另一个球的编号可以是 1,2,3 中任一个.由古典概型知,所求事件的概率为 $\frac{C_3^1}{C_4^2}=\frac{1}{2}$,因此选 B.

例 13(2015 年数学一第 7 题、2015 年数学三第 7 题)　若 A,B 为任意两个随机事件,则(　　).

A. $P(AB) \leqslant P(A)P(B)$　　B. $P(AB) \geqslant P(A)P(B)$

C. $P(AB) \leqslant \frac{P(A)+P(B)}{2}$　　D. $P(AB) \geqslant \frac{P(A)+P(B)}{2}$

◆ **题型解析**:由于 $AB \subset A, AB \subset B$,由概率的基本性质,我们有 $P(AB) \leqslant P(A)$ 且 $P(AB) \leqslant P(B)$,从而 $P(AB) \leqslant \frac{P(A)+P(B)}{2}$,因此选 C.

例 14(2014 年数学一第 7 题、2014 年数学三第 7 题)　若 A,B 相互独立,且 $P(B)=0.5$,$P(A-B)=0.3$,则 $P(B-A)=$(　　).

A. 0.1　　B. 0.2　　C. 0.3　　D. 0.4

◆ **题型解析**：$0.3=P(A-B)=P(A)-P(AB)=P(A)-P(A)P(B)$，因此 $P(A)=0.6$，从而

$$P(B-A)=P(B)-P(A)P(B)=0.5-0.6\times0.5=0.2.$$

因此选 B.

例 15(2012 年数学一第 14 题、2012 年数学三第 14 题)　设 A,B,C 是随机事件，A,C 互不相容，$P(AB)=\frac{1}{2}$，$P(C)=\frac{1}{3}$，则 $P(AB\mid\bar{C})=$________.

◆ **题型解析**：由条件概率的定义，可得

$$P(AB\mid\bar{C})=\frac{P(AB\bar{C})}{P(\bar{C})}=\frac{P(AB)-P(ABC)}{1-P(C)}=\frac{\frac{1}{2}-0}{1-\frac{1}{3}}=\frac{3}{4}.$$

例 16(2019 年数学一第 7 题、2009 年数学三第 7 题)　设 A,B 为随机事件，则 $P(A)=P(B)$ 的充要条件是(　　).

A. $P(A\cup B)=P(A)+P(B)$　　B. $P(AB)=P(A)P(B)$

C. $P(A\bar{B})=P(B\bar{A})$　　D. $P(AB)=P(\bar{A}\bar{B})$

◆ **题型解析**：$P(A\bar{B})=P(B\bar{A})\Leftrightarrow P(A)-P(AB)=P(B)-P(AB)\Leftrightarrow P(A)=P(B)$，故选 C.

例 17(2019 年经济类联考综合能力题第 28 题)　设 $P(A)=\frac{1}{4}$，$P(B\mid A)=\frac{1}{3}$，$P(A\mid B)=\frac{1}{2}$，则 $P(A\cup B)=$________.

◆ **题型解析**：$P(AB)=P(A)P(B\mid A)=\frac{1}{12}$，$P(B)=\frac{P(AB)}{P(A\mid B)}=\frac{1}{6}$，故

$$P(A\cup B)=P(A)+P(B)-P(AB)=\frac{1}{3}.$$

例 18(2018 年数学三第 14 题)　随机事件 A,B,C 相互独立，且 $P(A)=P(B)=P(C)=\frac{1}{2}$，则 $P(AC\mid A\cup B)=$________.

◆ **题型解析**：由条件概率的定义可得

$$P(AC\mid A\cup B)=\frac{P(AC\cap(A\cup B))}{P(A\cup B)}.$$

由于 $AC\subset A\subset A\cup B$ 可知，$P(AC\cap(A\cup B))=P(AC)$，又由于 A,C 独立，可知 $P(AC)=P(A)P(C)=\frac{1}{4}$，再由加法公式可得 $P(A\cup B)=P(A)+P(B)-P(A)P(B)=\frac{3}{4}$，从而 $P(AC\mid A\cup B)=\frac{1}{3}$.

例 19(2018 年数学一第 14 题)　设随机事件 A 与 B 相互独立，A 与 C 相互独立，$BC=\varnothing$，若 $P(A)=P(B)=\frac{1}{2}$，$P(AC\mid AB\cup C)=\frac{1}{4}$，则 $P(C)=$________.

◆ **题型解析**：$P(AC \mid AB\cup C)=\dfrac{P(AC\cap(AB\cup C))}{P(AB\cup C)}=\dfrac{P(AC)}{P(AB)+P(C)-P(ABC)}$ $=\dfrac{1}{4}$，从而

$$\frac{P(A)P(C)}{P(A)P(B)+P(C)-P(ABC)}=\frac{1}{4}\Rightarrow\frac{\frac{1}{2}P(C)}{\frac{1}{2}\times\frac{1}{2}+P(C)-0}=\frac{1}{4}\Rightarrow P(C)=\frac{1}{4}.$$

例 20（2020 年数学一第 7 题、2020 年数学三第 7 题） 设 A,B,C 为三个随机事件，且 $P(A)=P(B)=P(C)=\dfrac{1}{4}$，$P(AB)=0$，$P(AC)=P(BC)=\dfrac{1}{12}$，则 A,B,C 恰有一个事件发生的概率为（ ）.

A. $\dfrac{3}{4}$ B. $\dfrac{2}{3}$ C. $\dfrac{1}{2}$ D. $\dfrac{5}{12}$

◆ **题型解析**：本题考查了概率的可加性及多除少补原理.由概率的可加性知

$$P(\text{“}A,B,C\text{ 恰有一个事件发生”})=P(A\bar{B}\bar{C})+P(C\bar{B}\bar{A})+P(B\bar{A}\bar{C}).$$

由 $0\leqslant P(ABC)\leqslant P(A(B\cup C))\leqslant P(AB)=0$ 可得 $P(ABC)=P(A(B\cup C))=0$，从而

$$P(A\bar{B}\bar{C})=P(A-A(B\cup C))=P(A)-P(A(B\cup C))=\frac{1}{4}-0=\frac{3}{12}.$$

由多除少补原理知

$$P((CA)\cup(CB))=P(CA)+P(BC)-P(ABC)=\frac{1}{12}+\frac{1}{12}=\frac{2}{12},$$

$$\begin{aligned}P(C\bar{B}\bar{A})&=P(C-C(A\cup B))=P(C)-P(C(A\cup B))\\&=P(C)-P((CA)\cup(CB))\\&=\frac{1}{4}-\frac{2}{12}=\frac{1}{12}.\end{aligned}$$

由多除少补原理知

$$P(B(A\cup C))=P((BA)\cup(CB))=P(BA)+P(BC)-P(ABC)=\frac{1}{12}+\frac{1}{12}=\frac{2}{12}.$$

因此，

$$P(B\bar{A}\bar{C})=P(B-B(A\cup C))=P(B)-P(B(A\cup C))=\frac{1}{4}-\frac{2}{12}=\frac{1}{12}.$$

从而 $P(\text{“}A,B,C\text{ 恰有一个事件发生”})=\dfrac{3}{12}+\dfrac{1}{12}+\dfrac{1}{12}=\dfrac{5}{12}$，故选 D.

三、习题答案

1. 从 $0,1,\cdots,9$ 十个数字中，先后随机取出两个数，写出下列取法中的样本空间：

(1) 放回时的样本空间 Ω_1；

(2) 不放回时的样本空间 Ω_2.

解　设 (i,j) 表示先取出的数字为 i，后取出的数字为 j，$i,j=0,1,\cdots,9$.

(1) 放回时的样本空间为

$$\Omega_1=\{(i,j):0\leqslant i\leqslant 9,0\leqslant j\leqslant 9,i,j\in\mathbf{Z}\}.$$

(2) 不放回时的样本空间为

$$\Omega_2=\{(i,j):0\leqslant i\leqslant 9,0\leqslant j\leqslant 9,i,j\in\mathbf{Z},i\neq j\}.$$

2. 一袋内装有 4 个白球和 5 个红球，每次从袋内随机取出一球，直至首次取到红球为止，写出下列两种取法的样本空间：

(1) 不放回时的样本空间 Ω_1；

(2) 放回时的样本空间 Ω_2.

解　(1) 不放回时的样本空间为

$$\Omega_1=\{红,白红,白白红,白白白红,白白白白红\}.$$

(2) 放回时的样本空间为

$$\Omega_2=\{红,白红,白白红,白白白红,白白白白红,白\cdots白红,\cdots\}.$$

特别提醒　不放回时，总共 9 个球，其中 4 个白球、5 个红球，由于是不放回抽取，白球的个数有限，因此首次取到红球的情况只有有限个.放回时，每次取球，都有 4 个白球、5 个红球供选取，因此可能很多次后首次取到红球，从而样本空间含有可列无穷多个样本点.

3. 用 A_1,A_2,A_3 分别表示某射击运动员三次射击中命中 10 环这一事件，用它们表示下列事件：

$A=\{至少一次命中 10 环\}$， $B=\{三次都命不中 10 环\}$， $C=\{三次都命中 10 环\}$，

$D=\{至少一次命不中 10 环\}$， $E=\{不少于两次命中 10 环\}$，

$F=\{不多于一次命中 10 环\}$， $G=\{第一次射击后才命中 10 环\}$.

解　$A=A_1\cup A_2\cup A_3$， $B=\overline{A_1}\cap\overline{A_2}\cap\overline{A_3}$，

$C=A_1\cap A_2\cap A_3$， $D=\overline{A_1}\cup\overline{A_2}\cup\overline{A_3}$，

$E=(A_1\cap A_2\cap\overline{A_3})\cup(A_1\cap A_3\cap\overline{A_2})\cup(A_3\cap A_2\cap\overline{A_1})\cup(A_1\cap A_2\cap A_3)$，

$F=(\overline{A_1}\cap\overline{A_2}\cap\overline{A_3})\cup(A_1\cap\overline{A_2}\cap\overline{A_3})\cup(\overline{A_1}\cap A_2\cap\overline{A_3})\cup(\overline{A_1}\cap\overline{A_2}\cap A_3)$，

$G=(\overline{A_1}\cap A_2\cap A_3)\cup(\overline{A_1}\cap A_2\cap\overline{A_3})\cup(\overline{A_1}\cap\overline{A_2}\cap A_3)$.

4. 下列四个事件有何关系：

$$A=\{x:x(x-9)=0\};$$

$$B=\{x:x^3-6x^2+11x-6=0\};$$

$$C=\{x:x^4-10x^3+35x^2-50x+24=0\};$$

$$D=\{x:x^4-7x^3+17x^2-17x+6=0\}.$$

解　$A=\{0,9\}$； $B=\{x:(x-3)(x-2)(x-1)=0\}=\{1,2,3\}$；

$C=\{x:(x-2)(x-1)(x-3)(x-4)=0\}=\{1,2,3,4\}$；

$D=\{x:x(x-2)(x-3)(x-1)^2=0\}=\{1,2,3\}$.

因此，

$$A\cap B=\varnothing,\ B=D,\ A\cap C=\varnothing,\ A\cap D=\varnothing,\ B\subset C,\ D\subset C.$$

难点注释 本题考查的是整系数多项式在有理数范围内的因子分解.设

$$f(x)=a_0x^n+a_1x^{n-1}+\cdots+a_n$$

是一个整系数多项式,如果有理数$\frac{u}{v}$是$f(x)$的一个根(其中u,v是互质的整数),那么,

(1) v整除$f(x)$的首项系数a_0,而u整除$f(x)$的常数项a_n;

(2) $f(x)=\left(x-\frac{u}{v}\right)q(x)$,其中$q(x)$是整系数多项式.如果多项式$f(x)$的首项系数$a_0$的因数是$v_1,v_2,\cdots,v_n$,而常数项$a_n$的因数是$u_1,u_2,\cdots,u_m$,那么要求它的有理根,只需对有理数$\frac{u_i}{v_j}(i=1,2,\cdots,m;j=1,2,\cdots,n)$进行检验.特别地,如果$f(x)$的奇数次项系数之和等于偶数项系数之和,则它必含有因子$x+1$;如果$f(x)$的奇数次项系数之和等于偶数项系数之和的相反数,则它必含有因子$x-1$.

5. 设样本空间$\Omega=\{0,1,2,3,\cdots,9\}$,事件$A=\{2,3,4\},B=\{3,4,5\},C=\{4,5,6\}$,求:

(1) $\overline{\bar{A}\cap\bar{B}}$;　(2) $\overline{A\cap(\overline{B\cap C})}$.

解 (1) $\overline{\bar{A}\cap\bar{B}}=A\cup B=\{2,3,4,5\}$.

(2) $\overline{A\cap(\overline{B\cap C})}=\bar{A}\cup(B\cap C)=\{1,4,5,6,7,8,9\}$.

6. 从$1,\cdots,9$这九个数中有放回随机取$n(n\geqslant 2)$个数,令

$A=\{$所取的n个数的乘积能被10整除$\}$,
$B=\{$所取的n个数中没有数字5$\}$,
$C=\{$所取的n个数中没有偶数$\}$,

试用B,C表示A.

解 $A=\{$所取的n个数的乘积能被5整除且能被2整除$\}$

$=\{$所取的n个数中有数字5且所取的n个数中有偶数$\}=\bar{B}\cap\bar{C}$.

7. 设A,B为两个事件,运用事件运算法则,证明:

(1) $A\cup B=A\cup(B-A)$,且A与$(B-A)$互不相容;

(2) $A\cup B=(A-B)\cup(B-A)\cup(A\cap B)$,且事件$A-B,B-A,A\cap B$互不相容.

证明 (1)

$$\begin{aligned}A\cup(B-A)&=A\cup(B\cap\bar{A})=(A\cup B)\cap(A\cup\bar{A})\\&=(A\cup B)\cap\Omega=A\cup B;\end{aligned}$$

$$A\cap(B-A)=A\cap(B\cap\bar{A})=(A\cap\bar{A})\cap B=\varnothing\cap B=\varnothing.$$

(2)
$$\begin{aligned}(A-B)\cup(B-A)\cup(A\cap B)&=(A\cap\bar{B})\cup(B\cap\bar{A})\cup(A\cap B)\\&=\left[(A\cap\bar{B})\cup B\right]\cap\left[(A\cap\bar{B})\cup\bar{A}\right]\cup(A\cap B)\\&=\left[(A\cup B)\cap(\bar{B}\cup B)\right]\cap\left[(A\cup\bar{A})\cap(\bar{B}\cup\bar{A})\right]\cup(A\cap B)\\&=\left[(A\cup B)\cap(\bar{B}\cup\bar{A})\right]\cup(A\cap B)\\&=\left[(A\cup B)\cup(A\cap B)\right]\cap\left[(\bar{B}\cup\bar{A})\cup(A\cap B)\right]\\&=(A\cup B)\cap\Omega=A\cup B.\end{aligned}$$

$$(A-B)\cap(B-A)=(A\cap\bar{B})\cap(B\cap\bar{A})=(A\cap\bar{A})\cap(B\cap\bar{B})=\varnothing,$$
$$(A-B)\cap(A\cap B)=(A\cap\bar{B})\cap(A\cap B)=A\cap(B\cap\bar{B})=\varnothing,$$
$$(B-A)\cap(A\cap B)=(B\cap\bar{A})\cap(A\cap B)=B\cap(A\cap\bar{A})=\varnothing.$$

8. 运用事件运算法则证明下列各式：

(1) $(A-A\cap B)\cup B=A\cup B=\overline{(\bar{A}\cap\bar{B})}$；

(2) $(A\cup B)-B=A-(A\cap B)=A\cap\bar{B}$；

(3) $(A\cup B)-(A\cap B)=(A\cap\bar{B})\cup(\bar{A}\cap B)$.

证明 (1)
$$\begin{aligned}(A-A\cap B)\cup B&=(A\cap\overline{(A\cap B)})\cup B=(A\cap(\bar{A}\cup\bar{B}))\cup B\\&=[(A\cap\bar{A})\cup(A\cap\bar{B})]\cup B=(A\cap\bar{B})\cup B\\&=(A\cup B)\cap(\bar{B}\cup B)=A\cup B=\Omega-\overline{(A\cup B)}\\&=\Omega-(\bar{A}\cap\bar{B})=\overline{(\bar{A}\cap\bar{B})}.\end{aligned}$$

(2)
$$(A\cup B)-B=(A\cup B)\cap\bar{B}=(A\cap\bar{B})\cup(B\cap\bar{B})=A\cap\bar{B},$$
$$A-(A\cap B)=A\cap(\bar{A}\cup\bar{B})=(A\cap\bar{A})\cup(A\cap\bar{B})=A\cap\bar{B}.$$

(3)
$$\begin{aligned}(A\cup B)-(A\cap B)&=(A\cup B)\cap(\bar{A}\cup\bar{B})=[(A\cup B)\cap\bar{A}]\cup[(A\cup B)\cap\bar{B}]\\&=(B\cap\bar{A})\cup(A\cap\bar{B}).\end{aligned}$$

9. 证明下列各式：

(1) $C_n^r=C_n^{n-r}$；

(2) $C_n^r=C_{n-1}^r+C_{n-1}^{r-1}$；

(3) $C_n^{r+1}=C_{n-1}^r+C_{n-2}^r+\cdots+C_r^r$；

(4) $C_n^0+C_n^1+C_n^2+\cdots+C_n^n=2^n$；

(5) $C_n^1+2C_n^2+3C_n^3+\cdots+nC_n^n=n2^{n-1}$；

(6) $C_{2n}^n=(C_n^0)^2+(C_n^1)^2+\cdots+(C_n^n)^2$.

证明 (1) $C_n^r=\dfrac{n!}{r!\,(n-r)!}=C_n^{n-r}$.

(2) **法一**
$$\begin{aligned}C_{n-1}^r+C_{n-1}^{r-1}&=\frac{(n-1)!}{r!\,(n-1-r)!}+\frac{(n-1)!}{(r-1)!\,(n-r)!}\\&=\frac{[(n-r)+r](n-1)!}{r!\,(n-r)!}=\frac{n!}{r!\,(n-r)!}=C_n^r.\end{aligned}$$

法二 从 n 个个体中一次取出 r 个有 C_n^r 种方法，考虑是否含有指定的一个个体 a 时，分两种情况：含有 a 时只需从剩下的 $n-1$ 个中取 $r-1$ 个，共有 C_{n-1}^{r-1} 种方法；不含有 a 时需从 n 个中取出 r 个，共有 C_n^r 种方法.因此共有 $C_{n-1}^r+C_{n-1}^{r-1}$ 种方法，从而得证.

(3) 因为
$$C_{n+1}^{r+1}-C_n^r=\frac{(n+1)!}{(r+1)!\,(n-r)!}-\frac{n!}{r!\,(n-r)!}=\frac{[(n+1)-(r+1)]n!}{(r+1)!\,(n-r)!}=C_n^{r+1},$$
从而
$$\begin{aligned}C_{n-1}^r+C_{n-2}^r+\cdots+C_{r+2}^r+C_{r+1}^r+C_r^r&=C_{n-1}^r+C_{n-2}^r+\cdots+C_{r+2}^r+C_{r+1}^r+C_{r+1}^{r+1}\\&=C_{n-1}^r+C_{n-2}^r+\cdots+C_{r+2}^r+C_{r+2}^{r+1}=\cdots=C_n^{r+1}.\end{aligned}$$

(4) $2^n=(1+1)^n$，而 $(1+1)^n$ 的二项式展开刚好为 $C_n^0+C_n^1+C_n^2+\cdots+C_n^n$，从而得证.

(5) **法一** 因为$\frac{k}{n}C_n^k=\frac{k}{n}\cdot\frac{n!}{k!(n-k)!}=\frac{(n-1)!}{(k-1)!(n-k)!}=C_{n-1}^{k-1}$，由(4)可得

$$\frac{1}{n}(C_n^1+2C_n^2+3C_n^3+\cdots+nC_n^n)=C_{n-1}^0+C_{n-1}^1+C_{n-1}^2+\cdots+C_{n-1}^{n-1}=2^{n-1},$$

从而 $C_n^1+2C_n^2+3C_n^3+\cdots+nC_n^n=n2^{n-1}$.

法二 方程$(x+1)^n=C_n^0x^0+C_n^1x^1+C_n^2x^2+C_n^3x^3+\cdots+C_n^nx^n$ 两边分别对x 求导，再让$x=1$ 可得结论成立.

(6) 从 $2n$ 个球中取n 个球共有 C_{2n}^n 种方法，还可以把 $2n$ 个球分两堆，每堆都有 n 个球，从一堆中取出 r 个球，另一堆中取出 $n-r$ 个球，$r=0,1,\cdots,n$，从而共有

$$C_n^0C_n^n+C_n^1C_n^{n-1}+\cdots+C_n^0C_n^n$$

种方法，而

$$(C_n^0)^2+(C_n^1)^2+\cdots+(C_n^n)^2=C_n^0C_n^n+C_n^1C_n^{n-1}+\cdots+C_n^0C_n^n.$$

因此，$C_{2n}^n=(C_n^0)^2+(C_n^1)^2+\cdots+(C_n^n)^2$.

10. 证明下列各式：

(1) $C_n^r=C_{n-m}^rC_m^0+C_{n-m}^{r-1}C_m^1+\cdots+C_{n-m}^0C_m^r$；

(2) $\frac{C_m^kC_{n-m}^{r-k}}{C_n^r}=\frac{C_r^kC_{n-r}^{m-k}}{C_n^m}$.

证明 (1) 从n个球中取r个球有C_n^r 种方法，还可以把n个球分成两堆，一堆含有m个球，从中取出 k 个球，另一堆中有 $n-m$ 个球，从中取出 $r-k$ 个球，$k=0,1,2,\cdots,r$，因此共有

$$C_{n-m}^r\cdot C_m^0+C_{n-m}^{r-1}\cdot C_m^1+\cdots+C_{n-m}^0\cdot C_m^r$$

种方法.从而得证.

(2)
$$\frac{C_m^k\cdot C_{n-m}^{r-k}}{C_n^r}=\frac{\frac{m!}{k!(m-k)!}\cdot\frac{(n-m)!}{(r-k)!(n-m-r+k)!}}{\frac{n!}{r!(n-r)!}}$$
$$=\frac{m!(n-m)!}{n!}\cdot\frac{r!(n-r)!}{(r-k)!k!(n-m-r+k)!(m-k)!}$$
$$=\frac{C_{n-r}^{m-k}C_r^k}{C_n^m}.$$

11.小何买了《高等数学》《高等代数》《解析几何》和《大数英语》四本书放到书架上，问四本书自左向右或自右向左排列正好是上述次序的概率.

解 四本书排成一排共有 4! 种方法，每种排列都是等可能的，这四本书自左向右或自右向左排列正好是上述次序中的两种，由古典概型可得概率为$\frac{2}{4!}=\frac{1}{12}$.

12. 证明本章习题 2 中的 Ω_1 和 Ω_2 均满足 $P(\Omega_1)=P(\Omega_2)=1$.

证明 (1) $P(\Omega_1)=\frac{5}{9}+\frac{4\times5}{9\times8}+\frac{4\times3\times5}{9\times8\times7}+\frac{4\times3\times2\times5}{9\times8\times7\times6}+\frac{4\times3\times2\times1\times5}{9\times8\times7\times6\times5}=1$；

(2) $$P(\Omega_2)=\frac{5}{9}+\frac{4}{9}\times\frac{5}{9}+\left(\frac{4}{9}\right)^2\times\frac{5}{9}+\left(\frac{4}{9}\right)^3\times\frac{5}{9}+\left(\frac{4}{9}\right)^4\times\frac{5}{9}+\cdots$$
$$+\left(\frac{4}{9}\right)^n\times\frac{5}{9}+\cdots=\frac{5}{9}\times\frac{1}{1-\frac{4}{9}}=1.$$

13. 设1 000件产品中有200件是不合格产品，依次不放回抽取2件产品，求第二次取到的产品是不合格品的概率.(用古典概率计算)

解　设 B_2 =“第二次取到的产品是不合格品”，则

$$P(B_2)=\frac{C_{800}^1C_{200}^1+A_{200}^2}{A_{1\,000}^2}=\frac{800\times 200+200\times 199}{1\,000\times 999}=\frac{1}{5}.$$

特别提醒　由于是不放回抽取，第二次取到不合格品的概率受第一次影响.如果第一次抽到的是合格品，则第二次抽到不合格品有200种选择；如果第一次抽到的是不合格品，则第二次抽到不合格品有199种选择.故第二次取到的是不合格品要考虑两种情况.

14. 设 n 个人排成一行，甲与乙是其中的两个人，求这 n 个人的任意排列中，甲与乙之间恰有 r 个人的概率.如果 n 个人围成一圆圈，试证明甲与乙之间恰有 r 个人的概率与 r 无关，都是 $\frac{1}{n-1}$(在圆圈排列时，仅考虑从甲到乙的顺时针方向).

解　(1) 甲、乙排成一行时，不考虑甲、乙之间有几个人，此时，先让甲去选位置，有 n 种方法，剩下的 $n-1$ 个人再选位置，有 $(n-1)!$ 种方法，因此共有 $n(n-1)!$ 种方法.甲、乙之间恰有 r 人时，若甲在前，乙在后，让甲选，有 $n-r-1$ 种方法，甲的位置定了后，乙的位置也定了，因此只需让剩下的 $n-2$ 个人选位置，有 $(n-2)!$ 种方法，这种情况共有 $(n-r-1)(n-2)!$ 种方法；若乙在前，甲在后，这种情况共有 $(n-r-1)(n-2)!$ 种方法.因此共有 $2(n-r-2)(n-2)!$ 种方法.所以

$$P(\text{“}n\text{ 个人排成一行，甲、乙之间恰有 }r\text{ 个人”})=\frac{2(n-r-1)(n-2)!}{n(n-1)!}=\frac{2(n-r-1)}{n(n-1)}.$$

(2) n 个人围成一圆圈时，不考虑甲、乙之间有几个人，此时让甲先选位置有 n 种方法，剩下的 $n-1$ 个人再选位置，有 $(n-1)!$ 种方法，因此共有 $n(n-1)!$ 种方法.甲、乙之间恰有 r 人时，让甲选，有 n 种方法，甲的位置定了后，乙的位置也定了，因此，只需让剩下的 $n-2$ 个人选位置，有 $(n-2)!$ 种方法，因此共有 $n(n-2)!$ 种方法.所以

$$P(\text{“}n\text{ 个人围成一圈，甲、乙之间恰有 }r\text{ 个人”})=\frac{n(n-2)!}{n(n-1)!}=\frac{1}{n-1}.$$

难点注释　站成一行时，先把甲、乙二人排序共有两种方法，排好序后的第一个人不妨设为甲，由于甲、乙中间要隔 r 人，因此甲只有 $n-r-1$ 种选择，围成一圆圈且仅考虑从甲到乙的顺时针方向时，甲、乙不用再排序，甲去选择时，它可以站在任何一个位置，因此共有 n 种选择，甲确定了位置后，乙的位置也唯一确定，不需要再去选位置.

15. 在0至9十个整数中任取4个，能排成一个四位偶数的概率是多少？

解　先考虑在整数0至9中任取4个，能排成一个四位数的方法个数.0开头时有 A_9^3 种方法，0不在开头时有 $C_9^1A_9^3$ 种方法，因此共有 $C_9^1A_9^3+A_9^3$ 种方法.排成四位偶数时，若0在末尾，则有 A_9^3 种方法；若0不在末尾，需从2,4,6,8中任取一个在末尾，有4种方法，然后确定首位数字，由于0不能开头，刚刚选出的末尾数字也不能再选，因此有8种方法，中间的两位数字有 A_8^2 种方法，因此共有 $A_9^3+4\times 8\times A_8^2$ 种方法.所以

$$P(\text{“在整数 0 至 9 中任取 4 个，能排成一个四位偶数”})=\frac{A_9^3+4\times 8\times A_8^2}{C_9^1A_9^3+A_9^3}=\frac{41}{90}.$$

难点注释 在整数0至9中任取4个,排成一个四位数包含了0开头的情况,而排成一个四位偶数则不包含0开头的情况.

16. 口袋内放有2个伍分、3个贰分、5个壹分钱的硬币,任取其中5个,求总值超过一角钱的概率.

解 P("总值超过一角钱")$=P$("2个伍分,剩下的8个任取3个")$+P$("1个伍分,3个贰分,1个壹分")$+P$("1个伍分,2个贰分,2个壹分")

$$=\frac{C_8^3+C_2^1C_3^3C_5^1+C_2^1C_3^2C_5^2}{C_{10}^5}=\frac{63}{126}=\frac{1}{2}.$$

17. 箱中盛有α个白球和β个黑球,从其中任意地接连取出$k+1(k+1\leqslant\alpha+\beta)$个球,若每球取出后不放回,试求最后取出的是白球的概率.

解 设$A_{k+1}=$"从α个白球和β个黑球中任意地接连取出$k+1(k+1\leqslant\alpha+\beta)$个球,若每球取出后不放回,最后取出的是白球",则

$$P(A_{k+1})=\frac{\alpha\times(\alpha+\beta-1)\times(\alpha+\beta-2)\times\cdots\times(\alpha+\beta-k)}{(\alpha+\beta)\times(\alpha+\beta-1)\times(\alpha+\beta-2)\times\cdots\times(\alpha+\beta-k)}=\frac{\alpha}{\alpha+\beta}.$$

方法技巧 本题考查的是乘法公式

$$P(A_1A_2\cdots A_n)=P(A_1)P(A_2\mid A_1)P(A_3\mid A_1A_2)\cdots P(A_n\mid A_1A_2\cdots A_{n-1}).$$

18. 一架电梯开始时有6位乘客,他们等可能地停于10层楼的每一层,求下列事件的概率:

(1) 某一层有两位乘客离开;

(2) 没有两位及两位以上乘客在同一层离开;

(3) 恰有两位乘客在同一层离开;

(4) 至少有两位乘客在同一层离开.

(假定乘客离开的各种可能排列具有相同的概率.)

解 每位乘客离开时电梯停的层数有10种可能,共有6位乘客,所以这6位乘客离开时电梯停的层数共有10^6种可能.

(1) 从6位乘客中选2位乘客在同一层离开,共有C_6^2种方法,还有4位乘客在其他层离开,有9^4种方法.因此,

$$P(\text{"某一层有两位乘客离开"})=\frac{9^4C_6^2}{10^6}.$$

(2) 没有两位及两位以上乘客在同一层离开,即6位乘客在不同的层离开,需从10层电梯选出6层,进行排列,共有A_{10}^6种方法.因此,

$$P(\text{"没有两位及两位以上乘客在同一层离开"})=\frac{A_{10}^6}{10^6}.$$

(3) 恰有两位乘客在同一层离开需从10层中选一层,6名乘客中选出两位,这两位在选出的一层离开,共有$C_{10}^1C_6^2$种方法;剩下的4名乘客可能在不同的四层离开,有A_9^4种方法;也可能9名乘客在同一层离开,有C_9^1种方法;还可能3名乘客在一层离开,另外一名在另一层离开,共有$C_9^1C_4^3C_8^1$种方法.因此,共有$C_{10}^1C_6^2(A_9^4+C_9^1+C_9^1C_4^3C_8^1)$种方法,由古典概型可得,

$$P(\text{"恰有两位乘客在同一层离开"})=\frac{C_{10}^1C_6^2(A_9^4+C_9^1+C_9^1C_4^3C_8^1)}{10^6}.$$

(4)"至少有两位乘客在同一层离开"为"没有两位及两位以上乘客在同一层离开"的对

立事件.因此,

$$P(\text{“至少有两位乘客在同一层离开”})=1-\frac{A_{10}^{6}}{10^{6}}.$$

方法技巧 本题考查了古典概型及事件之间的运算关系.

19. 一列火车共有 n 节车厢,有 $k(k\geqslant n)$ 位旅客上火车并随意地选择车厢,求每一节车厢内至少有一位旅客的概率.

解 设 $A_i=$“第 i 节车厢内至少有一个旅客”,$i=1,2,\cdots,n$,则“每一节车厢内至少有一个旅客”的概率为

$$P(A_1\cap A_2\cap\cdots\cap A_n)=1-P(\overline{A_1}\cup\overline{A_2}\cup\cdots\cup\overline{A_n}).$$

由多除少补原理知,

$$P(\overline{A_1}\cup\overline{A_2}\cup\cdots\cup\overline{A_n})=\sum_{i=1}^{n}P(\overline{A_i})-\sum_{1\leqslant i<k\leqslant n}P(\overline{A_i}\cap\overline{A_k})+\sum_{1\leqslant i<k<s\leqslant n}P(\overline{A_i}\cap\overline{A_k}\cap\overline{A_s})+\cdots+(-1)^{n+1}P(\overline{A_1}\cap\overline{A_2}\cap\cdots\cap\overline{A_n}).$$

$\overline{A_i}$ 表示第 i 个车厢没有乘客,每个乘客只能从剩下的 $n-1$ 节车厢选择,其概率为 $1-\dfrac{1}{n}$,共有 k 个乘客,则

$$P(\overline{A_i})=\left(1-\frac{1}{n}\right)^k.$$

$\overline{A_i}\cap\overline{A_j}$ 表示第 i 个车厢没有乘客且第 j 个车厢也没有乘客,每个乘客只能从剩下的 $n-2$ 节车厢选择,其概率为 $1-\dfrac{2}{n}$,共有 k 个乘客,因此

$$P(\overline{A_i}\cap\overline{A_j})=\left(1-\frac{2}{n}\right)^k.$$

以此类推,因此

$$P(\overline{A_1}\cup\overline{A_2}\cup\cdots\cup\overline{A_n})=C_n^1\left(1-\frac{1}{n}\right)^k-C_n^1\left(1-\frac{2}{n}\right)^k+\cdots+(-1)^nC_n^{n-1}\left(1-\frac{n-1}{n}\right)^k.$$

从而

$$P(A_1\cap A_2\cap\cdots\cap A_n)=1-\left[C_n^1\left(1-\frac{1}{n}\right)^k-C_n^1\left(1-\frac{2}{n}\right)^k+\cdots+(-1)^nC_n^{n-1}\left(1-\frac{n-1}{n}\right)^k\right].$$

方法技巧 本题考查了多除少补原理及概率的性质.一节车厢可以有很多乘客,而一个乘客只能选一节车厢,因此是乘客去选择车厢.

20. 某人从鱼池中捕得 1 200 条鱼,做了记号后放回该鱼池中,经过适当时间后,再从池中捕 1 000 条鱼,数得有记号的鱼共有 100 条.试估计鱼池中共有多少条鱼?

解 设鱼池中共有 x 条鱼,由古典概型,池中有标记的鱼占鱼池中所有鱼的比例应该和捕出的有标记的鱼占捕出的鱼的比例相同,因此,$\dfrac{1\ 200}{x}=\dfrac{100}{1\ 000}$,从而 $x=12\ 000$,即鱼池中大概有12 000 条鱼.

21. 将线段$(0,a)$任意折成三折,试求此三折线段能构成三角形的概率.

解 设三折线段的长度分别为$x,y,a-x-y$,则

$$\Omega=\left\{(x,y)\left|\begin{array}{l}0<x<a,0<y<a,\\0<a-x-y<a\end{array}\right.\right\}$$

$$=\left\{(x,y)\left|\begin{array}{l}0<x<a,0<y<a,\\0<x+y<a\end{array}\right.\right\}.$$

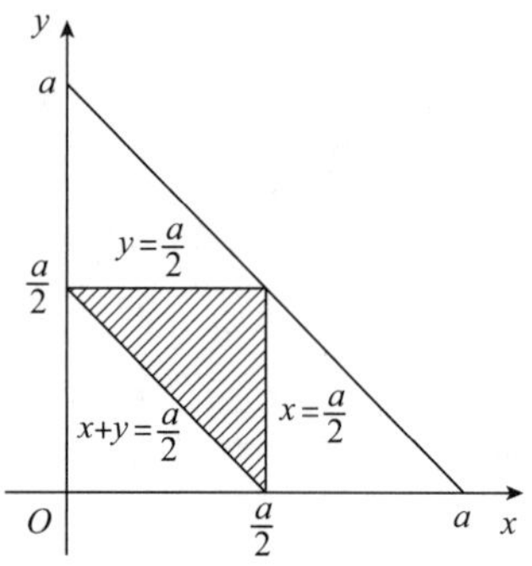

图 1.7

此三折线段要想构成三角形,需任意两边之和大于第三边(不需同时考虑任意两边之差小于第三边,因为移项之后,这两个条件是等价的).设A表示"此三折线段能构成三角形"这一事件,则

$$A=\left\{(x,y)\in\Omega\left|\begin{array}{l}x+y>a-x-y,\\x+a-x-y>y,\\y+a-x-y>x\end{array}\right.\right\}$$

$$=\left\{(x,y)\left|\begin{array}{l}0<x<\dfrac{a}{2},\\0<y<\dfrac{a}{2},\\\dfrac{a}{2}<x+y<a\end{array}\right.\right\},$$

见图 1.7 阴影部分.从而$P(A)=\dfrac{S_A}{S_\Omega}=\dfrac{1}{4}$.

特别提醒 要考虑两边之和大于第三边就都考虑和,从而有 3 个不等式;如果考虑两边之差小于第三边就都考虑差,从而有 3 个不等式.对于不等式$\dfrac{a}{2}<x+y<a$,不确定其对应的区域时,可以代入特殊点,看不等式是否成立,若成立,则特殊点在区域内;否则,在区域外.

22. 甲、乙两艘轮船驶向一个不能同时停泊两艘轮船的码头停泊,它们在一昼夜内到达的时刻是等可能的.如果甲船的停泊时间是 1 小时,乙船的停泊时间是 2 小时,求它们中任何一艘都不需要等待码头空出的概率.

解 设甲船到达时刻为x小时,乙船到达时刻为y小时,则

$$\Omega=\{(x,y)\mid 0<x<24,0<y<24\}.$$

设A表示"它们中任何一艘都不需要等待码头空出",则

$$A=\{(x,y)\in\Omega\mid x-y\geqslant 2,\text{或 } y-x\geqslant 1\},$$

见图 1.8 阴影部分.从而

$$P(A)=\frac{S_A}{S_\Omega}=\frac{\dfrac{1}{2}\times 23^2+\dfrac{1}{2}\times 22^2}{24^2}=0.879.$$

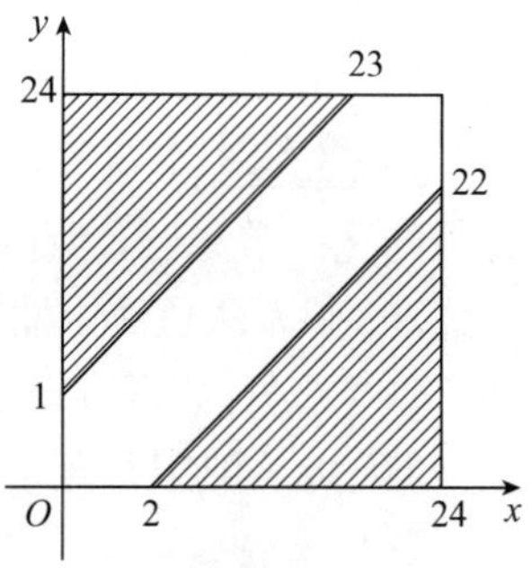

图 1.8

难点注释 如果甲船先到达码头,其停泊时间是 1 小时,要想乙不需要等待码头空出,则乙船至少要比甲船晚一个小时到达,例如,甲船 9 点到,乙船需在 10 点以后到达,从而有$y-x\geqslant 1$.类似地,乙船先到达码头时,要想甲船不需要等待码头空出,需$x-y\geqslant 2$.

23. 在一个半径为 1 的圆周上，甲、乙两人各自独立地从圆周上随机取一点，将两点连成一条弦 l，求圆心到 l 的距离不小于$\frac{1}{2}$ 这一事件的概率.

解　如图 1.9 所示.圆心到 l 的距离不小于$\frac{1}{2}$，即弦长小于$\sqrt{3}$，从而问题等价于“在一个半径为 1 的圆周上，甲、乙两人各自独立地从圆周上随机取一点，将两点连成一条弦 l，求弦长小于$\sqrt{3}$ 的概率”，选定弦的一个端点 C 后，如果不要求弦长大于$\sqrt{3}$ 时，则弦的另外一个端点 D 可以在圆周上任意选取.做圆的内接等边三角形CEF，此时CE 和CF 的长刚好为$\sqrt{3}$.弦长 CD 大于$\sqrt{3}$ 时，D 只能在弧 EF 上，由几何概型可知，弦长大于$\sqrt{3}$ 的概率为弧 EF 的长度除以圆的周长，即$\frac{1}{3}$.

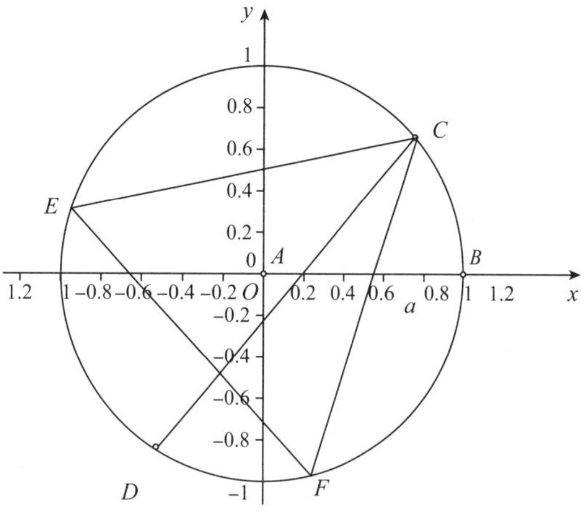

图 1.9

难点注释 贝特朗奇论是指在一个半径为 r 的圆上任做一弦，求此弦长 l 大于圆内接等边三角形的边长$\sqrt{3}r$ 的概率.由于“任作”的提法太含糊，因此这里提供了三种做法：

法一　设弦的中点任意落于圆内，然后考虑中点会落在哪个区域中能使得弦长大于$\sqrt{3}r$，从而由几何概率得所求概率为$\frac{1}{4}$.

法二　在圆上任取两点连接成弦，把其中一点固定，考虑另外一点在圆周上会落在什么地方能使得弦长大于$\sqrt{3}r$，从而由几何概率得所求概率为$\frac{1}{3}$.

法三　作弦垂直于直径，考虑弦的中点在直径的哪一段上使得弦长大于$\sqrt{3}r$，从而由几何概率得所求概率为$\frac{1}{2}$.

本题的做法相当于法二，需要注意，本题所求的事件为贝特朗奇论中事件的对立事件.

24. 在平面上画有间隔为 $d(d>0)$ 的等距平行线，向该平面随机投掷一个边长为 a,b,c（均小于 d）的三角形，求三角形与平行线相交的概率.

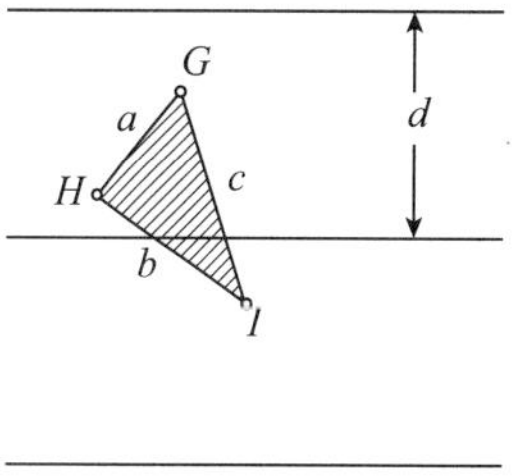

图 1.10

解　如图 1.10 所示.记 A 为事件“边 a 与平行线相交”，B 为事件“边 b 与平行线相交”，C 为事件“边 c 与平行线相交”.三角形与平行线相交时，有两种情况：(1) 两边（不含顶点）同时与平行线相交；(2) 至少一个顶点在平行线上.又因为顶点在平行线上的概率为 0，从而

$$\begin{aligned}P(\text{“三角形与平行线相交”}) &= P(\text{“两边（不含顶点）同时与平行线相交”})\\&\quad + P(\text{“至少一个顶点在平行线上”})\\&= P(\text{“两边（不含顶点）同时与平行线相交”})\end{aligned}$$

$$=P(\text{“两边同时与平行线相交”})$$
$$=P(A\cup B)+P(A\cup C)+P(C\cup B).$$

又

$$\begin{aligned}P(\text{“三角形与平行线相交”})&=P(A\cup B\cup C)\\&=P(A)+P(B)+P(C)-P(A\cup B)-P(A\cup C)\\&\quad-P(C\cup B)+P(ABC)\\&=P(A)+P(B)+P(C)-P(A\cup B)-P(A\cup C)\\&\quad-P(C\cup B).\end{aligned}$$

由蒲丰投针问题知,

$$P(A)=\frac{2a}{\pi d},\quad P(B)=\frac{2b}{\pi d},\quad P(C)=\frac{2c}{\pi d}.$$

从而,

$$\begin{aligned}P(\text{“三角形与平行线相交”})&=\frac{1}{2}\big(P(A)+P(B)+P(C)\big)\\&=\frac{a+b+c}{\pi d}.\end{aligned}$$

25. 设一个质点落在 xOy 平面上由 x 轴, y 轴和直线 $x+y=1$ 所围成的三角形内,而落在此三角形内的可能性相同.试求此质点落在直线 $x=\frac{1}{3}$ 左边的概率.

解 见图 1.11 阴影部分.

$$P(\text{“质点落在直线 }x=\tfrac{1}{3}\text{ 左边”})=\frac{\frac{1}{2}-\frac{1}{2}\times\frac{2}{3}\times\frac{2}{3}}{\frac{1}{2}}=\frac{5}{9}.$$

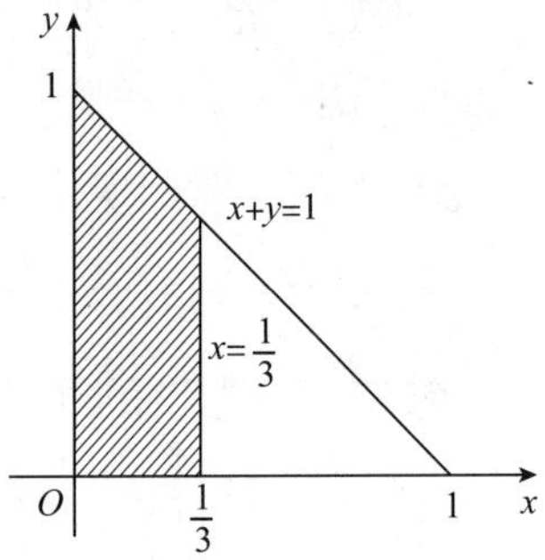

图 1.11

26. 甲、乙两人相约 7 点到 8 点在某地见面,先到者等候另一人 20 分钟,过时就可离去,试求这两人能会面的概率.

解 设甲、乙分别在 7 点后 x 分钟及 y 分钟到达某地,则

$$\Omega=\{(x,y)\mid 0<x<60,0<y<60\}.$$

设 A 表示“两人能会面” 这一事件,则

$$A=\{(x,y)\in\Omega \mid |x-y|\leqslant 20\},$$

见图 1.12 阴影部分.从而

$$P(A)=\frac{S_A}{S_\Omega}=\frac{60^2-\frac{1}{2}\times 40^2\times 2}{60^2}=1-\frac{4}{9}=\frac{5}{9}.$$

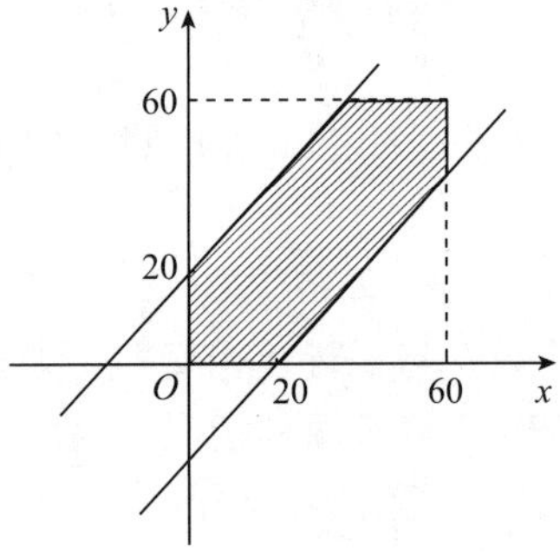

图 1.12

特别提醒 注意单位的统一.

27. 均匀的正六面体刻有 1 至 6 点(称为骰子),令

$$A=\{\text{“投掷一颗该六面体 4 次,至少得到一个 6 点”}\};$$

$$B=\{\text{“投掷两颗该六面体 24 次,至少得到一个双 6 点”}\},$$

试比较 $P(A)$ 与 $P(B)$ 的大小.

解　投掷一颗该六面体 4 次,共有 6^4 种结果,四次都不出现 6 点有 5^4 种可能,因此

$$P(A)=1-\frac{5^4}{6^4}=0.518.$$

投掷两颗该六面体 24 次,共有 6^{24} 种结果,没有一个双 6 点,共有两种情况:24 次都没出现 6 点,有 5^{24} 种结果;24 次中有一次出现 6 点,剩下 23 次都没有出现 6 点,有 $C_{24}^1 5^{23}$ 种结果,因此

$$P(B)=1-\frac{5^{24}+C_{24}^1 5^{23}}{6^{24}}=0.491.$$

故 $P(A)>P(B)$.

28. 一袋内装有 $n-1$ 个黑球和 1 个白球,每次从袋内随机取出一球,并换入 1 个黑球,这样继续下去,求第 k 次取到黑球的概率.

◆ 题型解析: 由于黑球的个数不止一个,第 k 次取到黑球的概率与前 $k-1$ 次取的球的颜色都有关系,而前 $k-1$ 次取到球的情况非常复杂,因此直接计算比较困难.注意到白球只有一个,我们不直接考虑第 k 次取到黑球,而是考虑其对立事件:第 k 次取到白球,此事件等价于前 $k-1$ 次都应取到黑球,问题变得相对简单.

解　设 A_k 表示“第 k 次取到黑球”,$\overline{A_k}$ 表示“第 k 次取到白球”,白球只有一个,从而前 $k-1$ 次都应取到黑球,这样第 k 次才能取到白球.从而

$$P(A_k)=1-P(\bar{A}_k)=1-\frac{1}{n}\left(1-\frac{1}{n}\right)^{k-1}.$$

29. 求本章习题 6 的 $P(A)$.

解　$P(A)=P(\bar{B}\cap\bar{C})=1-P(B\cup C)=1-P(B)-P(C)+P(B\cap C)$

$$=1-\left(\frac{8}{9}\right)^n-\left(\frac{5}{9}\right)^n+\left(\frac{4}{9}\right)^n.$$

30. 某彩票公司共发行了 n 张彩票,其中有 m 张中奖,某人买了 r 张彩票,求至少有一张中奖的概率.

解　$P(\text{“至少有一张中奖”})=1-P(\text{“}r\text{ 张都没有中奖”})=1-\dfrac{C_{n-m}^r}{C_n^r}.$

方法技巧 n 个事件至少有一个发生等价于这 n 个事件的并,可以用多除少补原理来算,此时需要计算 2^n-1 个事件的概率.n 个事件至少有一个发生的对立事件为 n 个事件都不发生,如果 n 个事件都不发生的概率容易计算,则由概率的性质可得 n 个事件至少有一个发生的概率.

31. 设 $P(A)=x$,$P(B)=y$,且 $P(A\cap B)=z$,用 x,y,z 表示下列事件的概率:

(1) $P(\bar{A}\cup\bar{B})$;(2) $P(\bar{A}\cap B)$;(3) $P(\bar{A}\cup B)$;(4) $P(\bar{A}\cap\bar{B})$.

解　(1) $P(\bar{A}\cup\bar{B})=1-P(A\cap B)=1-z$.

(2) $P(\bar{A}\cap B)=P(B-A)=P(B)-P(A\cap B)=y-z$.

(3) $P(\bar{A}\cup B)=P(\bar{A})+P(B)-P(\bar{A}B)$
$=1-P(A)+P(B)-P(B)+P(AB)$
$=1-x+y-y+z=1-x+z.$

(4) $P(\bar{A}\cap\bar{B})=1-P(A\cup B)=1-P(A)-P(B)+P(A\cap B)=1-x-y+z.$

题型解析:本题考查了概率的性质及事件之间的运算关系.

32. 证明:$P\big((A\cap\bar{B})\cup(B\cap\bar{A})\big)=P(A)+P(B)-2P(A\cap B)$,并解释此结果的概率意义.

证明 $P\big((A\cap\bar{B})\cup(B\cap\bar{A})\big)=P(A\cap\bar{B})+P(B\cap\bar{A})$
$=P(A)-P(A\cap B)+P(B)-P(A\cap B)$
$=P(A)+P(B)-2P(A\cap B).$

概率意义:$(A\cap\bar{B})\cup(B\cap\bar{A})$表示"$A$发生且$B$不发生或者$A$不发生且$B$发生"."$A$发生且$B$不发生"与"$A$不发生且$B$发生"是互不相容的,所以并的概率等于概率的和."$A$发生且$B$不发生"的概率等于"$A$发生"的概率减去"$A,B$同时发生"的概率;同样地,"$A$不发生且$B$发生"的概率等于"$A$发生"的概率减去"$A,B$同时发生"的概率.从而有上面的等式成立.

33. 设事件A,B,C满足:

$$P(A)=P(B)=P(C)=\frac{1}{4},\quad P(AB)=P(CB)=0,\quad P(AC)=\frac{1}{8}.$$

试求事件A,B,C至少有一个发生的概率及A,B,C均不发生的概率.

解 因$ABC\subset AB$,由概率单调性知$0\leqslant P(ABC)\leqslant P(AB)=0$,故$P(ABC)=0$.则有
P("A,B,C至少有一个发生")$=P(A\cup B\cup C)$
$=P(A)+(B)+P(C)-P(AB)-P(AC)-P(BC)$
$=\frac{1}{4}+\frac{1}{4}+\frac{1}{4}-\frac{1}{8}=\frac{5}{8}.$

$$P(\text{“}A,B,C\text{均不发生”})=1-P(A\cup B\cup C)=\frac{3}{8}.$$

难点注释 题中没有给出$P(ABC)=0$,需用概率的单调性推出.

34. 袋中有编号为$1,2,\cdots,n$的n个球,从中有放回地随机选取m次,求取出的m个球的最大号码为k的概率,并计算$n=6,\ m=3$时,$k=1$和$k=6$的值.

解 从编号为$1,2,\cdots,n$的n个球中有放回地随机选取m次,考虑取到的球的号码共有n^m种结果.这m次取出的球的号码可以是$1,2,\cdots,k$,共有k^m种结果,但如果m次取出的球的号码都是来自$1,2,\cdots,k-1$,则最大号码不会是k,因此取出的m个球的最大号码为k共有$k^m-(k-1)^m$次.从而取出的m个球的最大号码为k的概率为$\frac{k^m-(k-1)^m}{n^m}$.

当$n=6,\ m=3,k=1$时,取出的3个球的最大号码为1的概率为$\frac{1}{216}$;当$n=6,\ m=3,k=6$时,取出的3个球的最大号码为6的概率为$\frac{6^3-5^3}{6^3}=0.4213$.

难点注释 "取出的m个球的最大号码为k"等价于"取出的m个球的号码都不会大于k但至少要有一个球的号码等于k",即等价于"取出的m个球的号码都不大于k"与"取出的m个

球的号码都不大于 $k-1$”这两个事件的差.

35. 已知 $P(A)=0.4$，$P(B)=0.3$，$P(A\cup B)=0.6$，试求 $P(A\cap\bar{B})$.

解
$$P(A\cap B)=P(A)+P(B)-P(A\cup B)=0.4+0.3-0.6=0.1,$$
$$P(A\cap\bar{B})=P(A-A\cap B)=P(A)-P(A\cap B)=0.4-0.1=0.3.$$

36. n 个人参加同学聚会，每个人都带了一件礼物，并附上祝福词和签上自己的名字.聚会时每人从放在一起的礼物中随机取出一件礼物，求至少有一人取到自己礼物的概率，并计算出当 $n=2$ 和 $n=1\,000$ 时的概率.

◇ **题型解析**："n 个人至少有一人取到自己的礼物"可以表示为 n 个事件的并，而每个人是否取到自己的礼物对其他人是否取到自己的礼物有影响，因此这 n 个事件不独立，如果考虑 n 个事件并的对立事件即 n 个事件的交，则往下无法计算概率.因此我们直接用多除少补原理计算"n 个人至少有一人取到自己的礼物"的概率.在考虑任意 k 个事件交的概率时，由于这 k 个事件不是相互独立的，因此需要用条件概率来算.例如，A_i 表示"第 i 个人取到自己的礼物"这一事件，则由乘法公式可得
$$P(A_1\cap A_2\cap A_3)=P(A_1)P(A_2\mid A_1)P(A_3\mid A_1\cap A_2),$$
其中 $P(A_1)=\dfrac{1}{n}$，$A_2\mid A_1$ 表示第 1 个人取到自己礼物的前提下，第 2 个人取到自己的礼物，已知第 1 个人取后，还有 $n-1$ 个礼物，第 2 个人取时只能从这 $n-1$ 个礼物中选，共有 $n-1$ 种方法，要想取到自己的礼物，只有一种方法，因此由古典概型知道，$P(A_2\mid A_1)=\dfrac{1}{n-1}$.同理，
$$P(A_3\mid A_1\cap A_2)=\frac{1}{n-2},$$
从而
$$P(A_1\cap A_2\cap A_3)=\frac{1}{n}\cdot\frac{1}{n-1}\cdot\frac{1}{n-2}=\frac{(n-3)!}{n!}.$$

解　设 A_i 表示"第 i 个人取到自己的礼物"这一事件，$i=1,2,3,\cdots,n$.依题意，对任意的 $1\leqslant i<j<k\leqslant n$，有
$$P(A_1)=\frac{1}{n},\quad P(A_1\cap A_2)=P(A_1)P(A_2\mid A_1)=\frac{1}{n}\cdot\frac{1}{n-1}=\frac{(n-2)!}{n!},$$
$$P(A_1\cap A_2\cap A_3)=\frac{(n-3)!}{n!},\quad\cdots,\quad P\left(\bigcap_{i=1}^{n}A_i\right)=\frac{1}{n!}.$$
因此有
$$S_1=\sum_{i=1}^{n}P(A_i)=n\cdot\frac{1}{n}=1,\quad S_2=\sum_{1\leqslant i<j\leqslant n}P(A_i\cap A_j)=C_n^2\,\frac{(n-2)!}{n!},$$
$$S_3=\sum_{1\leqslant i<j<k\leqslant n}P(A_i\cap A_j\cap A_k)=C_n^3\,\frac{(n-3)!}{n!},\quad\cdots,\quad S_n=\frac{1}{n!}.$$
由多除少补原理知道，至少有一人取到自己礼物的概率为
$$\begin{aligned}P_n&=1-C_n^2\,\frac{(n-2)!}{n!}+C_n^3\,\frac{(n-3)!}{n!}-C_n^4\,\frac{(n-4)!}{n!}+\cdots+(-1)^{n+1}\,\frac{1}{n!}\\&=\sum_{k=1}^{n}(-1)^{k+1}\,\frac{1}{k!}.\end{aligned}$$

当 $n=2$ 时的概率为

$$P_2=1-C_2^2\frac{(2-2)!}{2!}=\frac{1}{2}.$$

当 $n=1\,000$ 时的概率为

$$P_{1\,000}=\sum_{k=1}^{1\,000}(-1)^{k+1}\frac{1}{k!}.$$

37. 某一工厂有一个班组共有男工 7 人、女工 4 人，随机选出 3 人作为出席某会议的代表，求所选的代表中至少有一名女工的概率.

解 P（“所选的代表中至少有一名女工”）$=1-\dfrac{C_7^3}{C_{11}^3}$.

38. 证明下面定理的必要性：

定理 设 P 为可测空间 $(\Omega,\mathscr{F},P)$ 上的非负实值集函数，$P(\Omega)=1$，则 P 为完全可加的充要条件为

(1) P 是有穷可加的；

(2) P 是上连续的.

证明 P 为完全可加的，即设 $A_i\in\mathscr{F},i=1,2,\cdots,A_i\cap A_j=\varnothing,i\neq j$，有

$$P\left(\bigcup_{i=1}^{\infty}A_i\right)=\sum_{i=1}^{\infty}P(A_i).$$

必要性 (1) P 是有穷可加的：设 $A_i\in\mathscr{F},i=1,2,\cdots,n,A_i\cap A_j=\varnothing,1\leqslant i\neq j\leqslant n$，取 $A_{n+1}=A_{n+2}=\cdots=\varnothing$，则 $A_{n+i}\in\mathscr{F},i=1,2,3,\cdots$，且 $A_i\cap A_j=\varnothing,i\neq j$，从而由完全可加性知，

$$P\left(\bigcup_{i=1}^{n}A_i\right)=P\left(\bigcup_{i=1}^{\infty}A_i\right)=\sum_{i=1}^{\infty}P(A_i)=\sum_{i=1}^{n}P(A_i).$$

(2) P 是上连续的：设 $A_1\supset A_2\supset\cdots$，且 $\bigcap_{i=1}^{\infty}A_i=A$，下证 $\lim_{n\to\infty}P(A_n)=P(A)$. 设 $B_n=A_n-A_{n+1},n=1,2,\cdots$，则 B_n 互不相容，且 $\bigcup_{n=1}^{\infty}B_n=A_1-A$，由概率的完全可加性知，

$$\begin{aligned}P(A_1)-P(A)=P(A_1-A)=P\left(\bigcup_{n=1}^{\infty}B_n\right)&=\sum_{i=1}^{\infty}P(B_i)\\&=\sum_{i=1}^{\infty}P(A_i-A_{i+1})\\&=\lim_{n\to\infty}\sum_{i=1}^{n}\big(P(A_i)-P(A_{i+1})\big)\\&=\lim_{n\to\infty}\big(P(A_1)-P(A_{n+1})\big)\\&=P(A_1)-\lim_{n\to\infty}P(A_{n+1}).\end{aligned}$$

因此，$\lim_{n\to\infty}P(A_n)=P(A)$.

方法技巧 运用概率的完全可加性时，一定要注意这列事件两两互不相容，如果它们不是两两互不相容的，则需要通过集合的运算，构造出两两互不相容的集合列. 通常当一列集合有包含关系且越来越大或越来越小时，我们只需把相邻两个集合中大的集合减去小的集合即可. 需要注意的是构造出来的新集合的并要用原集合的并来表示.

39. 证明概率 P 是下连续的：已知 $A_1\subset A_2\subset\cdots$，且 $\bigcup_{i=1}^{\infty}A_i=A$，求证 $\lim_{n\to\infty}P(A_n)=P(A)$.

证明 **法一** 设 $B_n = A - A_n$，则 $B_1 \supset B_2 \supset \cdots$，且 $\bigcap\limits_{i=1}^{\infty} B_i = \varnothing$，由概率的连续性知，

$$\begin{aligned} 0 &= \lim_{n\to\infty} P(B_n) = \lim_{n\to\infty} P(A - A_n) \\ &= \lim_{n\to\infty}\big(P(A) - P(A_n)\big) = P(A) - \lim_{n\to\infty} P(A_n), \end{aligned}$$

从而，

$$\lim_{n\to\infty} P(A_n) = P(A).$$

法二 设 $A_n = \bigcup\limits_{k=n}^{\infty}(A_{k+1} - A_k)$，$n = 1,2,\cdots$，由 $A_{k+1} - A_k$，$k = 1,2,\cdots$ 互不相容及完全可加性得

$$1 \geqslant P\Big(\bigcup_{k=1}^{\infty}(A_{k+1} - A_k)\Big) = \sum_{k=1}^{\infty} P(A_{k+1} - A_k) = \lim_{n\to\infty}\sum_{k=1}^{n}\big(P(A_{k+1}) - P(A_k)\big),$$

从而上面级数的尾项必趋于 0，即

$$\begin{aligned} \sum_{k=n}^{\infty} P(A_{k+1} - A_k) &= \sum_{k=n}^{\infty}\big(P(A_{k+1}) - P(A_k)\big) \\ &= P\Big(\bigcup_{i=n}^{\infty} A_i\Big) - P(A_n) = P(A) - P(A_n) \to 0, \quad n \to \infty. \end{aligned}$$

从而 $\lim\limits_{n\to\infty} P(A_n) = P(A)$.

40. 证明习题 38 定理中的充要条件(2) 改为 P 是下连续时，定理也是正确的.设 P 为可测空间$(\Omega,\mathscr{F},P)$ 上的非负实值集函数，$P(\Omega) = 1$，则 P 为完全可加的充要条件为

(1) P 是有穷可加的；

(2′) P 是下连续的.

证明 我们只需证明上连续和下连续等价即可，即(2) 和(2′) 等价.

(i) 若 P 是上连续的，设 $A_1 \subset A_2 \subset \cdots$，且 $\bigcup\limits_{i=1}^{\infty} A_i = A$，设 $B_n = A - A_n$，则 $B_1 \supset B_2 \supset \cdots$，且 $\bigcap\limits_{i=1}^{\infty} B_i = \varnothing$，由上连续性知道，

$$0 = \lim_{n\to\infty} P(B_n) = \lim_{n\to\infty} P(A - A_n) = \lim_{n\to\infty}\big(P(A) - P(A_n)\big) = P(A) - \lim_{n\to\infty} P(A_n).$$

从而 $\lim\limits_{n\to\infty} P(A_n) = P(A)$，即 P 是下连续的.

(ii) 若 P 是下连续的，设 $A_1 \supset A_2 \supset \cdots$，且 $\bigcap\limits_{i=1}^{\infty} A_i = A$，设 $B_n = A_1 - A_n$，则 $B_1 \subset B_2 \subset \cdots$，且 $\bigcup\limits_{i=1}^{\infty} B_i = A_1 - A$，由下连续性知道，

$$P(A_1) - \lim_{n\to\infty} P(A_n) = \lim_{n\to\infty} P(A_1 - A_n) = \lim_{n\to\infty} P(B_n) = P(A_1 - A) = P(A_1) - P(A).$$

从而 $\lim\limits_{n\to\infty} P(A_n) = P(A)$，即 P 是上连续的.

41. 一位教师对所教班级学生期末考试估计高等数学成绩优秀的占 15%，外语成绩优秀的占 5%，两科成绩都优秀的占 3%，求：

(1) 已知一学生高等数学成绩优秀，其外语成绩也优秀的概率；

(2) 已知一学生外语成绩优秀，其高等数学成绩也优秀的概率.

解 设 A =“学生高等数学成绩优秀”，B =“学生外语成绩优秀”，则

$$P(A) = 15\%, \quad P(B) = 5\%, \quad P(AB) = 3\%.$$

从而，

(1) $P(B\mid A)=\dfrac{P(AB)}{P(A)}=\dfrac{3\%}{15\%}=\dfrac{1}{5}$;

(2) $P(A\mid B)=\dfrac{P(AB)}{P(B)}=\dfrac{3\%}{5\%}=\dfrac{3}{5}$.

◘ **题型解析**:已知某个事件发生,求另外一个事件发生的概率,即条件概率,按条件概率的定义去计算.如果某个事件发生的概率不好计算,可以考虑把此事件分解为若干个简单事件的并,用全概率公式求得此事件的概率.

42. 已知 $P(\bar{A})=0.3$,$P(B)=0.4$,$P(A\cap\bar{B})=0.5$,求 $P(B\mid A\cup\bar{B})$.

解 由题意,可得

$$P(A)=1-P(\bar{A})=0.7,\quad P(\bar{B})=1-P(B)=0.6,$$

$$P(A\cap\bar{B})=P(A\bar{B})=0.5,$$

$$P(A\cup\bar{B})=P(A)+P(\bar{B})-P(A\bar{B})=0.8,$$

从而

$$P(B\mid A\cup\bar{B})=\frac{P(B\cap(A\cup\bar{B}))}{P(A\cup\bar{B})}=\frac{P(A\cap B)}{P(A\cup\bar{B})}=\frac{P(A)-P(A\cap\bar{B})}{P(A\cup\bar{B})}=\frac{0.7-0.5}{0.8}=0.25.$$

43. 试证:如果 $P(A\mid B)>P(A)$,则 $P(B\mid A)>P(B)$.

证明 $P(B\mid A)=\dfrac{P(AB)}{P(A)}=\dfrac{P(A\mid B)P(B)}{P(A)}>\dfrac{P(A)P(B)}{P(A)}=P(B)$.

◘ **题型解析**:本题考查了条件概率的概念和乘法公式.

44. 一批产品共 100 件,对其进行抽样检查,整批产品看作不合格的规定是:在被检查的 5 件产品中只要有一件是废品,整批产品就被视为不合格.如果在该批产品中有 5% 是不合格品,试问该批产品被认为不合格的概率是多少?

◘ **题型解析**:"每次取 1 件,有放回地取了 5 件产品"与"1 次取 5 件,取到产品都是正品"的概率相同.而有放回地抽取时,这次抽取结果对下次不影响,从而由事件的独立性可得 5 件产品都是正品的概率,再由概率的性质求解.

解 100 件产品中被检查的 5 件产品中都是正品的概率为0.95^5,从而该批产品被认为不合格的概率是 $1-0.95^5\approx 0.23$.

45. 全部产品中 4% 是废品,而合格品中的 75% 为一级品,求任选一个产品为一级品的概率.

◘ **题型解析**:一级品必须从合格品中选取,因此任选一个产品为一级品等价于任选一个产品为合格品且为一级品,再由乘法公式求解.

解 设 A="产品为合格品",B="产品为一级品",则 $P(A)=0.96$,$P(B\mid A)=0.75$.由乘法公式知

$$P(B)=P(AB)=P(A)P(B\mid A)=96\%\times 75\%=0.72.$$

46. 当 $P(A)=a$,$P(B)=b$ 时,证明:$P(A\mid B)\geqslant\dfrac{a+b-1}{b}$.

证明

$$P(A\mid B)=\frac{P(AB)}{P(B)}=\frac{P(A)+P(B)-P(A\cup B)}{P(B)}$$

$$=\frac{a+b-P(A\cup B)}{b}\geqslant\frac{a+b-1}{b}.$$

方法技巧 本题用到了条件概率的定义、多除少补原理及概率的性质.特别注意概率界于 0 和 1 之间.

47. 进行摩托车竞赛.在地段甲、乙间布设了三个故障,在每一故障前停车的概率为 0.1.从乙地到终点丙地竞赛者不停车的概率为 0.7,求在地段甲、丙间竞赛者不停车的概率.

解　设 A ="从甲地到乙地不停车",B ="从乙地到丙地不停车",则 $P(A)=0.9^3$,$P(B)=0.7$,且 A,B 相互独立,因此由乘法公式知

$$P(AB)=P(A)P(B)=0.9^3\times 0.7=0.510\ 3.$$

48.(卜里耶概型)　设口袋里装有 b 个黑球,r 个红球,任意取出一个,然后放回并放入 c 个与取出的球颜色相同的球,再向袋里取出一球(当 $c=0$ 时,即为放回取样模型;当 $c=-1$ 时,即为不放回取样模型).求:

(1) 最初取出的球是黑色,第二次取出的也是黑色的概率;

(2) 如将上述步骤进行 n 次,取出的正好是 n_1 个黑球,n_2 个红球($n_1+n_2=n$)的概率;

(3) 用归纳法证明任何一次取得黑球的概率都是 $\dfrac{b}{b+r}$;任何一次取得红球的概率都是 $\dfrac{r}{b+r}$;

(4) 用归纳法证明第 m 次与第 n 次($m<n$)取出的都是黑球的概率是

$$\frac{b(b+c)}{(b+r)(b+r+c)}.$$

◆ **题型解析**:由于每次取球后要放入 c 个同色的球,因此下一次的抽取受上次抽取结果的影响.从而每次抽取的结果不是相互独立的,但它们有先后顺次,因此可以考虑用乘法公式来求解问题(1)和(2).第三问用归纳法证明时,第二步需由 $k=n-1$ 时结论成立来推 $k=n$ 时结论也成立.此步需要考虑第一次抽取的球的颜色,此时共有两种可能,即红球或者黑球,若是红球,第二次抽取时袋中球的分配情况为 $r+c$ 个红球,b 个黑球,从第二次出发,只需再抽取 $n-1$ 次即可,从而可以利用 $k=n-1$ 时的结论.

证明　设 A_i ="第 i 次取出的球是黑球",则 $\overline{A_i}$ ="第 i 次取出的球是红球".

(1) $P(A_1A_2)=P(A_1)P(A_2\mid A_1)=\dfrac{b}{b+r}\cdot\dfrac{b+c}{b+r+c}$.

(2)
$$\begin{aligned}&P(A_1A_2A_3\cdots A_{n_1}\overline{A_{n_1+1}}\ \overline{A_{n_1+2}}\cdots\overline{A_n})+\cdots+P(\overline{A_1}\ \overline{A_2}\ \overline{A_3}\cdots\overline{A_{n_1}}A_{n_1+1}A_{n_1+2}\cdots A_n)\\&=C_n^{n_1}P(A_1A_2A_3\cdots A_{n_1}\overline{A_{n_1+1}}\ \overline{A_{n_1+2}}\cdots\overline{A_n})\\&=C_n^{n_1}\frac{b}{b+r}\cdot\frac{b+c}{b+r+c}\cdot\cdots\cdot\frac{b+(n_1-1)c}{b+r+(n_1-1)c}\cdot\frac{r}{b+r+n_1c}\cdot\\&\quad\frac{r+c}{b+r+(n_1+1)c}\cdot\cdots\cdot\frac{r+(n_2-1)c}{b+r+(n-1)c}.\end{aligned}$$

(3) 我们对取球次数 n 做归纳法.当 $n=1$ 时,

$$P(A_1)=\frac{b}{b+r}.$$

假设 $n-1$ 时命题成立.为求 $P(A_n)$,我们以第 1 次取球的可能结果 A_1 与 $\overline{A_1}$ 作为分割,用全概率公式可得

$$P(A_n)=P(A_n \mid A_1)P(A_1)+P(A_n \mid \overline{A_1})P(\overline{A_1}).$$

注意在 A_1 条件下，袋中有 r 个红球与 $b+c$ 个黑球.而 $P(A_n \mid A_1)$ 相当于自 r 个红球与 $b+c$ 个黑球出发，在第 $n-1$ 次取出黑球的概率，由归纳假设有

$$P(A_n \mid A_1)=\frac{b+c}{r+b+c}.$$

同理，$P(A_n \mid \overline{A_1})=\dfrac{b}{r+b+c}$，带入可得

$$\begin{aligned}P(A_n)&=P(A_n \mid A_1)P(A_1)+P(A_n \mid \overline{A_1})P(\overline{A_1})\\&=\frac{b+c}{b+c+r}\cdot\frac{b}{b+r}+\frac{b}{b+c+r}\cdot\frac{r}{b+r}=\frac{b}{b+r}.\end{aligned}$$

从而，$P(\overline{A_n})=1-\dfrac{b}{b+r}=\dfrac{r}{b+r}$.

(4) 当 $m=1,n=2$ 时，由(1)知，$P(A_1A_2)=P(A_1)P(A_2 \mid A_1)=\dfrac{b}{b+r}\cdot\dfrac{b+c}{b+r+c}$，此时结论成立.假定当 $m=k,n>k$ 时结论成立，则当 $m=k+1$ 时，由全概率公式知，

$$P(A_mA_n)=P(A_mA_n \mid A_1)P(A_1)+P(A_mA_n \mid \overline{A_1}).$$

注意在 A_1 条件下，袋中有 r 个红球与 $b+c$ 个黑球.而 $P(A_mA_n \mid A_1)$ 相当于自 r 个红球与 $b+c$ 个黑球出发，在第 k 次取出黑球，第 $n-1$ 次取出黑球的概率，由归纳假设有

$$P(A_mA_n \mid A_1)=\frac{(b+c)(b+2c)}{(b+c+r)(r+b+2c)}.$$

同理，

$$P(A_mA_n \mid \overline{A_1})=\frac{b(b+c)}{(b+c+r)(r+b+2c)},$$

带入可得

$$\begin{aligned}P(A_mA_n)&=P(A_mA_n \mid A_1)P(A_1)+P(A_mA_n \mid \overline{A_1})P(\overline{A_1})\\&=\frac{(b+c)(b+2c)}{(b+c+r)(b+2c+r)}\cdot\frac{b}{b+r}+\frac{b(b+c)}{(b+r+c)(b+2c+r)}\cdot\frac{r}{b+r}\\&=\frac{b(b+c)}{(b+r)(b+c+r)}.\end{aligned}$$

49. 利用概率论的想法证明恒等式(其中 $A>a$ 均为正整数)：

$$1+\frac{A-a}{A-1}+\frac{(A-a)(A-a-1)}{(A-1)(A-2)}+\cdots+\frac{(A-a)(A-a-1)\cdots 3\times 2\times 1}{(A-1)(A-2)\cdots(a+1)a}=\frac{A}{a}.$$

难点注释 注意到概率在0到1之间，$A>a$ 时，$\dfrac{A}{a}>1$，因此将上式两边同除以 $\dfrac{A}{a}$，则式子左边第一项变为 $\dfrac{a}{A}$，才能和概率有联系.

证明 只需证

$$\frac{a}{A}+\frac{A-a}{A}\cdot\frac{a}{A-1}+\frac{A-a}{A}\cdot\frac{A-a-1}{A-1}\cdot\frac{a}{A-2}+\cdots+\frac{A-a}{A}\cdot\frac{A-a-1}{A-1}\cdot\cdots\cdot\frac{a}{a}=1.$$

考虑如下的概率模型：在一个装有 A 个球而其中有 a 个白球的袋中任意不放回地取球，

第 1 次取到白球的概率为$\frac{a}{A}$；

第 2 次才取到白球的概率为$\frac{(A-a)a}{A(A-1)}$；

第 3 次才取到白球的概率为$\frac{(A-a)(A-a-1)a}{A(A-1)(A-2)}$；

第 4 次才取到白球的概率为$\frac{(A-a)(A-a-1)(A-a-2)a}{A(A-1)(A-2)(A-3)}$；

……

第 $A-a+1$ 次才取到白球的概率为$\frac{A-a}{A}\cdot\frac{A-a-1}{A-1}\cdot\cdots\cdot\frac{a}{a}$.

又 A 个球中有 a 个白球，所以前 $A-a+1$ 次必然能取到白球，否则前 $A-a+1$ 次都不是白球，白球只能在剩下的 $a-1$ 个球中取得，从而白球的个数将小于 a.因此，

$$\frac{a}{A}+\frac{A-a}{A}\cdot\frac{a}{A-1}+\frac{A-a}{A}\cdot\frac{A-a-1}{A-1}\cdot\frac{a}{A-2}+\cdots+\frac{A-a}{A}\cdot\frac{A-a-1}{A-1}\cdot\cdots\cdot\frac{a}{a}=1.$$

50. 两批相同的产品各有 12 件和 10 件，在每批产品中有一件废品，今任意地从第一批中抽出一件混入第二批中，然后再从第二批中抽出一件，求从第二批产品中抽出的是废品的概率.

方法技巧 第一次抽取的一件产品可能是正品也可能是废品，且对第二次抽到结果有影响，因此需考虑全概率公式.

解　设 $A=$“从第二批产品中抽出的是废品”，$B=$“从第一批产品中抽出的是废品”，$\bar{B}=$“从第一批中抽出的产品不是废品”，由题意知

$$P(B)=\frac{1}{12},\quad P(A\mid B)=\frac{2}{11},\quad P(\bar{B})=\frac{11}{12},\quad P(A\mid\bar{B})=\frac{1}{11}.$$

由全概率公式知

$$P(A)=P(B)P(A\mid B)+P(\bar{B})P(A\mid\bar{B})=\frac{1}{12}\times\frac{2}{11}+\frac{11}{12}\times\frac{1}{11}=\frac{13}{132}.$$

51. 在一盒子中装有 15 个乒乓球，其中有 9 个新球.在第一次比赛时任意取出 3 个球，比赛后仍放回原盒中.在第二次比赛时同样任意取出 3 个球，求第二次取出的 3 个球均为新球的概率.

难点注释 注意到第一次取出的新球用过后，第二次取球时为旧球，因此第一次取到新球的个数对第二次取出的 3 个球均为新球有影响.本题考查了全概率公式.

解　设 $A=$“第二次取出的 3 个球均为新球”，$B_i=$“第一次比赛时任意取出 3 个球中有 i 个球为新球”，$i=0,1,2,3$.注意到第一次取出的新球用过后为旧球，因此

$$P(B_i)=\frac{C_9^iC_6^{3-i}}{C_{15}^3},\quad P(A\mid B_i)-\frac{C_{9-i}^3}{C_{15}^3},\quad i-0,1,2,3.$$

由全概率公式可得

$$P(A)=\sum_{i=0}^{3}P(B_i)P(A\mid B_i)=\sum_{i=0}^{3}\frac{C_9^iC_6^{3-i}}{C_{15}^3}\cdot\frac{C_{9-i}^3}{C_{15}^3}=0.089.$$

52. 设一袋中装有 $M+N$ 个同样(除颜色外)的球，其中有 M 个白球和 N 个黑球.现从袋中一次一次不放回取一球，求第 k 次取到的是白球的概率$(1\leqslant k\leqslant M+N)$.(用全概率公式解)

难点注释 由于是不放回抽取，因此前一次取球的结果对下一次取球的结果有影响.如果

考虑前 $n-1$ 次取球的情况，剖分时事件的个数将非常多，从而用全概率公式来做，计算起来将比较困难.但如果我们用数学归纳法，且在第二步时考虑第一次取到的是白球还是黑球，用全概率公式转化为已知的情况，计算量将大大减少.

解 设 $A_i=$“第 i 取到的是白球”，$i=1,2,3,\cdots,M+N$.当 $i=1$ 时，

$$P(A_1)=\frac{M}{M+N}.$$

当 $i=2$ 时，

$$\begin{aligned}P(A_2)&=P(A_1)P(A_2\mid A_1)+P(\overline{A_1})P(A_2\mid\overline{A_1})\\&=\frac{M}{M+N}\cdot\frac{M-1}{M+N-1}+\frac{N}{M+N}\cdot\frac{M}{M+N-1}\\&=\frac{M}{M+N}.\end{aligned}$$

猜想 $P(A_k)=\dfrac{M}{M+N}$.

假定 $n=k$ 时成立，下面证明 $n=k+1$ 时成立.注意在 A_1 条件下，袋中有 $M-1$ 个白球与 N 个黑球.而 $P(A_n\mid A_1)$ 相当于自 $M-1$ 个白球与 N 个黑球出发，在第 $n-1$ 次取出白球的概率，由归纳假设有 $P(A_n\mid A_1)=\dfrac{M-1}{M-1+N}$.同理，$P(A_n\mid\overline{A_1})=\dfrac{M}{M-1+N}$，带入可得

$$\begin{aligned}P(A_n)&=P(A_n\mid A_1)P(A_1)+P(A_n\mid\overline{A_1})P(\overline{A_1})\\&=\frac{M-1}{M-1+N}\cdot\frac{M}{M+N}+\frac{M}{M-1+N}\cdot\frac{N}{M+N}=\frac{N}{M+N}.\end{aligned}$$

从而 $P(A_k)=\dfrac{M}{M+N}$.

53. 为了传递消息，采用电报系统发出“点”和“划”的信号.根据统计，干扰的情况是：传送“点”时平均有 $\frac{2}{3}$ 失真，而传送“划”时平均有 $\frac{1}{3}$ 失真.已知传送的信号中，“点”与“划”之比为 5∶3，求在接收的信号中，“点”与“划”恰好是发出信号的“点”与“划”的概率.

难点注释 本题考查了贝叶斯公式.“发出的是‘点’”和“发出的是‘划’”是一个剖分，注意：传送“点”时平均有 $\frac{2}{3}$ 失真表示，在发出的“点”的前提下收到的是“点”的概率为 $\frac{1}{3}$，在发出的“点”的前提下收到的是“划”的概率为 $\frac{2}{3}$.传送“划”时平均有 $\frac{1}{3}$ 失真意味着，在发出的“划”的前提下收到的是“点”的概率为 $\frac{1}{3}$，在发出的“划”的前提下收到的是“划”的概率为 $\frac{2}{3}$.

解 令 $A=$“发出的是‘点’”，$\bar{A}=$“发出的是‘划’”，$B=$“收到的是‘点’”，$\bar{B}=$“收到的是‘划’”.由题意知，

$$P(A)=\frac{5}{8},\ P(\bar{A})=\frac{3}{8},\ P(B\mid A)=\frac{1}{3},\ P(B\mid\bar{A})=\frac{1}{3},$$

$$P(\bar{B}\mid A)=\frac{2}{3},\ P(\bar{B}\mid\bar{A})=\frac{2}{3}.$$

由贝叶斯公式知，

$$P(A\mid B)=\frac{P(B\mid A)P(A)}{P(B\mid A)P(A)+P(B\mid \bar{A})P(\bar{A})}=\frac{\frac{1}{3}\times\frac{5}{8}}{\frac{1}{3}\times\frac{5}{8}+\frac{1}{3}\times\frac{3}{8}}=\frac{5}{8};$$

$$P(\bar{A}\mid \bar{B})=\frac{P(\bar{B}\mid \bar{A})P(\bar{A})}{P(\bar{B}\mid A)P(A)+P(\bar{B}\mid \bar{A})P(\bar{A})}=\frac{\frac{2}{3}\times\frac{3}{8}}{\frac{2}{3}\times\frac{5}{8}+\frac{2}{3}\times\frac{3}{8}}=\frac{3}{8}.$$

54. 某工厂有三台制螺钉的机器 A,B,C,它们的产品分别占全部产品的 25%,35%,40%,并且它们的废品率分别为 5%,4%,2%.今从全部产品中任取一个,发现它是废品,问它是 A,B,C 制造的概率各为多少?

◆ **题型解析:** 本题考查了贝叶斯公式.

解　设 A =“产品来自 A 厂”,B =“产品来自 B 厂”,C =“产品来自 C 厂”,D =“取出的产品是废品”.由题意知,

$$P(A)=0.25,\quad P(B)=0.35,\quad P(C)=0.4,$$
$$P(D\mid A)=0.05,\quad P(D\mid B)=0.04,\quad P(D\mid C)=0.02.$$

由贝叶斯公式知,

$$P(A\mid D)=\frac{P(D\mid A)P(A)}{P(D\mid A)P(A)+P(D\mid B)P(B)+P(D\mid C)P(C)}=\frac{0.05\times0.25}{0.05\times0.25+0.04\times0.35+0.02\times0.4}=\frac{25}{69};$$

$$P(B\mid D)=\frac{P(D\mid B)P(B)}{P(D\mid A)P(A)+P(D\mid B)P(B)+P(D\mid C)P(C)}=\frac{0.04\times0.35}{0.05\times0.25+0.04\times0.35+0.02\times0.4}=\frac{28}{69};$$

$$P(C\mid D)=\frac{P(D\mid C)P(C)}{P(D\mid A)P(A)+P(D\mid B)P(B)+P(D\mid C)P(C)}=\frac{0.02\times0.4}{0.05\times0.25+0.04\times0.35+0.02\times0.4}=\frac{16}{69}.$$

55. 某仪器有三个灯泡,烧坏第一、第二、第三个灯泡的概率相应地为 0.1,0.2 及 0.3,并且相互独立.当烧坏一个灯泡时,仪器发生故障的概率为 0.25,当烧坏两个灯泡时为 0.6,而当烧坏三个时为 0.9.求仪器发生故障的概率.

◆ **题型解析:** 本题考查了全概率公式,烧坏一个灯泡、烧坏二个灯泡、烧坏三个灯泡构成了一个剖分.烧坏一个灯泡可能是仅仅烧坏了第一个,也可能仅仅烧坏了第二个灯泡,还可能是仅仅烧坏了第三个灯泡,因此有三种情况,对每一个情况由独立性利用乘法公式求解.

解　设 A=“烧坏一个灯泡”,B=“烧坏二个灯泡”,C=“烧坏三个灯泡”,D=“仪器发生故障”.由题意知,

$$P(A)=0.1\times0.8\times0.7+0.9\times0.2\times0.7+0.9\times0.8\times0.3=0.398,$$
$$P(B)=0.1\times0.2\times0.7+0.1\times0.8\times0.3+0.9\times0.2\times0.3=0.092,$$
$$P(C)=0.1\times0.2\times0.3=0.006,\quad P(D\mid A)=0.25,$$

$$P(D \mid B)=0.6, \quad P(D \mid C)=0.9.$$

由全概率公式知,

$$P(D)=P(A)P(D \mid A)+P(B)P(D \mid B)+P(C)P(D \mid C)$$
$$=0.25 \times 0.398+0.6 \times 0.092+0.9 \times 0.006=0.106.$$

56. 设男、女两性别人口之比为 57∶49,又设男性色盲率为 2%,女性色盲率为 0.25%.现随机选到一人为色盲,问该人为男性的概率是多少?

◘ **题型解析**:本题考查了贝叶斯公式.

解 设 A =“该人为色盲”,B =“选到的人为男性”,$\bar{B}$ =“选到的人为女性”.由题意知,

$$P(B)=\frac{57}{106}, \quad P(\bar{B})=\frac{49}{106}, \quad P(A \mid B)=0.02, \quad P(A \mid \bar{B})=0.0025.$$

由贝叶斯公式知,

$$P(B \mid A)=\frac{P(B)P(A \mid B)}{P(B)P(A \mid B)+P(\bar{B})P(A \mid \bar{B})}$$
$$=\frac{\frac{57}{106} \times 0.02}{\frac{57}{106} \times 0.02+\frac{49}{106} \times 0.0025} \approx 0.903.$$

57. 已知 $P(B \mid A)=P(B \mid \bar{A})$,证明:事件 A,B 相互独立.

◘ **题型解析**:本题考查了条件概率的定义、概率的性质及事件的独立性.

证明 $$\frac{P(AB)}{P(A)}=P(B \mid A)=P(B \mid \bar{A})=\frac{P(\bar{A}B)}{P(\bar{A})}=\frac{P(B)-P(AB)}{1-P(A)},$$

从而

$$P(B)=\frac{P(AB)+P(B)-P(AB)}{P(A)+1-P(A)}=\frac{P(AB)}{P(A)},$$

即 $P(AB)=P(A)P(B)$.从而事件 A,B 相互独立.

58. 甲、乙比赛射击,每进行一次,胜者得一分.在一次射击中,甲“胜”的概率为 α,乙“胜”的概率为 β.设 $\alpha>\beta$,$\alpha+\beta=1$,且独立地进行比赛到有一人超过对方 2 分就停止,多得 2 分者胜,求甲、乙获胜的概率.

难点注释 比赛结果不是甲胜就是乙胜,因此只需求出甲胜的概率即可.题中并没有指出比赛进行了多少局甲胜,要想甲胜,需在平局的基础上,甲再胜出两局,因此比赛结束时进行的总局数应为偶数.比赛进行两局甲胜等价于前两局甲都胜出,因此概率为 α^2.比赛进行 4 局甲胜等价于前两局是平局、后两局甲都胜出,因此前两局平局可能甲先胜出,也可能乙先胜出,因此概率为 $2\alpha\beta$,后两局甲都胜出的概率为 α^2.因此比赛进行 4 局甲胜的概率为 $2\alpha\beta \times \alpha^2$.其他情况以此类推.

解 只需求甲获胜的概率即可.由比赛制度知道比赛停止时总局数应为偶数,设 A_{2k} =“比赛进行了 $2k$ 局甲胜”,B =“第一局甲胜”,$\bar{B}$ =“第一局乙胜”.由全概率公式知,

$$p_{2k}=P(A_{2k})=P(A_{2k} \mid B)P(B)+P(A_{2k} \mid \bar{B})P(\bar{B})$$
$$=\alpha P(A_{2k} \mid B)+\beta P(A_{2k} \mid \bar{B}).$$

在甲胜第一局的条件下,比赛进行了 $2k$ 局甲胜,等价于第二局乙胜,这时打成平局,比赛

进行 $2k-2$ 局甲胜.从而 $P(A_{2k}\mid B)=\beta P(A_{2k-2})$.

在乙胜第一局的条件下,比赛进行了 $2k$ 局甲胜,等价于第二局甲胜,这时打成平局,比赛进行 $2k-2$ 局甲胜.从而 $P(A_{2k}\mid B)=\alpha P(A_{2k-2})$.
从而

$$p_{2k}=P(A_{2k})=2\alpha\beta P(A_{2k-2})=(2\alpha\beta)^{k-1}P(A_2)=(2\alpha\beta)^{k-1}\alpha^2.$$

所以

$$P(\text{“甲胜”})=\sum_{k=1}^{\infty}P_{2k}=\sum_{k=1}^{\infty}(2\alpha\beta)^{k-1}\alpha^2=\frac{\alpha^2}{1-2\alpha\beta},$$

$$P(\text{“乙胜”})=1-P(\text{“甲胜”})=\frac{\beta^2}{1-2\alpha\beta}.$$

59.(小概率事件)　设随机试验中某一事件 A 出现的概率为 $\varepsilon>0$,求在三次独立试验中 A 出现的概率;并证明不断独立地重复做此试验时,A 迟早会出现的概率为 1,不论 $\varepsilon>0$ 如何小.

◆ **题型解析**:本题考查了事件独立性及乘法公式.

解　设 $A_k=$“第 k 次试验 A 出现”,则

$$\begin{aligned}P(\text{“在三次独立试验中事件 }A\text{ 出现”})&=1-P(\text{“在三次独立试验中 }A\text{ 都不出现”})\\&=1-P(\overline{A_1}\cap\overline{A_2}\cap\overline{A_3})\\&=1-P(\overline{A_1})P(\overline{A_2})P(\overline{A_3})\\&=1-(1-\varepsilon)^3.\end{aligned}$$

$$\begin{aligned}P(\text{“事件 }A\text{ 迟早会出现”})&=1-P(\text{“试验中事件 }A\text{ 不出现”})\\&=1-P(\overline{A_1}\cap\overline{A_2}\cap\overline{A_3}\cap\cdots\cap\overline{A_n}\cap\cdots)\\&=1-\lim_{n\to\infty}P(\overline{A_1}\cap\overline{A_2}\cap\overline{A_3}\cap\cdots\cap\overline{A_n})\\&=1-\lim_{n\to\infty}P(\overline{A_1})P(\overline{A_2})P(\overline{A_3})\cdots P(\overline{A_n})\\&=1-\lim_{n\to\infty}(1-\varepsilon)^n=1.\end{aligned}$$

60. 进行 4 次独立的试验,在每一次试验中事件 A 出现的概率为 0.3.如果事件 A 不出现,则事件 B 也不出现;如果事件 A 出现一次,则事件 B 出现的概率为 0.6;如果事件 A 出现不少于两次,则事件 B 出现的概率为 1.试求事件 B 出现的概率.

◆ **题型解析**:本题考查了全概率公式和伯努利概型.

解　设 $A_k=$“事件 A 出现的次数为 k 次”,$k=0,1,2,3,4$,$B=$“事件 B 出现”,则由题意知,

$$P(A_0)=C_4^0\times0.7^4,\ \ P(B\mid A_0)=0;\ \ P(A_1)=C_4^1\times0.3\times0.7^3,\ \ P(B\mid A_1)=0.6;$$

$$P(A_2\cup A_3\cup A_4)=1-C_4^0\times0.7^4-C_4^1\times0.3\times0.7^3,\ \ P(B\mid A_2\cup A_3\cup A_4)=1.$$

由全概率公式知,

$$\begin{aligned}P(B)=\ &P(B\mid A_0)P(A_0)+P(B\mid A_1)P(A_1)\\&+P(B\mid A_2\cup A_3\cup A_4)P(A_2\cup A_3\cup A_4)=0.595.\end{aligned}$$

61. 在 4 次独立试验中事件 A 至少出现一次的概率为 0.59,试问在一次试验中 A 出现的概率是多少?

◆ **题型解析**:本题考查了概率的性质和事件的独立性.4 次独立试验中事件 A 至少出现一次等价于 A 出现一次、两次、三次或者四次,直接求需用概率的完全可加性,计算起来比较麻

烦.4 次独立试验中事件 A 至少出现一次的对立事件为 4 次独立试验中事件 A 都不出现,注意到独立性,由乘法公式可直接求对立事件的概率.

解 设 $p=P$("在一次试验中事件 A 出现"),则由题意知

$$1-(1-p)^4=0.59,$$

因此 $p=1-\sqrt[4]{0.41}$.

62. 如果在一次测量中得到正值误差的概率等于$\frac{2}{3}$,得到负值误差的概率为$\frac{1}{3}$.求在 4 次测量中具有最大概率的负值误差次数及其相对应的概率.

◘ **题型解析:**一次测量看作一次试验,每次测量的误差可能为正值也可能为负值,从而每次试验只有两个结果,我们认为 4 次测量之间是相互独立的,从而这是一个伯努利概型.

解 设 X 表示"4 次测量中具有最大概率的负值误差次数",则

$$P(X=0)=C_4^0\left(\frac{2}{3}\right)^4=\frac{16}{81},\quad P(X=1)=C_4^1\left(\frac{1}{3}\right)\times\left(\frac{2}{3}\right)^3=\frac{32}{81},$$

$$P(X=2)=C_4^2\left(\frac{1}{3}\right)^2\times\left(\frac{2}{3}\right)^2=\frac{24}{81},\quad P(X=3)=C_4^3\left(\frac{1}{3}\right)^3\times\left(\frac{2}{3}\right)=\frac{8}{81},$$

$$P(X=4)=C_4^4\left(\frac{1}{3}\right)^4=\frac{1}{81}.$$

因此,4 次测量中具有最大概率的负值误差次数为 1,其相对应的概率为$\frac{32}{81}$.

63. 在 M 与 N 两点之间的电路按图 1.13 构成,在时间 T 内电路中不同元件发生故障是独立事件,其概率为

元件	K_1	K_2	A_1	A_2	A_3
P	0.6	0.5	0.4	07	0.9

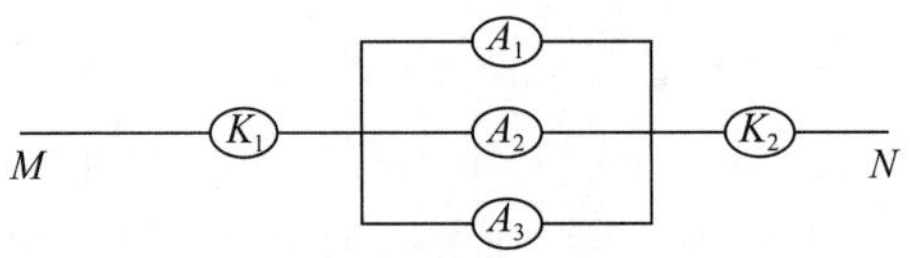

图 1.13

求在指定的时间内,

(1) K_1 或 K_2 发生故障而断电的概率;

(2) A_1,A_2,A_3 同时发生故障而断电的概率;

(3) K_1 或 K_2 或 A_1,A_2,A_3 同时发生故障而断电的概率.

◘ **题型解析:**本题考查了事件独立性及概率的性质.注意,n 个元件串联时,每个元件都正常工作,整个线路才正常工作;n 个元件并联时,只要有一个元件正常工作,整个线路就正常工作.

解 (1) P("K_1 或 K_2 发生故障而断电")

$=P$("K_1 发生故障而断电")$+P$("K_2 发生故障而断电")

$-P$("K_1 发生故障而断电")$\times P$("K_2 发生故障而断电")

$=0.6+0.5-0.6\times0.5=0.8.$

（2）P（“A_1,A_2,A_3 同时发生故障而断电”）

$=P$（“A_1 发生故障而断电”）$\times P$（“A_2 发生故障而断电”）$\times P$（“A_3 发生故障而断电”）

$=0.4\times0.7\times0.9=0.252.$

（3）P（“K_1 或 K_2 或 A_1,A_2,A_3 同时发生故障而断电”）

$=P$（“K_1 或 K_2 发生故障而断电”）$+P$（“A_1,A_2,A_3 同时发生故障而断电”）

$-P$（“K_1 或 K_2 发生故障而断电”）$\times P$（“A_1,A_2,A_3 同时发生故障而断电”）

$=0.8+0.252-0.8\times0.252=0.84.$

64. 设有一部件结构示意图如图 1.14 所示，其中 6 个零件是独立工作的，④，⑤，⑥ 三个零件中，有两个是备用件（当正在工作的那一个失效时，其中另一个立即补充上去）.求部件正常工作的概率.（设 P（“零件 i 正常工作”）$=p_i,i=1,2,3$，P（“零件 ④ 正常工作”）$=P$（“零件 ⑤ 正常工作”）$=P$（“零件 ⑥ 正常工作”）$=p$）

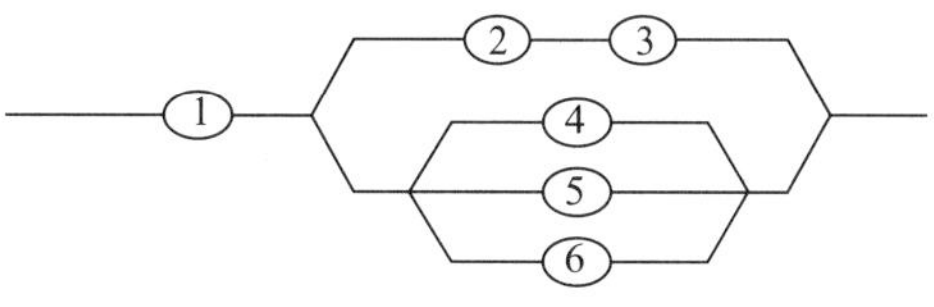

图 1.14

◆ **题型解析**：本题考虑了元件的串联、并联及事件的独立性.

解　P（“部件正常工作”）

$=P$（“零件 ① 正常工作”）$\times P$（“零件 ②，③ 所在的线路正常工作或零件 ④，⑤，⑥ 所在的线路正常工作”）

$=P$（“零件 ① 正常工作”）$\times[1-P$（“零件 ②，③ 所在的线路不正常工作”）$\times P$（“零件 ④，⑤，⑥ 所在的线路不正常工作”）$]$

$=P$（“零件 ① 正常工作”）$\times\Big[1-(1-P$（“零件 ② 正常工作”）$\times P$（“零件 ③ 正常工作”））$\times P$（“零件 ④，⑤，⑥ 所在的线路不正常工作”）$\Big]$

$=p_1[1-(1-p_2p_3)(1-p)^3].$

65. 在每一次试验中，事件 A 出现的概率为 p，试问在 n 次独立试验中事件 A 出现偶数次的概率是多少？

难点注释：本题考查了事件的独立性及概率的性质.n 次独立试验中 A 出现偶数次等价于 A 出现了 0 次、2 次、4 次、6 次 …… 如果 n 是偶数，则 A 最多出现 n 次；如果 n 是奇数，则 A 最多出现 $n-1$ 次.用二项式展开，我们可以把这两种情况下 A 出现偶数次的概率统一起来.

解　设 $P_n(k)$ 表示 n 次独立试验中 A 出现了 k 次的概率.当 n 为偶数时，

P（“n 次独立试验中 A 出现偶数次”）

$$=P_n(0)+P_n(2)+P_n(4)+P_n(6)+\cdots+P_n(n)$$

$$=C_n^0p^0(1-p)^n+C_n^2p^2(1-p)^{n-2}+C_n^4p^4(1-p)^{n-4}+\cdots+C_n^np^n(1-p)^0$$

$$=\frac{1}{2}\Big\{\Big[C_n^0p^0(1-p)^n+C_n^1p^1(1-p)^{n-1}+C_n^2p^2(1-p)^{n-2}+C_n^3p^3(1-p)^{n-3}+\cdots+C_n^np^n(1-p)^0\Big]+\Big[C_n^0p^0(1-p)^n-C_n^1p^1(1-p)^{n-1}+C_n^2p^2(1-p)^{n-2}-C_n^3p^3(1-p)^{n-3}+\cdots+C_n^np^n(1-p)^0\Big]\Big\}$$

$$=\frac{1}{2}\Big[(p+1-p)^n+(p-1+p)^n\Big]$$

$$=\frac{1}{2}\left[1+(2p-1)^n\right];$$

当 n 为奇数时，

P（"n 次独立试验中 A 出现偶数次"）

$$=P_n(0)+P_n(2)+P_n(4)+P_n(6)+\cdots+P_n(n-1)$$

$$=C_n^0p^0(1-p)^n+C_n^2p^2(1-p)^{n-2}+C_n^4p^4(1-p)^{n-4}+\cdots+C_n^{n-1}p^{n-1}(1-p)^1$$

$$=\frac{1}{2}\Big\{\left[C_n^0p^0(1-p)^n+C_n^1p^1(1-p)^{n-1}+C_n^2p^2(1-p)^{n-2}+C_n^3p^3(1-p)^{n-3}+\cdots+C_n^{n-1}p^{n-1}(1-p)^1+C_n^np^n(1-p)^0\right]+\left[C_n^0p^0(1-p)^n-C_n^1p^1(1-p)^{n-1}+C_n^2p^2(1-p)^{n-2}-C_n^3p^3(1-p)^{n-3}+\cdots+C_n^{n-1}p^{n-1}(1-p)^1-C_n^np^n(1-p)^0\right]\Big\}$$

$$=\frac{1}{2}\left[(p+1-p)^n+(p-1+p)^n\right]$$

$$=\frac{1}{2}\left[1+(2p-1)^n\right].$$

综上所述，在 n 次独立试验中 A 出现偶数次的概率是 $\frac{1}{2}\left[1+(2p-1)^n\right]$.

66. 在间隔时间 t 内向电话总机呼叫 k 次的概率为 $P_t(k)$，若在任意两个相邻的间隔时间内呼叫次数是相互独立的，求在间隔时间 $2t$ 内呼叫 s 次的概率 $P_{2t}(s)$.

◆ **题型解析**：本题考查了概率的性质和事件的独立性.

解 $P_{2t}(s)=\sum\limits_{k=0}^{s}[P$（"在前一个时间间隔 t 内电话总机收到 k 次呼叫"）

$\cdot P$（"在后一个时间间隔 t 内电话总机收到 $s-k$ 次呼叫"）$]$

$$=\sum_{k=0}^{s}P_t(k)\times P_t(s-k).$$

67. 已知自动织布机在 Δt 这段时间内因故障而停机的概率为 $\alpha\Delta t+o(\Delta t)$（$\alpha$ 是常数），并设机器在不重叠时间内停机的各个事件是彼此独立的.假定在时间 t_0 机器在工作着，试求此机器在由时间 t_0 到 $t_0+\Delta t$ 这段时间内不停止工作的概率 $P(t)$（设 $P(t)$ 与初始时刻 t_0 无关）.

◆ **题型解析**：本题考查了概率的性质和事件的独立性.

解 把 t_0 到 $t_0+\Delta t$ 时间段分成 n 个小区间，即

$$\left(t_0,t_0+\frac{\Delta t}{n}\right],\ \left(t_0+\frac{\Delta t}{n},t_0+\frac{2\Delta t}{n}\right],\ \left(t_0+\frac{2\Delta t}{n},t_0+\frac{3\Delta t}{n}\right],\ \cdots,\ \left(t_0+\frac{(n-1)\Delta t}{n},t_0+\Delta t\right].$$

$P(t)=\lim\limits_{n\to\infty}\Big[P$（"此机器在由时间 t_0 到 $t_0+\frac{\Delta t}{n}$ 这段时间内不停止工作"）$\cdot\cdots$

$\cdot P$（"此机器在由时间 $t_0+\frac{(n-1)\Delta t}{n}$ 到 $t_0+\Delta t$ 这段时间内不停止工作"）$\Big]$

$$=\lim_{n\to\infty}\left[P\left(\frac{t}{n}\right)\right]^n=\lim_{n\to\infty}\left[1-\alpha\times\frac{t}{n}-o\left(\frac{t}{n}\right)\right]^n=e^{-\alpha t}.$$

第二章 随机变量及其分布函数

一、本章内容全解

知识点1 随机变量(难点)

1. 随机变量定义：

设$(\Omega,\mathscr{F},P)$是一个概率空间，对于$\omega\in\Omega$，$\xi(\omega)$是一个取实值的单值函数；若对于任一实数x，$\{\omega:\xi(\omega)<x\}$是一随机事件，亦即$\{\omega:\xi(\omega)<x\}\in\mathscr{F}$，则称$\xi(\omega)$为**随机变量**.

2. 注意：

(1) 随机变量$\xi(\omega)$总联系着一个概率空间$(\Omega,\mathscr{F},P)$.为了书写简便，今后没有特殊要求，我们不必每次都写出概率空间，并可将随机变量$\xi(\omega)$写为ξ，省去ω，而把$\{\omega:\xi(\omega)<x\}$记为$\{\xi<x\}$.

(2) 因为$\{\xi<x\}\in\mathscr{F}$，所以$P(\{\xi<x\})$总是有意义的.

(3) 同一个概率空间上可定义不同的随机变量.例如，向上抛掷一枚均匀的硬币，考虑正面向上还是反面向上，则样本空间可取为$\Omega=\{\omega_1,\omega_2\}$，其中$\omega_1,\omega_2$分别代表硬币落地时正面朝上、背面朝上的两个样本点，取$\mathscr{F}=\{\Omega,\varnothing,\{\omega_1\},\{\omega_2\}\}$，定义

$$P(\Omega)=1,\quad P(\varnothing)=0,\quad P(\{\omega_1\})=P(\{\omega_2\})=\frac{1}{2},$$

则$(\Omega,\mathscr{F},P)$为一个概率空间.我们可以指定数1与ω_1对应，数0与ω_2对应，这样就建立了$\Omega=\{\omega_1,\omega_2\}$与两个数1和0的对应关系.取$\xi(\omega_1)=1,\xi(\omega_2)=0$，则$\xi$为一个随机变量.我们也可以让1与$\omega_1$对应，$-1$与$\omega_2$对应，不妨记$\eta(\omega_1)=1,\eta(\omega_2)=-1$，从而$\eta$也是一个随机变量.

(4) 由σ-代数的定义及性质，随机变量可以采取别的等价定义，例如，下面的等价定义：若对一切实数x，有$\{\xi\leqslant x\}\in\mathscr{F}$，则称$\xi(\omega)$为随机变量.

3. 随机变量的分类：

若随机变量取值为有限个或可列无穷多个值，我们则称之为**离散型随机变量**；若随机变量取值于某一个区间中的任一数，我们则称之为**连续型随机变量**.除此之外的随机变量，称为既不是离散型也不是连续型的随机变量.

知识点 2 离散型随机变量(重点)

1. 离散型随机变量的分布列:

设ξ为离散型随机变量,亦即ξ的一切可能值为$x_1,x_2,\cdots,x_n,\cdots$,记$p_k=P(\xi=x_k)$,$n=1,2,\cdots$,称$p_1,p_2,\cdots,p_n,\cdots$为$\xi$的分布列,亦称为$\xi$的概率函数.其中$p_n$满足下列两个条件:

(1) $p_n\geqslant 0,n=1,2,\cdots$; (2) $\sum\limits_{n=1}^{\infty}p_n=1$.

2. 常见的离散型随机变量:

(1) 两点分布:

$$P(\xi=0)=1-p,\quad P(\xi=1)=p,\quad 0\leqslant p\leqslant 1.$$

两点分布可以作为描述一次试验中某个事件发生次数的数学模型.

(2) 二项分布$B(n,p)$:

$$P(\xi=k)=C_n^k p^k(1-p)^{n-k},\quad k=0,1,2,\cdots,n,0\leqslant p\leqslant 1,n\text{ 为非负整数}.$$

二项分布可作为描述射手射击n次,其中有k次"命中",$k=0,1,2,\cdots,n$的概率分布情况的一个数学模型,或作为随机地抛掷硬币n次,落地时出现k次正面的概率分布情况的数学模型.两点分布是二项分布在$n=1$的特殊情形.

二项分布概型中,在n次试验中,概率为p的事件发生的最可能的次数m:

(i) 当$(n+1)p$为正整数时,m的值有两个$(n+1)p$和$(n+1)p-1$;

(ii) 当$(n+1)p$不是正整数时,$m=[(n+1)p]$,

称$b(m;n,p):=C_n^m p^m(1-p)^{n-m}$为中心项.

(3) 泊松分布$P(\lambda)$(λ为非负实数):

$$P(\xi=k)=\frac{\lambda^k}{k!}e^{-\lambda},\quad k=0,1,2,\cdots.$$

泊松分布可以作为描述大量试验中稀有事件出现的频数$k(k=0,1,2,\cdots)$的概率分布情况的一个数学模型,如飞机被击中的子弹数,纱锭的纱线被扯断的次数,大量螺钉中不合格品出现的次数,一个公司中生日是元旦的人数,三胞胎出生的次数,一年中死亡的百岁老人数,一页中印刷错误出现的数目,一年中暴雨出现在夏季中的次数,数字通讯中传输数字时发生错误的个数等;泊松分布也可以描述来到公共设施要求给予服务的顾客数.

(i) 泊松定理:若$\lim\limits_{n\to\infty}np_n=\lambda\geqslant 0$,则

$$\lim_{n\to\infty}b(k;n,p_n)=\lim_{n\to\infty}C_n^k p_n^k(1-p_n)^{n-k}=\frac{\lambda^k}{k!}e^{-\lambda}.$$

当伯努利试验的次数n很大时,二项分布的泊松近似常常被应用于研究稀有事件(即每次试验中事件出现的概率p很小)发生的频数的分布.在一般情况下,当$p<0.1$时,这种近似是很好的,甚至不必伯努利试验的次数n很大都可以.

(ii) 泊松过程:以ξ_t表示在时间区间$(0,t]$上电话呼叫数,若它满足下述条件,则称它为一个泊松过程或泊松流:

(a) 平稳性:在时间区间$(t_0,t_0+t]$上电话的呼叫次数是k的概率为

$$P_k(t)=P(\xi(t_0,t_0+t)=k),\quad k=0,1,2,\cdots.$$

它只与时间区间的长度t有关,而与时间的起点t_0无关.

(b) 独立增量性(无后效性):在任意 n 个不相交的时间区间$(a_i,b_i]$中,$i=1,2,\cdots,n$,各个区间上的电话呼叫数是相互独立的,即若第 i 个时间区间$(a_i,b_i]$有 k_i 个电话呼叫,则事件$\{\xi(a_i,b_i)=k_i\}$是独立的.

(c) 普通性:在足够小的时间区间中,最多有一个呼叫,即若记$\psi(t)=1-P_0(t)-P_1(t)$,则

$$\lim_{t\to 0}\frac{\psi(t)}{t}=0.$$

(d) 非平凡情形:$P_0(t)\neq 1,\sum_{k=0}^{\infty}P_k(t)=1$.

(4) 超几何分布:

$$P(\xi=k)=\frac{C_M^k C_{N-M}^{n-k}}{C_N^n},\quad 0\leqslant n\leqslant N,0\leqslant M\leqslant N,k=0,1,2,\cdots,l,l=\min(M,n).$$

(5) 帕斯卡分布:

$$P(\xi=k)=C_{k-1}^{r-1}p^r q^{k-r},\quad q=1-p,0<p<1,k=r,r+1,\cdots,$$

其中 r 为任意预先给定的正整数.

知识点3　连续型随机变量(重点)

1. 连续型随机变量及其密度函数:若存在非负可积函数 $f(x)$,使得随机变量 ξ 取值于任一区间(a,b)的概率为

$$P(a<\xi<b)=\int_a^b f(x)\mathrm{d}x,$$

则称ξ**具有连续分布**或称ξ为**连续型随机变量**,称 $f(x)$ 为ξ的**分布密度函数**,有时简称为**分布密度**或**密度函数**.

2. 注意:

(1) 密度函数 $f(x)$ 需满足下列两个条件:(i)$f(x)\geqslant 0$;(ii)$\int_{-\infty}^{+\infty}f(x)\mathrm{d}x=1$.

(2) $P(\xi=a)=0$,因此概率为0的事件不一定为不可能事件,但不可能事件的概率一定为0.

(3) $P(\xi\neq a)=1$,因此概率为1的事件不一定为必然事件,但必然事件的概率一定为1.

(4) 对连续型随机变量 ξ,有

$$P(a<\xi\leqslant b)=P(a<\xi<b)=P(a\leqslant\xi<b)=P(a\leqslant\xi\leqslant b).$$

(5) 对任意的 Borel 集 $\mathscr{B}$,有 $P(\xi\in\mathscr{B})=\int_{\mathscr{B}}f(x)\mathrm{d}x$.

3. 几种常见的连续型随机变量的密度函数:

(1) 均匀分布的概率密度函数:

$$f(x)=\begin{cases}\dfrac{1}{b-a}, & a\leqslant x\leqslant b,\\ 0, & \text{其他}.\end{cases}$$

(2) 正态分布 $N(\mu,\sigma)$ 的概率密度函数:

$$\varphi_{\mu,\sigma}(x)=\frac{1}{\sqrt{2\pi}\sigma}\mathrm{e}^{-\frac{(x-\mu)^2}{2\sigma^2}},\quad x\in\mathbf{R}.$$

(3) 标准正态分布 $N(0,1)$ 的概率密度函数:

$$\varphi(x)=\frac{1}{\sqrt{2\pi}}e^{-\frac{x^2}{2}},\quad x\in\mathbf{R}.$$

$$\xi\sim N(\mu,\sigma)\Leftrightarrow\frac{\xi-\mu}{\sigma}\sim N(0,1).$$

(4) 韦布尔分布的概率密度函数：

$$f(x)=\begin{cases}\dfrac{m}{x_0}(x-v)^{m-1}e^{-\frac{(x-v)^m}{x_0}}, & 当\ x>v,\\ 0, & 当\ x\leqslant v,\end{cases}$$

其中 $m>0$ 为形状参数，v 为位置参数，$x_0>0$ 为尺度参数.当 $m=1,\dfrac{1}{x_0}=\lambda$ 时，韦布尔分布为指数分布，即指数分布的概率密度函数为

$$f(x)=\begin{cases}\lambda e^{-\lambda(x-v)}, & 当\ x>v,\\ 0, & 当\ x\leqslant v.\end{cases}$$

(5) Γ-分布的概率密度函数：

$$f(x)=\begin{cases}\dfrac{1}{\beta^{\alpha+1}\Gamma(\alpha+1)}x^{\alpha}e^{-\frac{x}{\beta}}, & 当\ x>0,\\ 0, & 当\ x\leqslant 0,\end{cases}$$

其中 $\alpha>-1,\beta>0,\Gamma(\alpha)=\int_0^{+\infty}x^{\alpha-1}e^{-x}dx=2\int_0^{+\infty}y^{2\alpha-1}e^{-y^2}dy$，记为 $\xi\sim\Gamma(\alpha,\beta)$.

(6) 对数正态分布的概率密度函数：

$$f(x)=\begin{cases}\dfrac{\lg e}{\sqrt{2\pi}\sigma x}e^{-\frac{1}{2}\left(\frac{\lg x-\mu}{\sigma}\right)^2}, & 当\ x>0,\\ 0, & 当\ x\leqslant 0,\end{cases}$$

其中 $\sigma>0,\mu$ 为常数.

知识点4 棣莫弗-拉普拉斯定理(难点)

1. 定理：

设某事件 A 出现的概率为常数 $p,0<p<1$，在 n 次独立试验中事件 A 恰好出现 k 次的概率记为 $P_n(k)$，现任取一个区间$[a,b]$，记

$$x_k=\frac{k-np}{\sqrt{np(1-p)}},\quad k=1,2,\cdots,n,$$

则凡 k 使得 $a\leqslant x_k\leqslant b$，必成立

$$\lim_{n\to\infty}\frac{\sqrt{np(1-p)}P_n(k)}{\dfrac{1}{\sqrt{2\pi}}e^{-\frac{1}{2}x_k^2}}=1,$$

并且在区间$[a,b]$上是一致收敛的.

2. 棣莫弗-拉普拉斯积分极限定理：

若随机变量 ξ_n 服从二项分布 $B(n,p),0<p<1$，即

$$P(\xi_n=k)=C_n^k p^k(1-p)^{n-k},\quad k=0,1,2,\cdots,n,$$

则

$$\lim_{n\to\infty}P\left(a\leqslant\frac{\xi_n-np}{\sqrt{np(1-p)}}\leqslant b\right)=\frac{1}{\sqrt{2\pi}}\int_a^b e^{-\frac{1}{2}x^2}dx.$$

(1) 应用:已知 ξ 服从二项分布 $B(n,p)$,且 n 很大,则

$$P(c\leqslant\xi\leqslant d)=P\left(\frac{c-np}{\sqrt{np(1-p)}}\leqslant\frac{\xi-np}{\sqrt{np(1-p)}}\leqslant\frac{d-np}{\sqrt{np(1-p)}}\right)$$

$$\approx\Phi\left(\frac{d-np}{\sqrt{np(1-p)}}\right)-\Phi\left(\frac{c-np}{\sqrt{npq}}\right),$$

其中 $\Phi(x)$ 为标准正态分布的分布函数,其在某点处的值可以查表得到,且由标准正态分布密度函数的对称性知道 $\Phi(-x)=1-\Phi(x)$.如果 n 不是很大,但 $np\geqslant5$,也可以用正态分布近似地估计二项分布.

(2) 用泊松分布近似二项分布,还是用正态分布近似二项分布?

当 p 很小,即使 n 不用很大,用泊松分布近似二项分布,会符合得相当好,但是在这种情况下,如果用正态分布去近似二项分布,却会产生较大的误差.在 p 既不接近于0,也不接近于1时,用正态分布去近似二项分布,效果就较好.

知识点5　泊松分布的正态逼近

1. 定理:

设随机变量 ξ_λ 服从参数为 λ 的泊松分布,则对任意 $a<b$,有

$$\lim_{\lambda\to\infty}P\left(a\leqslant\frac{\xi_\lambda-\lambda}{\sqrt{\lambda}}\leqslant b\right)=\frac{1}{\sqrt{2\pi}}\int_a^b e^{-\frac{1}{2}x^2}dx.$$

2. 应用:

已知 ξ 服从参数为 λ 的泊松分布,且 λ 很大,则

$$P(c\leqslant\xi\leqslant d)=P\left(\frac{c-\lambda}{\sqrt{\lambda}}\leqslant\frac{\xi-\lambda}{\sqrt{\lambda}}\leqslant\frac{d-\lambda}{\sqrt{\lambda}}\right)\approx\Phi\left(\frac{d-\lambda}{\sqrt{\lambda}}\right)-\Phi\left(\frac{c-\lambda}{\sqrt{\lambda}}\right).$$

知识点6　一维随机变量的分布函数(重点)

1. 分布函数定义:

设 ξ 为随机变量,对任意 $x\in\mathbf{R}$,令 $F(x)=P(\xi<x)$,称 $F(x)$ 为 ξ 的**分布函数**.

(1) 离散型随机变量的分布函数为

$$F(x)=\sum_{x_k<x}P(\xi=x_k).$$

由分布函数可以求出分布列:$P(\xi=a)=F(a+)-F(a)$,且有

$$P(a\leqslant\xi<b)=F(b)-F(a).$$

(2) 连续型随机变量的分布函数为

$$F(x)=\int_{-\infty}^x f(t)dt,$$

其中 $f(x)$ 为连续型随机变量的密度函数.对分布函数求导可得密度函数.

(3) 不论是什么类型的随机变量 ξ,分布函数总存在,因为根据随机变量的定义,$P(\xi<x)$ 总是有意义的.

2. 性质及判定：

设 $F(x)$ 为随机变量 ξ 的分布函数，则

(1) $F(x)$ 单调不降；(2) $F(x)$ 左连续；(3) $\lim\limits_{x\to-\infty}F(x)=0$, $\lim\limits_{x\to+\infty}F(x)=1$.

反之，如果一个实值函数 $F(x), x\in\mathbf{R}$ 满足上述(1),(2),(3)，则必存在一个概率空间上的随机变量 ξ，以 $F(x)$ 为其分布函数.

知识点 7 高维随机变量及其分布函数(难点)

1. n 元随机变量(或 n 维随机变量)定义：

n 个随机变量 $\xi_1,\xi_2,\cdots,\xi_n$ 的总体 $\boldsymbol{\xi}=(\xi_1,\xi_2,\cdots,\xi_n)$ 称为 n **元随机变量**(或 n **维随机变量**).

2. 二维联合分布函数定义：

设 ξ,η 为定义在同一个概率空间$(\Omega,\mathscr{F},P)$上的两个随机变量，则称(ξ,η)为**二维随机变量**.对任意的 $x,y\in\mathbf{R}$，令

$$F(x,y)=P(\omega:\xi(\omega)<x,\eta(\omega)<y),\quad \text{或简写为 } F(x,y)=P(\xi<x,\eta<y),$$

称 $F(x,y)$ 为(ξ,η)的**联合分布函数**，或简称为**二维分布函数**.

3. 二维随机变量的联合分布函数 $F(x,y)$ 的性质：

(1) $F(x,y)$ 分别对 x 和 y 单调不降，即

$$\begin{cases}\text{当 } x_2>x_1,\quad F(x_2,y)\geqslant F(x_1,y),\\ \text{当 } y_2>y_1,\quad F(x,y_2)\geqslant F(x,y_1);\end{cases}$$

(2) $F(x,y)$ 对每个变元左连续；

(3) $\lim\limits_{x\to-\infty}F(x,y)=0$, $\lim\limits_{y\to-\infty}F(x,y)=0$, $\lim\limits_{\substack{x\to+\infty\\ y\to+\infty}}F(x,y)=1$;

(4) 对任意四个实数 $a_1\leqslant b_1, a_2\leqslant b_2$，有

$$F(b_1,b_2)-F(a_1,b_2)-F(b_1,a_2)+F(a_1,a_2)\geqslant 0.$$

反之，如果二元实值函数 $F(x,y), x,y\in\mathbf{R}$ 满足上述4个性质，则必存在一个概率空间上的随机变量 ξ 与 η，以 $F(x,y)$ 为其联合分布函数.

4. 注意：

(i) 性质(4)中，

$$F(b_1,b_2)-F(a_1,b_2)-F(b_1,a_2)+F(a_1,a_2)=P(a_1\leqslant\xi<b_1,a_2\leqslant\eta<b_2).$$

它是二维随机变量的联合分布函数特有的，不能由性质(1),(2),(3)推出. 例如，二元实值函数

$$F(x,y)=\begin{cases}1,& x+y>-1,\\ 0,& x+y\leqslant-1\end{cases}$$

满足性质(1),(2),(3)，但不满足性质(4).

(ii) 常常根据性质(2),(3)来求 $F(x,y)$ 表达式中某个未知量.

5. (1) 二维离散型随机变量的分布函数为

$$F(x,y)=\sum_{x_i<x}\sum_{y_k<y}P(\xi=x_i,\eta=y_k),\quad i=1,2,\cdots;k=1,2,\cdots,$$

其中 $P(\xi=x_i,\eta=y_k)$ 为二维离散型随机变量(ξ,η)的分布列.

(2) 二维连续型随机变量的分布函数为

$$F(x,y)=\int_{-\infty}^{x}\int_{-\infty}^{y}f(u,v)\,\mathrm{d}u\mathrm{d}v,$$

其中 $f(u,v)$ 为二维连续型随机变量(ξ,η) 的密度函数.分布函数对 x,y 求偏导可得密度函数.

(3) 不论是什么类型的二维随机变量(ξ,η),分布函数总存在,因为根据随机变量的定义,$P(\xi<x,\eta<y)$ 总是有意义的.

知识点8　常见的二维随机变量

1. 二维均匀分布随机变量的概率密度函数为

$$f(x,y)=\begin{cases}\dfrac{1}{(b_1-a_1)(b_2-a_2)}, & 当\ a_1\leqslant x\leqslant b_1,a_2\leqslant x\leqslant b_2,\\ 0, & 其他.\end{cases}$$

2. 二维正态分布随机变量的概率密度函数为

$$f(x,y)=\frac{1}{2\pi\sigma_1\sigma_2\sqrt{1-r^2}}\exp\left\{-\frac{1}{2(1-r^2)}\left[\frac{(x-m_1)^2}{\sigma_1{}^2}-2r\frac{(x-m_1)(y-m_2)}{\sigma_1\sigma_2}+\frac{(y-m_2)^2}{\sigma_2{}^2}\right]\right\},$$

其中 $\sigma_1,\sigma_2>0,m_1,m_2$ 均为常数,$|r|<1$.二维正态分布记为 $N(m_1,\sigma_1;m_2,\sigma_2;r)$.

知识点9　边缘分布、边缘密度(难点)

1. 边缘分布定义:

设 $F(x,y)$ 为二维随机变量(ξ,η) 的联合分布函数,令

$$F_1(x)=F(x,+\infty),\quad F_2(y)=F(+\infty,y),$$

分别称 $F_1(x)$ 和 $F_2(y)$ 为 $F(x,y)$ 关于 ξ 和关于 η 的**边缘分布函数**,或简称为 ξ 和 η 的边缘分布函数.

2. 边缘密度函数定义:

设 $f(x,y)$ 为二维连续型随机变量(ξ,η) 的密度函数,分别称

$$f_1(x)=\int_{-\infty}^{+\infty}f(x,y)\mathrm{d}y,\quad f_2(y)=\int_{-\infty}^{+\infty}f(x,y)\mathrm{d}x$$

为 ξ 和 η 的**边缘密度函数**.实际上,它们分别是 ξ 和 η 的密度函数.

3. 边缘概率函数定义:

设 $P(\xi=x_i,\eta=y_k),i=1,2,\cdots;k=1,2,\cdots$ 为二维离散型随机变量(ξ,η) 的分布列,分别称

$$p(i,\cdot)=\sum_k p(i,k),\quad i=1,2,\cdots;\quad p(\cdot,k)=\sum_i p(i,k),\quad k=1,2,\cdots$$

为 ξ 和 η 的**边缘概率函数**.实际上,它们分别是 ξ 和 η 的分布列.

4. 设$(\xi_1,\xi_2,\cdots,\xi_n)$ 的联合分布函数为 $F(x_1,x_2,\cdots,x_n)$,令

$$\begin{aligned}F_{1,2,\cdots,k}(x_1,x_2,\cdots,x_k)&=F(x_1,x_2,\cdots,x_k,+\infty,\cdots,+\infty)\\&=\lim_{x_{k+1},\cdots,x_n\to+\infty}F(x_1,x_2,\cdots,x_k,\cdots,x_n),\quad 1\leqslant k\leqslant n,\end{aligned}$$

称 $F_{1,2,\cdots,k}(x_1,x_2,\cdots,x_k)$ 为$(\xi_1,\xi_2,\cdots,\xi_k)$ 的**边缘分布**.实际上,它们还是$(\xi_1,\xi_2,\cdots,\xi_k)$ 的联合分布函数.

知识点 10 相互独立的随机变量(重点)

1. 相互独立的两个随机变量定义:

设 ξ 和 η 为两个随机变量,若对任意的实数 x,y,有

$$P(\xi<x,\eta<y)=P(\{\xi<x\}\cap\{\eta<y\})=P(\xi<x)\cdot P(\eta<y), \quad (2.1)$$

则称 ξ,η **相互独立**.

2. 若 $F(x,y)$ 为二维随机变量 (ξ,η) 的联合分布函数,则(2.1) 式等价于

$$F(x,y)=F_1(x)F_2(y), \quad (2.2)$$

其中 $F_1(x),F_2(y)$ 分别是 ξ,η 的分布函数.

(1) 对于离散型随机变量,(2.2) 式等价于:对任意实数 $x_i,y_k,i,k=1,2,\cdots$,有

$$P(\xi=x_i,\eta=y_k)=P(\xi=x_i)\cdot P(\eta=y_k),\quad 即\quad p(i,k)=p(i,\cdot)p(\cdot,k);$$

(2) 对于连续型随机变量,(2.2) 式等价于:对任意实数 x,y,有 $f(x,y)=f_1(x)\cdot f_2(y)$.

3. 设 $\xi_1,\xi_2,\cdots,\xi_n$ 是 n 个随机变量,$F(x_1,x_2,\cdots,x_n)$ 及 $F_i(x_i)$ 分别为 $(\xi_1,\xi_2,\cdots,\xi_n)$,$\xi_i,i=1,2,\cdots,n$ 的分布函数,若对任意实数 $x_1,x_2,\cdots,x_n$,有

$$F(x_1,x_2,\cdots,x_n)=F_1(x_1)\cdot F_2(x_2)\cdot\cdots\cdot F_n(x_n),$$

则称随机变量 $\xi_1,\xi_2,\cdots,\xi_n$ **相互独立**.

4. 设 $\xi_1,\xi_2,\cdots,\xi_n$ 相互独立,则任意 $k(2\leqslant k\leqslant n)$ 个随机变量 $\xi_{i_1},\xi_{i_2},\cdots,\xi_{i_k}$ 也是相互独立的.

5. 设 $\xi_1,\xi_2,\cdots,\xi_n,\cdots$ 为一随机变量序列,若任意 $k(k=2,3,\cdots,n,\cdots)$ 个随机变量 ξ_{i_1},$\xi_{i_2},\cdots,\xi_{i_k}$ 的联合分布函数为

$$F_{i_1,i_2,\cdots,i_k}(x_{i_1},x_{i_2},\cdots,x_{i_k})=F_{i_1}(x_{i_1})F_{i_2}(x_{i_2})\cdots F_{i_k}(x_{i_k}),$$

其中 $F_{i_r}(x_{i_r}),r=1,2,\cdots,k$ 为 ξ_{i_r} 的分布函数,则称 $\xi_1,\xi_2,\cdots,\xi_n,\cdots$ 是**相互独立的随机变量序列**.

知识点 11 条件分布

1. 设 ξ,η 为离散型随机变量,$p(i,k),p(i,\cdot),p(\cdot,k)$ 分别表示 (ξ,η),ξ 及 η 的概率分布列,假设 $p(i,\cdot)>0,p(\cdot,k)>0$,我们称 $\dfrac{p(i,k)}{p(i,\cdot)},k=1,2,\cdots$ 为 $\xi=x_i$ **条件下随机变量 η 的条件概率函数**,并以 $P(\eta=y_k\mid\xi=x_i)$ 表示,简记为 $p(k\mid i)$.

同样地,称 $\dfrac{p(i,k)}{p(\cdot,k)},i=1,2,\cdots$ 为 $\eta=y_k$ **条件下随机变量 ξ 的条件概率函数**,并以 $P(\xi=x_i\mid\eta=y_k)$ 表示,简记为 $p(i\mid k)$.

我们称 $\dfrac{\sum\limits_{x_i<x}p(i,k)}{p(\cdot,k)}$ 为 $\eta=y_k$ **条件下随机变量 ξ 的条件分布函数**,并以 $P(\xi<x\mid\eta=y_k)$ 表示,简记为 $F(x\mid y_k)$.同样地,称 $\dfrac{\sum\limits_{y_k<y}p(i,k)}{p(i,\cdot)}$ 为 $\xi=x_i$ **条件下随机变量 η 的条件分布函数**,并以 $P(\eta<y\mid\xi=x_i)$ 表示,简记为 $F(y\mid x_i)$.

2. 设 ξ,η 为连续型随机变量,$f(x,y),f_1(x)$ 及 $f_2(y)$ 分别表示 (ξ,η),ξ 及 η 的密度函

数，且对任意 x 及 y，令

$$f_1(x)=\int_{-\infty}^{+\infty} f(x,y)\mathrm{d}y>0,\quad f_2(y)=\int_{-\infty}^{+\infty} f(x,y)\mathrm{d}x>0,$$

则称

$$\frac{\int_{-\infty}^{x} f(u,y)\mathrm{d}u}{\int_{-\infty}^{+\infty} f(u,y)\mathrm{d}u}=\frac{\int_{-\infty}^{x} f(u,y)\mathrm{d}u}{f_2(y)}$$

为 $\eta=y$ **条件下随机变量 ξ 的条件概率分布函数**，并以 $P(\xi<x\mid\eta=y)$ 表示，简记为 $F(x\mid y)$；称

$$\frac{\int_{-\infty}^{y} f(x,v)\mathrm{d}v}{\int_{-\infty}^{+\infty} f(x,v)\mathrm{d}v}=\frac{\int_{-\infty}^{y} f(x,v)\mathrm{d}v}{f_1(x)}$$

为 $\xi=x$ **条件下随机变量 η 的条件概率分布函数**，并以 $P(\eta<y\mid\xi=x)$ 表示，简记为 $F(y\mid x)$.

令 $f(y\mid x)=\dfrac{f(x,y)}{f_1(x)}$，$f(x\mid y)=\dfrac{f(x,y)}{f_2(y)}$，则

$$F(x\mid y)=\int_{-\infty}^{x} f(u\mid y)\mathrm{d}u,\quad F(y\mid x)=\int_{-\infty}^{y} f(v\mid x)\mathrm{d}v,$$

称 $f(y\mid x)$ 为 $\xi=x$ **条件下随机变量 η 的条件密度函数**，$f(x\mid y)$ 为 $\eta=y$ **条件下随机变量 ξ 的条件密度函数**.

知识点 12　随机变量函数的分布函数(难点)

1. 随机变量函数的分布函数定义：

设 $(\xi_1,\xi_2,\cdots,\xi_n)$ 为 n 维随机变量，若已知其联合分布，又设有 k 个 $\xi_1,\xi_2,\cdots,\xi_n$ 的函数：

$$\begin{gathered}\eta_1=g_1(\xi_1,\xi_2,\cdots,\xi_n),\\ \eta_2=g_2(\xi_1,\xi_2,\cdots,\xi_n),\\ \cdots\cdots\cdots\\ \eta_k=g_k(\xi_1,\xi_2,\cdots,\xi_n),\end{gathered}$$

其中 $g_i(x_1,x_2,\cdots,x_n)$，$i=1,2,\cdots,k$ 均为 n 元连续函数，则 $(\eta_1,\eta_2,\cdots,\eta_k)$ 的联合分布为

$$\begin{aligned}F_{\eta_1,\eta_2,\cdots,\eta_k}(y_1,y_2,\cdots,y_k)&=P(\eta_1<y_1,\eta_2<y_2,\cdots,\eta_k<y_k)\\&=P\big(g_1(\xi_1,\xi_2,\cdots,\xi_n)<y_1,\cdots,g_k(\xi_1,\xi_2,\cdots,\xi_n)<y_k\big)\\&=P\Big((\xi_1,\xi_2,\cdots,\xi_n)\in\bigcap_{i=1}^{k}g_i^{-1}[(-\infty,y_i)]\Big).\end{aligned}$$

2. 随机变量和差积商的分布：

(1) 和的分布

设二维连续型随机变量 (ξ_1,ξ_2) 的联合分布函数为 $F_{\xi_1,\xi_2}(x_1,x_2)$，则 $\xi_1+\xi_2$ 的分布函数为

$$F_{\xi_1+\xi_2}(x)=P(\xi_1+\xi_2<x).$$

当 $F_{\xi_1,\xi_2}(x_1,x_2)$ 有密度函数 $f_{\xi_1,\xi_2}(x_1,x_2)$ 时，$\xi_1+\xi_2$ 的分布函数为

$$F_{\xi_1+\xi_2}(x)=\iint\limits_{x_1+x_2<x} f_{\xi_1,\xi_2}(x_1,x_2)\mathrm{d}x_1\mathrm{d}x_2=\int_{-\infty}^{x}\int_{-\infty}^{+\infty} f_{\xi_1,\xi_2}(x_1,z-x_1)\mathrm{d}x_1\mathrm{d}z,$$

从而，$\xi_1+\xi_2$ 的密度函数为

$$f_{\xi_1+\xi_2}(x)=\int_{-\infty}^{+\infty}f_{\xi_1,\xi_2}(x_1,x-x_1)\mathrm{d}x_1.$$

特别地，当 ξ_1,ξ_2 相互独立时，有

$$f_{\xi_1+\xi_2}(x)=\int_{-\infty}^{+\infty}f_{\xi_1}(x_1)f_{\xi_2}(x-x_1)\mathrm{d}x_1.$$

设 (ξ_1,ξ_2) 为二维离散型随机变量，分布列为 $p_{ij}=P(\xi_1=x_i,\xi_2=y_j),i,j=1,2,\cdots$，令 $\zeta=\xi_1+\xi_2$，则 ζ 的可能取值的集合为 $\{x_i+y_j,i,j=1,2,\cdots\}$，记作 $\{z_k,k=1,2,\cdots\}$，且对任何 z_k，有

$$\begin{aligned}P(\zeta=z_k)&=P(\xi_1+\xi_2=z_k)=P\Big(\bigcup_{x_i+y_j=z_k}\{\xi_1=x_i,\xi_2=y_j\}\Big)\\&=\sum_{x_i+y_j=z_k}P(\xi_1=x_i,\xi_2=y_j)=\sum_{x_i}P(\xi_1=x_i,\xi_2=z_k-x_i)\\&=\sum_{y_j}P(\xi_1=z_k-y_j,\xi_2=y_j).\end{aligned}$$

若 ξ_1,ξ_2 相互独立，则

$$P(\zeta=z_k)=\sum_{x_i}P(\xi_1=x_i)P(\xi_2=z_k-x_i)=\sum_{y_j}P(\xi_1=z_k-y_j)P(\xi_2=y_j).$$

(2) 商的分布

设二维连续型随机变量 (ξ_1,ξ_2) 的联合密度函数为 $f_{\xi_1,\xi_2}(x_1,x_2)$，则 $\dfrac{\xi_1}{\xi_2}$ 的分布函数为

$$F_{\frac{\xi_1}{\xi_2}}(x)=P\left(\frac{\xi_1}{\xi_2}<x\right)=\iint\limits_{\frac{x_1}{x_2}<x}f_{\xi_1,\xi_2}(x_1,x_2)\mathrm{d}x_1\mathrm{d}x_2=\int_{-\infty}^{x}\int_{-\infty}^{+\infty}f_{\xi_1,\xi_2}(x_2z,x_2)\,|x_2|\,\mathrm{d}x_2\mathrm{d}z,$$

$\dfrac{\xi_1}{\xi_2}$ 的密度函数为

$$f_{\frac{\xi_1}{\xi_2}}(x)=\int_{-\infty}^{+\infty}f_{\xi_1,\xi_2}(x_2x,x_2)\,|x_2|\,\mathrm{d}x_2.$$

若 ξ_1,ξ_2 相互独立，则 $\dfrac{\xi_1}{\xi_2}$ 的密度函数为

$$f_{\frac{\xi_1}{\xi_2}}(x)=\int_{-\infty}^{+\infty}f_{\xi_1}(x_2x)f_{\xi_2}(x_2)\,|x_2|\,\mathrm{d}x_2.$$

(3) 差、积的分布

若 (ξ,η) 为二维连续型随机变量，则

(i) $\xi-\eta$ 为一维连续型随机变量，且密度函数为

$$f_{\xi-\eta}(x)=\int_{-\infty}^{+\infty}f_{\xi,\eta}(u,u-x)\mathrm{d}u;$$

(ii) $\xi\cdot\eta$ 为一维连续型随机变量，且密度函数为

$$f_{\xi\cdot\eta}(x)=\int_{-\infty}^{0}f_{\xi\cdot\eta}\left(u,\frac{x}{u}\right)\cdot\left|\frac{1}{u}\right|\mathrm{d}u+\int_{0}^{+\infty}f_{\xi\cdot\eta}\left(u,\frac{x}{u}\right)\cdot\frac{1}{u}\mathrm{d}u.$$

特别地，当 ξ 与 η 相互独立时，则有

$$f_{\xi\cdot\eta}(x)=\int_{-\infty}^{0}f_{\xi}(u)f_{\eta}\left(\frac{x}{u}\right)\cdot\left|\frac{1}{u}\right|\mathrm{d}u+\int_{0}^{+\infty}f_{\xi}(u)f_{\eta}\left(\frac{x}{u}\right)\cdot\frac{1}{u}\mathrm{d}u,$$

$$f_{\xi-\eta}(x)=\int_{-\infty}^{+\infty}f_\xi(u)f_\eta(u-x)\mathrm{d}u.$$

3. 设连续型随机变量 ξ 有密度函数 $p_\xi(x)$，而 $\eta=f(\xi)$，如果 $y=f(x)$ 在 (a,b) 上是严格单调的连续函数，存在唯一的反函数

$$x=h(y),\quad y\in(\alpha,\beta),\alpha=\min(f(a),f(b)),\beta=\max(f(a),f(b)),$$

并且 $h'(y)$ 连续，那么 η 也是连续型随机变量，具有密度函数

$$p_\eta(y)=p_\xi(h(y))\mid h'(y)\mid,\quad y\in(\alpha,\beta).$$

若 $y=f(x)$ 是分段严格单调可导的函数，即存在有限个或可数个区间 $[a_i,a_{i+1}]$，$i=1,2,\cdots,n,\cdots$，使得 $f(x)$ 在 $[a_i,a_{i+1}]$ 上单调增或单调减，$f'(y)\neq 0$，且将在此区间内函数 $y=f(x)$ 的反函数记为 $x=f_i^{-1}(y)$. 相应地，y 的区间记为

$$[\alpha_i,\beta_i],\quad i=1,2,\cdots,n,\cdots,\alpha_i=\min(f(a_i),f(a_{i+1})),\beta_i=\max(f(a_i),f(a_{i+1})),$$

则 $\eta=f(\xi)$ 的概率密度函数为

$$p_\eta(y)=\sum_i p_\xi(f_i^{-1}(y))\mid f_i^{-1\prime}(y)\mid I_{(\alpha_i,\beta_i)}(y).$$

4. 设 ξ 为任一随机变量，$F_\xi(x)$ 为其分布函数，则

$$F_{a\xi+b}(x)=\begin{cases}F_\xi\left(\dfrac{x-b}{a}\right), & \text{当 } a>0,-\infty<b<+\infty \text{ 时},\\[2ex] 1-F_\xi\left(\dfrac{x-b}{a}+0\right), & \text{当 } a<0,-\infty<b<+\infty \text{ 时}.\end{cases}$$

特别地，当 $F_\xi(x)$ 有密度函数 $f_\xi(x)$ 时(此时 $F_\xi(x)$ 连续)，有

$$f_{a\xi+b}(x)=\frac{1}{|a|}f_\xi\left(\frac{x-b}{a}\right),\quad a\neq 0.$$

当 ξ 为离散型随机变量时，

$$P_{a\xi+b}(x)=P_\xi\left(\frac{x-b}{a}\right),\quad a\neq 0.$$

$$F_{\xi^2}(x)=\begin{cases}F_\xi(\sqrt{x})-F_\xi(-\sqrt{x}+0), & \text{当 } x>0 \text{ 时},\\ 0, & \text{其他}.\end{cases}$$

当 $F_\xi(x)$ 有连续的密度函数 $f_\xi(x)$(或 $f_\xi(x)$ 只有有限个间断点)时，有

$$f_{\xi^2}(x)=\frac{1}{2\sqrt{x}}\left[f_\xi(\sqrt{x})+f_\xi(-\sqrt{x})\right],\quad x>0.$$

5. 设二维连续型随机变量 (ξ_1,ξ_2) 的联合密度函数为 $F_{\xi_1,\xi_2}(x_1,x_2)$. 若对于二元函数 $\begin{cases}y_1=g_1(x_1,x_2),\\ y_2=g_2(x_1,x_2)\end{cases}$ 满足下述条件：

(1) 存在唯一的反函数 $\begin{cases}x_1=x_1(y_1,y_2),\\ x_2=x_2(y_1,y_2);\end{cases}$

(2) 有一切连续的一阶偏导数，记 $J=\dfrac{\partial(x_1,x_2)}{\partial(y_1,y_2)}=\begin{vmatrix}\dfrac{\partial x_1}{\partial y_1} & \dfrac{\partial x_1}{\partial y_2}\\[2ex] \dfrac{\partial x_2}{\partial y_1} & \dfrac{\partial x_2}{\partial y_2}\end{vmatrix}$,

则二维随机变量 $\eta_1=g_1(\xi_1,\xi_2)$，$\eta_2=g_2(\xi_1,\xi_2)$ 的联合密度函数为

$$f(\eta_1,\eta_2)=f_{\xi_1,\xi_2}(x_1(y_1,y_2),x_2(y_1,y_2))\cdot|J|.$$

知识点 13　统计学中四大分布：χ^2 分布、t 分布、F 分布、标准正态分布

1. χ^2 分布定义：

若 n 个相互独立的随机变量 $\xi_1,\xi_2,\cdots,\xi_n$ 均服从标准正态分布 $N(0,1)$，则 $\chi^2=\sum_{i=1}^{n}\xi_i^2$ 的概率密度函数为

$$f_{\chi^2}(x)=\begin{cases}\dfrac{1}{2^{\frac{n}{2}}\Gamma\left(\dfrac{n}{2}\right)}x^{\frac{n}{2}-1}\mathrm{e}^{-\frac{x}{2}}, & \text{当 } x\geqslant 0,\\ 0, & \text{其他},\end{cases}$$

称 $f_{\chi^2}(x)$ 为**自由度为 n 的 χ^2 分布的密度函数.**

2. t 分布定义：

设 ξ,z 为相互独立的随机变量，ξ 服从标准正态分布 $N(0,1)$，z 服从自由度为 n 的 χ^2 分布，则 $t=\dfrac{\xi}{\sqrt{z/n}}$ 的概率密度函数为

$$f_t(x)=f_{\xi/\sqrt{z/n}}(x)=\frac{\Gamma\left(\dfrac{n+1}{2}\right)}{\sqrt{n\pi}\,\Gamma\left(\dfrac{n}{2}\right)}\cdot\left(1+\frac{x^2}{n}\right)^{-\frac{n+1}{2}},$$

称 $f_t(x)$ 为**自由度为 n 的 t 分布（或 Student 分布）的密度函数.**

3. F 分布定义：

若 χ_m^2,χ_n^2 为独立随机变量，分别服从自由度为 m 及 n 的 χ^2 分布，令 $\xi=\dfrac{\chi_m^2}{m},\eta=\dfrac{\chi_n^2}{n}$，则 $\zeta=\xi/\eta$ 的概率密度函数为

$$f_\zeta(x)=\begin{cases}\dfrac{\Gamma\left(\dfrac{m+n}{2}\right)}{\Gamma\left(\dfrac{m}{2}\right)\Gamma\left(\dfrac{n}{2}\right)}m^{\frac{m}{2}}n^{\frac{n}{2}}\dfrac{x^{\frac{m}{2}-1}}{(mx+n)^{\frac{m+n}{2}}}, & \text{当 } x>0,\\ 0, & \text{其他},\end{cases}$$

称 $f_\zeta(x)$ 为**自由度为 m 及 n 的 F 分布的密度函数.**

二、经典题型

题型 I　一维连续型随机变量的密度函数与分布函数

例 1　一教授当下课铃打响时，他还不结束讲解，常在铃响后的一分钟内结束他的讲解. 以 X 表示铃响至结束讲解的时间，设 X 的密度函数为

$$f(x)=\begin{cases}kx^2, & 0\leqslant x\leqslant 1,\\ 0, & \text{其他}.\end{cases}$$

求:(1) k 的值; (2) $P\left(X\leqslant\frac{1}{3}\right)$; (3) $P\left(\frac{1}{4}\leqslant X\leqslant\frac{1}{2}\right)$; (4) $P\left(X>\frac{2}{3}\right)$; (5) X 的分布函数 $F(x)$.

◆题型解析:(1) 由一维随机变量 X 的密度函数 $f(x)$ 满足 $\int_{-\infty}^{+\infty}f(x)\mathrm{d}x=1$ 及 $f(x)$ 的非负性可得 k 值.(2),(3),(4) 由

$$P(a\leqslant X\leqslant b)=P(a<X\leqslant b)=P(a\leqslant X<b)=P(a<X<b)=\int_a^b f(x)\mathrm{d}x$$

$$P\left(X\leqslant\frac{1}{3}\right)=P\left(-\infty<X\leqslant\frac{1}{3}\right),\quad P\left(X>\frac{2}{3}\right)=P\left(\frac{2}{3}<x<+\infty\right)$$

可得.(5) 考查分布函数与密度函数之间的关系:$F(x)=\int_{-\infty}^{x}f(u)\mathrm{d}u$.注意 $f(x)$ 是分段函数的形式,要分类讨论 x 与区间$[0,1]$的位置关系,从而确定被积函数的表达式.

解　(1) 由 $1=\int_{-\infty}^{+\infty}f(x)\mathrm{d}x=\int_0^1 kx^2\mathrm{d}x=\frac{k}{3}$,可得 $k=3$.

(2) $P\left(X\leqslant\frac{1}{3}\right)=\int_0^{\frac{1}{3}}3x^2\mathrm{d}x=\frac{1}{27}$.

(3) $P\left(\frac{1}{4}\leqslant X\leqslant\frac{1}{2}\right)=\int_{\frac{1}{4}}^{\frac{1}{2}}3x^2\mathrm{d}x=\frac{1}{8}-\frac{1}{64}=\frac{7}{64}$.

(4) $P\left(X>\frac{2}{3}\right)=\int_{\frac{2}{3}}^{1}3x^2\mathrm{d}x=1-\frac{8}{27}=\frac{19}{27}$.

(5) $$F(x)=\int_{-\infty}^{x}3u^2\mathrm{d}u=\begin{cases}0, & x<0,\\ \int_0^x 3u^2\mathrm{d}u=x^3, & 0\leqslant x<1,\\ \int_0^1 3u^2\mathrm{d}u=1, & 1\leqslant x.\end{cases}$$

例 2　设随机变量 X 的概率密度为

$$f(x)=\begin{cases}0.003x^2, & 0<x<10,\\ 0, & \text{其他}.\end{cases}$$

求关于 t 的方程 $t^2+2Xt+5X-4=0$ 有实根的概率.

◆题型解析:方程有实根等价于

$$\Delta=4X^2-4(5X-4)=4(X^2-5X+4)=4(X-4)(X-1)\geqslant 0.$$

从而问题转化为求 $P\big((X-4)(X-1)\geqslant 0\big)=P(X\geqslant 4\text{ 或者 }X\leqslant 1)$.由密度函数的表达式及公式 $P(a\leqslant X\leqslant b)=P(a<X\leqslant b)=P(a\leqslant X<b)=P(a<X<b)=\int_a^b f(x)\mathrm{d}x$ 可求得概率.

解　$P(t^2+2Xt+5X-4=0\text{ 有实根})=P(X^2-5X+4\geqslant 0)=P(X\leqslant 1\text{ 或 }X\geqslant 4)$

$$=\int_0^1 0.003x^2\mathrm{d}x+\int_4^{10}0.003x^2\mathrm{d}x=0.001+0.001\times(1000-64)=0.937.$$

例 3 随机变量 X 的概率密度为

$$f(x)=\begin{cases}2x, & 0<x<1,\\ 0, & \text{其他}.\end{cases}$$

以 Y 表示 X 的三次独立重复观察中事件 $\left\{X\leqslant\frac{1}{2}\right\}$ 出现的次数，求 $P(Y=2)$.

◘ **题型解析**：Y 表示次数，因此 Y 是离散型随机变量，又因为三次观察是独立重复进行，且每次事件 $\left\{X\leqslant\frac{1}{2}\right\}$ 或者出现或者不出现，因此，$Y\sim B(3,p)$，其中 p 为一次试验事件 $\left\{X\leqslant\frac{1}{2}\right\}$ 出现的概率，即 $p=P\left(X\leqslant\frac{1}{2}\right)$.

解 $P\left(X\leqslant\frac{1}{2}\right)=\int_0^{\frac{1}{2}}2x\,\mathrm{d}x=\frac{1}{4}$，$Y\sim B\left(3,\frac{1}{4}\right)$，因此，$P(Y=2)=\mathrm{C}_3^2\left(\frac{1}{4}\right)^2\left(\frac{3}{4}\right)^1=\frac{9}{64}$.

题型 Ⅱ 二维连续型随机变量的联合密度函数、边缘密度

例 4 设随机变量 (X,Y) 在由曲线 $y=x^2$，$y=x^2/2$，$x=1$ 所围成的区域 G 上服从均匀分布. 求：(1) (X,Y) 的概率密度；(2) 边缘概率密度 $f_X(x)$，$f_Y(y)$.

◘ **题型解析**：服从区域 G 上均匀分布的随机变量，其密度函数是分段函数，当点在区域 G 上时，表达式为区域 G 的测度的倒数；当点不在区域 G 上时，表达式为 0. 本题的关键点在于求 G 的测度，由于是二维区域，因此 G 的测度即 G 的面积，但 G 是不规则图形，因此需用二重积分求面积. 求关于 X 的边缘密度时，公式为 $f_X(x)=\int_{-\infty}^{+\infty}f(x,y)\mathrm{d}y$，需要注意的是积分结果只能与 x 有关，不含有 y. 如果 $f_X(x)$ 是分段函数的形式，范围只能与 x 有关，不应该和 y 有关系. 用关于 Y 的边缘密度 $f_Y(y)=\int_{-\infty}^{+\infty}f(x,y)\mathrm{d}x$ 时也要注意类似的问题.

解 (1) G 的面积为 $S=\int_0^1\left(x^2-\frac{x^2}{2}\right)\mathrm{d}x=\frac{1}{6}$，所以 (X,Y) 的概率密度为

$$f(x,y)=\begin{cases}6, & 0<x\leqslant 1,\frac{x^2}{2}<y<x^2,\\ 0, & \text{其他}.\end{cases}$$

(2)
$$f_X(x)=\int_{-\infty}^{+\infty}f(x,y)\mathrm{d}y=\begin{cases}\int_{\frac{x^2}{2}}^{x^2}6\mathrm{d}y=3x^2, & 0<x\leqslant 1,\\ 0, & \text{其他};\end{cases}$$

$$f_Y(y)=\int_{-\infty}^{+\infty}f(x,y)\mathrm{d}x=\begin{cases}\int_{\sqrt{y}}^{1}6\mathrm{d}x=6(1-\sqrt{y}), & \frac{1}{2}<y\leqslant 1,\\ \int_{\sqrt{y}}^{\sqrt{2y}}6\mathrm{d}x=6(\sqrt{2y}-\sqrt{y}), & 0<y\leqslant\frac{1}{2},\\ 0, & \text{其他}.\end{cases}$$

题型 Ⅲ 条件密度、条件概率、联合密度

例 5 设 X 和 Y 是两个随机变量，它们的联合概率密度是

$$f(x,y)=\begin{cases}\dfrac{x^3}{2}\mathrm{e}^{-x(1+y)}, & x>0,y>0,\\ 0, & 其他.\end{cases}$$

求:(1) (X,Y) 关于 X 的边缘概率密度 $f_X(x)$;

(2) 条件概率密度 $f_{Y|X}(y\mid x)$,并写出当 $x=\dfrac{1}{2}$ 时,Y 的条件概率密度;

(3) 条件概率 $P\left(Y\geqslant 1\,\middle|\,X=\dfrac{1}{2}\right)$.

特别提醒 条件概率密度 $f_{Y|X}(y\mid x)=\dfrac{f(x,y)}{f_X(x)}=\dfrac{f(x,y)}{\int_{-\infty}^{+\infty}f(x,y)\mathrm{d}y}$ 是 x 和 y 的函数,因此,表达式和范围与 x 和 y 有关,另外分母非零,分式才有意义.而条件概率 $P\left(Y\geqslant 1\,\middle|\,X=\dfrac{1}{2}\right)=\int_1^{+\infty}f_{Y|X}\left(y\,\middle|\,x=\dfrac{1}{2}\right)\mathrm{d}y$ 是一个 0 到 1 之间的数字,与 x 和 y 无关.

解 (1) $f_X(x)=\int_{-\infty}^{+\infty}f(x,y)\mathrm{d}y=\begin{cases}\int_0^{+\infty}\dfrac{x^3}{2}\mathrm{e}^{-x(1+y)}\mathrm{d}y=\dfrac{x^2}{2}\mathrm{e}^{-x}, & x>0,\\ 0, & 其他.\end{cases}$

(2) 当 $x>0$ 时,$f_{Y|X}(y\mid x)=\dfrac{f(x,y)}{f_X(x)}=\begin{cases}x\mathrm{e}^{-xy}, & y>0,\\ 0, & 其他;\end{cases}$

当 $x=\dfrac{1}{2}$ 时,Y 的条件概率密度为 $f_{Y|X}\left(y\,\middle|\,x=\dfrac{1}{2}\right)=\begin{cases}\dfrac{1}{2}\mathrm{e}^{-\frac{1}{2}y}, & y>0,\\ 0, & 其他.\end{cases}$

(3) $P\left(Y\geqslant 1\,\middle|\,X=\dfrac{1}{2}\right)=\int_1^{+\infty}f_{Y|X}\left(y\,\middle|\,x=\dfrac{1}{2}\right)\mathrm{d}y=\int_1^{+\infty}\dfrac{1}{2}\mathrm{e}^{-\frac{1}{2}y}\mathrm{d}y=\mathrm{e}^{-\frac{1}{2}}$.

例 6 设 (X,Y) 是二维随机变量,X 的概率密度为

$$f_X(x)=\begin{cases}\dfrac{2+x}{6}, & 0<x<2,\\ 0, & 其他.\end{cases}$$

且当 $X=x(0<x<2)$ 时,Y 的条件概率密度为

$$f_{Y|X}(y\mid x)=\begin{cases}\dfrac{1+xy}{1+x/2}, & 0<y<1,\\ 0, & 其他.\end{cases}$$

求:(1) X,Y 的联合概率密度;

(2) (X,Y) 关于 Y 的边缘概率密度;

(3) 在 $Y=y$ 的条件下,X 的条件概率密度 $f_{X|Y}(x\mid y)$.

◆ **题型解析:**本题考查了条件概率密度、联合概率密度、边缘概率密度之间的关系:

$$f_{Y|X}(y\mid x)=\frac{f(x,y)}{f_X(x)},\quad f(x,y)=f_{Y|X}(y\mid x)f_X(x),$$

$$f_Y(y)=\int_{-\infty}^{+\infty}f(x,y)\mathrm{d}x,\quad f_{X|Y}(x\mid y)=\frac{f(x,y)}{f_Y(y)}.$$

解 (1) $f(x,y)=f_{Y|X}(y\mid x)f_X(x)=\begin{cases}\dfrac{1+xy}{3}, & 0<y<1,0<x<2,\\ 0, & \text{其他}.\end{cases}$

(2) $f_Y(y)=\int_{-\infty}^{+\infty}f(x,y)\mathrm{d}x=\begin{cases}\int_0^2\dfrac{1+xy}{3}\mathrm{d}x=\dfrac{2}{3}+\dfrac{2}{3}y, & 0<y<1,\\ 0, & \text{其他}.\end{cases}$

(3) 当 $0<y<1$ 时，$f_{X|Y}(x\mid y)=\dfrac{f(x,y)}{f_Y(y)}=\begin{cases}\dfrac{1+xy}{2(1+y)}, & 0<x<2,\\ 0, & \text{其他}.\end{cases}$

题型Ⅳ 一维随机变量函数的密度函数

方法技巧 题型：已知 ξ 的密度函数为 $f_\xi(x)$，$\eta=g(\xi)$，其中 $y=g(x)$ 为可测函数，求 η 的分布函数或者密度函数.由定义，$F_\eta(y)=P(\eta<y)=P\big(g(\xi)<y\big)$，首先，一定要求出 ξ 的范围，进而用 $f_\xi(x)$ 来算概率.求 ξ 的范围时要注意 $y=g(x)$ 是否单调，如果不是单调的，要看一下是否分段单调，因为单调时，$y=g(x)$ 才存在反函数，从而对 $g(\xi)<y$ 两边取反函数，可以求出 ξ 的范围.

例 7 (1) 设随机变量 X 的概率密度为

$$f(x)=\begin{cases}e^{-x}, & x>0,\\ 0, & \text{其他}.\end{cases}$$

求 $Y=\sqrt{X}$ 的概率密度；

(2) 设随机变量 $X\sim U(-1,1)$，求 $Y=(X+1)/2$ 的概率密度；

(3) 设随机变量 $X\sim N(0,1)$，求 $Y=X^2$ 的概率密度.

特别提醒 问题(3) 中 $y=x^2$ 在整个定义域上不是单调的，是分段单调，需要分段求反函数，或者按照定义先求 $Y=X^2$ 的分布函数，再求导可得概率密度.

解 (1) 由随机变量函数的密度函数公式可得

$$f_Y(y)=f(y^2)\mid 2y\mid=\begin{cases}2y e^{-y^2}, & y>0,\\ 0, & \text{其他}.\end{cases}$$

或者先求分布函数

$$F_Y(y)=P(Y\leqslant y)=P(\sqrt{X}\leqslant y)=\begin{cases}P(X\leqslant y^2), & y>0,\\ 0, & \text{其他}\end{cases}$$

$$=\begin{cases}\int_0^{y^2}e^{-x}\mathrm{d}x, & y>0,\\ 0, & \text{其他}\end{cases}$$

$$=\begin{cases}1-e^{-y^2}, & y>0,\\ 0, & \text{其他}.\end{cases}$$

从而，密度函数为 $f_Y(y)=F'_Y(y)=\begin{cases}2ye^{-y^2}, & y>0,\\ 0, & \text{其他}.\end{cases}$

(2) 由随机变量函数的密度函数公式可得

$$f_Y(y)=f(2y-1)\times 2=\begin{cases}1, & 0\leqslant y\leqslant 1,\\ 0, & \text{其他}.\end{cases}$$

或者先求分布函数

$$F_Y(y)=P\left(\frac{X+1}{2}\leqslant y\right)=P(X\leqslant 2y-1)$$
$$=\begin{cases}1, & 2y-1>1,\\ y, & -1\leqslant 2y-1\leqslant 1,\\ 0, & 2y-1\leqslant -1\end{cases}$$
$$=\begin{cases}1, & y>1,\\ y, & 0\leqslant y\leqslant 1,\\ 0, & y\leqslant 0.\end{cases}$$

从而,密度函数为 $f'_Y(y)=F'_Y(y)=\begin{cases}1, & 0\leqslant y\leqslant 1,\\ 0, & \text{其他}.\end{cases}$

(3) 由随机变量函数的密度函数公式可得,当 $y>0$ 时,

$$f_Y(y)=f(\sqrt{y})\times\left|\frac{1}{2\sqrt{y}}\right|+f(-\sqrt{y})\times\left|\frac{1}{-2\sqrt{y}}\right|$$
$$=\frac{2}{2\sqrt{y}}\times\frac{1}{\sqrt{2\pi}}\mathrm{e}^{-\frac{y}{2}}=\frac{1}{\sqrt{2\pi y}}\mathrm{e}^{-\frac{y}{2}};$$

当 $y\leqslant 0$ 时,$f_Y(y)=0$.

也可先求分布函数,再求导.

题型 V 二维随机变量函数的分布

例 8 设二维随机变量 (ξ,η) 的分布列为

η	ξ					
	0	1	2	3	4	5
0	0	0.01	0.03	0.05	0.07	0.09
1	0.01	0.02	0.04	0.05	0.06	0.08
2	0.01	0.03	0.05	0.05	0.05	0.06
3	0.01	0.02	0.04	0.06	0.06	0.05

求:(1) ξ,η 的边际分布列; (2) $X=\max(\xi,\eta)$ 的分布列;
(3) $Y=\min(\xi,\eta)$ 的分布列; (4) $Z=X+Y$ 的分布列;
(5) 在 $\eta=0$ 的条件下 ξ 的分布列; (6) 在 $\xi=2$ 的条件下 η 的分布列.

难点注释 (2),(3) 考查了随机变量函数的分布列,注意 $X=\max(\xi,\eta)$ 是一个新的随机变量,$X=2$ 等价于 $\max(\xi,\eta)=2$,共有 5 种情况:$\xi=0,\eta=2$;$\xi=1,\eta=2$;$\xi=2,\eta=2$;$\xi=2,\eta=0$;$\xi=2,\eta=1$.而这 5 个事件互不相容,因此,$P(X=2)$ 等于这 5 个事件的概率之和.

解 (1) ξ,η 的边际分布列见下表:

η	ξ						
	0	1	2	3	4	5	$P(\eta=y_j)$
0	0	0.01	0.03	0.05	0.07	0.09	0.25
1	0.01	0.02	0.04	0.05	0.06	0.08	0.26
2	0.01	0.03	0.05	0.05	0.05	0.06	0.25
3	0.01	0.02	0.04	0.06	0.06	0.05	0.24
$P(\xi=x_i)$	0.03	0.08	0.16	0.21	0.24	0.28	

(2) $P(X=0)=P\big(\max(\xi,\eta)=0\big)=P(\xi=0,\eta=0)=0$,

$$P(X=1)=P\big(\max(\xi,\eta)=1\big)$$
$$=P(\xi=0,\eta=1)+P(\xi=1,\eta=1)+P(\xi=1,\eta=0)=0.04,$$

$$P(X=2)=P\big(\max(\xi,\eta)=2\big)=P(\xi=0,\eta=2)+P(\xi=1,\eta=2)+P(\xi=2,\eta=2)$$
$$+P(\xi=2,\eta=0)+P(\xi=2,\eta=1)=0.16,$$

以此类推,可得 $X=\max(\xi,\eta)$ 的分布列,见下表:

X	0	1	2	3	4	5
P	0	0.04	0.16	0.28	0.24	0.28

(3) $P(Y=0)=P(\min(\xi,\eta)=0)=P(\xi=0,\eta=0)+P(\xi=0,\eta=1)$

$$+P(\xi=0,\eta=2)+P(\xi=0,\eta=3)+P(\xi=1,\eta=0)+P(\xi=2,\eta=0)$$
$$+P(\xi=3,\eta=0)+P(\xi=4,\eta=0)+P(\xi=5,\eta=0)=0.28,$$

$$P(Y=1)=P(\min(\xi,\eta)=1)=P(\xi=1,\eta=1)+P(\xi=1,\eta=2)+P(\xi=1,\eta=3)$$
$$+P(\xi=2,\eta=1)+P(\xi=3,\eta=1)+P(\xi=4,\eta=1)+P(\xi=5,\eta=1)=0.3,$$

$$P(Y=2)=P(\min(\xi,\eta)=2)=P(\xi=2,\eta=2)+P(\xi=2,\eta=3)$$
$$+P(\xi=3,\eta=2)+P(\xi=4,\eta=2)+P(\xi=5,\eta=2)=0.25,$$

$$P(Y=3)=P(\min(\xi,\eta)=3)$$
$$=P(\xi=3,\eta=3)+P(\xi=4,\eta=3)+P(\xi=5,\eta=3)=0.17,$$

可得 $Y=\min(\xi,\eta)$ 的分布列,见下表:

Y	0	1	2	3
P	0.28	0.3	0.25	0.17

(4) $P(Z=0)=P(X+Y=0)=P\big(\max(\xi,\eta)=0,\min(\xi,\eta)=0\big)=P(\xi=0,\eta=0)=0$,

$$P(Z=1)=P(X+Y=1)=P\big(\max(\xi,\eta)=1,\min(\xi,\eta)=0\big)$$
$$=P(\xi=1,\eta=0)+P(\xi=0,\eta=1)=0.02,$$

$$P(Z=2)=P(X+Y=2)$$
$$=P\big(\max(\xi,\eta)=2,\min(\xi,\eta)=0\big)+P\big(\max(\xi,\eta)=1,\min(\xi,\eta)=1\big)$$
$$=P(\xi=2,\eta=0)+P(\xi=0,\eta=2)+P(\xi=1,\eta=1)=0.06,$$

$$P(Z=3)=P(X+Y=3)$$

$$=P\big(\max(\xi,\eta)=3,\min(\xi,\eta)=0\big)+P\big(\max(\xi,\eta)=2,\min(\xi,\eta)=1\big)$$
$$=P(\xi=3,\eta=0)+P(\xi=0,\eta=3)+P(\xi=2,\eta=1)$$
$$+P(\xi=1,\eta=2)=0.13,$$

$$P(Z=4)=P(X+Y=4)=P\big(\max(\xi,\eta)=4,\min(\xi,\eta)=0\big)$$
$$+P\big(\max(\xi,\eta)=3,\min(\xi,\eta)=1\big)+P\big(\max(\xi,\eta)=2,\min(\xi,\eta)=2\big)$$
$$=P(\xi=4,\eta=0)+P(\xi=3,\eta=1)+P(\xi=1,\eta=3)$$
$$+P(\xi=2,\eta=2)=0.19,$$

$$P(Z=5)=P(X+Y=5)=P\big(\max(\xi,\eta)=5,\min(\xi,\eta)=0\big)$$
$$+P\big(\max(\xi,\eta)=4,\min(\xi,\eta)=1\big)+P\big(\max(\xi,\eta)=3,\min(\xi,\eta)=2\big)$$
$$=P(\xi=5,\eta=0)+P(\xi=4,\eta=1)+P(\xi=3,\eta=2)$$
$$+P(\xi=2,\eta=3)=0.24,$$

$$P(Z=6)=P(X+Y=6)=P\big(\max(\xi,\eta)=5,\min(\xi,\eta)=1\big)$$
$$+P\big(\max(\xi,\eta)=4,\min(\xi,\eta)=2\big)+P\big(\max(\xi,\eta)=3,\min(\xi,\eta)=3\big)$$
$$=P(\xi=5,\eta=1)+P(\xi=4,\eta=2)+P(\xi=3,\eta=3)=0.19,$$

$$P(Z=7)=P(X+Y=7)=P\big(\max(\xi,\eta)=5,\min(\xi,\eta)=2\big)$$
$$+P\big(\max(\xi,\eta)=4,\min(\xi,\eta)=3\big)$$
$$=P(\xi=5,\eta=2)+P(\xi=4,\eta=3)=0.12,$$

$$P(Z=8)=P(X+Y=8)=P\big(\max(\xi,\eta)=5,\min(\xi,\eta)=3\big)=P(\xi=5,\eta=3)=0.05.$$

Z 的分布列见下表：

Z	0	1	2	3	4	5	6	7	8
P	0	0.02	0.06	0.13	0.19	0.24	0.19	0.12	0.05

(5) $P(\xi=0\mid\eta=0)=\dfrac{P(\xi=0,\eta=0)}{P(\eta=0)}=\dfrac{0}{0.25}=0,$

$$P(\xi=1\mid\eta=0)=\frac{P(\xi=1,\eta=0)}{P(\eta=0)}=\frac{0.01}{0.25}=\frac{1}{25},$$

$$P(\xi=2\mid\eta=0)=\frac{P(\xi=2,\eta=0)}{P(\eta=0)}=\frac{0.01}{0.25}=\frac{1}{25},$$

$$P(\xi=3\mid\eta=0)=\frac{P(\xi=3,\eta=0)}{P(\eta=0)}=\frac{0.01}{0.25}=\frac{1}{25};$$

$$P(\eta=0\mid\xi=2)=\frac{P(\eta=0,\xi=2)}{P(\xi=2)}=\frac{0.03}{0.16}=\frac{3}{16},$$

$$P(\eta=1\mid\xi=2)=\frac{P(\eta=1,\xi=2)}{P(\xi=2)}=\frac{0.04}{0.16}=\frac{1}{4},$$

$$P(\eta=2\mid\xi=2)=\frac{P(\eta=2,\xi=2)}{P(\xi=2)}=\frac{0.05}{0.16}=\frac{5}{16},$$

$$P(\eta=3\mid\xi=2)=\frac{P(\eta=3,\xi=2)}{P(\xi=2)}=\frac{0.05}{0.16}=\frac{5}{16}.$$

综合题（2010—2020年考研题）

例9（2016年数学一第7题） 设随机变量 $X\sim N(\mu,\sigma)$，$\sigma>0$，记 $p=P(X\leqslant\mu+\sigma^2)$，则（　　）.

A. p 随着 σ 的增加而减少　　　　B. p 随着 σ 的增加而增加

◆ 题型解析：$p=P(X\leqslant\mu+\sigma^2)=P\left(\frac{X-\mu}{\sigma}\leqslant\sigma\right)$，所以概率随着 σ 的增大而增大.因此选B.

例10（2016年数学一第22题、2016年数学三第22题） 设二维随机变量 (X,Y) 在区域 $D=\{(x,y)\mid 0<x<1,x^2<y<\sqrt{x}\}$ 上服从均匀分布，令

$$U=\begin{cases}1, & X\leqslant Y,\\ 0, & X>Y.\end{cases}$$

(1) 写出 (X,Y) 的概率密度.

(2) 问 U 与 X 是否相互独立？并说明理由.

(3) 求 $Z=X+U$ 的分布函数 $F(z)$.

难点注释 D 为不规则区域，需用二重积分求其面积.注意 U 与 X 的联合概率密度未给出，需转化到 X 与 Y 上，进而求出 U 与 X 的联合分布及 Z 的分布函数.

解 (1) 区域 D 的面积 $S(D)=\int_0^1(\sqrt{x}-x^2)\mathrm{d}x=\frac{1}{3}$，因为 (X,Y) 服从区域 D 上的均匀分布，所以其概率密度为

$$f(x,y)=\begin{cases}3, & x^2<y<\sqrt{x},\\ 0, & \text{其他}.\end{cases}$$

(2) X 与 U 不独立，因为

$$P\left(U\leqslant\frac{1}{2},X\leqslant\frac{1}{2}\right)=P\left(U=0,X\leqslant\frac{1}{2}\right)=P\left(X>Y,X\leqslant\frac{1}{2}\right)=\frac{1}{12},$$

$$P\left(U\leqslant\frac{1}{2}\right)=\frac{1}{2},\quad P\left(X\leqslant\frac{1}{2}\right)=\frac{1}{2},$$

所以

$$P\left(U\leqslant\frac{1}{2},X\leqslant\frac{1}{2}\right)\neq P\left(U\leqslant\frac{1}{2}\right)P\left(X\leqslant\frac{1}{2}\right).$$

$$\begin{aligned}(3)\ F(z)&=P(U+X\leqslant z)\\ &=P(U+X\leqslant z,U=0)+P(U+X\leqslant z,U=1)\\ &=P(X\leqslant z,X>Y)+P(1+X\leqslant z,X\leqslant Y).\end{aligned}$$

又

$$P(X\leqslant z,X>Y)=\begin{cases}0, & z<0,\\ \dfrac{3}{2}z^2-z^3, & 0\leqslant z<1,\\ \dfrac{1}{2}, & z\geqslant 1,\end{cases}$$

$$P(X+1\leqslant z,X\leqslant Y)=\begin{cases}0, & z<1,\\ 2(z-1)^{\frac{3}{2}}-\dfrac{3}{2}(z-1)^2, & 1\leqslant z<2,\\ \dfrac{1}{2}, & z\geqslant 2.\end{cases}$$

所以

$$F(z)=\begin{cases}0, & z<0,\\ \dfrac{3}{2}z^2-z^3, & 0\leqslant z<1,\\ \dfrac{1}{2}+2(z-1)^{\frac{3}{2}}-\dfrac{3}{2}(z-1)^2, & 1\leqslant z<2,\\ 1, & z\geqslant 2.\end{cases}$$

例 11（2016 年经济类联考综合能力题第 40 题） 设随机变量 X 的分布函数为

$$F(x)=\begin{cases}a+\dfrac{b}{1+x^2}, & x>0,\\ c, & x\leqslant 0.\end{cases}$$

求参数 a,b,c 的值.

解 由分布函数的性质知道,

$$1=F(+\infty)=a,\quad 0=F(-\infty)=c,\quad c=F(0)=F(0+)=a+b.$$

因此,$a=1,b=-1,c=0$.

例 12（2015 年数学一第 14 题、2015 年数学三第 14 题） 设二维随机变量(X,Y)服从正态分布 $N(1,1;0,1;0)$,则 $P(XY-Y<0)=$________.

◆ **题型解析**:由题设知道,$X\sim N(1,1)$,$Y\sim N(0,1)$,且 X,Y 相互独立,从而

$$P(XY-Y<0)=P\big((X-1)Y<0\big)=P(X-1>0,Y<0)+P(X-1<0,Y>0)$$
$$=P(X>1)P(Y<0)+P(X<1)P(Y>0)=\frac{1}{2}\times\frac{1}{2}+\frac{1}{2}\times\frac{1}{2}=\frac{1}{2}.$$

例 13（2013 年数学一第 7 题、2013 年数学三第 7 题） 设 X_1,X_2,X_3 是随机变量,且 $X_1\sim N(0,1)$,$X_2\sim N(0,2)$,$X_3\sim N(5,3)$,$P_j=P(-2\leqslant X_j\leqslant 2)$,$j=1,2,3$,则(　　).

A. $P_1>P_2>P_3$　　　　B. $P_2>P_1>P_3$

C. $P_3>P_1>P_2$　　　　D. $P_1>P_3>P_2$

◆ **题型解析**:由 $X_1\sim N(0,1)$,$X_2\sim N(0,2)$ 知道,

$$P_1=P(-2\leqslant X_1\leqslant 2)=P(|X_1|\leqslant 2)=2\Phi(2)-1,$$

$$P_2=P(-2\leqslant X_2\leqslant 2)=P(|X_2|\leqslant 2)=P\left(\left|\frac{X_2}{2}\right|\leqslant 1\right)=2\Phi(1)-1,$$

故 $P_1 > P_2$.而

$$P_3=P(-2\leqslant X_3\leqslant 2)=P(-7\leqslant X_3-5\leqslant -3)=P\left(-\frac{7}{3}\leqslant \frac{X_3-5}{3}\leqslant -1\right)$$
$$=\Phi\left(\frac{7}{3}\right)-\Phi(1)\geqslant 2\Phi(2)-1,$$

故 $P_3 > P_1$.因此选 C.

例 14(2013 年数学一第 8 题) 设随机变量 $X\sim t(n)$,$Y\sim F(1,n)$,给定 $a(0<a<0.5)$,常数 c 满足 $P(X>c)=a$,则 $P(Y>c^2)=($ $)$.

A. a B. $1-a$ C. $2a$ D. $1-2a$

◆ **题型解析**:由 $X\sim t(n)$,$Y\sim F(1,n)$ 得 $Y=X^2$,故

$$P(Y>c^2)=P(X^2>c^2)=P(X>c \text{ 或 } X<-c)=2a.$$

因此选 C.

例 15(2013 年数学一第 22 题) 设随机变量 X 的概率密度为

$$f(x)=\begin{cases}\frac{1}{9}x^2, & 0<x<3,\\ 0, & \text{其他}.\end{cases}$$

令随机变量

$$Y=\begin{cases}2, & X\leqslant 1,\\ X, & 1<X<2,\\ 1, & X\geqslant 2.\end{cases}$$

求:(1) Y 的分布函数; (2) 概率 $P(X\leqslant Y)$.

解 (1) $F_Y(y)=P(Y\leqslant y)$,由 Y 的概率分布知道,当 $y<1$ 时,$F_Y(y)=0$;当 $y>2$ 时,$F_Y(y)=1$;当 $1\leqslant y\leqslant 2$ 时,

$$\begin{aligned}F_Y(y)&=P(Y\leqslant y)=P(Y\leqslant 1)+P(1<Y\leqslant y)\\&=P(X\geqslant 2)+P(1<X\leqslant y)\\&=\int_2^3\frac{1}{9}x^2\mathrm{d}x+\int_1^y\frac{1}{9}x^2\mathrm{d}x=\frac{1}{27}(y^3+18).\end{aligned}$$

(2)
$$\begin{aligned}P(X\leqslant Y)&=P(X\leqslant Y,X\leqslant 1)+P(X\leqslant Y,1<X<2)+P(X\leqslant Y,X>2)\\&=P(X\leqslant 2,X\leqslant 1)+P(X\leqslant X,1<X<2)+P(X\leqslant 1,X\geqslant 2)\\&=P(X\leqslant 1)+P(1<X<2)=P(X\leqslant 2)=\int_0^2\frac{1}{9}x^2\mathrm{d}x=\frac{8}{27}.\end{aligned}$$

例 16(2013 年数学三第 8 题) 设随机变量 X 和 Y 相互独立,X 和 Y 的概率分布分别为

X	0	1	2	3
P	$\frac{1}{2}$	$\frac{1}{4}$	$\frac{1}{8}$	$\frac{1}{8}$

Y	-1	0	1
P	$\frac{1}{3}$	$\frac{1}{3}$	$\frac{1}{3}$

则 $P(X+Y=2)=($ $)$.

A. $\frac{1}{12}$ B. $\frac{1}{8}$ C. $\frac{1}{6}$ D. $\frac{1}{2}$

◆ **题型解析**:$P(X+Y=2)=P(X=1,Y=1)+P(X=2,Y=0)+P(X=3,Y=-1)$,

又根据题意，X 和 Y 相互独立，故

$$P(X+Y=2)=P(X=1)P(Y=1)+P(X=2)P(Y=0)+P(X=3)P(Y=-1)=\frac{1}{6}.$$

故选 C.

例 17(2013 年数学三第 22 题)　设 (X,Y) 是二维随机变量，X 的概率密度为

$$f_X(x)=\begin{cases}3x^2, & 0<y<x,\\ 0, & \text{其他}.\end{cases}$$

在给定 $X=x,0<x<1$ 的条件下，Y 的条件概率密度为

$$f_{Y|X}(y\mid x)=\begin{cases}\dfrac{3y^2}{x^3}, & 0<y<x,\\ 0, & \text{其他}.\end{cases}$$

(1) 求 (X,Y) 的联合概率密度 $f(x,y)$.

(2) 求 Y 的边缘概率密度 $f_Y(y)$.

◆ **题型解析**：(1) $f(x,y)=f_{Y|X}(y\mid x)f_X(x)=\begin{cases}\dfrac{9y^2}{x}, & 0<x<1,0<y<x,\\ 0, & \text{其他}.\end{cases}$

(2) $f_Y(y)=\int_{-\infty}^{+\infty}f(x,y)\mathrm{d}x=\begin{cases}-9y^2\ln y, & 0<y<1,\\ 0, & \text{其他}.\end{cases}$

例 18(2012 年数学一第 7 题)　设随机变量 X 和 Y 相互独立，且分别服从参数为 1 与参数为 4 的指数分布，则 $P(X<Y)=(\quad)$.

A. $\frac{1}{5}$　　B. $\frac{1}{3}$　　C. $\frac{2}{5}$　　D. $\frac{4}{5}$

◆ **题型解析**：由题设可知，(X,Y) 的联合概率密度为

$$f(x,y)=\begin{cases}4e^{-x-4y}, & 0<x,0<y,\\ 0, & \text{其他},\end{cases}$$

从而

$$P(X<Y)=\iint\limits_{x<y}f(x,y)\mathrm{d}x\mathrm{d}y=\int_0^{+\infty}\mathrm{d}y\int_0^y 4e^{-x-4y}\mathrm{d}x$$
$$=4\int_0^{+\infty}(e^{-4y}-e^{-5y})\mathrm{d}y=\frac{1}{5}.$$

故选 A.

例 19(2012 年数学三第 7 题)　设随机变量 X 与 Y 相互独立，且都服从区间 $(0,1)$ 上的均匀分布，则 $P(X^2+Y^2\leqslant 1)=(\quad)$.

A. $\frac{1}{4}$　　B. $\frac{1}{2}$　　C. $\frac{\pi}{8}$　　D. π

◆ **题型解析**：X 与 Y 的概率密度函数分别为

$$f_X(x)=\begin{cases}1, & 0\leqslant x\leqslant 1,\\ 0, & \text{其他},\end{cases}\qquad f_Y(y)=\begin{cases}1, & 0\leqslant y\leqslant 1,\\ 0, & \text{其他}.\end{cases}$$

又 X 与 Y 相互独立，所以 X 与 Y 的联合密度函数为

$$f(x,y)=f_X(x)f_Y(y)=\begin{cases}1, & 0\leqslant x,y\leqslant 1,\\ 0, & \text{其他}.\end{cases}$$

从而 $P(X^2+Y^2\leqslant 1)=\iint\limits_{x^2+y^2\leqslant 1}\mathrm{d}x\mathrm{d}y=\pi$.故选 D.

例 20(2011 年数学一第 7 题、2011 年数学三第 7 题) 设 $F_1(x),F_2(x)$ 为两个分布函数,其相应的概率密度 $f_1(x),f_2(x)$ 是连续函数,则必为概率密度的是( ).

A. $f_1(x)f_2(x)$　　B. $2f_2(x)F_1(x)$

C. $f_1(x)F_2(x)$　　D. $f_1(x)F_2(x)+f_2(x)F_1(x)$

◘ **题型解析:**由概率密度的性质知道,概率密度必须满足$\int_{-\infty}^{+\infty}f(x)\mathrm{d}x=1$.故由题意可知,

$$\int_{-\infty}^{+\infty}\big(f_1(x)F_2(x)+f_2(x)F_1(x)\big)\mathrm{d}x=\int_{-\infty}^{+\infty}\mathrm{d}\big(F_1(x)F_2(x)\big)=F_1(x)F_2(x)\Big|_{x=-\infty}^{+\infty}=1.$$

故选择 D.

例 21(2011 年数学三第 23 题) 二维随机变量(X,Y)在区域 G 上服从均匀分布,G 由直线$x-y=0$,$x+y=2$ 与 $y=0$ 围成.

(1) 求边缘密度 $f_X(x)$. (2) 求 $f_{X|Y}(x\mid y)$.

◘ **题型解析:** 由题意可得二维随机变量(X,Y)的概率密度函数为

$$f(x,y)=\begin{cases}1, & (x,y)\in G,\\ 0, & (x,y)\notin G.\end{cases}$$

(1) 由边缘密度的定义知道,

当 $0<x\leqslant 1$ 时, 有 $f_X(x)=\int_{-\infty}^{+\infty}f(x,y)\mathrm{d}y=\int_0^x\mathrm{d}y=x$;

当 $1<x\leqslant 2$ 时, 有 $f_X(x)=\int_0^{2-x}\mathrm{d}y=2-x$.

所以

$$f_X(x)=\begin{cases}x, & 0<x\leqslant 1,\\ 2-x, & 1<x\leqslant 2,\\ 0, & 其他.\end{cases}$$

(2) 同(1) 可得,当 $0<y<1$ 时,

$$f_Y(y)=\int_{-\infty}^{+\infty}f(x,y)\mathrm{d}x=\int_y^{2-y}\mathrm{d}x=2(1-y),$$

则有

$$f_Y(y)=\begin{cases}2(1-y), & 0<y<1,\\ 0, & 其他.\end{cases}$$

所以

$$f_{X|Y}(x\mid y)=\frac{f(x,y)}{f_Y(y)}=\begin{cases}\dfrac{1}{2(1-y)}, & (x,y)\in G,\\ 0, & (x,y)\notin G.\end{cases}$$

例 22(2010 年数学一第 7 题、2010 年数学三第 7 题) 设随机变量 X 的分布函数为

$$F(x)=\begin{cases}0, & x<0,\\ \dfrac{1}{2}, & 0\leqslant x<1,\\ 1-\mathrm{e}^{-x}, & x\geqslant 1,\end{cases}$$

则 $P(X=1)=($).

A. 0　　　　B. $\frac{1}{2}$　　　　C. $\frac{1}{2}-e^{-1}$　　　　D. $1-e^{-1}$

◆ **题型解析**：$P(X=1)=P(X\leqslant 1)-P(X<1)=F(1)-F(1-)$

$$=1-e^{-1}-\frac{1}{2}=\frac{1}{2}-e^{-1}.$$

例 23（2010 年数学一第 8 题、2010 年数学三第 8 题）　设 $f_1(x)$ 为标准正态分布的概率密度，$f_2(x)$ 为区间$[-1,3]$上均匀分布的概率密度，若

$$f(x)=\begin{cases}af_1(x), & x\leqslant 0,\\ bf_2(x), & x>0,\end{cases}\quad a>0,b>0$$

为概率密度，则 a,b 应满足（　　）.

A. $2a+3b=4$　　B. $3a+2b=4$　　C. $a+b=1$　　D. $a+b=2$

◆ **题型解析**：由题设可知，

$$f_1(x)=\frac{1}{\sqrt{2\pi}}e^{-\frac{x^2}{2}},\quad f_2(x)=\begin{cases}\frac{1}{4}, & -1\leqslant x\leqslant 3,\\ 0, & 其他.\end{cases}$$

利用概率密度的性质，有

$$1=\int_{-\infty}^{+\infty}f(x)\mathrm{d}x=a\int_{-\infty}^{0}f_1(x)\mathrm{d}x+b\int_{0}^{+\infty}f_2(x)\mathrm{d}x=\frac{a}{2}+\frac{3}{4}b,$$

所以 $2a+3b=4$.故选 A.

例 24（2010 年数学一第 22 题、2010 年数学三第 22 题）　设二维随机变量(X,Y)的概率密度为 $f(x,y)=Ae^{-2x^2+2xy-y^2}$，求常数 A 及条件概率密度 $f_{Y|X}(y\mid x)$.

◆ **题型解析**：已知

$$f(x,y)=Ae^{-2x^2+2xy-y^2}=Ae^{-(y-x)^2}e^{-x^2}=A\pi\left[\frac{1}{\sqrt{2\pi}\,\frac{1}{\sqrt{2}}}e^{-\frac{(y-x)^2}{2\times\left(\frac{1}{\sqrt{2}}\right)^2}}\right]\left[\frac{1}{\sqrt{2\pi}\,\frac{1}{\sqrt{2}}}e^{-\frac{x^2}{2\times\left(\frac{1}{\sqrt{2}}\right)^2}}\right].$$

利用概率密度的性质可得，

$$1=\int_{-\infty}^{+\infty}\int_{-\infty}^{+\infty}f(x,y)\mathrm{d}x\mathrm{d}y=A\pi\int_{-\infty}^{+\infty}\frac{1}{\sqrt{2\pi}\,\frac{1}{\sqrt{2}}}e^{-\frac{x^2}{2\times\left(\frac{1}{\sqrt{2}}\right)^2}}\left(\int_{-\infty}^{+\infty}\frac{1}{\sqrt{2\pi}\,\frac{1}{\sqrt{2}}}e^{-\frac{(y-x)^2}{2\times\left(\frac{1}{\sqrt{2}}\right)^2}}\mathrm{d}y\right)\mathrm{d}x.$$

因为

$$\int_{-\infty}^{+\infty}\frac{1}{\sqrt{2\pi}\,\frac{1}{\sqrt{2}}}e^{-\frac{x^2}{2\times\left(\frac{1}{\sqrt{2}}\right)^2}}\mathrm{d}y=\frac{1}{\sqrt{2\pi}}\int_{\infty}^{+\infty}e^{-\frac{y^2}{2}}\mathrm{d}y=1,$$

同理，

$$\int_{-\infty}^{+\infty}\frac{1}{\sqrt{2\pi}\,\frac{1}{\sqrt{2}}}e^{-\frac{x^2}{2\times\left(\frac{1}{\sqrt{2}}\right)^2}}\mathrm{d}x=1.$$

所以 $1=\int_{-\infty}^{+\infty}\int_{-\infty}^{+\infty}f(x,y)\mathrm{d}x\mathrm{d}y=A\pi$，则 $A=\pi^{-1}$.因此，

$$f(x,y)=\left(\frac{1}{\sqrt{2\pi}\frac{1}{\sqrt{2}}}e^{-\frac{(y-x)^2}{2\times\left(\frac{1}{\sqrt{2}}\right)^2}}\right)\left(\frac{1}{\sqrt{2\pi}\frac{1}{\sqrt{2}}}e^{-\frac{x^2}{2\times\left(\frac{1}{\sqrt{2}}\right)^2}}\right).$$

X 的边缘概率密度为

$$f_X(x)=\int_{-\infty}^{+\infty}f(x,y)\mathrm{d}y=\frac{1}{\sqrt{\pi}}e^{-x^2}\int_{-\infty}^{+\infty}\frac{1}{\sqrt{2\pi}\frac{1}{\sqrt{2}}}e^{-\frac{(y-x)^2}{2\times\left(\frac{1}{\sqrt{2}}\right)^2}}\mathrm{d}y=\frac{1}{\sqrt{\pi}}e^{-x^2}.$$

条件概率密度为

$$f_{Y|X}(y\mid x)=\frac{f(x,y)}{f_X(x)}=\frac{1}{\sqrt{\pi}}e^{-x^2+2xy-y^2}.$$

例 25(2019 年数学一第 8 题、2019 年数学三第 8 题)　设随机变量 X 和 Y 相互独立,且都服从正态分布 $N(\mu,\sigma^2)$,则 $P(|X-Y|<1)$(　　).

A. 与 μ 无关,而与 σ^2 有关　　B. 与 μ 有关,而与 σ^2 无关

C. 与 μ,σ^2 都有关　　D. 与 μ,σ^2 都无关

◘ **题型解析:** $X-Y\sim N(0,\sqrt{2}\sigma)$,所以

$$P(|X-Y|<1)=\Phi\left(\frac{1-0}{\sqrt{2}\sigma}\right)-\Phi\left(\frac{-1-0}{\sqrt{2}\sigma}\right)=2\Phi\left(\frac{1}{\sqrt{2}\sigma}\right)-1.$$

因此选 A.

例 26(2019 年数学一第 22 题、2019 年数学三第 22 题)　设随机变量 X 和 Y 相互独立,X 服从参数为 1 的指数分布,Y 的概率分布为 $P(Y=1)=1-p,P(Y=-1)=p,0<p<1$.令 $Z=XY$.

(1) 求 Z 的概率密度.

(2) p 为何值时,X 与 Z 不相关?

(3) X 与 Z 是否相互独立?

◘ **题型解析:**(1) Z 的分布函数为 $F_Z(z)=P(XY\leqslant z)=P(Y=-1,X\geqslant -z)+P(Y=1,X\leqslant z)$,因为 X 和 Y 相互独立,且 X 的分布函数为

$$F_X(x)=\begin{cases}1-e^{-x}, & 0<x,\\ 0, & \text{其他}.\end{cases}$$

因此

$$F_Z(z)=p\left(1-F_X(-z)\right)+(1-p)F_X(z)=\begin{cases}pe^{z}, & z<0,\\ (1-p)(1-e^{-z}), & \text{其他}.\end{cases}$$

所以 Z 的概率密度为

$$f_Z(z)=F'_Z(z)=\begin{cases}pe^{z}, & z<0,\\ (1-p)e^{z}, & \text{其他}.\end{cases}$$

(2) 当 $\operatorname{cov}(X,Z)=E(XZ)-E(X)E(Z)=E(X^2)E(Y)-\left(E(X)\right)^2\cdot E(Y)=D(X)\cdot E(Y)=0$ 时,X 与 Z 不相关.因为 $D(X)=1,E(Y)=1-2p$,故 $p=\frac{1}{2}$.

(3) 不独立,因为 $P(0\leqslant X\leqslant 1,Z\leqslant 1)=P(0\leqslant X\leqslant 1,XY\leqslant 1)=P(0\leqslant X\leqslant 1)$,

而

$$P(Z \leqslant 1)=F_Z(1)=(1-p)(1-\mathrm{e}^{-1}) \neq 1,$$

故 $P(0 \leqslant X \leqslant 1, Z \leqslant 1) \neq P(0 \leqslant X \leqslant 1)P(Z \leqslant 1)$，所以 X 与 Z 不独立.

例 27(2018 年数学一第 7 题、2018 年数学三第 7 题)　设随机变量 X 的概率密度 $f(x)$ 满足 $f(1+x)=f(1-x)$，且 $\int_0^2 f(x)\,\mathrm{d}x=0.6$，则 $P(X<0)=$(　　).

A. 0.2　　B. 0.3　　C. 0.4　　D. 0.5

◆ **题型解析**：由题意可知：$f(x)$ 关于 $x=1$ 对称，故 $f(x)$ 图像如图 2.1 所示：

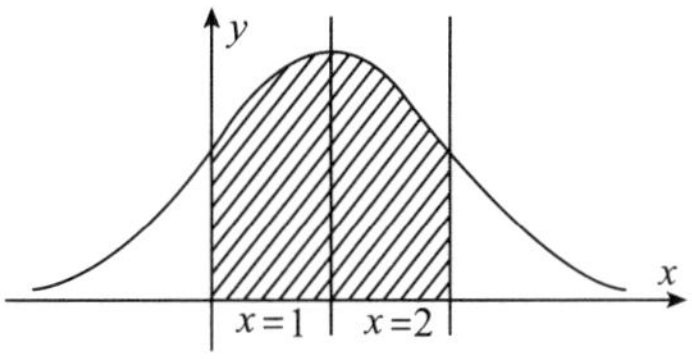

图 2.1

由 $\int_0^2 f(x)\,\mathrm{d}x=0.6$ 可知阴影部分的面积为 0.6，由对称性可知

$$\int_{-\infty}^0 f(x)\,\mathrm{d}x=0.5-0.3=0.2,$$

故 $P(X<0)=0.2$，因此选 A.

例 28(2018 年经济类联考综合能力题第 27 题)　设随机变量 X 的概率密度函数为

$$f(x)=\begin{cases}2x, & 0<x<1,\\ 0, & \text{其他}.\end{cases}$$

以 Y 表示对 X 的三次独立重复观察中事件 $\left\{X \leqslant \frac{1}{2}\right\}$ 出现的次数，则 $P(Y=2)=$(　).

A. $\frac{1}{4}$　　B. $\frac{1}{16}$　　C. $\frac{1}{64}$　　D. $\frac{9}{16}$

◆ **题型解析**：由题意可知，$Y \sim B(3,p)$，其中 $p=P\left(X \leqslant \frac{1}{2}\right)=\int_0^{\frac{1}{2}} 2x\,\mathrm{d}x=\frac{1}{4}$，故 $P(Y=2)=\mathrm{C}_3^2\left(\frac{1}{4}\right)^2\left(1-\frac{1}{4}\right)=\frac{9}{64}$，故选 C.

例 29(2018 年经济类联考综合能力题第 28 题)　设 $X \sim N(2,9)$，且 $P(X \geqslant c)=P(X<c)$，则常数 c 等于(　　).

A. 1　　B. 2　　C. 3　　D. 4

◆ **题型解析**：由题意可知，$P(X \geqslant c)=P(X<c)=\frac{1}{2}$，又 $X \sim N(2,9)$，由对称性可知 $c=2$，故选 B.

例 30(2020 年数学三第 8 题)　设随机变量 (X,Y) 服从二维正态分布 $N\left(0,1;0,2;-\frac{1}{2}\right)$，随机变量中服从标准正态分布且与 X 独立的是(　　).

A. $\frac{\sqrt{5}}{5}(X+Y)$　　B. $\frac{\sqrt{5}}{5}(X-Y)$　　C. $\frac{\sqrt{3}}{3}(X+Y)$　　D. $\frac{\sqrt{3}}{3}(X-Y)$

◆ **题型解析**：由二维正态分布可知 $X \sim N(0,1)$，$Y \sim N(0,4)$，这里 1 和 4 分别为 X 和

Y 的方差.X 与 Y 的相关系数$\rho_{X,Y}=-\frac{1}{2}$,从而由方差的性质可得

$$D(X+Y)=D(X)+D(Y)+2\rho_{X,Y}\sqrt{D(X)D(Y)}=1+4+2\times\left(-\frac{1}{2}\right)\times 2=3.$$

所以 $X+Y$ 服从期望为 0、方差为 3 的正态分布,从而$\frac{\sqrt{3}}{3}(X+Y)$ 服从期望为 0、方差为 1 的正态分布.注意到,

$$\begin{aligned}\operatorname{cov}(X,X+Y)&=\operatorname{cov}(X,X)+\operatorname{cov}(X,Y)=D(X)+\rho_{X,Y}\sqrt{D(X)D(Y)}\\&=1+\left(-\frac{1}{2}\right)\times 2=0.\end{aligned}$$

因此,$\frac{\sqrt{3}}{3}(X+Y)$ 与 X 独立.故选 C.

例 31(2020 年数学一第 22 题) 设随机变量X_1,X_2,X_3 相互独立,其中X_1 与X_2 均服从标准正态分布,X_3 的概率分布为 $P(X_3=0)=P(X_3=1)=\frac{1}{2}$,$Y=X_3X_1+(1-X_3)X_2$.

(1) 求二维随机变量(X_1,Y) 的分布函数,结果用标准正态分布函数 $\Phi(x)$ 表示.

(2) 证明随机变量 Y 服从标准正态分布.

◘ **题型解析**:本题考查了多维随机变量的分布函数及标准正态分布.

(1) 由随机变量X_1,X_2,X_3 相互独立知,二维随机变量(X_1,Y) 的分布函数为

$$\begin{aligned}F(x,y)&=P(X_1\leqslant x,Y\leqslant y)\\&=P\left(X_1\leqslant x,X_3X_1+(1-X_3)X_2\leqslant y\right)\\&=\frac{1}{2}\left[P\left(X_1\leqslant x,X_3X_1+(1-X_3)X_2\leqslant y\mid X_3=0\right)\right.\\&\quad\left.+P\left(X_1\leqslant x,X_3X_1+(1-X_3)X_2\leqslant y\mid X_3=1\right)\right]\\&=\frac{1}{2}\left[P(X_1\leqslant x)P(X_2\leqslant y)+P(X_1\leqslant x,X_1\leqslant y)\right]\\&=\frac{1}{2}\left[\Phi(x)\Phi(y)+\Phi\left(\min(x,y)\right)\right].\end{aligned}$$

(2) 随机变量 Y 的分布函数为

$$\begin{aligned}F_Y(y)=F(+\infty,y)&=\frac{1}{2}\left[\Phi(+\infty)\Phi(y)+\Phi\left(\min(+\infty,y)\right)\right]\\&=\frac{1}{2}[\Phi(y)+\Phi(y)]\\&=\Phi(y).\end{aligned}$$

因此,随机变量 Y 服从标准正态分布.

三、习题答案

1. 某球员投篮,投中篮筐即止,设其命中的概率为 p,$0<p<1$,求其投篮次数的概率分布.

解 设 ξ 为其投篮次数，则其概率分布为

$P(\xi=k)=P($“前 $k-1$ 次都没投中，第 k 次投中了”$)=(1-p)^{k-1}p,\quad k=1,2,\cdots.$

2. 甲、乙两名篮球队员独立地轮流投篮，直至某人投中篮筐为止.今让甲先投，如果甲投中的概率为 0.4，乙为 0.6，求各队员投篮次数的概率分布.

难点注释 投篮停止时，最后一次可能是甲投中了，也可能是乙投中了.设甲投篮 k 次，如果最后一次是甲投中了，则甲共投了 k 次，前 $k-1$ 次甲都没投中，第 k 次投中了；乙共投了 $k-1$ 次，都没投中.如果最后一次是乙投中了，则甲共投了 k 次都没投中；乙共投了 k 次，前 $k-1$ 次都没投中，第 k 次投中了.类似地，可求乙投篮次数的概率分布.

解 设 ξ 表示甲队员的投篮次数，η 表示乙队员的投篮次数，则

$$\begin{aligned}P(\xi=k)&=P(\text{“甲投了 }k-1\text{ 次都没投中，第 }k\text{ 次投中了；乙投了 }k-1\text{ 次都没投中”})\\&\quad+P(\text{“乙投 }k-1\text{ 次没投中，第 }k\text{ 次投中了；甲投了 }k\text{ 次都没投中”})\\&=0.4\times0.6^{k-1}\times0.4^{k-1}+0.4^{k-1}\times0.6\times0.6^{k}\\&=0.4^{k-1}\times0.6^{k-1}\times0.76,\quad k=1,2,\cdots.\end{aligned}$$

$$\begin{aligned}P(\eta=k)&=P(\text{“甲投了 }k\text{ 次都没投中；乙投了 }k-1\text{ 次没投中，第 }k\text{ 次投中了”})\\&\quad+P(\text{“乙投 }k\text{ 次没投中；甲投了 }k\text{ 次都没投中，第 }k+1\text{ 次投中了”})\\&=0.6^{k}\times0.4^{k-1}\times0.6+0.4^{k}\times0.6^{k}\times0.4\\&=0.4^{k-1}\times0.6^{k-1}\times(0.6\times0.6+0.4\times0.6\times0.4)\\&=0.4^{k-1}\times0.6^{k-1}\times0.456,\quad k=0,1,2,\cdots.\end{aligned}$$

3. 向上抛硬币三次，已知其出现正面与反面之比为 3:1，求其出现正面次数 ξ 的分布列与分布函数，并做图.

特别提醒 由题意可知，$\xi\sim B\left(3,\frac{3}{4}\right)$，且分布函数 $F(x)=P(\xi<x)$ 为左连续的.对离散型随机变量，$F(x)=P(\xi<x)$ 为阶梯函数，首先把 ξ 的所有取值从小到大排列.当 x 小于或等于 ξ 取值的最小值时，$F(x)=0$，遇到第二个最小值时往上跳，跳的高度等于 ξ 在第二个最小值处的概率，以此类推.

解 ξ 的概率为 $P(\xi=k)=C_3^k\left(\frac{3}{4}\right)^k\left(\frac{1}{4}\right)^{3-k},\quad k=0,1,2,3$.因此，

$$P(\xi=0)=\frac{1}{64},\quad P(\xi=1)=\frac{9}{64},\quad P(\xi=2)=\frac{27}{64},\quad P(\xi=3)=\frac{27}{64}.$$

ξ 的分布函数为

$$F(x)=P(\xi<x)=\begin{cases}0, & x\leqslant 0,\\ \frac{1}{64}, & 0<x\leqslant 1,\\ \frac{10}{64}, & 1<x\leqslant 2,\\ \frac{37}{64}, & 2<x\leqslant 3,\\ 1, & x>3.\end{cases}$$

图形如图 2.2 所示.

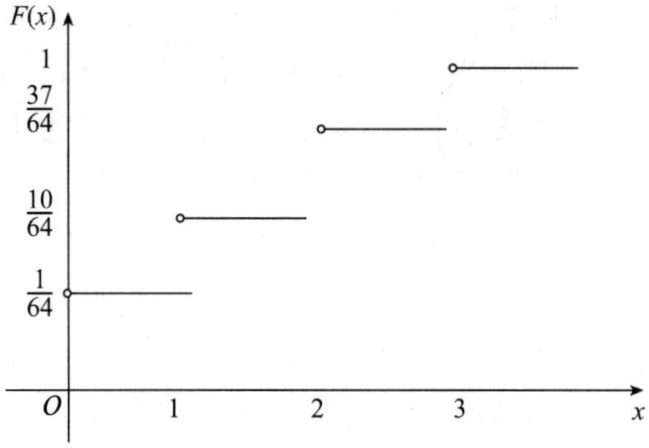

图 2.2

4. 画出下列随机变量的分布函数：

(1)

ξ	0	$\frac{\pi}{2}$	π
$P(\xi=x)$	$\frac{1}{4}$	$\frac{1}{2}$	$\frac{1}{4}$

(2) $\eta=\frac{2}{3}\xi+2$,其中 ξ 同(1).

(3) $\zeta=\cos\xi$,其中 ξ 同(1).

解 (1) ξ 的分布函数为

$$F(x)=P(\xi<x)=\begin{cases}0, & x\leqslant 0,\\ \frac{1}{4}, & 0<x\leqslant\frac{\pi}{2},\\ \frac{3}{4}, & \frac{\pi}{2}<x\leqslant\pi,\\ 1, & x>\pi.\end{cases}$$

图形如图 2.3 所示.

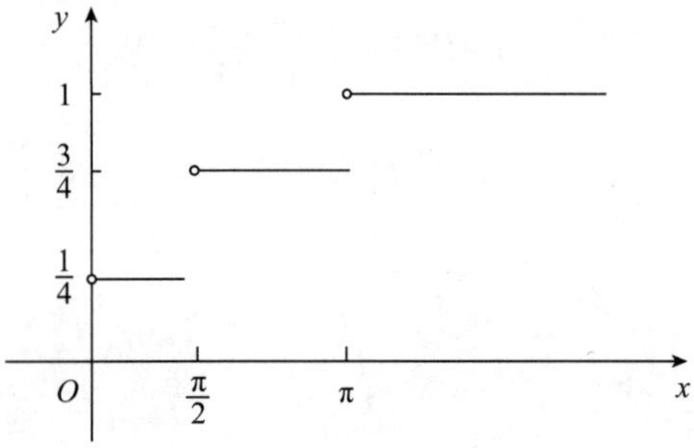

图 2.3

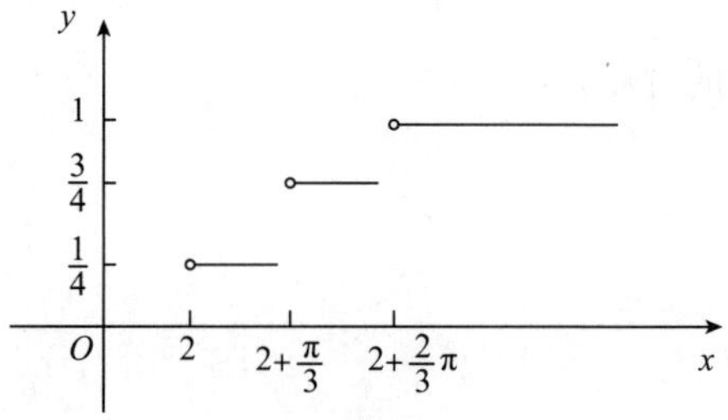

图 2.4

(2) $\eta=\frac{2}{3}\xi+2$ 的分布函数为

$$F(x)=P(\eta<x)=P\left(\frac{2}{3}\xi+2<x\right)=P\left(\xi<\frac{3x}{2}-3\right)=\begin{cases}0, & x\leqslant 2,\\ \frac{1}{4}, & 2<x\leqslant\frac{\pi}{3}+2,\\ \frac{3}{4}, & \frac{\pi}{3}+2<x\leqslant 2+\frac{2}{3}\pi,\\ 1, & x>2+\frac{2}{3}\pi.\end{cases}$$

图形如图 2.4 所示.

(3) $\zeta=\cos\xi$ 的分布列为

ζ	1	0	-1
$P(\zeta=x)$	$\frac{1}{4}$	$\frac{1}{2}$	$\frac{1}{4}$

ζ 的分布函数为

$$F(x)=P(\zeta<x)=\begin{cases}0, & x\leqslant -1,\\ \frac{1}{4}, & -1<x\leqslant 0,\\ \frac{3}{4}, & 0<x\leqslant 1,\\ 1, & x>1.\end{cases}$$

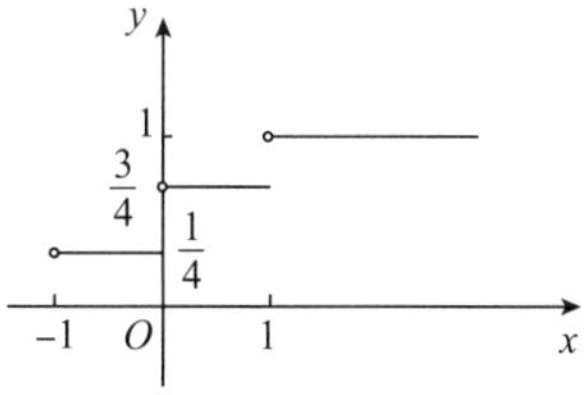

图 2.5

图形如图 2.5 所示.

5. 设某动物生下 r 个蛋的概率是 $P(\xi=r)=\frac{\lambda^r}{r!}\mathrm{e}^{-\lambda}$.若每一个蛋能发育成小动物的概率是 p,且各个蛋能否发育成小动物是彼此独立的.证明:恰有 k 个后代的概率分布是具有参数为 λp 的泊松分布.

难点注释 要想恰有 k 个后代,该动物至少下了 k 个蛋,且下的蛋中有 k 个发育成小动物,其余的蛋都没有发育成小动物.设 A_n 为该动物下了 n 个蛋,$n=k,k+1,\cdots$,则 $\{A_n,n=k,k+1,\cdots\}$ 构成了一个剖分.设"恰有 k 个后代"为 B,可以由全概率公式算出 $P(B)$.题中已经知道了 $P(A_n)=P(\xi=n)=\frac{\lambda^n}{n!}\mathrm{e}^{-\lambda}$,需计算 $P(B\mid A_n)$,即 n 个蛋中有 k 个发育成小动物,其余 $n-k$ 个蛋没有发育成小动物.每个蛋能否发育成小动物是彼此独立的,且每个蛋要么发育成小动物,要么没有发育成小动物,因此,这是一个伯努利概型,由二项分布可算 $P(B\mid A_n)$.

解 $P(\text{“恰有 } k \text{ 个后代”})=\sum\limits_{n=k}^{\infty}P(\text{“恰有 } k \text{ 个后代} \mid \text{下了 } n \text{ 个蛋”})P(\text{“下了 } n \text{ 个蛋”})$

$$=\sum_{n=k}^{\infty}P(\text{“恰有 } k \text{ 个后代} \mid \xi=n\text{”})P(\xi=n)$$

$$=\sum_{n=k}^{\infty}\mathrm{C}_n^k p^k(1-p)^{n-k}\frac{\lambda^n}{n!}\mathrm{e}^{-\lambda}$$

$$=\sum_{n=k}^{\infty}\frac{n!}{k!(n-k)!}p^k(1-p)^{n-k}\lambda^k\frac{\lambda^{n-k}}{n!}\mathrm{e}^{-\lambda}$$

$$=\sum_{n=0}^{\infty}\frac{1}{k!\ n!}(p\lambda)^k\lambda^n(1-p)^n\mathrm{e}^{-\lambda}$$
$$=\frac{(p\lambda)^k}{k!}\mathrm{e}^{-\lambda}\sum_{n=0}^{\infty}\frac{1}{n!}\lambda^n(1-p)^n$$
$$=\frac{(p\lambda)^k}{k!}\mathrm{e}^{-\lambda}\mathrm{e}^{(1-p)\lambda}=\frac{(p\lambda)^k}{k!}\mathrm{e}^{-p\lambda},\quad k=0,1,2,\cdots.$$

所以恰有 k 个后代的概率分布是具有参数为 λp 的泊松分布.

6. 设 ξ_1 与 ξ_2 相互独立,并具有共同的几何分布 $P(\xi_i=k)=pq^k, i=1,2; k=0,1,2,\cdots$.

(1) 证明 $P(\xi_1=k\mid\xi_1+\xi_2=n)=\dfrac{1}{n+1},\quad k=0,1,2,\cdots,n$.

(2) 求 $\eta=\max(\xi_1,\xi_2)$ 的分布.

(3) 求 η 与 ξ_1 的联合分布.

◆ **题型解析:**本题考查了条件概率的定义、随机变量函数的分布.$\eta=\max(\xi_1,\xi_2)$ 为一个新的随机变量,概率为

$$P(\eta=k)=P\big(\max(\xi_1,\xi_2)=k\big)=P(\xi_1=k,\xi_2<k)+P(\xi_2=k,\xi_1\leqslant k)$$
$$=P(\xi_1=k)P(\xi_2<k)+P(\xi_2=k)P(\xi_1\leqslant k)$$
$$=P(\xi_1=k)\left(\prod_{n=0}^{k-1}P(\xi_2=n)\right)+P(\xi_2=k)\left(\prod_{n=0}^{k}P(\xi_1=n)\right).$$

解 (1) 在 $\xi_1+\xi_2=n$ 下,ξ_1 的取值 k 只能从 0,1,2 到 n,则有

$$P(\xi_1=k\mid\xi_1+\xi_2=n)=\frac{P(\xi_1=k,\xi_1+\xi_2=n)}{P(\xi_1+\xi_2=n)}=\frac{P(\xi_1=k,\xi_2=n-k)}{\sum\limits_{k=0}^{n}P(\xi_1=k,\xi_2=n-k)}$$
$$=\frac{P(\xi_1=k)P(\xi_2=n-k)}{\sum\limits_{k=0}^{n}P(\xi_1=k)P(\xi_2=n-k)}=\frac{pq^kpq^{n-k}}{\sum\limits_{k=0}^{n}pq^kpq^{n-k}}$$
$$=\frac{q^n}{(n+1)q^n}=\frac{1}{(n+1)}.$$

(2) $\eta=\max(\xi_1,\xi_2)$ 可取 0,1,2 到 n,则有

$$P(\eta=k)=P\big(\max(\xi_1,\xi_2)=k\big)$$
$$=P\big(\max(\xi_1,\xi_2)=k,\xi_1\leqslant\xi_2\big)+P\big(\max(\xi_1,\xi_2)=k,\xi_1>\xi_2\big)$$
$$=P(\xi_2=k,\xi_1\leqslant\xi_2)+P(\xi_1=k,\xi_1>\xi_2)$$
$$=P(\xi_2=k,\xi_1\leqslant k)+P(\xi_1=k,\xi_2<k)$$
$$=P(\xi_2=k)P(\xi_1\leqslant k)+P(\xi_1=k)P(\xi_2<k)$$
$$=pq^k\times\left(\sum_{n=0}^{k}pq^n\right)+pq^k\times\left(\sum_{n=0}^{k-1}pq^n\right)=pq^k\times\frac{p(1-q^{k+1})}{1-q}+pq^k\times\frac{p(1-q^k)}{1-q}$$
$$=pq^k\times(2-q^{k+1}-q^k),\quad k=0,1,2,\cdots,n.$$

(3) $P(\eta=k,\xi_1=m)=P\big(\max(\xi_1,\xi_2)=k,\xi_1=m\big)$,分情况讨论:

(i) 若 $k<m$,则 $P(\eta=k,\xi_1=m)=0$,

(ii) 若 $k\geqslant m$,则

$$P(\eta=k,\xi_1=m)=P(\xi_2=k,\xi_1=m)=P(\xi_2=k)P(\xi_1=m)$$
$$=pq^k\times pq^m=p^2q^{k+m},$$

其中 $m,k=0,1,2,\cdots,n$，且 $k\geqslant m$.

7. 设随机变量 ξ,η 相互独立，且都服从泊松分布：

$$f_\xi(m)=\frac{\lambda_1^m}{m!}e^{-\lambda_1},\quad m=0,1,2,3,\cdots,$$

$$f_\eta(m)=\frac{\lambda_2^m}{m!}e^{-\lambda_2},\quad m=0,1,2,3,\cdots.$$

求证：$\xi+\eta$ 也服从泊松分布，并且对于给定的 $\xi+\eta$，ξ 的条件分布是二项分布：

$$P(\xi=k\mid\xi+\eta=N)=b\left(k;N,\frac{\lambda_1}{\lambda_1+\lambda_2}\right).$$

◆ **题型解析**：本题考查了离散型随机变量和的分布.注意，$\sum_{m=0}^{\infty}\frac{\lambda_1^m}{m!}=e^{\lambda_1}$.

证明
$$P(\xi+\eta=k)=\sum_{m=0}^{k}P(\xi=m,\eta=k-m)=\sum_{m=0}^{k}P(\xi=m)P(\eta=k-m)$$
$$=\sum_{m=0}^{k}\frac{\lambda_1^m}{m!}e^{-\lambda_1}\ \frac{\lambda_2^{k-m}}{(k-m)!}e^{-\lambda_2}$$
$$=\frac{(\lambda_1+\lambda_2)^k}{k!}e^{-(\lambda_1+\lambda_2)}\sum_{m=0}^{k}C_k^m\left(\frac{\lambda_1}{\lambda_1+\lambda_2}\right)^m\left(\frac{\lambda_2}{\lambda_1+\lambda_2}\right)^{k-m}$$
$$=\frac{(\lambda_1+\lambda_2)^k}{k!}e^{-(\lambda_1+\lambda_2)}.$$

所以，$\xi+\eta$ 也服从泊松分布，且参数为 $\lambda_1+\lambda_2$，则 ξ 的条件分布为

$$P(\xi=k\mid\xi+\eta=N)=\frac{P(\xi=k,\xi+\eta=N)}{P(\xi+\eta=N)}=\frac{P(\xi=k)P(\eta=N-k)}{P(\xi+\eta=N)}$$
$$=\frac{\frac{\lambda_1^k}{k!}e^{-\lambda_1}\ \frac{\lambda_2^{N-k}}{(N-k)!}e^{-\lambda_2}}{\frac{(\lambda_1+\lambda_2)^N}{N!}e^{-(\lambda_1+\lambda_2)}}=C_N^k\left(\frac{\lambda_1}{\lambda_1+\lambda_2}\right)^k\left(\frac{\lambda_2}{\lambda_1+\lambda_2}\right)^{N-k}.$$

从而有

$$P(\xi=k\mid\xi+\eta=N)=b\left(k;N,\frac{\lambda_1}{\lambda_1+\lambda_2}\right).$$

8. 对任一大学生，他的生日在一年中任一天的概率均为 1/365.若某一学校有 730 名大学生，问有 4 名大学生的生日为元旦的概率是多少？

◆ **题型解析**：每名大学生的生日是否为元旦可看作一次试验，且大学生的生日是哪一天是相互独立的，每次试验只有两个结果：生日为元旦、生日不为元旦，则 730 名大学生的生日是否为元旦是一个伯努利概型.由二项分布可得 4 名大学生的生日为元旦的概率.当 $n\geqslant 50$，$np<5$ 时，可以用泊松分布估计二项分布.泊松分布可以查表求出.

解 设 ξ 为 730 名大学生中生日为元旦的人数，则 $\xi\sim B\left(730,\frac{1}{365}\right)$，$n=730\geqslant 50$，$np=2<5$，所以由二项分布的泊松分布近似逼近知道

$$P(\xi=4)=C_{730}^{4}\left(\frac{1}{365}\right)^{4}\left(1-\frac{1}{365}\right)^{730-4}\approx P_{4}(2)$$

$$\approx 0.142\ 877-0.052\ 63\approx 0.09.$$

9. 设某车间有 200 台同一型号的车床，由于种种原因，每台车床时常需要停机.假定各台车床的停机或开动是相互独立的，且每台车床有 60% 的时间开动，开动时需要消耗的电能为 E，问至少要供给这个车间多少电能，才能以 99.9% 的概率保证这个车间不会因为供电不足而影响生产.

◘ **题型解析**：每台车床是否停机看作一次试验，由题意知道各台车床的停机或开动是相互独立的，且每台车床只有两个结果：要么停机，要么开动，因此 200 台车床是否停机是一个 200 重伯努利试验.要求这个车间不会因为供电不足而影响生产，供给的电能需大于车床开动需要的总电能.然后用二项分布的正态分布近似可求解.

解 设要供应给这个车间 $x\,E$ 电能，设开动的车床数为 ξ，则 $\xi\sim B\left(200,\frac{60}{100}\right)$.由题意知，$P(\xi<x)\geqslant 99.9\%$，又

$$P(\xi<x)=P\left(\frac{\xi-120}{\sqrt{48}}<\frac{x-120}{\sqrt{48}}\right)=\Phi\left(\frac{x-120}{\sqrt{48}}\right).$$

查表知 $\frac{x-120}{\sqrt{48}}\geqslant 3.1$，从而 x 最小为 142.所以要供给这个车间 142 E 电能，才能以 99.9% 的概率保证这个车间不会因为供电不足而影响生产.

10. 某公司有 400 台电脑，设在一天中任一台电脑要求修理的概率是 0.01.求在某一指定的日子里，有 3 台或少于 3 台电脑需要维修的概率.又问：当天，最大可能需维修的电脑是多少台？其概率是多少？

◘ **题型解析**：本题考查了二项分布的泊松分布近似以及最大可能出现的次数.当 $(n+1)p$ 为分数时，最大可能出现的次数为 $(n+1)p$ 的整数部分；当 $(n+1)p$ 为整数时，最大可能出现的次数为 $(n+1)p$ 或者 $(n+1)p-1$.

解 设 ξ 为在某一指定的日子里 400 台电脑需要维修的台数，则 $\xi\sim B(400,0.01)$，有 3 台或少于 3 台电脑需要维修的概率为

$$\begin{aligned}P(\xi\leqslant 3)&=1-P(\xi\geqslant 4)\\&\approx 1-\sum_{k=4}^{\infty}P_{k}(4)\\&=1-0.566\ 530=0.433\ 470.\end{aligned}$$

又因为 $(n+1)p=4.01$，所以当天最大可能需要维修的电脑台数是 4 台，其概率为

$$P_{4}(4)\approx 0.566\ 530-0.371\ 163\approx 0.195\ 4.$$

11. 某维修站每周售出的消音器服从 $\lambda=2$ 的泊松分布.每周一维修站才能从消音器生产厂家取回消音器供一周内销售.试问它应在周一取回多少台消音器，才能保证在一周内以 95% 以上的概率，满足销售的需要？最大可能一周内销售几台？其概率又是多少？

◘ **题型解析**：本题考查了泊松分布的正态分布近似以及最大可能出现的次数.当周一取回的消音器台数 x 为分数时，最大可能台数为 x 的整数部分；当 x 为整数时，最大可能台数为 x 或者 $x-1$.

解 设 ξ 为维修站每周售出的消音器数量，在周一取回的消音器数量为 x 台.由题意知，

$P(\xi\leqslant x)\geqslant 95\%$.又 $P(\xi\leqslant x)=P\left(\frac{\xi-2}{\sqrt{2}}\leqslant\frac{x-2}{\sqrt{2}}\right)\approx\Phi\left(\frac{x-2}{\sqrt{2}}\right)$.查表知$\frac{x-2}{\sqrt{2}}\geqslant 1.65$,从而 $x\geqslant 4.333\,1$,又 x 为整数,所以 x 最小为 5.即应在周一取回 5 台消音器,才能保证在一周内以 95% 以上的概率满足销售的需要.因为 $\lambda=2$ 为整数,所以最大可能一周内销售 2 台或 1 台,其概率为

$$P_2(2)\approx 0.593\,994-0.323\,324\approx 0.270\,67.$$

12. 设每天到达炼油厂的油船数服从 $\lambda=2$ 的泊松分布.现港口的设备在一天内只能为 3 艘油船服务,如果在一天内有多于 3 艘油船到达,那么超过 3 艘的油船必须调往其他港口.求:

(1) 在一个给定的日子,必须调油船离开的概率.

(2) 为 90% 的日子里能容许安排所有的油船,现在的设备应增至几台?

(3) 每天最可能到达的油船数是几艘?并求其概率.

解 (1) 设 ξ 为到达炼油厂的油船数,则必须调油船离开的概率为

$$P(\xi>3)=\sum_{k=4}^{\infty}P_2(k)=0.142\,877.$$

(2) 设现在的设备应增至 x 台,则 x 应该满足 $P(\xi\leqslant x)\geqslant 90\%$,即 $\sum\limits_{k=x+1}^{\infty}P_2(k)\leqslant 0.10$.查表知 $x+1=5$,所以 $x=4$,即现在的设备应增至 4 台.

(3) $\lambda=2$,所以每天最可能到达的油船数为 2 或 1 艘,其概率为

$$P(\xi=2)=P_2(2)=0.593\,994-0.323\,324=0.270\,67.$$

13. 设随机变量 ξ 具有连续分布

$$F(x)=\int_{-\infty}^{x}f(t)\mathrm{d}t.$$

试求下列随机变量的分布函数和概率密度函数:

(1) $\eta=1/\xi$; (2) $\zeta=|\xi|$; (3) $\mu=\mathrm{e}^{-\xi}$.

特别地,若

$$f(x)=\begin{cases}2x, & \text{当 } 0<x\leqslant 1,\\ 0, & \text{其他}.\end{cases}$$

求(1),(2),(3) 的概率密度函数.

方法技巧 问题(1),(2) 中 $g_1(x)=1/x$,$g_2(x)=|x|$ 关于 x 在整个定义域内都是不单调,从而不存在反函数.观察到它们分段单调,可以分段来求反函数,再用公式求得每段上的密度函数,最后再相加.问题(3) 中,$g_3(x)=\mathrm{e}^{-x}$ 关于 x 严格递减,从而存在反函数 $g_3^{-1}(x)=-\ln x$,用公式可得 $\mu=\mathrm{e}^{-\xi}$ 的密度函数为

$$f_\mu(y)=\begin{cases}f(-\ln y)\,|(-\ln y)'|=f(-\ln y)\,\dfrac{1}{y}, & y>0,\\ 0, & y\leqslant 0.\end{cases}$$

如果 $f(x)=\begin{cases}2x, & 0<x\leqslant 1,\\ 0, & \text{其他},\end{cases}$ 则

$$f(-\ln y)=\begin{cases}-2\ln y, & 0<-\ln y\leqslant 1,\\ 0, & \text{其他}.\end{cases}$$

(1),(2),(3) 都可以先求分布函数,再通过对分布函数求导得到密度函数.求分布函数时要转化到 ξ 的范围,进而用 ξ 的分布函数表示新的随机变量的分布函数.

解 (1) η 的分布函数为

$$G_1(x)=P(\eta<x)=P\left(\frac{1}{\xi}<x\right)=\begin{cases}P\left(\frac{1}{x}<\xi<0\right), & x<0,\\ P(\xi<0), & x=0,\\ P(\xi<0)+P\left(\xi>\frac{1}{x}\right), & x>0\end{cases}$$

$$=\begin{cases}F(0)-F\left(\frac{1}{x}+\right), & x<0,\\ F(0), & x=0,\\ F(0)+1-F\left(\frac{1}{x}+\right), & x>0\end{cases}$$

$$=\begin{cases}F(0)-F\left(\frac{1}{x}\right), & x<0,\\ F(0), & x=0,\\ F(0)+1-F\left(\frac{1}{x}\right), & x>0.\end{cases}$$

η 的概率密度函数为

$$f_\eta(x)=\frac{\mathrm{d}G_1(x)}{\mathrm{d}x}=\begin{cases}f\left(\frac{1}{x}\right)\frac{1}{x^2}, & x<0,\\ 0, & x=0,\\ f\left(\frac{1}{x}\right)\frac{1}{x^2}, & x>0\end{cases}=\begin{cases}f\left(\frac{1}{x}\right)\frac{1}{x^2}, & x\neq 0,\\ 0, & x=0.\end{cases}$$

当 $f(x)=\begin{cases}2x, & 0<x\leqslant 1,\\ 0, & \text{其他}\end{cases}$ 时,

$$f_\eta(x)=\begin{cases}\frac{2}{x}\cdot\frac{1}{x^2}, & x\geqslant 1,\\ 0, & \text{其他}\end{cases}=\begin{cases}\frac{2}{x^3}, & x\geqslant 1,\\ 0, & \text{其他}.\end{cases}$$

(2) ζ 的分布函数为

$$G_2(x)=P(\zeta<x)=P(|\xi|<x)=\begin{cases}0, & x\leqslant 0,\\ P(-x<\xi<x), & x>0\end{cases}=\begin{cases}0, & x\leqslant 0,\\ F(x)-F(-x), & x>0.\end{cases}$$

ζ 的概率密度函数为

$$f_\zeta(x)=\frac{\mathrm{d}G_2(x)}{\mathrm{d}x}=\begin{cases}0, & x\leqslant 0,\\ f(x)+f(-x), & x>0.\end{cases}$$

当 $f(x)=\begin{cases}2x, & 0<x\leqslant 1,\\ 0, & \text{其他}\end{cases}$ 时,

$$f_{\xi}(x)=\begin{cases}2x, & 0<x\leqslant 1,\\ 0, & \text{其他}.\end{cases}$$

(3) μ 的分布函数为

$$G_3(x)=P(\mu<x)=P(\mathrm{e}^{-\xi}<x)=\begin{cases}0, & x\leqslant 0,\\ P(\xi>-\ln x), & x>0\end{cases}$$

$$=\begin{cases}0, & x\leqslant 0,\\ 1-F(-\ln x), & x>0.\end{cases}$$

μ 的概率密度函数为

$$f_{\mu}(x)=\frac{\mathrm{d}G_3(x)}{\mathrm{d}x}=\begin{cases}0, & x\leqslant 0,\\ \dfrac{1}{x}f(-\ln x), & x>0.\end{cases}$$

当 $f(x)=\begin{cases}2x, & \text{当 } 0<x\leqslant 1,\\ 0, & \text{其他}\end{cases}$ 时,

$$f_{\mu}(x)=\begin{cases}\dfrac{-2\ln x}{x}, & \dfrac{1}{\mathrm{e}}\leqslant x<1,\\ 0, & \text{其他}.\end{cases}$$

14. 随机变量 ξ 的概率密度函数为

$$f(x)=\begin{cases}a\cos x, & -\dfrac{\pi}{2}\leqslant x<\dfrac{\pi}{2},\\ 0, & \text{其他}.\end{cases}$$

(1) 求系数 a.

(2) 做出 $f(x)$ 及 $F(x)$ 的图形.

(3) 求 $P\left(0\leqslant\xi\leqslant\dfrac{\pi}{4}\right)$.

方法技巧 本题考查了一维随机变量密度函数的性质、密度函数与分布函数及概率之间的关系.$F(x)=\int_{-\infty}^{x}f(u)\mathrm{d}u$,当 $f(x)$ 是分段函数时,要讨论使 $f(x)$ 非负的自变量的区间与 $(-\infty,x)$ 的位置关系,从而确定被积函数的表达式及具体的积分区间.

解 (1) 由 $1=\int_{-\infty}^{+\infty}f(x)\mathrm{d}x=\int_{-\frac{\pi}{2}}^{\frac{\pi}{2}}a\cos x\,\mathrm{d}x=2a$,可得 $a=\dfrac{1}{2}$.

(2) 由(1)可得,ξ 的分布函数为

$$F(x)=P(\xi\leqslant x)=\int_{-\infty}^{x}f(u)\mathrm{d}u$$

$$=\begin{cases}1, & x\geqslant\dfrac{\pi}{2},\\ \dfrac{1}{2}(1+\sin x), & -\dfrac{\pi}{2}\leqslant x<\dfrac{\pi}{2},\\ 0, & x<-\dfrac{\pi}{2}.\end{cases}$$

$f(x)$ 及 $F(x)$ 的图形分别见图 2.6 和图 2.7.

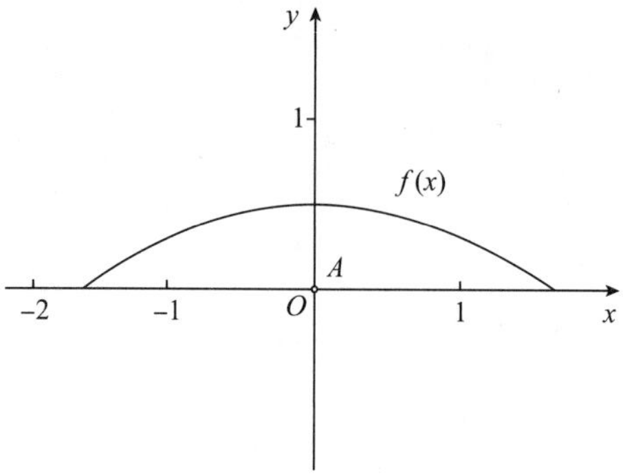

图 2.6

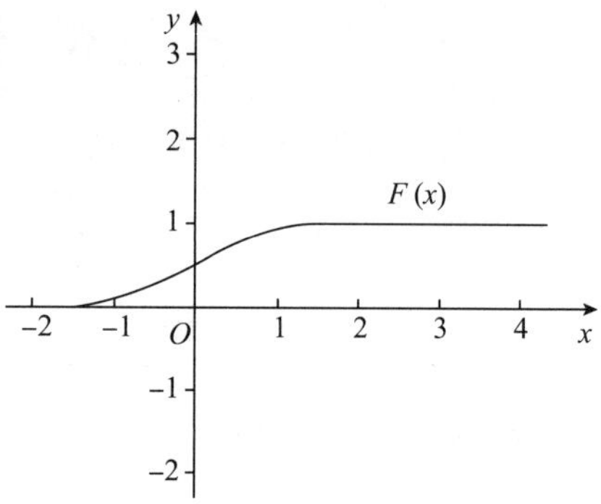

图 2.7

(3) $P\left(0\leqslant\xi\leqslant\frac{\pi}{4}\right)=\int_0^{\frac{\pi}{4}}\frac{1}{2}\cos x\,\mathrm{d}x=\frac{\sqrt{2}}{4}$.

15. 问 A 为何值时，$F(x)=A-\mathrm{e}^{-x}(0\leqslant x<\infty)$ 是一随机变量 ξ 的分布函数（设当 $x<0$ 时，$F(x)=0$）？

◆ 题型解析：本题考查了分布函数的性质：$F(x)$ 左连续，单调不降且 $F(+\infty)=1$，$F(-\infty)=0$.

解 由 $1=F(+\infty)$ 得到 $A=1$.

16. 设 ξ 是 $[0,1]$ 上的连续型随机变量，且 $P(\xi\leqslant0.29)=0.75$. 如果 $\eta=1-\xi$，试确定 k，使得 $P(\eta\leqslant k)=0.25$.

特别提醒 连续型随机变量 ξ 在某点处的概率为 0，即 $P(\xi=c)=0$，其中 c 为常数.

解 由题意可知

$$0.25=P(\eta\leqslant k)=P(1-\xi\leqslant k)=P(\xi\geqslant1-k)=1-P(\xi<1-k),$$

从而，

$$0.75=P(\xi<1-k)=P(\xi\leqslant1-k),$$

即 $1-k=0.29$，所以 $k=0.71$.

17. 设 (ξ,η) 具有下述联合分布密度函数，问 ξ 与 η 是否相互独立？

(1) $f(x,y)=\begin{cases}x\mathrm{e}^{-x}\dfrac{1}{(1+y)^2}, & x>0,y>0,\\ 0, & \text{其他};\end{cases}$

(2) $f(x,y)=8xy,0\leqslant x\leqslant y\leqslant1$.

方法技巧 本题考查了连续型随机变量独立的等价定义. 如果是填空题或者选择题，从 $f(x,y)$ 的形式可判断是否独立：如果 $f(x,y)$ 能写成 x 的函数乘以 y 的函数，且随机变量取值范围中 x 与 y 是分开的，则 ξ 与 η 相互独立，否则不独立. 本题(1)中 ξ 与 η 相互独立. (2)中虽然 $f(x,y)$ 的表达式能写成 x 的函数乘以 y 的函数，但 $0\leqslant x\leqslant y\leqslant1$ 是 x 与 y 混在一起的，因此 ξ 与 η 不相互独立. 如果是解答题，应该先求边缘密度 $f_\xi(x)$，$f_y(y)$，ξ 与 η 独立等价于

$$f(x,y)=f_\xi(x)f_\eta(y).$$

解 (1) $f_\xi(x)=\int_{-\infty}^{+\infty}f(x,y)\mathrm{d}y=\begin{cases}\displaystyle\int_0^{+\infty}x\mathrm{e}^{-x}\frac{1}{(1+y)^2}\mathrm{d}y=x\mathrm{e}^{-x}, & x>0,\\ 0, & \text{其他};\end{cases}$

$$f_\eta(y)=\int_{-\infty}^{+\infty}f(x,y)\mathrm{d}x=\begin{cases}\int_0^{+\infty}x\mathrm{e}^{-x}\dfrac{1}{(1+y)^2}\mathrm{d}x=\dfrac{1}{(1+y)^2}, & x>0,\\ 0, & \text{其他}.\end{cases}$$

综上可知，$f(x,y)=f_\xi(x)f_\eta(y)$，从而 ξ 与 η 是相互独立的.

(2) $$f_\xi(x)=\int_{-\infty}^{+\infty}f(x,y)\mathrm{d}y=\begin{cases}\int_x^1 8xy\mathrm{d}y, & 0\leqslant x\leqslant 1,\\ 0, & \text{其他}\end{cases}$$

$$=\begin{cases}4x(1-x^2), & \text{当 } 0\leqslant x\leqslant 1,\\ 0, & \text{其他};\end{cases}$$

$$f_\eta(y)=\int_{-\infty}^{+\infty}f(x,y)\mathrm{d}x=\begin{cases}\int_0^y 8xy\mathrm{d}x & 0\leqslant y\leqslant 1,\\ 0, & \text{其他}\end{cases}=\begin{cases}4y^3, & 0\leqslant y\leqslant 1,\\ 0, & \text{其他}.\end{cases}$$

综上可知，$f(x,y)\neq f_\xi(x)f_\eta(y)$，从而 ξ 与 η 不是相互独立的.

18. 设随机变量 (ξ,η) 服从二维正态分布，其概率密度函数为

$$f(x,y)=\frac{1}{2\pi ab}\mathrm{e}^{-\frac{1}{2}\left(\frac{x^2}{a^2}+\frac{y^2}{b^2}\right)}.$$

求 (ξ,η) 取值于椭圆 $\dfrac{x^2}{a^2}+\dfrac{y^2}{b^2}=r^2$ 内的概率.

方法技巧 本题考查了二维随机变量密度函数与概率之间的关系：

$$P((\xi,\eta)\in G)=\iint_G f(x,y)\mathrm{d}x\mathrm{d}y.$$

本题通过坐标变换：$x=a\rho\cos\theta$，$y=b\rho\sin\theta$ 求概率更容易.

解 所求概率为

$$P\left((\xi,\eta)\in\left\{(x,y):\frac{x^2}{a^2}+\frac{y^2}{b^2}\leqslant r^2\right\}\right)=\iint_{\frac{x^2}{a^2}+\frac{y^2}{b^2}\leqslant r^2}f(x,y)\mathrm{d}x\mathrm{d}y$$

$$=\iint_{\frac{x^2}{a^2}+\frac{y^2}{b^2}\leqslant r^2}\frac{1}{2\pi ab}\mathrm{e}^{-\frac{1}{2}\left(\frac{x^2}{a^2}+\frac{y^2}{b^2}\right)}\mathrm{d}x\mathrm{d}y=\int_0^r\int_0^{2\pi}\frac{1}{2\pi}\mathrm{e}^{-\frac{1}{2}\rho^2}\rho\mathrm{d}\theta\mathrm{d}\rho=1-\mathrm{e}^{-\frac{1}{2}r^2}.$$

19. 设二维随机变量 (ξ,η) 在以原点为中心，r 为半径的圆上服从均匀分布，求联合密度函数及各边缘分布的概率密度函数.

解 联合概率密度函数为

$$f(x,y)=\begin{cases}\dfrac{1}{\pi r^2}, & x^2+y^2\leqslant r^2,\\ 0, & \text{其他}.\end{cases}$$

边缘分布的概率密度函数为

$$f_\xi(x)=\int_{-\infty}^{+\infty}f(x,y)\mathrm{d}y=\begin{cases}\int_{-\sqrt{r^2-x^2}}^{\sqrt{r^2-x^2}}\dfrac{1}{\pi r^2}\mathrm{d}y, & -r\leqslant x\leqslant r,\\ 0, & \text{其他}\end{cases}$$

$$=\begin{cases}\dfrac{2\sqrt{r^2-x^2}}{\pi r^2}, & -r\leqslant x\leqslant r,\\ 0, & \text{其他};\end{cases}$$

$$f_\eta(y)=\int_{-\infty}^{+\infty}f(x,y)\mathrm{d}x=\begin{cases}\int_{-\sqrt{r^2-y^2}}^{\sqrt{r^2-y^2}}\dfrac{1}{\pi r^2}\mathrm{d}x, & -r\leqslant y\leqslant r,\\ 0, & \text{其他}\end{cases}$$

$$=\begin{cases}\dfrac{2\sqrt{r^2-y^2}}{\pi r^2}, & -r\leqslant y\leqslant r,\\ 0, & \text{其他}.\end{cases}$$

难点注释 本题考查了均匀分布及边缘分布的密度函数相关内容.求边缘密度 $f_\xi(x)$ 时,注意表达式只能含有 x,不能含有 y,范围也只能含有 x,不能含有 y,我们不能写成

$$f_\xi(x)=\int_{-\infty}^{+\infty}f(x,y)\mathrm{d}y=\begin{cases}\int_{-r}^{r}\dfrac{1}{\pi r^2}\mathrm{d}y, & -\sqrt{r^2-y^2}\leqslant x\leqslant\sqrt{r^2-y^2},\\ 0, & \text{其他}.\end{cases}$$

因为对 y 积分时,x 看成已知的,y 的范围是从下半圆到上半圆,即 $-\sqrt{r^2-x^2}\leqslant y\leqslant\sqrt{r^2-x^2}$,因此,积分上下限应分别为 $\sqrt{r^2-x^2}$,$-\sqrt{r^2-x^2}$;另一方面,x 的范围不应该出现 y,若在圆内,$x\in[-r,r]$.类似地,$f_\eta(y)$ 也需要注意同样的问题.

20. 设二维随机变量 (ξ,η) 的概率密度函数为

$$f(x,y)=\begin{cases}x^2+\dfrac{xy}{3}, & 0\leqslant x\leqslant 1,0\leqslant y\leqslant 2,\\ 0, & \text{其他}.\end{cases}$$

求:(1) (ξ,η) 的边缘概率密度函数;

(2) ξ,η 的条件分布的概率密度函数;

(3) $P(\xi+\eta>1)$,$P(\eta<\xi)$ 及 $P\left(\eta<\dfrac{1}{2}\,\middle|\,\xi<\dfrac{1}{2}\right)$.

◇ 题型解析: 本题考查了联合密度与边缘密度、条件密度、概率之间的关系.注意,$f(x,y)$ 是分段函数的形式,因此在用公式计算下列概率时,

$$P(\xi+\eta>1)=\iint\limits_{x+y>1}f(x,y)\mathrm{d}x\mathrm{d}y,\quad P(\eta<\xi)=\iint\limits_{y<x}f(x,y)\mathrm{d}x\mathrm{d}y,$$

$$P\left(\eta<\frac{1}{2}\,\middle|\,\xi<\frac{1}{2}\right)=\frac{P\left(\eta<\frac{1}{2},\xi<\frac{1}{2}\right)}{P\left(\xi<\frac{1}{2}\right)}=\frac{\iint\limits_{y<\frac{1}{2},x<\frac{1}{2}}f(x,y)\mathrm{d}x\mathrm{d}y}{\iint\limits_{x<\frac{1}{2}}f(x,y)\mathrm{d}x\mathrm{d}y},$$

要讨论积分区间与 $0\leqslant x\leqslant 1,0\leqslant y\leqslant 2$ 之间的关系,从而确定被积函数的表达式及具体的积分区域.

解 (1)
$$f_\xi(x)=\int_{-\infty}^{+\infty}f(x,y)\mathrm{d}y=\begin{cases}\int_0^2\left(x^2+\dfrac{xy}{3}\right)\mathrm{d}y, & 0\leqslant x\leqslant 1,\\ 0, & \text{其他}\end{cases}$$

$$=\begin{cases}2x^2+\dfrac{2x}{3}, & 0\leqslant x\leqslant 1,\\ 0, & \text{其他};\end{cases}$$

$$f_\eta(y)=\int_{-\infty}^{+\infty}f(x,y)\mathrm{d}x=\begin{cases}\int_0^1\left(x^2+\dfrac{xy}{3}\right)\mathrm{d}x, & 0\leqslant y\leqslant 2,\\ 0, & \text{其他}\end{cases}$$

$$=\begin{cases}\dfrac{1}{3}+\dfrac{y}{6}, & 0\leqslant y\leqslant 2,\\ 0, & \text{其他}.\end{cases}$$

(2)
$$f_{\xi|\eta}(x\mid y)=\frac{f(x,y)}{f_\eta(y)}=\begin{cases}\dfrac{6x^2+2xy}{2+y}, & 0\leqslant x\leqslant 1,0\leqslant y\leqslant 2,\\ 0, & \text{其他};\end{cases}$$

$$f_{\eta|\xi}(y\mid x)=\frac{f(x,y)}{f_\xi(x)}=\begin{cases}\dfrac{3x+y}{2+6x}, & 0\leqslant x\leqslant 1,0\leqslant y\leqslant 2,\\ 0, & \text{其他}.\end{cases}$$

(3) $$P(\xi+\eta>1)=\iint\limits_{0\leqslant x\leqslant 1,0\leqslant y\leqslant 2,x+y>1}\left(x^2+\frac{xy}{3}\right)\mathrm{d}x\mathrm{d}y=\int_0^1\int_{1-x}^2\left(x^2+\frac{xy}{3}\right)\mathrm{d}y\mathrm{d}x=\frac{65}{72};$$

$$P(\eta<\xi)=\iint\limits_{0\leqslant x\leqslant 1,0\leqslant y\leqslant 2,x>y}\left(x^2+\frac{xy}{3}\right)\mathrm{d}x\mathrm{d}y=\int_0^1\int_0^x\left(x^2+\frac{xy}{3}\right)\mathrm{d}y\mathrm{d}x=\frac{7}{24};$$

$$P\left(\eta<\frac{1}{2}\,\middle|\,\xi<\frac{1}{2}\right)=\frac{P\left(\eta<\frac{1}{2},\xi<\frac{1}{2}\right)}{P\left(\xi<\frac{1}{2}\right)}=\frac{\iint\limits_{0\leqslant x\leqslant 1/2,0\leqslant y\leqslant 1/2}\left(x^2+\frac{xy}{3}\right)\mathrm{d}x\mathrm{d}y}{\iint\limits_{0\leqslant x\leqslant 1/2,0\leqslant y\leqslant 2}\left(x^2+\frac{xy}{3}\right)\mathrm{d}x\mathrm{d}y}=\frac{5}{32}.$$

21. 设二维随机变量(ξ_1,ξ_2)的密度函数是

$$\frac{1}{\Gamma(k_1)\Gamma(k_2)}x_1^{k_1-1}(x_2-x_1)^{k_2-1}\mathrm{e}^{-x_2},$$

求ξ_1和ξ_2的边缘密度函数.

难点注释 注意贝塔函数的定义及其与伽马函数之间的关系：

$$\Gamma(\alpha)=\int_0^{+\infty}x^{\alpha-1}\mathrm{e}^{-x}\mathrm{d}x,$$

$$B(m,n)=\int_0^{+\infty}x_1^{m-1}(1-x_1)^{n-1}\mathrm{d}x_1=\frac{\Gamma(m)\Gamma(n)}{\Gamma(m+n)}.$$

解 注意到$B(m,n)=\int_0^{+\infty}x_1^{m-1}(1-x_1)^{n-1}\mathrm{d}x_1=\dfrac{\Gamma(m)\Gamma(n)}{\Gamma(m+n)}$,因此,

$$f_{\xi_1}(x_1)=\int_{-\infty}^{+\infty}f(x_1,x_2)\mathrm{d}x_2=\int_{-\infty}^{+\infty}\frac{1}{\Gamma(k_1)\Gamma(k_2)}x_1^{k_1-1}(x_2-x_1)^{k_2-1}\mathrm{e}^{-x_2}\mathrm{d}x_2$$

$$=\frac{1}{\Gamma(k_1)\Gamma(k_2)}x_1^{k_1-1}\mathrm{e}^{-x_1}\int_{-\infty}^{+\infty}(x_2-x_1)^{k_2-1}\mathrm{e}^{x_2}\mathrm{e}^{x_1}\mathrm{d}x_2=\frac{1}{\Gamma(k_1)}x_1^{k_1-1}\mathrm{e}^{-x_1};$$

$$f_{\xi_2}(x_2)=\int_{-\infty}^{+\infty}f(x_1,x_2)\mathrm{d}x_1=\int_{-\infty}^{+\infty}\frac{1}{\Gamma(k_1)\Gamma(k_2)}x_1^{k_1-1}(x_2-x_1)^{k_2-1}\mathrm{e}^{-x_2}\mathrm{d}x_1$$

$$=\frac{1}{\Gamma(k_1)\Gamma(k_2)}\mathrm{e}^{-x_2}\int_{-\infty}^{+\infty}(x_2-x_1)^{k_2-1}x_1^{k_1-1}\mathrm{d}x_1=\frac{1}{\Gamma(k_1+k_2)}x_2^{k_1+k_2-1}\mathrm{e}^{-x_2}.$$

22. 设随机变量ξ的密度函数为

$$f(x)=A\mathrm{e}^{-|x|},\quad -\infty<x<+\infty.$$

求：(1) 系数 A； (2) $P(0\leqslant\xi\leqslant 1)$； (3) 分布函数 $F(x)$.

难点注释 由 $1=\int_{-\infty}^{+\infty}f(x)\mathrm{d}x$ 计算系数 A 时，要注意 $f(x)=A\mathrm{e}^{-|x|}$ 中含有绝对值，因此可以把积分区域分为 $(-\infty,0]$ 和 $(0,+\infty)$，从而去绝对值；也可由被积函数是偶函数，积分区间关于原点对称，直接转化为 $1=2A\int_0^{+\infty}\mathrm{e}^{-x}\mathrm{d}x$ 求解.计算分布函数 $F(x)=\int_{-\infty}^{x}f(u)\mathrm{d}u$ 时，也要考虑 x 的正负，从而去绝对值，当 $x<0$ 时，u 取负值，从而 $\int_{-\infty}^{x}f(u)\mathrm{d}u=\int_{-\infty}^{x}A\mathrm{e}^{u}\mathrm{d}u$；当 $x\geqslant 0$ 时，u 可取正值或取负值，此时需要把积分区间分为 $(-\infty,0]$ 和 $(0,x)$，从而可以在每一个积分区间上去绝对值.

解 (1) 由 $1=\int_{-\infty}^{+\infty}f(x)\mathrm{d}x=\int_{-\infty}^{+\infty}A\mathrm{e}^{-|x|}\mathrm{d}x=2A\int_0^{+\infty}\mathrm{e}^{-x}\mathrm{d}x=2A$ 知，$A=\frac{1}{2}$.

(2) $P(0\leqslant\xi\leqslant 1)=\int_0^1 f(x)\mathrm{d}x=\frac{1}{2}\int_0^1\mathrm{e}^{-x}\mathrm{d}x=\frac{1}{2}(1-\mathrm{e}^{-1})$.

(3) ξ 的分布函数为

$$F(x)=\int_{-\infty}^{x}f(u)\mathrm{d}u=\frac{1}{2}\int_{-\infty}^{x}\mathrm{e}^{-|u|}\mathrm{d}u$$
$$=\begin{cases}\frac{1}{2}\int_{-\infty}^{x}\mathrm{e}^{u}\mathrm{d}u=\frac{1}{2}\mathrm{e}^{x}, & x\leqslant 0,\\ \frac{1}{2}\left(\int_{-\infty}^{0}\mathrm{e}^{u}\mathrm{d}u+\int_0^x\mathrm{e}^{-u}\mathrm{d}u\right)=1-\frac{1}{2}\mathrm{e}^{-x}, & x>0.\end{cases}$$

23. (1) 设 ξ 服从 $[0,\pi]$ 上的均匀分布，求 $\eta=\sin\xi$ 的分布函数；

(2) 设 ξ 服从 $\left[-\frac{\pi}{2},\frac{\pi}{2}\right]$ 上的均匀分布，求 $\eta=\cos\xi$ 的分布函数.

难点注释 本题可直接根据分布函数的定义求解，需注意，要转化到 ξ 的分布函数进行求解；也可以套用公式，此时要注意 $y=\sin x$ 在 $[0,\pi]$ 上分段单调，所以需要分段来求. 当 $x\in\left[0,\frac{\pi}{2}\right]$ 时，$y=\sin x$ 的反函数存在，且为 $y=\arcsin x$；当 $x\in\left[\frac{\pi}{2},\pi\right]$ 时，不能对 $y=\sin x$ 直接取反函数，因为 $x=\arcsin y\in\left[-\frac{\pi}{2},\frac{\pi}{2}\right]$，与 $x\in\left[\frac{\pi}{2},\pi\right]$ 不符.需要先把 $x\in\left[\frac{\pi}{2},\pi\right]$ 转化到 $\left[-\frac{\pi}{2},\frac{\pi}{2}\right]$，再取反函数.由 $x\in\left[\frac{\pi}{2},\pi\right]$ 可得 $\pi-x\in\left[0,\frac{\pi}{2}\right]$，且 $y=\sin x=-\sin(\pi-x)$，从而 $x=\pi+\arcsin y$，因此反函数为 $y=\pi+\arcsin x$.同理，计算(2)时也需要注意同样的问题.

解 (1) η 的分布函数为

$$F_{\eta}(x)=P(\sin\xi<x)$$
$$=\begin{cases}0, & x\leqslant 0,\\ P(0\leqslant\xi<\arcsin x)+P(\pi-\arcsin x<\xi\leqslant\pi), & 0<x\leqslant 1,\\ 1, & x>1\end{cases}$$
$$=\begin{cases}0, & x\leqslant 0,\\ \frac{2\arcsin x}{\pi}, & 0<x\leqslant 1,\\ 1, & 1<x.\end{cases}$$

(2) η 的分布函数为

$$F_\eta(x)=P(\cos\xi<x)$$

$$=\begin{cases}0, & x\leqslant 0,\\ P\left(-\dfrac{\pi}{2}\leqslant\xi<-\arccos x\right)+P\left(\arccos x<\xi\leqslant\dfrac{\pi}{2}\right), & 0<x\leqslant 1,\\ 1, & x>1\end{cases}$$

$$=\begin{cases}0, & x\leqslant 0,\\ 1-\dfrac{2\arccos x}{\pi}, & 0<x\leqslant 1,\\ 1, & x>1.\end{cases}$$

24. 在$(0,a)$线段上任意抛两个点(抛掷的两点的位置在$(0,a)$上独立地服从均匀分布),试求两点间距离的分布函数.

◆ **题型解析:** 本题考查了二维均匀分布的密度函数及随机变量函数的分布函数.如果密度函数是分段函数,一定要注意积分区域与使得密度函数非0的区域之间的位置关系,通常需要画图,分类讨论.

解 设在$(0,a)$线段上任意抛两个点的位置分别为ξ,η,则ξ,η的联合概率密度函数为

$$f(x,y)=\begin{cases}\dfrac{1}{a^2}, & 0<x<a,0<y<a,\\ 0, & \text{其他}.\end{cases}$$

从而两点间距离的分布函数为

$$F(d)=P(|\xi-\eta|<d)=\iint\limits_{\substack{|x-y|<d,\\ 0<x<a,\\ 0<y<a}}\frac{1}{a^2}\mathrm{d}x\mathrm{d}y=\begin{cases}0, & d\leqslant 0,\\ \dfrac{d(2a-d)}{a^2}, & 0<d\leqslant a,\\ 1, & d>a.\end{cases}$$

25. 设随机变量ξ具有严格单调上升且连续的分布函数$F(x)$,求$\eta=F(\xi)$的分布函数.

方法技巧 注意,$F(x)$严格单调上升且连续,从而存在反函数$F^{-1}(x)$,由分布函数的定义,把η的范围转化到ξ的范围,进而通过ξ的分布函数可得$\eta=F(\xi)$的分布函数.

解 η的分布函数为

$$F_\eta(x)=P(\eta<x)=P\big(F(\xi)<x\big)$$

$$=\begin{cases}0, & x\leqslant 0,\\ P\left(\xi<F^{-1}(x)\right)=F\left(F^{-1}(x)\right)=x, & 0<x\leqslant 1,\\ 1, & x>1.\end{cases}$$

26. 设随机变量ξ_1:$P(\xi_1=c)=1$,其中c为任意常数,而ξ_2是任意的随机变量.证明:ξ_1与ξ_2相互独立.

难点注释 本题中ξ_2是任意的随机变量,只能用定义来证明随机变量之间的独立性,即联合分布等于边缘分布的乘积.注意,当$x>c$时,$P(\xi_1<x)=P(\xi_1=c)=1$;当$x\leqslant c$时,$\{\xi_1<x\}=\varnothing$,$P(\xi_1<x)=0$.

证明 当$x>c$时,$\{\xi_1<x\}=\Omega$,$P(\xi_1<x)=1$,从而对任意的实数x,y,有

$$P(\xi_1 < x, \xi_2 < y) = P(\xi_2 < y) = P(\xi_1 < x)P(\xi_2 < y);$$

当 $x \leqslant c$ 时，$\{\xi_1 < x\} = \varnothing$，$P(\xi_1 < x) = 0$，从而对任意的实数 x, y，有

$$P(\xi_1 < x, \xi_2 < y) = 0 = P(\xi_1 < x)P(\xi_2 < y).$$

综上，恒有 $P(\xi_1 < x, \xi_2 < y) = P(\xi_1 < x)P(\xi_2 < y)$.因此，$\xi_1$ 与 ξ_2 相互独立.

27. 对事件 $A_i, i = 1, 2, \cdots, n$ 定义随机变量

$$\xi_i = \begin{cases} 0, & 若\ \omega \notin A_i, \\ 1, & 若\ \omega \in A_i. \end{cases}$$

试证：事件 $A_1, A_2, \cdots, A_n$ 相互独立的充要条件是 $\xi_1, \xi_2, \cdots, \xi_n$ 相互独立.

难点注释 ξ_i 的取值只有两个：0 或 1，在计算 $P(\xi_i < x_i)$ 时需考虑 x_i 与 0 和 1 的大小关系，如果 $x_i \leqslant 0$，则 $\{\xi_i < x_i\} = \varnothing$；如果 $0 < x_i \leqslant 1$，则 $\{\xi_i < x_i\} = \overline{A_i}$；如果 $x_i > 1$，则 $\{\xi_i < x_i\} = \Omega$，$P(\xi_i < x_i) = 1$.

证明 由题意知 $A_i = \{\xi_i = 0\}$，$\overline{A_i} = \{\xi_i = 1\}$，$i = 1, 2, \cdots, n$，则

$A_1, A_2, \cdots, A_n$ 相互独立 $\Leftrightarrow \{\xi_1 = 0\}, \{\xi_2 = 0\}, \cdots, \{\xi_n = 0\}$ 相互独立

$\Leftrightarrow \{\xi_1 = i_1\}, \{\xi_2 = i_2\}, \cdots, \{\xi_n = i_n\}$ 相互独立，其中 $i_1, i_2, \cdots, i_n \in \{0, 1\}$

$\Leftrightarrow \xi_1, \xi_2, \cdots, \xi_n$ 相互独立.

28. 求证：如果 $F(x)$ 是分布函数，则对任何 $h \neq 0$，函数

$$\Phi(x) = \frac{1}{h}\int_x^{x+h} F(y)\mathrm{d}y \quad 和 \quad \psi(x) = \frac{1}{2h}\int_{x-h}^{x+h} F(y)\mathrm{d}y$$

也是分布函数.

方法技巧 如果一个实值函数 $F(x)$，$x \in \mathbf{R}$ 满足：(1) $F(x)$ 单调不降；(2) $F(x)$ 左连续；(3) $\lim\limits_{x \to -\infty} F(x) = 0$，$\lim\limits_{x \to +\infty} F(x) = 1$，则必存在概率空间上的一个随机变量 ξ，以 $F(x)$ 为其分布函数.证明 $\Phi(x)$，$\psi(x)$ 分别满足以上三条即可.

证明 (1) 显然 $\Phi(x) \geqslant 0$.

(2) 因为 $F(x)$ 是分布函数，任给 $\varepsilon > 0$，存在 x_0，使得当 $x + h < x_0$ 时，就有 $F(x) < \varepsilon$.于是当 $x + h < x_0$ 时，

$$\Phi(x) = \frac{1}{h}\int_x^{x+h} F(y)\mathrm{d}y < \frac{1}{h} \cdot \varepsilon h = \varepsilon,$$

$$\Phi(-\infty) = \lim_{x \to -\infty} \Phi(x) = 0.$$

(3) 因为 $F(x)$ 是分布函数，任给 $\varepsilon_1 > 0$，存在 x_1，使得当 $x_1 < x$ 时，就有 $F(x) > 1 - \varepsilon_1$.于是当 $x_1 < x$ 时，

$$\Phi(x) = \frac{1}{h}\int_x^{x+h} F(y)\mathrm{d}y > \frac{1}{h} \cdot (1 - \varepsilon_1)h = 1 - \varepsilon_1,$$

$$\Phi(+\infty) = \lim_{x \to +\infty} \Phi(x) = 1.$$

(4) 证明 $\Phi(x)$ 单调不降.任给 $\delta > 0$，有

$$\Phi(x + \delta) = \frac{1}{h}\int_{x+\delta}^{x+h+\delta} F(y)\mathrm{d}y = \frac{1}{h}\int_x^{x+h} F(y + \delta)\mathrm{d}y \geqslant \frac{1}{h}\int_x^{x+h} F(y)\mathrm{d}y = \Phi(x).$$

(5) 证明 $\Phi(x)$ 左连续.因为 $F(x)$ 左连续，任给 $\varepsilon > 0$，存在 $\delta > 0$，使得当 $x - \delta \leqslant y < x$ 时，有 $F(x) - F(y) < \varepsilon$.于是，

$$\Phi(x)-\Phi(x-\delta)=\frac{1}{h}\int_{x}^{x+h}F(y)\mathrm{d}y-\frac{1}{h}\int_{x-\delta}^{x-\delta+h}F(y)\mathrm{d}y$$
$$=\frac{1}{h}\int_{x}^{x+h}\big(F(y)-F(y-\delta)\big)\mathrm{d}y<\varepsilon.$$

由 $\Phi(x)$ 的单调不降性，当 $x-\delta\leqslant y<x$ 时，均有 $\Phi(x)-\Phi(y)<\varepsilon$，即 $\Phi(x)$ 左连续.

由(1) ~ (5) 知道，$\Phi(x)$ 为分布函数.同理可证 $\psi(x)$ 也为分布函数.

29. 求证：如果随机变量 ξ 与 η 独立同分布，它们的概率密度函数为

$$f_\xi(x)=f_\eta(x)=\begin{cases}\mathrm{e}^{-x}, & x>0,\\ 0, & x\leqslant 0.\end{cases}$$

则(1) $\xi+\eta$ 与 ξ/η；(2) $\xi+\eta$ 与 $\xi/(\xi+\eta)$ 也是相互独立的.

方法技巧 由知识点 12 中第 5 条，先求得 $\xi+\eta$ 与 ξ/η 的联合概率密度函数，再求边缘分布，即 $\xi+\eta$ 的概率密度函数与 ξ/η 的概率密度函数，如果联合概率密度函数等于边缘概率密度函数的乘积，则 $\xi+\eta$ 与 ξ/η 独立，否则不独立.类似地可以判断 $\xi+\eta$ 与 $\xi/(\xi+\eta)$ 的独立性.求联合密度时可以套用公式，也可以先求联合分布函数，再求导.

证明 由题意可得，ξ 与 η 的联合概率密度函数为

$$f(x,y)=f_\xi(x)f_\eta(x)=\begin{cases}\mathrm{e}^{-(x+y)}, & x>0,y>0,\\ 0, & \text{其他}.\end{cases}$$

(1) $\xi+\eta$ 与 ξ/η 的联合分布函数为

$$F(u,v)=P(\xi+\eta\leqslant u,\xi/\eta\leqslant v)=\iint\limits_{x+y\leqslant u,x/y\leqslant v}f(x,y)\mathrm{d}x\mathrm{d}y$$
$$=\begin{cases}\displaystyle\iint\limits_{\substack{x+y\leqslant u,x/y\leqslant v,\\ x>0,y>0}}\mathrm{e}^{-(x+y)}\mathrm{d}x\mathrm{d}y, & u>0,v>0,\\ 0, & \text{其他}.\end{cases}$$

设

$$\begin{cases}x+y=s,\\ \dfrac{x}{y}=t,\end{cases}\quad \text{则}\quad \begin{cases}x=\dfrac{st}{1+t},\\ y=\dfrac{s}{1+t}.\end{cases}$$

从而

$$J=\begin{vmatrix}\dfrac{\partial x}{\partial s} & \dfrac{\partial x}{\partial t}\\ \dfrac{\partial y}{\partial s} & \dfrac{\partial y}{\partial t}\end{vmatrix}=\begin{vmatrix}\dfrac{t}{1+t} & \dfrac{s}{(1+t)^2}\\ \dfrac{1}{1+t} & \dfrac{-s}{(1+t)^2}\end{vmatrix}=\frac{-s}{(1+t)^2}.$$

因此，

$$F(u,v)=\begin{cases}\displaystyle\int_0^v\int_0^u\mathrm{e}^{-s}\frac{s}{(1+t)^2}\mathrm{d}s\mathrm{d}t, & u>0,v>0,\\ 0, & \text{其他}.\end{cases}$$

故 $\xi+\eta$ 与 ξ/η 的联合概率密度函数为

$$f_{\xi+\eta,\frac{\xi}{\eta}}(u,v)=\frac{\partial^2 F(u,v)}{\partial v\partial u}=\begin{cases}\mathrm{e}^{-u}\dfrac{u}{(1+v)^2}, & u>0,v>0,\\ 0, & \text{其他}.\end{cases}$$

也可套用公式求 $\xi+\eta$ 与 ξ/η 的联合概率密度.设

$$\begin{cases}x+y=u,\\ \dfrac{x}{y}=v,\end{cases}\quad \text{则}\quad \begin{cases}x=\dfrac{uv}{1+v},\\ y=\dfrac{u}{1+v}.\end{cases}$$

从而

$$J(u,v)=\begin{vmatrix}\dfrac{\partial x}{\partial u} & \dfrac{\partial x}{\partial v}\\ \dfrac{\partial y}{\partial u} & \dfrac{\partial y}{\partial v}\end{vmatrix}=\begin{vmatrix}\dfrac{v}{1+v} & \dfrac{u}{(1+v)^2}\\ \dfrac{1}{1+v} & \dfrac{-u}{(1+v)^2}\end{vmatrix}=\frac{-u}{(1+v)^2}.$$

由多维随机变量函数的概率密度函数公式可知,

$$\begin{aligned}f_{\xi+\eta,\frac{\xi}{\eta}}(u,v)&=f_{\xi,\eta}\big(x(u,v),y(u,v)\big)\mid J(u,v)\mid\\ &=f_{\xi}\big(x(u,v)\big)f_{\eta}\big(y(u,v)\big)\mid J(u,v)\mid.\end{aligned}$$

当 $u>0,v>0$ 时,$f_{\xi+\eta,\frac{\xi}{\eta}}(u,v)=\mathrm{e}^{-\frac{uv}{1+v}}\mathrm{e}^{\frac{-v}{1+v}}\dfrac{u}{(1+v)^2}$;其他情况时,$f_{\xi+\eta,\frac{\xi}{\eta}}(u,v)=0$.从而

$$f_{\xi+\eta,\frac{\xi}{\eta}}(u,v)=\begin{cases}\mathrm{e}^{-u}\dfrac{u}{(1+v)^2}, & u>0,v>0,\\ 0, & \text{其他};\end{cases}$$

$$f_{\xi+\eta}(u)=\int_{-\infty}^{+\infty}f_{\xi+\eta,\frac{\xi}{\eta}}(u,v)\mathrm{d}v=\begin{cases}\displaystyle\int_0^{+\infty}\mathrm{e}^{-u}\frac{u}{(1+v)^2}\mathrm{d}v, & u>0,\\ 0, & \text{其他}\end{cases}=\begin{cases}\mathrm{e}^{-u}u, & u>0,\\ 0, & \text{其他};\end{cases}$$

$$f_{\frac{\xi}{\eta}}(v)=\int_{-\infty}^{+\infty}f_{\xi+\eta,\frac{\xi}{\eta}}(u,v)\mathrm{d}u=\begin{cases}\displaystyle\int_0^{+\infty}\mathrm{e}^{-u}\frac{u}{(1+v)^2}\mathrm{d}u, & v>0,\\ 0, & \text{其他}\end{cases}=\begin{cases}\dfrac{1}{(1+v)^2}, & v>0,\\ 0, & \text{其他}.\end{cases}$$

故 $f_{\xi+\eta,\frac{\xi}{\eta}}(u,v)=f_{\xi+\eta}(u)f_{\frac{\xi}{\eta}}(v)$,所以 $\xi+\eta$ 与 ξ/η 相互独立.

(2) 与(1)类似,有两种方法求 $\xi+\eta$ 与 $\xi/(\xi+\eta)$ 的联合概率密度函数,下面我们先求 $\xi+\eta$ 与 $\xi/(\xi+\eta)$ 的联合分布函数,再对其求导.

$\xi+\eta$ 与 $\xi/(\xi+\eta)$ 的联合分布函数为

$$\begin{aligned}F(u,v)&=P\big(\xi+\eta\leqslant u,\xi/(\xi+\eta)\leqslant v\big)=\iint\limits_{x+y\leqslant u,x/(x+y)\leqslant v}f(x,y)\mathrm{d}x\mathrm{d}y\\ &=\iint\limits_{\substack{x+y\leqslant u,x/(x+y)\leqslant v,\\ x>0,y>0}}\mathrm{e}^{-(x+y)}\mathrm{d}x\mathrm{d}y,\quad u>0,0<v\leqslant 1.\end{aligned}$$

设

$$\begin{cases}x+y=s,\\ \dfrac{x}{x+y}=t,\end{cases}\quad \text{则}\quad \begin{cases}x=st,\\ y=s(1-t).\end{cases}$$

从而

$$J(u,v)=\begin{vmatrix}\dfrac{\partial x}{\partial s} & \dfrac{\partial x}{\partial t}\\ \dfrac{\partial y}{\partial s} & \dfrac{\partial y}{\partial t}\end{vmatrix}=\begin{vmatrix}t & s\\ 1-t & -s\end{vmatrix}=-s.$$

因此，

$$F(u,v)=\int_0^v\int_0^u e^{-s}s\,ds\,dt,\quad u>0,0<v\leqslant 1.$$

故 $\xi+\eta$ 与 $\xi/(\xi+\eta)$ 的联合概率密度为

$$f_{\xi+\eta,\xi/(\xi+\eta)}(u,v)=\frac{\partial^2 F(u,v)}{\partial v\partial u}=\begin{cases}e^{-u}u, & u>0,0<v\leqslant 1,\\ 0, & 其他.\end{cases}$$

$\xi+\eta$ 与 $\xi/(\xi+\eta)$ 的边缘概率密度分别为

$$f_{\xi+\eta}(u)=\int_{-\infty}^{+\infty}f_{\xi+\eta,\frac{\xi}{\xi+\eta}}(u,v)dv=\begin{cases}\int_0^1 ue^{-u}dv, & u>0,\\ 0, & 其他\end{cases}=\begin{cases}e^{-u}u, & u>0,\\ 0, & 其他;\end{cases}$$

$$f_{\frac{\xi}{\eta}}(v)=\int_{-\infty}^{+\infty}f_{\xi+\eta,\frac{\xi}{\xi+\eta}}(u,v)du=\begin{cases}\int_0^{+\infty}e^{-u}u\,du, & 0\leqslant v\leqslant 1,\\ 0, & 其他\end{cases}=\begin{cases}1, & 0\leqslant v\leqslant 1,\\ 0, & 其他.\end{cases}$$

从而，$f_{\xi+\eta,\frac{\xi}{\xi+\eta}}(u,v)=f_{\xi+\eta}(u)f_{\frac{\xi}{\xi+\eta}}(v)$，所以 $\xi+\eta$ 与 $\xi/(\xi+\eta)$ 相互独立.

30. 证明：如果 ξ 与 η 相互独立，均服从 $N(0,1)$，则 $\xi^2+\eta^2$ 与 $\dfrac{\xi}{\eta}$ 相互独立.

方法技巧 可先求 $\xi^2+\eta^2$ 与 $\dfrac{\xi}{\eta}$ 的联合分布函数，进而可求得联合概率密度函数.也可套用公式，需注意，本题中 $\begin{cases}x^2+y^2=u,\\ \dfrac{x}{y}=v\end{cases}$ 的反函数不唯一，要把平面分割成不相交的部分 C_i，使得反函数在 C_i 上表达式唯一，在 C_i 上用知识点 12 中的第 5 条，最后求和.

证明 ξ 与 η 的联合概率密度函数为

$$f(x,y)=\frac{1}{2\pi}e^{-\frac{x^2+y^2}{2}},\quad x\in\mathbf{R},y\in\mathbf{R}.$$

$\xi^2+\eta^2$ 与 $\dfrac{\xi}{\eta}$ 的联合分布函数为

$$F(u,v)=P\left(\xi^2+\eta^2\leqslant u,\frac{\xi}{\eta}\leqslant v\right)=\iint\limits_{x^2+y^2\leqslant u,x/y\leqslant v}f(x,y)dxdy$$

$$=\begin{cases}\iint\limits_{x^2+y^2\leqslant u,x/y\leqslant v}\dfrac{1}{2\pi}e^{-\frac{x^2+y^2}{2}}dxdy, & u>0,\\ 0, & 其他\end{cases}$$

$$=\begin{cases}\iint\limits_{x^2+y^2\leqslant u,x/y\leqslant v,y>0}\dfrac{1}{2\pi}e^{-\frac{x^2+y^2}{2}}dxdy+\iint\limits_{x^2+y^2\leqslant u,x/y\leqslant v,y<0}\dfrac{1}{2\pi}e^{-\frac{x^2+y^2}{2}}dxdy, & u>0,\\ 0, & 其他.\end{cases}$$

做变量替换

$$\begin{cases} x^2+y^2=s, \\ \dfrac{x}{y}=t, \end{cases}$$

则在 $F(u,v)$ 的第一个积分中，

$$\begin{cases} x=t\sqrt{\dfrac{s}{1+t^2}}, \\ y=\sqrt{\dfrac{s}{1+t^2}}, \end{cases}$$

从而

$$J_1(s,t)=\begin{vmatrix} \dfrac{\partial x}{\partial s} & \dfrac{\partial x}{\partial t} \\ \dfrac{\partial y}{\partial s} & \dfrac{\partial y}{\partial t} \end{vmatrix}=\begin{vmatrix} \dfrac{t}{2\sqrt{s(1+t^2)}} & \dfrac{\sqrt{s}\left(\sqrt{1+t^2}-t\dfrac{2t}{2\sqrt{1+t^2}}\right)}{1+t^2} \\ \dfrac{1}{2\sqrt{s(1+t^2)}} & \dfrac{-t\sqrt{s}}{\sqrt{(1+t^2)^3}} \end{vmatrix}$$

$$=\frac{-(t^2+1)}{2(1+t^2)^2}=\frac{-1}{2(1+t^2)}.$$

因此，

$$\iint\limits_{x^2+y^2\leqslant u,x/y\leqslant v,y>0}\frac{1}{2\pi}e^{-\frac{x^2+y^2}{2}}dx\,dy=\int_{-\infty}^{v}\int_0^u\frac{1}{2\pi}e^{-\frac{s}{2}}\left|\frac{-1}{2(1+t^2)}\right|ds\,dt.$$

在 $F(u,v)$ 的第二个积分中，

$$\begin{cases} x=-t\sqrt{\dfrac{s}{1+t^2}}, \\ y=-\sqrt{\dfrac{s}{1+t^2}}, \end{cases}$$

从而

$$J_2(s,t)=\begin{vmatrix} \dfrac{\partial x}{\partial s} & \dfrac{\partial x}{\partial t} \\ \dfrac{\partial y}{\partial s} & \dfrac{\partial y}{\partial t} \end{vmatrix}=\frac{-1}{2(1+t^2)}.$$

因此，

$$\iint\limits_{x^2+y^2\leqslant u,x/y\leqslant v,y<0}\frac{1}{2\pi}e^{-\frac{x^2+y^2}{2}}dx\,dy=\int_{-\infty}^{v}\int_0^u\frac{1}{2\pi}e^{-\frac{s}{2}}\left|-\frac{1}{2(1+t^2)}\right|ds\,dt.$$

故

$$F(u,v)=\begin{cases} \displaystyle\int_{-\infty}^{v}\int_0^u\frac{1}{2\pi}e^{-\frac{s}{2}}\frac{1}{2(1+t^2)}ds\,dt, & u>0, \\ 0, & \text{其他}. \end{cases}$$

从而 $\xi^2+\eta^2$ 与 $\dfrac{\xi}{\eta}$ 的联合概率密度函数为

$$f_{\xi^2+\eta^2,\frac{\xi}{\eta}}(u,v)=\frac{\partial^2 F(u,v)}{\partial v\partial u}=\begin{cases}\frac{1}{2\pi}e^{-\frac{u}{2}}\frac{1}{(1+v^2)}, & u>0,\\ 0, & \text{其他}.\end{cases}$$

也可套用公式来求 $\xi^2+\eta^2$ 与 $\frac{\xi}{\eta}$ 的联合概率密度函数.设

$$\begin{cases}x^2+y^2=u,\\ \frac{x}{y}=v,\end{cases}\quad \text{则}\quad \begin{cases}x_1=v\sqrt{\frac{u}{1+v^2}},\\ y_1=\sqrt{\frac{u}{1+v^2}},\end{cases}\quad \text{或}\quad \begin{cases}x_2=-v\sqrt{\frac{u}{1+v^2}},\\ y_2=-\sqrt{\frac{u}{1+v^2}},\end{cases}$$

从而

$$J_1(u,v)=\begin{vmatrix}\frac{\partial x_1}{\partial u} & \frac{\partial x_1}{\partial v}\\ \frac{\partial y_1}{\partial u} & \frac{\partial y_1}{\partial v}\end{vmatrix}=\begin{vmatrix}\frac{v}{2\sqrt{u(1+v^2)}} & \frac{\sqrt{u}\left(\sqrt{1+v^2}-v\frac{2v}{2\sqrt{1+v^2}}\right)}{1+v^2}\\ \frac{1}{2\sqrt{u(1+v^2)}} & \frac{-v\sqrt{u}}{\sqrt{1+v^2}}\end{vmatrix}$$

$$=\frac{-v^2-1}{2(1+v^2)^2}=\frac{-1}{2(1+v^2)}.$$

同理,可得

$$J_2(u,v)=\frac{-1}{2(1+v^2)}.$$

由公式知,

$$\begin{aligned}f_{\xi^2+\eta^2,\frac{\xi}{\eta}}(u,v)&=f_{\xi,\eta}(x_1(u,v),y_1(u,v))\,|J_1(u,v)|+f_{\xi,\eta}(x_2(u,v),y_2(u,v))\,|J_2(u,v)|\\&=f_\xi(x_1(u,v))f_\eta(y_1(u,v))\,|J_1(u,v)|+f_\xi(x_2(u,v))f_\eta(y_2(u,v))\,|J_2(u,v)|.\end{aligned}$$

当 $u>0$ 时,$f_{\xi^2+\eta^2,\frac{\xi}{\eta}}(u,v)=\frac{1}{2\pi}e^{-\frac{u}{2}}\left|\frac{1}{1+v^2}\right|$;其他情况时,$f_{\xi^2+\eta^2,\frac{\xi}{\eta}}(u,v)=0$.从而

$$f_{\xi^2+\eta^2,\frac{\xi}{\eta}}(u,v)=\begin{cases}\frac{1}{2\pi}e^{-\frac{u}{2}}\frac{1}{1+v^2}, & u>0,\\ 0, & \text{其他};\end{cases}$$

$$f_{\xi^2+\eta^2}(u)=\int_{-\infty}^{+\infty}f_{\xi^2+\eta^2,\frac{\xi}{\eta}}(u,v)\mathrm{d}v=\begin{cases}\int_{-\infty}^{+\infty}\frac{1}{2\pi}e^{-\frac{u}{2}}\frac{1}{1+v^2}\mathrm{d}v, & u>0,\\ 0, & \text{其他}\end{cases}=\begin{cases}\frac{1}{2}e^{-\frac{u}{2}}, & u>0,\\ 0, & \text{其他};\end{cases}$$

$$f_{\frac{\xi}{\eta}}(v)=\int_{-\infty}^{+\infty}f_{\xi^2+\eta^2,\frac{\xi}{\eta}}(u,v)\mathrm{d}u=\int_0^{+\infty}\frac{1}{2\pi}e^{-\frac{u}{2}}\frac{1}{1+v^2}\mathrm{d}u=\frac{1}{\pi(1+v^2)}.$$

故 $f_{\xi^2+\eta^2,\frac{\xi}{\eta}}(u,v)=f_{\xi^2+\eta^2}(u)f_{\frac{\xi}{\eta}}(v)$,所以 $\xi^2+\eta^2$ 与 ξ/η 相互独立.

31. 设 ξ 与 η 相互独立同分布,它们的概率密度函数恒不为零,且二次可微.试证:若 $\xi+\eta$,$\xi-\eta$ 相互独立,则 ξ,η,从而 $\xi+\eta,\xi-\eta$ 都服从正态分布.

难点注释 虽然知道 ξ 与 η 相互独立同分布,但不知道概率密度函数的表达式,因此不能直接借助于两个随机变量的和差的公式求 $\xi+\eta,\xi-\eta$ 的概率密度函数.但题中告诉我们 ξ 与 η 的概率密度函数恒不为零,且二次可微,因此可以通过对概率密度函数求导来证.

证明 设ξ的概率密度函数为$f(x)$，则(ξ,η)的联合概率密度函数为$f(x)f(y)$.$(\xi+\eta,\xi-\eta)$的联合分布函数为

$$F_{(\xi+\eta,\xi-\eta)}(x,y)=P(\xi+\eta\leqslant x,\xi-\eta\leqslant y)=\iint\limits_{s+t\leqslant x,s-t\leqslant y} f(s)f(t)\mathrm{d}s\mathrm{d}t.$$

令$u=s+t,v=s-t$，则$s=\dfrac{u+v}{2},t=\dfrac{u-v}{2}$，从而$J(u,v)=\begin{vmatrix}\dfrac{\partial s}{\partial u} & \dfrac{\partial s}{\partial v}\\ \dfrac{\partial t}{\partial u} & \dfrac{\partial t}{\partial v}\end{vmatrix}=\dfrac{1}{2}$.因此，

$$F_{(\xi+\eta,\xi-\eta)}(x,y)=\int_{-\infty}^{x}\int_{-\infty}^{y}f\left(\frac{u+v}{2}\right)f\left(\frac{u-v}{2}\right)\frac{1}{2}\mathrm{d}v\mathrm{d}u.$$

$(\xi+\eta,\xi-\eta)$的联合概率密度函数为

$$f_{(\xi+\eta,\xi-\eta)}(x,y)=\frac{\partial^2F_{(\xi+\eta,\xi-\eta)}(x,y)}{\partial x\partial y}=\frac{1}{2}f\left(\frac{1}{2}(x+y)\right)f\left(\frac{1}{2}(x-y)\right).$$

由$\xi+\eta,\xi-\eta$相互独立可得

$$\frac{1}{2}f\left(\frac{1}{2}(u+v)\right)f\left(\frac{1}{2}(u-v)\right)=f_{\xi+\eta}(u)f_{\xi-\eta}(v).$$

令$g(u)=\ln f(u)$，于是

$$g\left(\frac{1}{2}(u+v)\right)+g\left(\frac{1}{2}(u-v)\right)=\ln f_{\xi+\eta}(u)+\ln f_{\xi-\eta}(v).$$

因为$g(u)$的二阶导数存在，上式对u求导，得

$$\frac{1}{2}g'\left(\frac{1}{2}(u+v)\right)+\frac{1}{2}g'\left(\frac{1}{2}(u-v)\right)=(\ln f_{\xi+\eta}(u))',$$

再对v求导，得

$$\frac{1}{4}g''\left(\frac{1}{2}(u+v)\right)-\frac{1}{4}g\left(\frac{1}{2}(u-v)\right)=0.$$

对任意的x,y，选择u,v，使$x=\dfrac{1}{2}(u+v),y=\dfrac{1}{2}(u-v)$，于是有$g''(x)-g''(y)=0$.由$x$，$y$的任意性可得$g''(x)=$常数，因而$g(x)=a+bx+cx^2$，从而$f(x)=\mathrm{e}^{a+bx+cx^2}$，故$\xi,\eta$，从而$\xi+\eta,\xi-\eta$都服从正态分布.

32. 设ζ是在任何区间(a,b)上均有$P(\zeta\in(a,b))>0$的连续型随机变量，其分布函数为F_ζ.如果ξ在$[0,1]$上服从均匀分布，令$\eta=F_\zeta^{-1}(\xi)$，证明η具有与ζ相同的分布函数F_ζ.

难点注释 F_ζ为分布函数，且$P(\zeta\in(a,b))>0$，从而F_ζ严格单增，故存在反函数，且$F_\zeta(x)\in[0,1]$.另一方面，ξ在$[0,1]$上服从均匀分布，则当$0<x\leqslant1$时，$P(\xi<x)=x$；当$x\leqslant0$时，$P(\xi<x)=0$；当$x>1$时，$P(\xi<x)=1$.

证明 $F_\eta(x)=P(\eta<x)=P\left(F_\zeta^{-1}(\xi)<x\right)=P(\xi<F_\zeta(x))=F_\zeta(x)$.

33. 设$F_1(x),F_2(x)$为两个分布函数，问：

(1) $F_1(x)+F_2(x)$是否为分布函数?

(2) 若$a_1>0,a_2>0$均为常数，且$a_1+a_2=1$，证明$a_1F_1(x)+a_2F_2(x)$为分布函数.

方法技巧 如果一个实值函数$F(x),x\in\mathbf{R}$满足：(1) $F(x)$单调不降；(2) $F(x)$左连续；

(3) $\lim\limits_{x\to-\infty}F(x)=0$, $\lim\limits_{x\to+\infty}F(x)=1$,则必存在一个概率空间上的随机变量 ξ,以 $F(x)$ 为其分布函数.本题只需要 $F_1(x)$,$F_2(x)$ 满足以上三条,并推出 $a_1F_1(x)+a_2F_2(x)$ 满足以上三条即可.注意,a_1,a_2 至少有一个为负时,$a_1F_1(x)+a_2F_2(x)$ 可能不再是单调不降的;当 $a_1+a_2\neq 1$ 时,$\lim\limits_{x\to+\infty}\big(a_1F_1(x)+a_2F_2(x)\big)=a_1\lim\limits_{x\to+\infty}F_1(x)+a_2\lim\limits_{x\to+\infty}F_2(x)=a_1+a_2\neq 1$.

解 (1) 因为

$$\lim_{x\to+\infty}\big(F_1(x)+F_2(x)\big)=\lim_{x\to+\infty}F_1(x)+\lim_{x\to+\infty}F_2(x)=1+1=2\neq 1,$$

因此 $F_1(x)+F_2(x)$ 不是分布函数.

(2) 因为 $F_1(x)$,$F_2(x)$ 均为单调不减的函数,且 $a_1>0$,$a_2>0$,因此 $a_1F_1(x)+a_2F_2(x)$ 也为单调不减的函数.又 $F_1(x)$,$F_2(x)$ 均左连续,因此 $a_1F_1(x)+a_2F_2(x)$ 也左连续.而且,

$$\lim_{x\to+\infty}\big(a_1F_1(x)+a_2F_2(x)\big)=\lim_{x\to+\infty}a_1F_1(x)+\lim_{x\to+\infty}a_2F_2(x)=a_1+a_2=1,$$

$$\lim_{x\to-\infty}\big(a_1F_1(x)+a_2F_2(x)\big)=\lim_{x\to-\infty}a_1F_1(x)+\lim_{x\to-\infty}a_2F_2(x)=a_1\cdot 0+a_2\cdot 0=0.$$

从而 $a_1F_1(x)+a_2F_2(x)$ 为分布函数.

34. 证明任何分布函数具有下列性质:

(1) $\lim\limits_{x\to+\infty}x\int_x^{+\infty}\frac{1}{z}\mathrm{d}F(z)=0$, (2) $\lim\limits_{x\to0+}x\int_x^{+\infty}\frac{1}{z}\mathrm{d}F(z)=0$,

(3) $\lim\limits_{x\to-\infty}x\int_{-\infty}^{x}\frac{1}{z}\mathrm{d}F(z)=0$, (4) $\lim\limits_{x\to0-}x\int_{-\infty}^{x}\frac{1}{z}\mathrm{d}F(z)=0$.

难点解析 等式(1),(2)中,只需考虑 x 为正值时,等式成立即可.此时,$0<x<z$,则有 $\frac{1}{z}<\frac{1}{x}$,从而可以把 $x\int_x^{+\infty}\frac{1}{z}\mathrm{d}F(z)$ 放大到 $\int_x^{+\infty}\mathrm{d}F(z)=F(+\infty)-F(x)$,再利用两边夹定理可证.类似地,(3),(4) 等式中 $x\int_{-\infty}^{x}\frac{1}{z}\mathrm{d}F(z)\geqslant 0$,只需证明 $x\int_{-\infty}^{x}\frac{1}{z}\mathrm{d}F(z)$ 可以充分小即可.

证明 (1) $0\leqslant\lim\limits_{x\to+\infty}x\int_x^{+\infty}\frac{1}{z}\mathrm{d}F(z)\leqslant\lim\limits_{x\to+\infty}\int_x^{+\infty}\mathrm{d}F(z)=0$,从而 $\lim\limits_{x\to+\infty}x\int_x^{+\infty}\frac{1}{z}\mathrm{d}F(z)=0$.

(2) 现在证明 $\lim\limits_{x\to0+}x\int_x^{+\infty}\frac{1}{z}\mathrm{d}F(z)=0$.任给 $0<\varepsilon<a$,存在一个 $x_0>0$,使 $\int_{0^+}^{x_0}\mathrm{d}F(z)<\frac{\varepsilon}{2}$,

对于取定的 x_0,只要 $0<x<\frac{x_0\varepsilon}{2}$,就有

$$x\int_{x_0}^{+\infty}\frac{1}{z}\mathrm{d}F(z)\leqslant\frac{x}{x_0}\int_{x_0}^{+\infty}\mathrm{d}F(z)\leqslant\frac{x}{x_0}<\frac{\varepsilon}{2},$$

则

$$\begin{aligned}x\int_x^{+\infty}\mathrm{d}F(z)&=x\int_{x_0}^{+\infty}\frac{1}{z}\mathrm{d}F(z)+x\int_x^{x_0}\frac{1}{z}\mathrm{d}F(z)\\&\leqslant\frac{x}{x_0}\int_{x_0}^{+\infty}\mathrm{d}F(z)+\int_{0^+}^{x_0}\mathrm{d}F(z)<\frac{\varepsilon}{2}+\frac{\varepsilon}{2}=\varepsilon.\end{aligned}$$

(3) 类似地,可证明 $\lim\limits_{x\to-\infty}x\int_{-\infty}^{x}\frac{1}{z}\mathrm{d}F(z)=0$.

(4) 同理可证 $\lim\limits_{x\to0-}x\int_{-\infty}^{x}\frac{1}{z}\mathrm{d}F(z)=0$.

35. 设(ξ,η)的联合概率密度函数为

$$f(x,y)=\begin{cases}\dfrac{(1+xy)}{4}, & \text{当}\ |x|,|y|<1,\\ 0, & \text{其他}.\end{cases}$$

则:(1) 求ξ与η的一维概率密度$f_\xi(x),f_\eta(y)$;

(2) 证明ξ与η不相互独立;

(3) 求ξ^2与η^2的一维概率密度$f_{\xi^2}(x),f_{\eta^2}(y)$;

(4) 证明ξ^2与η^2相互独立(提示,先求$f_{\xi^2,\eta^2}(x,y)$);

(5) 求$f_{|\xi|}(x),f_{|\eta|}(y),f_{|\xi|,|\eta|}(x,y)$.

难点解析 要证明ξ^2与η^2相互独立,需证明联合概率密度等于边缘概率密度的乘积,与习题29类似,先求$f_{\xi^2,\eta^2}(x,y)$,注意$u=x^2,v=y^2$在整个平面上不存在反函数,需要把平面分割成四部分,即四个象限,在每一个部分上分别求反函数,从而求解.类似地可解(5).

解 (1) $f_\xi(x)=\displaystyle\int_{-\infty}^{+\infty}f(x,y)\mathrm{d}y=\begin{cases}\displaystyle\int_{-1}^{1}\frac{(1+xy)}{4}\mathrm{d}y, & |x|<1,\\ 0, & \text{其他}\end{cases}=\begin{cases}\dfrac{1}{2}, & |x|<1,\\ 0, & \text{其他};\end{cases}$

$$f_\eta(y)=\int_{-\infty}^{+\infty}f(x,y)\mathrm{d}x=\begin{cases}\displaystyle\int_{-1}^{1}\frac{(1+xy)}{4}\mathrm{d}x, & |y|<1,\\ 0, & \text{其他}\end{cases}=\begin{cases}\dfrac{1}{2}, & |y|<1,\\ 0, & \text{其他}.\end{cases}$$

(2) 由(1)可知,$f(x,y)\neq f_\xi(x)f_\eta(y)$,故$\xi$与$\eta$不相互独立.

(3) $f_{\xi^2}(x)=\begin{cases}f_\xi(\sqrt{x})(\sqrt{x})'+f_\xi(-\sqrt{x})\,|(-\sqrt{x})'|, & 0<x<1,\\ 0, & \text{其他}\end{cases}$

$$=\begin{cases}\dfrac{1}{2\sqrt{x}}, & 1>x>0,\\ 0, & \text{其他};\end{cases}$$

$$f_{\eta^2}(y)=\begin{cases}f_\eta(\sqrt{y})(\sqrt{y})'+f_\eta(-\sqrt{y})\,|(-\sqrt{y})'|, & 0<y<1,\\ 0, & \text{其他}\end{cases}$$

$$=\begin{cases}\dfrac{1}{2\sqrt{y}}, & 0<y<1,\\ 0, & \text{其他}.\end{cases}$$

(4) ξ^2与η^2的联合分布函数为

$$F_{(\xi^2,\eta^2)}(x,y)=P(\xi^2\leqslant x,\eta^2\leqslant y)=\iint\limits_{s^2\leqslant x,t^2\leqslant y}f(s,t)\mathrm{d}s\mathrm{d}t$$

$$=\begin{cases}1, & x\geqslant 1,y\geqslant 1,\\ \displaystyle\iint\limits_{s^2\leqslant x,t^2\leqslant y}\frac{(1+st)}{4}\mathrm{d}s\mathrm{d}t, & 0\leqslant x\leqslant 1,0\leqslant y\leqslant 1,\\ 0, & \text{其他}.\end{cases}$$

当$0\leqslant x\leqslant 1,0\leqslant y\leqslant 1$时,

$$F_{(\xi^2,\eta^2)}(x,y)=\iint\limits_{s^2\leqslant x,t^2\leqslant y,s>0,t>0}\frac{(1+st)}{4}\mathrm{d}s\mathrm{d}t+\iint\limits_{s^2\leqslant x,t^2\leqslant y,s>0,t\leqslant 0}\frac{(1+st)}{4}\mathrm{d}s\mathrm{d}t$$

$$+\iint\limits_{s^2\leqslant x,t^2\leqslant y,s\leqslant 0,t>0}\frac{(1+st)}{4}\mathrm{d}s\mathrm{d}t+\iint\limits_{s^2\leqslant x,t^2\leqslant y,s\leqslant 0,t\leqslant 0}\frac{(1+st)}{4}\mathrm{d}s\mathrm{d}t.$$

令 $u=s^2,v=t^2$,则

第一个积分中,$s=\sqrt{u},t=\sqrt{v},J_1(s,t)=\begin{vmatrix}\frac{\partial s}{\partial u} & \frac{\partial s}{\partial v}\\ \frac{\partial t}{\partial u} & \frac{\partial t}{\partial v}\end{vmatrix}=\frac{1}{4\sqrt{uv}}$;

第二个积分中,$s=\sqrt{u},t=-\sqrt{v},J_2(s,t)=\begin{vmatrix}\frac{\partial s}{\partial u} & \frac{\partial s}{\partial v}\\ \frac{\partial t}{\partial u} & \frac{\partial t}{\partial v}\end{vmatrix}=\frac{-1}{4\sqrt{uv}}$;

第三个积分中,$s=-\sqrt{u},t=\sqrt{v},J_2(s,t)=\begin{vmatrix}\frac{\partial s}{\partial u} & \frac{\partial s}{\partial v}\\ \frac{\partial t}{\partial u} & \frac{\partial t}{\partial v}\end{vmatrix}=\frac{-1}{4\sqrt{uv}}$;

第四个积分中,$s=-\sqrt{u},t=-\sqrt{v},J_1(s,t)=\begin{vmatrix}\frac{\partial s}{\partial u} & \frac{\partial s}{\partial v}\\ \frac{\partial t}{\partial u} & \frac{\partial t}{\partial v}\end{vmatrix}=\frac{1}{4\sqrt{uv}}$.

因此,

$$F_{(\xi^2,\eta^2)}(x,y)=\int_0^y\int_0^x\frac{1+\sqrt{uv}}{4}\times\frac{1}{4\sqrt{uv}}\mathrm{d}u\mathrm{d}v+\int_0^y\int_0^x\frac{1-\sqrt{uv}}{4}\times\frac{1}{4\sqrt{uv}}\mathrm{d}u\mathrm{d}v$$
$$+\int_0^y\int_0^x\frac{1-\sqrt{uv}}{4}\times\frac{1}{4\sqrt{uv}}\mathrm{d}u\mathrm{d}v+\int_0^y\int_0^x\frac{1+\sqrt{uv}}{4}\times\frac{1}{4\sqrt{uv}}\mathrm{d}u\mathrm{d}v.$$

从而,当 $0<x<1,0<y<1$ 时,ξ^2 与 η^2 的联合概率密度函数为

$$\begin{aligned}f_{(\xi^2,\eta^2)}(x,y)&=\frac{\partial^2 F_{(\xi^2,\eta^2)}(x,y)}{\partial x\partial y}\\&=\frac{1+\sqrt{xy}}{16\sqrt{xy}}+\frac{1-\sqrt{xy}}{16\sqrt{xy}}+\frac{1-\sqrt{xy}}{16\sqrt{xy}}+\frac{1+\sqrt{xy}}{16\sqrt{xy}}=\frac{1}{4\sqrt{xy}};\end{aligned}$$

其他情况时,

$$f_{(\xi^2,\eta^2)}(x,y)=\frac{\partial^2 F_{(\xi^2,\eta^2)}(x,y)}{\partial x\partial y}=0.$$

从而

$$f_{\xi^2,\eta^2}(x,y)=\begin{cases}\frac{1}{4\sqrt{xy}}, & x,y\in(0,1),\\ 0, & \text{其他}.\end{cases}$$

因此,$f_{\xi^2,\eta^2}(x,y)=f_{\xi^2}(x)f_{\eta^2}(y)$,即 ξ^2 与 η^2 相互独立.

(5) 先求 $|\xi|$ 与 $|\eta|$ 的联合分布函数,有

$$F_{(|\xi|,|\eta|)}(x,y)=P(|\xi|\leqslant x,|\eta|\leqslant y)=\iint\limits_{|s|\leqslant x,|t|\leqslant y}f(s,t)\mathrm{d}s\mathrm{d}t$$

$$=\begin{cases}1, & x\geqslant 1, y\geqslant 1,\\ \displaystyle\iint\limits_{-x\leqslant s\leqslant x,-y\leqslant t\leqslant y}\frac{(1+st)}{4}\mathrm{d}s\mathrm{d}t=xy, & 0\leqslant x\leqslant 1,0\leqslant y\leqslant 1,\\ 0, & \text{其他}.\end{cases}$$

因此，当 $0<x<1, 0<y<1$ 时，$|\xi|$ 与 $|\eta|$ 的联合概率密度函数为

$$f_{(|\xi|,|\eta|)}(x,y)=\frac{\partial^2 F_{(|\xi|,|\eta|)}(x,y)}{\partial x\partial y}=1;$$

其他情况时，

$$f_{(|\xi|,|\eta|)}(x,y)=\frac{\partial^2 F_{(|\xi|,|\eta|)}(x,y)}{\partial x\partial y}=0.$$

从而，

$$f_{|\xi|,|\eta|}(x,y)=\begin{cases}1, & x,y\in(0,1),\\ 0, & \text{其他};\end{cases}$$

$$f_{|\xi|}(x)=\int_0^1 f_{|\xi|,|\eta|}(x,y)\mathrm{d}y=\begin{cases}1, & 0<x<1,\\ 0, & \text{其他};\end{cases}$$

$$f_{|\eta|}(y)=\int_0^1 f_{|\xi|,|\eta|}(x,y)\mathrm{d}x=\begin{cases}1, & 0<y<1,\\ 0, & \text{其他}.\end{cases}$$

36. 设 ξ 与 η 相互独立，且有下述分布，分别求 $\xi+\eta$ 的分布：

(1) (ξ,η) 服从正态分布，即 $f(x,y)=\frac{1}{2\pi}\mathrm{e}^{-\frac{1}{2}(x^2+y^2)}$；

(2) ξ 与 η 都服从二项分布，即

$$P_\xi(m)=\mathrm{C}_2^m\left(\frac{1}{2}\right)^m\left(\frac{1}{2}\right)^{2-m},\quad m=0,1,2,\quad P_\eta(n)=\mathrm{C}_2^n\left(\frac{1}{3}\right)^n\left(\frac{2}{3}\right)^{2-n},\quad n=0,1,2;$$

(3) ξ 在 $[0,1]$ 上服从均匀分布，η 在 $[0,2]$ 上服从辛普森分布，即

$$f_\eta(y)=\begin{cases}y, & y\in[0,1],\\ 2-y, & y\in[1,2],\\ 0, & \text{其他};\end{cases}$$

(4) ξ,η 分别在 $(-5,1)$ 与 $(1,5)$ 内服从均匀分布；

(5) ξ 服从 $N(a,\sigma)$，η 在 $[-b,b]$ 上服从均匀分布；

(6) ξ,η 的概率密度函数分别为

$$f_\xi(x)=\frac{1}{2}\mathrm{e}^{-\frac{x}{2}},\quad 0\leqslant x<+\infty,\quad f_\eta(y)=\frac{1}{3}\mathrm{e}^{-\frac{y}{3}},\quad 0\leqslant y<+\infty;$$

(7) 设随机变量 ξ,η 相互独立，ξ 在 $[-h,h]$ 上服从均匀分布，η 的分布函数为 $F_\eta(y)$.

方法技巧 本题考查了求解 $\xi+\eta$ 的分布.当 ξ 与 η 为相互独立的离散型随机变量时，

$$P(\xi+\eta=k)=\sum_{m=0}^{k}P(\xi=m)P(\eta=k-m);$$

当 ξ 与 η 为相互独立的连续型随机变量时，

$$f_{\xi+\eta}(x)=\int_{-\infty}^{+\infty}f_\xi(x_1)f_\eta(x-x_1)\mathrm{d}x_1=\int_{-\infty}^{+\infty}f_\xi(x-x_2)f_\eta(x_2)\mathrm{d}x_2.$$

当 ξ 或 η 的概率密度函数为分段函数时，要特别注意积分区间与使得概率密度函数非 0 的区间

之间的位置关系,从而确定被积函数的表达式及积分区间.

解 (1) $f_{\xi+\eta}(x)=\int_{-\infty}^{+\infty}f_{\xi,\eta}(x_1,x-x_1)\mathrm{d}x_1=\frac{1}{2\pi}\int_{-\infty}^{+\infty}\mathrm{e}^{-\frac{1}{2}\left(x_1^2+(x-x_1)^2\right)}\mathrm{d}x_1$

$$=\frac{1}{2\pi}\int_{-\infty}^{+\infty}\mathrm{e}^{-\frac{1}{2}(2x_1^2-2xx_1+x^2)}\mathrm{d}x_1=\frac{1}{2\pi}\int_{-\infty}^{+\infty}\mathrm{e}^{-\frac{1}{2\left(\frac{1}{\sqrt{2}}\right)^2}\left[\left(x_1-\frac{1}{2}x\right)^2+\frac{1}{4}x^2\right]}\mathrm{d}x_1$$

$$=\frac{1}{\sqrt{4\pi}}\mathrm{e}^{-\frac{1}{4}x^2}\frac{1}{\frac{1}{\sqrt{2}}\times\sqrt{2\pi}}\int_{-\infty}^{+\infty}\mathrm{e}^{-\frac{1}{2\left(\frac{1}{\sqrt{2}}\right)^2}\left(x_1-\frac{1}{2}x\right)^2}\mathrm{d}x_1=\frac{1}{\sqrt{4\pi}}\mathrm{e}^{-\frac{1}{4}x^2}.$$

(2) $P_{\xi+\eta}(k)=\sum_{m=0}^{k}P_\xi(m)P_\eta(k-m)=\sum_{m=0}^{k}\mathrm{C}_2^m\left(\frac{1}{2}\right)^m\left(\frac{1}{2}\right)^{2-m}\mathrm{C}_2^{k-m}\left(\frac{1}{3}\right)^{k-m}\left(\frac{2}{3}\right)^{2-k+m}$

$$=\sum_{m=0}^{k}\frac{2!}{m!\ (2-m)!}\left(\frac{1}{2}\right)^2\frac{2!}{(k-m)!\ (2-k+m)!}\left(\frac{1}{3}\right)^{2-k+m}$$

$$=\sum_{m=0\vee(k-2)}^{k\wedge 2}\frac{2!}{m!\ (2-m)!}\cdot\frac{2!}{(k-m)!\ (2-k+m)!}\cdot\frac{2^{-k+m}}{9},\quad k=0,1,2,3,4.$$

$$P_{\xi+\eta}(0)=\frac{1}{4}\times\frac{4}{9}=\frac{1}{9},\quad P_{\xi+\eta}(1)=\frac{1}{4}\times\frac{4}{9}+\frac{1}{2}\times\frac{4}{9}=\frac{6}{18},$$

$$P_{\xi+\eta}(2)=\frac{1}{2\times 2}\times\frac{1}{9}+\frac{2}{9}+\frac{1}{2\times 2}\times\frac{4}{9}=\frac{13}{36},$$

$$P_{\xi+\eta}(3)=\frac{1}{2}\times\frac{1}{9}+\frac{1}{4}\times\frac{4}{9}=\frac{3}{18},\quad P_{\xi+\eta}(4)=\frac{1}{2\times 2}\times\frac{1}{9}=\frac{1}{36}.$$

(3) $f_{\xi+\eta}(x)=\int_{-\infty}^{+\infty}f_\xi(x_1)f_\eta(x-x_1)\mathrm{d}x_1=\int_0^1 f_\eta(x-x_1)\mathrm{d}x_1=\int_{x-1}^{x}f_\eta(u)\mathrm{d}u$

$$=\begin{cases}0, & x\leqslant 0,\\ \int_0^x u\mathrm{d}u=\frac{x^2}{2}, & 0<x\leqslant 1,\\ \int_{x-1}^{1}u\mathrm{d}u+\int_1^x(2-u)\mathrm{d}u=\frac{1-(x-1)^2}{2}+2(x-1)-\frac{x^2-1}{2}=3x-x^2-\frac{3}{2}, & 1<x\leqslant 2,\\ \int_{x-1}^{2}(2-u)\mathrm{d}u=\frac{x^2+9}{2}-3x, & 2<x\leqslant 3,\\ 0, & x>3.\end{cases}$$

(4) $f_{\xi+\eta}(x)=\int_{-\infty}^{+\infty}f_\xi(x_1)f_\eta(x-x_1)\mathrm{d}x_1=\frac{1}{6}\int_{-5}^{1}f_\eta(x-x_1)\mathrm{d}x_1=\frac{1}{6}\int_{x-1}^{x+5}f_\eta(u)\mathrm{d}u$

$$=\begin{cases}\frac{1}{6}\int_1^{x+5}\frac{1}{4}\mathrm{d}u=\frac{x+4}{24}, & -4\leqslant x<0,\\ \frac{1}{6}\int_1^5\frac{1}{4}\mathrm{d}u=\frac{1}{6}, & 0\leqslant x<2,\\ \frac{1}{6}\int_{x-1}^{5}\frac{1}{4}\mathrm{d}u=\frac{6-x}{24}, & 2\leqslant x<6,\\ 0, & \text{其他}.\end{cases}$$

(5) $f_{\xi+\eta}(x)=\int_{-\infty}^{+\infty}f_\xi(x-x_1)f_\eta(x_1)\mathrm{d}x_1=\frac{1}{2b}\int_{-b}^{b}f_\xi(x-x_1)\mathrm{d}x_1$

$$=\frac{1}{2b}\int_{x-b}^{x+b}f_\xi(x_1)\mathrm{d}x_1$$

$$=\frac{1}{2b}\int_{x-b}^{x+b}\frac{1}{\sqrt{2\pi}\sigma}\mathrm{e}^{-\frac{(x_1-a)^2}{2\sigma^2}}\mathrm{d}x_1=\frac{1}{2b}\int_{\frac{x-b-a}{\sigma}}^{\frac{x+b-a}{\sigma}}\frac{1}{\sqrt{2\pi}}\mathrm{e}^{-\frac{u^2}{2}}\mathrm{d}u$$

$$=\frac{1}{2b}\left[\Phi\left(\frac{x+b-a}{\sigma}\right)-\Phi\left(\frac{x-b-a}{\sigma}\right)\right].$$

(6) $f_{\xi+\eta}(x)=\int_{-\infty}^{+\infty}f_\xi(x-x_1)f_\eta(x_1)\mathrm{d}x_1=\frac{1}{3}\int_0^{+\infty}f_\xi(x-x_1)\mathrm{e}^{-\frac{x_1}{3}}\mathrm{d}x_1$

$$=\frac{1}{3}\int_{-\infty}^{x}f_\xi(u)\mathrm{e}^{-\frac{(x-u)}{3}}\mathrm{d}u$$

$$=\begin{cases}\frac{1}{3}\int_0^x\frac{1}{2}\mathrm{e}^{-\frac{u}{2}}\cdot\mathrm{e}^{-\frac{(x-u)}{3}}\mathrm{d}u=\mathrm{e}^{-\frac{1}{3}x}(1-\mathrm{e}^{-\frac{x}{6}}), & x>0,\\ 0, & \text{其他}.\end{cases}$$

(7) $f_{\xi+\eta}(x)=\int_{-\infty}^{+\infty}f_\xi(x)f_\eta(x-x_1)\mathrm{d}x_1=\frac{1}{2h}\int_{-h}^{+h}f_\eta(x-x_1)\mathrm{d}x_1$

$$=\frac{1}{2h}\int_{x-h}^{x+h}f_\eta(u)\mathrm{d}u=\frac{1}{2h}(F_\eta(x+h)-F_\eta(x-h)).$$

37. 设连续型随机变量 ξ,η 相互独立，分别对下面三种情形求 $\xi\eta$ 以及 $\xi-\eta$ 的分布函数：(1) 分别有分布函数 $F_1(x),F_2(x)$；(2) 在 $(-a,a)$ 内服从均匀分布；(3) 服从标准正态分布 $N(0,1)$.

方法技巧 本题考查两个随机变量和与差的分布.特别注意积分区间与使得概率密度函数非 0 的区间之间的位置关系，从而确定被积函数的表达式及积分区间.

解 (1) 当 ξ 与 η 相互独立时，有

$$f_{\xi\eta}(x)=\int_{-\infty}^0 f_\xi(u)f_\eta\left(\frac{x}{u}\right)\cdot\left|\frac{1}{u}\right|\mathrm{d}u+\int_0^{+\infty}f_\xi(u)f_\eta\left(\frac{x}{u}\right)\cdot\frac{1}{u}\mathrm{d}u,$$

$$f_{\xi-\eta}(x)=\int_{-\infty}^{+\infty}f_\xi(u)f_\eta(u-x)\mathrm{d}u.$$

(2) 当 $0<x<a^2$ 时，

$$f_{\xi\eta}(x)=\int_{-\infty}^0 f_\xi(u)f_\eta\left(\frac{x}{u}\right)\cdot\left|\frac{1}{u}\right|\mathrm{d}u+\int_0^{+\infty}f_\xi(u)f_\eta\left(\frac{x}{u}\right)\cdot\frac{1}{u}\mathrm{d}u$$

$$=-\frac{1}{2a}\int_{-a}^0 f_\eta\left(\frac{x}{u}\right)\cdot\frac{1}{u}\mathrm{d}u+\frac{1}{2a}\int_0^a f_\eta\left(\frac{x}{u}\right)\cdot\frac{1}{u}\mathrm{d}u$$

$$=-\frac{1}{2a}\int_{-\infty}^{-\frac{x}{a}}f_\eta(y)\cdot\frac{1}{y}\mathrm{d}y+\frac{1}{2a}\int_{\frac{x}{a}}^{+\infty}f_\eta(y)\cdot\frac{1}{y}\mathrm{d}y$$

$$=\frac{1}{(2a)^2}\int_{-a}^{-\frac{x}{a}}\frac{1}{-y}\mathrm{d}y+\frac{1}{(2a)^2}\int_{\frac{x}{a}}^{a}\frac{1}{y}\mathrm{d}y$$

$$=\frac{1}{(2a)^2}\left(\ln a-\ln\left(\frac{x}{a}\right)+\ln a-\ln\left(\frac{x}{a}\right)\right)=\frac{1}{2a^2}\left(\ln a-\ln\left(\frac{x}{a}\right)\right);$$

当 $-a^2<x\leqslant 0$ 时，

$$f_{\xi\eta}(x)=\int_{-\infty}^0 f_\xi(u)f_\eta\left(\frac{x}{u}\right)\cdot\left|\frac{1}{u}\right|\mathrm{d}u+\int_0^{+\infty}f_\xi(u)f_\eta\left(\frac{x}{u}\right)\cdot\frac{1}{u}\mathrm{d}u$$

$$=-\frac{1}{2a}\int_{-a}^{0}f_{\eta}\left(\frac{x}{u}\right)\cdot\frac{1}{u}\mathrm{d}u+\frac{1}{2a}\int_{0}^{a}f_{\eta}\left(\frac{x}{u}\right)\cdot\frac{1}{u}\mathrm{d}u$$
$$=\frac{1}{2a}\int_{-\frac{x}{a}}^{+\infty}f_{\eta}(y)\cdot\frac{1}{y}\mathrm{d}y-\frac{1}{2a}\int_{-\infty}^{\frac{x}{a}}f_{\eta}(y)\cdot\frac{1}{y}\mathrm{d}y$$
$$=\frac{1}{(2a)^2}\int_{-\frac{x}{a}}^{a}\frac{1}{y}\mathrm{d}y-\frac{1}{(2a)^2}\int_{-a}^{\frac{x}{a}}\frac{1}{y}\mathrm{d}y$$
$$=\frac{-2}{(2a)^2}\left(\ln\left(-\frac{x}{a}\right)-\ln a\right)$$
$$=\frac{-1}{2a^2}\left(\ln\left(-\frac{x}{a}\right)-\ln a\right);$$

其他情况时，$f_{\xi\eta}(x)=0$.因此，

$$f_{\xi\eta}(x)=\begin{cases}\frac{1}{2a^2}\ln\frac{a^2}{|x|}, & |x|<a^2,\\ 0, & \text{其他}.\end{cases}$$

$$f_{\xi-\eta}(x)=\int_{-\infty}^{+\infty}f_{\xi}(u)f_{\eta}(u-x)\mathrm{d}u=\frac{1}{2a}\int_{-a}^{a}f_{\eta}(u-x)\mathrm{d}u=\frac{1}{2a}\int_{-a-x}^{a-x}f_{\eta}(y)\mathrm{d}y$$
$$=\begin{cases}\frac{1}{(2a)^2}\int_{-a}^{a-x}\mathrm{d}u=\frac{2a-x}{(2a)^2}, & 0\leqslant x<2a,\\ \frac{1}{(2a)^2}\int_{-a-x}^{a}\mathrm{d}u=\frac{2a+x}{(2a)^2}, & -2a<x<0,\\ 0, & \text{其他}.\end{cases}$$

(3) $$f_{\xi\eta}(x)=\int_{-\infty}^{0}f_{\xi}(u)f_{\eta}\left(\frac{x}{u}\right)\cdot\left|\frac{1}{u}\right|\mathrm{d}u+\int_{0}^{+\infty}f_{\xi}(u)f_{\eta}\left(\frac{x}{u}\right)\cdot\frac{1}{u}\mathrm{d}u$$
$$=\int_{-\infty}^{0}\frac{1}{2\pi}\mathrm{e}^{-\frac{u^2}{2}}\mathrm{e}^{-\frac{x^2}{2u^2}}\left(-\frac{1}{u}\right)\mathrm{d}u+\int_{0}^{+\infty}\frac{1}{2\pi}\mathrm{e}^{-\frac{u^2}{2}}\mathrm{e}^{-\frac{x^2}{2u^2}}\cdot\frac{1}{u}\mathrm{d}u=\int_{0}^{+\infty}\frac{1}{\pi u}\mathrm{e}^{-\frac{(u^4+x^2)}{2u^2}}\mathrm{d}u.$$
$$f_{\xi-\eta}(x)=\int_{-\infty}^{+\infty}f_{\xi}(u)f_{\eta}(u-x)\mathrm{d}u=\int_{-\infty}^{+\infty}\frac{1}{2\pi}\mathrm{e}^{-\frac{u^2}{2}}\mathrm{e}^{-\frac{(u-x)^2}{2}}\mathrm{d}u=\frac{1}{2\sqrt{\pi}}\mathrm{e}^{-\frac{x^2}{4}}.$$

38. 设二维随机变量(ξ,η)服从均匀分布，即

$$f(x,y)=\begin{cases}1, & x,y\in\left(-\frac{1}{2},\frac{1}{2}\right),\\ 0, & \text{其他}.\end{cases}$$

求随机变量 $\zeta=\xi\eta$ 的密度函数.

◘ **题型解析：**本题考查了两个随机变量之积的密度函数，即

$$f_{\xi\eta}(x)=\int_{-\infty}^{0}f\left(u,\frac{x}{u}\right)\cdot\left|\frac{1}{u}\right|\mathrm{d}u+\int_{0}^{+\infty}f\left(u,\frac{x}{u}\right)\cdot\frac{1}{u}\mathrm{d}u.$$

当联合概率密度函数为分段函数时，特别注意积分区间与使得概率密度函数非0的区间之间的位置关系，从而确定被积函数的表达式及积分区间.

解 当 $|x|<\frac{1}{4}$ 时，

$$f_{\xi\eta}(x)=\int_{-\infty}^{0}f\left(u,\frac{x}{u}\right)\cdot\left|\frac{1}{u}\right|\mathrm{d}u+\int_{0}^{+\infty}f\left(u,\frac{x}{u}\right)\cdot\frac{1}{u}\mathrm{d}u$$

$$=\int_{-\frac{1}{2}}^{-2|x|}-\frac{1}{u}\mathrm{d}u+\int_{2|x|}^{\frac{1}{2}}\frac{1}{u}\mathrm{d}u=-2\ln(4|x|);$$

其他情况时，$\zeta=\xi\eta$ 的概率密度函数为 0.

39. 设二维随机变量(ξ,η)服从正态分布，即

$$f(x,y)=\frac{1}{2\pi\sigma_1\sigma_2}\mathrm{e}^{-\frac{1}{2}\left(\frac{x^2}{\sigma_1^2}+\frac{y^2}{\sigma_2^2}\right)}.$$

问随机变量 $\xi-\eta$ 服从什么分布.

◘ **题型解析**：本题考查了两个随机变量之差的概率密度函数，即

$$f_{\xi-\eta}(x)=\int_{-\infty}^{+\infty}f_{\xi,\eta}(u,u-x)\mathrm{d}u.$$

可以由此公式求 $\xi-\eta$ 的概率密度函数，另一方面，从(ξ,η)的联合概率密度函数知道，ξ 与 η 为相互独立的正态分布，从而其差仍为正态分布，再由期望与方差的性质，可以确定正态分布的两个参数.

解 法一 由(ξ,η)的联合概率密度函数的表达式知道，$\xi\sim N(0,\sigma_1)$，$\eta\sim N(0,\sigma_2)$，且相互独立，由正态分布的性质知道，$\xi-\eta\sim N(0,\sqrt{\sigma_1^2+\sigma_2^2})$.

法二 $f_{\xi-\eta}(x)=\int_{-\infty}^{+\infty}f_{\xi,\eta}(u,u-x)\mathrm{d}u=\int_{-\infty}^{+\infty}\frac{1}{2\pi\sigma_1\sigma_2}\mathrm{e}^{-\frac{1}{2}\left[\frac{u^2}{\sigma_1^2}+\frac{(u-x)^2}{\sigma_2^2}\right]}\mathrm{d}u$

$$=\frac{1}{\sqrt{2\pi(\sigma_1^2+\sigma_2^2)}}\mathrm{e}^{-\frac{x^2}{2(\sigma_1^2+\sigma_2^2)}}.$$

40. 设随机变量 ξ,η 相互独立，分别对下面两种情形求 $\frac{\xi}{\eta}$ 的分布函数：

(1) 皆服从正态分布 $N(0,1)$； (2) 皆服从$(0,a)$上的均匀分布.

◘ **题型解析**：本题考查了两个相互独立随机变量之商的概率密度函数，即

$$f_{\frac{\xi_1}{\xi_2}}(x)=\int_{-\infty}^{+\infty}f_{\xi_1}(x_2x)f_{\xi_2}(x_2)|x_2|\mathrm{d}x_2.$$

当联合概率密度函数为分段函数时，特别注意积分区间与使得概率密度函数非 0 的区间之间的位置关系，从而确定被积函数的表达式及积分区间.

解 (1) $f_{\frac{\xi_1}{\xi_2}}(x)=\int_{-\infty}^{+\infty}f_{\xi_1}(x_2x)f_{\xi_2}(x_2)|x_2|\mathrm{d}x_2=\int_{-\infty}^{+\infty}\frac{1}{2\pi}\mathrm{e}^{-\frac{(x_2x)^2}{2}}\mathrm{e}^{-\frac{x_2^2}{2}}|x_2|\mathrm{d}x_2$

$$=2\int_0^{+\infty}\frac{1}{2\pi}\mathrm{e}^{-\frac{(x^2+1)x_2^2}{2}}x_2\mathrm{d}x_2=\frac{1}{\pi(x^2+1)}.$$

(2) $f_{\frac{\xi_1}{\xi_2}}(x)=\int_{-\infty}^{+\infty}f_{\xi_1}(x_2x)f_{\xi_2}(x_2)|x_2|\mathrm{d}x_2=\int_0^a f_{\xi_1}(x_2x)\frac{1}{a}x_2\mathrm{d}x_2$

$$=\begin{cases}\int_0^{\frac{a}{x}}\frac{1}{a^2}x_2\mathrm{d}x_2=\frac{1}{2x^2}, & x>1,\\ \int_0^a\frac{1}{a^2}x_2\mathrm{d}x_2=\frac{1}{2}, & 0<x\leqslant 1,\\ 0, & x\leqslant 0.\end{cases}$$

41. 设某电视机公司生产的某种型号的电视机，出厂半年后要求返修的约占0.5%，现共出货 2 000 台至各地区.试问半年后要求返修的有 1～10 台(即大于或等于 1 台，少于或等于 10

台）的概率是多少？

难点注释 把每台电视机半年后是否要求返修看作一次试验，每次试验只有两个结果，我们认为各台电视机半年后是否要求返修是相互独立的，从而 2 000 台电视机半年后要求返修的台数服从二项分布 $\xi \sim B(2\,000, 0.005)$，由二项分布的正态逼近可求解.

解 设半年后要求返修的台数为 ξ，则 $\xi \sim B(2\,000, 0.005)$，所求概率为

$$P(1 \leqslant \xi \leqslant 10) = P\left(\frac{1-10}{\sqrt{9.95}} \leqslant \frac{\xi-10}{\sqrt{9.95}} \leqslant \frac{10-10}{\sqrt{9.95}}\right) \approx \Phi(0) - \Phi\left(\frac{-9}{\sqrt{9.95}}\right)$$
$$= \Phi\left(\frac{9}{\sqrt{9.95}}\right) - 0.5 = 0.497\,15.$$

42. 设 ξ 服从泊松分布，且满足 $P(\xi=2)=0.65P(\xi=1)$，求 $P(\xi=0)$ 与 $P(\xi=3)$.

方法技巧 由 $P(\xi=2)=0.65P(\xi=1)$ 可得泊松分布的参数 λ 的值，进而通过 $P(\xi=k)=\frac{\lambda^k}{k!}e^{-\lambda}$ 求解.

解 设泊松分布的参数为 λ，则由题意知 $\frac{\lambda^2}{2}e^{-\lambda}=0.65\lambda e^{-\lambda}$，解得 $\lambda=1.3$.从而，

$$P(\xi=0)=e^{-1.3} \approx 0.272\,5, \quad P(\xi=3)=\frac{1.3^3}{6}e^{-1.3} \approx 0.098\,78.$$

43. 设在做某种物理实验时，某种特殊的物理现象在 1 次实验中出现的概率为 0.2.试问：至少该做多少次实验，才能以 95% 的概率，保证该特殊的物理现象至少出现 1 次？

难点注释 某种特殊的物理现象在 1 次实验中是否出现看作一次实验，每次实验只有两个结果，我们认为这种物理现象每次是否出现是相互独立的，从而 n 次实验中该特殊的物理现象出现的次数服从二项分布 $\xi \sim B(n, 0.2)$，再由概率的性质可求解.

解 设该特殊的物理现象出现的次数为 ξ，至少该做 n 次实验，才能以 95% 的概率，保证该特殊的物理现象至少出现 1 次，则 $\xi \sim B(n, 0.2)$.由题意知道，

$$P(\xi \geqslant 1) \geqslant 0.95, \quad 即 \quad P(\xi=0)=0.8^n \leqslant 0.05,$$

从而 n 最小为 15.

44. 设某保险公司了解到，看过它做的某种保险广告的人，最终约有 0.002 的概率会买此种保险单（每单 2 000 元，但赔偿金额巨大），现准备要花 2 万元去做电视广告，若广告播出后，能有 10 人买此保险单，则广告费已可赚回.估计广告播出后，至少应有 1 万人会看此广告，试求有 10 人以上买此保险单的概率.

难点注释 把每人是否买此种保险单看作一次试验，每次试验只有两个结果，我们认为每人是否买此种保险单是相互独立的，从而 1 万人看此广告后买此种保险的人数服从二项分布 $\xi \sim B(10^4, 0.002)$，由二项分布的正态逼近可求解.

解 设 1 万人看此广告后买此种保险单的人数为 ξ，则 $\xi \sim B(10^4, 0.002)$，由题意知道

$$P(\xi \geqslant 10) = P\left(\frac{\xi-20}{\sqrt{20\times 0.998}} \geqslant \frac{10-20}{\sqrt{20\times 0.998}}\right) \approx 1-\Phi\left(\frac{-10}{\sqrt{20\times 0.998}}\right)$$
$$= \Phi\left(\frac{10}{\sqrt{20\times 0.998}}\right) = 0.987\,5.$$

45. 设某放射性源在一个小时内放射出的粒子数服从参数为 λ 的泊松分布.现用一个计数

器来记录放射出的粒子数.但这计数器最多只能记录一小时内来到的粒子数为 30,超过 30 的也只记录 30.记计数器在一个小时之内记录粒子数为 ξ,求 ξ 的概率分布列.

难点注释 此题与习题 5 动物下蛋类似,把某放射性源看成动物,某放射性源发射出的粒子数看作动物下蛋的个数,计数器记录的粒子数看作发育成后代的个数.考虑某放射性源在一个小时内放射出的粒子数,用全概率公式求解.

解 设放射出的粒子被记录下来的概率为 p,放射出的粒子数为 η,则

$$P(\eta=n)=\frac{\lambda^n}{n!}e^{-\lambda}.$$

当 $k=0,1,\cdots,29$ 时,由全概率公式知

$$P(\xi=k)=\sum_{n=k}^{\infty}P(\xi=k\mid\eta=n)P(\eta=n)=\sum_{n=k}^{\infty}C_n^k p^k(1-p)^{n-k}\frac{\lambda^n}{n!}e^{-\lambda}=\frac{(\lambda p)^k}{k!}e^{-\lambda p};$$

当 $k=30$ 时,有

$$P(\xi=30)=\sum_{k=30}^{\infty}\frac{(\lambda p)^k}{k!}e^{-\lambda p}.$$

46. 设 $\xi\sim N(\mu,\sigma)$,且有常数 c 满足:$P(\xi\leqslant c)=2P(\xi>c)$,求 c.(即 c 表示为 μ 与 σ 的函数)

方法技巧 由 $P(\xi\leqslant c)=2P(\xi>c)$ 及概率的性质可得 $P(\xi\leqslant c)$,再由正态分布与标准正态分布之间的转化可得 c 值.

解 由 $P(\xi\leqslant c)=2\big(1-P(\xi\leqslant c)\big)$ 得 $P(\xi\leqslant c)=\frac{2}{3}$.又 $\frac{\xi-\mu}{\sigma}\sim N(0,1)$,因此

$$\Phi\left(\frac{c-\mu}{\sigma}\right)=P\left(\frac{\xi-\mu}{\sigma}\leqslant\frac{c-\mu}{\sigma}\right)=\frac{2}{3},$$

从而 $\frac{c-\mu}{\sigma}=0.433$,即 $c=0.433\sigma+\mu$.

47. 设 ξ_1 与 ξ_2 相互独立同分布,$\xi_i\sim N(0,\sigma)$,$i=1,2$.令 $z(t)=\xi_1\cos\omega t+\xi_2\sin\omega t$,其中 ω 为常数,这一随机变量在研究随机信号时是有用的.

(1) 对任一固定的 $t>0$,求 $z(t)$ 的概率密度函数 $f_{z(t)}(x)$.

(2) 令 $V(t)=\frac{dz(t)}{dt}$,求 $V(t)$ 的概率密度函数.

方法技巧 因为 ω 为常数,因此 $z(t)=\xi_1\cos\omega t+\xi_2\sin\omega t$ 可以看作 ξ_1 与 ξ_2 的线性组合,相互独立的正态分布的线性组合仍为正态分布,只需由期望与方差的性质求 $z(t)$ 的期望与方差,从而确定 $f_{z(t)}(x)$.$V(t)=\frac{dz(t)}{dt}$ 也可认为是 ξ_1 与 ξ_2 的线性组合,与问题(1)类似,可求出 $V(t)$ 的概率密度函数.

解 (1) 由于 $\xi_i\sim N(0,\sigma)$,$i=1,2$,w 为常数,因此 $z(t)=\xi_1\cos wt+\xi_2\sin wt$ 也为连续型随机变量.又相互独立的正态分布的和仍为正态分布,因此 $z(t)$ 服从正态分布,只需确定正态分布的两个参数的期望和方差即可.由期望的线性性质知

$$E[z(t)]=E(\xi_1\cos wt+\xi_2\sin wt)=\cos wt\,E(\xi_1)+\sin wt\,E(\xi_2)=0.$$

对连续型随机变量有

$$\begin{aligned}E(\xi_1\xi_2)&=\int_{-\infty}^{+\infty}\int_{-\infty}^{+\infty}xyf(x,y)\mathrm{d}x\,\mathrm{d}y\\&=\int_{-\infty}^{+\infty}xf_1(x)\mathrm{d}x\int_{-\infty}^{+\infty}yf_2(y)\mathrm{d}y\\&=E(\xi_1)\cdot E(\xi_2),\end{aligned}$$

其中 $f(x,y)$ 为 (ξ_1,ξ_2) 的联合概率密度函数，$f_1(x)$，$f_2(x)$ 分别为 ξ_1，ξ_2 的概率密度函数，ξ_1 与 ξ_2 独立，因此，

$$\begin{aligned}D(z(t))&=E\left[(\xi_1\cos wt+\xi_2\sin wt)-E(\xi_1\cos wt+\xi_2\sin wt)\right]^2\\&=E\left[(\xi_1-E(\xi_1))^2\cos^2 wt+2(\xi_1-E(\xi_1))\cos wt(\xi_2-E(\xi_2))\sin wt\right.\\&\qquad\left.+(\xi_2-E(\xi_2))^2\sin^2 wt\right]\\&=D(\xi_1)\cos^2 wt+2\cos wt\sin wt\left[E(\xi_1\xi_2)-E(\xi_1E(\xi_1))-E(E(\xi_1)\cdot\xi_2)\right.\\&\qquad\left.+E(E(\xi_1)\cdot E(\xi_2))\right]+D(\xi_2)\sin^2 wt\\&=\sigma^2\cos^2 wt+2\cos wt\sin wt\left[E(\xi_1\xi_2)-E(\xi_1)E(\xi_2)\right]+\sigma^2\sin^2 wt\\&=\sigma^2.\end{aligned}$$

所以，$z(t)\sim N(0,\sigma)$.

(2) 由题意可得

$$V(t)=\frac{\mathrm{d}z(t)}{\mathrm{d}t}=-\omega\xi_1\sin\omega t+\omega\xi_2\cos\omega t.$$

同理，$V(t)\sim N(0,|\omega|\sigma)$，即 $V(t)$ 的概率密度函数为

$$f_{V(t)}(x)=\frac{1}{\sqrt{2\pi}\,|\omega|\sigma}\mathrm{e}^{-\frac{x^2}{2(\omega\sigma)^2}},\quad x\in\mathbf{R}.$$

48. 设 $\{\xi_i\}_{i=1}^n$ 为相互独立同分布的随机变量，且 $\xi_i\sim N(a,\sigma)$，$1\leqslant i\leqslant n$. 令

$$\eta_1=\sum_{k=1}^n\xi_k,\quad \eta_2=\sum_{k=1}^m\xi_k,\quad m<n.$$

求 η_1，η_2 的二维概率密度函数.

方法技巧 η_1 与 η_2 有共同的项，设 $\eta_3=\sum\limits_{k=m+1}^n\xi_k$，则 $\eta_1=\eta_2+\eta_3$，η_2 与 η_3 相互独立，先求 (η_2,η_3) 的联合概率密度函数，再求 η_1，η_2 的联合分布函数，最后通过求导可得 η_1，η_2 的联合概率密度函数.

解 设 $\eta_3=\sum\limits_{k=m+1}^n\xi_k$，则 $\eta_1=\eta_2+\eta_3$，η_2 与 η_3 相互独立，且

$$\eta_2\sim N(ma,\sqrt{m}\sigma),\quad \eta_3\sim N((n-m)a,\sqrt{n-m}\sigma),$$

因此 (η_2,η_3) 的联合概率密度函数为

$$\begin{aligned}f_{\eta_2,\eta_3}(x,y)&=f_{\eta_2}(x)\cdot f_{\eta_3}(y)=\frac{1}{\sqrt{2\pi m}\sigma}\mathrm{e}^{-\frac{(x-ma)^2}{2m\sigma^2}}\cdot\frac{1}{\sqrt{2\pi(n-m)}\sigma}\mathrm{e}^{-\frac{[y-(n-m)a]^2}{2(n-m)\sigma^2}}\\&=\frac{1}{2\pi\sqrt{m(n-m)}\sigma^2}\mathrm{e}^{-\frac{(x-ma)^2}{2m\sigma^2}-\frac{[y-(n-m)a]^2}{2(n-m)\sigma^2}}.\end{aligned}$$

设 $\begin{cases}x=u,\\x+y=v,\end{cases}$ 则 $\begin{cases}x=u,\\y=v-u,\end{cases}$ 从而 $|J|=1$，因此 (η_1,η_2) 的联合概率密度函数为

$$f_{\eta_2,\eta_1}(u,v)=f_{\eta_2,\eta_3}(u,v-u)\mid J\mid=\frac{1}{2\pi\sqrt{m(n-m)}\sigma^2}e^{-\frac{(u-ma)^2}{2m\sigma^2}-\frac{[v-u-(n-m)a]^2}{2(n-m)\sigma^2}}$$

$$=\frac{1}{2\pi\sqrt{m(n-m)}\sigma^2}e^{-\frac{n(u-ma)^2-2(u-ma)(n-na)m+(v-na)^2m}{2m(n-m)\sigma^2}}.$$

49. 设ξ_1与ξ_2为相互独立随机变量,且均服从正态分布$N(0,\sigma)$.令$\eta_1=\dfrac{\xi_1}{\xi_2}$,$\eta_2=\xi_1^2+\xi_2^2$.试证:$\eta_1$与$\eta_2$也相互独立.

方法技巧 与习题29相同.注意本题中,由$\begin{cases}x^2+y^2=u,\\ \dfrac{x}{y}=v\end{cases}$解$x$与$y$时不唯一,需分别考虑$x$与$y$在上半平面及下半平面,从而得$x$与$y$唯一的表达式.

证明 法一 设$\xi'_1=\dfrac{\xi_1}{\sigma}$,$\xi'_2=\dfrac{\xi_2}{\sigma}$,则

$$\xi'_1\sim N(0,1),\quad \xi'_2\sim N(0,1),\quad \eta_1=\frac{\xi'_1}{\xi'_2},\quad \frac{\eta_2}{\sigma^2}=(\xi'_1)^2+(\xi'_2)^2.$$

由习题30得η_1与$\dfrac{\eta_2}{\sigma^2}$相互独立,由相互独立随机变量的性质可得η_1与η_2也相互独立.

法二 也可套公式.设

$$\begin{cases}x^2+y^2=u,\\ \dfrac{x}{y}=v,\end{cases}\quad 则\quad \begin{cases}x_1=v\sqrt{\dfrac{u}{1+v^2}},\\ y_1=\sqrt{\dfrac{u}{1+v^2}},\end{cases}\quad 或\quad \begin{cases}x_2=-v\sqrt{\dfrac{u}{1+v^2}},\\ y_2=-\sqrt{\dfrac{u}{1+v^2}}.\end{cases}$$

$$J_1(u,v)=\begin{vmatrix}\dfrac{\partial x_1}{\partial u} & \dfrac{\partial x_1}{\partial v}\\ \dfrac{\partial y_1}{\partial u} & \dfrac{\partial y_1}{\partial v}\end{vmatrix}=\begin{vmatrix}\dfrac{v}{2\sqrt{u(1+v^2)}} & \dfrac{\sqrt{u}\left(\sqrt{1+v^2}-v\dfrac{2v}{2\sqrt{1+v^2}}\right)}{1+v^2}\\ \dfrac{1}{2\sqrt{u(1+v^2)}} & -\dfrac{v\sqrt{u}}{\sqrt{1+v^2}}\end{vmatrix}=\frac{1}{2(1+v^2)},$$

$$J_2(u,v)=\frac{1}{2(1+v^2)}.$$

由公式知

$$f_{\xi^2+\eta^2,\frac{\xi}{\eta}}(u,v)=f_{\xi,\eta}(x_1(u,v),y_1(u,v))\mid J_1(u,v)\mid+f_{\xi,y}(x_2(u,v),y_2(u,v)\mid J_2(u,v))$$

当$u>0$时,$f_{\xi^2+\eta^2,\frac{\xi}{\eta}}(u,v)=\dfrac{1}{2\pi\sigma^2(1+v^2)}e^{-\frac{u}{2\sigma^2}}$;其他情况时,$f_{\xi^2+\eta^2,\frac{\xi}{\eta}}(u,v)=0$.从而

$$f_{\xi^2+\eta^2,\frac{\xi}{\eta}}(u,v)=\begin{cases}\dfrac{1}{2\pi\sigma^2(1+v^2)}e^{-\frac{u}{2\sigma^2}}, & u>0,\\ 0, & 其他.\end{cases}$$

$$f_{\xi^2+\eta^2}(u)=\int_{-\infty}^{+\infty}f_{\xi^2+\eta^2,\frac{\xi}{\eta}}(u,v)\mathrm{d}v=\begin{cases}\displaystyle\int_{-\infty}^{+\infty}\frac{1}{2\pi\sigma^2(1+v^2)}e^{-\frac{u}{2\sigma^2}}\mathrm{d}v, & u>0,\\ 0, & 其他\end{cases}=\begin{cases}\dfrac{1}{2\sigma^2}e^{-\frac{u}{2\sigma^2}}, & u>0,\\ 0, & 其他.\end{cases}$$

$$f_{\frac{\xi}{\eta}}(v)=\int_{-\infty}^{+\infty}f_{\xi^2+\eta^2,\frac{\xi}{\eta}}(u,v)\mathrm{d}u=\int_{0}^{+\infty}\frac{1}{2\pi\sigma^2(1+v^2)}\mathrm{e}^{-\frac{u}{2\sigma^2}}\mathrm{d}u=\frac{1}{\pi(1+v^2)}.$$

因此，$f_{\xi^2+\eta^2,\frac{\xi}{\eta}}(u,v)=f_{\xi^2+\eta^2}(u)f_{\frac{\xi}{\eta}}(v)$，所以$\xi^2+\eta^2$与$\xi/\eta$相互独立.

50. 设ξ_1与ξ_2为相互独立随机变量，且$\xi_1\sim\chi_m^2$，$\xi_2\sim\chi_n^2$.令$\eta_1=\dfrac{\xi_1}{\xi_2}$，$\eta_2=\xi_1+\xi_2$.试证：$\eta_1$与$\eta_2$也相互独立.(以$\chi_m^2$表示自由度为$m$的$\chi^2$分布)

方法技巧 证明方法与习题29相同.

证明 ξ_1与ξ_2的联合概率密度函数为

$$f_{\xi_1,\xi_2}(x,y)=f_{\xi_1}(x)f_{\xi_2}(y)=\begin{cases}\dfrac{1}{2^{\frac{m+n}{2}}\Gamma\left(\dfrac{m}{2}\right)\Gamma\left(\dfrac{n}{2}\right)}x^{\frac{m}{2}-1}y^{\frac{n}{2}-1}\mathrm{e}^{-\frac{x+y}{2}}, & x>0,y>0,\\ 0, & \text{其他};\end{cases}$$

先求η_1与η_2的联合分布函数，设

$$\begin{cases}\dfrac{x}{y}=u,\\ x+y=v,\end{cases}\quad 则\quad\begin{cases}x=\dfrac{vu}{1+u},\\ y=\dfrac{v}{1+u},\end{cases}$$

从而

$$J(u,v)=\begin{vmatrix}\dfrac{\partial x}{\partial u} & \dfrac{\partial x}{\partial v}\\ \dfrac{\partial y}{\partial u} & \dfrac{\partial y}{\partial v}\end{vmatrix}=\begin{vmatrix}\dfrac{v}{(1+u)^2} & \dfrac{u}{1+u}\\ \dfrac{-v}{(1+u)^2} & \dfrac{1}{1+u}\end{vmatrix}=\frac{v}{(1+u)^2}.$$

由公式知

$$\begin{aligned}f_{\eta_1,\eta_2}(u,v)&=f_{\xi_1,\xi_2}(x(u,v),y(u,v))\,|J(u,v)|\\&=\begin{cases}\dfrac{u^{\frac{m}{2}-1}v^{\frac{m+n}{2}-1}}{2^{\frac{m+n}{2}}\Gamma\left(\dfrac{m}{2}\right)\Gamma\left(\dfrac{n}{2}\right)(1+u)^{\frac{m+n}{2}}}\mathrm{e}^{-\frac{v}{2}}, & u>0,v>0,\\ 0, & \text{其他}.\end{cases}\end{aligned}$$

从而

$$f_{\eta_2}(v)=\int_{-\infty}^{+\infty}f_{\eta_1,\eta_2}(u,v)\mathrm{d}u=\begin{cases}\dfrac{\mathrm{e}^{-\frac{v}{2}}v^{\frac{m+n}{2}-1}}{2^{\frac{m+n}{2}}\Gamma\left(\dfrac{m+n}{2}\right)}, & v>0,\\ 0, & \text{其他};\end{cases}$$

$$f_{\eta_1}(u)=\int_{-\infty}^{+\infty}f_{\eta_1,\eta_2}(u,v)\mathrm{d}v=\begin{cases}\dfrac{u^{\frac{m}{2}-1}\Gamma\left(\dfrac{m+n}{2}\right)}{\Gamma\left(\dfrac{m}{2}\right)\Gamma\left(\dfrac{n}{2}\right)(1+u)^{\frac{m+n}{2}}}, & 0<u,\\ 0, & \text{其他}.\end{cases}$$

因此，$f_{\eta_1,\eta_2}(u,v)=f_{\eta_1}(u)f_{\eta_2}(v)$，所以$\eta_1$与$\eta_2$相互独立.

51. 设随机变量 ξ_1,ξ_2 的分布函数分别为 $F_{\xi_1}(x),F_{\xi_2}(x)$，且其二维联合分布函数为 $F_{\xi_1,\xi_2}(x,y)$.若

(1) $F_{\xi_1,\xi_2}(x,y)=F_{\xi_1}(x)F_{\xi_2}(y)+F_3(x)$，

(2) $F_{\xi_1,\xi_2}(x,y)=F_{\xi_1}(x)F_{\xi_2}(y)+F_3(x)+F_4(y)$，

试问 $F_3(x),F_4(x)$ 能否是任意的？ ξ_1 与 ξ_2 是否独立？

方法技巧 本题没有给出 $F_{\xi_1}(x),F_{\xi_2}(x)$ 及 $F_{\xi_1,\xi_2}(x,y)$ 的表达式，只能利用分布函数的性质.注意，

$$0=\lim_{y\to-\infty}F_{\xi_1,\xi_2}(x,y)=\lim_{y\to-\infty}F_{\xi_2}(y),\quad 0=\lim_{x\to-\infty}F_{\xi_1,\xi_2}(x,y)=\lim_{x\to-\infty}F_{\xi_1}(x).$$

解 (1) 由

$$\begin{aligned}0&=\lim_{y\to-\infty}F_{\xi_1,\xi_2}(x,y)=\lim_{y\to-\infty}\left(F_{\xi_1}(x)F_{\xi_2}(y)+F_3(x)\right)\\&=F_{\xi_1}(x)\lim_{y\to-\infty}F_{\xi_2}(y)+F_3(x)=F_3(x)\end{aligned}$$

知道，$F_3(x)=0$，此时 ξ_1 与 ξ_2 独立.

(2) 由

$$\begin{aligned}0&=\lim_{y\to-\infty}F_{\xi_1,\xi_2}(x,y)=\lim_{y\to-\infty}\left(F_{\xi_1}(x)F_{\xi_2}(y)+F_3(x)+F_4(y)\right)\\&=F_3(x)+\lim_{y\to-\infty}F_4(y),\\0&=\lim_{x\to-\infty}F_{\xi_1,\xi_2}(x,y)=\lim_{x\to-\infty}\left(F_{\xi_1}(x)F_{\xi_2}(y)+F_3(x)+F_4(y)\right)\\&=\lim_{x\to-\infty}F_3(x)+F_4(y)\end{aligned}$$

知道，

$$F_3(x)=-\lim_{y\to-\infty}F_4(y),\quad -\lim_{x\to-\infty}F_3(x)=F_4(y).$$

从而 $F_3(x)=-F_4(x)=C$，C 为任给的常数，此时 ξ_1 与 ξ_2 独立.

第三章　随机变量的数字特征

一、本章内容全解

知识点1　离散型随机变量的数学期望与方差(重点)

1. 期望与方差定义：

设 ξ 为离散型随机变量，其分布列由下表给出：

ξ	x_0	x_1	x_2	…	x_n	…
$P(\xi=x_i)$	p_0	p_1	p_2	…	p_n	…

其中，$p_i\geqslant 0,i=0,1,\cdots,\sum\limits_{i=0}^{\infty}p_i=1$.若$\sum\limits_{i=0}^{\infty}|x_i|p_i<\infty$，记

$$\mathrm{E}(\xi)=\sum_{i=0}^{\infty}x_ip_i,$$

则称 $\mathrm{E}(\xi)$ 为 ξ 的**数学期望**，简称**期望**；若$\sum\limits_{i=0}^{\infty}(x_i-\mathrm{E}(\xi))^2p_i<\infty$，记

$$\mathrm{D}(\xi)=\sum_{i=0}^{\infty}(x_i-\mathrm{E}(\xi))^2p_i,$$

则称 $\mathrm{D}(\xi)$ 为 ξ 的**方差**.

注　由方差 $\mathrm{D}(\xi)$ 公式，有

$$\begin{aligned}\mathrm{D}(\xi)&=\sum_{i=0}^{\infty}(x_i-\mathrm{E}(\xi))^2p_i=\sum_{i=0}^{\infty}\left(x_i^2-2x_i\mathrm{E}(\xi)+(\mathrm{E}(\xi))^2\right)p_i\\&=\sum_{i=0}^{\infty}x_i^2p_i-2\mathrm{E}(\xi)\sum_{i=0}^{\infty}x_ip_i+(\mathrm{E}(\xi))^2\sum_{i=0}^{\infty}p_i=\sum_{i=0}^{\infty}x_i^2p_i-\mathrm{E}^2(\xi).\end{aligned}$$

2. 几种常见离散型随机变量的期望与方差：

(1) 退化分布：$P(\xi=c)=1$，其中 c 为常数，其期望和方差分别为

$$\mathrm{E}(\xi)=c,\quad \mathrm{D}(\xi)=0.$$

(2) 两点分布：$P(\xi=1)=p,P(\xi=0)=1-p$，其期望和方差分别为

$$\mathrm{E}(\xi)=p,\quad \mathrm{D}(\xi)=p(1-p).$$

(3) 二项分布：$P(\xi=k)=\mathrm{C}_n^kp^k(1-p)^{n-k},k=0,1,2,\cdots,n$，其期望和方差分别为

$$E(\xi)=np,\quad D(\xi)=np(1-p).$$

(4) 泊松分布：$P(\xi=k)=\dfrac{\lambda^k}{k!}e^{-\lambda}, k=0,1,2,\cdots$，其期望和方差分别为

$$E(\xi)=\lambda,\quad D(\xi)=\lambda.$$

(5) 超几何分布：$P(\xi=k)=\dfrac{C_M^k C_{N-M}^{n-k}}{C_N^n}, k=0,1,2,\cdots,l$，其中 $0\leqslant n\leqslant N, 0\leqslant M\leqslant N, l=\min(M,n)$，并且它们都是非负整数，其期望和方差分别为

$$E(\xi)=\frac{nM}{N},\quad D(\xi)=\frac{nM(N-n)(N-M)}{N^2(N-1)}.$$

知识点2 连续型随机变量的期望与方差(重点)

1. 期望与方差定义：

设 ξ 为具有概率密度函数 $f(x)$ 的随机变量，若 $\int_{-\infty}^{+\infty}|x|f(x)dx<\infty$，记

$$E(\xi)=\int_{-\infty}^{+\infty}xf(x)dx,$$

则称 $E(\xi)$ 为 ξ 的**数学期望**，简称**期望**；若 $\int_{-\infty}^{+\infty}(x-E(\xi))^2f(x)dx<\infty$，记

$$D(\xi)=\int_{-\infty}^{+\infty}(x-E(\xi))^2f(x)dx,$$

则称 $D(\xi)$ 为 ξ 的**方差**.

注 由方差公式，有

$$\begin{aligned}D(\xi)&=\int_{-\infty}^{+\infty}(x-E(\xi))^2f(x)dx\\&=\int_{-\infty}^{+\infty}x^2f(x)dx-2E(\xi)\int_{-\infty}^{+\infty}xf(x)dx+E^2(\xi)\int_{-\infty}^{+\infty}f(x)dx\\&=\int_{-\infty}^{+\infty}x^2f(x)dx-E^2(\xi).\end{aligned}$$

2. 几种常见连续型随机变量的期望与方差：

(1) 均匀分布：设随机变量 ξ 的概率密度函数为

$$f(x)=\begin{cases}\dfrac{1}{b-a}, & 当\ a\leqslant x\leqslant b,\\ 0, & 其他,\end{cases}$$

其期望和方差分别为

$$E(\xi)=\frac{a+b}{2},\quad D(\xi)=\frac{(b-a)^2}{12}.$$

(2) 正态分布：设 ξ 服从 $N(a,\sigma)$，亦即概率密度函数为

$$f(x)=\frac{1}{\sqrt{2\pi}\sigma}e^{-\frac{(x-a)^2}{2\sigma^2}},\quad x\in\mathbf{R},$$

其期望和方差分别为

$$E(\xi)=a,\quad D(\xi)=\sigma^2.$$

(3) 韦布尔分布：设随机变量 ξ 的概率密度函数为

$$f(x)=\begin{cases}\dfrac{m}{x_0}(x-v)^{m-1}\mathrm{e}^{-\frac{(x-v)^m}{x_0}}, & x>v,\\ 0, & x\leqslant v,\end{cases}$$

其中 $m>0,x_0>0$ 及 v 均为常数,其期望和方差分别为

$$\mathrm{E}(\xi)=x_0^{\frac{1}{m}}\Gamma\left(\frac{1}{m}+1\right)+v,\quad \mathrm{D}(\xi)=x_0^{\frac{2}{m}}\left(\Gamma\left(\frac{2}{m}+1\right)-\Gamma^2\left(\frac{1}{m}+1\right)\right).$$

(4) Γ 分布:设随机变量 ξ 的概率密度函数为

$$f(x)=\begin{cases}\dfrac{1}{\beta^{\alpha+1}\Gamma(\alpha+1)}x^{\alpha}\mathrm{e}^{-\frac{x}{\beta}}, & x\geqslant 0,\\ 0, & x<0,\end{cases}$$

其中 $\alpha>-1,\beta>0$ 为常数,其期望和方差分别为

$$\mathrm{E}(\xi)=\beta(\alpha+1),\quad \mathrm{D}(\xi)=\beta^2(\alpha+1).$$

(5) 对数正态分布:设随机变量 ξ 的概率密度函数为

$$f(x)=\begin{cases}\dfrac{\lg \mathrm{e}}{\sqrt{2\pi}\sigma x}\mathrm{e}^{-\frac{1}{2}\left(\frac{\lg x-a}{\sigma}\right)^2}, & x>0,\\ 0, & x\leqslant 0,\end{cases}$$

其中 $\sigma>0,a$ 为常数,其期望和方差分别为

$$\mathrm{E}(\xi)=10^{a+\frac{\sigma^2}{2}\ln 10},\quad \mathrm{D}(\xi)=10^{2a+\sigma^2\ln 10}(10^{\sigma^2\ln 10}-1).$$

(6) χ^2 分布:设随机变量 ξ 的概率密度函数为

$$f(x)=\begin{cases}\dfrac{1}{2^{\frac{n}{2}}\Gamma\left(\frac{n}{2}\right)}x^{\frac{n}{2}-1}\mathrm{e}^{-\frac{x}{2}}, & x\geqslant 0,\\ 0, & x<0,\end{cases}$$

其中 n 为正整数,其期望和方差分别为

$$\mathrm{E}(\xi)=n,\quad \mathrm{D}(\xi)=2n.$$

(7) t 分布:设随机变量 ξ 的概率密度函数为

$$f(x)=\frac{\Gamma\left(\frac{n+1}{2}\right)}{\sqrt{n\pi}\,\Gamma\left(\frac{n}{2}\right)}\cdot\left(1+\frac{x^2}{n}\right)^{-\frac{n+1}{2}},$$

其中 n 为正整数,其期望和方差分别为

$$\mathrm{E}(\xi)=0,\quad n>1;\quad \mathrm{D}(\xi)=\frac{n}{n-2},\quad n>2.$$

(8) F 分布:设随机变量 ξ 的概率密度函数为

$$\begin{cases}f(x)=\dfrac{\Gamma\left(\frac{m+n}{2}\right)}{\Gamma\left(\frac{m}{2}\right)\Gamma\left(\frac{n}{2}\right)}m^{\frac{m}{2}}n^{\frac{n}{2}}\dfrac{x^{\frac{m}{2}-1}}{(mx+n)^{\frac{m+n}{2}}}, & x>0,\\ 0, & x\leqslant 0,\end{cases}$$

其中 m,n 为正整数,其期望和方差分别为

$$\mathrm{E}(\xi)=\frac{n}{n-2},\quad n>2;\quad \mathrm{D}(\xi)=\frac{2n^2(n+m-2)}{m(n-2)^2(n-4)},\quad n>4.$$

3. 期望和方差不存在的分布：

柯西分布：设随机变量 ξ 的概率密度函数为

$$f(x)=\frac{1}{\pi}\cdot\frac{1}{(1+x^2)},\quad x\in\mathbf{R},$$

则

$$\lim_{A\to+\infty}\int_{-A}^{A}\frac{1}{\pi}\cdot\frac{|x|}{(1+x^2)}\mathrm{d}x=\lim_{A\to+\infty}\int_{0}^{A}\frac{1}{\pi}\cdot\frac{\mathrm{d}(1+x^2)}{1+x^2}=\lim_{A\to+\infty}\frac{1}{\pi}\ln(1+A^2)=+\infty.$$

因此，ξ 的期望不存在，从而其方差也不存在.

知识点3 一般随机变量的期望与方差(难点)

1. 斯蒂尔切斯(Stieltjes)积分：

若 $F(x)$ 是$[a,b]$上的单调函数，$g(x)$ 是定义在$[a,b]$上的函数，若对$[a,b]$的任一分割 $a=x_0<x_1<\cdots<x_n=b$ 及任意 $\xi_k\in(x_{k-1},x_k]$，$k=1,2,\cdots,n$，当分割的最大子区间的长度趋于 0 时，有

$$\sum_{k=1}^{n}g(\xi_k)\big(F(x_k)-F(x_{k-1})\big)\to I,$$

则称 I 为 $g(x)$ 关于 $F(x)$ 在$[a,b]$上的**斯蒂尔切斯积分**，记作 $\int_{[a,b]}g(x)\mathrm{d}F(x)$. 如果 $g(x)$，$F(x)$ 在$(-\infty,+\infty)$上有定义，对一切 $a<b$，上述积分存在且 $\lim\limits_{b\to+\infty}\lim\limits_{a\to-\infty}\int_{[a,b]}g(x)\mathrm{d}F(x)$ 存在，则称上述极限为 $g(x)$ 关于 $F(x)$ 在$(-\infty,+\infty)$上的**斯蒂尔切斯积分**，记作

$$\int_{-\infty}^{+\infty}g(x)\mathrm{d}F(x).$$

2. 一般的随机变量的数学期望和方差定义：

(1) 设 ξ 为随机变量，其分布函数为 $F(x)$，若 $\int_{-\infty}^{+\infty}|g(x)|\mathrm{d}F(x)<\infty$，则记

$$\mathrm{E}(\xi)=\int_{-\infty}^{+\infty}x\,\mathrm{d}F(x),\tag{3.1}$$

并称 $\mathrm{E}(\xi)$ 为 ξ 的**数学期望**，简称**期望**.

当 ξ 为离散型随机变量时，(3.1) 式变为

$$\mathrm{E}(\xi)=\sum_i x_i P(\xi=x_i).$$

当 ξ 为连续型随机变量时，(3.1) 式变为

$$\mathrm{E}(\xi)=\int_{-\infty}^{+\infty}xf(x)\mathrm{d}x.$$

注 设 $F(x)$ 为 ξ 的分布函数，$g(x)$ 为 $\mathbf{R}$ 上的连续函数，若 $\int_{-\infty}^{+\infty}|g(x)|\mathrm{d}F(x)<\infty$，则 $g(\xi)$ 的数学期望 $\mathrm{E}\big(g(\xi)\big)$ 存在，且

$$\mathrm{E}\big(g(\xi)\big)=\int_{-\infty}^{+\infty}g(x)\mathrm{d}F(x).$$

设随机变量 ξ 的分布函数为 $F(x)$，数学期望为 $\mathrm{E}(\xi)$.若 $\mathrm{E}\left(\xi-\mathrm{E}(\xi)\right)^2<\infty$，记

$$\mathrm{D}(\xi)=\mathrm{E}\left(\xi-\mathrm{E}(\xi)\right)^2,$$

则称 $\mathrm{D}(\xi)$ 为 ξ 的**方差**.

注 (1) $\mathrm{D}(\xi)=\mathrm{E}\left(\xi-\mathrm{E}(\xi)\right)^2=\int_{-\infty}^{+\infty}\left(x-\mathrm{E}(\xi)\right)^2\mathrm{d}F(x)$.

(2) 当 ξ 为离散型随机变量时，ξ 的方差为

$$\mathrm{D}(\xi)=\mathrm{E}\left(\xi-\mathrm{E}(\xi)\right)^2=\sum_i\left(x_i-E(\xi)\right)^2P(\xi=x_i)$$

(3) 当 ξ 为连续型随机变量时，ξ 的方差为

$$\mathrm{D}(\xi)=\mathrm{E}\left(\xi-E(\xi)\right)^2=\int_{-\infty}^{+\infty}\left(x-E(\xi)\right)^2f(x)\mathrm{d}x.$$

3. 数学期望与方差的性质：

(1) 设随机变量 ξ 的数学期望为 $\mathrm{E}(\xi)$，则 $\eta=a\xi+b$，a,b 均为常数的数学期望为

$$\mathrm{E}(\eta)=a\mathrm{E}(\xi)+b.$$

特别地，当 $a=0$ 时，有 $\mathrm{E}(b)=b$，即常数 b 的数学期望就是它自己本身.

(2) 设 ξ 为一随机变量，$\mathrm{E}(\xi^2)<\infty$，则 $\mathrm{E}(\xi)$ 及 $\mathrm{D}(\xi)$ 存在，且

$$\mathrm{D}(\xi)=\mathrm{E}(\xi^2)-\left(\mathrm{E}(\xi)\right)^2,\quad\left(\int_{-\infty}^{+\infty}x\,\mathrm{d}F(x)\right)^2\leqslant\int_{-\infty}^{+\infty}x^2\mathrm{d}F(x).$$

(3) 设随机变量 ξ 的分布函数为 $F(x)$，方差 $\mathrm{D}(\xi)$ 存在，则 $\eta=a\xi+b$ 的方差为

$$\mathrm{D}(\eta)=\mathrm{D}(a\xi+b)=a^2\mathrm{D}(\xi).$$

特别地，当 $a=0$ 时，有 $\mathrm{D}(b)=0$.

(4) 函数 $f(x)=\mathrm{E}[(\xi-x)^2]$，当 $x\in\mathbf{R}$，$x=\mathrm{E}(\xi)$ 时，f 达到最小值.

(5)（切比雪夫不等式）若随机变量 ξ 的方差 $\mathrm{D}(\xi)$ 存在，则对任意 $\varepsilon>0$，有

$$P\left(|\xi-\mathrm{E}(\xi)|\geqslant\varepsilon\right)\leqslant\frac{\mathrm{D}(\xi)}{\varepsilon^2}.$$

(6) 若 $\mathrm{D}(\xi)=0$，则 ξ 以概率为 1 地等于它的数学期望 $\mathrm{E}(\xi)$，即 $P\left(\xi=\mathrm{E}(\xi)\right)=1$.

(7) 标准化随机变量：设随机变量 Y_1 的数学期望 $\mathrm{E}(\xi)$ 和 $\mathrm{D}(\xi)$ 都存在，称 $\xi^*=\dfrac{\xi-\mathrm{E}(\xi)}{\sqrt{\mathrm{D}(\xi)}}$ 为 ξ 的**标准化随机变量**，其数学期望和方差分别为

$$\mathrm{E}(\xi^*)=\mathrm{E}\left(\frac{\xi-\mathrm{E}(\xi)}{\sqrt{\mathrm{D}(\xi)}}\right)=0,\quad\mathrm{D}(\xi^*)=\mathrm{D}\left(\frac{\xi-\mathrm{E}(\xi)}{\sqrt{\mathrm{D}(\xi)}}\right)=1.$$

知识点 4 矩

1. 矩定义：

设 ξ 为随机变量，若 $\mathrm{E}(|\xi|^k)<\infty$，$k=0,1,2,\cdots$，记

$$v_k=\mathrm{E}(\xi^k),\quad a_k=\mathrm{E}(|\xi|^k),$$

则称 v_k 为 ξ 的 k **阶原点矩**，并称 a_k 为 ξ 的 k **阶原点绝对矩**.

又若 $\mathrm{E}(\xi)$ 存在，且 $\mathrm{E}(|\xi-\mathrm{E}(\xi)|^k)<\infty$，$k=0,1,2,\cdots$，记

$$\mu_k=\mathrm{E}\left(\xi-\mathrm{E}(\xi)\right)^k,$$

则称 μ_k 为 ξ 的 k **阶中心矩**,并称 $\beta_k=\mathrm{E}(|\xi-E(\xi)|^k)$ 为 ξ 的 k **阶中心绝对矩**.显然,有

$$v_0=1,\quad v_1=\mathrm{E}(\xi),\quad \mu_0=1,\quad \mu_1=0,\quad \mu_2=\mathrm{D}(\xi).$$

2. 若随机变量 ξ 的 k 阶原点绝对矩 a_k 存在,则对任意 $\varepsilon>0$,有

$$P(|\xi|\geqslant\varepsilon)\leqslant\frac{a_k}{\varepsilon^k},\quad k=0,1,2,\cdots.$$

知识点 5　多维随机变量的数字特征(重点)

设 n 维随机变量 $(\xi_1,\xi_2,\cdots,\xi_n)$ 的分布函数为 $F(x_1,x_2,\cdots,x_n)$,ξ_k 的分布函数为 $F_k(x_k)$,$k=1,2,\cdots,n$,(ξ_i,ξ_k) 的联合分布函数为 $F_{ik}(x_i,x_k)$,并设下面出现的积分都绝对收敛.

1. 多维随机变量的期望定义:

记

$$a_k=\int_{-\infty}^{+\infty}x_k\mathrm{d}F_k(x_k),\quad k=1,2,\cdots,n,$$

称 $(a_1,a_2,\cdots,a_n)$ 为 n **维随机变量** $(\xi_1,\xi_2,\cdots,\xi_n)$ **的期望**.

2. 多维随机变量的协方差定义:

记

$$b_{ik}=\mathrm{E}\left[(\xi_i-\mathrm{E}(\xi_i))\cdot(\xi_k-\mathrm{E}(\xi_k))\right]$$
$$=\begin{cases}\int_{-\infty}^{+\infty}\int_{-\infty}^{+\infty}(x_i-\mathrm{E}(\xi_i))\cdot(x_k-\mathrm{E}(\xi_k))\mathrm{d}F_{ik}(x_i,x_k), & \text{当 } i\neq k,\\ \int_{-\infty}^{+\infty}(x_i-\mathrm{E}(\xi_i))^2\mathrm{d}F_i(x_i), & \text{当 } i=k,\end{cases}$$

称 b_{ik},$i\neq k$ 为**随机变量 ξ_i 与 ξ_k 的二阶混合中心矩**,统称 b_{ik}(不论 $i=k$ 与否)为**协方差**,有时又写作 $b_{ik}=\mathrm{cov}(\xi_i,\xi_k)$.

3. 协方差矩阵及协方差的性质:

称方阵

$$\boldsymbol{\Sigma}=\begin{pmatrix}b_{11}&b_{12}&\cdots&b_{1n}\\ b_{21}&b_{22}&\cdots&b_{2n}\\ \vdots&\vdots&&\vdots\\ b_{n1}&b_{n2}&\cdots&b_{nn}\end{pmatrix}$$

为 n **维随机变量** $(\xi_1,\xi_2,\cdots,\xi_n)$ **的协方差矩阵**.协方差矩阵中的元素 b_{ik} 有如下性质:

(1) $b_{kk}=\mathrm{D}(\xi_k)$,$k=1,2,\cdots,n$;

(2) $b_{ik}=b_{ki}$,$i,k=1,2,\cdots,n$(这表明协方差矩阵是对称矩阵);

(3) $b_{ik}^2\leqslant b_{ii}\cdot b_{kk}$,$i,k=1,2,\cdots,n$;

(4) 协方差矩阵为非负定矩阵,即对任意实数 t_i,$i=1,2,\cdots,n$,有

$$\sum_{i=1}^{n}\sum_{k=1}^{n}b_{ik}t_it_k\geqslant0.$$

4. 多维离散型随机变量的期望与协方差定义:

当 $\xi_1,\xi_2,\cdots,\xi_n$ 均为离散型随机变量时,设其分布列为

ξ_i	$x_1^{(i)}$	$x_2^{(i)}$	$x_3^{(i)}$	…	$x_l^{(i)}$	…
$P(\xi_i=x_l^{(i)})$	$p_1^{(i)}$	$p_2^{(i)}$	$p_3^{(i)}$	…	$p_l^{(i)}$	…

其中对任意 $i=1,2,\cdots,n,p_l^{(i)}\geqslant 0,\sum_l p_l^{(i)}=1$.

记 $P(x_l^{(i)},x_m^{(k)})=P(\xi_i=x_l^{(i)},\xi_k=x_m^{(k)}),i,k=1,2,\cdots,n;l,m=1,2,\cdots$,则

$$a_i=\mathrm{E}(\xi_i)=\sum_l x_l^{(i)}p_l^{(i)},\quad i=1,2,\cdots,n,$$

$$b_{ik}=\begin{cases}\sum\limits_m\sum\limits_l(x_l^{(i)}-\mathrm{E}(\xi_i))\cdot(x_m^{(k)}-\mathrm{E}(\xi_k))P(x_l^{(i)},x_m^{(k)}), & \text{当 } i\neq k,\\ \sum\limits_l(x_l^{(i)}-\mathrm{E}(\xi_i))^2p_l^{(i)}, & \text{当 } i=k,\end{cases}\quad i,k=1,2,\cdots,n.$$

5. 多维连续型随机变量的期望与协方差定义:

当 $\xi_1,\xi_2,\cdots,\xi_n$ 均为连续型随机变量时,设其 n 维概率密度函数为 $f(x_1,x_2,\cdots,x_n)$,其一维及二维密度函数分别为 $f_i(x_i),f_{ik}(x_i,x_k)$,则

$$a_i=\int_{-\infty}^{+\infty}x_if_i(x_i)\mathrm{d}x_i,\quad i=1,2,\cdots,n,$$

$$b_{ik}=\begin{cases}\int_{-\infty}^{+\infty}\int_{-\infty}^{+\infty}(x_i-\mathrm{E}(\xi_i))\cdot(x_k-\mathrm{E}(\xi_k))f_{ik}(x_i,x_k)\mathrm{d}x_i\mathrm{d}x_k, & \text{当 } i\neq k,\\ \int_{-\infty}^{+\infty}(x_i-\mathrm{E}(\xi_i))^2f_i(x_i)\mathrm{d}x_i, & \text{当 } i=k,\end{cases}\quad i,k=1,2,\cdots,n.$$

知识点6　多维随机变量函数的数字特征

1. 定义:

设 $F(x_1,x_2,\cdots,x_n)$ 为随机向量$(\xi_1,\xi_2,\cdots,\xi_n)$的分布函数,$g(x_1,x_2,\cdots,x_n)$ 为 n 维连续函数.若

$$\int_{-\infty}^{+\infty}\int_{-\infty}^{+\infty}\cdots\int_{-\infty}^{+\infty}|g(x_1,x_2,\cdots,x_n)|\mathrm{d}F(x_1,x_2,\cdots,x_n)<\infty,$$

则有

$$\mathrm{E}(g(\xi_1,\xi_2,\cdots,\xi_n))=\int_{-\infty}^{+\infty}\int_{-\infty}^{+\infty}\cdots\int_{-\infty}^{+\infty}g(x_1,x_2,\cdots,x_n)\mathrm{d}F(x_1,x_2,\cdots,x_n).$$

(1) 当$(\xi_1,\xi_2,\cdots,\xi_n)$为离散型随机变量时,其数学期望为

$$\mathrm{E}(g(\xi_1,\xi_2,\cdots,\xi_n))=\sum_{l_1,l_2,\cdots,l_n=1}^{\infty}g(x_{l_1}^{(1)},x_{l_2}^{(2)},\cdots,x_{l_n}^{(n)})P(x_{l_1}^{(1)},x_{l_2}^{(2)},\cdots,x_{l_n}^{(n)}),$$

其中 $P(x_{l_1}^{(1)},x_{l_2}^{(2)},\cdots,x_{l_n}^{(n)})=P(\xi_1=x_{l_1}^{(1)},\xi_2=x_{l_2}^{(2)},\cdots,\xi_n=x_{l_n}^{(n)})$.

(2) 当$(\xi_1,\xi_2,\cdots,\xi_n)$为连续型随机变量时,其数学期望为

$$\mathrm{E}(g(\xi_1,\xi_2,\cdots,\xi_n))=\int_{-\infty}^{+\infty}\int_{-\infty}^{+\infty}\cdots\int_{-\infty}^{+\infty}g(x_1,x_2,\cdots,x_n)f(x_1,x_2,\cdots,x_n)\mathrm{d}x_1\mathrm{d}x_2\cdots\mathrm{d}x_n,$$

其中 $f(x_1,x_2,\cdots,x_n)$ 为$(\xi_1,\xi_2,\cdots,\xi_n)$的密度函数.

2. 多维随机变量函数的数学期望与方差的性质(重点):

设 n 维随机变量$(\xi_1,\xi_2,\cdots,\xi_n)$的数学期望存在,则有

(1) 线性性质:对任意常数 $c_i,i=1,2,\cdots,n$,有

$$\mathrm{E}\left(\sum_{i=1}^{n} c_i\xi_i\right)=\sum_{i=1}^{n} c_i\mathrm{E}(\xi_i);$$

(2) 若 $\xi_1,\xi_2,\cdots,\xi_n$ 相互独立,则

$$\mathrm{E}\left(\prod_{i=1}^{n}\xi_i\right)=\prod_{i=1}^{n}\mathrm{E}(\xi_i).$$

设 c_i 为常数,ξ_i 为随机变量,且 $\mathrm{E}(\xi_i^2)<\infty, i=1,2,\cdots,n$,则

(1) $\mathrm{D}\left(\sum_{i=1}^{n} c_i\xi_i\right)=\sum_{i=1}^{n} c_i^2\mathrm{D}(\xi_i)+\sum_{i,k=1,i\neq k}^{n} c_ic_kb_{ik}$,其中 $b_{ik}=\mathrm{E}\Big[\big(\xi_i-\mathrm{E}(\xi_i)\big)\big(\xi_k-\mathrm{E}(\xi_k)\big)\Big]$.
特别地,若 $\xi_1,\xi_2,\cdots,\xi_n$ 相互独立,则当 $i\neq k$ 时,$b_{ik}=0$,且

$$\mathrm{D}\left(\sum_{i=1}^{n} c_i\xi_i\right)=\sum_{i=1}^{n} c_i^2\mathrm{D}(\xi_i).$$

(2) $\big(\mathrm{E}(\xi_1\cdot\xi_2)\big)^2\leqslant \mathrm{E}(\xi_1^2)\cdot\mathrm{E}(\xi_2^2)$.(施瓦茨不等式)

3. 若随机变量 (ξ_1,ξ_2) 服从二维正态分布 $N(m_1,\sigma_1;m_2,\sigma_2;r)$,即其联合概率密度函数为

$$f(x,y)=\frac{1}{2\pi\sigma_1\sigma_2\sqrt{1-r^2}}\exp\left\{-\frac{1}{2(1-r^2)}\left[\frac{(x-m_1)^2}{\sigma_1^2}-2r\,\frac{(x-m_1)(y-m_2)}{\sigma_1\sigma_2}+\frac{(y-m_2)^2}{\sigma_2^2}\right]\right\},$$

则 ξ_1 与 ξ_2 相互独立的充要条件是 $r=0$.

知识点 7 相关系数与相关矩阵

1. 相关系数定义:

设随机变量 ξ_1,ξ_2 的方差 $\mathrm{D}(\xi_1),\mathrm{D}(\xi_2)$ 存在且均大于 0,记

$$\rho_{12}=\frac{\mathrm{E}\Big[\big(\xi_1-\mathrm{E}(\xi_1)\big)\big(\xi_2-\mathrm{E}(\xi_2)\big)\Big]}{\sqrt{\mathrm{D}(\xi_1)}\sqrt{\mathrm{D}(\xi_2)}},$$

称 ρ_{12} 为 ξ_1 与 ξ_2 的**相关系数**.在不致产生混乱时,简记为 ρ.一般地,有 $\rho_{ik}=\dfrac{b_{ik}}{\sqrt{b_{ii}}\sqrt{b_{kk}}}$.

2. 相关矩阵定义:

称矩阵

$$\boldsymbol{R}=\begin{pmatrix}\rho_{11} & \rho_{12} & \cdots & \rho_{1n}\\ \rho_{21} & \rho_{22} & \cdots & \rho_{2n}\\ \vdots & \vdots & & \vdots\\ \rho_{n1} & \rho_{n2} & \cdots & \rho_{nn}\end{pmatrix}$$

为**相关矩阵**.若记

$$C=\begin{pmatrix} \frac{1}{\sqrt{D(\xi_1)}} & 0 & \cdots & 0 \\ 0 & \frac{1}{\sqrt{D(\xi_2)}} & \cdots & 0 \\ \vdots & \vdots & \ddots & \vdots \\ 0 & 0 & \cdots & \frac{1}{\sqrt{D(\xi_n)}} \end{pmatrix},$$

则 $\boldsymbol{C\Sigma C}=\boldsymbol{R}$.

3. 相关系数的性质：

随机变量 ξ_1 与 ξ_2 的相关系数 ρ 满足下列性质：

(1) $-1\leqslant\rho\leqslant1$；

(2) $|\rho|=1$ 的充要条件为 ξ_1 与 ξ_2 以概率为1线性相关，即存在常数 α,β 且 $\alpha\neq0$，使得

$$P(\xi_2=\alpha\xi_1+\beta)=1.$$

4. 独立与不相关的关系：

当 ξ_1 与 ξ_2 相互独立时，可推得 ξ_1 与 ξ_2 不相关，但反之则不一定正确. 例如，设 (ξ,η) 均匀分布于以坐标原点为中心，r_0 为半径的圆的内部，则

$$E(\xi)=0,\quad E(\eta)=0,\quad E(\xi\eta)=0,$$

但 (ξ,η) 不独立.

5. 对两个随机变量分别进行线性变换，其相关性不变.

设随机变量 ξ_1,ξ_2 的方差存在，令

$$\xi=a_1\xi_1+b_1,\quad \eta=a_2\xi_2+b_2,$$

则 ξ,η 的相关系数为

$$\rho_{\xi,\eta}=\frac{a_1a_2}{|a_1a_2|}\rho_{12},$$

其中 ρ_{12} 为 ξ_1,ξ_2 的相关系数.

知识点8　多维正态分布

1. n 维正态分布定义：

设 n 维随机变量 $(\xi_1,\xi_2,\cdots,\xi_n)$ 的概率密度函数为

$$f(x_1,\cdots,x_n)=\frac{1}{(2\pi)^{\frac{n}{2}}|\boldsymbol{\Sigma}|^{\frac{1}{2}}}\exp\left\{-\frac{(\boldsymbol{X}-\boldsymbol{M})^{\mathrm{T}}\boldsymbol{\Sigma}^{-1}(\boldsymbol{X}-\boldsymbol{M})}{2}\right\},\quad -\infty<x_i<+\infty, i=1,2,\cdots,n,$$

其中 $|\boldsymbol{\Sigma}|$ 表示矩阵 $\boldsymbol{\Sigma}$ 的行列式，且

$$\boldsymbol{\Sigma}=\begin{bmatrix}\sigma_{11} & \cdots & \sigma_{1n}\\ \vdots & & \vdots \\ \sigma_{n1} & \cdots & \sigma_{nn}\end{bmatrix},\quad \boldsymbol{M}=\begin{pmatrix}m_1\\ \vdots\\ m_n\end{pmatrix},\quad \boldsymbol{X}=\begin{pmatrix}x_1\\ \vdots \\ x_n\end{pmatrix},$$

这里，$\sigma_{ij},m_i,i,j=1,2,\cdots,n$ 都是常数；$\boldsymbol{\Sigma}$ 是对称的正定矩阵，$\boldsymbol{\Sigma}^{-1}$ 是它的逆矩阵，则称 $(\xi_1,\xi_2,\cdots,\xi_n)$ 服从 **n 维正态分布**.

特别地，设 (ξ_1,ξ_2) 的概率密度函数为

$$f(x,y)=\frac{1}{2\pi\sigma_1\sigma_2\sqrt{1-r^2}}\exp\left\{-\frac{1}{2(1-r^2)}\left[\frac{(x-m_1)^2}{\sigma_1^2}-2r\frac{(x-m_1)(x-m_2)}{\sigma_1\sigma_2}+\frac{(x-m_2)^2}{\sigma_2^2}\right]\right\},$$

其中 $\sigma_1,\sigma_2>0,m_1,m_2$ 均为常数，$-1<r<1$，则其数学期望为(m_1,m_2)，协方差矩阵为

$$\begin{pmatrix}b_{11} & b_{12}\\ b_{21} & b_{22}\end{pmatrix}=\begin{pmatrix}\sigma_1^2 & r\sigma_1\sigma_2\\ r\sigma_1\sigma_2 & \sigma_2^2\end{pmatrix}.$$

2. 设$(\xi_1,\xi_2,\cdots,\xi_n)$服从 n 维正态分布，且 $\mathrm{D}(\xi_i)>0,i=1,2,\cdots,n$，则下列命题等价：

(1) $\xi_1,\xi_2,\cdots,\xi_n$ 相互独立；

(2) $\xi_1,\xi_2,\cdots,\xi_n$ 线性无关，即 $\rho_{ij}=0$，当 $i\neq j,i,j=1,2,\cdots,n$；

(3) 协方差矩阵是对角矩阵，即 $b_{ij}=0$，当 $i\neq j,i,j=1,2,\cdots,n$.

3. 若$(\xi_1,\xi_2,\cdots,\xi_{n-1})$服从 $n-1$ 维正态分布，且 $\mathrm{D}(\xi_i)>0,i=1,2,\cdots,n-1$，又设 ξ_n 是一个随机变量，满足 $\mathrm{D}(\xi_n)=0$(此时，称$(\xi_1,\xi_2,\cdots,\xi_n)$服从一个退化为 $n-1$ 维的正态分布)，则下列命题等价：

(1) $\xi_1,\xi_2,\cdots,\xi_{n-1},\xi_n$ 相互独立；

(2) $(\xi_1,\xi_2,\cdots,\xi_{n-1})$的协方差矩阵为对角矩阵；

(3) $\xi_1,\xi_2,\cdots,\xi_{n-1}$ 线性无关.

知识点9　一些有用的概率不等式

1. 切比雪夫不等式：

若随机变量 ξ 的方差 $\mathrm{D}(\xi)$ 存在，则对任给 $\varepsilon>0$，有

$$P(|\xi-\mathrm{E}(\xi)|\geqslant\varepsilon)\leqslant\frac{\mathrm{D}(\xi)}{\varepsilon^2}.$$

2. 马尔可夫不等式：

若随机变量 ξ 的 k 阶原点绝对矩 a_k 存在，则对任给 $\varepsilon>0$，有

$$P(|\xi|\geqslant\varepsilon)\leqslant\frac{a_k}{\varepsilon^k}.$$

3. 柯尔莫哥洛夫不等式：

设 $\xi_1,\xi_2,\cdots,\xi_n$ 为相互独立的随机变量，且 $\mathrm{E}(\xi_i)=0,\mathrm{D}(\xi_i)<\infty,i=1,2,\cdots,n$，记

$$\xi=\max\left\{\left|\sum_{i=1}^k\xi_i\right|;k=1,2,\cdots,n\right\},$$

则对任给 $\varepsilon>0$，必有

$$P(|\xi|\geqslant\varepsilon)\leqslant\frac{\sum\limits_{i=1}^n\mathrm{D}(\xi_i)}{\varepsilon^2}.$$

4. 施瓦兹不等式：

设 ξ_1,ξ_2 皆有有限的二阶矩，亦即 $\mathrm{E}(\xi_i^2)<\infty,i=1,2$，则有

$$\left[\mathrm{E}(\xi_1\cdot\xi_2)\right]^2\leqslant\mathrm{E}(\xi_1^2)\cdot\mathrm{E}(\xi_2^2).$$

知识点 10 条件数学期望(难点)

1. 条件数学期望定义：

对条件分布函数 $F(y \mid x)$ 及 $F(x \mid y)$，若

$$\int_{-\infty}^{+\infty} |y| \mathrm{d}F(y \mid x) < \infty, \quad \int_{-\infty}^{+\infty} |x| \mathrm{d}F(x \mid y) < \infty,$$

记

$$\mathrm{E}(\eta \mid x) = \int_{-\infty}^{+\infty} y \mathrm{d}F(y \mid x),$$

则称 $\mathrm{E}(\eta \mid x)$ 为条件 $\xi = x$ 下，η 的**条件数学期望**；又记

$$\mathrm{E}(\xi \mid y) = \int_{-\infty}^{+\infty} x \mathrm{d}F(x \mid y),$$

则称 $\mathrm{E}(\xi \mid y)$ 为条件 $\eta = y$ 下，ξ 的**条件数学期望**.

2. 离散型随机变量的条件期望：

若(ξ,η) 为离散型随机变量，其概率为

$$p(i,k) \doteq P(\xi = x_i, \eta = y_k), \quad i,k = 1,2,\cdots,$$

条件概率为

$$p(k \mid i) = P(\eta = y_k \mid \xi = x_i), \quad p(i \mid k) = P(\xi = x_i \mid \eta = y_k), \quad i,k = 1,2,\cdots,$$

则有

$$\mathrm{E}(\eta \mid x_i) = \sum_k y_k p(k \mid i) = \sum_k y_k \frac{p(i,k)}{p(i,\cdot)}, \quad i = 1,2,\cdots,$$

$$\mathrm{E}(\xi \mid y_k) = \sum_i x_i p(i \mid k) = \sum_i x_i \frac{p(i,k)}{p(\cdot,k)}, \quad k = 1,2,\cdots.$$

3. 连续型随机变量的条件期望：

若(ξ,η) 为连续型随机变量，其概率密度函数为 $f(x,y)$，条件概率密度函数为 $f(x \mid y)$ 及 $f(y \mid x)$，则有

$$\mathrm{E}(\eta \mid x) = \int_{-\infty}^{+\infty} y f(y \mid x) \mathrm{d}y = \int_{-\infty}^{+\infty} y \frac{f(x,y)}{\int_{-\infty}^{+\infty} f(x,y)\mathrm{d}y} \mathrm{d}y = \frac{\int_{-\infty}^{+\infty} y f(x,y)\mathrm{d}y}{\int_{-\infty}^{+\infty} f(x,y)\mathrm{d}y},$$

$$\mathrm{E}(\xi \mid y) = \int_{-\infty}^{+\infty} x f(x \mid y) \mathrm{d}x = \int_{-\infty}^{+\infty} x \frac{f(x,y)}{\int_{-\infty}^{+\infty} f(x,y)\mathrm{d}x} \mathrm{d}x = \frac{\int_{-\infty}^{+\infty} x f(x,y)\mathrm{d}x}{\int_{-\infty}^{+\infty} f(x,y)\mathrm{d}x}.$$

设 $g(x)$ 为连续函数，若

$$\int_{-\infty}^{+\infty} |g(x)| \mathrm{d}F(x \mid y) < \infty, \quad \int_{-\infty}^{+\infty} |g(y)| \mathrm{d}F(y \mid x) < \infty,$$

则有

$$\mathrm{E}\big(g(\xi) \mid y\big) = \int_{-\infty}^{+\infty} g(x) \mathrm{d}F(x \mid y), \quad \mathrm{E}\big(g(\eta) \mid x\big) = \int_{-\infty}^{+\infty} g(y) \mathrm{d}F(y \mid x).$$

4. 条件数学期望的性质：

设 ξ,η,ζ 皆为随机变量，$g(x)$ 为连续函数，且 $\mathrm{E}(\xi)$，$\mathrm{E}(\eta)$，$\mathrm{E}(\zeta)$ 及 $\mathrm{E}\big(g(\eta)\cdot\xi\big)$ 皆存在，

则

(1) 当 ξ 与 η 相互独立时，$\mathrm{E}(\xi \mid \eta)=\mathrm{E}(\xi)$；

(2) $\mathrm{E}(\xi)=\mathrm{E}(\mathrm{E}(\xi \mid \eta))$；

(3) $\mathrm{E}(g(\eta)\cdot\xi \mid \eta)=g(\eta)\cdot\mathrm{E}(\xi \mid \eta)$；

(4) $\mathrm{E}(g(\eta)\cdot\xi)=\mathrm{E}(g(\eta)\cdot\mathrm{E}(\xi \mid \eta))$；

(5) $\mathrm{E}(c \mid \eta)=c$，$c$ 为常数；

(6) $\mathrm{E}(g(\eta) \mid \eta)=g(\eta)$；

(7) $\mathrm{E}((a\xi+b\eta) \mid \zeta)=a\mathrm{E}(\xi \mid \zeta)+b\mathrm{E}(\eta \mid \zeta)$，$a,b$ 为常数；

(8) $\mathrm{E}\left(\xi-\mathrm{E}(\xi \mid \eta)\right)^2 \leqslant \mathrm{E}\left(\xi-g(\eta)\right)^2$.

二、经典题型

题型 I　一维连续型随机变量的数学期望与方差

例 1　(1) 设 $X \sim B(n,p)$，且 $\mathrm{E}(X)=2$，$\mathrm{D}(X)=1$，则 $P(X>1)=$________.

(2) 设 X 表示 10 次独立重复射击中命中目标的次数，每次射中目标的概率为 0.4，则 X^2 的数学期望 $\mathrm{E}(X^2)=$________.

方法技巧　$X \sim B(n,p)$，则 $\mathrm{E}(X)=np$，$\mathrm{D}(X)=np(1-p)$. 此外，$\mathrm{E}(X^2)=\sum_i x_i^2 P(X=x_i)$，也可由 $\mathrm{E}(X^2)=\mathrm{D}(X)+[\mathrm{E}(X)]^2$ 来计算.

解　(1) 已知 $\mathrm{E}(X)=np=2$，$\mathrm{D}(X)=np(1-p)=1$，则 $n=4$，$p=\frac{1}{2}$. 因此

$$P(X>1)=1-P(X=1)-P(X=0)=1-\mathrm{C}_4^1\left(\frac{1}{2}\right)^4-\mathrm{C}_4^0\left(\frac{1}{2}\right)^4=\frac{11}{16}.$$

(2) 已知 $X \sim B(10,0.4)$，则 $\mathrm{E}(X)=np=4$，$\mathrm{D}(X)=np(1-p)=2.4$. 因此

$$\mathrm{E}(X^2)=\mathrm{D}(X)+[\mathrm{E}(X)]^2=18.4.$$

例 2　设 X 是非负的连续型随机变量，其概率密度为 $f_X(x)$，则

$$\mathrm{E}(X)=\int_0^{+\infty} P(X>x)\,\mathrm{d}x$$

在下述意义下成立：如果上式任何一边存在，则另一边也存在并且两边相等.

特别提醒　X 是非负的连续型随机变量，其概率密度为 $f_X(x)$，从而

$$\mathrm{E}(X)=\int_{-\infty}^{+\infty} x f_X(x)\,\mathrm{d}x=\int_0^{+\infty} x f_X(x)\,\mathrm{d}x.$$

证明　由 X 的数学期望

$$\mathrm{E}(X)=\int_{-\infty}^{+\infty} x f_X(x)\,\mathrm{d}x=\int_0^{+\infty} x f_X(x)\,\mathrm{d}x=\int_0^{+\infty}\left(\int_0^x \mathrm{d}y\right) f_X(x)\,\mathrm{d}x$$

$$=\int_0^{+\infty}\left(\int_y^{+\infty} f_X(x)\,\mathrm{d}x\right)\mathrm{d}y=\int_0^{+\infty} P(X>y)\,\mathrm{d}y=\int_0^{+\infty} P(X>x)\,\mathrm{d}x.$$

注　对于离散型随机变量 X 有类似的结果，设 X 是非负的离散型随机变量，则

$$\mathrm{E}(X)=\sum_{n=0}^{\infty}P(X>n)$$

在下述意义下成立：如果上式任何一边存在，则另一边也存在并且两边相等.

例 3　设 ξ 是非负的连续型随机变量，证明：对 $x>0$，有

$$P(\xi<x)\geqslant 1-\frac{\mathrm{E}(\xi)}{x}.$$

方法技巧 ξ 是非负的连续型随机变量，从而存在概率密度函数 $f(x)$，且概率密度函数在负半轴上为 0，放大被积函数和积分区间可得不等式成立.

证明　设 ξ 的概率密度函数为 $f(x)$，则

$$\begin{aligned}P(\xi<x)&=1-P(\xi\geqslant x)=1-\int_{y>x}f(y)\mathrm{d}y\\&\geqslant 1-\int_{y>x}\frac{y}{x}f(y)\mathrm{d}y\geqslant 1-\frac{1}{x}\int yf(y)\mathrm{d}y=1-\frac{\mathrm{E}(\xi)}{x}.\end{aligned}$$

例 4　若对连续型随机变量 ξ，有 $\mathrm{E}(|\xi|^r)<\infty, r>0$.证明：

$$P(|\xi|>\varepsilon)\leqslant\frac{\mathrm{E}(|\xi|^r)}{\varepsilon^r}.$$

◆ **题型解析**：与例 3 类似，放大被积函数和积分区间可得不等式成立.

证明　设 ξ 的概率密度函数为 $f(x)$，则

$$\begin{aligned}P(|\xi|>\varepsilon)&=\int_{|x|>\varepsilon}f(x)\mathrm{d}x\leqslant\int_{|x|>\varepsilon}\frac{|x|^r}{\varepsilon^r}f(x)\mathrm{d}x\\&\leqslant\int\frac{|x|^r}{\varepsilon^r}f(x)\mathrm{d}x=\frac{1}{\varepsilon^r}\int|x|^rf(x)\mathrm{d}x\leqslant\frac{\mathrm{E}(|\xi|^r)}{\varepsilon^r}.\end{aligned}$$

题型 II　独立与不相关的关系

◆ **题型解析**：两个随机变量独立能推出它们不相关，但反之不成立.两个随机变量独立等价于联合分布等于边缘分布的乘积.两个随机变量不相关等价于它们的相关系数等于 0，还等价于它们的协方差等于 0，进而等价于两个随机变量的乘积的数学期望等于两个随机变量的数学期望的乘积.

例 5　设随机变量 ξ 具有概率密度函数，且概率密度函数为偶函数，又 $\mathrm{E}(|\xi|^3)<\infty$，试证明 ξ 与 $\eta=\xi^2$ 不相关，但不独立.

方法技巧 两个随机变量不相关即它们的相关系数为 0，两个随机变量不独立即它们的联合分布不等于边缘分布的乘积.

证明　已知随机变量 ξ 的概率密度函数为偶函数，故

$$\mathrm{E}(\xi)=\mathrm{E}(\xi^3)=0.$$

ξ 与 η 的协方差为

$$\begin{aligned}\mathrm{cov}(\xi,\eta)&=\mathrm{E}[(\xi-\mathrm{E}(\xi))(\xi^2-\mathrm{E}(\xi^2))]=\mathrm{E}[\xi(\xi^2-\mathrm{E}(\xi^2))]\\&=\mathrm{E}(\xi^3)-\mathrm{E}(\xi^2)\mathrm{E}(\xi)=0,\end{aligned}$$

故 ξ 与 $\eta=\xi^2$ 不相关.

若 ξ 与 $\eta=\xi^2$ 独立，令 ξ 的分布函数为 $F(x)$，因 ξ 具有概率密度函数，故 $F(x)$ 是连续的. 由

$$\begin{aligned}P(-x<\xi<x)&=P(-x<\xi<x,\eta<x^2)=P(-x<\xi<x)\cdot P(\eta<x^2)\\&=P(-x<\xi<x)\cdot P(-x<\xi<x)\end{aligned}$$

知

$$F(x)-F(-x)=\big(F(x)-F(-x)\big)^2.$$

故对任意的正数，$F(x)-F(-x)=0$ 或 1，此与 $F(x)-F(-x)$ 在 $x>0$ 时为非降的连续函数相矛盾. 故 ξ 与 $\eta=\xi^2$ 不独立.

题型 Ⅲ　多维随机变量的数学期望、方差、协方差、相关系数

例 6 (1) 设二维离散型随机变量 (X,Y) 的分布列为

(X,Y)	$(1,0)$	$(1,1)$	$(2,0)$	$(2,1)$
P	0.4	0.2	a	b

若 $\mathrm{E}(XY)=0.8$，则 $a=$________.

(2) 已知随机变量 X 与 Y 相互独立，则 X 与 Y 的相关系数为________.

◘ **题型解析**：问题(1) 考查了二维离散型随机变量的分布列及数学期望的定义；问题(2) 考查了独立与不相关的关系，由独立可得不相关，从而相关系数为 0.

解 (1) XY 的数学期望为

$$\mathrm{E}(XY)=1\times0\times0.4+1\times1\times0.2+2\times0\times a+2\times1\times b=0.8,$$

因此，$b=0.3$. 又 $0.4+0.2+a+b=1$，因此，$a=0.1$.

(2) $\mathrm{cov}(X,Y)=\mathrm{E}(XY)-\mathrm{E}(X)\mathrm{E}(Y)=0$，因此，$X$ 与 Y 的相关系数为

$$\rho_{X,Y}=\frac{\mathrm{cov}(X,Y)}{\sqrt{\mathrm{D}(X)\mathrm{D}(Y)}}=0.$$

例 7 设随机变量 $X\sim N(-1,4)$，$Y\sim N(1,2)$，X 与 Y 的相关系数为 1.求 $X-2Y$ 的数学期望与方差.

◘ **题型解析**：本题考查了正态分布的数学期望与方差的性质及相关系数的定义.特别注意，当两个随机变量不独立时，这两个随机变量之和的方差等于两个随机变量方差之和再加上 2 倍的协方差，即

$$\mathrm{D}(X+Y)=\mathrm{D}(X)+\mathrm{D}(Y)+2\mathrm{cov}(X,Y);$$

当两个随机变量独立时才有和的方差等于方差的和，即

$$\mathrm{D}(X+Y)=\mathrm{D}(X)+\mathrm{D}(Y).$$

解 $X-2Y$ 的数学期望和方差分别为

$$\mathrm{E}(X-2Y)=\mathrm{E}(X)-2\mathrm{E}(Y)=-1-2=-3,$$

$$\begin{aligned}\mathrm{D}(X-2Y)&=\mathrm{D}(X)+4\mathrm{D}(Y)-4\mathrm{cov}(X,Y)\\&=\mathrm{D}(X)+4\mathrm{D}(Y)-4\rho_{(X,Y)}\sqrt{\mathrm{D}(X)\mathrm{D}(Y)}\\&=16+16-4\times4\times2=0.\end{aligned}$$

题型 Ⅳ 条件概率密度

例 8 已知二维随机变量(ξ,η)的联合概率密度为

$$p(x,y)=\begin{cases}\dfrac{1}{2x^2y}, & 1\leqslant x<+\infty,\dfrac{1}{x}<y<x,\\ 0, & \text{其他}.\end{cases}$$

求条件概率密度函数 $p_{\xi|\eta}(x,y),p_{\eta|\xi}(y,x)$.

方法技巧 先求边缘概率密度再求条件概率密度,注意,条件概率密度只有在边缘概率密度非 0 时才存在.

解 ξ,η 的边缘概率密度分别为

$$p_\xi(x)=\begin{cases}\displaystyle\int_{\frac{1}{x}}^{x}\frac{1}{2x^2y}\mathrm{d}y=\frac{\ln x}{x^2}, & 1\leqslant x<+\infty,\\ 0, & \text{其他};\end{cases}$$

$$p_\eta(y)=\begin{cases}\displaystyle\int_{\frac{1}{y}}^{+\infty}\frac{1}{2x^2y}\mathrm{d}x=\frac{1}{2}, & 0<y\leqslant 1,\\ \displaystyle\int_{y}^{+\infty}\frac{1}{2x^2y}\mathrm{d}x=\frac{1}{2y^2}, & y>1,\\ 0, & \text{其他}.\end{cases}$$

因此,当 $0<y\leqslant 1$ 时,$p_{\xi|\eta}(x\mid y)=\dfrac{p_{\xi,\eta}(x,y)}{p_\eta(y)}=\begin{cases}\dfrac{1}{x^2y}, & \dfrac{1}{y}<x<+\infty,\\ 0, & \text{其他};\end{cases}$

当 $y>1$ 时,$p_{\xi|\eta}(x\mid y)=\dfrac{p_{\xi,\eta}(x,y)}{p_\eta(x)}=\begin{cases}\dfrac{y}{x^2}, & y<x<+\infty,\\ 0, & \text{其他};\end{cases}$

当 $1\leqslant x<+\infty$ 时,$p_{\eta|\xi}(y\mid x)=\dfrac{p_{\xi,\eta}(x,y)}{p_\xi(x)}=\begin{cases}\dfrac{1}{2y\ln x}, & \dfrac{1}{x}<y<x,\\ 0, & \text{其他}.\end{cases}$

综合题 (2010—2020 考研题)

例 9(2017 年数学一第 14 题) 设随机变量 X 的分布函数为

$$F(x)=0.5\Phi(x)+0.5\Phi\left(\frac{x-4}{2}\right),$$

其中 $\Phi(x)$ 为标准正态分布函数,则 $\mathrm{E}(X)=$________.

◆ **题型解析:** $\mathrm{E}(X)=\displaystyle\int_{-\infty}^{+\infty}x\,\mathrm{d}F(x)=0.5\int_{-\infty}^{+\infty}x\,\mathrm{d}\Phi(x)+0.5\int_{-\infty}^{+\infty}x\,\mathrm{d}\Phi\left(\frac{x-4}{2}\right)$

$$=0.5\int_{-\infty}^{+\infty}x\frac{1}{\sqrt{2\pi}}\mathrm{e}^{-\frac{x^2}{2}}\mathrm{d}x+0.5\int_{-\infty}^{+\infty}x\frac{1}{2\sqrt{2\pi}}\mathrm{e}^{-\frac{[(x-4)/2]^2}{2}}\mathrm{d}x$$

$$=0+0.5\int_{-\infty}^{+\infty}\frac{x-4+4}{2}\cdot\frac{1}{\sqrt{2\pi}}\mathrm{e}^{-\frac{[(x-4)/2]^2}{2}}\mathrm{d}x$$

$$=0.5\int_{-\infty}^{+\infty}\frac{x-4}{2}\cdot\frac{1}{\sqrt{2\pi}}e^{-\frac{[(x-4)/2]^2}{2}}dx+0.5\int_{-\infty}^{+\infty}2\frac{1}{\sqrt{2\pi}}e^{-\frac{[(x-4)/2]^2}{2}}dx$$

$$=0+2\int_{-\infty}^{+\infty}\frac{1}{2\sqrt{2\pi}}e^{-\frac{[(x-4)/2]^2}{2}}dx=2.$$

例 10(2017 年数学三第 14 题) 设随机变量 X 的分布函数为

$$P(X=-2)=\frac{1}{2},\quad P(X=1)=a,\quad P(X=3)=b,$$

若 $E(X)=0$,则 $D(X)=$________.

◆ **题型解析**:由 $\begin{cases}a+b=0.5,\\-1+a+3b=0\end{cases}$ 得 $a=b=0.25$,所以 $E(X^2)=4.5$,则 $D(X)=4.5$.

例 11(2017 年数学一第 22 题、2017 年数学三第 22 题) 设随机变量 X,Y 相互独立,且 X 的概率分布为 $P(X=0)=P(X=2)=\frac{1}{2}$,$Y$ 的概率密度为 $f(y)=\begin{cases}2y, & 0<y<1,\\0, & \text{其他}.\end{cases}$

(1) 求 $P\big(Y\leqslant E(Y)\big)$.

(2) 求 $Z=X+Y$ 的概率密度.

◆ **题型解析**:(1) $E(Y)=\int_{-\infty}^{+\infty}yf_Y(y)dy=\int_0^1 2y^2dy=\frac{2}{3}$,则

$$P\big(Y\leqslant E(Y)\big)=\int_{-\infty}^{\frac{2}{3}}f_Y(y)dy=\int_0^{\frac{2}{3}}2ydy=\frac{4}{9}.$$

(2) Z 的分布函数为

$$\begin{aligned}F_Z(z)&=P(Z\leqslant z)=P(X+Y\leqslant z,X=0)+P(X+Y\leqslant z,X=2)\\&=P(X+Y\leqslant z\mid X=0)P(X=0)+P(X+Y\leqslant z\mid X=2)P(X=2)\\&=P(Y\leqslant z\mid X=0)P(X=0)+P(Y\leqslant z-2\mid X=2)P(X=2)\\&=\frac{1}{2}P(Y\leqslant z)+\frac{1}{2}P(Y\leqslant z-2)\\&=\frac{1}{2}F_Y(z)+\frac{1}{2}F_Y(z-2).\end{aligned}$$

故 Z 的概率密度为

$$f_Z(z)=F'_Z(z)=\frac{1}{2}[f(z)+f(z-2)]=\begin{cases}0, & z<0,\\z, & 0\leqslant z<1,\\0, & 1\leqslant z<2,\\z-2, & 2\leqslant z<3,\\0, & z\geqslant 3\end{cases}=\begin{cases}z, & 0\leqslant z<1,\\z-2, & 2\leqslant z<3,\\0, & \text{其他}.\end{cases}$$

例 12(2016 年数学一第 8 题) 随机试验 E 有三种两两不相容的结果 A_1,A_2,A_3,且三种结果发生的概率均为 $\frac{1}{3}$,将试验 E 独立重复 2 次,X 表示 2 次试验中 A_1 结果发生的次数,Y 表示 2 次试验中结果 A_2 发生的次数,则 X 与 Y 的相关系数为(　　).

A. $-\frac{1}{2}$　　B. $-\frac{1}{3}$　　C. $\frac{1}{2}$　　D. $\frac{1}{3}$.

◆ **题型解析**:由题设可知,$X \sim B\left(2,\frac{1}{3}\right)$,$Y \sim B\left(2,\frac{1}{3}\right)$,则

$$\mathrm{E}(X)=\mathrm{E}(Y)=\frac{2}{3},\quad \mathrm{D}(X)=\mathrm{D}(Y)=\frac{4}{9},\quad \mathrm{E}(XY)=1\times 1\times P(X=1,Y=1)=\frac{2}{9},$$

$$\rho_{X,Y}=\frac{\operatorname{cov}(X,Y)}{\sqrt{\mathrm{D}(X)\mathrm{D}(Y)}}=\frac{\mathrm{E}(XY)-\mathrm{E}(X)\mathrm{E}(Y)}{\frac{4}{9}}=\frac{\frac{2}{9}-\frac{4}{9}}{\frac{4}{9}}=-\frac{1}{2}.$$

故答案为 A.

例 13(2016 年数学三第 8 题)　设随机变量 X,Y 独立,且 $X \sim N(1,\sqrt{2})$,$Y \sim N(1,2)$,则 $\mathrm{D}(XY)$ 为(　　).

A. 6　　　B. 8　　　C.14　　　D. 15

◆ **题型解析**:由题设可知,$\mathrm{E}(X)=1$,$\mathrm{D}(X)=2$,$\mathrm{E}(Y)=1$,$\mathrm{D}(Y)=4$.注意到 X,Y 独立,因此,

$$\begin{aligned}\mathrm{D}(XY)&=\mathrm{E}\,(XY)^2-\left(\mathrm{E}(X)\mathrm{E}(Y)\right)^2=\mathrm{E}(X^2)\mathrm{E}(Y^2)-\left(\mathrm{E}(X)\mathrm{E}(Y)\right)^2\\&=\left[\mathrm{D}(X)+\left(\mathrm{E}(X)\right)^2\right]\left[\mathrm{D}(Y)+\left(\mathrm{E}(Y)\right)^2\right]-\left(\mathrm{E}(X)\mathrm{E}(Y)\right)^2=14.\end{aligned}$$

例 14(2016 年经济类联考综合能力题第 30 题)　设随机变量 $X \sim N(1,2)$,$Y \sim U(0,4)$,且 X,Y 独立,则 $\mathrm{D}(2X-3Y)=$(　　).

A. 8　　　B. 8　　　C. 24　　　D. 28

◆ **题型解析**:因为 X,Y 独立,则

$$\mathrm{D}(2X-3Y)=4\mathrm{D}(X)+9\mathrm{D}(Y)=4\times 4+9\times\frac{4^2}{12}=28.$$

例 15(2016 年经济类联考综合能力题第 39 题)　设随机变量 X 服从参数为 λ 的泊松分布,且 $P(X=1)=P(X=2)$,求 X 的数学期望 $\mathrm{E}(X)$ 和方差 $\mathrm{D}(X)$.

◆ **题型解析**:由 $P(X=1)=P(X=2)$ 可得

$$\frac{\lambda\mathrm{e}^{-\lambda}}{1!}=\frac{\lambda^2\mathrm{e}^{-\lambda}}{2!},$$

从而 $\lambda=2$.因此,$\mathrm{E}(X)=2$,$\mathrm{D}(X)=2$.

例 16(2015 年数学一第 8 题)　设随机变量 X,Y 不相关,且 $\mathrm{E}(X)=2$,$\mathrm{E}(Y)=1$,$\mathrm{D}(X)=3$,则 $\mathrm{E}[X(X+Y-2)]=$________.

◆ **题型解析**:
$$\begin{aligned}\mathrm{E}[X(X+Y-2)]&=\mathrm{E}(X^2)+\mathrm{E}(XY)-2\mathrm{E}(X)\\&=\mathrm{D}(X)+\mathrm{E}^2(X)+\mathrm{E}(X)\mathrm{E}(Y)-2\mathrm{E}(X)\\&=3+2^2+2\times 1-2\times 2=5.\end{aligned}$$

例 17(2015 年数学一第 22 题)　设随机变量 X 的概率密度为

$$f(x)=\begin{cases}2^{-x}\ln 2, & x>0,\\ 0, & x\leqslant 0.\end{cases}$$

对 X 进行独立重复的观测,直到两个大于 3 的观测值出现才停止,记 Y 为观测次数.

(1) 求 Y 的概率分布.

(2) 求 $\mathrm{E}(Y)$.

◆ **题型解析**：(1) 记 p 为进行一次观测时观测值大于 3 的概率，则

$$p=P(X>3)=\int_3^{+\infty}2^{-x}\ln 2\mathrm{d}x=\frac{1}{8}.$$

从而，Y 的概率分布为

$$P(Y=n)=\mathrm{C}_{n-1}^1p(1-p)^{n-2}p=(n-1)\left(\frac{1}{8}\right)^2\left(\frac{7}{8}\right)^{n-2},\quad n=2,3,\cdots.$$

$$\text{(2) }\mathrm{E}(Y)=\sum_{n=2}^{\infty}nP(Y=n)=\sum_{n=2}^{\infty}n(n-1)\left(\frac{1}{8}\right)^2\left(\frac{7}{8}\right)^{n-2}=\left(\frac{1}{8}\right)^2\sum_{n=2}^{\infty}n(n-1)x^{n-2}\Big|_{x=\frac{7}{8}}$$

$$=\left(\frac{1}{8}\right)^2\sum_{n=2}^{\infty}(x^n)''\Big|_{x=\frac{7}{8}}=\left(\frac{1}{8}\right)^2\left(\sum_{n=2}^{\infty}x^n\right)''\Big|_{x=\frac{7}{8}}=\left(\frac{1}{8}\right)^2\left(\frac{x^2}{1-x}\right)''\Big|_{x=\frac{7}{8}}$$

$$=\left(\frac{1}{8}\right)^2\left[\frac{2x-x^2}{(1-x)^2}\right]'\Big|_{x=\frac{7}{8}}=\left(\frac{1}{8}\right)^2\frac{2}{(1-x)^3}\Big|_{x=\frac{7}{8}}=16.$$

例 18(2015 年数学三第 8 题)　设连续型随机变量 X_1,X_2 相互独立，且方差均存在，X_1,X_2 的概率密度分别为 $f_1(x),f_2(x)$，随机变量 Y_1 的概率密度为 $f_{Y_1}(y)=\frac{1}{2}[f_1(y)+f_2(y)]$，随机变量 $Y_2=\frac{1}{2}(X_1+X_2)$，则(　　).

A. $\mathrm{E}(Y_1)>\mathrm{E}(Y_2),\mathrm{D}(Y_1)>\mathrm{D}(Y_2)$　　B. $\mathrm{E}(Y_1)=\mathrm{E}(Y_2),\mathrm{D}(Y_1)=\mathrm{D}(Y_2)$

C. $\mathrm{E}(Y_1)=\mathrm{E}(Y_2),\mathrm{D}(Y_1)<\mathrm{D}(Y_2)$　　D. $\mathrm{E}(Y_1)=\mathrm{E}(Y_2),\mathrm{D}(Y_1)\geqslant\mathrm{D}(Y_2)$

◆ **题型解析**：由于

$$\mathrm{E}(Y_1)=\int_{-\infty}^{+\infty}yf_{Y_1}(y)\mathrm{d}y=\int_{-\infty}^{+\infty}y\frac{1}{2}[f_1(y)+f_2(y)]\mathrm{d}y=\frac{1}{2}[\mathrm{E}(X_1)+\mathrm{E}(X_2)]=\mathrm{E}(Y_2),$$

$$\mathrm{E}(Y_1^2)=\int_{-\infty}^{+\infty}y^2f_{Y_1}(y)\mathrm{d}y=\int_{-\infty}^{+\infty}y^2\frac{1}{2}[f_1(y)+f_2(y)]\mathrm{d}y=\frac{1}{2}[\mathrm{E}(X_1^2)+\mathrm{E}(X_2^2)]$$

$$\geqslant\frac{1}{4}[\mathrm{E}(X_1^2)+\mathrm{E}(X_2^2)+2\mathrm{E}(X_1X_2)]=\mathrm{E}(Y_2^2),$$

从而，$\mathrm{D}(Y_1)=\mathrm{E}(Y_1^2)-\mathrm{E}^2(Y_1)\geqslant\mathrm{E}(Y_2^2)-\mathrm{E}^2(Y_2)=\mathrm{D}(Y_2)$. 因此，选 D.

例 19(2015 年数学三第 22 题、2014 年数学三第 22 题)　设随机变量 X 的概率分布为 $P(X=1)=P(X=2)=\frac{1}{2}$，在给定 $X=i$ 的条件下，随机变量 Y 服从均匀分布 $U(0,i)$，$i=1,2$.

(1) 求 Y 的分布函数 $F_Y(y)$.

(2) 求 $\mathrm{E}(Y)$.

◆ **题型解析**：(1)

$$\begin{aligned}F_Y(y)&=P(Y\leqslant y)=P(Y\leqslant y,X=1)+P(Y\leqslant y,X=2)\\&=P(Y\leqslant y\mid X=1)P(X=1)+P(Y\leqslant y\mid X=2)P(X=2)\\&=\frac{1}{2}P(Y\leqslant y\mid X=1)+\frac{1}{2}P(Y\leqslant y\mid X=2).\end{aligned}$$

当 $y<0$ 时，$F_Y(y)=0$；

当 $0\leqslant y<1$ 时，$F_Y(y)=\frac{1}{2}y+\frac{1}{2}\times\frac{1}{2}y=\frac{3}{4}y$；

当 $1\leqslant y<2$ 时，$F_Y(y)=\frac{1}{2}+\frac{1}{2}\times\frac{1}{2}y=\frac{1}{2}+\frac{1}{4}y$；

当 $y \geqslant 2$ 时，$F_Y(y)=\frac{1}{2}+\frac{1}{2}=1$.

综上，

$$F_Y(y)=\begin{cases}0, & y<0,\\ \frac{3}{4}y, & 0\leqslant y<1,\\ \frac{1}{2}+\frac{y}{4}, & 1\leqslant y<2,\\ 1 & y\geqslant 2.\end{cases}$$

（2）由（1）可得 Y 的概率密度函数为

$$f_Y(y)=F_Y'(y)=\begin{cases}\frac{3}{4}, & 0<y<1,\\ \frac{1}{4}, & 1\leqslant y<2,\\ 0, & \text{其他}.\end{cases}$$

则

$$E(Y)=\int_{-\infty}^{+\infty} y f_Y(y)\mathrm{d}y=\frac{3}{4}\int_0^1 y\mathrm{d}y+\frac{1}{4}\int_1^2 y\mathrm{d}y=\frac{3}{4}\times\frac{1}{2}+\frac{1}{4}\times\frac{3}{2}=\frac{3}{4}.$$

例 20（2014 年数学三第 23 题）　设随机变量 X 与 Y 的概率分布相同，X 的概率分布为 $P(X=0)=\frac{1}{3}$，$P(X=1)=\frac{2}{3}$，且 X 与 Y 的相关系数 $\rho_{XY}=\frac{1}{2}$.

（1）求 (X,Y) 的概率分布.

（2）求 $P(X+Y\leqslant 1)$.

◆ **题型解析**：（1）已知 $\rho_{XY}=\frac{\operatorname{cov}(X,Y)}{\sqrt{D(X)}\sqrt{D(Y)}}=\frac{E(XY)-E(X)E(Y)}{\sqrt{D(X)}\sqrt{D(Y)}}$，其中

$$E(XY)=P(X=1,Y=1),\quad E(X)=\frac{2}{3},\quad E(Y)=\frac{2}{3},\quad D(X)=D(Y)=\frac{2}{3}\times\frac{1}{3}=\frac{2}{9},$$

则

$$\rho_{XY}=\frac{\operatorname{cov}(X,Y)}{\sqrt{D(X)D(Y)}}=\frac{E(XY)-E(X)E(Y)}{\sqrt{D(X)D(Y)}}=\frac{P(X=1,Y=1)-\frac{4}{9}}{\frac{2}{9}}=\frac{1}{2}.$$

因此，$P(X=1,Y=1)=\frac{5}{9}$.又

$$E(X)=\frac{2}{3}=P(X=1)=P(X=1,Y=0)+P(X=1,Y=1),$$

因此，$P(X=1,Y=0)=\frac{1}{9}$.同理 $P(X=0,Y=1)=\frac{1}{9}$.从而，$P(X=0,Y=0)=\frac{2}{9}$.所以 (X,Y) 的概率分布为

X	Y	
	0	1
0	$\frac{2}{9}$	$\frac{1}{9}$
1	$\frac{1}{9}$	$\frac{5}{9}$

(2) $P(X+Y\leqslant 1)=1-P(X+Y>1)=1-\frac{5}{9}=\frac{4}{9}$.

例 21(2013 年数学一第 8 题、2013 年数学三第 8 题)　设随机变量 X 服从正态分布$N(0,1)$，则 $\mathrm{E}(X\mathrm{e}^{2X})=$________.

◘ **题型解析**:由 $X\sim N(0,1)$ 及随机变量函数的数学期望公式知

$$\mathrm{E}(X\mathrm{e}^{2X})=\int_{-\infty}^{+\infty}x\,\mathrm{e}^{2x}\frac{1}{\sqrt{2\pi}}\mathrm{e}^{-\frac{x^2}{2}}\mathrm{d}x=\frac{1}{\sqrt{2\pi}}\int_{-\infty}^{+\infty}x\,\mathrm{e}^{-\frac{[(x-2)^2-4]}{2}}\mathrm{d}x$$

$$=\frac{\mathrm{e}^2}{\sqrt{2\pi}}\int_{-\infty}^{+\infty}(x-2+2)\mathrm{e}^{-\frac{(x-2)^2}{2}}\mathrm{d}x=2\mathrm{e}^2.$$

例 22(2012 年数学一第 8 题)　将长度为 1m 的木棒随机地截成两端，则两段长度的相关系数为(　　).

◘ **题型解析**:设两段长度分别为 x, y，显然 $x+y=1$，即 $y=1-x$，故两者是线性关系，且是负相关的，所以相关系数为 -1.

例 23(2012 年数学一第 22 题、2012 年数学三第 22 题)　设二维随机变量 X,Y 的概率分布为

Y	X		
	0	1	2
0	$\frac{1}{4}$	0	$\frac{1}{4}$
1	0	$\frac{1}{3}$	0
2	$\frac{1}{12}$	0	$\frac{1}{12}$

(1) 求 $P(X=2Y)$. (2) 求 $\mathrm{cov}(X-Y,Y)$.

◘ **题型解析**:(1)$P(X=2Y)=P(X=0,Y=0)+P(X=2,Y=1)=\frac{1}{4}+0=\frac{1}{4}$.

(2) X 的概率分布为

X	0	1	2
P	$\frac{1}{3}$	$\frac{1}{3}$	$\frac{1}{3}$

故 $E(X)=0\times\frac{1}{2}+1\times\frac{1}{3}+2\times\frac{1}{3}=1$.

Y 的概率分布为

Y	0	1	2
P	$\frac{1}{2}$	$\frac{1}{3}$	$\frac{1}{6}$

故 $E(Y)=0\times\frac{1}{2}+1\times\frac{1}{3}+2\times\frac{1}{6}=\frac{2}{3}$.

XY 的概率分布为

XY	0	1	2	4
P	$\frac{7}{12}$	$\frac{1}{3}$	0	$\frac{1}{12}$

故

$$E(XY)=0\times\frac{7}{12}+1\times\frac{1}{3}+2\times 0+4\times\frac{1}{12}=\frac{2}{3},$$

$$E(Y^2)=0\times\frac{1}{2}+1\times\frac{1}{3}+4\times\frac{1}{6}=1,$$

$$D(Y)=E(Y^2)-[E(Y)]^2=1-\frac{4}{9}=\frac{5}{9}.$$

因此，

$$\begin{aligned}\operatorname{cov}(X-Y,Y)&=\operatorname{cov}(X,Y)-\operatorname{cov}(Y,Y)=E(XY)-E(X)E(Y)-D(Y)\\&=\frac{2}{3}-\frac{2}{3}\times 1-\frac{5}{9}=-\frac{5}{9}.\end{aligned}$$

例 24(2012 年数学三第 23 题)　设二维随机变量 X 与 Y 相互独立，且服从参数为 1 的指数分布，记 $U=\max(X,Y)$，$V=\min(X,Y)$，求：

(1) V 的概率密度 $f_V(v)$；

(2) $E(U+V)$.

◆ 题型解析：(1) 设 V 的分布函数为 $F_V(v)$，则

$$\begin{aligned}F_V(v)&=P(V\leqslant v)=P\big(\min(X,Y)\leqslant v\big)=1-P\big(\min(X,Y)>v\big)\\&=1-P(X>v)P(Y>v).\\&=\begin{cases}0, & v<0,\\ 1-\int_v^{+\infty}e^{-x}dx\int_v^{+\infty}e^{-y}dy=1-e^{-2v}, & v\geqslant 0.\end{cases}\end{aligned}$$

V 的概率密度 $f_V(v)$ 为

$$f_V(v)=F_V'(v)=\begin{cases}ve^{-2v}, & v>0,\\ 0, & v\leqslant 0.\end{cases}$$

(2) 由题意可知，

$$U=\max(X,Y)=\frac{1}{2}[(X+Y)+|X-Y|],$$

$$V=\min(X,Y)=\frac{1}{2}[(X+Y)-|X-Y|],$$

则 $U+V=X+Y$,故

$$E(U+V)=E(X+Y)=E(X)+E(Y)=1+1=2.$$

例 25(2011 年数学一第 8 题) 设随机变量 X 与 Y 相互独立,且 $E(X)$ 与 $E(Y)$ 存在,记 $U=\max(X,Y)$,$V=\min(X,Y)$,则 $E(UV)=$________.

◘ 题型解析:

$$E(UV)=E\left[\frac{(X+Y)+|X-Y|}{2}\cdot\frac{(X+Y)-|X-Y|}{2}\right]$$

$$=\frac{1}{4}E[(X+Y)^2-(X-Y)^2]$$

$$=\frac{1}{4}E(4XY)=E(X)E(Y).$$

例 26(2011 年数学一第 22 题,2011 年数学三第 22 题) 设随机变量 X 与 Y 的概率分布分别为

X	0	1
P	$\frac{1}{3}$	$\frac{2}{3}$

Y	-1	0	1
P	$\frac{1}{3}$	$\frac{1}{3}$	$\frac{1}{3}$

且 $P(X^2=Y^2)=1$,求:

(1) 二维随机变量 (X,Y) 的概率分布;

(2) $Z=XY$ 的概率分布;

(3) X 与 Y 的相关系数.

◘ 题型解析:(1) 由于 $P(X^2=Y^2)=1$,即

$$P(X=0,Y=0)+P(X=1,Y=-1)+P(X=1,Y=1)=1,$$

则有

$$P(X=1,Y=0)+P(X=0,Y=-1)+P(X=0,Y=1)=0.$$

又概率非负,因此,

$$P(X=1,Y=0)=P(X=0,Y=-1)=P(X=0,Y=1)=0,$$

$$P(X=0,Y=0)=P(Y=0)-P(X=1,Y=0)=\frac{1}{3},$$

$$P(X=1,Y=-1)=P(Y=-1)-P(X=0,Y=-1)=\frac{1}{3},$$

$$P(X=1,Y=1)=P(Y=1)-P(X=0,Y=1)=\frac{1}{3}.$$

所以 (X,Y) 的概率分布为

X	Y		
	-1	0	1
0	0	$\frac{1}{3}$	0
1	$\frac{1}{3}$	0	$\frac{1}{3}$

(2) 易知随机变量 Z 的可能取值为 $-1,0,1$，则有

$$P(Z=1)=P(X=1,Y=1)=\frac{1}{3},\quad P(Z=-1)=P(X=1,Y=-1)=\frac{1}{3},$$

$$P(Z=0)=1-P(Z=1)-P(Z=-1)=\frac{1}{3}.$$

(3) 由(1) 和(2) 得

$$\mathrm{E}(XY)=\mathrm{E}(Z)=(-1)\times\frac{1}{3}+1\times\frac{1}{3}=0,$$

$$\mathrm{E}(X)=\frac{2}{3},\quad \mathrm{E}(Y)=(-1)\times\frac{1}{3}+1\times\frac{1}{3}=0,$$

$$\mathrm{cov}(X,Y)=\mathrm{E}(XY)-\mathrm{E}(X)\mathrm{E}(Y)=0,$$

所以 $\rho_{XY}=0$.

例 27(2011 年数学一第 14 题，2011 年数学三第 14 题)　设二维随机变量 (X,Y) 服从 $N(\mu,\sigma;\mu,\sigma;0)$，则 $\mathrm{E}(XY^2)=$________.

◘ 题型解析： 由题意知，X 与 Y 的相关系数 $\rho_{XY}=0$，即 X 与 Y 不相关.在二维正态分布条件下，X 与 Y 不相关与 X,Y 独立等价，所以 X 与 Y 独立.从而有

$$\mathrm{E}(X)=\mathrm{E}(Y)=\mu,\quad \mathrm{D}(X)=\mathrm{D}(Y)=\sigma^2,\quad \mathrm{E}(Y^2)=\mathrm{D}(Y)+[\mathrm{E}(Y)]^2=\sigma^2+\mu^2,$$

则

$$\mathrm{E}(XY^2)=\mathrm{E}(X)\mathrm{E}(Y^2)=\mu(\sigma^2+\mu^2).$$

例 28(2010 年数学一第 14 题)　设随机变量 X 的概率分布为 $P(X=k)=\frac{C}{k!}$，$k=1,2,\cdots$，则 $\mathrm{E}(X^2)=$________.

◘ 题型解析： 由概率分布的性质得

$$1=\sum_{k=1}^{\infty}P(X=k)=\sum_{k=1}^{\infty}\frac{C}{k!}=C(\mathrm{e}-1),$$

所以 $C=(\mathrm{e}-1)^{-1}$，则 $P(X=k)=\frac{(\mathrm{e}-1)^{-1}}{k!}$，$k=1,2,\cdots$.因此，

$$\mathrm{E}(X^2)=\sum_{k=1}^{\infty}k^2\frac{(\mathrm{e}-1)^{-1}}{k!}=(\mathrm{e}-1)^{-1}\sum_{k=1}^{\infty}\frac{k-1+1}{(k-1)!}$$

$$=(\mathrm{e}-1)^{-1}\sum_{k=0}^{\infty}\frac{1}{k!}+(\mathrm{e}-1)^{-1}\sum_{k=0}^{\infty}\frac{1}{k!}=\frac{2\mathrm{e}}{\mathrm{e}-1}.$$

例 29(2010 年数学三第 23 题)　箱中装有 6 个球，其中红、白、黑球的个数分别为 1,2,3 个，现在从箱中随机地取出 2 个球，记 X 为取出的红球个数，Y 为取出的白球个数.

(1) 求随机变量 (X,Y) 的概率分布.

(2) 求 $\mathrm{cov}(X,Y)$.

◘ 题型解析： (1) 由题意知，

$$P(X=0,Y=0)=\frac{\mathrm{C}_3^2}{\mathrm{C}_6^2}=\frac{1}{5},\quad P(X=0,Y=1)=\frac{\mathrm{C}_2^1\mathrm{C}_3^1}{\mathrm{C}_6^2}=\frac{2}{5},$$

$$P(X=0,Y=2)=\frac{\mathrm{C}_2^2}{\mathrm{C}_6^2}=\frac{1}{15},\quad P(X=1,Y=0)=\frac{\mathrm{C}_3^1}{\mathrm{C}_6^2}=\frac{1}{5},$$

$$P(X=1,Y=1)=\frac{C_2^1}{C_6^2}=\frac{2}{15},\quad P(X=1,Y=2)=0,$$

则随机变量(X,Y)的概率分布为

X	Y		
	0	1	2
0	$\frac{1}{5}$	$\frac{2}{5}$	$\frac{1}{15}$
1	$\frac{1}{5}$	$\frac{2}{15}$	0

(2) 已知$P(X=0)=\frac{2}{3}$,$P(X=1)=\frac{1}{3}$,则

$$E(X)=0\times\frac{2}{3}+1\times\frac{1}{3}=\frac{1}{3}.$$

已知$P(Y=0)=\frac{2}{5}$,$P(Y=1)=\frac{8}{15}$,$P(Y=2)=\frac{1}{15}$,则

$$E(Y)=0\times\frac{2}{5}+1\times\frac{8}{15}+2\times\frac{1}{15}=\frac{2}{3}.$$

且$E(XY)=1\times1\times\frac{2}{15}=\frac{2}{15}$,因此

$$\mathrm{cov}(X,Y)=E(XY)-E(X)E(Y)=\frac{2}{15}-\frac{1}{3}\times\frac{2}{3}=-\frac{4}{45}.$$

例 30(2019 年数学一第 14 题、数学三第 14 题) 设随机变量X的概率密度为

$$f(x)=\begin{cases}\frac{x}{2}, & 0<x<2,\\ 0, & \text{其他}.\end{cases}$$

$F(x)$为X的分布函数,$E(X)$为X的数学期望,则$P\big(F(X)>E(X)-1\big)=$________.

◆ **题型解析:** 由条件可得$E(X)=\int_{-\infty}^{+\infty}xf(x)\,dx=\int_0^2\frac{x^2}{2}dx=\frac{4}{3}$,且可求得分布函数

$$F(x)=\begin{cases}0, & x<0,\\ \frac{x^2}{4}, & 0\leqslant x<2,\\ 1, & x\geqslant 2.\end{cases}$$

故可得$P\big(F(x)>E(X)-1\big)=P\Big(F(x)>\frac{1}{3}\Big)=\frac{2}{3}$.

例 31(2019 年经济类联考综合能力题第 37 题) 某足球彩票售价 1 元,中奖率为 0.1,如果中奖可得 8 元,小王购买了若干张足球彩票,如果他中奖 2 张,则恰好不赚也不赔,求小王收益的期望值.

◆ **题型解析:** 设有n张彩票,第i张盈利记作随机变量X_i,则$n\cdot1=2\cdot8=16$,因此$n=16$.

X_i	0	8
P	0.9	0.1

$E(X_i)=0.8$.总收益记作 $Y=X_1+X_2+\cdots+X_{16}$,则 $E(Y)=0.8\times16=12.8$.

例 32(2019 年经济类联考综合能力题第 38 题) 设随机变量 X 的分布值为(k 为常数)

X	-1	0	1	2
P	$\frac{1}{2k}$	$\frac{3}{4k}$	$\frac{5}{8k}$	$\frac{7}{16k}$

求:(1) X 的数学期望 $E(X)$;

(2) 概率 $P(X<1\mid X\neq0)$.

◆ 题型解析:(1) $\frac{1}{2k}+\frac{3}{4k}+\frac{5}{8k}+\frac{7}{16k}=\frac{37}{16k}=1$,因此

$$k=\frac{37}{16},\quad E(X)=-\frac{1}{2k}+\frac{5}{8k}+2\times\frac{7}{16k}=\frac{16}{37}.$$

(2) $P(X<1\mid X\neq0)=\dfrac{P(X<1,X\neq0)}{P(X\neq0)}=\dfrac{\frac{1}{2}\times\frac{16}{37}}{1-\frac{3}{4}\times\frac{16}{37}}=\dfrac{8}{25}.$

例 33(2018 年数学一第 22 题、2018 年数学三第 22 题) 设随机变量 X 与 Y 相互独立,X 的概率分布为 $P(X=1)=P(X=-1)=\frac{1}{2}$,$Y$ 服从参数为 λ 的泊松分布.令 $Z=XY$.

(1) 求 $\mathrm{cov}(X,Z)$. (2) 求 Z 的概率分布.

◆ 题型解析:(1) 由 X 与 Y 相互独立,可得 $E(XY)=E(X)E(Y)$.由协方差的计算公式,可得

$$\begin{aligned}\mathrm{cov}(X,Z)&=E(XZ)-E(X)E(Z)=E(X^2Y)-E(X)E(XY)\\&=E(X^2)E(Y)-[E(X)]^2E(Y),\end{aligned}$$

其中 $E(X)=1\times0.5+(-1)\times0.5=0$,$E(X^2)=1^2\times0.5+(-1)^2\times0.5=1$,$E(Y)=\lambda$,所以

$$\mathrm{cov}(X,Z)=\lambda.$$

(2) Y 的分布列为 $P(Y=k)=\frac{\lambda^k}{k!}e^{-\lambda}$,$k=0,1,2,\cdots$,故 $Z=XY$ 为离散型随机变量.由概率的有限可加性可得

$$\begin{aligned}P(Z=k)&=P(XY=k)=P(XY=k,X=1)+P(XY=k,X=-1)\\&=P(Y=k,X=1)+P(Y=-k,X=-1)\\&=0.5P(Y=k)+0.5P(Y=-k).\end{aligned}$$

当 $k=1,2,3,\cdots$ 时,$P(Z=k)=\frac{1}{2}\frac{\lambda^k}{k!}e^{-\lambda}$;

当 $k=0$ 时,$P(Z=k)=e^{-\lambda}$;

当 $k=-1,-2,-3,\cdots$ 时,$P(Z=k)=\frac{1}{2}\frac{\lambda^{-k}}{(-k)!}e^{-\lambda}$.

例 34(2018 年经济类联考综合能力题第 38 题) 从 0,1,2,3 四个数中,随机抽取两个,其积为 Y,求 Y 的概率分布、数学期望和方差.

◆ **题型解析**:Y 的可能取值为 0,2,3,6,则 Y 的概率分布为

$$P(Y=0)=\frac{3}{C_4^2}=\frac{1}{2},\quad P(Y=2)=\frac{1}{C_4^2}=\frac{1}{6},$$

$$P(Y=3)=\frac{1}{C_4^2}=\frac{1}{6},\quad P(Y=6)=\frac{1}{C_4^2}=\frac{1}{6}.$$

于是,

$$E(Y)=0\times\frac{1}{2}+2\times\frac{1}{6}+3\times\frac{1}{6}+6\times\frac{1}{6}=\frac{11}{6},$$

$$E(Y^2)=0^2\times\frac{1}{2}+2^2\times\frac{1}{6}+3^2\times\frac{1}{6}+6^2\times\frac{1}{6}=\frac{49}{6},$$

$$D(Y)=E(Y^2)-[E(Y)]^2=\frac{49}{6}-\left(\frac{11}{6}\right)^2=\frac{173}{36}.$$

例 35(2020 年数学三第 22 题) 二维随机变量(X,Y)在区域 $D=\{(x,y):0<y<\sqrt{1-x^2}\}$ 上服从均匀分布,且

$$Z_1=\begin{cases}1, & X-Y>0,\\ 0, & X-Y\leqslant 0,\end{cases}\quad Z_2=\begin{cases}1, & X+Y>0,\\ 0, & X+Y\leqslant 0.\end{cases}$$

求:(1) 二维随机变量(Z_1,Z_2)的概率分布;(2) Z_1,Z_2 的相关系数.

◆ **题型解析**:本题考查了多维随机变量的分布函数及相关系数.

(1) 区域 D 实际上为单位圆内上半圆部分,因此其面积为 $S=\iint\limits_{0<y<\sqrt{1-x^2}}\mathrm{d}x\,\mathrm{d}y=\frac{\pi}{2}$.因此,由题意知道$(X,Y)$的联合概率密度为

$$f(x,y)=\begin{cases}\frac{2}{\pi}, & (x,y)\in D,\\ 0, & (x,y)\notin D.\end{cases}$$

(Z_1,Z_2)为二维离散型随机变量,其分布列如下:

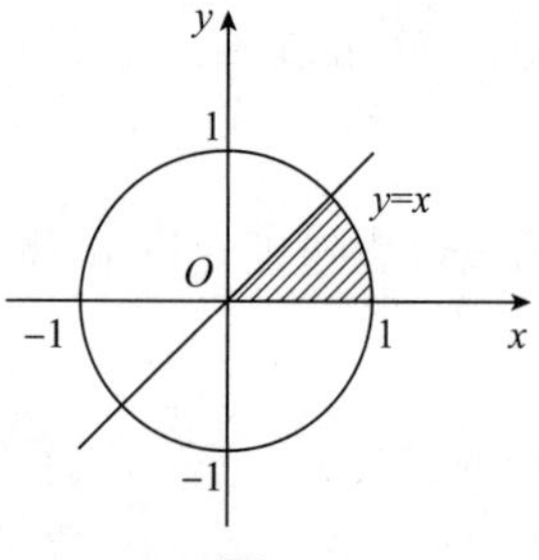

图 3.1

(i) 注意到区域$\{(x,y)\in D:x-y>0,x+y>0\}$为如图 3.1 所示的阴影部分,从而其面积刚好为单位圆面积的$\frac{1}{8}$,即$\frac{\pi}{8}$.因此,

$$\begin{aligned}P(Z_1=1,Z_2=1)&=P(X-Y>0,X+Y>0)\\&=\iint\limits_{\{(x,y)\in D:x-y>0,x+y>0\}}\frac{2}{\pi}\mathrm{d}x\,\mathrm{d}y\\&=\frac{2}{\pi}\times\frac{\pi}{8}=\frac{1}{4}.\end{aligned}$$

(ii) 注意到$\{(x,y)\in D:x-y>0,x+y\leqslant 0\}$为空集,因此,

$$P(Z_1=1,Z_2=0)=P(X-Y>0,X+Y\leqslant 0)=\iint\limits_{\{(x,y)\in D:x-y>0,x+y\leqslant 0\}}\frac{2}{\pi}\mathrm{d}x\,\mathrm{d}y=0.$$

(iii) 注意到区域$\{(x,y)\in D:x-y\leqslant 0,x+y>0\}$为如图 3.2 所示的阴影部分,从而

其面积刚好为单位圆面积的$\frac{1}{4}$，即$\frac{\pi}{4}$.因此，

$$P(Z_1=0,Z_2=1)=P(X-Y\leqslant 0,X+Y>0)$$
$$=\iint\limits_{\{(x,y)\in D:x-y\leqslant 0,x+y>0\}}\frac{2}{\pi}\mathrm{d}x\,\mathrm{d}y=\frac{2}{\pi}\times\frac{\pi}{4}=\frac{1}{2}.$$

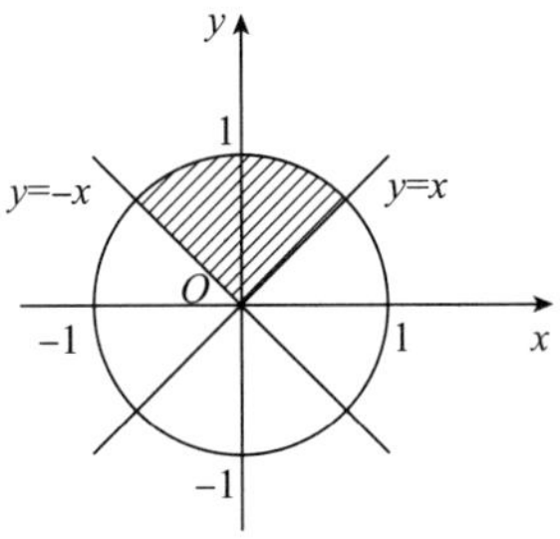

图 3.2

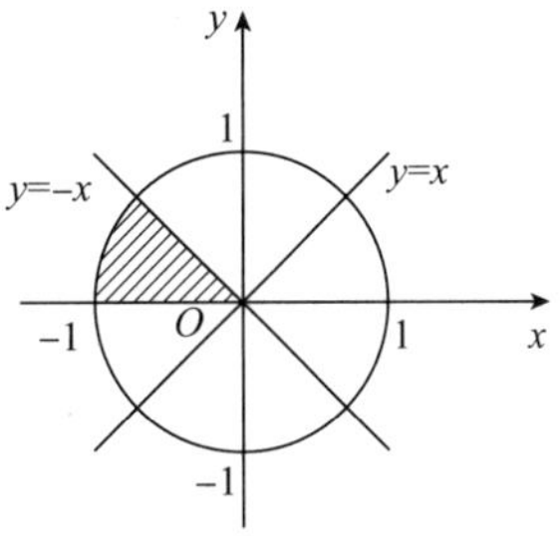

图 3.3

(iv) 注意到区域$\{(x,y)\in D:x-y\leqslant 0,x+y\leqslant 0\}$为如图 3.3 所示的阴影部分，从而其面积刚好为单位圆面积的$\frac{1}{8}$，即$\frac{\pi}{8}$.因此，

$$P(Z_1=0,Z_2=0)=P(X-Y\leqslant 0,X+Y\leqslant 0)$$
$$=\iint\limits_{\{(x,y)\in D:x-y\leqslant 0,x+y\leqslant 0\}}\frac{2}{\pi}\mathrm{d}x\,\mathrm{d}y=\frac{2}{\pi}\times\frac{\pi}{8}=\frac{1}{4}.$$

综上，(Z_1,Z_2)的分布列如下表所示：

Z_2	Z_1	
	0	1
0	$\frac{1}{4}$	0
1	$\frac{1}{2}$	$\frac{1}{4}$

(2) 由分布列可知$P(Z_1=0)=\frac{1}{4}+\frac{1}{2}=\frac{3}{4}$，$P(Z_1=1)=\frac{1}{4}+0=\frac{1}{4}$，从而

$$\mathrm{E}(Z_1)=0\times\frac{3}{4}+1\times\frac{1}{4}=\frac{1}{4},\quad \mathrm{E}(Z_1^2)=0^2\times\frac{3}{4}+1^2\times\frac{1}{4}=\frac{1}{4},$$

$$\mathrm{D}(Z_1)=\mathrm{E}(Z_1^2)-[\mathrm{E}(Z_1)]^2=\frac{1}{4}-\frac{1}{16}=\frac{3}{16}.$$

同理由$P(Z_2=0)=\frac{1}{4}+0=\frac{1}{4}$，$P(Z_2=1)=\frac{1}{4}+\frac{1}{2}=\frac{3}{4}$可得

$$\mathrm{E}(Z_2)=0\times\frac{1}{4}+1\times\frac{3}{4}=\frac{3}{4},\quad \mathrm{E}(Z_2^2)=0^2\times\frac{1}{4}+1^2\times\frac{3}{4}=\frac{3}{4},$$

$$\mathrm{D}(Z_2)=\mathrm{E}(Z_2^2)-[\mathrm{E}(Z_2)]^2=\frac{3}{4}-\frac{9}{16}=\frac{3}{16},\quad \mathrm{E}(Z_1Z_2)=1\times 1\times\frac{1}{4}=\frac{1}{4}.$$

因此，Z_1,Z_2的相关系数为

$$\rho=\frac{\operatorname{cov}(Z_1,Z_2)}{\sqrt{D(Z_2)D(Z_1)}}=\frac{E(Z_1Z_2)-E(Z_1)E(Z_2)}{\sqrt{D(Z_2)D(Z_1)}}=\frac{\frac{1}{4}-\frac{1}{4}\times\frac{3}{4}}{\sqrt{\frac{3}{16}\times\frac{3}{16}}}=\frac{1}{3}.$$

三、习题答案

1. 向上抛一颗制造均匀对称的骰子，当它落地时，其向上的表面出现的点数 ξ 是一个随机变量，求 $E(\xi)$ 及 $D(\xi)$.

解 $E(\xi)=1\times\frac{1}{6}+2\times\frac{1}{6}+3\times\frac{1}{6}+4\times\frac{1}{6}+5\times\frac{1}{6}+6\times\frac{1}{6}=\frac{21}{6}=3.5.$

$$D(\xi)=(1-3.5)^2\times\frac{1}{6}+(2-3.5)^2\times\frac{1}{6}+(3-3.5)^2\times\frac{1}{6}+(4-3.5)^2\times\frac{1}{6}$$
$$+(5-3.5)^2\times\frac{1}{6}+(6-3.5)^2\times\frac{1}{6}=\frac{70}{6}.$$

2. 如果随机变量 ξ 有几何分布：

$$P(\xi=k)=pq^k,\quad k=0,1,2,\cdots.$$

证明：$E(\xi)=qp^{-1}$，$D(\xi)=qp^{-2}$.

难点注释 由定义，$E(\xi)=\sum_{k=0}^{\infty}kpq^k=pq\sum_{k=1}^{\infty}kq^{k-1}$，可由错位相乘来计算，也可由 $|x|<1$ 时，$\sum_{k=1}^{\infty}kx^{k-1}=\left(\sum_{k=1}^{\infty}x^k\right)'$ 来计算.另一方面，当 $|x|<1$ 时，$\sum_{k=1}^{\infty}k(k-1)x^k=x^2\left(\sum_{k=1}^{\infty}x^k\right)''$，再由 $E(\xi^2)=\sum_{k=0}^{\infty}k^2pq^k=pq\sum_{k=1}^{\infty}k^2q^{k-1}=pq\sum_{k=1}^{\infty}[k(k-1)+k]q^{k-1}$ 可计算方差.

证明 此几何分布的概率解析如下：做试验直至某指定结果出现即止，若每次试验该结果出现的概率为 p，不出现的概率为 $q=1-p$，则出现该结果前做试验失败的次数记为 ξ，便有

$$P(\xi=k)=pq^k,\quad k=0,1,2,\cdots.$$

注意到，$\frac{1}{1-x}=1+x+x^2+x^3+\cdots+x^n+\cdots$，当 $|x|<1$，利用级数逐项求导法可得

$$\frac{1}{(1-x)^2}=1+2x+3x^2+4x^3+\cdots+nx^{n-1}+\cdots.$$

对上式再次求导可得

$$\frac{2}{(1-x)^3}=2+3\times2x+4\times3x^n+\cdots+n(n-1)x^{n-2}+\cdots.$$

从而

$$E(\xi)=\sum_{k=0}^{\infty}kpq^k=pq\sum_{k=1}^{\infty}kq^{k-1}=\frac{pq}{(1-q)^2}=\frac{q}{p},$$

$$D(\xi)=E(\xi^2)-[E(\xi)]^2=\sum_{k=0}^{\infty}k^2pq^k-\frac{q^2}{p^2}=\sum_{k=1}^{\infty}[k(k-1)+k]pq^k-\frac{q^2}{p^2}$$

$$=pq^2\sum_{k=2}^{\infty}k(k-1)q^{k-2}+\sum_{k=1}^{\infty}kpq^k-\frac{q^2}{p^2}$$

$$=pq^2\,\frac{2}{(1-q)^3}+\frac{q}{p}-\frac{q^2}{p^2}=\frac{2q^2}{p^2}+\frac{q}{p}-\frac{q^2}{p^2}=qp^{-2}.$$

3. 设 $P(\xi=n)=\dfrac{1}{2^n}, n=1,2,\cdots$,求 $\mathrm{E}(\xi)$ 及 $\mathrm{D}(\xi)$.

方法技巧 本题可以由离散型随机变量的数学期望与方差公式直接计算;也可以转化为习题 2 来计算,即 $P(\xi=n)=\dfrac{1}{2}\times\dfrac{1}{2^{n-1}}, n=1,2,\cdots$,比较随机变量的取值范围及概率,需做变量替换 $\eta=\xi-1$,这样 η 相当于习题 2 中的 ξ,才能用习题 2 的结论.

解　法一

$$\mathrm{E}(\xi)=\sum_{n=1}^{\infty}n\,\frac{1}{2^n}=\frac{1}{2}\sum_{n=1}^{\infty}n\left(\frac{1}{2}\right)^{n-1}=\frac{1}{2}\times\left(\frac{x}{1-x}\right)'\bigg|_{x=\frac{1}{2}}=\frac{1}{2}\times\frac{1}{(1-x)^2}\bigg|_{x=\frac{1}{2}}=2,$$

$$\mathrm{D}(\xi)=\mathrm{E}(\xi^2)-[\mathrm{E}(\xi)]^2=\sum_{n=1}^{\infty}n^2\times\frac{1}{2^n}-4=\sum_{n=1}^{\infty}n(n-1)\,\frac{1}{2^n}+2-4$$

$$=\frac{1}{4}\left(\sum_{n=1}^{\infty}x^n\right)''\bigg|_{x=\frac{1}{2}}-2=\frac{1}{4}\left(\frac{x}{1-x}\right)''\bigg|_{x=\frac{1}{2}}-2=\frac{1}{4}\,\frac{2}{(1-x)^3}\bigg|_{x=\frac{1}{2}}-2=2.$$

法二　令 $\eta=\xi-1$,则

$$P(\eta=k)=P(\xi-1=k)=P(\xi=k+1)=\frac{1}{2}\times\frac{1}{2^k},\quad k=0,1,2,\cdots.$$

由习题 2 及数学期望与方差的性质知道

$$\mathrm{E}(\xi)=\mathrm{E}(\eta+1)=\mathrm{E}(\eta)+1=\frac{1}{2}\times\left(\frac{1}{2}\right)^{-1}+1=2,$$

$$\mathrm{D}(\xi)=\mathrm{D}(\eta+1)=\mathrm{D}(\eta)=\frac{1}{2}\times\left(\frac{1}{2}\right)^{-2}=2.$$

4. 设随机变量 ξ 取任意正整数的概率依几何数列减少.试选择数列的首项 a 及公比 q,使得随机变量 ξ 的数学期望等于 10,并且在此条件下计算 $\{\xi\leqslant 10\}$ 的概率.

方法技巧 由等比数列的通项公式知道 $P(\xi=k)=aq^{k-1}$,再由 $10=\mathrm{E}(\xi)$ 及 $\sum\limits_{k=1}^{\infty}aq^{k-1}=1$ 可得 a 及公比 q,从而求出 $\{\xi\leqslant 10\}$ 的概率.

解　由题意知道

$$10=\mathrm{E}(\xi)=\sum_{k=1}^{\infty}kaq^{k-1}=a\left(\sum_{k=1}^{\infty}x^k\right)'\bigg|_{x=q}=a\left(\frac{x}{1-x}\right)'\bigg|_{x=q}=\frac{a}{(1-q)^2},$$

$$1=\sum_{k=1}^{\infty}aq^{k-1}=\frac{a}{1-q},$$

解得 $q=\dfrac{9}{10}, a=\dfrac{1}{10}$.因此,$P(\xi\leqslant 10)=\sum\limits_{k=1}^{10}\dfrac{1}{10}\times\left(\dfrac{9}{10}\right)^{k-1}=1-\left(\dfrac{9}{10}\right)^{10}$.

5. 无线电台发出的呼叫信号被另一电台接收的概率为 0.2.信号每隔 5s 拍发一次,直到收到对方的回答信号时为止.发出的信号和收到的信号之间要经过 16s 的时间.求在双方建立起联系以前已拍发的呼叫信号的平均次数.

难点注释 平均次数即数学期望,需要先求出分布列.

解 设在双方建立起联系以前已拍发的呼叫信号为ξ,第一个信号被接收要经过16s,在此过程中发出了4个信号,因此

$$P(\xi=4)=0.2;$$

第一个信号没被接收,第二个信号被接收共经历了21秒,在此过程中发射了5个信号,因此

$$P(\xi=5)=0.8\times 0.2=0.16;$$

前两个信号都没被接收,第三个信号被接收共经历了26秒,在此过程中发射了6个信号,因此

$$P(\xi=6)=0.8^2\times 0.2=0.128;$$

以此类推,当$\xi=k$时,在双方建立起联系以前已拍发的呼叫信号为k,从而发出的第$k-3$个信号被收到,前面的$k-4$个信号都没收到,后面3个信号正在发射过程中,因此,

$$P(\xi=k)=0.8^{k-4}\times 0.2.$$

由此,

$$\begin{aligned}E(\xi)&=\sum_{k=4}^{\infty}k\times 0.8^{k-4}\times 0.2=\sum_{k=4}^{\infty}(k-4)\times 0.8^{k-4}\times 0.2+\sum_{k=4}^{\infty}4\times 0.8^{k-4}\times 0.2\\&=0.16\times\left(\sum_{k=0}^{\infty}x^k\right)'\Big|_{x=0.8}+0.8\times\frac{1}{1-0.8}=0.16\times\frac{1}{(1-0.8)^2}+4=8.\end{aligned}$$

6. 一个有n个钥匙的人要开他的门,他随机而独立地用钥匙试开.分别在如下两种情形下求试开次数的数学期望和方差:

(1) 试开不成功的钥匙没有从以后的选取中除去;

(2) 除去试开不成功的钥匙.

方法技巧 问题(1)与(2)的区别在于问题(1)是有放回的,从而试开次数为可列无穷多个,而问题(2)是无放回的,从而试开次数至多为n.

解 (1) 由题意可知,$P(\xi=k)=\left(\frac{n-1}{n}\right)^{k-1}\frac{1}{n}$,$k=1,2,\cdots$,则有

$$\begin{aligned}E(\xi)&=\sum_{k=1}^{\infty}kP(\xi=k)=\sum_{k=1}^{\infty}k\left(\frac{n-1}{n}\right)^{k-1}\frac{1}{n}=\frac{1}{n}\left(\sum_{k=1}^{\infty}x^k\right)'\Big|_{x=\frac{n-1}{n}}\\&=\frac{1}{n}\cdot\frac{1}{(1-x)^2}\Big|_{x=\frac{n-1}{n}}=n,\end{aligned}$$

$$\begin{aligned}E(\xi^2)&=\sum_{k=1}^{\infty}k^2P(\xi=k)=\sum_{k=1}^{\infty}k^2\left(\frac{n-1}{n}\right)^{k-1}\frac{1}{n}=\sum_{k=1}^{\infty}[k(k-1)+k]\left(\frac{n-1}{n}\right)^{k-1}\frac{1}{n}\\&=\sum_{k=1}^{\infty}k(k-1)\left(\frac{n-1}{n}\right)^{k-1}\frac{1}{n}+\sum_{k=1}^{\infty}k\left(\frac{n-1}{n}\right)^{k-1}\frac{1}{n}\\&=\sum_{k=1}^{\infty}k(k-1)\left(\frac{n-1}{n}\right)^{k-1}\frac{1}{n}+E(\xi)\\&=\frac{x}{n}\left(\sum_{k=1}^{\infty}x^k\right)''\Big|_{x=\frac{n-1}{n}}+n=\frac{1}{n}\cdot\frac{2x}{(1-x)^3}\Big|_{x=\frac{n-1}{n}}+n\\&=2n(n-1)+n=2n^2-n.\end{aligned}$$

因此,

$$D(\xi)=E(\xi^2)-[E(\xi)]^2=n^2-n.$$

(2) 由题意

$$P(\xi=1)=\frac{1}{n},\quad P(\xi=2)=\frac{n-1}{n}\cdot\frac{1}{n-1}=\frac{1}{n},$$

$$P(\xi=3)=\frac{n-1}{n}\times\frac{n-2}{n-1}\times\frac{1}{n-2}=\frac{1}{n},\quad\cdots,$$

因此

$$P(\xi=k)=\frac{1}{n},\quad k=1,2,\cdots,n.$$

则

$$\mathrm{E}(\xi)=\sum_{k=1}^{n}kP(\xi=k)=\sum_{k=1}^{n}k\,\frac{1}{n}=\frac{n+1}{2},$$

$$\mathrm{E}(\xi^2)=\sum_{k=1}^{n}k^2P(\xi=k)=\sum_{k=1}^{n}k^2\,\frac{1}{n}=\frac{n(n+1)(2n+1)}{6}\cdot\frac{1}{n}=\frac{(n+1)(2n+1)}{6}.$$

因此,

$$\mathrm{D}(\xi)=\mathrm{E}(\xi^2)-[\mathrm{E}(\xi)]^2=\frac{(n+1)(4n+2-3n-3)}{12}=\frac{n^2-1}{12}.$$

7. 设随机变量(ξ,η)的联合分布为

$$P(\xi=k_1,\eta=k_2)=\frac{r!}{k_1!\ k_2!\ (r-k_1-k_2)!}p_1^{k_1}p_2^{k_2}p_3^{r-k_1-k_2},$$

所定义的三项分布,其中 $p_1+p_2+p_3=1$.按下述方法求 $\mathrm{E}(\xi)$,$\mathrm{D}(\xi)$,$\mathrm{E}(\eta)$,$\mathrm{D}(\eta)$ 及 ξ 和 η 的协方差:

(1) 直接计算;

(2) 把 ξ 和 η 都表示为 r 个相互独立的随机变量之和.

方法技巧 问题(1) 直接计算时,用到了离散型随机变量函数的数学期望公式,即

$$\mathrm{E}[g(\xi,\eta)]=\sum_{k1}\sum_{k2}g(x_{k1},y_{k2})P(\xi=x_{k1},\eta=y_{k2}).$$

问题(2) 类似于二项分布,可以把 ξ 和 η 分别表示为 r 个相互独立的两点分布之和.

解 (1) 直接计算,有

$$\begin{aligned}\mathrm{E}(\xi)&=\sum_{k1=0}^{r}\sum_{k2=0}^{r}k_1\,\frac{r!}{k_1!\ k_2!\ (r-k_1-k_2)!}p_1^{k_1}p_2^{k_2}p_3^{r-k_1-k_2}\\&=rp_1\sum_{k1=1}^{r}\sum_{k2=0}^{r}\frac{(r-1)!}{(k_1-1)!\ k_2!\ [r-1-(k_1-1)-k_2]!}p_1^{k_1-1}p_2^{k_2}p_3^{(r-1)-(k_1-1)-k_2}\\&=rp_1,\end{aligned}$$

$$\begin{aligned}\mathrm{E}(\xi^2)&=\sum_{k1=0}^{r}\sum_{k2=0}^{r}k_1^2\,\frac{r!}{k_1!\ k_2!\ (r-k_1-k_2)!}p_1^{k_1}p_2^{k_2}p_3^{r-k_1-k_2}\\&=\sum_{k1=1}^{r}\sum_{k2=0}^{r}[k_1(k_1-1)+k_1]\,\frac{r!}{k_1!\ k_2!\ (r-k_1-k_2)!}p_1^{k_1}p_2^{k_2}p_3^{r-k_1-k_2}\\&=r(r-1)p_1^2\sum_{k1=2}^{r}\sum_{k2=0}^{r}\frac{(r-2)!}{(k_1-2)!\ k_2!\ [r-2-(k_1-2)-k_2]!}p_1^{k_1-2}p_2^{k_2}p_3^{(r-2)-(k_1-2)-k_2}\\&\quad+\mathrm{E}(\xi)=r(r-1)p_1^2+rp_1.\end{aligned}$$

因此

$$D(\xi)=E(\xi^2)-[E(\xi)]^2=r(r-1)p_1^2+rp_1-r^2p_1^2=rp_1(1-p_1).$$

同理,$E(\eta)=rp_2$,$D(\eta)=rp_2(1-p_2)$.又有,

$$\begin{aligned}E(\xi\eta)&=\sum_{k_1=0}^{r}\sum_{k_2=0}^{r}k_1k_2\frac{r!}{k_1!\ k_2!\ (r-k_1-k_2)!}p_1^{k_1}p_2^{k_2}p_3^{r-k_1-k_2}\\&=r(r-1)p_1p_2\sum_{k_1=1}^{r}\sum_{k_2=1}^{r}\frac{(r-2)!}{(k_1-1)!\ (k_2-1)!\ [r-2-(k_1-1)-(k_2-1)]!}p_1^{k_1-1}p_2^{k_2-1}p_3^{(r-2)-(k_1-1)-(k_2-1)}\\&=r(r-1)p_1p_2,\end{aligned}$$

则

$$\mathrm{cov}(\xi,\eta)=E(\xi\eta)-E(\xi)E(\eta)=r(r-1)p_1p_2-r^2p_1p_2=-rp_1p_2.$$

(2) 设 r 次独立重复试验中,每次试验有三个结果 A,B,C,在一次试验中这三个结果出现的概率分别是 p_1,p_2,p_3,设 ξ_i,η_i,ζ_i 分别表示第 i 次试验中 A,B,C 出现的次数,ξ,η,ζ 分别表示 r 次试验中 A,B,C 出现的次数,则

$$\xi=\sum_{i=1}^{r}\xi_i,\quad \eta=\sum_{i=1}^{r}\eta_i,\quad \zeta=\sum_{i=1}^{r}\zeta_i,$$

$$E(\xi_i)=p_1,\quad E(\eta_i)=p_2,\quad E(\zeta_i)=p_3,\quad E(\xi_i\eta_i)=0,$$

$$D(\xi_i)=p_1(1-p_1),\quad D(\eta_i)=p_2(1-p_2),\quad D(\zeta_i)=p_3(1-p_3),\quad i=1,2,\cdots,n.$$

由数学期望与方差的性质知道

$$E(\xi)=E\left(\sum_{i=1}^{r}\xi_i\right)=rE(\xi_i)=rp_1,\quad E(\eta)=E\left(\sum_{i=1}^{r}\eta_i\right)=rE(\eta_i)=rp_2,$$

$$E(\zeta)=E\left(\sum_{i=1}^{r}\zeta_i\right)=rE(\zeta_i)=rp_3,\quad D(\xi)=D\left(\sum_{i=1}^{r}\xi_i\right)=rD(\xi_i)=rp_1(1-p_1),$$

$$D(\eta)=D\left(\sum_{i=1}^{r}\eta_i\right)=rD(\eta_i)=rp_2(1-p_2),$$

$$\begin{aligned}\mathrm{cov}(\xi,\eta)&=\mathrm{cov}\left(\sum_{i=1}^{r}\xi_i,\sum_{j=1}^{r}\eta_j\right)=\sum_{i=1}^{r}\sum_{j=1}^{r}\mathrm{cov}(\xi_i,\eta_j)\\&=\sum_{i=1}^{r}[E(\xi_i\eta_i)-E(\xi_i)E(\eta_i)]=-rp_1p_2.\end{aligned}$$

8. 设每天到达货站的货物件数为 N,其概率分布为

$N=n$	10	11	12	13	14	15
$P(N=n)$	0.05	0.10	0.10	0.20	0.35	0.20

如果每天到达的货物中次品的概率是相同的,都等于 0.10.用 ξ 表示每天到达的货物中次品的件数,求 $E(\xi)$ 及 $D(\xi)$.

难点注释 ξ 服从二项分布,但二项分布的第一个参数即每天到达货站的货物件数 N 不确定,因此需要用全期望公式分布计算 $E(\xi)=E[E(\xi\mid N)]$ 及 $E(\xi^2)=E[E(\xi^2\mid N)]$.

解 依题意,当 $N=n$ 时,ξ 服从参数为 $n,p=0.10$ 的二项分布,因而

$$E(\xi\mid N)=0.10N,\quad D(\xi\mid N)=0.09N,$$

$$E(\xi^2\mid N)=D(\xi\mid N)+[E(\xi\mid N)]^2=0.09N+0.01N^2.$$

由全期望公式

$$\begin{aligned}E(\xi)&=E[E(\xi \mid N)]=E(0.10N)=0.10E(N)\\&=0.10\times(0.5+1.1+1.2+2.6+4.9+3)=1.33,\end{aligned}$$

$$\begin{aligned}E(\xi^2)&=E[E(\xi^2 \mid N)]=E(0.09N+0.01N^2)=0.09E(N)+0.01E(N^2)\\&=0.09\times 13.3+0.01\times(5+12.1+14.4+33.8+54.6+45)=2.986,\end{aligned}$$

$$D(\xi)=E(\xi^2)-\left[E(\xi)\right]^2=2.986-1.33^2=1.217.$$

9. 在10件产品中有2件一级品、7件二级品和1件次品.从10件产品中不放回地抽取了3件,用ξ表示其中一级品数,η表示二级品数.求ξ与η的相关系数.

方法技巧 先求出联合分布列,再由公式计算协方差及方差,从而由相关系数公式$\rho=\dfrac{\mathrm{cov}(\xi,\eta)}{\sqrt{D(\xi)D(\eta)}}$可得相关系数.

解 由题意,

$$P(\xi=0,\eta=0)=0,\quad P(\xi=0,\eta=1)=0,\quad P(\xi=0,\eta=2)=\frac{C_7^2C_1^1}{C_{10}^3},$$

$$P(\xi=0,\eta=3)=\frac{C_7^3}{C_{10}^3},\quad P(\xi=1,\eta=0)=0,$$

$$P(\xi=1,\eta=1)=\frac{C_7^1C_2^1}{C_{10}^3},\quad P(\xi=1,\eta=2)=\frac{C_2^1C_7^2}{C_{10}^3},$$

$$P(\xi=1,\eta=3)=0,\quad P(\xi=2,\eta=0)=\frac{C_2^2}{C_{10}^3},\quad P(\xi=2,\eta=1)=\frac{C_2^2C_7^1}{C_{10}^3},$$

$$P(\xi=2,\eta=2)=0,\quad P(\xi=2,\eta=3)=0.$$

因此,ξ与η的联合概率分布为

ξ	η			
	0	1	2	3
0	0	0	$\frac{21}{120}$	$\frac{35}{120}$
1	0	$\frac{14}{120}$	$\frac{42}{120}$	0
2	$\frac{1}{120}$	$\frac{7}{120}$	0	0

$$E(\xi\eta)=1\times\frac{14}{120}+2\times\frac{42}{120}+2\times\frac{7}{120}=\frac{112}{120},\quad E(\xi)=1\times\frac{56}{120}+2\times\frac{8}{120}=\frac{72}{120},$$

$$E(\eta)=1\times\frac{21}{120}+2\times\frac{63}{120}+3\times\frac{35}{120}=\frac{252}{120},$$

$$\mathrm{cov}(\xi,\eta)=E(\xi\eta)-E(\xi)E(\eta)=\frac{112}{120}-\frac{72}{120}\times\frac{252}{120}=\frac{28}{30}-\frac{6}{10}\times\frac{21}{10}=\frac{280-378}{300}=-\frac{49}{150}.$$

$$E(\xi^2)=1^2\times\frac{56}{120}+2^2\times\frac{8}{120}=\frac{88}{120},\quad D(\xi)=E(\xi^2)-[E(\xi)]^2=\frac{28}{75},$$

$$E(\eta^2)=1^2\times\frac{21}{120}+2^2\times\frac{63}{120}+3^2\times\frac{35}{120}=\frac{49}{10},\quad D(\eta)=E(\eta^2)-[E(\eta)]^2=\frac{49}{100}.$$

由此可得，

$$\rho=\frac{\operatorname{cov}(\xi,\eta)}{\sqrt{D(\xi)D(\eta)}}=-\frac{\sqrt{21}}{6}.$$

10. 试验成功的概率为 p，不成功的概率为 $1-p$，经过 m 次成功试验后达到预定结果（某事件发生）的概率（条件概率）$G(m)$ 为

$$G(m)=1-\left(1-\frac{1}{c}\right)^m,\quad c \text{ 为正常数}.$$

求为了达到预定结果，必须进行的独立试验次数的期望值.

解 设 $P_n(A)$ 表示在 n 次试验后达到预定结果的概率，$P_{n,m}$ 为在 n 次试验中有 m 次成功的概率. 由全概率公式，有

$$P_n(A)=\sum_{m=0}^{n}P_{n,m}G(m).$$

由题设条件

$$P_{n,m}=C_n^m p^m(1-p)^{n-m},$$

故

$$P_n(A)=\sum_{m=0}^{n}C_n^m p^m(1-p)^{n-m}\left[1-\left(1-\frac{1}{c}\right)^m\right]=1-\left(1-\frac{p}{c}\right)^n.$$

如果在第 n 次试验时达到了预定的结果，则必须要恰好有 n 次试验，此概率为 $P_n(A)-P_{n-1}(A)$. 故为了达到预定结果所必须进行试验的次数的数学期望为

$$E(\xi)=\sum_{n=1}^{\infty}n\big(P_n(A)-P_{n-1}(A)\big)=\sum_{n=1}^{\infty}n\left(1-\frac{p}{c}\right)^{n-1}\frac{p}{c}=\frac{c}{p}.$$

11. 设 ξ 服从二项分布 $B(n,p)$. 证明：

$$E(\xi-np)^4=npq(p^3+q^3)+3p^2q^2(n^2-n).$$

方法技巧 $\xi\sim B(n,p)$，从而 $E(\xi)=np$，$D(\xi)=npq$，$E(\xi^2)=D(\xi)+[E(\xi)]^2$. 计算 $E(\xi^3)$ 和 $E(\xi^4)$ 时，由离散型随机变量函数的期望公式计算时，注意把组合数展开，通过添项去项，并结合二项展开 $\sum_{k=0}^{n}C_n^k a^k b^{n-k}=(a+b)^n$ 去计算.

证明 由题意

$$\begin{aligned}E(\xi-np)^4&=E[\xi^4+4\xi^3(-np)+6\xi^2(-np)^2+4\xi(-np)^3+(-np)^4]\\&=E(\xi^4)-4npE(\xi^3)+6(np)^2E(\xi^2)-4(np)^3E(\xi)+(np)^4,\end{aligned}$$

其中

$$E(\xi)=np,$$

$$\begin{aligned}E(\xi^2)&=\sum_{k=0}^{n}k^2C_n^k p^k(1-p)^{n-k}=D(\xi)+[E(\xi)]^2\\&=np(1-p)+(np)^2=(np)^2+npq,\end{aligned}$$

$$E(\xi^3)=\sum_{k=0}^{n}k^3C_n^k p^k(1-p)^{n-k}=\sum_{k=0}^{n}k^3\frac{n!}{k!\,(n-k)!}p^k(1-p)^{n-k}$$

$$=np\sum_{k=1}^{n}k^2\frac{(n-1)!}{(k-1)!\ [(n-1)-(k-1)]!}p^{k-1}(1-p)^{(n-1)-(k-1)}$$

$$=np\sum_{k=1}^{n}(k-1+1)^2\frac{(n-1)!}{(k-1)!\ [(n-1)-(k-1)]!}p^{k-1}(1-p)^{(n-1)-(k-1)}$$

$$=np\sum_{k=1}^{n}(k-1)^2\frac{(n-1)!}{(k-1)!\ [(n-1)-(k-1)]!}p^{k-1}(1-p)^{(n-1)-(k-1)}$$

$$+np\sum_{k=1}^{n}2(k-1)\frac{(n-1)!}{(k-1)!\ [(n-1)-(k-1)]!}p^{k-1}(1-p)^{(n-1)-(k-1)}$$

$$+np\sum_{k=1}^{n}\frac{(n-1)!}{(k-1)!\ [(n-1)-(k-1)]!}p^{k-1}(1-p)^{(n-1)-(k-1)}$$

$$=np[(n-1)^2p^2+(n-1)pq]+2np[(n-1)p]+np,$$

$$E(\xi^4)=\sum_{k=0}^{n}k^4C_n^kp^k(1-p)^{n-k}$$

$$=np\sum_{k=1}^{n}k^3\frac{(n-1)!}{(k-1)!\ [(n-1)-(k-1)]!}p^{k-1}(1-p)^{(n-1)-(k-1)}$$

$$=np\{(n-1)p[(n-2)^2p^2+(n-2)pq]+2(n-1)p[(n-2)p]+(n-1)p\}.$$

因此,

$$E((\xi-np)^4)=npq(p^3+q^3)+3p^2q^2(n^2-n).$$

12. 在伯努利试验序列中,令 ξ 表示由第一个试验开始算起的游程的长度(或正面或反面游程).求 ξ 的分布及 $E(\xi)$,$D(\xi)$.

方法技巧 首先求出 ξ 的分布列.$\xi=2$ 包含了两种情况:正面游程为 2、反面游程为 2,其中正面游程为 2 表示前两次正面,第 3 次反面,因此,正面游程为 2 的概率为 p^2q,其中 p 表示一次试验中正面向上的概率,q 表示一次试验中反面向上的概率,从而

$$P(\xi=2)=p^2q+q^2p.$$

类似地可算 $P(\xi=k)$.

解 设 p 为一次试验中正面向上的概率,q 为一次试验中反面向上的概率,则由题意,

$$P(\xi=1)=pq+qp=2pq,\quad P(\xi=2)=p^2q+q^2p,\quad \cdots,$$

因此,

$$P(\xi=k)=p^kq+q^kp,\quad k=1,2,\cdots.$$

$$E(\xi)=\sum_{k=1}^{\infty}kP(\xi=k)=\sum_{k=1}^{\infty}(kp^kq+kq^kp)$$

$$=qp\left(\sum_{k=1}^{\infty}x^k\right)'\bigg|_{x=p}+qp\left(\sum_{k=1}^{\infty}x^k\right)'\bigg|_{x=q}$$

$$=qp\left[\frac{1}{(1-p)^2}+\frac{1}{(1-q)^2}\right]=\frac{p}{q}+\frac{q}{p}=\frac{q^2+q^2}{pq},$$

$$E(\xi^2)=\sum_{k=1}^{\infty}k^2P(\xi=k)=\sum_{k=1}^{\infty}(k^2p^kq+k^2q^kp)$$

$$=\sum_{k=1}^{\infty}k(k-1)p^kq+\sum_{k=1}^{\infty}k(k-1)q^kp+\sum_{k=1}^{\infty}kp^kq+\sum_{k=1}^{\infty}kq^kp$$

$$=p^2q\left(\sum_{k=1}^{\infty}x^k\right)''\Big|_{x=p}+pq^2\left(\sum_{k=1}^{+\infty}x^k\right)''\Big|_{x=q}+\mathrm{E}(\xi)$$

$$=qp^2\frac{2}{(1-p)^3}+q^2p\frac{2}{(1-q)^3}+\frac{p}{q}+\frac{q}{p}=\frac{p^2}{q^2}+\frac{q^2}{p^2}+\frac{p}{q}+\frac{q}{p},$$

$$\mathrm{D}(\xi)=\mathrm{E}(\xi^2)-\left[\mathrm{E}(\xi)\right]^2=\frac{q}{p}+\frac{p}{q}-2.$$

注 本题"游程"在抛硬币的伯努利试验中的含义是，若连续出现同一结果 k 次，就称这一结果的游程长度为 k.这样，若用 S 表示出现正面，F 表示出现反面，则由第一个试验开始的游程(称为第一个游程，紧跟着的下一个游程称为第二个游程)，长度为 2 是结果为 SSF⋯ 或 FFS⋯ 的所有序列.

13. (继上题) 设 η 是第二个游程的长度，求 η 的分布，$\mathrm{E}(\eta)$ 及 $\mathrm{D}(\eta)$，并求 ξ 和 η 的联合分布.

方法技巧 $\eta=l$ 包含了两种情况：第二个游程为正面且游程长度为 l；第二个游程为反面且游程长度为 l.第二个游程为正面且游程长度为 l 表示第一个游程的最后一次为反面，然后有 l 次正面，紧接着的那次为反面，因此第二个游程为正面且游程长度为 l 的概率为 q^2p^{l-1}.同理可得第二个游程为反面且游程长度为 l 的概率为 p^2q^{l-1}，因此，

$$P(\eta=l)=p^2q^{l-1}+q^2p^{l-1}.$$

解 由题意，

$$P(\eta=l)=p^2q^{l-1}+q^2p^{l-1},\quad l=1,2,\cdots.$$

因此，

$$\mathrm{E}(\eta)=\sum_{l=1}^{\infty}lP(\eta=l)=\sum_{l=1}^{\infty}\left(lp^2q^{l-1}+lq^2p^{l-1}\right)$$

$$=p^2\left[\sum_{l=1}^{\infty}x^l\right]'\Big|_{x=q}+q^2\left[\sum_{l=1}^{\infty}x^l\right]'\Big|_{x=p}$$

$$=p^2\times\frac{1}{(1-q)^2}+q^2\times\frac{1}{(1-p)^2}=2,$$

$$\mathrm{E}(\eta^2)=\sum_{l=1}^{\infty}l^2P(\eta=l)=\sum_{l=1}^{\infty}(l^2p^2q^{l-1}+l^2q^2p^{l-1})$$

$$=p^2\sum_{l=1}^{\infty}l(l-1)q^{l-1}+p^2\sum_{l=1}^{\infty}lq^{l-1}+q^2\sum_{l=1}^{\infty}l(l-1)p^{l-1}+q^2\sum_{l=1}^{\infty}lp^{l-1}$$

$$=p^2q\left[\sum_{l=1}^{\infty}x^l\right]''\Big|_{x=q}+pq^2\left[\sum_{l=1}^{\infty}x^l\right]''\Big|_{x=p}+p^2\frac{1}{(1-q)^2}+q^2\frac{1}{(1-p)^2}$$

$$=p^2q\frac{2}{(1-q)^3}+pq^2\frac{2}{(1-p)^3}+2=\frac{2p}{q}+\frac{2q}{p}+2,$$

$$\mathrm{D}(\eta)=\mathrm{E}(\eta^2)-[\mathrm{E}(\eta)]^2=2\left(\frac{q}{p}+\frac{p}{q}-1\right).$$

ξ 和 η 的联合分布为

$$P(\xi=k,\eta=l)=p^{k+1}q^l+q^{k+1}p^l,\quad k=1,2,\cdots;l=1,2,\cdots.$$

14. 设 v 为整数，若随机变量 ξ 的分布列为

$$P(\xi=k)=\frac{\Gamma(v+k)}{\Gamma(k+1)\Gamma(v)}p^v(1-p)^k,\quad k=0,1,2,\cdots,$$

其中 $0<p<1$,则称 ξ 服从负二项分布,求 $E(\xi)$ 及 $D(\xi)$.

方法技巧 用定义直接计算,或者令 η 是服从帕斯卡分布的随机变量,先证 $\xi=\eta-v$,再用帕斯卡分布的数学期望与方差,可立即导出本题.

解 由 $\Gamma(v+1)=v\Gamma(v)$ 知道,

$$E(\xi)=\sum_{k=0}^{\infty}kP(\xi=k)=\sum_{k=1}^{\infty}k\frac{\Gamma(v+k)}{\Gamma(k+1)\Gamma(v)}p^{v}(1-p)^{k}$$

$$=\frac{v(1-p)}{p}\sum_{k=1}^{\infty}\frac{\Gamma(v+k)}{\Gamma(k)\Gamma(v+1)}p^{v+1}(1-p)^{k-1}=\frac{v(1-p)}{p},$$

$$E(\xi^2)=\sum_{k=0}^{\infty}k^2P(\xi=k)=\sum_{k=1}^{\infty}k(k-1)\frac{\Gamma(v+k)}{\Gamma(k+1)\Gamma(v)}p^{v}(1-p)^{k}+E(\xi)$$

$$=\frac{v(v+1)(1-p)^2}{p^2}\sum_{k=1}^{\infty}\frac{\Gamma(v+k)}{\Gamma(k-1)\Gamma(v+2)}p^{v+2}(1-p)^{k-2}+E(\xi)$$

$$=\frac{v(v+1)(1-p)^2}{p^2}+\frac{v(1-p)}{p},$$

$$D(\xi)=E(\xi^2)-[E(\xi)]^2=\frac{v(1-p)}{p^2}.$$

15. 设随机变量 ξ 服从二项分布,即

$$P(\xi=k)=C_n^kp^k(1-p)^{n-k},\quad k=0,1,2,\cdots,n,$$

其中 $0<p<1$,$q=1-p$.令 $\eta=e^{\xi}$,求 $E(\eta)$ 及 $D(\eta)$.

方法技巧 由离散型随机变量函数的公式直接计算,注意利用二项展式,即

$$\sum_{k=0}^{n}C_n^ka^kb^{n-k}=(a+b)^n.$$

解 由已知可得,

$$E(\eta)=E(e^{\xi})=\sum_{k=1}^{n}e^kP(\xi=k)=\sum_{k=1}^{n}e^kC_n^kp^k(1-p)^{n-k}=(ep+q)^n,$$

$$E(\eta^2)=E(e^{2\xi})=\sum_{k=1}^{n}e^{2k}P(\xi=k)=\sum_{k=1}^{n}e^{2k}C_n^kp^k(1-p)^{n-k}=(e^2p+q)^n,$$

$$D(\eta)=E(\eta^2)-[E(\eta)]^2=(e^2p+q)^n-(ep+q)^{2n}.$$

16. 设 μ 是事件 A 在 n 次重复独立试验中出现的次数,在每次试验中 $P(A)=p$.再设随机变量 η 视 μ 为偶数或奇数而取 0 或 1,求 $E(\eta)$.

方法技巧 η 为离散型随机变量,因此,直接由数学期望的定义去计算,注意 $P(\eta=0)=P$("μ 为偶数"),由第一章习题 65 可得 η 取 0 的概率,进而可求 $P(\eta=1)=1-P(\eta=0)$ 的概率.

解 由第一章习题 65 可得,在 n 次独立试验中 A 出现偶数次的概率是 $\frac{1}{2}[1+(2p-1)^n]$,出现奇数次的概率是 $\frac{1}{2}[1-(2p-1)^n]$,从而

$$E(\eta)=P(\eta=1)=\frac{1}{2}[1-(2p-1)^n].$$

17. 求随机变量 ξ 的数学期望 $E(\xi)$.设 ξ 的分布函数 $F(x)$ 分别给定为

(1)

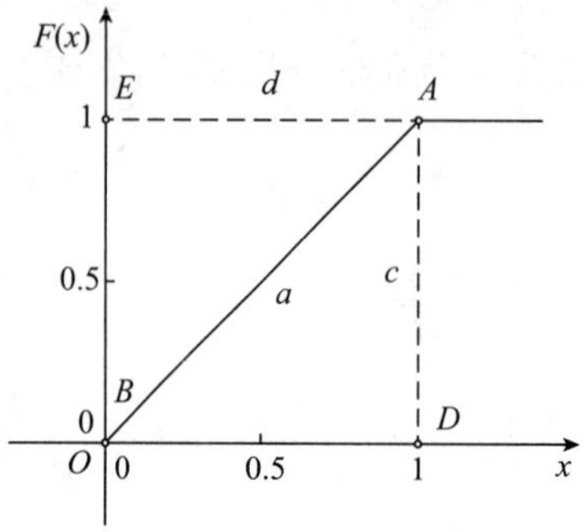

图 3.4

(2)

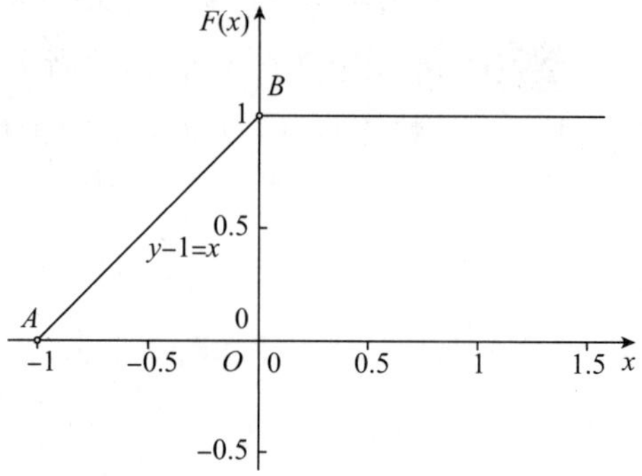

图 3.5

(3)

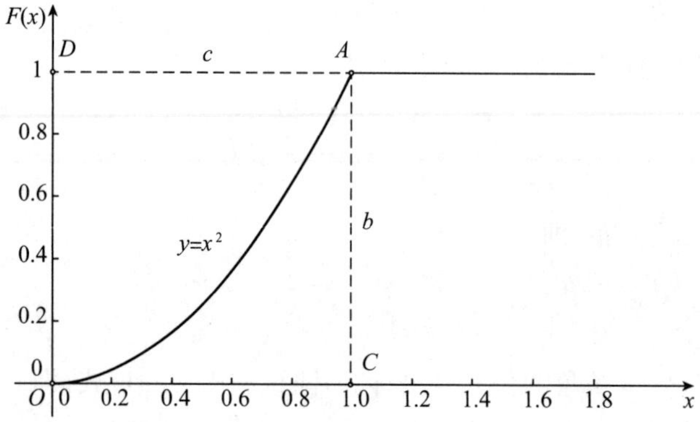

图 3.6

◆ **题型解析**:本题考查了一般随机变量ξ的数学期望定义:$E(\xi)=\int_{-\infty}^{+\infty}x\,dF(x)$,故需要先求出$\xi$的分布函数,然后对其求导数.特别注意,分布函数为分段函数时求导应分段.

解 (1) 由分布函数图 3.4 可得

$$F(x)=\begin{cases}1, & x>1,\\ x, & 0\leqslant x\leqslant 1,\\ 0, & x<0.\end{cases}$$

因此,$E(\xi)=\int_{-\infty}^{+\infty}x\,dF(x)=\int_0^1 x\,dx=\frac{1}{2}$.

(2) 由分布函数图 3.5 可得

$$F(x)=\begin{cases}1, & x>0,\\ x+1, & -1\leqslant x\leqslant 0,\\ 0, & x<-1.\end{cases}$$

因此,$E(\xi)=\int_{-\infty}^{+\infty}x\,dF(x)=\int_{-1}^0 x\,dx=-\frac{1}{2}$.

(3) 由分布函数图 3.6 可得

$$F(x)=\begin{cases}1, & x>1,\\ x^2, & 0\leqslant x\leqslant 1,\\ 0, & x<0.\end{cases}$$

因此，$\mathrm{E}(\xi)=\int_{-\infty}^{+\infty}x\,\mathrm{d}F(x)=\int_0^1 2x^2\,\mathrm{d}x=\dfrac{2}{3}.$

18. 在卜里耶罐子模型(罐子中有 b 个黑球，r 个红球，随机地取出一个球，然后再放回罐中，并且还多放 c 个同色的球) 中，设 ξ_n 是 1 或 0，按第 n 次试验的结果是红球或黑球而定.证明：对 $m\neq n$，$\rho_{\xi_m,\xi_n}=\dfrac{c}{b+r+c}$.

难点注释 由第一章习题 48 可知 ξ_m,ξ_n 的联合分布及 ξ_n 的分布，从而可求 ξ_m,ξ_n 的协方差及各自的方差，进而由定义可得相关系数.

证明 由第一章习题 48 知道，任何一次取得黑球的概率都是$\dfrac{b}{b+r}$；任何一次取得红球的概率都是 $\dfrac{r}{b+r}$；当 $m\neq n$ 时，第 m 次取得红球、第 n 次也取得红球的概率为 $\dfrac{r(r+c)}{(b+r)(b+r+c)}$，从而

$$\mathrm{E}(\xi_n)=\frac{r}{b+r},\quad \mathrm{E}(\xi_n^2)=\frac{r}{b+r},\quad \mathrm{E}(\xi_n\xi_m)=\frac{r(r+c)}{(b+r)(b+r+c)},$$

因此，

$$\mathrm{D}(\xi_n)=\mathrm{E}(\xi_n^2)-[\mathrm{E}(\xi_n)]^2=\frac{br}{(b+r)^2},\quad n=1,2,3,\cdots.$$

当 $m\neq n$ 时，ξ_m,ξ_n 的协方差为

$$\begin{aligned}\mathrm{cov}(\xi_n,\xi_m)&=\mathrm{E}(\xi_n\xi_m)-\mathrm{E}(\xi_n)\mathrm{E}(\xi_m)=\frac{r(r+c)}{(b+r)(b+r+c)}-\frac{r^2}{(b+r)^2}\\&=\frac{r[r^2+(b+c)r+bc-rb-r^2-rc]}{(b+r)^2(b+r+c)}=\frac{rbc}{(b+r)^2(b+r+c)},\end{aligned}$$

则相关系数为

$$\rho_{\xi_m,\xi_n}=\frac{\mathrm{cov}(\xi_m,\xi_n)}{\sqrt{\mathrm{D}(\xi_m)\mathrm{D}(\xi_n)}}=\frac{\dfrac{rbc}{(b+r)^2(b+r+c)}}{\dfrac{br}{(b+r)^2}}=\frac{c}{b+r+c}.$$

19. 设随机变量 ξ 服从指数分布，概率密度函数为

$$f(x)-\begin{cases}b\mathrm{e}^{-bx}, & x\geqslant 0,b>0,\\ 0, & x<0.\end{cases}$$

求 $\mathrm{E}(\xi)$ 及 $\mathrm{D}(\xi)$.

解

$$\begin{aligned}\mathrm{E}(\xi)&=\int_{-\infty}^{+\infty}xf(x)\,\mathrm{d}x=\int_0^{+\infty}xb\mathrm{e}^{-bx}\,\mathrm{d}x=-\int_0^{+\infty}x\,\mathrm{d}\mathrm{e}^{-bx}\\&=-x\mathrm{e}^{-bx}\Big|_{x=0}^{+\infty}+\int_0^{+\infty}\mathrm{e}^{-bx}\,\mathrm{d}x=\frac{1}{b},\end{aligned}$$

$$\mathrm{E}(\xi^2)=\int_{-\infty}^{+\infty}x^2f(x)\,\mathrm{d}x=\int_0^{+\infty}x^2b\mathrm{e}^{-bx}\,\mathrm{d}x=-\int_0^{+\infty}x^2\,\mathrm{d}\mathrm{e}^{-bx}$$

$$=-x^2\mathrm{e}^{-bx}\Big|_{x=0}^{+\infty}+\int_0^{+\infty}2x\mathrm{e}^{-bx}\mathrm{d}x=\frac{2}{b^2},$$

$$\mathrm{D}(\xi)=\mathrm{E}(\xi^2)-[\mathrm{E}(\xi)]^2=\frac{2}{b^2}-\frac{1}{b^2}=\frac{1}{b^2}.$$

20. 设随机变量 ξ 的分布函数为

$$F(x)=\begin{cases}0, & x<-1,\\ a+b\arcsin x, & -1\leqslant x<1,\\ 1, & x\geqslant 1.\end{cases}$$

求 a,b 及 $\mathrm{E}(\xi),\mathrm{D}(\xi)$.

难点注释 此题中 $F(x)$ 已经满足 $F(+\infty)=1,F(-\infty)=0$.要想建立等式求 a,b 值,只能根据 $F(x)$ 在1及-1处的左连续性.分布函数确定后可由公式 $\mathrm{E}[g(\xi)]=\int_{-\infty}^{+\infty}g(x)\mathrm{d}F(x)$ 求数学期望与方差.注意$(\arcsin x)'=\dfrac{1}{\sqrt{1-x^2}}$.

解 由分布函数的左连续性可得,

$$0=\lim_{x\to-1^-}F(x)=F(-1)=a+b\left(-\frac{\pi}{2}\right),\quad 1=\lim_{x\to1^-}F(x)=F(1)=a+b\left(\frac{\pi}{2}\right),$$

因此,$a=\dfrac{1}{2},b=\dfrac{1}{\pi}$.故

$$\mathrm{E}(\xi)=\int_{-\infty}^{+\infty}x\mathrm{d}F(x)=\int_{-1}^{1}\frac{x}{\pi\sqrt{1-x^2}}\mathrm{d}x=0,$$

$$\mathrm{E}(\xi^2)=\int_{-\infty}^{+\infty}x^2\mathrm{d}F(x)=\int_{-1}^{1}\frac{x^2}{\pi\sqrt{1-x^2}}\mathrm{d}x=2\int_0^{\frac{\pi}{2}}\frac{\cos y\cdot\sin^2 y}{\pi\sqrt{1-\sin^2 y}}\mathrm{d}y$$

$$=2\int_0^{\frac{\pi}{2}}\frac{\sin^2 y}{\pi}\mathrm{d}y=\int_0^{\frac{\pi}{2}}\frac{1-\cos(2y)}{\pi}\mathrm{d}y=\frac{1}{2},$$

$$\mathrm{D}(\xi)=\mathrm{E}(\xi^2)-[\mathrm{E}(\xi)]^2=\frac{1}{2}.$$

21.(贝塔分布) 随机变量 ξ 的概率密度函数为

$$f(x)=\begin{cases}Ax^{\alpha-1}(1-x)^{\beta-1}, & 0<x<1,\\ 0, & \text{其他},\end{cases}$$

其中 $\alpha>0,\beta>0$ 都是常数.求:(1) 系数 A;(2)$\mathrm{E}(\xi)$ 及 $\mathrm{D}(\xi)$.

难点注释 由$\int_{-\infty}^{+\infty}f(x)\mathrm{d}x=1$及$\int_0^1x^{\alpha-1}(1-x)^{\beta-1}\mathrm{d}x=B(\alpha,\beta)$可得$A$的值,其中$B(\alpha,\beta)$为贝塔函数.计算数学期望与方差时要注意贝塔函数与伽马函数之间的关系:

$$B(\alpha,\beta)=\frac{\Gamma(\alpha)\Gamma(\beta)}{\Gamma(\alpha+\beta)}.$$

解 (1)
$$1=\int_{-\infty}^{+\infty}f(x)\mathrm{d}x=\int_0^1Ax^{\alpha-1}(1-x)^{\beta-1}\mathrm{d}x$$

$$=A\int_0^1x^{\alpha-1}(1-x)^{\beta-1}\mathrm{d}x=AB(\alpha,\beta),$$

因此,$A=\dfrac{1}{B(\alpha,\beta)}=\dfrac{\Gamma(\alpha+\beta)}{\Gamma(\alpha)\Gamma(\beta)}$.

(2)
$$E(\xi)=\int_{-\infty}^{+\infty}xf(x)\mathrm{d}x=\int_0^1\frac{1}{B(\alpha,\beta)}x^{\alpha}(1-x)^{\beta-1}\mathrm{d}x$$
$$=\frac{B(\alpha+1,\beta)}{B(\alpha,\beta)}=\frac{\dfrac{\Gamma(\alpha+1)\Gamma(\beta)}{\Gamma(\alpha+1+\beta)}}{\dfrac{\Gamma(\alpha)\Gamma(\beta)}{\Gamma(\alpha+\beta)}}=\frac{\alpha}{\alpha+\beta},$$
$$E(\xi^2)=\int_{-\infty}^{+\infty}x^2f(x)\mathrm{d}x=\int_0^1\frac{1}{B(\alpha,\beta)}x^{\alpha+1}(1-x)^{\beta-1}\mathrm{d}x=\frac{B(\alpha+2,\beta)}{B(\alpha,\beta)}$$
$$=\frac{\dfrac{\Gamma(\alpha+2)\Gamma(\beta)}{\Gamma(\alpha+2+\beta)}}{\dfrac{\Gamma(\alpha)\Gamma(\beta)}{\Gamma(\alpha+\beta)}}=\frac{\alpha(\alpha+1)}{(\alpha+\beta)(\alpha+\beta+1)},$$
$$D(\xi)=E(\xi^2)-[E(\xi)]^2=\frac{\alpha\beta}{(\alpha+\beta)^2(\alpha+\beta+1)}.$$

22. 设 ξ 服从瑞利分布,概率密度函数为
$$f(x)=\begin{cases}0, & x<0,\\ \dfrac{x}{a}\mathrm{e}^{-\frac{x^2}{2a}}, & x\geqslant 0,a>0.\end{cases}$$
求 $E(\xi)$ 及 $D(\xi)$.

特别提醒 注意分布积分公式的应用及 a 为正值.

解
$$E(\xi)=\int_{-\infty}^{+\infty}xf(x)\mathrm{d}x=\int_0^{+\infty}\frac{x^2}{a}\mathrm{e}^{-\frac{x^2}{2a}}\mathrm{d}x=-\int_0^{+\infty}x\,\mathrm{d}\mathrm{e}^{-\frac{x^2}{2a}}$$
$$=-x\mathrm{e}^{-\frac{x^2}{2a}}\Big|_{x=0}^{+\infty}+\int_0^{+\infty}\mathrm{e}^{-\frac{x^2}{2a}}\mathrm{d}x=\sqrt{\frac{\pi a}{2}},$$
$$E(\xi^2)=\int_{-\infty}^{+\infty}x^2f(x)\mathrm{d}x=\int_0^{+\infty}\frac{x^3}{a}\mathrm{e}^{-\frac{x^2}{2a}}\mathrm{d}x=-\int_0^{+\infty}x^2\mathrm{d}\mathrm{e}^{-\frac{x^2}{2a}}$$
$$=-x^2\mathrm{e}^{-\frac{x^2}{2a}}\Big|_{x=0}^{+\infty}+2\int_0^{+\infty}x\mathrm{e}^{-\frac{x^2}{2a}}\mathrm{d}x=2a,$$
$$D(\xi)=E(\xi^2)-[E(\xi)]^2=2a-\frac{\pi a}{2}=\frac{(4-\pi)a}{2}.$$

23. 设随机变量 ξ 的概率密度函数为
$$f(x)=\frac{1}{2}\mathrm{e}^{-|x|},\quad -\infty<x<+\infty.$$
求 $E(\xi)$ 及 $D(\xi)$.

特别提醒 注意对 x 分区间,从而去绝对值.

解
$$E(\xi)=\int_{-\infty}^{+\infty}xf(x)\mathrm{d}x=\int_{-\infty}^{+\infty}\frac{x}{2}\mathrm{e}^{-|x|}\mathrm{d}x=0,$$
$$E(\xi^2)=\int_{-\infty}^{+\infty}x^2f(x)\mathrm{d}x=\int_{-\infty}^{+\infty}\frac{x^2}{2}\mathrm{e}^{-|x|}\mathrm{d}x=\int_0^{+\infty}x^2\mathrm{e}^{-x}\mathrm{d}x=-\int_0^{+\infty}x^2\mathrm{d}\mathrm{e}^{-x}$$
$$=-x^2\mathrm{e}^{-x}\Big|_{x=0}^{+\infty}+2\int_0^{+\infty}x\mathrm{e}^{-x}\mathrm{d}x=2\int_0^{+\infty}\mathrm{e}^{-x}\mathrm{d}x=2,$$
$$D(\xi)=E(\xi^2)-[E(\xi)]^2=2.$$

24. 气体分子的速度服从麦克斯韦分布：

$$f(x)=\begin{cases}Ax^2e^{-\frac{x^2}{a^2}}, & x\geqslant 0,\\ 0, & x<0,\end{cases}$$

其中 $a>0$ 为常数.求:(1) 系数 A;(2) 气体分子速度的均值及方差.

解 (1)
$$1=\int_{-\infty}^{+\infty}f(x)\mathrm{d}x=\int_0^{+\infty}Ax^2e^{-\frac{x^2}{a^2}}\mathrm{d}x=-\frac{Aa^2}{2}\int_0^{+\infty}x\,\mathrm{d}e^{-\frac{x^2}{a^2}}$$
$$=-\frac{Aa^2}{2}\left(xe^{-\frac{x^2}{a^2}}\Big|_{x=0}^{+\infty}-\int_0^{+\infty}e^{-\frac{x^2}{a^2}}\mathrm{d}x\right)$$
$$=\frac{Aa^2}{4}\int_{-\infty}^{+\infty}e^{-\frac{x^2}{a^2}}\mathrm{d}x=\frac{Aa^3}{4}\cdot\sqrt{\pi},$$

因此 $A=\dfrac{4}{a^3\sqrt{\pi}}$.

(2)
$$E(\xi)=\int_{-\infty}^{+\infty}xf(x)\mathrm{d}x=A\int_0^{+\infty}x^3e^{-\frac{x^2}{a^2}}\mathrm{d}x=-\frac{a^2A}{2}\int_0^{+\infty}x^2\mathrm{d}e^{-\frac{x^2}{a^2}}$$
$$=-\frac{a^2A}{2}\left(x^2e^{-\frac{x^2}{a^2}}\Big|_{x=0}^{+\infty}-2\int_0^{+\infty}xe^{-\frac{x^2}{a^2}}\mathrm{d}x\right)=a^2A\int_0^{+\infty}xe^{-\frac{x^2}{a^2}}\mathrm{d}x$$
$$=-\frac{a^4}{2}A\int_0^{+\infty}\mathrm{d}e^{-\frac{x^2}{a^2}}=\frac{a^4}{2}A=\frac{2a}{\sqrt{\pi}},$$
$$E(\xi^2)=\int_{-\infty}^{+\infty}x^2f(x)\mathrm{d}x=A\int_0^{+\infty}x^4e^{-\frac{x^2}{a^2}}\mathrm{d}x=-\frac{Aa^2}{2}\int_0^{+\infty}x^3\mathrm{d}e^{-\frac{x^2}{a^2}}$$
$$=\frac{3Aa^2}{2}\int_0^{+\infty}x^2e^{-\frac{x^2}{a^2}}\mathrm{d}x=\frac{3a^2}{2},$$
$$D(\xi)=E(\xi^2)-[E(\xi)]^2=\frac{3a^2}{2}-\frac{4a^2}{\pi}=\left(\frac{3}{2}-\frac{4}{\pi}\right)a^2.$$

25. 若随机变量 ξ 的概率密度函数为

$$f(x)=\frac{1}{2a}e^{-\frac{|x-a|}{a}},\quad a>0,$$

则称 ξ 服从拉普拉斯分布,求 $E(\xi)$,$D(\xi)$.

特别提醒 注意变量替换及分区间去绝对值.

解
$$E(\xi)=\int_{-\infty}^{+\infty}xf(x)\mathrm{d}x=\int_{-\infty}^{+\infty}\frac{x}{2a}e^{-\frac{|x-a|}{a}}\mathrm{d}x\xlongequal{y=\frac{x}{a}}\int_{-\infty}^{+\infty}\frac{ay}{2}e^{-|y-1|}\mathrm{d}y$$
$$=\int_{-\infty}^{+\infty}\frac{a(y-1)}{2}e^{-|y-1|}\mathrm{d}y+\int_{-\infty}^{+\infty}\frac{a}{2}e^{-|y-1|}\mathrm{d}y$$
$$=\frac{a}{2}\int_{-\infty}^{+\infty}e^{-|y|}\mathrm{d}y=a\int_0^{+\infty}e^{-y}\mathrm{d}y=a,$$

$$E(\xi^2)=\int_{-\infty}^{+\infty}x^2f(x)\mathrm{d}x=\int_{-\infty}^{+\infty}\frac{x^2}{2a}e^{-\frac{|x-a|}{a}}\mathrm{d}x\xlongequal{y=\frac{x}{a}}\int_{-\infty}^{+\infty}\frac{a^2y^2}{2}e^{-|y-1|}\mathrm{d}y$$
$$=\int_{-\infty}^{+\infty}\frac{a^2(y^2+2y+1)}{2}e^{-|y|}\mathrm{d}y=\frac{a^2}{2}\int_{-\infty}^{+\infty}y^2e^{-|y|}\mathrm{d}y+\frac{a^2}{2}\int_{-\infty}^{+\infty}e^{-|y|}\mathrm{d}y$$

$$=a^2\int_0^{+\infty}y^2e^{-y}dy+a^2\int_0^{+\infty}e^{-y}dy=-a^2\int_0^{+\infty}y^2de^{-y}+a^2$$

$$=a^2\int_0^{+\infty}2e^{-y}ydy+a^2=-2a^2\int_0^{+\infty}yde^{-y}+a^2=3a^2,$$

$$D(\xi)=E(\xi^2)-[E(\xi)]^2=3a^2-a^2=2a^2.$$

26. 设随机变量(ξ,η)的概率密度函数为

$$f(x,y)=A\sin(x+y),\quad 0\leqslant x\leqslant\frac{\pi}{2},\quad 0\leqslant y\leqslant\frac{\pi}{2}.$$

求:(1) 系数 A;(2)$E(\xi)$,$E(\eta)$,$D(\xi)$,$D(\eta)$;(3) 协方差及相关系数 ρ.

◆ 题型解析:此题考查了多维随机变量的概率密度函数的性质、数学期望与方差的定义、协方差与相关系数的定义.运用公式计算时要特别注意分部积分公式的正确运用.

解 (1) 由 $1=\int_{-\infty}^{+\infty}\int_{-\infty}^{+\infty}f(x,y)dxdy=\int_0^{\frac{\pi}{2}}\int_0^{\frac{\pi}{2}}A\sin(x+y)dxdy$

$$=A\int_0^{\frac{\pi}{2}}-\cos(x+y)\Big|_{x=0}^{\frac{\pi}{2}}dy$$

$$=A\int_0^{\frac{\pi}{2}}(\sin y+\cos y)dy=A(-\cos y)\Big|_0^{\frac{\pi}{2}}+A\sin y\Big|_0^{\frac{\pi}{2}}=2A,$$

可得 $A=\frac{1}{2}$.

(2)

$$E(\xi)=\int_{-\infty}^{+\infty}\int_{-\infty}^{+\infty}xf(x,y)dxdy=\int_0^{\frac{\pi}{2}}\int_0^{\frac{\pi}{2}}Ax\sin(x+y)dxdy$$

$$=A\int_0^{\frac{\pi}{2}}-x\cos(x+y)\Big|_{y=0}^{\frac{\pi}{2}}dx$$

$$=A\int_0^{\frac{\pi}{2}}x(\sin x+\cos x)dx=A\frac{\pi}{2}=\frac{\pi}{4}.$$

$$E(\xi^2)=\int_{-\infty}^{+\infty}\int_{-\infty}^{+\infty}x^2f(x,y)dxdy=\int_0^{\frac{\pi}{2}}\int_0^{\frac{\pi}{2}}Ax^2\sin(x+y)dxdy$$

$$=A\int_0^{\frac{\pi}{2}}-x^2\cos(x+y)\Big|_{y=0}^{\frac{\pi}{2}}dx=A\int_0^{\frac{\pi}{2}}-x^2\cos(x+y)\Big|_{y=0}^{\frac{\pi}{2}}dx$$

$$=A\int_0^{\frac{\pi}{2}}x^2(\sin x+\cos x)dx=A\int_0^{\frac{\pi}{2}}x^2d(\sin x-\cos x)$$

$$=Ax^2(\sin x-\cos x)\Big|_0^{\frac{\pi}{2}}-2A\int_0^{\frac{\pi}{2}}x(\sin x-\cos x)dx$$

$$=A\left(\frac{\pi}{2}\right)^2+2A\int_0^{\frac{\pi}{2}}xd(\cos x+\sin x)$$

$$=A\frac{\pi^2}{4}+2A\left[x(\cos x+\sin x)\right]\Big|_0^{\frac{\pi}{2}}-2A\int_0^{\frac{\pi}{2}}(\cos x+\sin x)dx$$

$$=A\frac{\pi^2}{4}+2A\frac{\pi}{2}-2A(\sin x-\cos x)\Big|_0^{\frac{\pi}{2}}$$

$$=\frac{\pi^2}{8}+\frac{\pi}{2}-(1+1)=\frac{\pi^2}{8}+\frac{\pi}{2}-2,$$

$$D(\xi)=E(\xi^2)-[E(\xi)]^2=\frac{\pi^2}{8}+\frac{\pi}{2}-2-\frac{\pi^2}{16}=\frac{\pi^2}{16}+\frac{\pi}{2}-2.$$

同理，

$$\begin{aligned}E(\eta)&=\int_{-\infty}^{+\infty}\int_{-\infty}^{+\infty}yf(x,y)\mathrm{d}x\mathrm{d}y=\int_0^{\frac{\pi}{2}}\int_0^{\frac{\pi}{2}}Ay\sin(x+y)\mathrm{d}x\mathrm{d}y\\&=A\int_0^{\frac{\pi}{2}}-y\cos(x+y)\Big|_{x=0}^{\frac{\pi}{2}}\mathrm{d}y\\&=A\int_0^{\frac{\pi}{2}}y(\sin y+\cos y)\mathrm{d}y=\frac{\pi}{4},\end{aligned}$$

$$E(\eta^2)=\int_{-\infty}^{+\infty}\int_{-\infty}^{+\infty}y^2f(x,y)\mathrm{d}x\mathrm{d}y=\frac{\pi^2}{8}+\frac{\pi}{2}-2,$$

$$D(\eta)=E(\eta^2)-[E(\eta)]^2=\frac{\pi^2}{8}+\frac{\pi}{2}-2-\frac{\pi^2}{16}=\frac{\pi^2}{16}+\frac{\pi}{2}-2.$$

(3) $E(\xi\eta)=\int_{-\infty}^{+\infty}\int_{-\infty}^{+\infty}xyf(x,y)\mathrm{d}x\mathrm{d}y=\int_0^{\frac{\pi}{2}}\int_0^{\frac{\pi}{2}}Axy\sin(x+y)\mathrm{d}x\mathrm{d}y$

$$\begin{aligned}&=A\int_0^{\frac{\pi}{2}}x\left(\int_0^{\frac{\pi}{2}}y\sin(x+y)\mathrm{d}y\right)\mathrm{d}x=-A\int_0^{\frac{\pi}{2}}x\left(\int_0^{\frac{\pi}{2}}y\mathrm{d}\cos(x+y)\right)\mathrm{d}x\\&=-A\int_0^{\frac{\pi}{2}}x\left[y\cos(x+y)\Big|_{y=0}^{\frac{\pi}{2}}-\int_0^{\frac{\pi}{2}}\cos(x+y)\mathrm{d}y\right]\mathrm{d}x\\&=-A\int_0^{\frac{\pi}{2}}x\left[\frac{\pi}{2}(-\sin x)-\sin(x+y)\Big|_{y=0}^{\frac{\pi}{2}}\right]\mathrm{d}x\\&=A\int_0^{\frac{\pi}{2}}x\left(\frac{\pi}{2}\sin x+\cos x-\sin x\right)\mathrm{d}x\\&=A\int_0^{\frac{\pi}{2}}x\,\mathrm{d}\left[\frac{\pi}{2}(-\cos x)+\sin x+\cos x\right]\\&=Ax\left[\frac{\pi}{2}(-\cos x)+\sin x+\cos x\right]\Big|_0^{\frac{\pi}{2}}-A\int_0^{\frac{\pi}{2}}\left[\frac{\pi}{2}(-\cos x)+\sin x+\cos x\right]\mathrm{d}x\\&=A\cdot\frac{\pi}{2}-A\left[\frac{\pi}{2}(-\sin x)-\cos x+\sin x\right]\Big|_0^{\frac{\pi}{2}}=\frac{\pi}{4}+\frac{\pi}{4}-\frac{1}{2}-\frac{1}{2}=\frac{\pi}{2}-1.\end{aligned}$$

协方差为

$$\mathrm{cov}(\xi,\eta)=E(\xi\eta)-E(\xi)E(\eta)=\frac{\pi}{2}-1-\frac{\pi^2}{16}.$$

相关系数为

$$\rho=\frac{\mathrm{cov}(\xi,\eta)}{\sqrt{D(\xi)}\sqrt{D(\eta)}}=\frac{\frac{\pi}{2}-1-\frac{\pi^2}{16}}{\frac{\pi^2}{16}+\frac{\pi}{2}-2}.$$

27. 设随机变量 ξ 服从正态分布 $N(a,\sigma)$，求 $E(|\xi-a|)$.

特别提醒 注意变量换元及分区间去绝对值.

解 $E(|\xi-a|)=\int_{-\infty}^{+\infty}|x-a|\frac{1}{\sqrt{2\pi}\sigma}e^{-\frac{(x-a)^2}{2\sigma^2}}\mathrm{d}x=\int_{-\infty}^{+\infty}|x|\frac{1}{\sqrt{2\pi}\sigma}e^{-\frac{x^2}{2\sigma^2}}\mathrm{d}x$

$$=\sigma\int_{-\infty}^{+\infty}|x|\frac{1}{\sqrt{2\pi}}e^{-\frac{x^2}{2}}dx=2\sigma\int_0^{+\infty}x\frac{1}{\sqrt{2\pi}}e^{-\frac{x^2}{2}}dx$$

$$=\frac{2\sigma}{\sqrt{2\pi}}\left(-e^{-\frac{x^2}{2}}\right)\Big|_0^{+\infty}=\frac{2\sigma}{\sqrt{2\pi}}=\sqrt{\frac{2}{\pi}}\sigma.$$

28. 已知(ξ,η)的联合概率密度函数为

$$f(x,y)=\begin{cases}3x, & 0<y<x,0<x<1,\\ 0, & \text{其他}.\end{cases}$$

求$E\left(\xi\,\middle|\,\eta=\frac{1}{2}\right)$及$D\left(\xi\,\middle|\,\eta=\frac{1}{2}\right)$.

$\left(\text{提示}:D\left(\xi\,\middle|\,\eta=\frac{1}{2}\right)=E\left[\left(\xi-E\left(\xi\,\middle|\,\eta=\frac{1}{2}\right)\right)^2\,\middle|\,\eta=\frac{1}{2}\right]\right)$

难点解析 先求边缘密度，再求条件密度$f_{\xi|\eta}(x\mid y)$，进而可得$f_{\xi|\eta}\left(x\,\middle|\,\frac{1}{2}\right)$，由公式$E\left(g(\xi)\,\middle|\,\eta=\frac{1}{2}\right)=\int_{-\infty}^{+\infty}g(x)f_{\xi|\eta}\left(x\,\middle|\,\frac{1}{2}\right)dx$可得$E\left(\xi\,\middle|\,\eta=\frac{1}{2}\right)$及$D\left(\xi\,\middle|\,\eta=\frac{1}{2}\right)$.

解　由题意可得η的边缘概率密度为

$$f_\eta(y)=\int_{-\infty}^{+\infty}f(x,y)dx=\begin{cases}\int_y^1 3x\,dx=\frac{3}{2}(1-y^2), & 0<y<1,\\ 0, & \text{其他}.\end{cases}$$

当$0<y<1$时，条件密度为

$$f_{\xi|\eta}(x\mid y)=\frac{f(x,y)}{f_\eta(y)}=\begin{cases}\dfrac{3x}{\frac{3}{2}(1-y^2)}=\dfrac{2x}{1-y^2}, & 0<y<x,0<x<1,\\ 0, & \text{其他}.\end{cases}$$

因此，

$$E\left(\xi\,\middle|\,\eta=\frac{1}{2}\right)=\int_{-\infty}^{+\infty}xf_{\xi|\eta}\left(x\,\middle|\,\frac{1}{2}\right)dx=\int_{\frac{1}{2}}^1 x\,\frac{8}{3}x\,dx=\frac{8}{9}\left(1-\frac{1}{8}\right)=\frac{7}{9},$$

$$E\left(\xi^2\,\middle|\,\eta=\frac{1}{2}\right)=\int_{-\infty}^{+\infty}x^2f_{\xi|\eta}\left(x\,\middle|\,\frac{1}{2}\right)dx=\int_{\frac{1}{2}}^1 x^2\,\frac{8}{3}x\,dx=\frac{2}{3}\left(1-\frac{1}{16}\right)=\frac{5}{8},$$

$$D\left(\xi\,\middle|\,\eta=\frac{1}{2}\right)=E\left(\xi^2\,\middle|\,\eta=\frac{1}{2}\right)-\left[E\left(\xi\,\middle|\,\eta=\frac{1}{2}\right)\right]^2=\frac{5}{8}-\frac{49}{81}=\frac{405-392}{648}=\frac{13}{648}.$$

29. 设随机变量(ξ,η)服从二维正态分布，且$E(\xi)=E(\eta)=0$，$D(\xi)=D(\eta)=1$，$\rho=R$.试证：

$$E(\max(\xi,\eta))=\sqrt{\frac{1-R}{\pi}},$$

并求$E(\min(\xi,\eta))$及$E(\max(-\xi,-\eta))$.

方法技巧 本题可以由随机变量函数的数学期望公式来求$E(\max(\xi,\eta))$，需要注意的是$E(\max(\xi,\eta))$是一个新的随机变量$\max(\xi,\eta)$的数学期望，从而是某一个数字，不能分情况：当$\xi>\eta$时，$E(\max(\xi,\eta))=E(\xi)=0$；当$\xi\leqslant\eta$时，$E(\max(\xi,\eta))=E(\eta)=0$，从而

$E(\max(\xi,\eta))=0$.但是 $\max(\xi,\eta)$ 是一个整体,所以此种解法是错误的,应利用最大值与最小值之间的关系及二维正态分布参数的含义求解.

解 (ξ,η) 的联合概率密度函数为

$$f(x,y)=\frac{1}{2\pi\sqrt{1-R^2}}e^{-\frac{1}{2(1-R^2)}(x^2-2Rxy+y^2)},\quad x\in\mathbf{R},y\in\mathbf{R}.$$

因此,

$$\begin{aligned}E(\max(\xi,\eta))&=\int_{-\infty}^{+\infty}\int_{-\infty}^{+\infty}\max(x,y)f(x,y)\mathrm{d}x\,\mathrm{d}y\\&=\int_{-\infty}^{+\infty}\int_{-\infty}^{+\infty}\max(x,y)\frac{1}{2\pi\sqrt{1-R^2}}e^{-\frac{1}{2(1-R^2)}(x^2-2Rxy+y^2)}\mathrm{d}x\,\mathrm{d}y\\&=\frac{1}{2\pi\sqrt{1-R^2}}\left[\int_{-\infty}^{+\infty}\left(\int_{-\infty}^{y}ye^{-\frac{1}{2(1-R^2)}(x^2-2Rxy+y^2)}\mathrm{d}x\right)\mathrm{d}y\right.\\&\quad\left.+\int_{-\infty}^{+\infty}\left(\int_{-\infty}^{x}xe^{-\frac{1}{2(1-R^2)}(x^2-2Rxy+y^2)}\mathrm{d}y\right)\mathrm{d}x\right]\\&=\frac{1}{\pi\sqrt{1-R^2}}\int_{-\infty}^{+\infty}x\,\mathrm{d}x\int_{-\infty}^{y}e^{-\frac{1}{2(1-R^2)}(x^2-2Rxy+y^2)}\mathrm{d}y\\&=\frac{1}{\pi\sqrt{1-R^2}}\int_{-\infty}^{+\infty}xe^{-\frac{x^2}{2}}\mathrm{d}x\int_{-\infty}^{y}e^{-\frac{1}{2(1-R^2)}(y-Rx)^2}\mathrm{d}y\\&=\frac{1}{\pi}\int_{-\infty}^{+\infty}xe^{-\frac{x^2}{2}}\mathrm{d}x\int_{-\infty}^{\sqrt{\frac{1-R}{1+R}}x}e^{-\frac{y^2}{2}}\mathrm{d}y\\&=\frac{1}{\pi}\left(-e^{-\frac{x^2}{2}}\int_{-\infty}^{\sqrt{\frac{1-R}{1+R}}x}e^{-\frac{y^2}{2}}\mathrm{d}y\right)\Bigg|_{-\infty}^{+\infty}+\frac{1}{\pi}\sqrt{\frac{1-R}{1+R}}\int_{-\infty}^{+\infty}e^{-\frac{1}{2}\left(1+\frac{1-R}{1+R}\right)x^2}\mathrm{d}x\\&=\sqrt{\frac{1-R}{\pi}}.\end{aligned}$$

$$E(\min(\xi,\eta))=E(\xi+\eta-\max(\xi,\eta))=-E(\max(\xi,\eta))=-\sqrt{\frac{1-R}{\pi}},$$

$$E(\max(-\xi,-\eta))=-E(\min(\xi,\eta))=\sqrt{\frac{1-R}{\pi}}.$$

30. 在长为 l 的线段上任意取两点,求:(1) 两点间距离的数学期望及方差;(2) 两点间距离的 n 次方的数学期望与方差.

难点解析 问题(1) 中由取点的任意性可得取出的两点相互独立,且都服从均匀分布,从而可以写出联合概率密度函数,进而通过随机变量函数的数学期望公式求解.问题(2) 中要考虑变量分区间去绝对值.

解 设任意取的两点为 X,Y,则 X,Y 相互独立且都服从$(0,l)$ 上的均匀分布,其联合概率密度函数为

$$f(x,y)=\begin{cases}\dfrac{1}{l^2}, & 0\leqslant x\leqslant l,0\leqslant y\leqslant l,\\0, & \text{其他}.\end{cases}$$

（1）两点间距离的数学期望为

$$E(|X-Y|)=\int_{-\infty}^{+\infty}\int_{-\infty}^{+\infty}|x-y|f(x,y)\mathrm{d}x\mathrm{d}y=\frac{1}{l^2}\int_0^l\int_0^l|x-y|\mathrm{d}x\mathrm{d}y$$

$$=\frac{1}{l^2}\int_0^l\int_0^y(y-x)\mathrm{d}x\mathrm{d}y+\frac{1}{l^2}\int_0^l\int_y^l(x-y)\mathrm{d}x\mathrm{d}y$$

$$=\frac{1}{l^2}\int_0^l\left(y^2-\frac{y^2}{2}\right)\mathrm{d}y+\frac{1}{l^2}\int_0^l\left[\frac{l^2-y^2}{2}-y(l-y)\right]\mathrm{d}y$$

$$=\frac{l}{6}+\frac{1}{l^2}\left(\frac{l^3}{2}-\frac{l^3}{6}-\frac{l^3}{2}+\frac{l^3}{3}\right)=\frac{l}{6}+\frac{l}{6}=\frac{l}{3}.$$

$$E(|X-Y|^2)=\int_{-\infty}^{+\infty}\int_{-\infty}^{+\infty}(x-y)^2f(x,y)\mathrm{d}x\mathrm{d}y$$

$$=\frac{1}{l^2}\int_0^l\int_0^l(x^2-2xy+y^2)\mathrm{d}x\mathrm{d}y$$

$$=\frac{1}{l^2}\int_0^l\left(\frac{l^3}{3}-yl^2+y^2l\right)\mathrm{d}y=\frac{l^2}{3}-\frac{l^2}{2}+\frac{l^2}{3}=\frac{l^2}{6}.$$

两点间距离的方差为

$$D(|X-Y|)=E(|X-Y|^2)-[E(|X-Y|)]^2=\frac{l^2}{6}-\frac{l^2}{9}=\frac{l^2}{18}.$$

（2）$$E(|X-Y|^n)=\int_{-\infty}^{+\infty}\int_{-\infty}^{+\infty}|x-y|^nf(x,y)\mathrm{d}x\mathrm{d}y=\frac{1}{l^2}\int_0^l\int_0^l|x-y|^n\mathrm{d}x\mathrm{d}y$$

$$=\frac{2}{l^2}\int_0^l\int_0^y|y-x|^n\mathrm{d}x\mathrm{d}y=\frac{2}{l^2}\int_0^l\int_0^y(y-x)^n\mathrm{d}x\mathrm{d}y$$

$$=\frac{2}{l^2}\int_0^l\frac{y^{n+1}}{n+1}\mathrm{d}y=\frac{2l^n}{(n+1)(n+2)}.$$

类似地，

$$E(|X-Y|^{2n})=\frac{l^{2n}}{(2n+1)(n+1)}.$$

两点间距离的 n 次方的方差为

$$D(|X-Y|^n)=E(|X-Y|^{2n})-[E(|X-Y|^n)]^2$$

$$=\frac{l^{2n}}{(2n+1)(n+1)}-\frac{4l^{2n}}{(n+1)^2(n+2)^2}$$

$$=\frac{l^{2n}[(n^2+4n+4)(n+1)-8n-4]}{(2n+1)(n+1)^2(n+2)^2}$$

$$=\frac{l^{2n}(n^3+4n^2+4n+n^2+4n+4-8n-4)}{(2n+1)(n+1)^2(n+2)^2}$$

$$=\frac{l^{2n}(n^3+5n^2)}{(2n+1)(n+1)^2(n+2)^2}.$$

31. 试问：连接以 R 为半径的圆周上一已知点与圆周上任意点的弦长的数学期望是多少？

难点解析 借助于直径把弦长表示出来，然后用随机变量函数的数学期望公式求解.

解 如图 3.7 所示，过已知点 A 做直径 $\overline{AB}$，则过 A 点的弦长 ξ 为

$$\xi=2R\cos\theta.$$

θ 服从$\left[-\frac{\pi}{2},\frac{\pi}{2}\right]$上的均匀分布,故

$$\mathrm{E}(\xi)=\frac{1}{\pi}\int_{-\frac{\pi}{2}}^{\frac{\pi}{2}}2R\cos\theta\,\mathrm{d}\theta=\frac{4R}{\pi}.$$

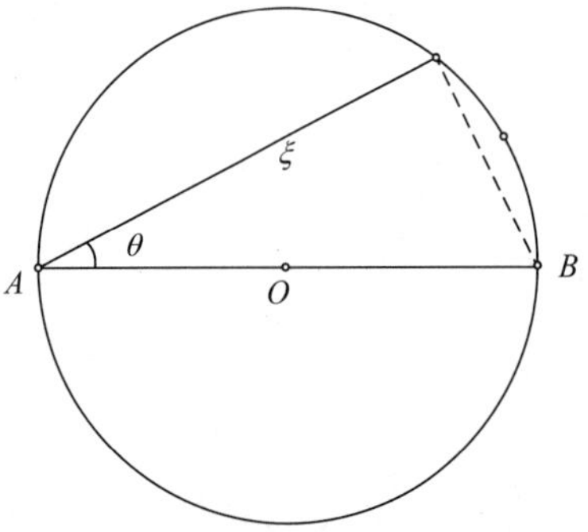

图 3.7

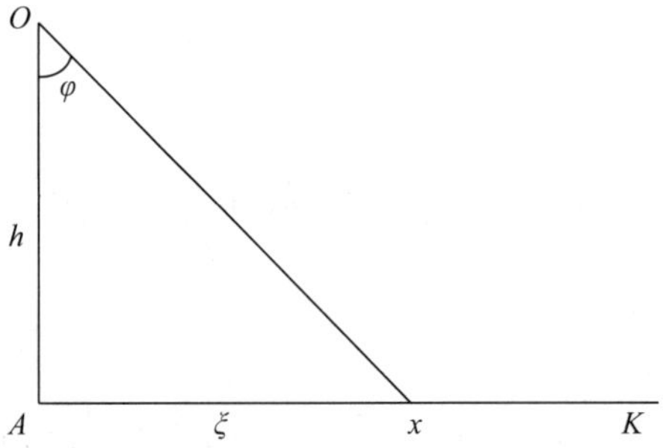

图 3.8

32. 如果放射性物质在初始瞬间的质量为 m_0,而在单位时间内任一原子进行核分裂的概率为一常数 p.试求经过 t 时刻后,其质量的数学期望.

解 设经过 t 时刻后,其质量为 $\xi(t)$,那么在时间段$(t,t+\Delta t)$内,质量的变化为 $\xi(t)-\xi(t+\Delta t)$,单位时间内质量的变化为$\dfrac{\xi(t)-\xi(t+\Delta t)}{\Delta t}$,此数量约等于 $\xi(t)p$,因此

$$\frac{\xi(t)-\xi(t+\Delta t)}{\Delta t}=\xi(t)p.$$

对上式两边取数学期望,再让 $\Delta t\to 0$,可得

$$-\frac{\mathrm{dE}(\xi(t))}{\mathrm{d}t}=\mathrm{E}(\xi(t))p,$$

再由 $\mathrm{E}(\xi(0))=\mathrm{E}(m_0)=m_0$,可知 $\mathrm{E}(\xi(t))=m_0\mathrm{e}^{-pt}$.

33. 不动点 O 以高度 h 位于一长为 l 的水平线段 AK 的端点 A 的上方.在 AK 线段上有一随机点 x,它在 AK 线段的所有的位置上等概率,求线段 OA 与 Ox 间夹角 φ 的数学期望.

难点解析 借助于 OA 与 Ox 把 φ 表示出来,然后用随机变量函数的数学期望公式求解.

解 如图 3.8 所示,设线段 Ax 长度为 ξ,则 ξ 服从$[0,l]$上的均匀分布,$\varphi=\arctan\left(\dfrac{\xi}{h}\right)$,因此,

$$\begin{aligned}\mathrm{E}(\varphi)&=\mathrm{E}\left[\arctan\left(\frac{\xi}{h}\right)\right]=\int_0^l\arctan\left(\frac{x}{h}\right)\frac{1}{l}\mathrm{d}x\\&=\frac{1}{l}\int_0^l\arctan\left(\frac{x}{h}\right)\mathrm{d}x\\&=\frac{1}{l}\left[\arctan\left(\frac{x}{h}\right)x\Big|_0^l-\int_0^l x\,\mathrm{d}\arctan\left(\frac{x}{h}\right)\right]\\&=\arctan\left(\frac{l}{h}\right)-\frac{1}{l}\int_0^l x\frac{\frac{1}{h}}{1+\left(\frac{x}{h}\right)^2}\mathrm{d}x=\arctan\left(\frac{l}{h}\right)-\frac{1}{l}\int_0^l\frac{hx}{x^2+h^2}\mathrm{d}x\end{aligned}$$

$$=\arctan\left(\frac{l}{h}\right)-\frac{h}{2l}\ln(x^2+h^2)\Big|_0^l=\arctan\left(\frac{l}{h}\right)+\frac{h}{l}\ln\left(\frac{h}{\sqrt{l^2+h^2}}\right).$$

34. 设 $\varphi(t)>0$，且当 $t>0$ 时，$\varphi(t)$ 是单调上升函数，又设 $\mathrm{E}(\varphi(|\xi|))=M$ 存在.证明：对任意 $t>0$，有

$$P(|\xi|\geqslant t)\leqslant\frac{M}{\varphi(t)}.$$

难点解析 借助于分布函数把概率表示出来，再由 $\varphi(t)>0$ 及其单调递增性，放大被积函数和积分区间即可.

证明　设 ξ 的分布函数为 $F(x)$，有

$$P(|\xi|\geqslant t)\leqslant P(\varphi(|\xi|)\geqslant\varphi(t))\leqslant\int_{\varphi(|x|)\geqslant\varphi(t)}\frac{\varphi(|x|)}{\varphi(t)}\mathrm{d}F(x)$$
$$\leqslant\frac{1}{\varphi(t)}\int_{-\infty}^{+\infty}\varphi(|x|)\mathrm{d}F(x)$$
$$=\frac{\mathrm{E}(\varphi(|\xi|))}{\varphi(t)}=\frac{M}{\varphi(t)}.$$

35. 求证：若 $\mathrm{E}(\mathrm{e}^{a\xi})<\infty, a>0$，则

$$P(\xi\geqslant x)\leqslant\mathrm{e}^{-ax}\mathrm{E}(\mathrm{e}^{a\xi}).$$

◆ **题型解析**：与上面习题 34 解题方法类似.

证明　设 ξ 的分布函数为 $F(x)$，有

$$P(\xi\geqslant x)=P(\mathrm{e}^{a\xi}\geqslant\mathrm{e}^{ax})\leqslant\int_x^{+\infty}\frac{\mathrm{e}^{ay}}{\mathrm{e}^{ax}}\mathrm{d}F(y)\leqslant\mathrm{e}^{-ax}\int_{-\infty}^{+\infty}\mathrm{e}^{ay}\mathrm{d}F(y)$$
$$=\mathrm{e}^{-ax}\mathrm{E}(\mathrm{e}^{a\xi}).$$

36. 证明：事件在一次试验中发生的次数的方差不超过$\frac{1}{4}$.

方法技巧 事件在一次试验中发生的次数服从 $B(1,p)$，从而方差为 $p(1-p)$，则证明 $p(1-p)$ 的最大值为$\frac{1}{4}$ 即可.

证明　设事件在一次试验中发生的次数为ξ，则$\xi\sim B(1,p)$，其中 p 为在一次试验中事件发生的概率.从而，

$$\mathrm{D}(\xi)=p(1-p)\leqslant\left(\frac{p+1-p}{2}\right)^2=\frac{1}{4}.$$

37. 证明：对取值于区间(a,b) 内的随机变量 ξ，恒成立不等式：

$$a\leqslant\mathrm{E}(\xi)\leqslant b,\quad\mathrm{D}(\xi)\leqslant\frac{(b-a)^2}{4}.$$

方法技巧 由斯蒂尔切斯积分的性质可得第一个不等式，由 $\mathrm{D}(\xi)\leqslant\mathrm{E}(|\xi-c|^2)$ 及 c 的适当选取可得第二个不等式.

证明　注意到 $a\leqslant\xi\leqslant b$，因此，$a\leqslant\mathrm{E}(\xi)\leqslant b$.对任意的常数 c，由方差的性质可得，

$$\mathrm{D}(\xi)\leqslant\mathrm{E}(|\xi-c|^2).$$

取 $c=\frac{b+a}{2}$，则

$$\mathrm{D}(\xi) \leqslant \mathrm{E}\left(\left|\xi - \frac{a+b}{2}\right|^2\right).$$

又 $a \leqslant \xi \leqslant b$，因此，$\left|\xi - \frac{a+b}{2}\right| \leqslant \frac{b-a}{2}$.从而，$\mathrm{D}(\xi) \leqslant \frac{(b-a)^2}{4}$.

38. 若随机变量 ξ 有分布函数 $F(x)$ 且有连续概率密度函数 $f(x)$，证明：当 c 为 ξ 的中位数时，$\mathrm{E}(|\xi - c|)$（c 为任意常数）达到最小值（ξ 的中位数即方程 $F(x) = \frac{1}{2}$ 的根）.

方法技巧 由概率密度函数可以把 $\mathrm{E}(|\xi - c|)$ 表示出来，注意变量分区间去绝对值，再通过对 c 求导，导数等于 0 可得其极小值点.

证明 记 $g(c) = \mathrm{E}(|\xi - c|)$，化简后可得

$$\begin{aligned} g(c) &= \int_{-\infty}^{c} (c-x)\,\mathrm{d}F_\xi(x) + \int_{c}^{+\infty} (x-c)\,\mathrm{d}F_\xi(x) \\ &= 2cF_\xi(c) - c - \int_{-\infty}^{c} x\,\mathrm{d}F_\xi(x) + \int_{c}^{+\infty} x\,\mathrm{d}F_\xi(x) \\ &= 2cF_\xi(c) - c - \int_{-\infty}^{c} xf(x)\,\mathrm{d}x + \int_{c}^{+\infty} xf(x)\,\mathrm{d}x. \end{aligned}$$

对上式求导数，并让导数等于 0，可得

$$g'(c) = 2F_\xi(c) + 2cf(c) - 1 - 2cf(c) = 0.$$

因此，$F_\xi(c) = \frac{1}{2}$.又 $g(c)$ 有最小值，因此，当 c 为 ξ 的中位数时，$\mathrm{E}(|\xi - c|)$（c 为任意常数）达到最小值.

39. 证明：如果随机变量 ξ, η 相互独立，则

$$\mathrm{D}(\xi\eta) = \mathrm{D}(\xi)\mathrm{D}(\eta) + (\mathrm{E}(\xi))^2\mathrm{D}(\eta) + (\mathrm{E}(\eta))^2\mathrm{D}(\xi).$$

方法技巧 由 ξ, η 相互独立得 $\mathrm{E}(\xi\eta) = \mathrm{E}(\xi)\mathrm{E}(\eta)$，再结合方差与数学期望的关系去证.

证明

$$\begin{aligned} &\mathrm{D}(\xi)\mathrm{D}(\eta) + (\mathrm{E}(\xi))^2\mathrm{D}(\eta) + (\mathrm{E}(\eta))^2\mathrm{D}(\xi) \\ &= \left[\mathrm{D}(\xi) + (\mathrm{E}(\xi))^2\right]\mathrm{D}(\eta) + (\mathrm{E}(\eta))^2\mathrm{D}(\xi) \\ &= \mathrm{E}(\xi^2)\mathrm{D}(\eta) + (\mathrm{E}(\eta))^2\mathrm{D}(\xi) \\ &= \mathrm{E}(\xi^2)\mathrm{D}(\eta) + (\mathrm{E}(\eta))^2\left[\mathrm{E}(\xi^2) - (\mathrm{E}(\xi))^2\right] \\ &= \mathrm{E}(\xi^2)\mathrm{E}(\eta^2) - (\mathrm{E}(\eta)\mathrm{E}(\xi))^2 \\ &= \mathrm{E}(\xi^2\eta^2) - (\mathrm{E}(\eta\xi))^2 \\ &= \mathrm{D}(\eta\xi). \end{aligned}$$

40. 设 $x_1, x_2, \cdots, x_k$ 是随机变量 ξ 的可能值并且为正值.求证：当 $n \to \infty$ 时，

(1) $\dfrac{\mathrm{E}(\xi^{n+1})}{\mathrm{E}(\xi^n)} \to \max\limits_{1 \leqslant j \leqslant k} x_j$；　　(2) $\sqrt[n]{\mathrm{E}(\xi^n)} \to \max\limits_{1 \leqslant j \leqslant k} x_j$.

难点解析 首先把数学期望用 $x_1, x_2, \cdots, x_k$ 表示出来，再考虑必然存在 $k_0, k_0 \in \{1, 2, \cdots, k\}$，使得 $\max\limits_{1 \leqslant j \leqslant k} x_j = x_{k_0}$，特别注意当 $j \neq k_0$ 时，$\left(\frac{x^j}{x_{k_0}}\right)^n \to 0, n \to \infty$.

证明 (1) 设 $\max\limits_{1 \leqslant j \leqslant k} x_j = x_{k_0} = a, x_j < a, j \neq k_0, 1 \leqslant k_0 \leqslant k$，则当 $n \to \infty$ 时，

$$\frac{E(\xi^{n+1})}{E(\xi^n)}=\frac{\sum_{j=1}^{k}x_j^{n+1}P(\xi=x_j)}{\sum_{j=1}^{k}x_j^{n}P(\xi=x_j)}=\frac{a\sum_{j=1}^{k}\left(\frac{x_j}{a}\right)^{n+1}P(\xi=x_j)}{\sum_{j=1}^{k}\left(\frac{x_j}{a}\right)^{n}P(\xi=x_j)}$$

$$=\frac{a\left[P(\xi=x_{k0})+\sum_{j\neq k0}^{k}\left(\frac{x_j}{a}\right)^{n+1}P(\xi=x_j)\right]}{P(\xi=x_{k0})+\sum_{j\neq k0}^{k}\left(\frac{x_j}{a}\right)^{n}P(\xi=x_j)}\to a.$$

(2) 设$\max\limits_{1\leqslant j\leqslant k}x_j=x_{k0}=a,x_j<a,j\neq k_0,1\leqslant k_0\leqslant k$,则当$n\to\infty$时,

$$\sqrt[n]{E(\xi^n)}=\sqrt[n]{\sum_{j=1}^{k}x_j^nP(\xi=x_j)}=a\sqrt[n]{\sum_{j=1}^{k}\left(\frac{x_j}{a}\right)^nP(\xi=x_j)}$$

$$=a\sqrt[n]{P(\xi=x_{k0})+\sum_{j\neq k0}^{k}\left(\frac{x_j}{a}\right)^nP(\xi=x_j)}\to a.$$

41. 设随机变量$\xi_1,\xi_2,\cdots,\xi_{n+m}(n>m)$独立同分布且有有限方差.试求$\eta=\sum\limits_{k=1}^{n}\xi_k$与$\zeta=\sum\limits_{k=1}^{n}\xi_{m+k}$之间的相关系数.

方法技巧 $\eta=\sum\limits_{k=1}^{n}\xi_k$与$\zeta=\sum\limits_{k=1}^{n}\xi_{m+k}$有共同项,需要把$\xi_1,\xi_2,\cdots,\xi_{n+m}(n>m)$分成三个不相交的部分,再用这三部分表示$\xi$与$\eta$.注意两个随机变量独立时,其协方差为0.

解 设$\text{I}=\sum\limits_{k=1}^{m}\xi_k,\text{II}=\sum\limits_{k=m+1}^{n}\xi_k,\text{III}=\sum\limits_{k=n+1}^{n+m}\xi_k$,则I,II,III相互独立且$\eta=\text{I}+\text{II},\zeta=\text{II}+\text{III}$.$\eta$与$\zeta$的协方差为

$$\text{cov}(\eta,\zeta)=\text{cov}(\text{I}+\text{II},\text{II}+\text{III})=\text{cov}(\text{I},\text{II})+\text{cov}(\text{II},\text{II})+\text{cov}(\text{I},\text{III})+\text{cov}(\text{II},\text{III})$$

$$=\text{cov}(\text{II},\text{II})=D(\text{II})=\sum_{k=m+1}^{n}D(\xi_k)=(n-m)D(\xi_1),$$

相关系数为

$$\rho_{\eta,\zeta}=\frac{\text{cov}(\eta,\zeta)}{\sqrt{D(\eta)D(\zeta)}}=\frac{(n-m)D(\xi_1)}{nD(\xi_1)}=\frac{n-m}{n}.$$

42. 证明:对随机变量ξ,η,$E(\xi\eta)=E(\xi)E(\eta)$或$D(\xi+\eta)=D(\xi)+D(\eta)$的充要条件为$\rho=0$.

难点解析 $E(\xi\eta)=E(\xi)E(\eta)$或$D(\xi+\eta)=D(\xi)+D(\eta)$都说明协方差为0,再由相关系数的定义可证.

证明 $\rho=0$等价于$E(\xi\eta)-E(\xi)E(\eta)=\text{cov}(\xi,\eta)=0$,即

$$E(\xi\eta)=E(\xi)E(\eta).$$

$D(\xi)+D(\eta)+2\text{cov}(\xi,\eta)=D(\xi+\eta)=D(\xi)+D(\eta)$等价于$\text{cov}(\xi,\eta)=0$,即$\rho=0$.

43. 试证明:如果随机变量ξ与η都只取两个值,且协方差为零,则ξ与η相互独立.

难点解析 ξ与η都只取两个值,可以把这两个值设出来,把联合分布也设出来.再由协方差为零,可得联合分布与边缘分布的关系,从而得证.

证明 设 ξ 的分布为

$$P(\xi=0)=p,\ P(\xi=a)=1-p,\ a \text{ 为常数}.$$

η 的分布为

$$P(\eta=0)=p',\ P(\eta=b)=1-p',\ b \text{ 为常数}.$$

由协方差为 0,可得

$$abP(\xi=a,\eta=b)=\mathrm{E}(\xi\eta)=\mathrm{E}(\xi)\mathrm{E}(\eta)=ab(1-p)(1-p')=abP(\xi=a)P(\eta=b),$$

从而,

$$P(\xi=a,\eta=b)=P(\xi=a)P(\eta=b),$$

$$\begin{aligned}P(\xi=a,\eta=0)&=P(\xi=a)-P(\xi=a,\eta=b)=P(\xi=a)-P(\xi=a)P(\eta=b)\\&=P(\xi=a)[1-P(\eta=b)]=P(\xi=a)P(\eta=0),\end{aligned}$$

$$\begin{aligned}P(\xi=0,\eta=b)&=P(\eta=b)-P(\xi=a,\eta=b)=P(\eta=b)-P(\xi=a)P(\eta=b)\\&=[1-P(\xi=a)]P(\eta=b)=P(\xi=0)P(\eta=b),\end{aligned}$$

$$\begin{aligned}P(\xi=0,\eta=0)&=P(\xi=0)-P(\xi=0,\eta=b)=P(\xi=0)-P(\xi=0)P(\eta=b)\\&=P(\xi=0)[1-P(\eta=b)]=P(\xi=0)P(\eta=0),\end{aligned}$$

$$\begin{aligned}P(\xi=0,\eta=b)&=P(\eta=b)-P(\xi=a,\eta=b)=P(\eta=b)-P(\xi=a)P(\eta=b)\\&=[1-P(\xi=a)]P(\eta=b)=P(\xi=0)P(\eta=b).\end{aligned}$$

若

$$P(\xi=m)=p,\ P(\xi=n)=1-p,\ m,n \text{ 为常数},$$
$$P(\eta=s)=p',\ P(\eta=t)=1-p',\ s,t \text{ 为常数},$$

令 $\xi'=\xi-m$, $\eta'=\eta-s$,则由上述证明过程知道 ξ', η' 相互独立,又 m, s 均为常数,因此,$\xi'+m$, $\eta'+s$ 相互独立,即 ξ 与 η 相互独立.

44. 一次火箭发射成功的概率为 0.8.假设发射尝试直至 3 次成功发射发生为止,试求:

(1) 正好需要 6 次尝试的概率;

(2) 少于(不等于)6 次尝试的概率;

(3) 设每次发射尝试耗费 5 000 美元,此外,一次发射失败造成追加成本 500 美元,计算发射尝试的期望成本.

方法技巧 n 次尝试等价于前 $n-1$ 次尝试中有 2 次成功,第 n 次成功了.因此,n 次尝试的概率为 $C_{n-1}^2\,0.8^2\times0.2^{n-3}\times0.8$.问题(3) 利用随机变量函数的数学期望可得期望成本.

解 (1) 设直至 3 次成功发射发生为止所做的尝试次数为 ξ,则

$$\begin{aligned}P(\xi=6)&=P(\text{前 5 次尝试中仅有 2 次成功,第 6 次尝试成功})\\&=C_5^2\,0.8^2\times0.2^3\times0.8=0.040\,96.\end{aligned}$$

(2) $$\begin{aligned}P(\xi\leqslant6)&=\sum_{k=0}^{6}P(\xi=k)=\sum_{k=0}^{6}P(\text{“前 }k-1\text{ 次尝试中仅有 2 次成功,第 }k\text{ 次尝试成功”})\\&=\sum_{k=3}^{6}C_{k-1}^2\,0.8^2\times0.2^{k-3}\times0.8=0.548\,864.\end{aligned}$$

(3) $$\begin{aligned}\mathrm{E}[5\,000\xi+500(\xi-3)]&=5\,500\mathrm{E}(\xi)-1\,500\\&=5\,500\sum_{k=3}^{\infty}kC_{k-1}^2\,0.8^2\times0.2^{k-3}\times0.8-1\,500=19\,125.\end{aligned}$$

45. 设 $\xi\sim N(100,4)$,其中 ξ 为某种绳子的断裂强度(单位:N).若 $\xi\geqslant95$,则每 100m 的绳圈可

获利250元；若$\xi<95$，则此种绳子做其他之用，从而每一圈绳可获利100元.求每一圈绳的期望利润.

方法技巧 利润只有两个值250元或者100元，由离散型随机变量的数学期望公式可得期望利润.注意利润为250元等价于$\xi\geqslant 95$，由正态分布与标准正态分布之间的关系，可以借助于标准正态分布$\Phi(x)$表示$P(\xi\geqslant 95)$.

解 设每一圈绳的利润为η元，则η的分布列为

$$P(\eta=100)=P(\xi<95),\quad P(\eta=250)=P(\xi\geqslant 95)=1-P(\xi<95).$$

所以每一圈绳的期望利润为

$$\begin{aligned}E(\eta)&=100\times P(\eta=100)+250\times P(\eta=250)\\&=100\times P(\xi<95)+250\times[1-P(\xi<95)]\\&=250-150\times P(\xi<95)\\&=250-150\times P\left(\frac{\xi-100}{4}<\frac{95-100}{4}\right)\\&=250-150\times\Phi\left(-\frac{5}{4}\right)\\&=250-150\times[1-\Phi(1.25)]\\&=234.16(\text{元}).\end{aligned}$$

46. 设$\xi\sim N(0,1)$，求$|\xi|$的概率密度函数及$E(|\xi|)$与$D(|\xi|)$.

方法技巧 本题有两种方法：法一，直接用第三章知识点3，套用随机变量函数的期望公式解答；法二，先求$|\xi|$的概率密度函数，再用连续型随机变量期望的定义去做.

解 **法一**

$$E(|\xi|)=\int_{-\infty}^{+\infty}|x|\frac{1}{\sqrt{2\pi}}e^{-\frac{x^2}{2}}dx=2\int_0^{+\infty}x\frac{1}{\sqrt{2\pi}}e^{-\frac{x^2}{2}}dx$$

$$=-\frac{2}{\sqrt{2\pi}}e^{-\frac{x^2}{2}}\Big|_0^{+\infty}=\frac{2}{\sqrt{2\pi}}=\sqrt{\frac{2}{\pi}},$$

$$D(|\xi|)=E(|\xi|^2)-[E(|\xi|)]^2=E(\xi^2)-\frac{2}{\pi}$$

$$=D(\xi)+[E(\xi)]^2-\frac{2}{\pi}=1-\frac{2}{\pi}=\frac{\pi-2}{\pi}.$$

法二 $|\xi|$的概率密度函数为

$$f_{|\xi|}(y)=\begin{cases}f_\xi(-y)+f_\xi(y)=\frac{2}{\sqrt{2\pi}}e^{-\frac{y^2}{2}}, & y>0,\\0, & \text{其他}.\end{cases}$$

从而$|\xi|$的期望为

$$E(|\xi|)=\int_0^{+\infty}x\frac{2}{\sqrt{2\pi}}e^{-\frac{x^2}{2}}dx=-\frac{2}{\sqrt{2\pi}}e^{-\frac{x^2}{2}}\Big|_0^{+\infty}=\frac{2}{\sqrt{2\pi}}=\sqrt{\frac{2}{\pi}}.$$

与法一同样地可得$D(|\xi|)=\frac{\pi-2}{\pi}$.

47. 设$\xi\sim N(33,3)$，其中ξ为火箭燃料中所含某种特殊化合物的百分比.制造商对每加仑燃料可获得的净利润(单位：美元/加仑)是ξ的函数，如下(以每加仑计，1加仑=3.785升)：

$$T(\xi)=\begin{cases}0.10, & 30<\xi<35,\\ 0.05, & 35\leqslant\xi<40 \text{ 或 } 25<\xi\leqslant 30,\\ -0.10, & \text{其他}.\end{cases}$$

(1) 求 $E(T(\xi))$.

(2) 若制造商想把他的期望利润增加 50%,则应将 $30<\xi<35$ 的各批燃料的利润增至多少?

方法技巧 与习题 45 类似.

解 (1)
$$\begin{aligned}E(T(\xi))&=0.10P(30<\xi<35)+0.05\big(P(25<\xi\leqslant 30)+P(35\leqslant\xi<40)\big)\\&\quad-0.1\big(P(\xi\leqslant 25)+P(\xi\geqslant 40)\big)\\&=0.10P\left(\frac{30-33}{3}<\frac{\xi-33}{3}<\frac{35-33}{3}\right)\\&\quad+0.05\left(P\left(\frac{25-33}{3}<\frac{\xi-33}{3}\leqslant\frac{30-33}{3}\right)+P\left(\frac{35-33}{3}\leqslant\frac{\xi-33}{3}\right.\right.\\&\quad\left.\left.<\frac{40-33}{3}\right)\right)-0.1\left(P\left(\frac{\xi-33}{3}\leqslant\frac{30-33}{3}\right)+P\left(\frac{\xi-33}{3}\geqslant\frac{40-33}{3}\right)\right)\\&=0.10\left(\Phi\left(\frac{2}{3}\right)-1+\Phi(1)\right)+0.05\left(1-\Phi(1)-1+\Phi\left(\frac{8}{3}\right)+\Phi\left(\frac{7}{3}\right)\right.\\&\quad\left.-\Phi\left(\frac{2}{3}\right)\right)-0.1\left(2-\Phi(1)-\Phi\left(\frac{7}{3}\right)\right)\\&=0.077\ 381.\end{aligned}$$

(2) 设应将 $30<\xi<35$ 的各批燃料的利润增至 x,则
$$\begin{aligned}&xP(30<\xi<35)+0.05\big(P(25<\xi\leqslant 30)+P(35\leqslant\xi<40)\big)\\&\quad-0.1\big(P(\xi\leqslant 25)+P(\xi\geqslant 40)\big)\\&=1.5\times 0.10P(30<\xi<35)+1.5\times 0.05\big(P(25<\xi\leqslant 30)\\&\quad+P(35\leqslant\xi<40)\big)-1.5\times 0.1\big(P(\xi\leqslant 25)+P(\xi\geqslant 40)\big),\end{aligned}$$

即

$$\begin{aligned}(x-0.15)P(30<\xi<35)&=0.025\big(P(25<\xi\leqslant 30)+P(35\leqslant\xi<40)\big)\\&\quad-0.05\big(P(\xi\leqslant 25)+P(\xi\geqslant 40)\big).\end{aligned}$$

因此

$$\begin{aligned}x&=0.15+\frac{0.025\big(P(25<\xi\leqslant 30)+P(35\leqslant\xi<40)\big)-0.05\big(P(\xi\leqslant 25)+P(\xi\geqslant 40)\big)}{P(30<\xi<35)}\\&=0.15+\frac{0.025\left(\Phi(-1)-\Phi\left(-\frac{2}{3}\right)\right)+\Phi\left(\frac{7}{3}\right)-\Phi\left(\frac{2}{3}\right)-0.05\left(\Phi\left(-\frac{8}{3}\right)+1-\Phi\left(\frac{7}{3}\right)\right)}{\Phi\left(\frac{2}{3}\right)-1+\Phi(1)}\\&=0.165\ 7.\end{aligned}$$

48. 设使仪器停止工作的元件故障数 ξ 的概率分布列为
$$P(\xi=k)=e^{-ak}-e^{-a(k+1)},\quad k=0,1,2,3,\cdots,$$

其中 $a>0$ 是常数.求 $E(\xi)$ 和 $D(\xi)$.

特别提醒 当 $a>0$ 时,$0<e^{-ak}<1,k=1,2,3,\cdots$.当 $0<x<1$ 时,

$$\sum_{k=1}^{\infty}k(k-1)x^k=\sum_{k=1}^{\infty}x^2(x^k)''=x^2\left(\sum_{k=1}^{\infty}x^k\right)''=x^2\left(\frac{x}{1-x}\right)''$$

$$=x^2\left[\frac{1}{(1-x)^2}\right]'=\frac{2x^2}{(1-x)^3}.$$

解

$$E(\xi)=\sum_{k=0}^{\infty}kP(\xi=k)=\sum_{k=0}^{\infty}k\left(e^{-ak}-e^{-a(k+1)}\right)$$

$$=\sum_{k=0}^{\infty}ke^{-ak}-\sum_{k=0}^{\infty}ke^{-a(k+1)}=(1-e^{-a})\sum_{k=0}^{\infty}ke^{-ak}$$

$$=(1-e^{-a})\sum_{k=0}^{\infty}kx^k\Big|_{x=e^{-a}}=(1-e^{-a})x\left(\sum_{k=0}^{\infty}x^k\right)'\Big|_{x=e^{-a}}$$

$$=(1-e^{-a})\frac{x}{(1-x)^2}\Big|_{x=e^{-a}}=\frac{e^{-a}}{1-e^{-a}},$$

$$E(\xi^2)=\sum_{k=0}^{\infty}k^2P(\xi=k)=\sum_{k=0}^{\infty}k(k-1)P(\xi=k)+\sum_{k=0}^{\infty}kP(\xi=k)$$

$$=\sum_{k=0}^{\infty}k(k-1)\left(e^{-ak}-e^{-a(k+1)}\right)+E(\xi)$$

$$=(1-e^{-a})\sum_{k=1}^{\infty}x^2(x^k)''\Big|_{x=e^{-a}}+E(\xi)$$

$$=(1-e^{-a})x^2\left(\frac{x}{1-x}\right)''\Big|_{x=e^{-a}}+E(\xi)$$

$$=(1-e^{-a})x^2\left[\frac{1}{(1-x)^2}\right]'\Big|_{x=e^{-a}}+E(\xi)$$

$$=(1-e^{-a})x^2\frac{-2}{(x-1)^3}\Big|_{x=e^{-a}}+E(\xi)=\frac{2e^{-2a}}{(e^{-a}-1)^2}+\frac{e^{-a}}{1-e^{-a}},$$

$$D(\xi)=E(\xi^2)-[E(\xi)]^2=\frac{2e^{-2a}}{(e^{-a}-1)^2}+\frac{e^{-a}}{1-e^{-a}}-\left(\frac{e^{-a}}{1-e^{-a}}\right)^2$$

$$=\frac{e^{-2a}}{(e^{-a}-1)^2}+\frac{e^{-a}}{1-e^{-a}}=\frac{e^{-2a}-e^{-2a}+e^{-a}}{(e^{-a}-1)^2}=\frac{e^{-a}}{(e^{-a}-1)^2}.$$

49. 在布朗运动中的一个分子,设在时刻 t_0,它与反射壁的距离为 x_0,则在时刻 t,它与反射壁的距离 ξ 是一个随机变量,且它的概率密度函数由下式给出($A>0$ 是一个常数):

$$f_\xi(x)=\begin{cases}\dfrac{1}{2\sqrt{\pi At}}\left[e^{-\frac{(x+x_0)^2}{4At}}+e^{-\frac{(x-x_0)^2}{4At}}\right], & x\geqslant 0,\\ 0, & x<0.\end{cases}$$

试求 $E(\xi)$ 与 $D(\xi)$.

方法技巧 用分部积分公式及正态分布的结果可求解.

解 $E(\xi)=\int_{-\infty}^{+\infty}xf(x)dx=\int_0^{+\infty}x\dfrac{1}{2\sqrt{\pi At}}\left[e^{-\frac{(x+x_0)^2}{4At}}+e^{-\frac{(x-x_0)^2}{4At}}\right]dx$

$$=\int_0^{+\infty}x\frac{1}{2\sqrt{\pi At}}e^{-\frac{(x+x_0)^2}{4At}}dx+\int_0^{+\infty}x\frac{1}{2\sqrt{\pi At}}e^{-\frac{(x-x_0)^2}{4At}}dx$$

$$=\int_0^{+\infty}(x+x_0-x_0)\frac{1}{2\sqrt{\pi At}}\mathrm{e}^{-\frac{(x+x_0)^2}{4At}}\mathrm{d}x+\int_0^{+\infty}(x-x_0+x_0)\frac{1}{2\sqrt{\pi At}}\mathrm{e}^{-\frac{(x-x_0)^2}{4At}}\mathrm{d}x$$

$$=\frac{2\sqrt{At}}{\sqrt{\pi}}\left[\int_0^{+\infty}\left(\frac{x+x_0}{2\sqrt{At}}\right)\mathrm{e}^{-\frac{(x+x_0)^2}{4At}}\mathrm{d}\left(\frac{x+x_0}{2\sqrt{At}}\right)+\int_0^{+\infty}\left(\frac{x-x_0}{2\sqrt{At}}\right)\mathrm{e}^{-\frac{(x-x_0)^2}{4At}}\mathrm{d}\left(\frac{x-x_0}{2\sqrt{At}}\right)\right]$$

$$+x_0\int_0^{+\infty}\frac{1}{2\sqrt{\pi At}}\left[\mathrm{e}^{-\frac{(x-x_0)^2}{4At}}-\mathrm{e}^{-\frac{(x+x_0)^2}{4At}}\right]\mathrm{d}x$$

$$=2\sqrt{\frac{At}{\pi}}\left(\int_{\frac{x_0}{2\sqrt{At}}}^{+\infty}u\mathrm{e}^{-u^2}\mathrm{d}u+\int_{-\frac{x_0}{2\sqrt{At}}}^{+\infty}u\mathrm{e}^{-u^2}\mathrm{d}u\right)+\frac{x_0}{\sqrt{\pi}}\int_{-\frac{x_0}{2\sqrt{At}}}^{+\infty}\mathrm{e}^{-u^2}\mathrm{d}u-\frac{x_0}{\sqrt{\pi}}\int_{\frac{x_0}{2\sqrt{At}}}^{+\infty}\mathrm{e}^{-u^2}\mathrm{d}u$$

$$=\sqrt{\frac{At}{\pi}}\left(-\int_{\frac{x_0}{2\sqrt{At}}}^{+\infty}\mathrm{d}\mathrm{e}^{-u^2}-\int_{-\frac{x_0}{2\sqrt{At}}}^{+\infty}\mathrm{d}\mathrm{e}^{-u^2}\right)+\frac{x_0}{\sqrt{\pi}}\left(\int_{-\frac{x_0}{2\sqrt{At}}}^{+\infty}\mathrm{e}^{-u^2}\mathrm{d}u-\int_{\frac{x_0}{2\sqrt{At}}}^{+\infty}\mathrm{e}^{-u^2}\mathrm{d}u\right)$$

$$=2\sqrt{\frac{At}{\pi}}\mathrm{e}^{-\frac{x_0^2}{4At}}+x_0\left(\int_{-\frac{x_0}{2\sqrt{At}}}^{+\infty}\frac{1}{\sqrt{\pi}}\mathrm{e}^{-\frac{u^2}{2\times\frac{1}{2}}}\mathrm{d}u-\int_{\frac{x_0}{2\sqrt{At}}}^{+\infty}\frac{1}{\sqrt{\pi}}\mathrm{e}^{-\frac{u^2}{2\times\frac{1}{2}}}\mathrm{d}u\right)$$

$$=2\sqrt{\frac{At}{\pi}}\mathrm{e}^{-\frac{x_0^2}{4At}}+x_0\left(\int_{-\frac{x_0}{\sqrt{2At}}}^{+\infty}\frac{1}{\sqrt{2\pi}}\mathrm{e}^{-\frac{y^2}{2}}\mathrm{d}y-\int_{\frac{x_0}{\sqrt{2At}}}^{+\infty}\frac{1}{\sqrt{2\pi}}\mathrm{e}^{-\frac{y^2}{2}}\mathrm{d}y\right)$$

$$=2\sqrt{\frac{At}{\pi}}\mathrm{e}^{-\frac{x_0^2}{4At}}+x_0\left[1-\Phi\left(-\frac{x_0}{\sqrt{2At}}\right)-1+\Phi\left(\frac{x_0}{\sqrt{2At}}\right)\right]$$

$$=2\sqrt{\frac{At}{\pi}}\mathrm{e}^{-\frac{x_0^2}{4At}}+x_0\left[2\Phi\left(\frac{x_0}{\sqrt{2At}}\right)-1\right].$$

$$\mathrm{E}(\xi^2)=\int_{-\infty}^{+\infty}x^2f(x)\mathrm{d}x=\int_0^{+\infty}x^2\frac{1}{2\sqrt{\pi At}}\left[\mathrm{e}^{-\frac{(x+x_0)^2}{4At}}+\mathrm{e}^{-\frac{(x-x_0)^2}{4At}}\right]\mathrm{d}x$$

$$=\frac{4At}{\sqrt{\pi}}\int_0^{+\infty}\left(\frac{x}{2\sqrt{At}}\right)^2\left[\mathrm{e}^{-\left(\frac{x}{2\sqrt{At}}+\frac{x_0}{2\sqrt{At}}\right)^2}+\mathrm{e}^{-\left(\frac{x}{2\sqrt{At}}-\frac{x_0}{2\sqrt{At}}\right)^2}\right]\mathrm{d}\left(\frac{x}{2\sqrt{At}}\right)$$

$$=\frac{4At}{\sqrt{\pi}}\int_0^{+\infty}u^2\left[\mathrm{e}^{-\left(u+\frac{x_0}{2\sqrt{At}}\right)^2}+\mathrm{e}^{-\left(u-\frac{x_0}{2\sqrt{At}}\right)^2}\right]\mathrm{d}u$$

$$=\frac{4At}{\sqrt{\pi}}\left[\int_0^{+\infty}u^2\mathrm{e}^{-\left(u+\frac{x_0}{2\sqrt{At}}\right)^2}\mathrm{d}u+\int_0^{+\infty}u^2\mathrm{e}^{-\left(u-\frac{x_0}{2\sqrt{At}}\right)^2}\mathrm{d}u\right]$$

$$=\frac{4At}{\sqrt{\pi}}\left[\int_0^{+\infty}\left(u+\frac{x_0}{2\sqrt{At}}-\frac{x_0}{2\sqrt{At}}\right)^2\mathrm{e}^{-\left(u+\frac{x_0}{2\sqrt{At}}\right)^2}\mathrm{d}u\right.$$

$$\left.+\int_0^{+\infty}\left(u-\frac{x_0}{2\sqrt{At}}+\frac{x_0}{2\sqrt{At}}\right)^2\mathrm{e}^{-\left(u-\frac{x_0}{2\sqrt{At}}\right)^2}\mathrm{d}u\right]$$

$$=\frac{4At}{\sqrt{\pi}}\left[\int_0^{+\infty}\left(u+\frac{x_0}{2\sqrt{At}}\right)^2\mathrm{e}^{-\left(u+\frac{x_0}{2\sqrt{At}}\right)^2}\mathrm{d}u+\int_0^{+\infty}\left(u-\frac{x_0}{2\sqrt{At}}\right)^2\mathrm{e}^{-\left(u-\frac{x_0}{2\sqrt{At}}\right)^2}\mathrm{d}u\right]$$

$$-\frac{4At}{\sqrt{\pi}}\left[\int_0^{+\infty}\frac{x_0\left(u+\frac{x_0}{2\sqrt{At}}\right)}{\sqrt{At}}\mathrm{e}^{-\left(u+\frac{x_0}{2\sqrt{At}}\right)^2}\mathrm{d}u\right.$$

$$\left.-\int_0^{+\infty}\frac{x_0\left(u-\frac{x_0}{2\sqrt{At}}\right)}{\sqrt{At}}\mathrm{e}^{-\left(u-\frac{x_0}{2\sqrt{At}}\right)^2}\mathrm{d}u\right]+x_0^2 2\sqrt{At}$$

$$=\frac{4At}{\sqrt{\pi}}\left(\int_{\frac{x_0}{2\sqrt{At}}}^{+\infty}u^2e^{-u^2}du+\int_{-\frac{x_0}{2\sqrt{At}}}^{+\infty}u^2e^{-u^2}du-\int_{\frac{x_0}{2\sqrt{At}}}^{+\infty}\frac{x_0u}{\sqrt{At}}e^{-u^2}du\right.$$

$$\left.+\int_{-\frac{x_0}{2\sqrt{At}}}^{+\infty}\frac{x_0u}{\sqrt{At}}e^{-u^2}du\right)+x_0^2 2\sqrt{At}$$

$$=\frac{2At}{\sqrt{\pi}}\left(\int_{\frac{x_0}{2\sqrt{At}}}^{+\infty}-u\,de^{-u^2}+\int_{-\frac{x_0}{2\sqrt{At}}}^{+\infty}-u\,de^{-u^2}+\int_{\frac{x_0}{2\sqrt{At}}}^{+\infty}\frac{x_0}{\sqrt{At}}de^{-u^2}\right.$$

$$\left.-\int_{-\frac{x_0}{2\sqrt{At}}}^{+\infty}\frac{x_0}{\sqrt{At}}de^{-u^2}\right)+x_0^2 2\sqrt{At}$$

$$=\frac{2At}{\sqrt{\pi}}\left(\int_{\frac{x_0}{2\sqrt{At}}}^{+\infty}e^{-u^2}du+\int_{-\frac{x_0}{2\sqrt{At}}}^{+\infty}e^{-u^2}du\right)+x_0^2 2\sqrt{At}$$

$$=2At\left(\int_{\frac{x_0}{2\sqrt{At}}}^{+\infty}\frac{1}{\sqrt{\pi}}e^{-\frac{u^2}{2\times\frac{1}{2}}}du+\int_{-\frac{x_0}{2\sqrt{At}}}^{+\infty}\frac{1}{\sqrt{\pi}}e^{-\frac{u^2}{2\times\frac{1}{2}}}du\right)+x_0^2 2\sqrt{At}$$

$$=2At\left(\int_{\frac{x_0}{\sqrt{2At}}}^{+\infty}\frac{1}{\sqrt{2\pi}}e^{-\frac{t^2}{2}}dt+\int_{-\frac{x_0}{\sqrt{2At}}}^{+\infty}\frac{1}{\sqrt{2\pi}}e^{-\frac{t^2}{2}}dt\right)+x_0^2 2\sqrt{At}$$

$$=2At\left[1-\Phi\left(\frac{x_0}{\sqrt{2At}}\right)+1-\Phi\left(-\frac{x_0}{\sqrt{2At}}\right)\right]+x_0^2 2\sqrt{At}$$

$$=2At+x_0^2 2\sqrt{At},$$

$$D(\xi)=E(\xi^2)-[E(\xi)]^2=2At+x_0^2 2\sqrt{At}-\left[2\sqrt{\frac{At}{\pi}}e^{-\frac{x_0^2}{4At}}+x_0\left(2\Phi\left(\frac{x_0}{\sqrt{2At}}\right)-1\right)\right]^2.$$

50. 设 $\xi\sim N(a,\sigma)$,若 ξ_1,ξ_2 为 ξ 的两个独立的观察结果,试证:

$$E(\max(\xi_1,\xi_2))=a+\frac{\sigma}{\sqrt{\pi}}.$$

◆ **题型解析:**本题考查了随机变量函数的数学期望.可由公式直接求解,也可通过标准正态分布与正态分布之间的关系、最大值与最小值之间的关系及本章习题 29 的结果求解.

证明 法一

$$E(\max(\xi,\eta))=\int_{-\infty}^{+\infty}\int_{-\infty}^{+\infty}\max(x,y)f(x,y)dxdy$$

$$=\int_{-\infty}^{+\infty}\int_{-\infty}^{+\infty}\max(x,y)\frac{1}{2\pi\sigma^2}e^{-\frac{1}{2}\left[\left(\frac{x-a}{\sigma}\right)^2+\left(\frac{y-a}{\sigma}\right)^2\right]}dxdy$$

$$=\int_{-\infty}^{+\infty}\int_{-\infty}^{+\infty}\max(x-a,y-a)\frac{1}{2\pi\sigma^2}e^{-\frac{1}{2}\left[\left(\frac{x-a}{\sigma}\right)^2+\left(\frac{y-a}{\sigma}\right)^2\right]}dxdy+a$$

$$=\sigma\left[\int_{-\infty}^{+\infty}\left(\int_{-\infty}^{y}y\frac{1}{2\pi}e^{-\frac{1}{2}(x^2+y^2)}dx\right)dy+\int_{-\infty}^{+\infty}\int_{-\infty}^{x}x\frac{1}{2\pi}e^{-\frac{1}{2}(x^2+y^2)}dydx\right]+a$$

$$=\sigma\int_{-\infty}^{+\infty}x\,dx\int_{-\infty}^{x}\frac{1}{\pi}e^{-\frac{1}{2}(x^2+y^2)}dy+a=\frac{\sigma}{\pi}\int_{-\infty}^{+\infty}xe^{-\frac{x^2}{2}}\left(\int_{-\infty}^{x}e^{-\frac{y^2}{2}}dy\right)dx+a$$

$$=-\frac{\sigma}{\pi}\int_{-\infty}^{+\infty}\left(\int_{-\infty}^{x}e^{-\frac{y^2}{2}}dy\right)de^{-\frac{x^2}{2}}+a$$

$$=-\frac{\sigma}{\pi}\left[e^{-\frac{x^2}{2}}\left(\int_{-\infty}^{x}e^{-\frac{y^2}{2}}dy\right)\Bigg|_{x=-\infty}^{+\infty}+\int_{-\infty}^{+\infty}e^{-\frac{2x^2}{2}}dx\right]+a$$

$$=\frac{\sigma}{\sqrt{\pi}}+a.$$

法二 设 $\eta_1=\frac{\xi_1-a}{\sigma}$，$\eta_2=\frac{\xi_2-a}{\sigma}$，则 (η_1,η_2) 服从二维正态分布，且 $\mathrm{E}(\eta_1)=\mathrm{E}(\eta_2)=0$，$\mathrm{D}(\eta_1)=\mathrm{D}(\eta_2)=1$，$\rho=0$.由本章习题 29 的结果可得 $\mathrm{E}(\max(\eta_1,\eta_2))=\frac{1}{\sqrt{\pi}}$，从而

$$\mathrm{E}(\max(\xi_1,\xi_2))=\mathrm{E}(\max(\sigma\eta_1+a,\sigma\eta_2+a))=\sigma\mathrm{E}(\max(\eta_1,\eta_2))+a=\frac{\sigma}{\sqrt{\pi}}+a.$$

51. 称 $\lambda=\frac{a''-a'}{a}$ 为量度棉花长短不均匀性的不均匀度，其中 $a=\mathrm{E}(\xi)$，ξ 是表示纤维长度的随机变量，$a''=\mathrm{E}(\xi-a)^+$ 与 $a'=-\mathrm{E}(\xi-a)^-$ 分别是：长于 a 的那部分纤维长度的数学期望与短于 a 的那部分纤维长度（负数）的数学期望.试求：

(1) λ，a 与 $\mathrm{E}|\xi-a|$ 之间的关系；

(2) 若 $\xi\sim N(a,\sigma)$，求 λ 与 a，σ 之间的关系.

方法技巧 问题(1) 利用数学期望的性质及绝对值能写成正部与负部的和.问题(2) 直接用随机变量函数的数学期望求 $\mathrm{E}(|\xi-a|)$，再由问题(1) 的结果可得 λ 与 a，σ 之间的关系.

解 (1) $\mathrm{E}(|\xi-a|)=a\mathrm{E}\left(\frac{|\xi-a|}{a}\right)=a\mathrm{E}\left(\frac{(\xi-a)^+}{a}+\frac{(\xi-a)^-}{a}\right)$

$$=a\left(\frac{\mathrm{E}(\xi-a)^+}{a}+\frac{\mathrm{E}(\xi-a)^-}{a}\right)=a\,\frac{a''-a'}{a}=a\lambda.$$

(2) 若 $\xi\sim N(a,\sigma)$，则 $\frac{\xi-a}{\sigma}\sim N(0,1)$，故有

$$\mathrm{E}(|\xi-a|)=\sigma\mathrm{E}\left(\left|\frac{\xi-a}{\sigma}\right|\right)=\sigma\int_{-\infty}^{+\infty}|x|\frac{1}{\sqrt{2\pi}}\mathrm{e}^{-\frac{x^2}{2}}\mathrm{d}x=2\sigma\int_0^{+\infty}x\frac{1}{\sqrt{2\pi}}\mathrm{e}^{-\frac{x^2}{2}}\mathrm{d}x$$

$$=-2\sigma\frac{1}{\sqrt{2\pi}}\int_0^{+\infty}\mathrm{d}\mathrm{e}^{-\frac{x^2}{2}}=2\sigma\frac{1}{\sqrt{2\pi}}.$$

结合(1) 可得 $\lambda=\frac{\sigma}{a}\sqrt{\frac{2}{\pi}}$.

52. 设随机变量 ξ，η 相互独立，且均服从正态分布 $N(a,\sigma)$，求：

(1) $\alpha\xi+\beta\eta$ 与 $\alpha\xi-\beta\eta$ 的相关系数 $\rho_{\alpha\xi+\beta\eta,\alpha\xi-\beta\eta}$；

(2) $\alpha\xi+\beta\eta$ 与 $\alpha\xi-\beta\eta$ 的联合分布.

方法技巧 由相关系数的定义及相互独立随机变量的数学期望与方差的性质可求解.

解 (1) $\rho_{\alpha\xi+\beta\eta,\alpha\xi-\beta\eta}=\frac{\mathrm{cov}(\alpha\xi+\beta\eta,\alpha\xi-\beta\eta)}{\sqrt{\mathrm{D}(\alpha\xi+\beta\eta)\mathrm{D}(\alpha\xi-\beta\eta)}}=\frac{\alpha^2\mathrm{D}(\xi)-\beta^2\mathrm{D}(\eta)}{\sqrt{(\alpha^2\mathrm{D}(\xi)+\beta^2\mathrm{D}(\eta))^2}}=\frac{\alpha^2-\beta^2}{\alpha^2+\beta^2}.$

(2) ξ，η 相互独立，且均服从正态分布 $N(a,\sigma)$，故 ξ，η 的联合概率密度为

$$f_{\xi,\eta}(x,y)=f_\xi(x)f_\eta(y)=\frac{1}{2\pi\sigma^2}\mathrm{e}^{-\frac{(x-a)^2+(y-a)^2}{2\sigma^2}}.$$

令 $\begin{cases}\alpha x+\beta y=u,\\ \alpha x-\beta y=v,\end{cases}$ 可得

$$\begin{cases} x=\dfrac{u+v}{2\alpha}, \\ y=\dfrac{u-v}{2\beta}, \end{cases} \quad J=\begin{vmatrix} \dfrac{\partial x}{\partial u} & \dfrac{\partial x}{\partial v} \\ \dfrac{\partial y}{\partial u} & \dfrac{\partial y}{\partial v} \end{vmatrix}=\begin{vmatrix} \dfrac{1}{2\alpha} & \dfrac{1}{2\alpha} \\ \dfrac{1}{2\beta} & -\dfrac{1}{2\beta} \end{vmatrix}=-\frac{1}{2\alpha\beta},$$

进而可得 $\alpha\xi+\beta\eta$ 与 $\alpha\xi-\beta\eta$ 的联合概率密度函数为

$$f_{\alpha\xi+\beta\eta,\alpha\xi-\beta\eta}(u,v)=f_{\xi,\eta}\left(\frac{u+v}{2\alpha},\frac{u-v}{2\beta}\right)|J|=\frac{1}{4|\alpha\beta|\pi\sigma^2}\mathrm{e}^{-\frac{\left(\frac{u+v}{2\alpha}-a\right)^2+\left(\frac{u-v}{2\beta}-a\right)^2}{2\sigma^2}}.$$

53. 一个大盒子里放有 2^n 张票，假设其中 C_n^i 张票的号码都记为 $i(i=0,1,2,\cdots,n)$.现从盒中任意独立地取出 m 张票，并记 ξ 为此 m 张票的号码之和.求 $E(\xi)$ 和 $D(\xi)$.

方法技巧 考虑每张票的号码，从而 ξ 可以写为 m 个相互独立随机变量和的形式，再由相互独立随机变量和的方差等于方差的和及数学期望的线性性质可求解.

解 设 ξ_k 表示取出的第 k 张票的号码$(k=1,2,\cdots,m)$，则 $\xi_1,\xi_2,\cdots,\xi_m$ 相互独立，且 $\xi=\sum\limits_{k=1}^{m}\xi_k$，$P(\xi_k=i)=\dfrac{C_n^i}{2^n}$，$\forall k,i$.因此，

$$\begin{aligned} E(\xi)&=E\Big(\sum_{k=1}^{m}\xi_k\Big)=\sum_{k=1}^{m}E(\xi_k)=\sum_{k=1}^{m}\sum_{i=0}^{n}i\frac{C_n^i}{2^n}=\frac{m}{2^n}\sum_{i=0}^{n}iC_n^i=\frac{m}{2^n}\sum_{i=1}^{n}\frac{n!}{(i-1)!\,(n-i)!} \\ &=\frac{mn}{2^n}\sum_{i=1}^{n}\frac{(n-1)!}{(i-1)!\,(n-i)!}=\frac{mn}{2^n}\sum_{s=0}^{n-1}C_{n-1}^s=\frac{mn}{2}, \end{aligned}$$

$$\begin{aligned} D(\xi)&=D\Big(\sum_{k=1}^{m}\xi_k\Big)=\sum_{k=1}^{m}D(\xi_k)=\sum_{k=1}^{m}\sum_{i=0}^{n}i^2\frac{C_n^i}{2^n}-\frac{m^2n^2}{4}=\frac{m}{2^n}\sum_{i=0}^{n}i^2C_n^i-\frac{m^2n^2}{4} \\ &=\frac{m}{2^n}\sum_{i=1}^{n}i(i-1)C_n^i+\frac{m}{2^n}\sum_{i=0}^{n}iC_n^i-\frac{m^2n^2}{4} \\ &=\frac{mn(n-1)}{4}+\frac{mn}{2}-\frac{m^2n^2}{4}=\frac{mn(n-mn+1)}{4}. \end{aligned}$$

54. 在线段$(0,l)$上任意地投掷两个点，试求此两点距离的 n 次方的数学期望与方差.

方法技巧 解法与习题 30 一样，故略.

55. 设事件 A 在第 i 次试验中出现的概率为 p_i，记 ξ 为做 n 次独立试验 A 出现的次数.试求：

(1) $E(\xi)$；　(2) $D(\xi)$；　(3) $E\left[\left(\xi-\sum\limits_{i=1}^{n}p_i\right)^3\right]$；　(4) $E\left[\left(\xi-\sum\limits_{i=1}^{n}p_i\right)^4\right]$.

方法技巧 由试验的独立性及 ξ 的定义，可以把 ξ 写成 n 个相互独立随机变量和的形式，再由相互独立随机变量方差的性质及数学期望的线性性质可求解.

解 设 ξ_i 为第 i 次独立试验 A 出现的次数$(i=1,2,\cdots,n)$，则 $\xi_i\sim B(1,p_i)$，且 $\xi_1,\xi_2,\cdots,\xi_n$ 相互独立，则 $\xi=\sum\limits_{i=1}^{n}\xi_i$.

(1) $E(\xi)=E\left(\sum\limits_{i=1}^{n}\xi_i\right)=\sum\limits_{i=1}^{n}E(\xi_i)=\sum\limits_{i=1}^{n}p_i$.

(2) $D(\xi)=D\left(\sum\limits_{i=1}^{n}\xi_i\right)=\sum\limits_{i=1}^{n}D(\xi_i)=\sum\limits_{i=1}^{n}p_i(1-p_i)$.

(3) $E\left(\xi-\sum\limits_{i=1}^{n}p_i\right)^3=E\left\{\left[\sum\limits_{i=1}^{n}(\xi_i-p_i)\right]^3\right\}$

$$=\mathrm{E}\left\{\left[\sum_{i=1}^{n}(\xi_i-p_i)\right]\left[\sum_{j=1}^{n}(\xi_j-p_j)\right]\left[\sum_{k=1}^{n}(\xi_k-p_k)\right]\right\}$$

$$=\mathrm{E}\left\{\left[\sum_{i=1}^{n}\sum_{j=1}^{n}\sum_{k=1}^{n}(\xi_i-p_i)(\xi_j-p_j)(\xi_k-p_k)\right]\right\}$$

$$=\sum_{i=1}^{n}\sum_{j=1}^{n}\sum_{k=1}^{n}\mathrm{E}[(\xi_i-p_i)(\xi_j-p_j)(\xi_k-p_k)]$$

$$=\sum_{i=1}^{n}\mathrm{E}[(\xi_i-p_i)^3]=\sum_{i=1}^{n}[(1-p_i)^3p_i-p_i^3(1-p_i)]$$

$$=\sum_{i=1}^{n}(1-2p_i)p_i(1-p_i).$$

(4) $\mathrm{E}\left[\left(\xi-\sum_{i=1}^{n}p_i\right)^4\right]=\mathrm{E}\left\{\left[\sum_{i=1}^{n}(\xi_i-p_i)\right]^4\right\}$

$$=\mathrm{E}\left\{\left[\sum_{i=1}^{n}(\xi_i-p_i)\right]\left[\sum_{j=1}^{n}(\xi_j-p_j)\right]\left[\sum_{k=1}^{n}(\xi_k-p_k)\right]\left[\sum_{s=1}^{n}(\xi_s-p_s)\right]\right\}$$

$$=\mathrm{E}\left\{\left[\sum_{i=1}^{n}\sum_{j=1}^{n}\sum_{k=1}^{n}\sum_{s=1}^{n}(\xi_i-p_i)(\xi_j-p_j)(\xi_k-p_k)(\xi_s-p_s)\right]\right\}$$

$$=\sum_{i=1}^{n}\sum_{j=1}^{n}\sum_{k=1}^{n}\sum_{s=1}^{n}\mathrm{E}[(\xi_i-p_i)(\xi_j-p_j)(\xi_k-p_k)(\xi_s-p_s)]$$

$$=\sum_{i=1}^{n}\mathrm{E}[(\xi_i-p_i)^4]=\sum_{i=1}^{n}[(1-p_i)^4p_i-p_i^4(1-p_i)]$$

$$=\sum_{i=1}^{n}[(1-p_i)^3-p_i^3]p_i(1-p_i)$$

$$=\sum_{i=1}^{n}[(1-p_i)^2+(1-p_i)p_i+p_i^2]p_i(1-p_i)(1-2p_i)$$

$$=\sum_{i=1}^{n}(1-p_i+p_i^2)p_i(1-p_i)(1-2p_i).$$

56. 在上题的条件下，记 $a=\sum_{i=1}^{n}\frac{p_i}{n}$.试证：当 $p_1=p_2=\cdots=p_n=a$ 时，$\mathrm{D}(\xi)$ 达到最大值.

特别提醒 $\sum_{i=1}^{n}p_i^2\geqslant\frac{\left(\sum_{i=1}^{n}p_i\right)^2}{n}$.

证明 $\mathrm{D}(\xi)=\sum_{i=1}^{n}p_i(1-p_i)=\sum_{i=1}^{n}p_i-\sum_{i=1}^{n}p_i^2=na-\sum_{i=1}^{n}p_i^2$

$$\leqslant na-\frac{\left(\sum_{i=1}^{n}p_i\right)^2}{n}=na-na^2,$$

当且仅当 $p_1=p_2=\cdots=p_n=a$ 时，等号成立，即 $\mathrm{D}(\xi)$ 达到最大值.

57. 设 ξ 为随机变量，它服从参数为 λ 的泊松分布.求：

(1) $\mathrm{E}(|\xi-\lambda|)$； (2) $\mathrm{E}(\xi^3)$.

◆ **题型解析：**本题考查了离散型随机变量函数的数学期望.

解 (1) $$\begin{aligned}E(|\xi-\lambda|)&=\sum_{k=0}^{\infty}|k-\lambda|\frac{\lambda^k}{k!}e^{-\lambda}\\&=\sum_{k=0}^{[\lambda]}(\lambda-k)\frac{\lambda^k}{k!}e^{-\lambda}+\sum_{k=[\lambda]+1}^{\infty}(k-\lambda)\frac{\lambda^k}{k!}e^{-\lambda}\\&=\sum_{k=0}^{[\lambda]}\frac{\lambda^{k+1}}{k!}e^{-\lambda}-\sum_{k=1}^{[\lambda]}\frac{\lambda^k}{(k-1)!}e^{-\lambda}-\sum_{k=[\lambda]+1}^{\infty}\frac{\lambda^{k+1}}{k!}e^{-\lambda}\\&\quad+\sum_{k=[\lambda]+1}^{\infty}\frac{\lambda^k}{(k-1)!}e^{-\lambda}\\&=\lambda\left(\sum_{k=0}^{[\lambda]}\frac{\lambda^k}{k!}e^{-\lambda}-\sum_{k=0}^{[\lambda]-1}\frac{\lambda^k}{k!}e^{-\lambda}-\sum_{k=[\lambda]+1}^{\infty}\frac{\lambda^k}{k!}e^{-\lambda}+\sum_{k=[\lambda]}^{\infty}\frac{\lambda^k}{k!}e^{-\lambda}\right)\\&=e^{-\lambda}\frac{2\lambda^{[\lambda]+1}}{[\lambda]!},\end{aligned}$$

其中$[\lambda]$为不超过λ的最大整数.

(2) $$\begin{aligned}E(\xi^3)&=\sum_{k=0}^{\infty}k^3\frac{\lambda^k}{k!}e^{-\lambda}=\sum_{k=1}^{\infty}k^2\frac{\lambda^k}{(k-1)!}e^{-\lambda}\\&=\sum_{k=1}^{\infty}(k-1)^2\frac{\lambda^k}{(k-1)!}e^{-\lambda}+\sum_{k=1}^{\infty}2(k-1)\frac{\lambda^k}{(k-1)!}e^{-\lambda}\\&\quad+\sum_{k=1}^{\infty}\frac{\lambda^k}{(k-1)!}e^{-\lambda}\\&=\sum_{k=2}^{\infty}(k-1)\frac{\lambda^k}{(k-2)!}e^{-\lambda}+2\lambda^2\sum_{k=2}^{\infty}\frac{\lambda^{k-2}}{(k-2)!}e^{-\lambda}+\lambda\sum_{k=1}^{\infty}\frac{\lambda^{k-1}}{(k-1)!}e^{-\lambda}\\&=\sum_{k=2}^{\infty}(k-2)\frac{\lambda^k}{(k-2)!}e^{-\lambda}+\sum_{k=2}^{\infty}\frac{\lambda^k}{(k-2)!}e^{-\lambda}+2\lambda^2+\lambda\\&=\lambda^3\sum_{k=3}^{\infty}\frac{\lambda^{k-3}}{(k-3)!}e^{-\lambda}+\lambda^2+2\lambda^2+\lambda\\&=\lambda^3+3\lambda^2+\lambda.\end{aligned}$$

58. 设ξ为离散型随机变量,其概率分布列为

(1)(巴斯加尔分布列) $P(\xi=k)=\dfrac{a^k}{(1+a)^{k+1}}$, $a>0$是常数,$k=0,1,2,\cdots$;

(2)(波里亚氏分布列) $P(\xi=k)=\left(\dfrac{\lambda}{1+a\lambda}\right)^k\dfrac{(1+a)\cdots[1+(k-1)a]}{k!}p_0$, $k=1,2,3,\cdots$,

$$p_0=P(\xi=0)=(1+a\lambda)^{-\frac{1}{a}},\quad a>0,\lambda>0\text{是常数}.$$

试证:它们确是概率分布列,并且试求$E(\zeta)$与$D(\zeta)$.

方法技巧 证明对任意的k,$P(\xi=k)>0$,且$\sum\limits_{k=0}^{\infty}P(\xi=k)=1$即可.问题(2)要注意泰勒展开.

证明 (1) $$\sum_{k=0}^{\infty}P(\xi=k)=\sum_{k=0}^{\infty}\frac{a^k}{(1+a)^{k+1}}=\frac{1}{1+a}\sum_{k=0}^{\infty}\frac{a^k}{(1+a)^k}=\frac{1}{1+a}\cdot\frac{1}{1-\dfrac{a}{1+a}}=1,$$

因此,此分布确是概率分布列,则

$$E(\xi)=\sum_{k=0}^{\infty}kP(\xi=k)=\sum_{k=0}^{\infty}k\frac{a^k}{(1+a)^{k+1}}=\frac{1}{1+a}\sum_{k=0}^{\infty}k\frac{a^k}{(1+a)^k}$$
$$=\frac{a}{(1+a)^2}\left(\sum_{k=0}^{\infty}x^k\right)'\Big|_{x=\frac{a}{1+a}}=\frac{a}{(1+a)^2}\left(\frac{1}{1-x}\right)'\Big|_{x=\frac{a}{1+a}}$$
$$=\frac{a}{(1+a)^2}\left[\frac{1}{(1-x)^2}\right]\Big|_{x=\frac{a}{1+a}}=a,$$

$$E(\xi^2)=\sum_{k=0}^{\infty}k^2P(\xi=k)=\sum_{k=0}^{\infty}k^2\frac{a^k}{(1+a)^{k+1}}=\sum_{k=1}^{\infty}k(k-1)\frac{a^k}{(1+a)^{k+1}}+\sum_{k=0}^{\infty}k\frac{a^k}{(1+a)^{k+1}}$$
$$=\frac{1}{1+a}x^2\left(\sum_{k=0}^{\infty}x^k\right)''\Big|_{x=\frac{a}{1+a}}+E(\xi)=\frac{1}{1+a}x^2\left[\frac{1}{(1-x)^2}\right]'\Big|_{x=\frac{a}{1+a}}+a$$
$$=\frac{1}{1+a}x^2\frac{-2}{(x-1)^3}\Big|_{x=\frac{a}{1+a}}+a=\frac{1}{1+a}\cdot\frac{2x^2}{(1-x)^3}\Big|_{x=\frac{a}{1+a}}+a=2a^2+a,$$
$$D(\xi)=E(\xi^2)-[E(\xi)]^2=2a^2+a-a^2=a^2+a.$$

(2) 设 $f(x)=(1-ax)^{-\frac{1}{a}}$,则

$$f'(x)=-\frac{1}{a}(-a)(1-ax)^{-\frac{1}{a}-1}=(1-ax)^{-\frac{1}{a}-1},$$
$$f''(x)=\left(-\frac{1}{a}-1\right)(-a)(1-ax)^{-\frac{1}{a}-2}=(1+a)(1-ax)^{-\frac{1}{a}-2},$$
$$f'''(x)=\left(-\frac{1}{a}-2\right)(1+a)(-a)(1-ax)^{-\frac{1}{a}-3}=(1+a)(1+2a)(1-ax)^{-\frac{1}{a}-3},$$
$$f^{(4)}(x)=(1+a)(1+2a)\left(-\frac{1}{a}-3\right)(-a)(1-ax)^{-\frac{1}{a}-4}$$
$$=(1+a)(1+2a)(1+3a)(1-ax)^{-\frac{1}{a}-4},$$

以此类推,可得

$$f^{(k)}(x)=(1+a)(1+2a)\cdots[1+(k-1)a](1-ax)^{-\frac{1}{a}-k}$$
$$=\left(\frac{1}{1-ax}\right)^k(1+a)(1+2a)\cdots[1+(k-1)a](1-ax)^{-\frac{1}{a}}.$$

$f(x)$ 在点 $x=-\lambda$ 的泰勒展开为

$$f(0)=f(-\lambda)+f'(-\lambda)[0-(-\lambda)]+\frac{f''(-\lambda)}{2!}[0-(-\lambda)]^2+\cdots$$
$$+\frac{f^{(k)}(-\lambda)}{k!}[0-(-\lambda)]^k+\cdots.$$

因此,

$$1=(1+a\lambda)^{-\frac{1}{a}}+\sum_{k=1}^{\infty}\frac{f^{(k)}(-\lambda)}{k!}\lambda^k$$
$$=(1+a\lambda)^{-\frac{1}{a}}+\sum_{k=1}^{\infty}\left(\frac{\lambda}{1+a\lambda}\right)^k\frac{(1+a)(1+2a)\cdots[1+(k-1)a]}{k!}(1+a\lambda)^{-\frac{1}{a}},$$

即 $\sum_{k=0}^{\infty}P(\xi=k)=1$.因此,此分布确是概率分布列,则

$$E(\xi)=\sum_{k=0}^{\infty}kP(\xi=k)=\sum_{k=1}^{\infty}k\left(\frac{\lambda}{1+a\lambda}\right)^k\frac{(1+a)\cdots[1+(k-1)a]}{k!}p_0$$

$$=\frac{\lambda}{1+a\lambda}\Big[\sum_{k=2}^{\infty}\left(\frac{\lambda}{1+a\lambda}\right)^{k-1}\frac{(1+a)\cdots[1+(k-1)a]}{(k-1)!}p_0+p_0\Big]$$

$$=\frac{\lambda}{1+a\lambda}\Big[\sum_{k=1}^{\infty}\left(\frac{\lambda}{1+a\lambda}\right)^{k}\frac{(1+a)\cdots(1+ka)}{k!}p_0+p_0\Big]$$

$$=\frac{\lambda}{1+a\lambda}\Big[\sum_{k=1}^{\infty}\left(\frac{\lambda}{1+a\lambda}\right)^{k}\frac{(1+a)\cdots[1+(k-1)a]}{k!}p_0+p_0$$

$$+\sum_{k=1}^{\infty}\left(\frac{\lambda}{1+a\lambda}\right)^{k}\frac{(1+a)\cdots[1+(k-1)a]ka}{k!}p_0\Big]$$

$$=\frac{\lambda}{1+a\lambda}\Big[1+a\sum_{k=1}^{\infty}k\left(\frac{\lambda}{1+a\lambda}\right)^{k}\frac{(1+a)\cdots[1+(k-1)a]}{k!}p_0\Big]$$

$$=\frac{\lambda}{1+a\lambda}[1+a\mathrm{E}(\xi)].$$

因此，$\mathrm{E}(\xi)+a\lambda\mathrm{E}(\xi)=\lambda+a\lambda\mathrm{E}(\xi)$，即 $\mathrm{E}(\xi)=\lambda$.

$$\mathrm{E}(\xi^2)=\sum_{k=0}^{\infty}k^2P(\xi=k)=\sum_{k=1}^{\infty}[k(k-1)+k]P(\xi=k)$$

$$=\sum_{k=2}^{\infty}k(k-1)P(\xi=k)+\sum_{k=1}^{\infty}kP(\xi=k)$$

$$=\sum_{k=2}^{\infty}k(k-1)\left(\frac{\lambda}{1+a\lambda}\right)^{k}\frac{(1+a)\cdots[1+(k-1)a]}{k!}p_0+\mathrm{E}(\xi)$$

$$=\frac{\lambda}{1+a\lambda}\sum_{k=2}^{\infty}(k-1)\left(\frac{\lambda}{1+a\lambda}\right)^{k-1}\frac{(1+a)\cdots[1+(k-1)a]}{(k-1)!}p_0+\mathrm{E}(\xi)$$

$$=\frac{\lambda}{1+a\lambda}\sum_{k=1}^{\infty}k\left(\frac{\lambda}{1+a\lambda}\right)^{k}\frac{(1+a)\cdots(1+ka)}{k!}p_0+\mathrm{E}(\xi)$$

$$=\frac{\lambda}{1+a\lambda}\Big[\sum_{k=1}^{\infty}k\left(\frac{\lambda}{1+a\lambda}\right)^{k}\frac{(1+a)\cdots[1+(k-1)a]}{k!}p_0$$

$$+a\sum_{k=1}^{\infty}k^2\left(\frac{\lambda}{1+a\lambda}\right)^{k}\frac{(1+a)\cdots[1+(k-1)a]}{k!}p_0\Big]+\mathrm{E}(\xi)$$

$$=\frac{\lambda}{1+a\lambda}[\mathrm{E}(\xi)+a\mathrm{E}(\xi^2)]+\mathrm{E}(\xi)=\frac{\lambda}{1+a\lambda}[\lambda+a\mathrm{E}(\xi^2)]+\lambda.$$

因此，$(1+a\lambda)\mathrm{E}(\xi^2)=\lambda^2+a\lambda\mathrm{E}(\xi^2)+\lambda(1+a\lambda)$，即 $\mathrm{E}(\xi^2)=\lambda^2+\lambda+a\lambda^2$，则

$$\mathrm{D}(\xi)=\mathrm{E}(\xi^2)-[\mathrm{E}(\xi)]^2=\lambda^2+\lambda+a\lambda^2-\lambda^2=\lambda+a\lambda^2.$$

59. 设 ξ 为随机变量，它服从参数为 n,p 的二项分布，亦即

$$P(\xi=k)=\mathrm{C}_n^k p^k(1-p)^{n-k},\quad k=0,1,2,3,\cdots,n,$$

其中 $0<p<1$ 是常数.试求：

(1) $\mathrm{E}(\xi^3)$； (2) $\mathrm{E}(\xi^4)$； (3) $\mathrm{E}(|\xi-np|)$.

◆题型解析：本题考查了离散型随机变量函数的数学期望.需运用公式 $\mathrm{C}_n^k=\mathrm{C}_{n-1}^k+\mathrm{C}_{n-1}^{k-1}$ 及 $k\mathrm{C}_n^k=n\mathrm{C}_{n-1}^{k-1}$，其中 C_{n-1}^{0-1} 定义为0.问题(3)要注意将求和分成两部分：$\sum\limits_{k=0}^{[np]}$ 及 $\sum\limits_{k=[np]+1}^{n}$，从而去绝对值.

解 (1) $\mathrm{E}(\xi^3)=\sum\limits_{k=0}^{n}k^3\mathrm{C}_n^k p^k(1-p)^{n-k}=\sum\limits_{k=0}^{n}k^3\dfrac{n!}{k!(n-k)!}p^k(1-p)^{n-k}$

$$=np\sum_{k=1}^{n}k^2\frac{(n-1)!}{(k-1)!\,[(n-1)-(k-1)]!}p^{k-1}(1-p)^{(n-1)-(k-1)}$$

$$=np\sum_{k=1}^{n}(k-1+1)^2\frac{(n-1)!}{(k-1)!\,[(n-1)-(k-1)]!}p^{k-1}(1-p)^{(n-1)-(k-1)}$$

$$=np\sum_{k=1}^{n}(k-1)^2\frac{(n-1)!}{(k-1)!\,[(n-1)-(k-1)]!}p^{k-1}(1-p)^{(n-1)-(k-1)}$$

$$+np\sum_{k=1}^{n}2(k-1)\frac{(n-1)!}{(k-1)!\,[(n-1)-(k-1)]!}p^{k-1}(1-p)^{(n-1)-(k-1)}$$

$$+np\sum_{k=1}^{n}\frac{(n-1)!}{(k-1)!\,[(n-1)-(k-1)]!}p^{k-1}(1-p)^{(n-1)-(k-1)}$$

$$=np[(n-1)^2p^2+(n-1)pq]+2np[(n-1)p]+np.$$

(2) $$E(\xi^4)=\sum_{k=0}^{n}k^4C_n^kp^k(1-p)^{n-k}$$

$$=np\sum_{k=1}^{n}k^3\frac{(n-1)!}{(k-1)!\,[(n-1)-(k-1)]!}p^{k-1}(1\quad p)^{(n-1)-(k-1)}$$

$$=np\Big[\sum_{k=0}^{n-1}k^3\frac{(n-1)!}{k!\,(n+k)!}p^k(1-p)^{n-1-k}$$

$$+3\sum_{k=0}^{n-1}k^2\frac{(n-1)!}{k!\,(n-1-k)!}p^k(1-p)^{n-1-k}$$

$$+3\sum_{k=0}^{n-1}k\frac{(n-1)!}{k!\,(n-1-k)!}p^k(1-p)^{n-1-k}$$

$$+\sum_{k=0}^{n-1}\frac{(n-1)!}{k!\,(n-1-k)!}p^k(1-p)^{n-1-k}\Big]$$

$$=np+7n(n-1)p^2+6n(n-1)(n-2)p^3+n(n-1)(n-2)(n-3)p^4.$$

(3) 注意到 $kC_n^k=nC_{n-1}^{k-1}$，$C_n^k=C_{n-1}^k+C_{n-1}^{k-1}$，因此，

$$E(|\xi-np|)=\sum_{k=0}^{n}|k-np|P(\xi=k)=\sum_{k=0}^{n}|k-np|C_n^kp^k(1-p)^{n-k}$$

$$=\sum_{k=0}^{[np]}(np-k)C_n^kp^k(1-p)^{n-k}+\sum_{k=[np]+1}^{n}(k-np)C_n^kp^k(1-p)^{n-k}$$

$$=np\sum_{k=0}^{[np]}C_n^kp^kq^{n-k}-\sum_{k=0}^{[np]}kC_n^kp^kq^{n-k}+\sum_{k=[np]+1}^{n}kC_n^kp^kq^{n-k}-np\sum_{k=[np]+1}^{n}C_n^kp^kq^{n-k}$$

$$=np-E(\xi)+2\sum_{k=[np]+1}^{n}kC_n^kp^kq^{n-k}-2np\sum_{k=[np]+1}^{n}C_n^kp^kq^{n-k}$$

$$=2\Big(\sum_{k=[np]+1}^{n}kC_n^kp^kq^{n-k}-np\sum_{k=[np]+1}^{n}C_n^kp^kq^{n-k}\Big)$$

$$=2\Big(\sum_{k=[np]+1}^{n}nC_{n-1}^{k-1}p^kq^{n-k}-np\sum_{k=[np]+1}^{n}C_n^kp^kq^{n-k}\Big)$$

$$=2n\Big(\sum_{k=[np]+1}^{n}C_{n-1}^{k-1}p^kq^{n-k}-\sum_{k=[np]+1}^{n}C_n^kp^{k+1}q^{n-k}\Big)$$

$$=2n\Big(\sum_{k=[np]+1}^{n-1}C_{n-1}^{k-1}p^kq^{n-k}+p^n-\sum_{k=[np]+1}^{n-1}C_{n-1}^kp^{k+1}q^{n-k}-\sum_{k=[np]+1}^{n-1}C_{n-1}^{k-1}p^{k+1}q^{n-k}-p^{n+1}\Big)$$

$$=2n\left(\sum_{k=[np]+1}^{n-1}C_{n-1}^{k-1}p^kq^{n-k}(1-p)-\sum_{k=[np]+1}^{n-1}C_{n-1}^{k}p^{k+1}q^{n-k}+p^nq\right)$$
$$=2n\left(\sum_{k=[np]+1}^{n-1}C_{n-1}^{k-1}p^kq^{n-k+1}-\sum_{k=[np]+1}^{n-1}C_{n-1}^{k}p^{k+1}q^{n-k}+p^nq\right)$$
$$=2n\left(\sum_{k=[np]+1}^{n-1}C_{n-1}^{k-1}p^kq^{n-k+1}-\sum_{k=[np]+1}^{n-1}C_{n-1}^{k+1-1}p^{k+1}q^{n-(k+1)+1}+p^nq\right)$$
$$=2n\left(\sum_{k=[np]+1}^{n-1}C_{n-1}^{k-1}p^kq^{n-k+1}-\sum_{k=[np]+2}^{n}C_{n-1}^{k-1}p^kq^{n-k+1}+p^nq\right)$$
$$=2n(C_{n-1}^{[np]}p^{[np]+1}q^{n-[np]}-p^nq+p^nq)$$
$$=2nC_{n-1}^{[np]}p^{[np]+1}q^{n-[np]}$$
$$=2q([np]+1)C_n^{[np]+1}p^{[np]+1}q^{n-[np]-1}.$$

60. 证明：一个部件的失效时间 T（或说它的寿命 T）与失效率 $Z(t)$ 有下列关系：

$$f(t)=Z(t)\mathrm{e}^{-\int_0^t Z(s)\mathrm{d}s},$$

其中 $f(t)=\dfrac{\mathrm{d}}{\mathrm{d}t}P(T<t)$，即 $f(t)$ 是失效时间 T 的概率密度函数. 这里，失效率 $Z(t)=\dfrac{f(t)}{P(T>t)}$，亦即在 t 时刻部件未失效，再过时间 Δt，其失效的概率为 $Z(t)\Delta t=\dfrac{f(t)\Delta t}{P(T>t)}$，故称 $Z(t)$ 为失效率是合适的.现设已知一部件的失效率 $Z(t)$ 为

$$Z(t)=\begin{cases}0, & 0<t<a,\\ c, & t\geqslant a,\end{cases}$$

其中 $c,a>0$ 均为常数.亦即该部件在 $t=a$ 前不失效，当 $t\geqslant a$ 后，其失效率为一个常数 c.试求：

(1) 失效时间 T 的概率密度函数；

(2) 失效时间 T 的数学期望 $\mathrm{E}(T)$.

方法技巧 由 $f(t)=Z(t)\mathrm{e}^{-\int_0^t Z(s)\mathrm{d}s}$ 及 $Z(t)$ 的表达式可得问题(1)，再由连续型随机变量的数学期望的计算公式可得问题(2).

解 (1) 失效时间 T 的概率密度函数为

$$f(t)=Z(t)\mathrm{e}^{-\int_0^t Z(s)\mathrm{d}s}=\begin{cases}0, & 0<t<a,\\ c\mathrm{e}^{-\int_a^t c\mathrm{d}s}=c\mathrm{e}^{-c(t-a)}, & t\geqslant a.\end{cases}$$

(2) 失效时间 T 的数学期望为

$$\mathrm{E}(T)=\int_{a}^{+\infty}tf(t)\mathrm{d}t=\int_a^{+\infty}ct\mathrm{e}^{-c(t-a)}\mathrm{d}t=-\mathrm{e}^{ac}\int_a^{+\infty}t\mathrm{d}\mathrm{e}^{-ct}$$
$$=\mathrm{e}^{ac}\left(-t\mathrm{e}^{-ct}\Big|_{t=a}^{+\infty}+\int_a^{+\infty}\mathrm{e}^{-ct}\mathrm{d}t\right)$$
$$=\mathrm{e}^{ac}\left(a\mathrm{e}^{-ca}+\frac{\mathrm{e}^{-ca}}{c}\right)=a+\frac{1}{c}.$$

61. 设二维随机变量(ξ,η)服从二维正态分布 $N(0,1;0,1;r)$.试证：$r=\cos(q\pi)$，其中 $q=P(\xi\eta<0)$.

◆ **题型解析**：可先计算 $q=P(\xi\eta<0)$，得 q 与 r 之间的关系，再由此证结论成立.

证明 $q=P(\xi\eta<0)=\int_{-\infty}^{+\infty}\int_{-\infty}^{+\infty}I_{\{(x,y)\mid xy<0\}}(x,y)f(x,y)\mathrm{d}x\mathrm{d}y$

$$=\iint\limits_{xy<0}\frac{1}{2\pi\sqrt{1-r^2}}\exp\left\{-\frac{1}{2(1-r^2)}(x^2-2rxy+y^2)\right\}\mathrm{d}x\mathrm{d}y$$

$$=\int_{-\infty}^{0}\left(\int_{0}^{+\infty}\frac{1}{2\pi\sqrt{1-r^2}}\exp\left\{-\frac{1}{2(1-r^2)}(x^2-2rxy+y^2)\right\}\mathrm{d}x\right)\mathrm{d}y$$

$$+\int_{0}^{+\infty}\left(\int_{-\infty}^{0}\frac{1}{2\pi\sqrt{1-r^2}}\exp\left\{-\frac{1}{2(1-r^2)}(x^2-2rxy+y^2)\right\}\mathrm{d}x\right)\mathrm{d}y$$

$$=\int_{-\infty}^{0}\left(\int_{0}^{+\infty}\frac{1}{2\pi\sqrt{1-r^2}}\exp\left\{-\frac{1}{2(1-r^2)}[(x-ry)^2+(1-r^2)y^2]\right\}\mathrm{d}x\right)\mathrm{d}y$$

$$+\int_{0}^{+\infty}\left(\int_{-\infty}^{0}\frac{1}{2\pi\sqrt{1-r^2}}\exp\left\{-\frac{1}{2(1-r^2)}[(x-ry)^2+(1-r^2)y^2]\right\}\mathrm{d}x\right)\mathrm{d}y$$

$$=\int_{-\infty}^{0}\frac{1}{\sqrt{2\pi}}\exp\left\{-\frac{y^2}{2}\right\}\left(\int_{\frac{-ry}{\sqrt{1-r^2}}}^{+\infty}\frac{1}{\sqrt{2\pi}}\exp\left\{-\frac{u^2}{2}\right\}\mathrm{d}u\right)\mathrm{d}y$$

$$+\int_{0}^{+\infty}\frac{1}{\sqrt{2\pi}}\exp\left\{-\frac{y^2}{2}\right\}\left(\int_{-\infty}^{\frac{-ry}{\sqrt{1-r^2}}}\frac{1}{\sqrt{2\pi}}\exp\left\{-\frac{u^2}{2}\right\}\mathrm{d}u\right)\mathrm{d}y$$

$$=\int_{-\infty}^{0}\frac{1}{\sqrt{2\pi}}\mathrm{e}^{-\frac{y^2}{2}}\left[1-\Phi\left(-\frac{ry}{\sqrt{1-r^2}}\right)\right]\mathrm{d}y+\int_{0}^{+\infty}\frac{1}{\sqrt{2\pi}}\mathrm{e}^{-\frac{y^2}{2}}\Phi\left(-\frac{ry}{\sqrt{1-r^2}}\right)\mathrm{d}y$$

$$=\int_{-\infty}^{0}\frac{1}{\sqrt{2\pi}}\mathrm{e}^{-\frac{y^2}{2}}\Phi\left(\frac{ry}{\sqrt{1-r^2}}\right)\mathrm{d}y+\int_{0}^{+\infty}\frac{1}{\sqrt{2\pi}}\mathrm{e}^{-\frac{y^2}{2}}\Phi\left(-\frac{ry}{\sqrt{1-r^2}}\right)\mathrm{d}y$$

$$=2\int_{-\infty}^{0}\frac{1}{\sqrt{2\pi}}\mathrm{e}^{-\frac{y^2}{2}}\Phi\left(\frac{ry}{\sqrt{1-r^2}}\right)\mathrm{d}y.$$

上式两边同时对 r 求导,可得

$$q'=2\int_{-\infty}^{0}\frac{1}{\sqrt{2\pi}}\mathrm{e}^{-\frac{y^2}{2}}\frac{1}{\sqrt{2\pi}}\mathrm{e}^{-\frac{r^2y^2}{2(1-r^2)}}\frac{y}{(1-r^2)\sqrt{1-r^2}}\mathrm{d}y$$

$$=-\frac{1}{\pi\sqrt{1-r^2}}\int_{-\infty}^{0}\frac{-y}{1-r^2}\mathrm{e}^{-\frac{y^2}{2(1-r^2)}}\mathrm{d}y=-\frac{1}{\pi\sqrt{1-r^2}}\int_{-\infty}^{0}\mathrm{d}\mathrm{e}^{-\frac{y^2}{2(1-r^2)}}$$

$$=-\frac{1}{\pi\sqrt{1-r^2}}.$$

因此,$q=q(0)-\int_0^r\frac{1}{\pi\sqrt{1-u^2}}\mathrm{d}u=q(0)-\frac{1}{\pi}\arcsin r$,又

$$q(0)=2\int_{-\infty}^{0}\frac{1}{\sqrt{2\pi}}\mathrm{e}^{-\frac{y^2}{2}}\Phi(0)\mathrm{d}y=\int_{-\infty}^{0}\frac{1}{\sqrt{2\pi}}\mathrm{e}^{-\frac{y^2}{2}}\mathrm{d}y=\frac{1}{2}.$$

因此,$q=\frac{1}{2}-\frac{1}{\pi}\arcsin r$,从而

$$r=\sin\left[\pi\left(\frac{1}{2}-q\right)\right]=\sin\left(\frac{\pi}{2}-q\pi\right)=\cos(q\pi).$$

第四章 特征函数与母函数

一、本章内容全解

知识点1 一维随机变量的特征函数(重点)

1. 特征函数定义：

设ξ是定义在概率空间$(\Omega,\mathscr{F},P)$上的随机变量,它的分布函数为$F(x)$,称$e^{jt\xi}$的数学期望$E(e^{jt\xi})$为ξ的**特征函数**,有时也称为分布函数$F(x)$的特征函数,其中,$j=\sqrt{-1}$,$t\in\mathbf{R}$.记ξ的特征函数为$\varphi_{\xi}(t)$,在不会引起混乱的情况下简写为$\varphi(t)$.

若复随机变量为$Z=X+jY$,其中X,Y均为实随机变量,则Z的数学期望定义为

$$E(Z)=E(X)+jE(Y),$$

则ξ的特征函数为

$$\begin{aligned}\varphi(t)&=E(e^{jt\xi})=E[\cos(t\xi)]+jE[\sin(t\xi)]\\&=\int_{-\infty}^{+\infty}\cos(tx)dF(x)+j\int_{-\infty}^{+\infty}\sin(tx)dF(x)\\&=\int_{-\infty}^{+\infty}e^{jtx}dF(x).\end{aligned}$$

当ξ为离散型随机变量时,其特征函数为

$$\varphi(t)=E(e^{jt\xi})=\sum_k e^{jtx_k}p_k,$$

其中$p_k=P(\xi=x_k)$;当ξ为连续型随机变量且概率密度函数为$f(x)$时,其特征函数为

$$\varphi(t)=E(e^{jt\xi})=\int_{-\infty}^{+\infty}e^{jtx}f(x)dx.$$

2. 几种常见的一维随机变量的特征函数：

(1) 退化分布：$P(\xi=c)=1$, c为某一常数,特征函数为$\varphi(t)=E(e^{jt\xi})=e^{jtc}$.

(2) 两点分布：$P(\xi=1)=p$,$P(\xi=0)=1-p=q$,特征函数为$\varphi(t)=E(e^{jt\xi})=q+pe^{jt}$.

(3) 二项分布：$P(\xi=k)=C_n^kp^kq^{n-k}$, $k=0,1,\cdots,n$,特征函数为

$$\varphi(t)=E(e^{jt\xi})=(q+pe^{jt})^n.$$

(4) 泊松分布：$P(\xi=k)=\dfrac{\lambda^k}{k!}e^{-\lambda}$,$k=0,1,\cdots$,特征函数为$\varphi(t)=E(e^{jt\xi})=e^{\lambda(e^{jt}-1)}$.

(5) $[-a,a]$ 上的均匀分布：$f(x)=\begin{cases}\dfrac{1}{2a}, & -a<x<a,\\ 0, & \text{其他},\end{cases}$ 特征函数为

$$\varphi(t)=\mathrm{E}(\mathrm{e}^{\mathrm{j}t\xi})=\frac{\sin(at)}{at}.$$

(6) 指数分布：$f(x)=\begin{cases}\lambda\mathrm{e}^{-\lambda x}, & x\geqslant 0,\\ 0, & \text{其他},\end{cases}$ 特征函数为 $\varphi(t)=\mathrm{E}(\mathrm{e}^{\mathrm{j}t\xi})=\left(1-\mathrm{j}\dfrac{t}{\lambda}\right)^{-1}$.

(7) 标准正态分布：$f(x)=\dfrac{1}{\sqrt{2\pi}}\mathrm{e}^{-\frac{x^2}{2}}$，特征函数为 $\varphi(t)=\mathrm{E}(\mathrm{e}^{\mathrm{j}t\xi})=\mathrm{e}^{-\frac{1}{2}t^2}$.

正态分布 $N(\alpha,\sigma)$：$f(x)=\dfrac{1}{\sqrt{2\pi}\sigma}\mathrm{e}^{-\frac{(x-\alpha)^2}{2\sigma^2}}$，特征函数为：$\varphi(t)=\mathrm{E}(\mathrm{e}^{\mathrm{j}t\xi})=\mathrm{e}^{\mathrm{j}\alpha t-\frac{1}{2}\sigma^2t^2}$.

3. 一维随机变量的特征函数的性质：

(1) $|\varphi(t)|\leqslant\varphi(0)=1$；　　(2) $\varphi(-t)=\overline{\varphi(t)}$（$\overline{\varphi(t)}$ 表示 $\varphi(t)$ 的共轭复数）；

(3) $\varphi_{a\xi+b}(t)=\mathrm{e}^{\mathrm{j}bt}\varphi_{\xi}(at)$；　　(4) $\varphi(t)$ 在 $\mathbf{R}$ 上一致连续；

(5) 随机变量 ξ 的特征函数 $\varphi(t)$ 是非负定的，即对任意正整数 n，任意复数 $z_1,z_2,\cdots,z_n$ 以及 $t_r\in\mathbf{R}$，$r=1,2,\cdots,n$，有

$$\sum_{r,s=1}^{n}\varphi(t_r-t_s)z_r\overline{z_s}\geqslant 0;$$

(6)（波赫纳-辛钦定理）　若函数 $\varphi(t)$，$t\in\mathbf{R}$ 连续、非负定且 $\varphi(0)=1$，则 $\varphi(t)$ 必为特征函数；

(7) 设随机变量 ξ 的 n 阶矩存在，则 ξ 的特征函数 $\varphi(t)$ 的 k 阶导数 $\varphi^{(k)}(t)$ 存在，且

$$\mathrm{E}(\xi^k)=\mathrm{j}^{-k}\varphi^{(k)}(0),\quad k\leqslant n.$$

4. 反演公式：

设随机变量 ξ 的分布函数和特征函数分别为 $F(x)$ 和 $\varphi(t)$，则对于 $F(x)$ 的任意连续点 x_1 和 x_2，$-\infty<x_1<x_2<+\infty$，有

$$F(x_2)-F(x_1)=\lim_{T\to+\infty}\frac{1}{2\pi}\int_{-T}^{T}\frac{\mathrm{e}^{-\mathrm{j}tx_1}-\mathrm{e}^{-\mathrm{j}tx_2}}{\mathrm{j}t}\varphi(t)\mathrm{d}t. \tag{4.1}$$

令 $a=\dfrac{x_1+x_2}{2}$，$b=\dfrac{x_2-x_1}{2}>0$，可以把 x_1,x_2 写成 $x_1=a-h$，$x_2=a+h$，则(4.1)式可以写成下面完全等价的形式：

$$F(a+h)-F(a-h)=\lim_{T\to+\infty}\frac{1}{\pi}\int_{-T}^{T}\frac{\sin(th)}{t}\mathrm{e}^{-\mathrm{j}ta}\varphi(t)\mathrm{d}t.$$

设 x 为 $F(x)$ 的连续点，则

$$F(x)=\lim_{x_1\to-\infty}\lim_{T\to+\infty}\frac{1}{2\pi}\int_{-T}^{T}\frac{\mathrm{e}^{-\mathrm{j}tx_1}-\mathrm{e}^{-\mathrm{j}tx}}{\mathrm{j}t}\varphi(t)\mathrm{d}t.$$

对于 $F(x)$ 的每一个不连续点，我们重新规定 $\widetilde{F}(x)=\dfrac{F(x+0)+F(x)}{2}$.

5.（唯一性定理）　分布函数 $F_1(x)$ 及 $F_2(x)$ 恒等的充要条件为它们的特征函数 $\varphi_1(t)$ 及 $\varphi_2(t)$ 恒等.

6. 若随机变量 ξ 的特征函数 $\varphi(t)$ 在 $\mathbf{R}$ 上绝对可积，则 ξ 为具有概率密度函数 $f(x)$ 的连

续型随机变量,且

$$f(x)=\frac{1}{2\pi}\int_{-\infty}^{+\infty}\mathrm{e}^{-\mathrm{j}tx}\varphi(t)\,\mathrm{d}t.$$

设 ξ 为取整数值及 0 的随机变量,其概率为 $p_k=P(\xi=k)$,$k=\cdots,-3,-2,-1,0,1,2,3,\cdots$,其特征函数为 $\varphi(t)=\mathrm{E}(\mathrm{e}^{\mathrm{j}t\xi})=\sum\limits_{k=-\infty}^{+\infty}\mathrm{e}^{\mathrm{j}tk}p_k$,则

$$p_k=\frac{1}{2\pi}\int_{-\pi}^{\pi}\mathrm{e}^{-\mathrm{j}tk}\varphi(t)\,\mathrm{d}t.$$

知识点 2　多维随机变量的特征函数

1. 特征函数定义:

设(ξ_1,ξ_2)是一个二维随机变量,它的分布函数为 $F(x_1,x_2)$,t_1,t_2 为任意实数,记

$$\varphi(t_1,t_2)=\mathrm{E}(\mathrm{e}^{\mathrm{j}(t_1\xi_1+t_2\xi_2)})=\int_{-\infty}^{+\infty}\int_{-\infty}^{+\infty}\mathrm{e}^{\mathrm{j}(t_1x_1+t_2x_2)}\mathrm{d}F(x_1,x_2),$$

称 $\varphi(t_1,t_2)$ 为(ξ_1,ξ_2)的**特征函数**.

当(ξ_1,ξ_2)为离散型随机变量时,其特征函数为

$$\varphi(t_1,t_2)=\sum_r\sum_s\mathrm{e}^{\mathrm{j}(t_1r+t_2s)}p(r,s),$$

其中 $p(r,s)=P(\xi_1=r,\xi_2=s)$.

当(ξ_1,ξ_2)为连续型随机变量且联合概率密度函数为 $f(x_1,x_2)$ 时,其特征函数为

$$\varphi(t_1,t_2)=\int_{-\infty}^{+\infty}\int_{-\infty}^{+\infty}\mathrm{e}^{\mathrm{j}(t_1x_1+t_2x_2)}f(x_1,x_2)\,\mathrm{d}x_1\mathrm{d}x_2.$$

2. 二维随机变量特征函数的性质:

(1) 设二维随机变量(ξ_1,ξ_2)的特征函数为 $\varphi(t_1,t_2)$,则

(i) $\varphi(0,0)=1$,且对任意 $t_1,t_2\in\mathbf{R}$, $|\varphi(t_1,t_2)|\leqslant\varphi(0,0)=1$;

(ii) $\varphi(-t_1,-t_2)=\overline{\varphi(t_1,t_2)}$;

(iii) $\varphi(t_1,t_2)$ 在实平面上一致连续;

(iv) $\varphi(t_1,0)=\varphi_1(t_1)$,$\varphi(0,t_2)=\varphi_2(t_2)$,其中 $\varphi_1(t)$,$\varphi_2(t)$ 分别为 ξ_1 及 ξ_2 的特征函数.

(2) 设 a_1,a_2,b_1,b_2 为常数,(ξ_1,ξ_2)为二维随机变量,则随机变量$(a_1\xi_1+b_1,a_2\xi_2+b_2)$的特征函数为

$$\mathrm{e}^{\mathrm{j}(t_1b_1+t_2b_2)}\varphi(a_1t_1,a_2t_2),$$

其中 $\varphi(t_1,t_2)$ 为(ξ_1,ξ_2)的特征函数.

(3) 两个二元分布函数 $F_1(x_1,x_2)$,$F_2(x_1,x_2)$ 恒等的充要条件是它们的特征函数 $\varphi_1(t_1,t_2)$ 和 $\varphi_2(t_1,t_2)$ 相等.

(4) 设随机变量(ξ_1,ξ_2)的特征函数为 $\varphi(t_1,t_2)$,a_1,a_2,b 为任意常数,则 $\eta=a_1\xi_1+a_2\xi_2+b$ 的特征函数为

$$\varphi_\eta(t)=\mathrm{e}^{\mathrm{j}tb}\varphi(a_1t,a_2t).$$

(5) 随机变量(ξ_1,ξ_2)服从二维正态分布的充要条件为 ξ_1 与 ξ_2 的任一线性组合 $\lambda_1\xi_1+\lambda_2\xi_2+\lambda_0$ 服从一维正态分布,其中 $\lambda_0,\lambda_1,\lambda_2$ 为任意实数,且 λ_1,λ_2 不全为 0.

(6) 设(ξ_1,ξ_2)为二维随机变量,$\mathrm{E}(\xi_1^{k1}\xi_2^{k2})$ 存在,则其特征函数 $\varphi(t_1,t_2)$ 的偏导数

$\frac{\partial^{(k_1+k_2)}\varphi(t_1,t_2)}{\partial t_1^{k_1}\partial t_2^{k_2}}$ 存在且

$$\mathrm{E}(\xi_1^{k_1}\xi_2^{k_2})=\mathrm{j}^{-(k_1+k_2)}\left[\frac{\partial^{(k_1+k_2)}\varphi(t_1,t_2)}{\partial t_1^{k_1}\partial t_2^{k_2}}\right]_{t_1=t_2=0}.$$

(7) 设随机变量(ξ_1,ξ_2)服从二维正态分布 $N(m_1,\sigma_1;m_2,\sigma_2;r)$,它的概率密度函数为

$$f(x_1,x_2)=\frac{1}{2\pi\sigma_1\sigma_2\sqrt{1-r^2}}\mathrm{e}^{-\frac{1}{2(1-r^2)}\left[\left(\frac{x_1-m_1}{\sigma_1}\right)^2-2r\frac{(x_1-m_1)(x_2-m_2)}{\sigma_1\sigma_2}+\left(\frac{x_2-m_2}{\sigma_2}\right)^2\right]},$$

则它的特征函数为

$$\varphi(t_1,t_2)=\mathrm{e}^{\mathrm{j}(t_1m_1+t_2m_2)}\mathrm{e}^{-\frac{1}{2}(\sigma_1^2t_1^2+2\sigma_1\sigma_2rt_1t_2+\sigma_2^2t_2^2)}.$$

知识点3 相互独立随机变量和的特征函数(重点)

1. n 个随机变量$\xi_1,\xi_2,\cdots,\xi_n$ 相互独立的充要条件为$(\xi_1,\xi_2,\cdots,\xi_n)$的特征函数为

$$\varphi(t_1,t_2,\cdots,t_n)=\prod_{i=1}^{n}\varphi_{\xi_i}(t_i).$$

2. 设$\xi_1,\xi_2,\cdots,\xi_n$ 为 n 个相互独立的随机变量,令 $\eta=\sum_{i=1}^{n}\xi_i$,则 η 的特征函数为

$$\varphi_\eta(t)=\prod_{i=1}^{n}\varphi_{\xi_i}(t).$$

知识点4 一维随机变量的母函数

1. 母函数定义:

设随机变量ξ 的分布列为 $p_k=P(\xi=k),k=0,1,2,\cdots$,记实数 s 的实函数

$$\psi_\xi(s)=\mathrm{E}(s^\xi)=\sum_k p_ks^k,\quad -1\leqslant s\leqslant 1,$$

称 $\psi_\xi(s)$ 为 ξ 的**母函数**.如不产生混乱,$\psi_\xi(s)$ 简记为 $\psi(s)$.

2. 母函数的性质:

(1) $\psi(1)=1$,且 $|\psi(s)|\leqslant\psi(1)=1$;

(2) $\psi_{a\xi+b}(s)=s^b\psi(s^a)$,其中 a,b 为非负整数;

(3) 有穷个相互独立随机变量和的母函数等于各个随机变量的母函数的乘积,即

$$\psi_{\xi_1+\xi_2+\cdots+\xi_n}(s)=\psi_{\xi_1}(s_1)\psi_{\xi_2}(s_2)\cdots\psi_{\xi_n}(s_n);$$

(4) 若随机变量ξ 的 n 阶矩存在,则其母函数 $\psi(s)$ 的 $k(k\leqslant n)$ 阶导数 $\psi^{(k)}(s)$ 存在($|s|\leqslant 1$),且ξ 的$k(k\leqslant n)$ 阶矩可由母函数在 $s=1$ 的各阶导数表示,如

$$\mathrm{E}(\xi)=\psi'(1),\quad \mathrm{E}(\xi^2)=\psi''(1)+\psi'(1).$$

3. 反演公式:

设随机变量ξ的分布列为 $p_k=P(\xi=k),k=0,1,\cdots$,母函数为 $\psi(s)=\sum_k s^kp_k(|s|\leqslant 1)$,则分布列可由下式给出:

$$p_k=\frac{1}{k!}\psi^{(k)}(0),\quad k=0,1,\cdots.$$

知识点 5　二维随机变量的母函数

1. 母函数定义：

设(ξ_1,ξ_2)为取非负整数的二维随机变量，其分布列为

$$p(i,k)=P(\xi_1=i,\xi_2=k),\quad i,k=0,1,2,\cdots,$$

记

$$\psi(s_1,s_2)=\mathrm{E}(s_1^{\xi_1}s_2^{\xi_2})=\sum_i\sum_k p(i,k)s_1^i s_2^k,$$

其中$|s_1|\leqslant 1$，$|s_2|\leqslant 1$，称$\psi(s_1,s_2)$为(ξ_1,ξ_2)的**母函数**，有时称为**双变数母函数**.

2. 双变数母函数的性质：

(1) 对于任意的$|s_1|\leqslant 1$，$|s_2|\leqslant 1$，$|\psi(s_1,s_2)|\leqslant\psi(1,1)=1$；

(2) 设$\psi_1(s)$，$\psi_2(s)$分别为ξ_1及ξ_2的母函数，则有$\psi(s,1)=\psi_1(s)$，$\psi(1,s)=\psi_2(s)$；

(3) 若ξ_1与ξ_2相互独立，则对于一切$|s_1|\leqslant 1$，$|s_2|\leqslant 1$，有$\psi(s_1,s_2)=\psi_1(s_1)\psi_2(s_2)$；

(4) 随机变量$\xi_1+\xi_2$的母函数为$\psi(s_1,s_2)$，特别地，当ξ_1与ξ_2相互独立时，$\xi_1+\xi_2$的母函数为$\psi_1(s)\psi_2(s)$.

二、经典题型

题型 I　求特征函数

例 1　求下列概率密度函数的特征函数：

(1) $f(x)=\dfrac{1}{2}\mathrm{e}^{-|x|},x\in\mathbf{R}$；　(2) $f(x)=\dfrac{1}{2}|x|\mathrm{e}^{-|x|},x\in\mathbf{R}$.

方法技巧　由公式$\varphi(t)=\dfrac{1}{2\pi}\displaystyle\int_{-\infty}^{+\infty}\mathrm{e}^{\mathrm{j}tx}f(x)\mathrm{d}x$，可直接求解；也可以把概率密度函数写成两个函数相加的形式，由参数为 1 的指数分布$f(x)=\begin{cases}\mathrm{e}^{-x}, & x\geqslant 0,\\ 0, & \text{其他}\end{cases}$的特征函数为$\varphi(t)=\mathrm{E}(\mathrm{e}^{\mathrm{j}t\xi})=(1-\mathrm{j}t)^{-1}$，从而求解.

解　(1) 注意到$\mathrm{e}^{-|x|}=\mathrm{e}^{-x}I_{\{x\geqslant 0\}}+\mathrm{e}^{x}I_{\{x<0\}}$，由于$(1-\mathrm{j}t)^{-1}=\displaystyle\int_0^{+\infty}\mathrm{e}^{-x}\mathrm{e}^{\mathrm{j}tx}\mathrm{d}x$，因此，

$$\int_{-\infty}^{0}\mathrm{e}^{x}\mathrm{e}^{\mathrm{j}tx}\mathrm{d}x=\int_0^{+\infty}\mathrm{e}^{-x}\mathrm{e}^{-\mathrm{j}tx}\mathrm{d}x=(1+\mathrm{j}t)^{-1}.$$

故特征函数为

$$\varphi(t)=\frac{1}{2}\left(\frac{1}{1-\mathrm{j}t}+\frac{1}{1+\mathrm{j}t}\right)=\frac{1}{1+t^2}.$$

(2) 注意到$|x|\mathrm{e}^{-|x|}=x\mathrm{e}^{-x}I_{\{x\geqslant 0\}}-x\mathrm{e}^{x}I_{\{x<0\}}$，由于$(1-\mathrm{j}t)^{-2}=\displaystyle\int_0^{+\infty}x\mathrm{e}^{-x}\mathrm{e}^{\mathrm{j}tx}\mathrm{d}x$，因此，

$$\int_{-\infty}^{0}-x\mathrm{e}^{x}\mathrm{e}^{\mathrm{j}tx}\mathrm{d}x=\int_0^{+\infty}x\mathrm{e}^{-x}\mathrm{e}^{-\mathrm{j}tx}\mathrm{d}x=(1+\mathrm{j}t)^{-2}.$$

故特征函数为

$$\varphi(t)=\frac{1}{2}\left[\frac{1}{(1-\mathrm{j}t)^2}+\frac{1}{(1+\mathrm{j}t)^2}\right]=\frac{1-t^2}{(1+t^2)^2}.$$

题型 Ⅱ 特征函数的性质

例 2 找两个不独立的随机变量 X,Y,使得对所有的 t,$\varphi_{X+Y}(t)=\varphi_X(t)\varphi_Y(t)$.

难点解析 X,Y 独立,则有 $\varphi_{X+Y}(t)=\varphi_X(t)\varphi_Y(t)$,但反之不一定成立.注意到 $\mathrm{e}^{x+y}=\mathrm{e}^x\mathrm{e}^y$,因此,不妨找特征函数为指数形式的随机变量.

解 设 X 是特征函数为 $\varphi(t)=\mathrm{e}^{-|t|}$ 的服从柯西分布的随机变量,设 $Y=X$,我们有

$$\varphi_{X+Y}(t)=\varphi(2t)=\varphi_X(t)\varphi_Y(t),$$

当然 X,Y 不独立.

例 3 若 $\varphi(t)$ 是一个特征函数,证明:

(1) $\mathrm{Re}(1-\varphi(t))\geqslant\frac{1}{4}\mathrm{Re}(1-\varphi(2t))$;

(2) $1-|\varphi(2t)|\leqslant 8(1-|\varphi(t)|)$.

方法技巧 $\mathrm{Re}(1-\varphi(2t))=\int_{-\infty}^{+\infty}(1-\cos(2tx))\mathrm{d}F(x)$,用倍角公式,然后对被积函数放缩即可.由问题(1)及特征函数的模长小于等于1可得问题(2).

证明 (1) $\mathrm{Re}(1-\varphi(2t))=\int_{-\infty}^{+\infty}(1-\cos(2tx))\mathrm{d}F(x)$

$$=2\int_{-\infty}^{+\infty}(1-\cos(tx))(1+\cos(tx))\mathrm{d}F(x)$$

$$\leqslant 4\int_{-\infty}^{+\infty}(1-\cos(tx))\mathrm{d}F(x)=4\mathrm{Re}(1-\varphi(t)).$$

(2) 注意到,若 X,Y 相互独立且有共同的特征函数,则 $X-Y$ 的特征函数为

$$\phi(t)=\mathrm{E}(\mathrm{e}^{\mathrm{j}tX})\mathrm{E}(\mathrm{e}^{-\mathrm{j}tY})=\varphi(t)\varphi(-t)=\varphi(t)\overline{\varphi(t)}=|\varphi(t)|^2.$$

把(1)的结果应用到 $\phi(t)$ 可得

$$1-|\varphi(2t)|^2\leqslant 4(1-|\varphi(t)|^2).$$

然而 $|\varphi(t)|\leqslant 1$,因此,

$$1-|\varphi(2t)|\leqslant 1-|\varphi(2t)|^2\leqslant 4(1-|\varphi(t)|^2)\leqslant 8(1-|\varphi(t)|).$$

例 4 设 $X_1,X_2,\cdots,X_n$ 为相互独立的随机变量,且 $X_i\sim N(\mu_i,1)$,$i=1,2,\cdots,n$,设随机变量 $Y=X_1^2+X_2^2+\cdots+X_n^2$.证明:$Y$ 的特征函数为

$$\phi_Y(t)=\frac{1}{(1-2\mathrm{j}t)^{n/2}}\exp\left\{\frac{\mathrm{j}t\theta}{1-2\mathrm{j}t}\right\},$$

其中 $\theta=\mu_1^2+\mu_2^2+\cdots+\mu_n^2$,随机变量 Y 称为自由度为 n 的非中心的 χ^2 分布,非中心的参数为 θ,即为 $\chi^2(n;\theta)$.

◆ **题型解析**:本题考查了相互独立的随机变量和的特征函数等于特征函数的乘积.

证明 若 $X\sim N(\mu,1)$,则 X^2 的矩母生成函数为

$$\phi_{X^2}(s)=\mathrm{E}(\mathrm{e}^{X^2s})=\int_{-\infty}^{+\infty}\mathrm{e}^{sx^2}\frac{1}{\sqrt{2\pi}}\mathrm{e}^{-\frac{1}{2}(x-\mu)^2}\mathrm{d}x=\frac{1}{(1-2s)^{1/2}}\exp\left\{\frac{\mu^2s}{1-2s}\right\}.$$

Y 的矩母生成函数为

$$\phi_Y(s)=\prod_{j=1}^{n}\left[\frac{1}{(1-2s)^{1/2}}\exp\left\{\frac{\mu_j^2 s}{1-2s}\right\}\right]=\frac{1}{(1-2s)^{\frac{n}{2}}}\exp\left\{\frac{\theta s}{1-2s}\right\}.$$

用 $\mathrm{j}t$ 替换上式中的 s，可得 Y 的特征函数为

$$\phi_Y(t)=\frac{1}{(1-2\mathrm{j}t)^{n/2}}\exp\left\{\frac{\mathrm{j}t\theta}{1-2\mathrm{j}t}\right\}.$$

题型Ⅲ　特征函数的判定

判定标准(波赫纳-辛钦定理)　若函数 $\varphi(t)(t\in\mathbf{R})$ 连续、非负定且 $\varphi(0)=1$，则 $\varphi(t)$ 必为特征函数.

例 5　判别下列函数是否为特征函数(说明理由)：

(1) $\sin t$；(2) $\dfrac{1-t}{1+t^2}$；(3) $\ln(\mathrm{e}+|t|)$；(4) $\dfrac{1}{1-\mathrm{j}|t|}$；(5) $\dfrac{1}{(1+t^2)^2}$.

方法技巧 如果特征函数 $\varphi(t)$ 为实值的，则必有 $\varphi(t)=\overline{\varphi(t)}=\varphi(-t)$，即 $\varphi(t)$ 为偶函数；其次 $|\varphi(t)|\leqslant 1$.证明一个函数是特征函数时，可以用波赫纳-辛钦定理证明，也可以构造一个随机变量，使其特征函数刚好是给定的函数.

解　(1) $\varphi(t)=\sin t$ 不满足 $\varphi(t)=\varphi(-t)$，因此不是特征函数.

(2) $\varphi(t)=\dfrac{1-t}{1+t^2}$ 不满足 $\varphi(t)=\varphi(-t)$，因此不是特征函数.

(3) $\varphi(t)=\ln(\mathrm{e}+|t|)$ 不满足 $|\varphi(t)|\leqslant 1$，因此不是特征函数.

(4) 不是，因为$\overline{\varphi(t)}=\dfrac{1-\mathrm{j}|t|}{1+t^2}$，而 $\varphi(-t)=\dfrac{1}{1-\mathrm{j}|t|}=\dfrac{1+\mathrm{j}|t|}{1+t^2}\neq\overline{\varphi(t)}$.

(5) 是，因为拉普拉斯分布 $p(x)=\dfrac{1}{2}\mathrm{e}^{-|x|}$ 的特征函数为$\dfrac{1}{1+t^2}$，考虑两个相互独立的服从拉普拉斯分布的随机变量和，可得$\dfrac{1}{(1+t^2)^2}$ 也为特征函数.

三、习题答案

1. 设随机变量的分布列如下：

ξ	$-a$	a
P	$\frac{1}{2}$	$\frac{1}{2}$

求 ξ 的特征函数 $\varphi(t)$ 以及 $\mathrm{E}(\xi)$，$\mathrm{D}(\xi)$.

◆ 题型解析： 求随机变量的数学期望和方差时可以用定义去求，也可以通过特征函数在 0 点处的导数 $\mathrm{E}(\xi^k)=\mathrm{j}^{-k}\varphi^{(k)}(0)$ 来求.

解

$$\varphi(t)=\mathrm{E}(\mathrm{e}^{\mathrm{j}t\xi})=\frac{\mathrm{e}^{-\mathrm{j}ta}+\mathrm{e}^{\mathrm{j}ta}}{2}=\cos(at),$$

$$\mathrm{E}(\xi)=0,\quad \mathrm{D}(\xi)=\mathrm{E}(\xi^2)-[\mathrm{E}(\xi)]^2=\frac{a^2+a^2}{2}-0=a^2.$$

2. 设随机变量 ξ 服从几何分布：$P(\xi=n)=pq^{n-1}, n=1,2,\cdots, 0<p<1, q=1-p$.求 ξ 的特征函数 $\varphi(t)$,$E(\xi)$ 及 $D(\xi)$.

特别提醒 当 $|x|<1$ 时，$\sum\limits_{n=1}^{\infty}x^n=\dfrac{x}{1-x}$.求 ξ 的数学期望与方差的方法与习题 1 类似.

解

$$\varphi(t)=E(e^{jt\xi})=\sum_{n=1}^{\infty}e^{jtn}pq^{n-1}=pq^{-1}\sum_{n=1}^{\infty}(e^{jt}q)^n=\frac{e^{jt}p}{1-e^{jt}q},$$

$$E(\xi)=\frac{\varphi'(t)}{j}\bigg|_{t=0}=p\,\frac{je^{jt}(1-e^{jt}q)+jqe^{2jt}}{j(1-e^{jt}q)^2}\bigg|_{t=0}=\frac{p+q}{p}=\frac{1}{p},$$

$$E(\xi^2)=\frac{\varphi''(t)}{j^2}\bigg|_{t=0}=-p\left[\frac{je^{jt}(1-e^{jt}q)+jqe^{2jt}}{(1-e^{jt}q)^2}\right]'\bigg|_{t=0}=-p\left[\frac{je^{jt}}{(1-e^{jt}q)^2}\right]'\bigg|_{t=0}$$

$$=-jp\left[\frac{je^{jt}(1-e^{jt}q)^2-2e^{jt}(1-qe^{jt})(-qje^{jt})}{(1-e^{jt}q)^4}\right]\bigg|_{t=0}$$

$$=p\left[\frac{(1-q)^2-2(1-q)(-q)}{(1-q)^4}\right]=\frac{(1-q)-2(-q)}{(1-q)^2}=\frac{1+q}{(1-q)^2},$$

$$D(\xi)=E(\xi^2)-[E(\xi)]^2=\frac{1+q}{(1-q)^2}-\frac{1}{p^2}=\frac{q}{p^2}.$$

3. 求帕斯卡分布：$P(\xi=m)=C_{m-1}^{r-1}p^r(1-p)^{m-r}, m=r,r+1,\cdots$ 的特征函数，$E(\xi)$ 及 $D(\xi)$.

◘ **题型解析：** 与习题 1 类似.

解

$$\varphi(t)=E(e^{jt\xi})=\sum_{m=r}^{\infty}e^{jtm}P(\xi=m)=\sum_{m=r}^{\infty}e^{jtm}C_{m-1}^{r-1}p^r(1-p)^{m-r}$$

$$=\frac{p^re^{rjt}}{(1-qe^{jt})^r}\sum_{m=r}^{\infty}C_{m-1}^{r-1}(1-qe^{jt})^r[(1-p)e^{jt}]^{m-r}$$

$$=\frac{p^re^{rjt}}{(1-qe^{jt})^r}=p^re^{rjt}(1-qe^{jt})^{-r},$$

$$E(\xi)=\frac{\varphi'(t)}{j}\bigg|_{t=0}=p^r\,\frac{rje^{rjt}(1-qe^{jt})^{-r}+e^{rjt}(-r)(1-qe^{jt})^{-r-1}(-qje^{jt})}{j}\bigg|_{t=0}$$

$$=p^r\,\frac{rje^{rjt}(1-qe^{jt})^{-r-1}[(1-qe^{jt})+qe^{jt}]}{j}\bigg|_{t=0}$$

$$=p^r\,\frac{rje^{rjt}(1-qe^{jt})^{-r-1}}{j}\bigg|_{t=0}=\frac{r}{p},$$

$$E(\xi^2)=\frac{\varphi''(t)}{j^2}\bigg|_{t=0}=-[rjp^re^{rjt}(1-qe^{jt})^{-r-1}]'\big|_{t=0}=-rjp^r[e^{rjt}(1-qe^{jt})^{-r-1}]'\big|_{t=0}$$

$$=-rjp^r[rje^{rjt}(1-qe^{jt})^{-r-1}+e^{rjt}(-r-1)(1-qe^{jt})^{-r-2}(-qje^{jt})]\big|_{t=0}$$

$$=rp^r[r(1-q)^{-r-1}+(r+1)(1-q)^{-r-2}q]=\frac{r^2+rq}{p^2},$$

$$D(\xi)=E(\xi^2)-[E(\xi)]^2=\frac{r^2+rq}{p^2}-\frac{r^2}{p^2}=\frac{rq}{p^2}.$$

4. 若 Γ 分布的概率密度函数为

$$f(x)=\begin{cases}\dfrac{\lambda^r}{\Gamma(r)}x^{r-1}\mathrm{e}^{-\lambda x}, & x>0,\\ 0, & x\leqslant 0.\end{cases}$$

求它的特征函数，E(ξ) 及 D(ξ).

◘ **题型解析：** 习题 4 ～ 8 考查了连续型随机变量的特征函数，数学期望 E(ξ) 及方差 D(ξ)，由定义可得特征函数 $\varphi(t)=\mathrm{E}(\mathrm{e}^{\mathrm{j}t\xi})=\int_{-\infty}^{+\infty}\mathrm{e}^{\mathrm{j}tx}f(x)\mathrm{d}x$，然后根据特征函数在 0 处的导数求数学期望与方差.

解

$$\varphi(t)=\mathrm{E}(\mathrm{e}^{\mathrm{j}t\xi})=\int_{-\infty}^{+\infty}\mathrm{e}^{\mathrm{j}tx}f(x)\mathrm{d}x=\int_{0}^{+\infty}\mathrm{e}^{\mathrm{j}tx}\frac{\lambda^r}{\Gamma(r)}x^{r-1}\mathrm{e}^{-\lambda x}\mathrm{d}x$$

$$=\frac{\lambda^r}{(\lambda-\mathrm{j}t)^r}\int_0^{+\infty}\frac{(\lambda-\mathrm{j}t)^r}{\Gamma(r)}x^{r-1}\mathrm{e}^{-(\lambda-\mathrm{j}t)x}\mathrm{d}x=\frac{\lambda^r}{(\lambda-\mathrm{j}t)^r},$$

$$\mathrm{E}(\xi)=\frac{\varphi'(t)}{\mathrm{j}}\bigg|_{t=0}=\frac{(-r)(-\mathrm{j})\lambda^r}{(\lambda-\mathrm{j}t)^{r+1}\mathrm{j}}\bigg|_{t=0}=\frac{r\lambda^r}{(\lambda-\mathrm{j}t)^{r+1}}\bigg|_{t=0}=\frac{r}{\lambda},$$

$$\mathrm{E}(\xi^2)=\frac{\varphi''(t)}{\mathrm{j}^2}\bigg|_{t=0}=-\frac{r\mathrm{j}\lambda^r(-\mathrm{j})(-r-1)}{(\lambda-\mathrm{j}t)^{r+2}}\bigg|_{t=0}=\frac{r(r+1)}{\lambda^2},$$

$$\mathrm{D}(\xi)=\mathrm{E}(\xi^2)-[\mathrm{E}(\xi)]^2=\frac{r(r+1)}{\lambda^2}-\frac{r^2}{\lambda^2}=\frac{r}{\lambda^2}.$$

5. 设随机变量 ξ 的概率密度函数为 $f(x)=\dfrac{a}{2}\mathrm{e}^{-a|x|}$，$a>0$，求它的特征函数，E(ξ) 及 D(ξ).

特别提醒 注意变量分区间去绝对值.

解

$$\varphi(t)=\mathrm{E}(\mathrm{e}^{\mathrm{j}t\xi})=\int_{-\infty}^{+\infty}\mathrm{e}^{\mathrm{j}tx}f(x)\mathrm{d}x=\int_{-\infty}^{+\infty}\mathrm{e}^{\mathrm{j}tx}\frac{a}{2}\mathrm{e}^{-a|x|}\mathrm{d}x$$

$$=\int_{-\infty}^{0}\mathrm{e}^{\mathrm{j}tx}\frac{a}{2}\mathrm{e}^{ax}\mathrm{d}x+\int_0^{+\infty}\mathrm{e}^{\mathrm{j}tx}\frac{a}{2}\mathrm{e}^{-ax}\mathrm{d}x$$

$$=\frac{a}{2(a+\mathrm{j}t)}\mathrm{e}^{\mathrm{j}tx+ax}\bigg|_{x=-\infty}^{0}+\frac{a}{2(\mathrm{j}t-a)}\mathrm{e}^{\mathrm{j}tx-ax}\bigg|_{x=0}^{+\infty}$$

$$=\frac{a}{2(a+\mathrm{j}t)}-\frac{a}{2(\mathrm{j}t-a)}=\frac{-2a^2}{2(-t^2-a^2)}=\frac{a^2}{t^2+a^2},$$

$$\mathrm{E}(\xi)=\frac{\varphi'(t)}{\mathrm{j}}\bigg|_{t=0}=a^2\frac{-2t}{(t^2+a^2)^2\mathrm{j}}\bigg|_{t=0}=0,$$

$$\mathrm{E}(\xi^2)=\frac{\varphi''(t)}{\mathrm{j}^2}\bigg|_{t=0}=2a^2\left[\frac{(t^2+a^2)^2-2t(t^2+a^2)4t}{(t^2+a^2)^4}\right]\bigg|_{t=0}=\frac{2}{a^2},$$

$$\mathrm{D}(\xi)=\mathrm{E}(\xi^2)-[\mathrm{E}(\xi)]^2=\frac{2}{a^2}.$$

6. 设随机变量 ξ 的概率密度函数为

$$f(x)=\begin{cases}\dfrac{1}{2}\cos x, & |x|\leqslant\dfrac{\pi}{2},\\ 0, & \text{其他}.\end{cases}$$

求 ξ 的特征函数, $E(\xi)$ 及 $D(\xi)$.

解 $$\varphi(t)=E(e^{jt\xi})=\int_{-\infty}^{+\infty}e^{jtx}f(x)dx=\int_{-\frac{\pi}{2}}^{\frac{\pi}{2}}\frac{1}{2}e^{jtx}\cos x\,dx$$

$$=\int_{-\frac{\pi}{2}}^{\frac{\pi}{2}}\frac{1}{2}[\cos(xt)+j\sin(xt)]\cos x\,dx$$

$$=\frac{1}{4}\int_{-\frac{\pi}{2}}^{\frac{\pi}{2}}2\cos x\cos(xt)dx+\frac{1}{4}j\int_{-\frac{\pi}{2}}^{\frac{\pi}{2}}2\cos x\sin(xt)dx$$

$$=\frac{1}{4}\int_{-\frac{\pi}{2}}^{\frac{\pi}{2}}\{\cos[(t+1)x]+\cos[(t-1)x]\}dx$$

$$+\frac{1}{4}j\int_{-\frac{\pi}{2}}^{\frac{\pi}{2}}\{\sin[(t+1)x]+\sin[(t-1)x]\}dx$$

$$=\frac{1}{4}\left\{\frac{1}{t+1}\sin[(t+1)x]+\frac{1}{t-1}\sin[(t-1)x]\right\}\Bigg|_{x=-\frac{\pi}{2}}^{\frac{\pi}{2}}$$

$$=\frac{1}{2}\left[\frac{1}{t+1}\cos\left(\frac{\pi t}{2}\right)-\frac{1}{t-1}\cos\left(\frac{\pi t}{2}\right)\right]=\frac{-2\cos\left(\frac{\pi t}{2}\right)}{2(t^2-1)}=\frac{\cos\left(\frac{\pi t}{2}\right)}{1-t^2},$$

$$E(\xi)=\frac{\varphi'(t)}{j}\Bigg|_{t=0}=\frac{\left[-\frac{\pi}{2}\sin\left(\frac{\pi}{2}t\right)\right](1-t^2)-\cos\left(\frac{\pi}{2}t\right)(-2t)}{j(1-t^2)^2}\Bigg|_{t=0}$$

$$=\frac{\frac{\pi}{2}\sin\left(\frac{\pi}{2}t\right)(t^2-1)+2t\cos\left(\frac{\pi}{2}t\right)}{j(1-t^2)^2}\Bigg|_{t=0}=0,$$

$$E(\xi^2)=\frac{\varphi''(t)}{j^2}\Bigg|_{t=0}$$

$$=-\frac{\left[\left(\frac{\pi}{2}\right)^2\cos\left(\frac{\pi}{2}t\right)(t^2-1)+2\cos\left(\frac{\pi}{2}t\right)\right](1-t^2)^2}{(1-t^2)^4}\Bigg|_{t=0}$$

$$+\frac{2(1-t^2)(-2t)\left[\frac{\pi}{2}\sin\left(\frac{\pi}{2}t\right)(t^2-1)+2t\cos\left(\frac{\pi}{2}t\right)\right]}{(1-t^2)^4}\Bigg|_{t=0}$$

$$=\frac{\pi^2}{4}-2.$$

$$D(\xi)=E(\xi^2)-[E(\xi)]^2=\frac{\pi^2}{4}-2.$$

7. 设随机变量 ξ 服从拉普拉斯分布,其概率密度函数为

$$f(x)=\frac{1}{2\lambda}e^{-\frac{|x-\mu|}{\lambda}},\quad \lambda>0,-\infty<x<+\infty.$$

求 ξ 的特征函数, $E(\xi)$ 及 $D(\xi)$.

解 $$\varphi(t)=E(e^{jt\xi})=\int_{-\infty}^{+\infty}e^{jtx}f(x)dx=\int_{-\infty}^{+\infty}e^{jtx}\frac{1}{2\lambda}e^{-\frac{|x-\mu|}{\lambda}}dx$$

$$=\int_{\mu}^{+\infty}e^{jtx}\frac{1}{2\lambda}e^{\frac{\mu-x}{\lambda}}dx+\int_{-\infty}^{\mu}e^{jtx}\frac{1}{2\lambda}e^{\frac{x-\mu}{\lambda}}dx$$

$$=\int_{\mu}^{+\infty}\frac{1}{2\lambda}e^{\frac{\mu-(1-\lambda jt)x}{\lambda}}dx+\int_{-\infty}^{\mu}\frac{1}{2\lambda}e^{\frac{(\lambda jt+1)x-\mu}{\lambda}}dx$$

$$=e^{\frac{\mu}{\lambda}}\int_{\mu}^{+\infty}\frac{1}{2\lambda}e^{\frac{-(1-\lambda jt)x}{\lambda}}dx+e^{-\frac{\mu}{\lambda}}\int_{-\infty}^{\mu}\frac{1}{2\lambda}e^{\frac{(\lambda jt+1)x}{\lambda}}dx$$

$$=e^{\frac{\mu}{\lambda}}\frac{1}{2(\lambda jt-1)}(-e^{\frac{-(1-\lambda jt)\mu}{\lambda}})+e^{-\frac{\mu}{\lambda}}\frac{1}{2(\lambda jt+1)}e^{\frac{(1+\lambda jt)\mu}{\lambda}}$$

$$=\frac{1}{2(\lambda jt-1)}(-e^{jt\mu})+\frac{1}{2(\lambda jt+1)}e^{jt\mu}=\frac{e^{jt\mu}}{1+\lambda^2t^2},$$

$$E(\xi)=\frac{\varphi'(t)}{j}\Big|_{t=0}=\frac{j\mu e^{j\mu t}(1+\lambda^2t^2)-2\lambda^2te^{j\mu t}}{(1+\lambda^2t^2)^2j}\Big|_{t=0}=\mu,$$

$$E(\xi^2)=\frac{\varphi''(t)}{j^2}\Big|_{t=0}$$

$$=-\frac{[-\mu^2e^{j\mu t}(1+\lambda^2t^2)-2\lambda^2e^{j\mu t}](1+\lambda^2t^2)^2}{(1+\lambda^2t^2)^4}\Big|_{t=0}$$

$$+\frac{[2(1+\lambda^2t^2)(2\lambda^2t)[j\mu e^{j\mu t}(1+\lambda^2t^2)-2\lambda^2te^{j\mu t}]}{(1+\lambda^2t^2)^4}\Big|_{t=0}$$

$$=\mu^2+2\lambda^2,$$

$$D(\xi)=E(\xi^2)-[E(\xi)]^2=2\lambda^2.$$

8. 设随机变量 ξ 服从麦克斯韦分布,其概率密度函数为

$$f(x)=\begin{cases}\sqrt{\frac{2}{\pi}}\frac{x^2}{\sigma^3}e^{-\frac{x^2}{2\sigma^2}}, & x>0,\sigma>0.\\0, & x\leqslant 0.\end{cases}$$

求 ξ 的特征函数,$E(\xi)$ 及 $D(\xi)$.

解

$$\varphi(t)=E(e^{jt\xi})=\int_{-\infty}^{+\infty}e^{jtx}f(x)dx=\int_0^{+\infty}e^{jtx}\sqrt{\frac{2}{\pi}}\frac{x^2}{\sigma^3}e^{-\frac{x^2}{2\sigma^2}}dx$$

$$=\int_0^{+\infty}\sqrt{\frac{2}{\pi}}\cos(tx)\frac{x^2}{\sigma^3}e^{-\frac{x^2}{2\sigma^2}}dx+j\int_0^{+\infty}\sqrt{\frac{2}{\pi}}\sin(tx)\frac{x^2}{\sigma^3}e^{-\frac{x^2}{2\sigma^2}}dx$$

$$=\int_0^{+\infty}\sqrt{\frac{2}{\pi}}\cos(ty\sigma)y^2e^{-\frac{y^2}{2}}dy+j\int_0^{+\infty}\sqrt{\frac{2}{\pi}}\sin(ty\sigma)y^2e^{-\frac{y^2}{2}}dy$$

$$=\sqrt{\frac{2}{\pi}}\sum_{n=0}^{\infty}\frac{(-1)^n}{(2n)!}\int_0^{+\infty}(ty\sigma)^{2n}y^2e^{-\frac{y^2}{2}}dy+j\sqrt{\frac{2}{\pi}}\sum_{n=1}^{\infty}\frac{(-1)^{n-1}}{(2n-1)!}\int_0^{+\infty}(ty\sigma)^{2n-1}y^2e^{-\frac{y^2}{2}}dy$$

$$=\sqrt{\frac{2}{\pi}}\sum_{n=0}^{\infty}\frac{(-1)^n(t\sigma)^{2n}}{(2n)!}\int_0^{+\infty}y^{2+2n}e^{-\frac{y^2}{2}}dy+j\sqrt{\frac{2}{\pi}}\sum_{n=1}^{\infty}\frac{(-1)^{n-1}(t\sigma)^{2n-1}}{(2n-1)!}\int_0^{+\infty}y^{2n+1}e^{-\frac{y^2}{2}}dy$$

$$=\frac{2}{\sqrt{\pi}}\sum_{n=0}^{\infty}\frac{(j\sqrt{2}t\sigma)^{2n}}{(2n)!}\int_0^{+\infty}x^{n+\frac{1}{2}}e^{-x}dx+\frac{2}{\sqrt{\pi}}\sum_{n=1}^{\infty}\frac{(j\sqrt{2}t\sigma)^{2n-1}}{(2n-1)!}\int_0^{+\infty}x^ne^{-x}dx$$

$$=\frac{2}{\sqrt{\pi}}\sum_{n=0}^{\infty}\frac{(j\sqrt{2}t\sigma)^{2n}}{(2n)!}\Gamma\left(n+\frac{3}{2}\right)+\frac{2}{\sqrt{\pi}}\sum_{n=1}^{\infty}\frac{(j\sqrt{2}t\sigma)^{2n-1}}{(2n-1)!}\Gamma(n+1)$$

$$=\frac{2}{\sqrt{\pi}}\sum_{n=0}^{\infty}\frac{(j\sqrt{2}t\sigma)^{2n}}{(2n)!}\Gamma\left(\frac{2n+3}{2}\right)+\frac{2}{\sqrt{\pi}}\sum_{n=1}^{\infty}\frac{(j\sqrt{2}t\sigma)^{2n-1}}{(2n-1)!}\Gamma\left(\frac{2n-1+3}{2}\right)$$

$$=\frac{2}{\sqrt{\pi}}\sum_{n=0}^{\infty}\frac{(\mathrm{j}\sqrt{2}t\sigma)^n}{n!}\Gamma\left(\frac{n+3}{2}\right)=\sum_{k=1}^{\infty}\frac{(k+1)(\mathrm{j}\sqrt{2}\sigma t)^k}{k!\ \sqrt{\pi}}\Gamma\left(\frac{k+1}{2}\right),$$

$$\mathrm{E}(\xi)=\frac{\varphi'(t)}{\mathrm{j}}\bigg|_{t=0}=\frac{\left(\sum\limits_{k=1}^{\infty}(k+1)(\mathrm{j}\sqrt{2}\sigma t)^k\Gamma\left(\frac{k+1}{2}\right)\right)'}{\mathrm{j}k!\ \sqrt{\pi}}\Bigg|_{t=0}=2\sqrt{\frac{2}{\pi}}\sigma,$$

$$\mathrm{E}(\xi^2)=\frac{\varphi''(t)}{\mathrm{j}^2}\bigg|_{t=0}=\frac{-3\times 2(\mathrm{j}\sqrt{2}\sigma)^2\Gamma\left(\frac{3}{2}\right)}{2\sqrt{\pi}}\Bigg|_{t=0}=\frac{3\times(\sqrt{2}\sigma)^2\frac{1}{2}\sqrt{\pi}}{\sqrt{\pi}}=3\sigma^2,$$

$$\mathrm{D}(\xi)=\mathrm{E}(\xi^2)-[\mathrm{E}(\xi)]^2=\left(3-\frac{8}{\pi}\right)\sigma^2.$$

9. 设 ξ 服从二项分布,求随机变量 $\eta_n=\dfrac{\xi-np}{\sqrt{npq}}$ 的特征函数,$\mathrm{E}(\eta_n)$ 及 $\mathrm{D}(\eta_n)$.

◆ **题型解析:** 习题 9,10,11 考查了特征函数的性质 $\varphi_{a\xi+b}(t)=\mathrm{e}^{\mathrm{j}bt}\varphi_\xi(at)$.

解 由特征函数的性质及二项分布的特征函数知

$$\varphi_{\eta_n}(t)=\varphi_{\frac{\xi-np}{\sqrt{npq}}}(t)=\varphi_{\frac{1}{\sqrt{npq}}\xi+\frac{-np}{\sqrt{npq}}}(t)=\varphi_\xi\left(\frac{t}{\sqrt{npq}}\right)\mathrm{e}^{\mathrm{j}t\frac{-np}{\sqrt{npq}}}$$

$$=\left(q+p\mathrm{e}^{\mathrm{j}\frac{t}{\sqrt{npq}}}\right)^n\mathrm{e}^{\mathrm{j}t\frac{-np}{\sqrt{npq}}}=\left(q\mathrm{e}^{\frac{-\mathrm{j}tp}{\sqrt{npq}}}+p\mathrm{e}^{\frac{\mathrm{j}tq}{\sqrt{npq}}}\right)^n.$$

$$\mathrm{E}(\xi)=\frac{\varphi'(t)}{\mathrm{j}}\bigg|_{t=0}=\frac{\left[\left(q\mathrm{e}^{\frac{-\mathrm{j}tp}{\sqrt{npq}}}+p\mathrm{e}^{\frac{\mathrm{j}tq}{\sqrt{npq}}}\right)^n\right]'}{\mathrm{j}}\Bigg|_{t=0}$$

$$=\frac{\mathrm{j}\sqrt{npq}\left(q\mathrm{e}^{\frac{-\mathrm{j}tp}{\sqrt{npq}}}+p\mathrm{e}^{\frac{\mathrm{j}tq}{\sqrt{npq}}}\right)^{n-1}\left(\mathrm{e}^{\frac{\mathrm{j}tq}{\sqrt{npq}}}-\mathrm{e}^{\frac{-\mathrm{j}tp}{\sqrt{npq}}}\right)}{\mathrm{j}}\Bigg|_{t=0}=0,$$

$$\mathrm{E}(\xi^2)=\frac{\varphi''(t)}{\mathrm{j}^2}\bigg|_{t=0}=\Bigg[pq(n-1)\left(q\mathrm{e}^{\frac{-\mathrm{j}tp}{\sqrt{npq}}}+p\mathrm{e}^{\frac{\mathrm{j}tq}{\sqrt{npq}}}\right)^{n-2}\left(\mathrm{e}^{\frac{-\mathrm{j}tp}{\sqrt{npq}}}-\mathrm{e}^{\frac{\mathrm{j}tq}{\sqrt{npq}}}\right)^2$$

$$+\sqrt{npq}\left(q\mathrm{e}^{\frac{-\mathrm{j}tp}{\sqrt{npq}}}+p\mathrm{e}^{\frac{\mathrm{j}tq}{\sqrt{npq}}}\right)^{n-1}\left(\frac{p}{\sqrt{npq}}\mathrm{e}^{\frac{-\mathrm{j}tp}{\sqrt{npq}}}+\frac{q}{\sqrt{npq}}\mathrm{e}^{\frac{\mathrm{j}tq}{\sqrt{npq}}}\right)\Bigg]\Bigg|_{t=0}=1,$$

$$\mathrm{D}(\xi)=\mathrm{E}(\xi^2)-[\mathrm{E}(\xi)]^2=1.$$

10. 设 ξ 服从参数为 $\lambda(\lambda>0)$ 的泊松分布,求随机变量 $\eta_\lambda=\dfrac{\xi-\lambda}{\sqrt{\lambda}}$ 的特征函数,$\mathrm{E}(\eta_\lambda)$ 及 $\mathrm{D}(\eta_\lambda)$.

解 由特征函数的性质及泊松分布的特征函数知

$$\varphi_{\eta_\lambda}(t)=\varphi_{\frac{\xi-\lambda}{\sqrt{\lambda}}}(t)=\varphi_{\frac{1}{\sqrt{\lambda}}\xi+(-\sqrt{\lambda})}(t)=\varphi_\xi\left(\frac{t}{\sqrt{\lambda}}\right)\mathrm{e}^{-\sqrt{\lambda}\mathrm{j}t}=\mathrm{e}^{\lambda\left(\mathrm{e}^{\mathrm{j}t\lambda^{-\frac{1}{2}}}-1\right)-\sqrt{\lambda}\mathrm{j}t},$$

$$\mathrm{E}(\eta_\lambda)=\frac{\varphi'(t)}{\mathrm{j}}\bigg|_{t=0}=\frac{\left(\mathrm{e}^{\lambda\left(\mathrm{e}^{\mathrm{j}t\lambda^{-\frac{1}{2}}}-1\right)-\sqrt{\lambda}\mathrm{j}t}\right)'}{\mathrm{j}}\Bigg|_{t=0}$$

$$=\frac{\mathrm{e}^{\lambda\left(\mathrm{e}^{\mathrm{j}t\lambda^{-\frac{1}{2}}}-1\right)-\sqrt{\lambda}\mathrm{j}t}\left(\lambda\frac{\mathrm{j}}{\sqrt{\lambda}}\mathrm{e}^{\mathrm{j}t\lambda^{-\frac{1}{2}}}-\sqrt{\lambda}\mathrm{j}\right)}{\mathrm{j}}\Bigg|_{t=0}=\sqrt{\lambda}\,\mathrm{e}^{\lambda\left(\mathrm{e}^{\mathrm{j}t\lambda^{-\frac{1}{2}}}-1\right)-\sqrt{\lambda}\mathrm{j}t}\left(\mathrm{e}^{\mathrm{j}t\lambda^{-\frac{1}{2}}}-1\right)\bigg|_{t=0}=0,$$

$$E(\eta_\lambda^2)=\frac{\varphi''(t)}{j^2}\bigg|_{t=0}=\lambda e^{\lambda\left(e^{jt\lambda^{-\frac{1}{2}}}-1\right)-\sqrt{\lambda}jt}\left(e^{jt\lambda^{-\frac{1}{2}}}-1\right)^2+\sqrt{\lambda}\,e^{\lambda\left(e^{jt\lambda^{-\frac{1}{2}}}-1\right)-\sqrt{\lambda}jt}e^{\frac{jt}{\sqrt{\lambda}}}\frac{1}{\sqrt{\lambda}}\bigg|_{t=0}=1,$$

$$D(\eta_\lambda)=E(\eta_\lambda^2)-[E(\eta_\lambda)]^2=1.$$

11. 设 ξ_n 服从几何分布，其概率密度函数为

$$P(\xi_n=m)=p_nq_n^{\ m-1},\quad m=1,2,3,\cdots,$$

其中 $q_n=1-p_n,n=1,2,\cdots$，求随机变量 $\eta_n=p_n\xi_n$ 的特征函数 $\varphi_{\eta_n}(t)$，并指出当 $p_n\to\infty$ $(n\to\infty)$ 时，

$$\lim_{n\to\infty}\varphi_{\eta_n}(t)=\frac{1}{1-jt},$$

即 η_n 的极限分布是指数分布 $(\lambda=1)$，其次求 $E(\eta_n)$ 及 $D(\eta_n)$.

解　由习题 2 知道，$\varphi_{\xi_n}(t)=\dfrac{e^{jt}p_n}{1-e^{jt}q_n}$，因此，

$$\varphi_{\eta_n}(t)=E(e^{jt\eta_n})=E(e^{jtp_n\xi_n})=\varphi_{\xi_n}(p_nt)=\frac{e^{jp_nt}p_n}{1-e^{jp_nt}q_n}=\frac{p_n}{e^{-jp_nt}-q_n},$$

$$=\frac{p_n}{e^{-jp_nt}-1+p_n}=\frac{p_n}{p_n+(e^{-jp_nt}-1)}=\frac{p_n}{p_n-jp_nt+o(p_n)}$$

$$=\frac{1}{1-jt+\dfrac{o(p_n)}{p_n}}\to\frac{1}{1-jt},\quad n\to\infty.$$

$$E(\eta_n)=\frac{\varphi'(t)}{j}\bigg|_{t=0}=\frac{\left(\dfrac{p_n}{e^{-jp_nt}-q_n}\right)'}{j}\Bigg|_{t=0}=\frac{-p_n}{(e^{-jp_nt}-q_n)^2}e^{-jp_nt}(-p_n)\bigg|_{t=0}=1,$$

$$E(\eta_n^2)=\frac{\varphi''(t)}{j^2}\bigg|_{t=0}=-jp_n^2[(e^{-jp_nt}-q_n)^{-2}e^{-jp_nt}]'\big|_{t=0}$$

$$=-jp_n^2[-2(e^{-jp_nt}-q_n)^{-3}e^{-2jp_nt}(-jp_n)+(e^{-jp_nt}-q_n)^{-2}e^{-jp_nt}(-jp_n)]\big|_{t=0}$$

$$=p_n^2[2(1-q_n)^{-3}p_n-(1-q_n)^{-2}p_n]=2-p_n,$$

$$D(\eta_n)=E(\eta_n^2)-[E(\eta_n)]^2=1-p_n=q_n.$$

12. 证明：对任意实值特征函数 $\varphi(t)$ 满足下列两个不等式：

$$1-\varphi(2t)\leqslant 4[1-\varphi(t)],\quad 1+\varphi(2t)\geqslant 2\varphi^2(t).$$

特别提醒　特征函数 $\varphi(t)$ 为实值函数时，$\varphi(t)=\int_{-\infty}^{+\infty}\cos(tx)dF(x)$，结合倍角公式进行放缩即可.

证明

$$\varphi(t)=E(e^{jt\xi})=E[\cos(t\xi)]+jE[\sin(t\xi)]$$

$$=\int_{-\infty}^{+\infty}\cos(tx)dF(x)+j\int_{-\infty}^{+\infty}\sin(tx)dF(x).$$

又 $\varphi(t)$ 为实值，因此 $\varphi(t)=\int_{-\infty}^{+\infty}\cos(tx)dF(x)$. 进而，

$$4(1-\varphi(t))=4\left(1-\int_{-\infty}^{+\infty}\cos(tx)dF(x)\right)=4\left(\int_{-\infty}^{+\infty}2\sin^2\left(\frac{tx}{2}\right)dF(x)\right)$$

$$=8\int_{-\infty}^{+\infty}\sin^2\left(\frac{tx}{2}\right)dF(x)$$

$$\geqslant 8\int_{-\infty}^{+\infty}\cos^2\left(\frac{tx}{2}\right)\sin^2\left(\frac{tx}{2}\right)\mathrm{d}F(x)=\int_{-\infty}^{+\infty}2\sin^2(tx)\mathrm{d}F(x)$$

$$=1-\int_{-\infty}^{+\infty}\cos(2tx)\mathrm{d}F(x)=1-\varphi(2t),$$

$$1+\varphi(2t)=1+\int_{-\infty}^{+\infty}\cos(2tx)\mathrm{d}F(x)=\int_{-\infty}^{+\infty}2\cos^2(tx)\mathrm{d}F(x)$$

$$\geqslant 2\left[\int_{-\infty}^{+\infty}\cos(tx)\mathrm{d}F(x)\right]^2=2\varphi^2(t).$$

13. 证明:随机变量 ξ 的特征函数 $\varphi(t)$ 是实值的充要条件是其分布函数 $F(x)$ 对称,即

$$F(x)=1-F(-x_{+0}).$$

方法技巧 利用特征函数与分布函数一一对应可证明.

证明 $\varphi(t)$ 是实值的等价于 $\mathrm{E}(\mathrm{e}^{-\mathrm{j}t\xi})=\varphi(-t)=\overline{\varphi(t)}=\varphi(t)=\mathrm{E}(\mathrm{e}^{\mathrm{j}t\xi})$,由特征函数与分布函数之间的一一对应关系知道,上式又等价于 $-\xi$ 与 ξ 的分布函数相同,即对任意的 $x\in\mathbf{R}$,有

$$F(x)=P(\xi<x)=P(-\xi<x)=P(\xi>-x)$$

$$=1-P(\xi\leqslant -x)=1-F(-x_{+0}).$$

14. 设 $\varphi(t)$ 是随机变量的特征函数,证明:

(1) $|\varphi(t+h)-\varphi(t)|\leqslant\sqrt{2\mathrm{Re}[1-\varphi(h)]}$;

(2) $1-\mathrm{Re}\varphi(2t)\leqslant 4[1-\mathrm{Re}\varphi(t)]$.

难点注释 问题(1) 先把 $\varphi(t+h)-\varphi(t)$ 的模表示出来,再借助于施瓦茨不等式进行放缩.问题(2) 为习题 12 的一般情况.

证明 (1)
$$\varphi(t)=\mathrm{E}(\mathrm{e}^{\mathrm{j}t\xi})=\mathrm{E}[\cos(t\xi)]+\mathrm{j}\mathrm{E}[\sin(t\xi)]$$

$$=\int_{-\infty}^{+\infty}\cos(tx)\mathrm{d}F(x)+\mathrm{j}\int_{-\infty}^{+\infty}\sin(tx)\mathrm{d}F(x).$$

$$|\varphi(t+h)-\varphi(t)|$$

$$=\sqrt{\left\{\int_{-\infty}^{+\infty}[\cos(tx+hx)-\cos(tx)]\mathrm{d}F(x)\right\}^2+\left\{\int_{-\infty}^{+\infty}[\sin(tx+hx)-\sin(tx)]\mathrm{d}F(x)\right\}^2}$$

$$\leqslant\sqrt{\int_{-\infty}^{+\infty}[\cos(tx+hx)-\cos(tx)]^2\mathrm{d}F(x)+\int_{-\infty}^{+\infty}[\sin(tx+hx)-\sin(tx)]^2\mathrm{d}F(x)}$$

$$=\sqrt{\int_{-\infty}^{+\infty}[2-2\cos(tx+hx)\cos(tx)-2\sin(tx+hx)\sin(tx)]\mathrm{d}F(x)}$$

$$\leqslant\sqrt{\int_{-\infty}^{+\infty}[2-2\cos(hx)]\mathrm{d}F(x)}=\sqrt{2\mathrm{Re}[1-\varphi(h)]}.$$

(2)
$$\mathrm{Re}\,\varphi(t)=\int_{-\infty}^{+\infty}\cos(tx)\mathrm{d}F(x),$$

由习题 12 可得

$$1-\mathrm{Re}\,\varphi(2t)\leqslant 4[1-\mathrm{Re}\,\varphi(t)].$$

15. 设随机变量 ξ 的分布函数和特征函数分别为 $F(x)$ 和 $\varphi(t)$,证明:

(1) $G(x)=\dfrac{1}{2h}\displaystyle\int_{x-h}^{x+h}F(y)\mathrm{d}y$ 是分布函数;

(2) $G(x)$ 的特征函数为

$$g(t)=\frac{\sin(ht)}{ht}\varphi(t),\quad h>0.$$

方法技巧 问题(1) 方法一：直接证明若 $G(x)$ 满足分布函数的三个条件：左连续，单调不降，在正无穷处为 1、在负无穷处为 0，从而 $G(x)$ 是分布函数. 方法二：由 $G(x)$ 的表达式可观察到，$G(x)$ 为 $F(x)$ 和 $[-h,h]$ 上的均匀分布的卷积，从而 $G(x)$ 为 ξ 与一个独立的服从均匀分布的随机变量之和的分布函数. 问题(2) 用定义直接证明即可.

证明 (1) 设 η 为 $[-h,h]$ 上的均匀分布，且与 ξ 相互独立，则 $\xi+\eta$ 的分布函数为

$$H(x)=\int_{-\infty}^{+\infty}F_{\xi}(z)\cdot F_{\eta}(x-z)\mathrm{d}z=\frac{1}{2h}\int_{x-h}^{x+h}F_{\xi}(z)\mathrm{d}z.$$

$H(x)$ 与 $G(x)$ 相同，因此 $G(x)$ 是分布函数.

(2) $G(x)$ 的特征函数为

$$\begin{aligned}g(t)&=\int_{-\infty}^{+\infty}\mathrm{e}^{\mathrm{j}tx}\mathrm{d}G(x)=\frac{1}{2h}\int_{-\infty}^{+\infty}\mathrm{e}^{\mathrm{j}tx}[F(x+h)-F(x-h)]\mathrm{d}x\\&=\frac{1}{2h}\mathrm{e}^{-h\mathrm{j}t}\int_{-\infty}^{+\infty}\mathrm{e}^{\mathrm{j}t(x+h)}F(x+h)\mathrm{d}x-\frac{1}{2h}\mathrm{e}^{h\mathrm{j}t}\int_{-\infty}^{+\infty}\mathrm{e}^{\mathrm{j}t(x-h)}F(x-h)\mathrm{d}x\\&=\frac{1}{2h}(\mathrm{e}^{-h\mathrm{j}t}-\mathrm{e}^{h\mathrm{j}t})\int_{-\infty}^{+\infty}\mathrm{e}^{\mathrm{j}tx}F(x)\mathrm{d}x=\frac{-2\mathrm{j}\sin(ht)}{2h\mathrm{j}t}\int_{-\infty}^{+\infty}F(x)\mathrm{d}\mathrm{e}^{\mathrm{j}tx}\\&=\frac{\sin(ht)}{ht}\int_{-\infty}^{+\infty}\mathrm{e}^{\mathrm{j}tx}\mathrm{d}F(x)=\frac{\sin(ht)}{ht}\varphi(t).\end{aligned}$$

16. 证明：满足下列三个条件的连续函数 $\varphi(t)$ 是特征函数：

(1) $\varphi(t)=\varphi(-t)$；(2) $\varphi(t+2a)=\varphi(t)$；(3) $\varphi(t)=\dfrac{a-t}{a},0\leqslant t<a$.

方法技巧 由条件(2) 知道 $\varphi(t)$ 为周期函数，故可以展成傅里叶级数，然后用下面方法证明：(1) 波赫纳-辛钦定理；(2) 直接指出 $\varphi(t)$ 是某一概率分布的特征函数.

证明 由条件(2) 知道 $\varphi(t)$ 为周期函数，其周期为 $2a$. 由 $\varphi(t)$ 是连续函数及条件(3) 知道 $\varphi(t)$ 满足狄利克雷条件(周期函数在每个周期内连续，或只有有限个第一类间断点，在每个周期内只有有限个极值(包括极大值和极小值))，从而 $\varphi(t)$ 可以展成傅里叶级数. 由条件(1) 可知 $\varphi(t)$ 为偶函数，$\varphi(t)$ 的傅里叶展式为

$$\varphi(t)=a_0+\sum_{k=1}^{\infty}a_k\cos\left(\frac{k\pi}{a}t\right),$$

其中

$$a_0=\frac{2}{2a}\int_0^a\varphi(x)\mathrm{d}x=\frac{1}{a}\int_0^a\frac{a-x}{a}\mathrm{d}x=\frac{1}{2},$$

$$\begin{aligned}a_k&=\frac{2}{a}\int_0^a\varphi(x)\cos\left(\frac{k\pi}{a}x\right)\mathrm{d}x=\frac{2}{a}\int_0^a\frac{a-x}{a}\cos\left(\frac{k\pi}{a}x\right)\mathrm{d}x\\&=-2\int_0^1u\cos(k\pi u)\mathrm{d}u,\quad k\neq0,\end{aligned}$$

因此

$$a_{2k}=0,\quad a_{2k-1}=\frac{4}{(2k-1)^2\pi^2},\quad k\neq0,$$

即

$$\varphi(t)=\frac{1}{2}+\sum_{k=1}^{\infty}\frac{4}{(2k-1)^2\pi^2}\cos\left(\frac{(2k-1)\pi}{a}t\right).$$

法一 由波赫纳-辛钦定理(若函数 $\varphi(t)(t\in\mathbf{R})$ 连续、非负定且 $\varphi(0)=1$,则 $\varphi(t)$ 必为特征函数) 来证明 $\varphi(t)$ 为特征函数.

由条件(3) 可得知 $\varphi(0)=\frac{a-0}{a}=1$.由题意知道 $\varphi(t)$ 在 $\mathbf{R}$ 上连续,只需证明 $\varphi(t)$ 是非负定的即可.对任意正整数 n,任意复数 $z_1,z_2,\cdots,z_n$,以及 $t_r\in\mathbf{R},r=1,2,\cdots,n$,有

$$\begin{aligned}
\sum_{r,s=1}^{n}\varphi(t_r-t_s)z_r\overline{z_s}&=\sum_{r,s=1}^{n}\left[\frac{1}{2}+\sum_{k=1}^{\infty}\frac{4}{(2k-1)^2\pi^2}\cos\left(\frac{(2k-1)\pi}{a}(t_r-t_s)\right)\right]z_r\overline{z_s}\\
&=\frac{1}{2}\sum_{r,s=1}^{n}z_r\overline{z_s}+\sum_{r,s=1}^{n}\sum_{k=1}^{\infty}\frac{2}{(2k-1)^2\pi^2}\left[\exp\left\{\frac{(2k-1)\pi}{a}(t_r-t_s)\mathrm{j}\right\}\right.\\
&\quad\left.+\exp\left\{\frac{(2k-1)\pi}{a}(t_s-t_r)\mathrm{j}\right\}z_r\overline{z_s}\right]\\
&=\frac{1}{2}\sum_{r,s=1}^{n}z_r\overline{z_s}+\sum_{r,s=1}^{n}\sum_{k=1}^{\infty}\frac{2}{(2k-1)^2\pi^2}\left[\exp\left\{\frac{(2k-1)\pi}{a}t_r\mathrm{j}\right\}z_r\overline{\exp\left\{\frac{(2k-1)\pi}{a}t_s\mathrm{j}\right\}z_s}\right.\\
&\quad\left.+\exp\left\{-\frac{(2k-1)\pi}{a}t_r\mathrm{j}\right\}z_r\overline{\exp\left\{-\frac{(2k-1)\pi}{a}t_s\mathrm{j}\right\}z_s}\right]\\
&=\frac{1}{2}\sum_{r,s=1}^{n}z_r\overline{z_s}+\sum_{k=1}^{\infty}\frac{2}{(2k-1)^2\pi^2}\sum_{r=1}^{n}\exp\left\{\frac{(2k-1)\pi}{a}t_r\mathrm{j}\right\}z_r\overline{\sum_{s=1}^{n}\exp\left\{\frac{(2k-1)\pi}{a}t_s\mathrm{j}\right\}z_s}\\
&\quad+\sum_{k=1}^{\infty}\frac{2}{(2k-1)^2\pi^2}\left[\sum_{r=1}^{n}\exp\left\{-\frac{(2k-1)\pi}{a}t_r\mathrm{j}\right\}z_r\right]\cdot\left[\overline{\sum_{s=1}^{n}\exp\left\{-\frac{(2k-1)\pi}{a}t_s\mathrm{j}\right\}z_s}\right]\\
&=\frac{1}{2}\left|\sum_{r=1}^{n}z_r\right|^2+\sum_{k=1}^{\infty}\frac{2}{(2k-1)^2\pi^2}\left|\sum_{r=1}^{n}\exp\left\{\frac{(2k-1)\pi}{a}t_r\mathrm{j}\right\}z_r\right|^2\\
&\quad+\sum_{k=1}^{\infty}\frac{2}{(2k-1)^2\pi^2}\left|\sum_{r=1}^{n}\exp\left\{-\frac{(2k-1)\pi}{a}t_r\mathrm{j}\right\}z_r\right|^2\geqslant 0.
\end{aligned}$$

法二 直接证明 $\varphi(t)=\frac{1}{2}+\sum_{k=1}^{\infty}\frac{4}{(2k-1)^2\pi^2}\cos\left(\frac{(2k-1)\pi}{a}t\right)$ 为某一随机变量的特征函数.

因为 $\frac{\pi^2}{8}=\sum_{k=1}^{\infty}\frac{1}{(2k-1)^2}$,因此,

$$\sum_{k=1}^{\infty}\frac{2}{(2k-1)^2\pi^2}+\sum_{k=1}^{\infty}\frac{2}{(1-2k)^2\pi^2}+\frac{1}{2}=\sum_{k=1}^{\infty}\frac{4}{(2k-1)^2\pi^2}+\frac{1}{2}=1,$$

从而存在随机变量 ξ 使得其分布函数为

$$P(\xi=k)=\sum_{k=1}^{\infty}\frac{2}{(2k-1)^2\pi^2},\quad k=\pm1,\pm2,\cdots;\quad P(\xi=0)=\frac{1}{2}.$$

ξ 的特征函数为

$$\frac{1}{2}+\sum_{k=1}^{\infty}\frac{4}{(2k-1)^2\pi^2}\cos\left(\frac{(2k-1)\pi}{a}t\right).$$

因此,$\varphi(t)$ 为特征函数.

17. 证明:随机变量 ξ 的特征函数 $\varphi(t)\equiv1$ 的充要条件为 ξ 服从取值为 0 的退化分布.

方法技巧 证明必要性时,可先求随机变量的数学期望与方差,若方差等于0,则随机变量几乎处处等于数学期望.

证明 若ξ服从取值为0的退化分布,则$P(\xi=0)=1$,从而ξ的特征函数为

$$\varphi(t)=\mathrm{E}(\mathrm{e}^{\mathrm{j}t\xi})=\mathrm{e}^{\mathrm{j}t\times 0}P(\xi=0)\equiv 1.$$

若ξ的特征函数$\varphi(t)\equiv 1$,则

$$\mathrm{E}(\xi)=\varphi'(0)\equiv 0,\quad \mathrm{E}[\xi(\xi-1)]=\varphi''(0)\equiv 0,\quad \mathrm{E}(\xi^2)=\mathrm{E}[\xi(\xi-1)]+\mathrm{E}(\xi)=0,$$
$$\mathrm{D}(\xi)=\mathrm{E}(\xi^2)-[\mathrm{E}(\xi)]^2=0,$$

从而$P(\xi=0)=P(\xi=\mathrm{E}(\xi))=1$.

18. 设随机变量ξ的特征函数$\varphi(t)$满足:存在t_1,t_2,使得

$$\varphi(t_1)=\varphi(t_2)=1.$$

证明:对任意$m,n(m,n=\pm1,\pm2,\cdots)$,有

$$\varphi(mt_1+nt_2)=1.$$

方法技巧 注意$\varphi(0)=1$,要证$\varphi(mt_1+nt_2)=1$,只需证明t_1为$\varphi(t)$的周期,t_2也为$\varphi(t)$的周期即可.

证明 由$\varphi(t_1)=1$知道

$$1=\mathrm{E}(\mathrm{e}^{\mathrm{j}t_1\xi})=\mathrm{E}[\cos(t_1\xi)].$$

又$-1\leqslant\cos(t_1\xi)\leqslant 1$,因此,$P\big(\cos(t_1\xi)=1\big)=1$,即$P\left(\xi=\dfrac{2k\pi}{t_1}\right)=1$,$k$为某个整数.对任意的$t$,有

$$\begin{aligned}\varphi(mt_1+t)&=\mathrm{E}[\mathrm{e}^{\mathrm{j}(mt_1+t)\xi}]=\mathrm{E}[\cos(mt_1+t)\xi]+\mathrm{j}\mathrm{E}[\sin(mt_1+t)\xi]\\&=\cos\left[(mt_1+t)\frac{2k\pi}{t_1}\right]+\mathrm{j}\sin\left[(mt_1+t)\frac{2k\pi}{t_1}\right]\\&=\cos\left(\frac{2tk\pi}{t_1}\right)+\mathrm{j}\sin\left(\frac{2tk\pi}{t_1}\right)=\mathrm{E}[\cos(t\xi)]+\mathrm{j}\mathrm{E}[\sin(t\xi)]\\&=\mathrm{E}(\mathrm{e}^{\mathrm{j}t\xi})=\varphi(t),\end{aligned}$$

即t_1为$\varphi(t)$的周期,同理t_2为$\varphi(t)$的周期.因此$\varphi(mt_1+nt_2)=\varphi(mt_1)=\varphi(0)=1$.

19. 设随机变量ξ的特征函数为$\varphi(t)$,证明$|\varphi(t)|^2$也是特征函数.

◆题型解析: 本题考查了特征函数的性质及模的概念.只需构造一个随机变量,使得该随机变量的特征函数刚好为$|\varphi(t)|^2$即可.

证明 设η为与ξ独立同分布的随机变量,令$\zeta=\xi-\eta$,则由模的定义及特征函数的性质可得ζ的特征函数为

$$\varphi(t)=\mathrm{E}(\mathrm{e}^{\mathrm{j}t\zeta})=\mathrm{E}(\mathrm{e}^{\mathrm{j}t(\xi-\eta)})=\mathrm{E}(\mathrm{e}^{\mathrm{j}t\xi})\,\mathrm{E}(\mathrm{e}^{-\mathrm{j}t\eta})=\varphi(t)\varphi(-t)=\varphi(t)\overline{\varphi(t)}=|\varphi(t)|^2.$$

因此,$|\varphi(t)|^2$也是特征函数.

20. 指出下列函数不是特征函数:

(1) $\varphi(t)=\mathrm{e}^{-\mathrm{j}|t|}$;

(2) $\varphi(t)=\cos t^2$;

(3) $\varphi(t)=\dfrac{1}{2}(1+\sin t)$;

(4) $\varphi(t)=\begin{cases}1-t^2, & |t|<1,\\ 0, & |t|\geqslant 1;\end{cases}$

(5) $\varphi(t)=\begin{cases}e^{-2t}, & t\geqslant 0,\\ \dfrac{1}{1+t^2}, & t<0.\end{cases}$

难点解析 如果$\varphi(t)$为实值的特征函数，则$\varphi(t)$一定为偶函数，因此(3)和(5)都不是.对一般的函数$\varphi(t)$，证明它不满足波赫纳-辛钦定理中的三个条件之一即可：函数$\varphi(t)(t\in\mathbf{R})$连续、非负定且$\varphi(0)=1$.

解 (1) $\varphi(t)=e^{-j|t|}$不是非负定的，因为存在正整数1，复数$z_1=1$以及$t_1=\pi$，有

$$\varphi(t_1)z_1\overline{z_1}=e^{-j\pi}=\cos(-\pi)+j\sin(-\pi)=-1<0.$$

因此，$\varphi(t)$不是特征函数.

(2) $\varphi(t)=\cos t^2$不是非负定的，因为存在正整数1，复数$z_1=1$以及$t_1=\sqrt{\pi}$，有

$$\varphi(t_1)z_1\overline{z_1}=\cos\pi=-1<0.$$

因此，$\varphi(t)$不是特征函数.

(3) $\varphi(0)=\dfrac{1}{2}\neq 1$，因此，$\varphi(t)$不是特征函数.

(4) 注意到$\int_{-\infty}^{+\infty}|\varphi(t)|\,dt=\int_{-1}^{1}(1-t^2)dt=\dfrac{4}{3}$，若$\varphi(t)$为特征函数，则存在概率密度函数，且概率密度函数为

$$\begin{aligned}f(x)&=\int_{-\infty}^{+\infty}e^{-jtx}\varphi(t)dt=\int_{-1}^{1}e^{-jtx}(1-t^2)dt\\&=\int_{-1}^{1}\cos(tx)(1-t^2)dt-j\int_{-1}^{1}\sin(tx)(1-t^2)dt\\&=2\int_{0}^{1}\cos(tx)(1-t^2)dt=\frac{2}{x}\int_{0}^{1}(1-t^2)d\sin(tx)\\&=\frac{2}{x}\left[(1-t^2)\sin(tx)\Big|_{t=0}^{1}-\int_{0}^{1}\sin(tx)d(1-t^2)\right]\\&=\frac{4}{x}\int_{0}^{1}t\sin(tx)dt=-\frac{4}{x^2}\int_{0}^{1}t\,d\cos(tx)\\&=-\frac{4}{x^2}\cos x+\frac{4}{x^2}\int_{0}^{1}\cos(tx)dt\\&=-\frac{4}{x^2}\cos x+\frac{4}{x^3}\sin(tx)\Big|_{t=0}^{1}=-\frac{4}{x^2}\cos x+\frac{4}{x^3}\sin x.\end{aligned}$$

因此$f(2\pi)=-\dfrac{4}{4\pi^2}<0$，这与概率密度函数非负矛盾，因此$\varphi(t)$不是特征函数.

(5) $\varphi(t)$不满足$\varphi(t)=\overline{\varphi(-t)}$，因此$\varphi(t)$不是特征函数.

21. 设随机变量ξ的特征函数为$\varphi(t)=\dfrac{1}{1+t^2}$，求其概率密度函数.

◘ **题型解析**：本题考查了$f(x)=\dfrac{1}{2\pi}\int_{-\infty}^{+\infty}e^{-jtx}\varphi(t)dt$.注意留数定理的运用：若函数$f(z)$在$\overline{D}$内除有限个孤立奇点$b_k,k=1,2,\cdots,m$外解析，则$\oint_L f(z)dz=2\pi j\sum_{k=1}^{m}\mathrm{Res}f(b_k)$，其中$L$：$\overline{D}$内任意的包含有限个孤立奇点的闭合曲线；$\mathrm{Res}f(b_k)$：$f(z)$在$\overline{D}$的无心邻域

$0<|z-b_k|<R$ 的洛朗级数的系数 $a_{-1}^{(k)}$，称为 $f(z)$ 在 $z=b_k$ 的留数，其中 $a_{-1}^{(k)}$ 为 $f(z)$ 在它的第 k 个孤立奇点 b_k 的邻域内洛朗展开式中 $(z-b_k)^{-1}$ 的系数.当 b_k 为一阶奇点时，

$$a_{-1}^{(k)}=\lim_{z\to b_k}(z-b_k)f(z);$$

当 b_k 为 m 阶奇点时，

$$a_{-1}^{(k)}=\frac{1}{(m-1)!}\lim_{z\to b_k}\frac{\mathrm{d}^{m-1}}{\mathrm{d}z^{m-1}}(z-b_k)^m f(z).$$

解 法一 $\int_{-\infty}^{+\infty}|\varphi(t)|\,\mathrm{d}t=\int_{-\infty}^{+\infty}\left|\frac{1}{1+t^2}\right|\mathrm{d}t=2\int_0^{+\infty}\frac{1}{1+t^2}\mathrm{d}t=2\arctan t\Big|_{t=0}^{+\infty}=\pi<\infty.$

因此，$\varphi(t)$ 在 $\mathbf{R}$ 上绝对可积，从而 ξ 为连续型随机变量，其概率密度函数为

$$\begin{aligned}f(x)&=\frac{1}{2\pi}\int_{-\infty}^{+\infty}\mathrm{e}^{-\mathrm{j}tx}\varphi(t)\mathrm{d}t=\frac{1}{2\pi}\int_{-\infty}^{+\infty}\frac{\mathrm{e}^{-\mathrm{j}tx}}{1+t^2}\mathrm{d}t\\&=\frac{1}{2\pi}\int_{-\infty}^{+\infty}\frac{\cos(tx)-\mathrm{j}\sin(tx)}{1+t^2}\mathrm{d}t=\frac{1}{\pi}\int_0^{+\infty}\frac{\cos(tx)}{1+t^2}\mathrm{d}t.\end{aligned}$$

因此 $f(x)$ 为偶函数，只需求 $x<0$ 时的表达式即可.

当 $x<0$ 时，

$$f(x)=\frac{1}{2\pi}\int_{-\infty}^{+\infty}\frac{\mathrm{e}^{-\mathrm{j}tx}}{1+t^2}\mathrm{d}t=\frac{1}{2\pi}\int_{-\infty}^{+\infty}\frac{\mathrm{e}^{-\mathrm{j}tx}}{(t+\mathrm{j})(t-\mathrm{j})}\mathrm{d}t.$$

设区域 $\overline{D}$ 为 $x^2+y^2=R^2$ 的上半圆与 x 轴围成的封闭图形，曲线方向为逆时针方向，如图 4.1 所示.L 为 $x^2+y^2=R^2$ 的上半圆，方向为逆时针方向.R 足够大，使得 $\overline{D}$ 围成的封闭区域包含了点(0,j)，用留数定理，则有

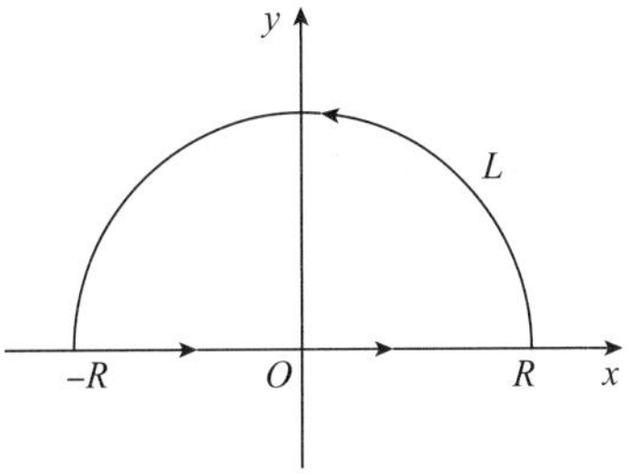

图 4.1

$$\begin{aligned}\int_{-R}^{R}\frac{\mathrm{e}^{-\mathrm{j}tx}}{(t+\mathrm{j})(t-\mathrm{j})}\mathrm{d}t&=\oint_{\overline{D}}\frac{\mathrm{e}^{-\mathrm{j}tx}}{(t+\mathrm{j})(t-\mathrm{j})}\mathrm{d}t-\int_L\frac{\mathrm{e}^{-\mathrm{j}tx}}{(t+\mathrm{j})(t-\mathrm{j})}\mathrm{d}t\\&=\left[2\pi\mathrm{j}\lim_{t\to\mathrm{j}}(t-\mathrm{j})\frac{\mathrm{e}^{-\mathrm{j}tx}}{(t+\mathrm{j})(t-\mathrm{j})}\right]-\int_L\frac{\mathrm{e}^{-\mathrm{j}tx}}{t^2+1}\mathrm{d}t=2\pi\lim_{t\to\mathrm{j}}\frac{\mathrm{e}^{-\mathrm{j}tx}}{t+\mathrm{j}}=\pi\mathrm{e}^{x}.\end{aligned}$$

$$f(x)=\frac{1}{2\pi}\lim_{R\to+\infty}\int_{-R}^{R}\frac{\mathrm{e}^{-\mathrm{j}tx}}{(t+\mathrm{j})(t-\mathrm{j})}\mathrm{d}t=\frac{1}{2}\mathrm{e}^{x}=\frac{1}{2}\mathrm{e}^{-|x|}.$$

当 $x>0$ 时，$f(x)=f(-x)=\frac{1}{2}\mathrm{e}^{-|x|}$.当 $x=0$ 时，显然

$$f(0)=\frac{1}{2\pi}\int_{-\infty}^{+\infty}\frac{\mathrm{e}^{-\mathrm{j}t\times 0}}{1+t^2}\mathrm{d}t=\frac{1}{2\pi}\int_{-\infty}^{+\infty}\frac{1}{(t+\mathrm{j})(t-\mathrm{j})}\mathrm{d}t=\frac{1}{2},$$

因此，$f(x)=\frac{1}{2}\mathrm{e}^{-|x|}$.

法二 由本章例1(1)知道 $f(x)=\frac{1}{2}\mathrm{e}^{-|x|}$ 的特征函数为 $\varphi(t)=\frac{1}{1+t^2}$，由特征函数与分布函数一一对应可知 ξ 的概率密度函数为 $f(x)=\frac{1}{2}\mathrm{e}^{-|x|}$.

22. 设函数

$$\varphi_1(t)=\sum_{k=0}^{\infty}a_k\cos(kt),\quad \varphi_2(t)=\sum_{k=0}^{\infty}a_k\mathrm{e}^{-\mathrm{j}kt},$$

其中 $a_k \geqslant 0, \sum_{k=0}^{\infty} a_k = 1$.

(1) 证明它们都是特征函数.

(2) 求它们的概率分布.

方法技巧 注意到 $\varphi_1(t)$ 和 $\varphi_2(t)$ 为求和的形式,因此构造出离散型随机变量,使其特征函数刚好为给定的函数即可.

解 (1) $\varphi_1(t) = \sum_{k=0}^{\infty} a_k \cos(kt) = \sum_{k=0}^{\infty} a_k \frac{\mathrm{e}^{\mathrm{j}kt} + \mathrm{e}^{\mathrm{j}(-k)t}}{2} = \sum_{k=1}^{\infty} \mathrm{e}^{\mathrm{j}kt} \frac{a_k}{2} + \sum_{k=1}^{\infty} \mathrm{e}^{-\mathrm{j}kt} \frac{a_k}{2} + a_0$.
因此设随机变量 ξ 的分布列为

$$P(\xi = 0) = a_0,\quad P(\xi = k) = \frac{a_k}{2},\quad k = \pm 1, \pm 2, \cdots,$$

则 ξ 的特征函数刚好为 $\varphi_1(t)$.从而 $\varphi_1(t)$ 为特征函数,且其概率分布为

ξ	$\cdots$	$-n$	$\cdots$	-1	0	1
$p_1(x)$	$\cdots$	$\frac{a_n}{2}$	$\cdots$	$\frac{a_1}{2}$	a_0	$\frac{a_1}{2}$

(2) $\varphi_2(t) = \sum_{k=0}^{\infty} a_k \mathrm{e}^{-\mathrm{j}kt}$,因此设随机变量 η 的分布列为

$$P(\eta = k) = a_k,\quad k = 0, -1, -2, -3, \cdots,$$

则 η 的特征函数刚好为 $\varphi_2(t)$.从而 $\varphi_2(t)$ 为特征函数,且其概率分布为

η	$\cdots$	$-n$	$\cdots$	-1	0
$p_2(x)$	$\cdots$	a_n	$\cdots$	a_1	a_0

23. 设 ξ 为取整数值的随机变量,其分布列为

$$p_k = P(\xi = k),\quad k = \cdots, -3, -2, -1, 0, 1, 2, 3, \cdots.$$

若特征函数分别为

$$(1)\ \varphi_1(t) = \cos t,\quad (2)\ \varphi_2(t) = \cos^2 t,\quad (3)\ \varphi_3(t) = \frac{1}{2\mathrm{e}^{-\mathrm{j}t} - 1}.$$

求 p_k.

◘ **题型解析:** 本题考查了公式 $p_k = \frac{1}{2\pi}\int_{-\pi}^{\pi} \mathrm{e}^{-\mathrm{j}tk}\varphi(t)\mathrm{d}t$.

解 (1) $P(\xi = k) = p_k = \frac{1}{2\pi}\int_{-\pi}^{\pi} \mathrm{e}^{-\mathrm{j}tk}\varphi_1(t)\mathrm{d}t = \frac{1}{2\pi}\int_{-\pi}^{\pi} \mathrm{e}^{-\mathrm{j}tk} \cos t\,\mathrm{d}t$

$$= \frac{1}{2\pi}\left(\int_{-\pi}^{\pi} \cos(tk)\cos t\,\mathrm{d}t - \mathrm{j}\int_{-\pi}^{\pi} \sin(tk)\cos t\,\mathrm{d}t\right)$$

$$= \frac{1}{\pi}\int_{0}^{\pi} \cos(tk)\cos t\,\mathrm{d}t,\quad k = \cdots, -3, -2, -1, 0, 1, 2, 3, \cdots.$$

当 $k = 1$ 时,

$$P(\xi=1)=p_1=\frac{1}{\pi}\int_0^{\pi}\cos^2 t\,\mathrm{d}t=\frac{1}{2\pi}\int_0^{\pi}[\cos(2t)+1]\mathrm{d}t$$
$$=\frac{1}{4\pi}\sin(2t)\Big|_{t=0}^{\pi}+\frac{1}{2}=\frac{1}{2};$$

当 $k=-1$ 时，

$$P(\xi=-1)=p_{-1}=\frac{1}{\pi}\int_0^{\pi}\cos^2 t\,\mathrm{d}t=\frac{1}{2};$$

当 $k\neq\pm 1$ 时，

$$P(\xi=k)=p_k=\frac{1}{2\pi}\int_0^{\pi}\{\cos[(k+1)t]+\cos[(k-1)t]\}\mathrm{d}t$$
$$=\frac{1}{2\pi}\left\{\frac{1}{k+1}\sin[(k+1)t]+\frac{1}{k-1}\sin[(k-1)t]\right\}\Big|_{t=0}^{\pi}=0.$$

(2) $$P(\xi=k)=p_k=\frac{1}{2\pi}\int_{-\pi}^{\pi}\mathrm{e}^{-\mathrm{j}tk}\varphi_2(t)\mathrm{d}t=\frac{1}{2\pi}\int_{-\pi}^{\pi}\mathrm{e}^{-\mathrm{j}tk}\cos^2 t\,\mathrm{d}t$$
$$=\frac{1}{2\pi}\left[\int_{-\pi}^{\pi}\cos(tk)\cos^2 t\,\mathrm{d}t-\mathrm{j}\int_{-\pi}^{\pi}\sin(tk)\cos^2 t\,\mathrm{d}t\right]$$
$$=\frac{1}{\pi}\int_0^{\pi}\cos(tk)\cos^2 t\,\mathrm{d}t.$$

当 $k=0$ 时，

$$P(\xi=0)=p_0=\frac{1}{\pi}\int_0^{\pi}\cos^2 t\,\mathrm{d}t=\frac{1}{2};$$

当 $k=2$ 时，

$$P(\xi=2)=p_2=\frac{1}{\pi}\int_0^{\pi}\cos(2t)\cos^2 t\,\mathrm{d}t=\frac{1}{2\pi}\int_0^{\pi}\cos(2t)[\cos(2t)+1]\mathrm{d}t$$
$$=\frac{1}{2\pi}\int_0^{\pi}[\cos^2(2t)+\cos(2t)]\mathrm{d}t=\frac{1}{2\pi}\int_0^{\pi}\left[\frac{1}{2}\cos(4t)+\frac{1}{2}+\cos(2t)\right]\mathrm{d}t$$
$$=\frac{1}{2\pi}\left[\frac{1}{8}\sin(4t)+\frac{t}{2}+\frac{1}{2}\sin(2t)\right]\Big|_0^{\pi}=\frac{1}{4};$$

当 $k=-2$ 时，

$$P(\xi=-2)=p_{-2}=\frac{1}{\pi}\int_0^{\pi}\cos(-2t)\cos^2 t\,\mathrm{d}t=\frac{1}{\pi}\int_0^{\pi}\cos(2t)\cos^2 t\,\mathrm{d}t=\frac{1}{4};$$

当 $k\neq 0,\pm 2$ 时，

$$P(\xi=k)=p_k=\frac{1}{\pi}\int_0^{\pi}\cos(tk)\cos^2 t\,\mathrm{d}t=\frac{1}{2\pi}\int_0^{\pi}\{\cos[(k+1)t]+\cos[(k-1)t]\}\cos t\,\mathrm{d}t$$
$$=\frac{1}{4\pi}\int_0^{\pi}\{\cos[(k+2)t]+2\cos(kt)+\cos[(k-2)t]\}\mathrm{d}t$$
$$=\frac{1}{4\pi}\left\{\frac{1}{k+2}\sin[(k+2)t]+\frac{2}{k}\sin(kt)+\frac{1}{k-2}\sin[(k-2)t]\right\}\Big|_{t=0}^{\pi}=0.$$

(3) $$P(\xi=k)=p_k=\frac{1}{2\pi}\int_{-\pi}^{\pi}\mathrm{e}^{-\mathrm{j}tk}\varphi_3(t)\mathrm{d}t=\frac{1}{2\pi}\int_{-\pi}^{\pi}\frac{\mathrm{e}^{-\mathrm{j}tk}}{2\mathrm{e}^{-\mathrm{j}t}-1}\mathrm{d}t$$

$$=\frac{1}{2\pi}\int_{-\pi}^{\pi}\frac{e^{-jt(k-1)}}{2-e^{jt}}dt=\frac{1}{2\pi}\int_{-\pi}^{\pi}\frac{\frac{1}{2}e^{-jt(k-1)}}{1-\frac{1}{2}e^{jt}}dt$$

$$=\frac{1}{2\pi}\int_{-\pi}^{\pi}\sum_{n=0}^{\infty}\left(\frac{1}{2}e^{-jt(k-1)}\right)\left(\frac{1}{2}e^{jt}\right)^{n}dt$$

$$=\frac{1}{2\pi}\sum_{n=0}^{\infty}\left(\frac{1}{2}\right)^{n+1}\int_{-\pi}^{\pi}e^{-jt(k-n-1)}dt$$

$$=\frac{1}{2\pi}\sum_{n=0}^{\infty}\left(\frac{1}{2}\right)^{n+1}\int_{-\pi}^{\pi}\{\cos[t(k-n-1)]-j\sin[t(k-n-1)]\}dt$$

$$=\frac{1}{\pi}\sum_{n=0}^{\infty}\left(\frac{1}{2}\right)^{n+1}\int_{0}^{\pi}\cos[t(k-n-1)]dt=2^{-k},\quad k=1,2,\cdots.$$

24. 设随机变量 ξ 的特征函数为

(1) $\varphi_1(t)=\dfrac{1}{1-jt}$； (2) $\varphi_2(t)=\dfrac{1}{(1-jt)^n}$.

求它们的概率分布.

方法技巧 如果特征函数绝对可积，则用 $f(x)=\dfrac{1}{2\pi}\int_{-\infty}^{+\infty}e^{-jtx}\varphi(t)dt$ 求概率密度函数，注意留数定理及若尔当引理的运用.（若尔当引理：若复变函数 $f(z)$ 在闭区域 $\theta_1\leqslant\arg(z)\leqslant\theta_2$，$R_0\leqslant|z|\leqslant+\infty$ 内可确定其连续且极限 $\lim\limits_{z\to\infty}f(z)=0$，则对任一正数 x，有

$$\lim_{R\to+\infty}\int_{CR}f(z)e^{jxz}dz=0,$$

其中 CR 是以原点为中心，R 为半径的上半圆周.）

解 (1) $\displaystyle\int_{-\infty}^{+\infty}|\varphi_1(t)|dt=\int_{-\infty}^{+\infty}\left|\frac{1}{1-jt}\right|dt=\int_{-\infty}^{+\infty}\left|\frac{1+jt}{1+t^2}\right|dt=\int_{-\infty}^{+\infty}\frac{|1+jt|}{1+t^2}dt$

$$=\int_{-\infty}^{+\infty}\frac{1}{\sqrt{1+t^2}}dt=2\int_{0}^{+\infty}\frac{1}{\sqrt{1+t^2}}dt<\infty.$$

因此，$\varphi_1(t)$ 在 **R** 上绝对可积，从而 ξ 为连续型随机变量，其概率密度函数为

$$f_1(x)=\frac{1}{2\pi}\int_{-\infty}^{+\infty}e^{-jtx}\varphi_1(t)dt=\frac{1}{2\pi}\int_{-\infty}^{+\infty}\frac{e^{-jtx}}{1-jt}dt.$$

考虑由曲线 $x^2+y^2=R^2$，$y\leqslant0$ 与 x 轴围成的封闭图形 L，方向为逆时针方向，设 C_L 为下半圆所在的弧，方向为顺时针方向，见示意图 4.2.当 $x\geqslant0$ 时，则由留数定理知道，

$$\int_{-R}^{R}\frac{e^{-jtx}}{1-jt}dt+\int_{C_L}\frac{e^{-jtx}}{1-jt}dt=-\oint_{L}\frac{e^{-jtx}}{1-jt}dt$$

$$=-2\pi j(t+j)\left.\frac{e^{-jtx}}{1-jt}\right|_{t=-j}$$

$$=2\pi e^{-x}.$$

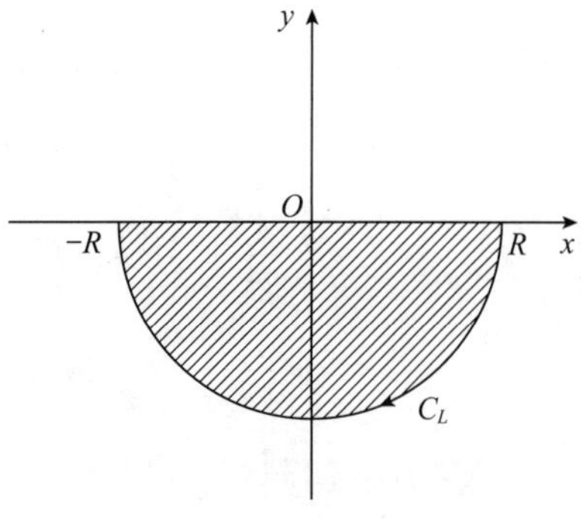

图 4.2

又由若尔当引理可得，当 $R\to+\infty$ 时，$\displaystyle\int_{C_L}\frac{e^{-jtx}}{1-jt}dt\to0$，因此，

$$\frac{1}{2\pi}\lim_{R\to+\infty}\int_{-R}^{R}\frac{e^{-jtx}}{1-jt}dt=e^{-x}, \quad 即 \quad f_1(x)=e^{-x}.$$

类似地可得,当 $x<0$ 时,$f_1(x)=0$.从而概率密度函数为

$$f_1(x)=\begin{cases}e^{-x}, & x\geqslant 0,\\ 0, & x<0.\end{cases}$$

(2) 由已知得

$$\int_{-\infty}^{+\infty}|\varphi_2(t)|dt=\int_{-\infty}^{+\infty}\left|\frac{1}{(1-jt)^n}\right|dt=\int_{-\infty}^{+\infty}\left|\frac{1}{(\sqrt{1+t^2})^n\left(\frac{1}{\sqrt{1+t^2}}-j\frac{t}{\sqrt{1+t^2}}\right)^n}\right|dt$$

$$=\int_{-\infty}^{+\infty}\frac{1}{(1+t^2)^{\frac{n}{2}}}dt=2\int_{0}^{+\infty}\frac{1}{(1+t^2)^{\frac{n}{2}}}dt<\infty.$$

因此,$\varphi_2(t)$ 在 **R** 上绝对可积,从而 ξ 为连续型随机变量,其概率密度函数为

$$f_2(x)=\frac{1}{2\pi}\int_{-\infty}^{+\infty}e^{-jtx}\varphi_2(t)dt=\frac{1}{2\pi}\int_{-\infty}^{+\infty}\frac{e^{-jtx}}{(1-jt)^n}dt=\frac{1}{2\pi}\int_{-\infty}^{+\infty}\frac{e^{-jtx}}{(-j)^n(t+j)^n}dt.$$

考虑由曲线 $x^2+y^2=R^2,y\leqslant 0$ 与 x 轴围成的封闭图形 L,方向为逆时针方向,设 C_L 为下半圆所在的弧,方向为顺时针方向,见示意图 4.2.当 $x\geqslant 0$ 时,由留数定理及

$$f^{(n)}(z)=\frac{n!}{2\pi j}\oint_L\frac{f(\xi)}{(\xi-z)^{n+1}}d\xi$$

可得,

$$\int_{-R}^{R}\frac{e^{-jtx}}{(-j)^n(t+j)^n}dt+\int_{C_L}\frac{e^{-jtx}}{(-j)^n(t+j)^n}dt=-\oint_L\frac{e^{-jtx}}{(-j)^n(t+j)^n}dt$$

$$=\frac{-2\pi j}{(-j)^n(n-1)!}\times\left.\frac{d^{n-1}e^{-jtx}}{dt^{n-1}}\right|_{t=-j}=\frac{2\pi x^{n-1}e^{-x}}{(n-1)!}.$$

由若尔当引理可知,当 $R\to+\infty$ 时,$\int_{C_L}\frac{e^{-jtx}}{(-j)^n(t+j)^n}dt\to 0$,因此,

$$\frac{1}{2\pi}\lim_{R\to+\infty}\int_{-R}^{R}\frac{e^{-jtx}}{(-j)^n(t+j)^{n-1+1}}dt=\frac{x^{n-1}e^{-x}}{(n-1)!}.$$

类似地可得,当 $x<0$ 时,$f_2(x)=0$.从而概率密度函数为

$$f_2(x)=\begin{cases}\dfrac{x^{n-1}e^{-x}}{(n-1)!}, & x\geqslant 0,\\ 0, & x<0.\end{cases}$$

25. 设随机变量 $\xi(\xi>0)$ 的分布函数为

$$F_\xi(x)=\int_0^x f_\xi(t)dt, \quad x>0.$$

求:(1) $\eta=e^{-\xi}$; (2) $\eta=\tan\xi$; (3) $\eta=\arctan\xi$ 的概率密度函数.

◘ **题型解析:** 本题考查了随机变量函数的概率密度函数,当函数单调时,可直接用公式求解;当函数分段单调时,可分段运用公式再求和.

解 (1) 设 $y=e^{-x}$,则 $x=-\ln y,x'=-\frac{1}{y}$,因此,

$$f_\eta(y)=f_\xi(-\ln y)\frac{1}{y}I_{\{y|0<y<1\}}.$$

(2) 设 $y=\tan x$,则当 $x\in\left[k\pi,k\pi+\frac{\pi}{2}\right)$,$k=0,\pm1,\pm2,\cdots$ 时,$x=\arctan y+k\pi$,$x'=\frac{1}{1+y^2}$,因此,

$$f_\eta(y)=\sum_{k=-\infty}^{+\infty}f_\xi(\arctan y+k\pi)\frac{1}{1+y^2}.$$

(3) 设 $y=\arctan x$,则 $x=\tan y$,$x'=\sec^2 y$,因此,

$$f_\eta(y)=f_\xi(\tan y)\sec^2 y=\frac{f_\xi(\tan y)}{\cos^2 y}.$$

26. 设随机变量 $\xi_1,\xi_2,\cdots,\xi_n$ 相互独立,服从同一正态分布 $N(0,1)$,证明:$\frac{1}{\sqrt{n}}\sum_{k=1}^{n}\xi_k$ 也服从正态分布 $N(0,1)$.

方法技巧 运用正态分布的特征函数及相互独立随机变量和的特征函数等于特征函数的积,证明 $\frac{1}{\sqrt{n}}\sum_{k=1}^{n}\xi_k$ 的特征函数等于标准正态分布的特征函数,再由分布函数与特征函数一一对应可证结论成立.

证明 设 $\eta=\frac{1}{\sqrt{n}}\sum_{k=1}^{n}\xi_k$,则其特征函数为

$$\varphi_\eta(t)=\mathrm{E}(\mathrm{e}^{\mathrm{j}t\eta})=\prod_{k=1}^{n}\mathrm{E}\left(\mathrm{e}^{\frac{\mathrm{j}t\xi_k}{\sqrt{n}}}\right)=\left[\varphi_{\xi_1}\left(\frac{t}{\sqrt{n}}\right)\right]^n=\left(\mathrm{e}^{-\frac{t^2}{2n}}\right)^n=\mathrm{e}^{-\frac{t^2}{2}}.$$

由特征函数与分布函数的一一对应关系知道,$\frac{1}{\sqrt{n}}\sum_{k=1}^{n}\xi_k$ 也服从正态分布 $N(0,1)$.

27. 设独立随机变量 ξ,η 服从同一分布 $N(0,1)$,求 $\zeta=\frac{1}{2}(\xi^2-\eta^2)$ 的特征函数.

方法技巧 服从标准正态分布的随机变量的平方服从自由度为1的 χ^2 分布,由 χ^2 分布的特征函数及其性质可得 $\zeta=\frac{1}{2}(\xi^2-\eta^2)$ 的特征函数.本题中既不知道 ξ,η 是否相互独立,也不知道其联合分布,因此无法算 $\zeta=\frac{1}{2}(\xi^2-\eta^2)$ 的特征函数.

解 $\xi^2\sim\chi^2(1)$,其特征函数为 $\varphi_1(t)=\frac{1}{\sqrt{1-2\mathrm{j}t}}$,同理 η 的特征函数为 $\varphi_2(t)=\frac{1}{\sqrt{1-2\mathrm{j}t}}$.

若 ξ,η 相互独立,则由特征函数的性质可得,$\zeta=\frac{1}{2}(\xi^2-\eta^2)$ 的特征函数为

$$\varphi_3(t)=\mathrm{E}\left(\mathrm{e}^{\mathrm{j}t\frac{1}{2}(\xi^2-\eta^2)}\right)=\mathrm{E}\left(\mathrm{e}^{\mathrm{j}\frac{t}{2}\xi^2}\right)\mathrm{E}\left(\mathrm{e}^{\mathrm{j}(-\frac{t}{2})\eta^2}\right)=\varphi_1\left(\frac{t}{2}\right)\varphi_2\left(-\frac{t}{2}\right)$$

$$=\frac{1}{\sqrt{1-\mathrm{j}t}}\cdot\frac{1}{\sqrt{1+\mathrm{j}t}}=\frac{1}{\sqrt{1+t^2}}.$$

若当 ξ,η 不相互独立,且其联合分布未给出时,就无法计算 $\zeta=\frac{1}{2}(\xi^2-\eta^2)$ 的特征函数.

28. 设随机变量 ξ,η 和 θ 相互独立,ξ 和 η 的特征函数分别为 $\varphi_\xi(t)$,$\varphi_\eta(t)$,θ 服从参数为

p 的两点分布.求 $\zeta=\theta\xi+(1-\theta)\eta$ 的特征函数.

方法技巧 利用特征函数的定义、全数学期望公式及特征函数的性质.

解
$$\varphi_\zeta(t)=\mathrm{E}(\mathrm{e}^{\mathrm{j}t\zeta})=\mathrm{E}\left[\mathrm{e}^{\mathrm{j}t[\theta\xi+(1-\theta)\eta]}\right]=\mathrm{E}\left[\mathrm{E}\left(\mathrm{e}^{\mathrm{j}t[\theta\xi+(1-\theta)\eta]}\mid\theta\right)\right]$$
$$=\mathrm{E}(\mathrm{e}^{\mathrm{j}t\xi})p+\mathrm{E}(\mathrm{e}^{\mathrm{j}t\eta})(1-p)=\varphi_\xi(t)p+\varphi_\eta(t)(1-p).$$

29. 设随机变量 $\xi_1,\xi_2,\cdots,\xi_n$ 相互独立且均服从同一柯西分布,证明 $\frac{1}{n}\sum_{k=1}^{n}\xi_k$ 与 ξ_1 同分布.

方法技巧 利用特征函数与分布函数一一对应,证明 $\frac{1}{n}\sum_{k=1}^{n}\xi_k$ 与 ξ_1 的特征函数相同即可.

证明 柯西分布的概率密度函数为 $f(x)=\frac{1}{\pi}\cdot\frac{\lambda}{\lambda^2+(x-\mu)^2}(\lambda>0)$,其特征函数为 $\varphi(t)=\mathrm{e}^{\mathrm{j}\mu t-\lambda|t|}$.由特征函数的性质知道
$$\varphi_{\frac{1}{n}\sum\limits_{k=1}^{n}\xi_k}(t)=\varphi_{\sum\limits_{k=1}^{n}\xi_k}\left(\frac{t}{n}\right)=\varphi_{\xi_1}^n\left(\frac{t}{n}\right)=\left(\mathrm{e}^{\mathrm{j}\mu\frac{t}{n}-\lambda\left|\frac{t}{n}\right|}\right)^n=\mathrm{e}^{\mathrm{j}\mu t-\lambda|t|}.$$
由特征函数与分布函数的一一对应关系知道,$\frac{1}{n}\sum_{k=1}^{n}\xi_k$ 与 ξ_1 同分布.

30. 设 $\xi_1,\xi_2,\cdots,\xi_n$ 相互独立,服从同一几何分布(见本章习题 2),求 $\frac{1}{n}\sum_{k=1}^{n}\xi_k$ 的分布.

方法技巧 利用相互独立随机变量和的特征函数等于特征函数的乘积及 $\varphi_{a\xi+b}(t)=\mathrm{e}^{\mathrm{j}bt}\varphi_\xi(at)$ 求解,或者利用特征函数的定义直接求解.

解 几何分布的分布列为 $P(\xi=k)=pq^k,k=0,1,2,\cdots$,其特征函数为
$$\varphi(t)=\mathrm{E}(\mathrm{e}^{\mathrm{j}t\xi})=\sum_{m=0}^{\infty}\mathrm{e}^{\mathrm{j}tm}P(\xi=m)=\sum_{m=0}^{\infty}\mathrm{e}^{\mathrm{j}tm}pq^m=\frac{p}{1-\mathrm{e}^{\mathrm{j}t}q}.$$
因此 $\frac{1}{n}\sum_{k=1}^{n}\xi_k$ 的特征函数为
$$\varphi_{\frac{1}{n}\sum\limits_{k=1}^{n}\xi_k}(t)=\varphi_{\sum\limits_{k=1}^{n}\xi_k}\left(\frac{t}{n}\right)=\varphi_{\xi_1}^n\left(\frac{t}{n}\right)=\left[\frac{p}{1-\mathrm{e}^{\mathrm{j}\frac{t}{n}}q}\right]^n.$$

31. 设柯西分布的概率密度函数为 $f(x)=\frac{1}{\pi}\cdot\frac{\lambda}{\lambda^2+(x-\mu)^2},\lambda>0$,证明它的特征函数为 $\varphi(t)=\mathrm{e}^{\mathrm{j}\mu t-\lambda|t|}$,并利用这个结果证明柯西分布的再生性.

难点注释 柯西分布的再生性是指,两个相互独立的服从柯西分布的随机变量相加仍服从柯西分布.

证明 柯西分布的特征函数为
$$\varphi(t)=\frac{1}{\pi}\int_{-\infty}^{+\infty}\mathrm{e}^{\mathrm{j}tx}\frac{\lambda}{\lambda^2+(x-\mu)^2}\mathrm{d}x,$$
考虑积分路线 L 如图 4.3 箭头指示方向的复变函数积分
$$\int_L\mathrm{e}^{\mathrm{j}tz}\frac{\lambda}{\lambda^2+(z-\mu)^2}\mathrm{d}z.$$

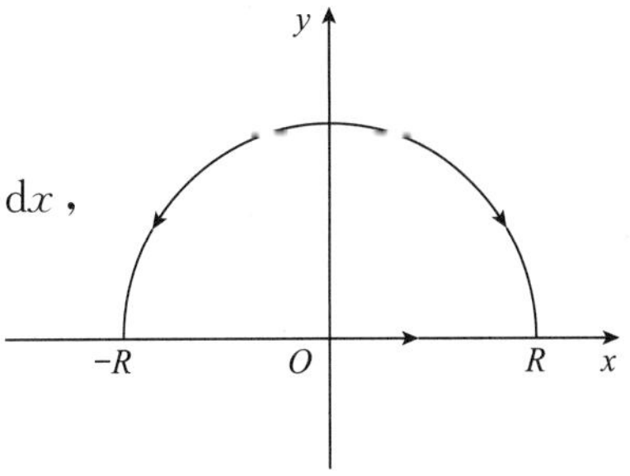

图 4.3

由复变函数留数理论可知,当 $t>0$ 时,

$$\int_{-R}^{R}\mathrm{e}^{\mathrm{j}tx}\frac{\lambda}{\lambda^2+(x-\mu)^2}\mathrm{d}x+\int_{C_R}\mathrm{e}^{\mathrm{j}tz}\frac{\lambda}{\lambda^2+(z-\mu)^2}\mathrm{d}z$$
$$=\int_{L}\mathrm{e}^{\mathrm{j}tz}\frac{\lambda}{\lambda^2+(z-\mu)^2}\mathrm{d}z$$
$$=2\pi\mathrm{j}\lim_{z\to\mu+\mathrm{j}\lambda}(z-\mu-\mathrm{j}\lambda)\mathrm{e}^{\mathrm{j}tz}\frac{\lambda}{\lambda^2+(z-\mu)^2}$$
$$=2\pi\mathrm{j}\mathrm{e}^{\mathrm{j}t(\mu+\mathrm{j}\lambda)}\frac{\lambda}{2\mathrm{j}\lambda}=\pi\mathrm{e}^{\mathrm{j}t\mu}\mathrm{e}^{-t\lambda},$$

其中C_R 表示积分路线L 的半圆周.而由若尔当引理可知

$$\int_{L}\mathrm{e}^{\mathrm{j}tz}\frac{\lambda}{\lambda^2+(z-\mu)^2}\mathrm{d}z\to 0,\quad \text{当} R\to+\infty \text{时}.$$

由此得

$$\int_{-\infty}^{+\infty}\mathrm{e}^{\mathrm{j}tx}\frac{\lambda}{\lambda^2+(x-\mu)^2}\mathrm{d}x=\pi\mathrm{e}^{\mathrm{j}t\mu}\mathrm{e}^{-t\lambda}.$$

同理可得 $t<0$ 时,

$$\int_{-\infty}^{+\infty}\mathrm{e}^{\mathrm{j}tx}\frac{\lambda}{\lambda^2+(x-\mu)^2}\mathrm{d}x=\pi\mathrm{e}^{\mathrm{j}t\mu}\mathrm{e}^{t\lambda}.$$

当 $t=0$ 时,显然有

$$\int_{-\infty}^{+\infty}\mathrm{e}^{\mathrm{j}tx}\frac{\lambda}{\lambda^2+(x-\mu)^2}\mathrm{d}x=\pi.$$

综上所述,我们可得到

$$\varphi(t)=\frac{1}{\pi}\int_{-\infty}^{+\infty}\mathrm{e}^{\mathrm{j}tx}\frac{\lambda}{\lambda^2+(x-\mu)^2}\mathrm{d}x=\mathrm{e}^{\mathrm{j}t\mu}\mathrm{e}^{-|t|\lambda}.$$

设随机变量ξ,η 相互独立,ξ 服从参数为μ_1,λ_1 的柯西分布, η 服从参数为μ_2,λ_2 的柯西分布.从而

$$\varphi_{\xi}(t)=\mathrm{E}(\mathrm{e}^{\mathrm{j}t\xi})=\mathrm{e}^{\mathrm{j}\mu_1 t-\lambda_1|t|},\quad \varphi_{\eta}(t)=\mathrm{E}(\mathrm{e}^{\mathrm{j}t\eta})=\mathrm{e}^{\mathrm{j}\mu_2 t-\lambda_2|t|}.$$

又 ξ,η 相互独立,因此

$$\varphi_{\xi+\eta}(t)=\mathrm{E}(\mathrm{e}^{\mathrm{j}t(\xi+\eta)})=\mathrm{E}(\mathrm{e}^{\mathrm{j}t\xi})\mathrm{E}(\mathrm{e}^{\mathrm{j}t\eta})=\mathrm{e}^{\mathrm{j}\mu_1 t-\lambda_1|t|}\mathrm{e}^{\mathrm{j}\mu_2 t-\lambda_2|t|}=\mathrm{e}^{\mathrm{j}(\mu_1+\mu_2)t-(\lambda_1+\lambda_2)|t|}.$$

由特征函数与分布函数的唯一性知道,$\xi+\eta$ 服从参数为$\mu_1+\mu_2,\lambda_1+\lambda_2$ 的柯西分布,即柯西分布也有再生性.

32. 若随机变量$\xi_1,\xi_2,\cdots,\xi_n$ 服从同一分布$N(0,1)$且相互独立,证明$\eta=\sum_{k=1}^{n}\xi_k^2$ 服从参数为 n 的χ^2 分布,并说明χ^2 分布也有再生性.

难点注释 证明 $\eta=\sum_{k=1}^{n}\xi_k^2$ 的特征函数为参数为n 的χ^2 分布的特征函数即可.

证明 参数为n 的χ^2 分布的特征函数为

$$\varphi_n(t)=\mathrm{E}(\mathrm{e}^{\mathrm{j}t\xi})=\frac{1}{(1-2\mathrm{j}t)^{\frac{n}{2}}}.$$

$\xi_1^2,\xi_2^2,\cdots,\xi_n^2$ 相互独立,注意到$\xi_1,\xi_2,\cdots,\xi_n$ 都服从标准正态分布,从而$\xi_1^2,\xi_2^2,\cdots,\xi_n^2$ 服从$\Gamma\left(-\frac{1}{2},2\right)$ 分布,比较Γ分布的概率密度函数与χ^2 分布的概率密度函数可知,$\xi_1^2,\xi_2^2,\cdots,\xi_n^2$ 服

从自由度为 1 的 χ^2 分布.下面先证明 χ^2 分布有再生性,从而 $\eta=\sum_{k=1}^{n}\xi_k^2$ 服从参数为 n 的 χ^2 分布.

设 ξ,η 分别服从参数为 m 和 n 的 χ^2 分布,且 ξ,η 相互独立,则 ξ,η 的特征函数分别为

$$\varphi_\xi(t)=\frac{1}{(1-2\mathrm{j}t)^{\frac{m}{2}}},\quad \varphi_\eta(t)=\frac{1}{(1-2\mathrm{j}t)^{\frac{n}{2}}}.$$

由特征函数的性质知道 $\xi+\eta$ 的特征函数为

$$\varphi_{\xi+\eta}(t)=\varphi_\xi(t)\varphi_\eta(t)=\frac{1}{(1-2\mathrm{j}t)^{\frac{m}{2}}}\cdot\frac{1}{(1-2\mathrm{j}t)^{\frac{n}{2}}}=\frac{1}{(1-2\mathrm{j}t)^{\frac{m+n}{2}}}.$$

因此,$\xi+\eta$ 服从参数为 $m+n$ 的 χ^2 分布.

33. 若随机变量 ξ,η 相互独立,分别服从 $\Gamma(a_1,\lambda)$ 及 $\Gamma(a_2,\lambda)$ 分布.证明 $\zeta=\xi+\eta$ 服从 $\Gamma(a_1+a_2,\lambda)$ 分布,并说明 Γ 分布也有再生性.

难点注释 证明 $\zeta=\xi+\eta$ 的特征函数为服从 $\Gamma(a_1+a_2,\lambda)$ 分布的随机变量的特征函数即可.

证明　由本章习题 4 知道,

$$\varphi_\xi(t)=\mathrm{E}(\mathrm{e}^{\mathrm{j}t\xi})=\frac{\lambda^{a_1}}{(\lambda-\mathrm{j}t)^{a_1}},\quad \varphi_\eta(t)=\mathrm{E}(\mathrm{e}^{\mathrm{j}t\eta})=\frac{\lambda^{a_2}}{(\lambda-\mathrm{j}t)^{a_2}}.$$

又 ξ,η 相互独立,因此

$$\begin{aligned}\varphi_\zeta(t)&=\mathrm{E}(\mathrm{e}^{\mathrm{j}t\zeta})=\mathrm{E}(\mathrm{e}^{\mathrm{j}t(\xi+\eta)})=\mathrm{E}(\mathrm{e}^{\mathrm{j}t\xi})\mathrm{E}(\mathrm{e}^{\mathrm{j}t\eta})\\&=\varphi_\xi(t)\varphi_\eta(t)=\frac{\lambda^{a_1}}{(\lambda-\mathrm{j}t)^{a_1}}\cdot\frac{\lambda^{a_2}}{(\lambda-\mathrm{j}t)^{a_2}}=\frac{\lambda^{a_1+a_2}}{(\lambda-\mathrm{j}t)^{a_1+a_2}}.\end{aligned}$$

由特征函数与分布函数的唯一性知,$\zeta=\xi+\eta$ 服从 $\Gamma(a_1+a_2,\lambda)$ 分布,即 Γ 分布也有再生性.

34. 求二维两点分布的特征函数.

方法技巧 由二维离散型随机变量的特征函数的定义直接求解.

解　已知二维两点分布的分布列为

ξ	η	
	0	1
0	$1-p$	0
1	0	p

从而由二维离散型随机变量的特征函数的定义可得,

$$\varphi(t_1,t_2)=\sum_r\sum_s \mathrm{e}^{\mathrm{j}(t_1r+t_2s)}p(r,s)=(1-p)\mathrm{e}^{\mathrm{j}(0t_1+0t_2)}+p\mathrm{e}^{\mathrm{j}(t_1+t_2)}=(1-p)+p\mathrm{e}^{\mathrm{j}(t_1+t_2)}.$$

35. 称随机向量 $\boldsymbol{\xi}=(\xi_1,\xi_2,\cdots,\xi_r)$ 服从参数为$(n,\boldsymbol{p})$的 r 项分布,其中 $n\geqslant1,\boldsymbol{p}=(p_1,p_2,\cdots,p_r),0<p_k<1,\sum_{k=1}^{r}p_k=1$.如果

$$P(\boldsymbol{\xi}=\boldsymbol{m})=P(\xi_1=m_1,\xi_2=m_2,\cdots,\xi_r=m_r)=\frac{n!}{m_1!\ m_2!\ \cdots\ m_r!}p_1^{m_1}p_2^{m_2}\cdots p_r^{m_r},$$

其中 $\boldsymbol{m}=(m_1,m_2,\cdots,m_r)$，$m_k\geqslant 0$，$\sum_{k=1}^{r}m_k=n$.求 r 项分布的特征函数.

方法技巧 由多维离散型随机变量的特征函数的定义直接求解.注意 $(x_1+x_2+\cdots+x_r)^n$ 类似于二项展开的表示.

解 设 $(t_1,t_2,\cdots,t_r)=\boldsymbol{t}$，则 $\boldsymbol{\xi}=(\xi_1,\xi_2,\cdots,\xi_r)$ 的特征函数为

$$\varphi(\boldsymbol{t})=\mathrm{E}(\mathrm{e}^{\mathrm{j}\boldsymbol{t}\boldsymbol{\xi}})=\sum_{\boldsymbol{m}}\mathrm{e}^{\mathrm{j}\boldsymbol{t}\boldsymbol{m}}P(\boldsymbol{\xi}=\boldsymbol{m})=\sum_{m_1+m_2+\cdots+m_r=n}\mathrm{e}^{\mathrm{j}\boldsymbol{t}\boldsymbol{m}}\frac{n!}{m_1!\ m_2!\ \cdots\ m_r!}p_1^{m_1}p_2^{m_2}\cdots p_r^{m_r}$$

$$=\sum_{m_1+m_2+\cdots+m_r=n}\frac{n!}{m_1!\ m_2!\ \cdots\ m_r!}(\mathrm{e}^{\mathrm{j}t_1}p_1)^{m_1}(\mathrm{e}^{\mathrm{j}t_2}p_2)^{m_2}\cdots(\mathrm{e}^{\mathrm{j}t_r}p_r)^{m_r}$$

$$=(\mathrm{e}^{\mathrm{j}t_1}p_1+\mathrm{e}^{\mathrm{j}t_2}p_2+\cdots+\mathrm{e}^{\mathrm{j}t_r}p_r)^n.$$

36. 求二维均匀分布的特征函数.

方法技巧 由多维连续型随机变量的特征函数的定义直接求解.

解 二维均匀分布的概率密度函数为

$$f(x_1,x_2)=\begin{cases}\dfrac{1}{(b_1-a_1)(b_2-a_2)}, & a_1\leqslant x_1\leqslant b_1,a_2\leqslant x_2\leqslant b_2,\\ 0, & \text{其他},\end{cases}$$

则它的特征函数为

$$\varphi(t_1,t_2)=\int_{-\infty}^{+\infty}\int_{-\infty}^{+\infty}\mathrm{e}^{\mathrm{j}(t_1x_1+t_2x_2)}f(x_1,x_2)\mathrm{d}x_1\mathrm{d}x_2$$

$$=\int_{a_1}^{b_1}\int_{a_2}^{b_2}\mathrm{e}^{\mathrm{j}(t_1x_1+t_2x_2)}\frac{1}{(b_1-a_1)(b_2-a_2)}\mathrm{d}x_1\mathrm{d}x_2$$

$$=\frac{1}{(b_1-a_1)(b_2-a_2)}\int_{a_1}^{b_1}\mathrm{e}^{\mathrm{j}t_1x_1}\frac{1}{\mathrm{j}t_2}(\mathrm{e}^{\mathrm{j}t_2b_2}-\mathrm{e}^{\mathrm{j}t_2a_2})\mathrm{d}x_2$$

$$=-\frac{(\mathrm{e}^{\mathrm{j}t_2b_2}-\mathrm{e}^{\mathrm{j}t_2a_2})(\mathrm{e}^{\mathrm{j}t_1b_1}-\mathrm{e}^{\mathrm{j}t_1a_1})}{t_1t_2(b_1-a_1)(b_2-a_2)}.$$

37. 随机变量 (ξ,η) 服从二维正态分布 $(m_1,\sigma_1;m_2,\sigma_2;r)$，求 $\xi+\eta$ 的特征函数.

解 (ξ,η) 的概率密度函数为

$$f(x_1,x_2)=\frac{1}{2\pi\sigma_1\sigma_2\sqrt{1-r^2}}\mathrm{e}^{-\frac{1}{2(1-r^2)}\left[\left(\frac{x_1-m_1}{\sigma_1}\right)^2-2r\frac{(x_1-m_1)(x_2-m_2)}{\sigma_1\sigma_2}+\left(\frac{x_2-m_2}{\sigma_2}\right)^2\right]},$$

则它的特征函数为

$$\varphi(t_1,t_2)=\mathrm{e}^{\mathrm{j}\left(t_1m_1+t_2m_2\right)}\mathrm{e}^{-\frac{1}{2}\left(\sigma_1^2t_1^2+2\sigma_1\sigma_2rt_1t_2+\sigma_2^2t_2^2\right)}.$$

$\xi+\eta$ 的特征函数为

$$\varphi_{\xi+\eta}(t)=\varphi(t,t)=\mathrm{e}^{\mathrm{j}t(m_1+m_2)}\mathrm{e}^{-\frac{1}{2}t^2\left(\sigma_1^2+2\sigma_1\sigma_2r+\sigma_2^2\right)}.$$

从这一结果看，如果 (ξ,η) 服从二维正态分布，则不论 ξ 与 η 是否相互独立，只要它们都服从正态分布，则其和仍服从正态分布.

38. 证明：若 $\xi_1,\xi_2,\cdots,\xi_n$ 相互独立，都服从正态分布 $N(0,1)$，则 $\frac{1}{\sqrt{n}}\sum_{k=1}^{n}\xi_k$ 也服从正态分布 $N(0,1)$.

证明 由题意得，

$$\varphi_{\frac{1}{\sqrt{n}}\sum_{k=1}^{n}\xi_k}(t)=\varphi_{\sum_{k=1}^{n}\xi_k}\left(\frac{t}{\sqrt{n}}\right)=\varphi_{\xi_1}^{n}\left(\frac{t}{\sqrt{n}}\right)=\left(e^{-\frac{t^2}{2n}}\right)^n=e^{-\frac{t^2}{2}}.$$

由特征函数与分布函数的一一对应关系知道，$\dfrac{1}{\sqrt{n}}\sum\limits_{k=1}^{n}\xi_k$ 也服从正态分布 $N(0,1)$.

39. 已知二维正态随机变量 (ξ_1,ξ_2) 中 ξ_1,ξ_2 服从正态分布 $N(0,\sigma_i)$，$i=1,2$，$\mathrm{cov}(\xi_1,\xi_2)=\sigma_{12}$.用特征函数法求 $E[(\xi_1^2-\sigma_1^2)(\xi_2^2-\sigma_2^2)]$.

难点注释 由数学期望的线性性质及 $E(\xi_1^{k_1}\xi_2^{k_2})=j^{-(k_1+k_2)}\left.\dfrac{\partial^{(k_1+k_2)}\varphi(t_1,t_2)}{\partial t_1^{k_1}\partial t_2^{k_2}}\right|_{t_1=t_2=0}$ 可求解.

解 设随机变量 (ξ_1,ξ_2) 服从二维正态分布 $N(m_1,\sigma_1;m_2,\sigma_2;r)$，它的概率密度函数为

$$f(x_1,x_2)=\frac{1}{2\pi\sigma_1\sigma_2\sqrt{1-r^2}}e^{-\frac{1}{2(1-r^2)}\left[\left(\frac{x_1-m_1}{\sigma_1}\right)^2-2r\frac{(x_1-m_1)(x_2-m_2)}{\sigma_1\sigma_2}+\left(\frac{x_2-m_2}{\sigma_2}\right)^2\right]},$$

则它的特征函数为

$$\varphi(t_1,t_2)=e^{j(t_1m_1+t_2m_2)}e^{-\frac{1}{2}\left(\sigma_1^2t_1^2+2\sigma_1\sigma_2rt_1t_2+\sigma_2^2t_2^2\right)}.$$

本题中 $m_1=0$，$m_2=0$，$r=\dfrac{\sigma_{12}}{\sigma_1\sigma_2}$，因此 (ξ_1,ξ_2) 的特征函数为

$$\varphi(t_1,t_2)=e^{-\frac{1}{2}\left(\sigma_1^2t_1^2+2\sigma_{12}t_1t_2+\sigma_2^2t_2^2\right)}.$$

由 $E(\xi_1^{k_1}\xi_2^{k_2})=j^{-(k_1+k_2)}\left.\dfrac{\partial^{(k_1+k_2)}\varphi(t_1,t_2)}{\partial t_1^{k_1}\partial t_2^{k_2}}\right|_{t_1=t_2=0}$ 知，

$$E(\xi_1^2\xi_2^2)=j^{-4}\left.\frac{\partial^{(4)}\varphi(t_1,t_2)}{\partial t_1^2\partial t_2^2}\right|_{t_1=t_2=0}=\sigma_1^2\sigma_2^2,$$

$$E(\xi_1^2)=E(\xi_1^2\xi_2^0)=j^{-2}\left.\frac{\partial^{(2)}\varphi(t_1,t_2)}{\partial t_1^2}\right|_{t_1=t_2=0}=\sigma_1^2,$$

$$E(\xi_2^2)=E(\xi_1^0\xi_2^2)=j^{-2}\left.\frac{\partial^{(2)}\varphi(t_1,t_2)}{\partial t_2^2}\right|_{t_1=t_2=0}=\sigma_2^2,$$

所以，

$$E[(\xi_1^2-\sigma_1^2)(\xi_2^2-\sigma_2^2)]=E(\xi_1^2\xi_2^2)-\sigma_1^2E(\xi_2^2)-\sigma_2^2E(\xi_1^2)+\sigma_1^2\sigma_2^2=0.$$

40. 已知随机变量 (ξ,η) 的概率密度函数为

$$f(x,y)=Ce^{-[4(x-5)^2+2(x-5)(y-3)+5(y-3)^2]},$$

求常数 C，$E(\xi)$，$E(\eta)$ 及特征函数 $\varphi(t_1,t_2)$.

方法技巧 由二维正态分布的概率密度函数可得 C，$E(\xi)$，$E(\eta)$，再由二维正态分布的特征函数可得 $\varphi(t_1,t_2)$.或者由概率密度函数积分为1可求 C，进而由定义求 $E(\xi)$，$E(\eta)$ 及特征函数 $\varphi(t_1,t_2)$.

解 设随机变量 (ξ_1,ξ_2) 服从二维正态分布 $N(m_1,\sigma_1;m_2,\sigma_2;r)$，它的概率密度函数为

$$f(x_1,x_2)=\frac{1}{2\pi\sigma_1\sigma_2\sqrt{1-r^2}}e^{-\frac{1}{2(1-r^2)}\left[\left(\frac{x_1-m_1}{\sigma_1}\right)^2-2r\frac{(x_1-m_1)(x_2-m_2)}{\sigma_1\sigma_2}+\left(\frac{x_2-m_2}{\sigma_2}\right)^2\right]},$$

则它的特征函数为

$$\varphi(t_1,t_2)=e^{j(t_1m_1+t_2m_2)}e^{-\frac{1}{2}\left(\sigma_1^2t_1^2+2\sigma_1\sigma_2rt_1t_2+\sigma_2^2t_2^2\right)}.$$

比较 ξ,η 的概率密度函数与二维随机变量 (ξ,η) 的概率密度函数可得，

$$m_1=5,\ m_2=3,\ 2(1-r^2)\sigma_1^2=\frac{1}{4},\ 2(1-r^2)\sigma_2^2=\frac{1}{5},\ -\frac{r}{(1-r^2)\sigma_2\sigma_1}=2,$$

则

$$\sigma_1=\sqrt{\frac{5}{38}},\ \sigma_2=\sqrt{\frac{2}{19}},\ r=-\frac{1}{2\sqrt{5}},\ C=\frac{1}{2\pi\sigma_1\sigma_2\sqrt{1-r^2}}=\frac{19}{2\pi\sqrt{5\left(1-\frac{1}{20}\right)}}=\frac{\sqrt{76}}{2\pi},$$

$$\mathrm{E}(\xi)=5,\ \mathrm{E}(\eta)=3.$$

因此，(ξ,η) 的特征函数为

$$\varphi(t_1,t_2)=\mathrm{e}^{\mathrm{j}(5t_1+3t_2)}\mathrm{e}^{-\frac{1}{2}\left(\frac{5}{38}t_1^2-\frac{2}{38}t_1t_2+\frac{2}{19}t_2^2\right)}.$$

41. 设 ξ 的母函数为 $\psi(s)\left(=\sum_{k=0}^{\infty}p_ks^k\right)$，求下列各数列所对应的母函数：当 $n=0,1,2,\cdots$ 时，

(1) $q_n=P(\xi\leqslant n)$； (2) $q_n=P(\xi<n)$； (3) $q_n=P(\xi\geqslant n)$；

(4) $q_n=P(\xi>n+1)$； (5) $q_n=P(\xi=2n)$.

难点注释 把 q_n 用 ξ 的分布列来表示，从而通过变量替换，用 $\psi(s)$ 表示 q_n 的母函数.

解 设 $\{q_n\}$ 所对应的母函数为 $\phi(s)$，则

(1) $$\psi(s)=\sum_{k=0}^{\infty}p_ks^k=q_0+\sum_{k=1}^{\infty}(q_k-q_{k-1})s^k$$

$$=q_0+\sum_{k=1}^{\infty}q_ks^k+s\sum_{k=1}^{\infty}q_{k-1}s^{k-1}=\phi(s)+s\phi(s).$$

因此，$\phi(s)=\frac{\psi(s)}{1-s}$.

(2) $$\psi(s)=\sum_{k=0}^{\infty}p_ks^k=\sum_{k=0}^{\infty}(q_{k+1}-q_k)s^k=\sum_{k=0}^{\infty}q_{k+1}s^k-\sum_{k=0}^{\infty}q_ks^k$$

$$=\frac{1}{s}\sum_{k=1}^{\infty}q_ks^k-\phi(s)=\frac{1}{s}\phi(s)-\phi(s).$$

因此，$\phi(s)=\frac{s\psi(s)}{1-s}$.

(3) $$\psi(s)=\sum_{k=0}^{\infty}p_ks^k=\sum_{k=0}^{\infty}(q_k-q_{k+1})s^k=\sum_{k=0}^{\infty}q_ks^k-\frac{1}{s}\sum_{k=0}^{\infty}q_{k+1}s^{k+1}=\phi(s)-\frac{1}{s}\sum_{k=1}^{\infty}q_ks^k$$

$$=\phi(s)-\frac{1}{s}\sum_{k=0}^{\infty}q_ks^k+\frac{1}{s}=\left(1-\frac{1}{s}\right)\phi(s)+\frac{1}{s}.$$

因此，$\phi(s)=\frac{1-s\psi(s)}{1-s}$.

(4) $$\psi(s)=\sum_{k=0}^{\infty}p_ks^k=p_0+\sum_{k=1}^{\infty}(q_{k-2}-q_{k-1})s^k$$

$$=p_0+p_1s+s^2\sum_{k=2}^{\infty}q_{k-2}s^{k-2}-s\sum_{k=2}^{\infty}q_{k-1}s^{k-1}$$

$$=p_0+p_1s+s^2\phi(s)-s\phi(s)-q_0s=s(s-1)\phi(s)+p_0+(p_1+q_0)s$$

$$=s(s-1)\phi(s)+p_0+(1-p_0)s=s(s-1)\phi(s)+p_0(1-s)+s,$$

因此，$\phi(s)=\dfrac{p_0}{s}+\dfrac{s-\psi(s)}{s(1-s)}$.

(5) $$\phi(s)=\sum_{k=0}^{\infty}q_k s^k=\sum_{k=0}^{\infty}p_{2k}s^k=\sum_{k=0}^{\infty}p_{2k}\left(s^{\frac{1}{2}}\right)^{2k}=\frac{1}{2}\left[\sum_{k=0}^{\infty}p_k\left(s^{\frac{1}{2}}\right)^k+\sum_{k=0}^{\infty}p_k\left(-s^{\frac{1}{2}}\right)^k\right]$$
$$=\frac{1}{2}\left(\psi(s^{\frac{1}{2}})+\psi(-s^{\frac{1}{2}})\right).$$

42. 在伯努利试验序列中，设 u_n 是第 $n-1$ 次与第 n 次试验首先出现组合 SF(S 表示成功，F 表示失败）的概率.求其母函数、数学期望及方差.

难点注释 第 $n-1$ 次与第 n 次试验首先出现组合 SF，则前 $n-2$ 次中先有 k 次失败，然后有 $n-2-k$ 次成功，$k=0,1,2,3,\cdots,n-2$，由事件的独立性可求 u_n.随机变量的母函数与数学期望及随机变量平方的数学期望有如下关系：$E(\xi)=\psi'(1)$，$E(\xi^2)=\psi''(1)+\psi'(1)$.

解　由题意可得，

$$u_n=\left(\sum_{k=0}^{n-2}q^k p^{n-2-k}\right)pq=p^{n-1}q\left[\sum_{k=0}^{n-2}\left(\frac{q}{p}\right)^k\right]$$
$$=p^{n-1}q\frac{1-\left(\dfrac{q}{p}\right)^{n-1}}{1-\dfrac{q}{p}}=\frac{pq}{p-q}(p^{n-1}-q^{n-1}),$$

所以，有

$$\psi(s)=\sum_{k=2}^{\infty}u_k s^k=\sum_{k=2}^{\infty}\frac{pq}{p-q}(p^{k-1}-q^{k-1})s^k=\frac{pqs}{p-q}\left[\sum_{k=2}^{\infty}(ps)^{k-1}-\sum_{k=2}^{\infty}(qs)^{k-1}\right]$$
$$=\frac{pqs}{p-q}\left(\frac{ps}{1-ps}-\frac{qs}{1-qs}\right)=\frac{pqs^2}{p-q}\cdot\frac{p-pqs-q+pqs}{(1-ps)(1-qs)}=\frac{pqs^2}{(1-ps)(1-qs)},$$

$$E(\xi)=\psi'(1)=\left[\frac{pqs^2}{(1-ps)(1-qs)}\right]'\Bigg|_{s=1}$$
$$=pq\frac{2s(1-ps)(1-qs)-s^2[-p(1-qs)-q(1-ps)]}{(1-ps)^2(1-qs)^2}\Bigg|_{s=1}$$
$$=pqs\frac{2(1-ps-qs+pqs^2)+s(1-2pqs)}{(1-ps)^2(1-qs)^2}\Bigg|_{s=1}$$
$$=pqs\frac{2-s}{(1-ps)^2(1-qs)^2}\Bigg|_{s=1}=\frac{1}{pq},$$

$$\psi''(1)=pq\left[\frac{2s-s^2}{(1-ps)^2(1-qs)^2}\right]'\Bigg|_{s=1}$$
$$=pq\frac{(2-2s)(1-ps)^2(1-qs)^2-(2s-s^2)[-2p(1-ps)(1-qs)^2-2q(1-ps)^2(1-qs)]}{(1-ps)^4(1-qs)^4}\Bigg|_{s=1}$$
$$=pq\frac{-(-2pqp^2-2qq^2p)}{q^4p^4}=\frac{2p^2+2q^2}{q^2p^2},$$

$$E(\xi^2)=\psi''(1)+\psi'(1)=\frac{2p^2+2q^2+pq}{q^2p^2},$$

$$D(\xi)=E(\xi^2)-[E(\xi)]^2=\frac{2p^2+2q^2+pq-1}{q^2p^2}$$

$$=\frac{2(p^2+q^2+2pq)-3pq-1}{q^2p^2}=\frac{1-3pq}{q^2p^2}.$$

43. 对于伯努利试验序列,令 S_r 表示第 r 次失败之前成功出现的次数.试求其母函数及概率分布.

特别提醒 注意 $\frac{1}{(1-x)^n}=\sum_{k=0}^{\infty}\mathrm{C}_{n+k-1}^{k}x^k$.$S_r=k$ 表示第 r 次失败之前成功出现的次数为 k,即前 $r+k-1$ 次试验中有 k 次成功,$r-1$ 次失败,第 $r+k$ 次成功了.

解 S_r 的分布列为

$$P(S_r=k)=\mathrm{C}_{r+k-1}^{k}p^kq^r,\quad k=0,1,2,\cdots.$$

由生成函数的知识知道 $\frac{1}{(1-x)^n}=\sum_{k=0}^{\infty}\mathrm{C}_{n+k-1}^{k}x^k$,因此,

$$\psi_{S_r}(s)=\mathrm{E}(s^{S_r})=\sum_{k=0}^{\infty}\mathrm{C}_{r+k-1}^{k}p^kq^rs^k=q^r\sum_{k=0}^{\infty}\mathrm{C}_{r+k-1}^{k}(ps)^k=\left(\frac{q}{1-ps}\right)^r.$$

44.(续上题)称直到第一次失败为一轮.设 R 是直到第 v 个成功的轮数,证明:

$$P(R=r)=p^vq^{r-1}\mathrm{C}_{r+v-2}^{v-1},$$

并求 $\mathrm{E}(R)$ 及 $\mathrm{D}(R)$.

◘ 题型解析: R 是直到第 v 个成功的轮数,包含了第 v 个成功所在的轮.可由定义计算数学期望与方差,也可先求母函数 $\psi(s)$,再通过公式 $\mathrm{E}(\xi)=\psi'(1)$,$\mathrm{E}(\xi^2)=\psi''(1)+\psi'(1)$ 得到数学期望与方差.

证明 $R=r$ 表示直到第 v 个成功的轮数为 r,即第 v 次成功之前,失败出现的次数为 $r-1$,等价于前 $v+r-2$ 次试验有 $v-1$ 次成功,$r-1$ 次失败,第 $v-1+r$ 次试验成功了,因此

$$P(R=r)=\mathrm{C}_{r+v-2}^{v-1}p^{v-1}q^{r-1}p=\mathrm{C}_{r+v-2}^{v-1}p^vq^{r-1},\quad r=1,2,\cdots,$$

从而

$$\psi_R(s)=\mathrm{E}(s^R)=\sum_{r=1}^{\infty}\mathrm{C}_{r+v-2}^{v-1}p^vq^{r-1}s^r=\frac{p^v}{q}\sum_{r=1}^{\infty}\mathrm{C}_{v+r-2}^{r-1}(sq)^r$$

$$=sp^v\sum_{k=0}^{\infty}\mathrm{C}_{v+k-1}^{k}(sq)^k=\frac{sp^v}{(1-sq)^v},$$

$$\psi'_R(s)=p^v(1-sq)^{-v}+sp^v(-v)(1-sq)^{-v-1}(-q)$$

$$=p^v(1-sq+sqv)(1-sq)^{-v-1},$$

$$\mathrm{E}(R)=\psi'_R(1)=1+\frac{qv}{p},$$

$$\psi''_R(s)=p^v(1-sq)^{-v-2}[(v+1)q(1-sq+sqv)+(1-sq)(-q+qv)],$$

$$\mathrm{E}[R(R-1)]=\psi''_R(1)=\frac{q^2v^2+q^2v+2pqv}{p^2},$$

$$\mathrm{E}(R^2)=\mathrm{E}[R(R-1)]+\mathrm{E}(R)=\frac{q^2v^2+q^2v+2pqv}{p^2}+1+\frac{qv}{p}$$

$$=\frac{q^2v^2+q^2v+3pqv+p^2}{p^2},$$

$$\mathrm{D}(R)=\mathrm{E}(R^2)-\left[\mathrm{E}(R)\right]^2=\frac{q^2v^2+q^2v+3pqv+p^2}{p^2}-\left(1+\frac{qv}{p}\right)^2=\frac{qv}{p^2}.$$

45. 设$\{\xi_k\}$是相互独立的随机变量序列，且每个ξ_k都以$\frac{1}{a}$的概率取值$0,1,\cdots,a-1$.令

$$S_n=\sum_{k=1}^{n}\xi_k,$$

证明：S_n的母函数为

$$\psi(s)=\left[\frac{1-s^a}{a(1-s)}\right]^n.$$

方法技巧 离散型随机变量和的母函数等于母函数的乘积.

证明 S_n的母函数为

$$\psi_{S_n}(s)=E(s^{S_n})=\prod_{i=1}^{n}E(s^{\xi_i})=[E(s^{\xi_1})]^n=\left(\sum_{k=0}^{a-1}\frac{1}{a}s^k\right)^n=\left[\frac{1-s^a}{a(1-s)}\right]^n.$$

第五章 极限定理

一、本章内容全解

知识点 1 (弱)大数定律(重点)

1. 依概率收敛定义:

设 $\xi_n, n=1,2,\cdots$ 为概率空间$(\Omega,\mathscr{F},P)$上定义的随机变量序列(简称为随机序列),若存在随机变量 ξ,使得对任意的 $\varepsilon>0$,恒有

$$\lim_{n\to\infty}P(|\xi_n-\xi|\geqslant\varepsilon)=0,$$

或等价地

$$\lim_{n\to\infty}P(|\xi_n-\xi|<\varepsilon)=1,$$

则称随机序列$\{\xi_n\}$**依概率收敛**于随机变量 ξ (ξ 也可以是一个常数),并用下面的符号表示:

$$\lim_{n\to\infty}\xi_n=\xi(\mathrm{P}),\quad 或\quad \xi_n\xrightarrow{\mathrm{P}}\xi.$$

2. (弱)大数定律:

设$\{\xi_n\}$为随机变量序列,数学期望 $\mathrm{E}(\xi_n)$ 存在,令$\overline{\xi_n}=\dfrac{1}{n}\sum\limits_{k=1}^{n}\xi_k$,如果

$$\lim_{n\to\infty}(\overline{\xi_n}-\mathrm{E}(\overline{\xi_n}))=0(\mathrm{P}),$$

则称随机序列$\{\xi_n\}$服从(弱)**大数定律**,或说大数法则成立.

(1) 伯努利大数定律:设 $\xi_n, n=1,2,\cdots$ 为相互独立同分布的随机序列,且

$$P(\xi_n=1)=p,\quad P(\xi_n=0)=q,$$

其中 $q=1-p, 0<p<1$,则$\{\xi_n\}$服从伯努利大数定律,即若令$\overline{\xi_n}=\dfrac{1}{n}\sum\limits_{k=1}^{n}\xi_k$,则有

$$\lim_{n\to\infty}\overline{\xi_n}=p(\mathrm{P}).$$

(2) 泊松大数定律:设 $\xi_n, n=1,2,\cdots$ 为相互独立的随机序列,且

$$P(\xi_n=1)=p_n,\quad P(\xi_n=0)=q_n,$$

其中 $q_n=1-p_n$,则$\{\xi_n\}$服从大数定律.

(3) 切比雪夫大数定律:设 $\xi_n, n=1,2,\cdots$ 为相互独立的随机序列,若 $\mathrm{E}(\xi_n)=a_n$, $\mathrm{D}(\xi_n)=$

$\sigma_n^2 \leqslant c < \infty$，则$\{\xi_n\}$服从大数定律.

(4) 辛钦大数定律：设$\xi_n, n=1,2,\cdots$是相互独立同分布的随机序列，若ξ_n有有穷的数学期望，则$\{\xi_n\}$服从大数定律.

知识点2 强大数定律

1. 几乎处处收敛定义：

设$\xi_n, n=1,2,\cdots$是定义在同一概率空间$(\Omega, \mathscr{F}, P)$上的随机序列，若存在一随机变量ξ(可以是一常数)，使

$$P(\lim_{n\to\infty}\xi_n=\xi)=1,$$

则称随机序列$\{\xi_n\}$以概率为1收敛于ξ，或者说**几乎处处收敛**于ξ，并记为

$$\lim_{n\to\infty}\xi_n=\xi(\mathrm{P}-\mathrm{a.s.}),$$

或者简记为

$$\lim_{n\to\infty}\xi_n=\xi(\mathrm{a.s.}) \quad 或 \quad \xi_n \xrightarrow{\mathrm{a.s.}} \xi.$$

2. 强大数定律：

设$\{\xi_n\}$为一随机序列，并且有有穷的数学期望$\mathrm{E}(\xi_n)$，令$\overline{\xi_n}=\frac{1}{n}\sum_{k=1}^{n}\xi_k$，若

$$\overline{\xi_n}-\mathrm{E}(\overline{\xi_n}) \xrightarrow{\mathrm{a.s.}} 0,$$

则称$\{\xi_n\}$服从强大数定律.

3. 柯尔莫哥洛夫判别法：

设$\xi_n, n=1,2,\cdots$为一相互独立的随机序列，若

$$\sum_{n=1}^{\infty}\frac{\mathrm{D}(\xi_n)}{n^2}<\infty,$$

则$\{\xi_n\}$服从强大数定律.

特别地，设$\xi_n, n=1,2,\cdots$为相互独立的随机序列，若存在常数C，使得对任意$n=1,2,\cdots$，

$$\mathrm{D}(\xi_n)=\sigma_n<C,$$

则$\{\xi_n\}$服从强大数定律.

4. 柯尔莫哥洛夫定理：

设$\xi_n, n=1,2,\cdots$为相互独立且具有相同分布的随机序列，若$\mathrm{E}(|\xi_n|)<\infty$，则$\{\xi_n\}$服从强大数定律.

知识点3 依分布收敛、弱收敛

1. 依分布收敛定义：

设$F_n(x), n=1,2,\cdots, F(x)$分别为随机变量$\xi_n, n=1,2,\cdots$及$\xi$的分布函数，若对$F(x)$的任一连续点$x$，有

$$\lim_{n\to\infty}F_n(x)=F(x),$$

则称随机序列$\{\xi_n\}$**依分布收敛**于ξ，并称$F(x)$为$\{F_n(x)\}$的**极限分布函数**.

2. 弱收敛定义：

如果对于分布函数列$\{F_n(x)\}$存在一单调不减函数$F(x)$，使在$F(x)$的每一个连续点上

$\lim\limits_{n\to\infty}F_n(x)=F(x)$,则称$\{F_n(x)\}$ **弱收敛**于 $F(x)$,并记为

$$\lim_{n\to\infty}F_n(x)=F(x)(\mathrm{W}) \quad 或 \quad F_n(x)\xrightarrow{\mathrm{W}}F(x).$$

注 分布函数列弱收敛的极限未必是分布函数,即分布函数序列有可能收敛于一个不是分布函数的极限.

知识点 4 中心极限定理(重点)

1. 中心极限定理:

设 $\xi_n, n=1,2,\cdots$ 为相互独立的随机变量序列,有有限的数学期望和方差,即

$$\mathrm{E}(\xi_k)=a_k,\ \ \mathrm{D}(\xi_k)=\sigma_k^2,\ \ k=1,2,\cdots.$$

令

$$B_n^2=\sum_{k=1}^{n}\mathrm{D}(\xi_k),\ \ \eta_n=\sum_{k=1}^{n}\frac{\xi_k-a_k}{B_n},\ \ n=1,2,\cdots,$$

若对于 $z\in\mathbf{R}$ 一致地有

$$\lim_{n\to\infty}P(\eta_n<z)=\frac{1}{\sqrt{2\pi}}\int_{-\infty}^{z}\mathrm{e}^{-\frac{1}{2}y^2}\mathrm{d}y,$$

则称随机序列$\{\xi_n\}$服从中心极限定理.

2. 列维-克拉默定理(依分布收敛的充要条件):

设 $F_n(x),\varphi_n(t)$ 分别为随机序列$\{\xi_n\}$的分布函数和特征函数,$n=1,2,\cdots$,则$\{\xi_n\}$依分布收敛于 ξ 的充要条件为,对每一 $t\in\mathbf{R}$,

$$\lim_{n\to\infty}\varphi_n(t)=\varphi(t),$$

且对任一有限区间$[T_1,T_2]$是一致的,其中 $\varphi(t)$ 为 ξ 的特征函数.

3. 棣莫弗-拉普拉斯定理:

设 $\xi_n, n=1,2,\cdots$ 为相互独立且具有相同两点分布的随机序列,且

$$P(\xi_k=1)=p,\ \ P(\xi_k=0)=q,\ \ k=1,2,\cdots,$$

其中 $q=1-p, 0<p<1$,则$\{\xi_n\}$服从中心极限定理.

4. 列维-林德伯格定理:

设 $\xi_n, n=1,2,\cdots$ 为相互独立同分布的随机序列,且

$$\mathrm{E}(\xi_k)=a,\ \ \mathrm{D}(\xi_k)=\sigma^2<\infty,\ \ \sigma^2\neq 0,\ \ k=1,2,\cdots,$$

则$\{\xi_n\}$服从中心极限定理.

知识点 5 非同分布的随机序列的情形(难点)

1. 林德伯格定理:

设独立随机序列 $\xi_n, n=1,2,\cdots$ 满足林德伯格条件,即若对任意 $\varepsilon>0$,有

$$\lim_{n\to\infty}\frac{1}{B_n^2}\sum_{k=1}^{n}\int_{|x-a_k|>\varepsilon B_n}(x-a_k)^2\mathrm{d}F_k(x)=0,$$

其中,$F_k(x)$ 是 ξ_k 的分布函数,$a_k=\mathrm{E}(\xi_k)$,$\sigma_k^2=\mathrm{D}(\xi_k)$,$B_n^2=\sum\limits_{k=1}^{n}\sigma_k^2$,则对 x 一致地有

$$\lim_{n\to\infty}P\left(\frac{1}{B_n}\sum_{k=1}^{n}(\xi_k-a_k)<x\right)=\frac{1}{\sqrt{2\pi}}\int_{-\infty}^{x}\mathrm{e}^{-\frac{1}{2}y^2}\mathrm{d}y.$$

注 由林德伯格条件可以推出对任意小的 ε 有

$$\lim_{n\to\infty} P\left(\max_{1\leqslant k\leqslant n}\left|\frac{\xi_k - a_k}{B_n}\right| \leqslant \varepsilon\right)=1.$$

从而,此定理说明一些"影响一致地小"的随机变量之和的极限分布是正态分布.

2. 李雅普诺夫定理:

设 $\xi_n, n=1,2,\cdots$ 为相互独立的随机序列,若存在 $\delta>0$,使得

$$\lim_{n\to\infty}\frac{1}{B_n^{2+\delta}}\sum_{k=1}^{n}\mathrm{E}(|\xi_k - a_k|^{2+\delta})=0,$$

则 $\{\xi_n\}$ 服从中心极限定理,其中 $a_k=\mathrm{E}(\xi_k), B_n^2=\sum\limits_{k=1}^{n}\mathrm{D}(\xi_k)=\sum\limits_{k=1}^{n}\sigma_k^2$.

3. 费勒-林德伯格定理:

相互独立的随机变量序列 $\{\xi_n\}$ 服从中心极限定理且满足费勒条件:

$$\lim_{n\to\infty}\max_{k\leqslant n}\frac{\sigma_k}{B_n}=0, \tag{5.1}$$

或者等价地,

$$\lim_{n\to\infty}B_n=\infty, \quad 且 \quad \lim_{n\to\infty}\frac{\sigma_n}{B_n}=0, \tag{5.2}$$

其充要条件为 $\{\xi_n\}$ 满足林德伯格条件.

知识点6 依概率收敛、几乎处处收敛、弱收敛之间的关系(难点)

1. 若 $\xi_n \xrightarrow{\text{a.s.}} \xi$,则必有 $\xi_n \xrightarrow{\text{P}} \xi$.反之不一定成立,例如设随机序列 $\{\xi_n\}$ 的分布列定义如下:对于 $n=1,2,\cdots$,

$$P\left(\xi_n=\frac{1}{n}\right)=1-\frac{1}{n}, \quad P(\xi_n=n+1)=\frac{1}{n},$$

并假定 $\xi_n, n=1,2,\cdots$ 相互独立,可以证明 $\{\xi_n\}$ 依概率收敛于0,但它不以概率为1收敛于0.

2. 若 $\xi_n \xrightarrow{\text{P}} \xi$,则必有 $\xi_n \xrightarrow{\text{W}} \xi$.反之不一定成立,例如设 $\xi_n, n=1,2,\cdots$ 及 ξ 是相互独立同分布的随机变量,其分布列为

$$P(\xi_n=0)=\frac{1}{2}, \quad P(\xi_n=1)=\frac{1}{2}, \quad n=1,2,\cdots.$$

由于 ξ_n 与 ξ 有相同分布,因此 $\xi_n \xrightarrow{\text{W}} \xi$,然而

$$P\left(|\xi_n-\xi|>\frac{1}{2}\right)=P(\xi_n=1,\xi=0)+P(\xi_n=0,\xi=1)=\frac{1}{2}\times\frac{1}{2}+\frac{1}{2}\times\frac{1}{2}=\frac{1}{2}.$$

因此,ξ_n 不依概率收敛于 ξ.

二、经典题型

题型Ⅰ 依概率收敛、几乎处处收敛、弱收敛

例1 设 $\{\xi_n\}$,$\{\eta_n\}$ 是两个随机变量序列,a,b 是两个常数,$g(x,y)$ 是一个二元函数,若

$\xi_n \xrightarrow{P} a, \eta_n \xrightarrow{P} b$，而且 $g(x,y)$ 在点 (a,b) 处连续，证明：$g(\xi_n,\eta_n) \xrightarrow{P} g(a,b)$.

难点解析 由函数 $g(x,y)$ 在点 (a,b) 处连续及 $\xi_n \xrightarrow{P} a, \eta_n \xrightarrow{P} b$ 的定义，对不等式 $P(|g(\xi_n,\eta_n)-g(a,b)|<\varepsilon)$ 进行放缩，再通过两边夹可得 $g(\xi_n,\eta_n) \xrightarrow{P} g(a,b)$.

证明 根据定义需要证明：对任意给定的 $\varepsilon>0$，恒有

$$\lim_{n\to\infty} P(|g(\xi_n,\eta_n)-g(a,b)|<\varepsilon)=1.$$

由于 $g(x,y)$ 在点 (a,b) 处连续，所以对任意给定的 $a>0$，存在一个 $\delta>0$，当 $(x-a)^2+(y-b)^2<\delta^2$ 时，

$$|g(x,y)-g(a,b)|<\varepsilon.$$

所以

$$\begin{aligned}
1 &\geqslant P(|g(\xi_n,\eta_n)-g(a,b)|<\varepsilon) \\
&\geqslant P((\xi_n-a)^2+(\eta_n-b)^2<\delta^2) \\
&\geqslant P\left(\left(|\xi_n-a|<\frac{\delta}{\sqrt{2}}\right)\cap\left(|\eta_n-b|<\frac{\delta}{\sqrt{2}}\right)\right) \\
&\geqslant 1-P\left(\left(|\xi_n-a|\geqslant\frac{\delta}{\sqrt{2}}\right)\cup\left(|\eta_n-b|\geqslant\frac{\delta}{\sqrt{2}}\right)\right) \\
&\geqslant 1-P\left(|\xi_n-a|\geqslant\frac{\delta}{\sqrt{2}}\right)-P\left(|\eta_n-b|\geqslant\frac{\delta}{\sqrt{2}}\right).
\end{aligned}$$

由于 $\xi_n \xrightarrow{P} a, \eta_n \xrightarrow{P} b$，当 $n\to\infty$ 时，上面不等式右端趋于 1，所以

$$\lim_{n\to\infty} P(|g(\xi_n,\eta_n)-g(a,b)|<\varepsilon)=1, \quad \text{即} \quad g(\xi_n,\eta_n) \xrightarrow{P} g(a,b).$$

例 2 (1) 设 $X_n \xrightarrow{W} X, Y_n \xrightarrow{P} c$，$c$ 为常数.证明：$X_nY_n \xrightarrow{W} cX$；此外，若 $c\neq 0$，则

$$X_n/Y_n \xrightarrow{W} X/c.$$

(2) 若 $X_n \xrightarrow{W} 0, Y_n \xrightarrow{P} Y, g:\mathbf{R}^2\to\mathbf{R}$，对所有的 x，$g(x,y)$ 关于 y 连续；对所有的 y，$g(x,y)$ 在 $x=0$ 处连续.证明：$g(X_n,Y_n) \xrightarrow{P} g(0,Y)$.

方法技巧 (1) 由弱收敛及依概率收敛的定义，结合 $g(x,y)=xy$ 及 $g(x,y)=x/y$ 在定义域内都是连续函数可证结论成立.

(2) 由 $g(x,y)$ 对所有的 x，关于 y 连续，$g(x,y)$ 对所有的 y，在 $x=0$ 处连续及 $\xi_n \xrightarrow{P} a$，$\eta_n \xrightarrow{P} b$ 的定义，对 $P(|g(X_n,Y_n)-g(0,Y)|<\varepsilon)$ 进行放缩，再通过两边夹可得

$$g(\xi_n,\eta_n) \xrightarrow{P} g(a,b).$$

证明 (1) 设 $c>0$，取 δ 使得 $0<\delta<c$，存在 N，使得当 $n\geqslant N$ 时，

$$P(|Y_n-c|>\delta)<\delta.$$

对任意的 $x\geqslant 0$，

$$\begin{aligned}
P(X_nY_n<x) &= P(X_nY_n<x, |Y_n-c|\leqslant\delta)+P(X_nY_n<x, |Y_n-c|>\delta) \\
&\leqslant P(X_nY_n<x, |Y_n-c|\leqslant\delta)+P(|Y_n-c|>\delta) \\
&\leqslant P\left(X_n<\frac{x}{c-\delta}\right)+\delta.
\end{aligned}$$

类似地，

$$\begin{aligned}P(X_nY_n \geqslant x) &= P(X_nY_n \geqslant x, |Y_n - c| \leqslant \delta) + P(X_nY_n \geqslant x, |Y_n - c| > \delta)\\ &\leqslant P(X_nY_n \geqslant x, |Y_n - c| \leqslant \delta) + P(Y_n - c| > \delta)\\ &\leqslant P\left(X_n \geqslant \frac{x}{c-\delta}\right) + \delta.\end{aligned}$$

从而

$$P(X_nY_n < x) = 1 - P(X_nY_n \geqslant x) \geqslant 1 - P\left(X_n \geqslant \frac{x}{c-\delta}\right) - \delta = P\left(X_n < \frac{x}{c-\delta}\right) - \delta.$$

因此

$$P\left(X_n < \frac{x}{c-\delta}\right) - \delta \leqslant P(X_nY_n < x) \leqslant P\left(X_n < \frac{x}{c-\delta}\right) + \delta.$$

当 $n \to \infty$,δ 单调减少趋于 0,若 $\frac{x}{c}$ 为 X 的分布函数的一个连续点,对上式两边取极限可得,

$$P(X_nY_n < x) \to P\left(X < \frac{x}{c}\right).$$

类似地可得,当 $x < 0$ 时,上述结论也成立.因此当 $c > 0$,$X_nY_n \xrightarrow{W} cX$;当 $c < 0$,由 $Y_n \xrightarrow{P} c$ 可知 $-Y_n \xrightarrow{P} -c$,再由刚刚的证明可知 $-X_nY_n \xrightarrow{W} -cX$,从而 $X_nY_n \xrightarrow{W} cX$;$c = 0$ 的情况类似,因此 $X_nY_n \xrightarrow{W} cX$.

要证 $c \neq 0$ 时,$X_n/Y_n \xrightarrow{W} X/c$,只需证明,若 $Y_n \xrightarrow{P} c$,则$\frac{1}{Y_n} \xrightarrow{P} \frac{1}{c}$.由 $Y_n \xrightarrow{P} c$ 知道,对任意的 $\varepsilon > 0$,$0 < \delta < |c|$,$\varepsilon_1 > 0$,存在 N_1,使得当 $n \geqslant N_1$ 时,

$$P(|Y_n - c| > \delta) < \frac{\varepsilon_1}{2};$$

存在 N_2,使得当 $n \geqslant N_2$ 时,

$$P(|Y_n - c| > |c|(|c| - \delta)\varepsilon) < \frac{\varepsilon_1}{2}.$$

取 $N = \max(N_1, N_2)$,则当 $n \geqslant N$ 时,

$$\begin{aligned}P\left(\left|\frac{1}{Y_n} - \frac{1}{c}\right| > \varepsilon\right) &= P\left(\left|\frac{1}{Y_n} - \frac{1}{c}\right| > \varepsilon, |Y_n - c| > \delta\right) + P\left(\left|\frac{1}{Y_n} - \frac{1}{c}\right| > \varepsilon, |Y_n - c| \leqslant \delta\right)\\ &\leqslant P(|Y_n - c| > \delta) + P\left(\left|\frac{c - Y_n}{Y_nc}\right| > \varepsilon, Y_n > |c| - \delta\right)\\ &\leqslant P(|Y_n - c| > \delta) + P(|Y_n - c| > |c|(|c| - \delta)\varepsilon)\\ &\leqslant \frac{\varepsilon_1}{2} + \frac{\varepsilon_1}{2} = \varepsilon_1.\end{aligned}$$

因此,$\frac{1}{Y_n} \xrightarrow{P} \frac{1}{c}$.

(2) 由 $X_n \xrightarrow{W} 0$,$Y_n \xrightarrow{P} Y$ 知道,对任意的 $\varepsilon > 0$,存在 N,使得当 $n \geqslant N$ 时,

$$P(|X_n| > \varepsilon) < \varepsilon,\quad P(|Y_n - Y| > \varepsilon) < \varepsilon,\quad P(|Y| > N) < \varepsilon.$$

又对所有的 $|y| \leqslant N$,g 在形式如$(0,y)$的点上一致连续,因此存在 $\delta > 0$,使得当 $|x'| \leqslant \delta$,

$|y'-y|\leqslant\delta$ 时，

$$|g(x',y')-g(0,y)|<\varepsilon.$$

若 $|X_n|\leqslant\delta$，$|Y_n-Y|\leqslant\delta$，$|Y|\leqslant N$，则

$$|g(X_n,Y_n)-g(0,Y)|<\varepsilon.$$

因此

$$P(|g(X_n,Y_n)-g(0,Y)|\geqslant\varepsilon)\leqslant P(|X_n|>\delta)+P(|Y_n-Y|>\delta)+P(|Y|>N)\leqslant 3\varepsilon,$$

即

$$g(X_n,Y_n)\xrightarrow{\text{P}}g(0,Y).$$

题型Ⅱ　大数定律的证明

◆ **题型解析**：当随机变量 ξ 的方差和数学期望都存在时，可由切比雪夫不等式得

$$0\leqslant P\left(\left|\frac{\sum_{i=1}^{n}\xi_i}{n}-\mathrm{E}\left(\frac{\sum_{i=1}^{n}\xi_i}{n}\right)\right|\geqslant\varepsilon\right)\leqslant\frac{\mathrm{D}\left(\sum_{i=1}^{n}\xi_i\right)}{n\varepsilon^2}.$$

通过证明当 $n\to\infty$ 时，$\dfrac{\mathrm{D}\left(\sum_{i=1}^{n}\xi_i\right)}{n\varepsilon^2}\to 0$ 来证明(弱)大数定律成立.对于独立同分布的随机序列，如果数学期望存在，方差未必存在，则由辛钦大数定律判断.

例 3　设 $\{\xi_n\}$ 为独立同分布的随机变量序列，分布列为

$$P(\xi_n=k)=\frac{c}{k^2\ln^2 k},\quad k=2,3,\cdots,$$

其中 $c=\left(\sum_{k=2}^{+\infty}\dfrac{1}{k^2\ln^2 k}\right)^{-1}$，问 $\{\xi_n\}$ 是否服从大数定律？

解　由 ξ_n 的分布列可得

$$\mathrm{E}(\xi_n)=\sum_{k=2}^{\infty}k\cdot\frac{c}{k^2\ln^2 k}=c\sum_{k=2}^{\infty}\frac{1}{k\ln^2 k}<\infty.$$

因此，由辛钦大数定律可得，$\{\xi_n\}$ 服从大数定律.

例 4　设 $\{\xi_n\}$ 是方差有界的随机变量序列，且当 $|j-k|\to\infty$ 时，一致地有 $\mathrm{cov}(\xi_j,\xi_k)\to 0$，证明 $\{\xi_n\}$ 服从大数定律.

证明　令 $\mathrm{D}(\xi_n)=\sigma_n^2$，由题意可得，存在常数 c，使得 $\sup\limits_n\sigma_n^2\leqslant c$，这时有

$$|\mathrm{cov}(\xi_i,\xi_j)|\leqslant|\sigma_i\sigma_j|\leqslant c.$$

对任给的 $\varepsilon>0$，取 N 充分大，使得当 $|i-j|\geqslant N$ 时，有

$$|\mathrm{cov}(\xi_i,\xi_j)|\leqslant\frac{\varepsilon}{2}.$$

对取定的 N，存在足够大的 N_1，使当 $n>N_1$ 时，有 $\dfrac{2Nc}{n}\leqslant\dfrac{\varepsilon}{2}$.对任意的 $n\geqslant\max(N,N_1)$，满足 $1\leqslant i,j\leqslant n$ 的 n^2 个数对 (i,j) 中，满足条件 $|i-j|<N$ 的个数有 $n^2-(n-N)^2<2nN$；满足条件 $|i-j|\geqslant N$ 的个数有 $(n-N)^2$ 个.这时有

$$\frac{1}{n^2}\mathrm{D}\left(\sum_{k=1}^{n}\xi_k\right)\leqslant\frac{1}{n^2}\left(\sum_{\substack{1\leqslant i,j\leqslant n\\|i-j|<N}}|\operatorname{cov}(\xi_i,\xi_j)|+\sum_{\substack{1\leqslant i,j\leqslant n\\|i-j|\geqslant N}}|\operatorname{cov}(\xi_i,\xi_j)|\right)$$
$$\leqslant\frac{1}{n^2}\left[2nNc+(n-N)^2\frac{\varepsilon}{2}\right]$$
$$=\frac{2Nc}{n}+\frac{(n-N)^2}{n^2}\cdot\frac{\varepsilon}{2}\leqslant\varepsilon.$$

由 ε 的任意性可得，当 $n\to\infty$ 时，$\frac{1}{n^2}\mathrm{D}\left(\sum_{k=1}^{n}\xi_k\right)\to 0$.因此，$\{\xi_n\}$ 服从大数定律，结论得证.

例 5　在 n 次伯努利试验中事件 A 出现的次数为 ξ_n（在每次试验中事件 A 出现的概率为 p），令

$$\eta_n=\frac{\xi_n-np}{[np(1-p)]^{\alpha}}.$$

证明：当 $\alpha>\frac{1}{2}$ 时，$\{\eta_n\}$ 服从大数定律.

证明　因为 $\mathrm{E}(\xi_n)=np$，故 $\mathrm{E}(\eta_n)=0$.又当 $\alpha>\frac{1}{2}$ 时，对任意的 n 有 $\frac{1}{n^{2\alpha-1}}\leqslant 1$，于是

$$\mathrm{D}(\eta_n)=\mathrm{E}(\eta_n^2)=\frac{1}{[np(1-p)]^{2\alpha-1}}\leqslant\frac{1}{[p(1-p)]^{2\alpha-1}}.$$

又

$$\mathrm{E}(\xi_n\xi_{n+k})=\mathrm{E}[\xi_n^2+\xi_n(\xi_{n+k}-\xi_n)]=\mathrm{E}(\xi_n^2)+\mathrm{E}[\xi_n(\xi_{n+k}-\xi_n)]$$
$$=\mathrm{D}(\xi_n)+[\mathrm{E}(\xi_n)]^2+\mathrm{E}(\xi_n)\mathrm{E}(\xi_{n+k}-\xi_n)$$
$$=np(1-p)+(np)^2+nkp^2=np(1-p+np+kp).$$

因此，

$$\operatorname{cov}(\eta_n,\eta_{n+k})=\mathrm{E}(\eta_n\eta_{n+k})-\mathrm{E}(\eta_n)\mathrm{E}(\eta_{n+k})=\mathrm{E}(\eta_n\eta_{n+k})$$
$$=\frac{\mathrm{E}[(\xi_n-np)(\xi_{n+k}-np-kp)]}{[np(1-p)(n+k)p(1-p)]^{\alpha}}$$
$$=\frac{\mathrm{E}(\xi_n\xi_{n+k})-np\mathrm{E}(\xi_{n+k})-(np+kp)\mathrm{E}(\xi_n)+(np)^2+knp^2}{[n(n+k)]^{\alpha}\,[p(1-p)]^{2\alpha}}$$
$$=\frac{\mathrm{E}(\xi_n\xi_{n+k})-np(n+k)p-(np+kp)np+(np)^2+knp^2}{[n(n+k)]^{\alpha}\,[p(1-p)]^{2\alpha}}$$
$$=\frac{\mathrm{E}(\xi_n\xi_{n+k})-(np+kp)np}{[n(n+k)]^{\alpha}\,[p(1-p)]^{2\alpha}}=\frac{np(1-p)}{[p(1-p)]^{2\alpha}n^{\alpha}\,(n+k)^{\alpha}}$$
$$\leqslant\begin{cases}\dfrac{1}{[p(1-p)]^{2\alpha}}\cdot\dfrac{1}{k^{\alpha}}, & \alpha\geqslant 1,\\[2mm] \dfrac{1}{[p(1-p)]^{2\alpha}}\cdot\dfrac{1}{k^{\alpha-1}}, & \dfrac{1}{2}<\alpha<1\end{cases}\to 0,\quad k\to\infty$$

关于 n 一致，于是由上面的例 4 知道 $\{\eta_n\}$ 服从大数定律，结论得证.

题型 Ⅲ　中心极限定理的应用

例 6　某单位内部有 260 架电话分机，每个分机有 4% 的时间要用外线通话，可以认为各个

电话分机用不用外线是相互独立的,问总机要备有多少条外线才能以 95% 的把握保证各个分机在用外线时不必等候.

难点解析 每架电话分机用不用外线看作一次试验,则每次试验只有两个结果,260 架电话分机用外线的台数 μ_{260} 服从二项分布,μ_{260} 小于外线条数时各个分机在用外线时不必等候.本题归结为求 x 使得 $P(\mu_{260}<x)\geqslant 0.95$.用二项分布的正态逼近即棣莫弗-拉普拉斯定理可求解.

解 令 $\eta_i=\begin{cases}1, & \text{第 } i \text{ 个分机要用外线},\\ 0, & \text{第 } i \text{ 个分机不用外线},\end{cases}$ $i=1,2,\cdots,260$,则

$$P(\eta_i=1)=0.04=p,\quad q=1-p=0.96.$$

如果 260 架分机中同时要求使用外线的分机数为 μ_{260},显然有

$$\mu_{260}=\sum_{i=1}^{260}\eta_i.$$

据题意是要求确定最小的整数 x,使得

$$P(\mu_{260}<x)\geqslant 0.95$$

成立.因为 $n=260$ 较大,所以有

$$P(\mu_{260}<x)=P\left(\frac{\mu_{260}-260p}{\sqrt{260pq}}<\frac{x-260p}{\sqrt{260pq}}\right)$$

$$\approx\frac{1}{\sqrt{2\pi}}\int_{-\infty}^{\frac{x-260p}{\sqrt{260pq}}}\mathrm{e}^{-\frac{t^2}{2}}\,\mathrm{d}t\geqslant 0.95.$$

查表知道 $\Phi(1.65)\approx 0.950\,5$,因此 $\dfrac{x-260p}{\sqrt{260pq}}\geqslant 1.65$,从而

$$x\geqslant 1.65\sqrt{260pq}+260p=11.422.$$

取整数 12,所以总机至少应备有 12 条外线,才能有 95% 的把握保证各个分机在用外线时不必等候.

例 7 某一医院一个月接受破伤风患者的人数是一个随机变量,它服从参数为 5 的泊松分布,各月接受破伤风患者的人数相互独立.求一年中前 9 个月内接受的患者(1)40 ~ 50 人的概率,(2) 多于 30 人的概率.

难点解析 用泊松分布的正态逼近或者列维-林德伯格定理可求解.

解 (1) 记 $X_k,k=1,2,\cdots,9$ 是第 k 个月医院接受破伤风患者的人数,按题意,$X_k\sim\pi(5)$.因此由列维-林德伯格定理知道 $X_k,k=1,2,\cdots,9$ 服从中心极限定理,即

$$\frac{\sum\limits_{i=1}^{9}X_i-45}{\sqrt{45}}\sim N(0,1).$$

因此,

$$P\left(40\leqslant\sum_{i=1}^{9}X_i\leqslant 50\right)=P\left(\frac{40-45}{\sqrt{45}}\leqslant\frac{\sum\limits_{i=1}^{9}X_i-45}{\sqrt{45}}\leqslant\frac{50-45}{\sqrt{45}}\right)$$

$$=P\left(-\frac{5}{\sqrt{45}}\leqslant\frac{\sum_{i=1}^{9}X_i-45}{\sqrt{45}}\leqslant\frac{5}{\sqrt{45}}\right)$$

$$=2\Phi\left(\frac{5}{\sqrt{45}}\right)-1=0.543\ 6.$$

(2) $P\left(\sum_{i=1}^{9}X_i\geqslant 31\right)=P\left(\frac{\sum_{i=1}^{9}X_i-45}{\sqrt{45}}\geqslant\frac{31-45}{\sqrt{45}}\right)=1-P\left(\frac{\sum_{i=1}^{9}X_i-45}{\sqrt{45}}<\frac{31-45}{\sqrt{45}}\right)$

$$\approx 1-\Phi\left(\frac{-14}{\sqrt{45}}\right)=\Phi\left(\frac{14}{\sqrt{45}}\right)\approx 0.981\ 6.$$

综合型 (2010—2020 考研题)

例 8(2020 年数学一第 8 题) 设$(x_1,x_2,\cdots,x_{100})$为来自总体 X 的简单随机样本,其中 $P(X=0)=P(X=1)=\frac{1}{2}$,$\Phi(x)$表示标准正态分布函数,则利用中心极限定理可得 $P\left(\sum_{i=1}^{100}x_i\leqslant 55\right)$ 的近似值为( ).

A. $1-\Phi(1)$　　B. $\Phi(1)$　　C. $1-\Phi(0.2)$　　D. $\Phi(0.2)$

◆ **题型解析**:本题考查了中心极限定理的应用.由 X 的分布知

$$E(X)=0\times\frac{1}{2}+1\times\frac{1}{2}=\frac{1}{2},$$

$$D(X)=E(X^2)-[E(X)]^2=0^2\times\frac{1}{2}+1^2\times\frac{1}{2}-\frac{1}{4}=\frac{1}{4}.$$

由简单随机抽样可知$x_1,x_2,\cdots,x_{100}$相互独立且与 X 同分布,因此由中心极限定理可得

$$P\left(\sum_{i=1}^{100}x_i\leqslant 55\right)=P\left(\frac{\sum_{i=1}^{100}x_i-E\left(\sum_{i=1}^{100}x_i\right)}{\sqrt{D\left(\sum_{i=1}^{100}x_i\right)}}\leqslant\frac{55-E\left(\sum_{i=1}^{100}x_i\right)}{\sqrt{D\left(\sum_{i=1}^{100}x_i\right)}}\right)$$

$$=P\left(\frac{\sum_{i=1}^{100}x_i-E\left(\sum_{i=1}^{100}x_i\right)}{\sqrt{D\left(\sum_{i=1}^{100}x_i\right)}}\leqslant\frac{55-100E(X)}{10\sqrt{D(X)}}\right)$$

$$=P\left(\frac{\sum_{i=1}^{100}x_i-E\left(\sum_{i=1}^{100}x_i\right)}{\sqrt{D\left(\sum_{i=1}^{100}x_i\right)}}\leqslant\frac{55-50}{5}\right)=\Phi(1).$$

因此选 B.

三、习题答案

1. 证明下列各式:

(1) 若 $\xi_n \xrightarrow{P} \xi$,则 $\xi_n - \xi \xrightarrow{P} 0$;

(2) 若 $\xi_n \xrightarrow{P} \xi$,且 $\xi_n \xrightarrow{P} \eta$,则 $P(\xi = \eta) = 1$;

(3) 若 $\xi_n \xrightarrow{P} \xi$,则 $\xi_n - \xi_m \xrightarrow{P} 0(n, m \to \infty)$;

(4) 若 $\xi_n \xrightarrow{P} \xi$,且 $\eta_n \xrightarrow{P} \eta$,则 $\xi_n \pm \eta_n \xrightarrow{P} \xi \pm \eta$;

(5) 若 $\xi_n \xrightarrow{P} \xi$,则 $k\xi_n \xrightarrow{P} k\xi$(其中 k 为常数);

(6) 若 $\xi_n \xrightarrow{P} \xi$,则 $\xi_n^2 \xrightarrow{P} \xi^2$;

(7) 若 $\xi_n \xrightarrow{P} a$,且 $\eta_n \xrightarrow{P} b$,则 $\xi_n \eta_n \xrightarrow{P} ab$;

(8) 若 $\xi_n \xrightarrow{P} 1$,则 $\dfrac{1}{\xi_n} \xrightarrow{P} 1$;

(9) 若 $\xi_n \xrightarrow{P} a$,且 $\eta_n \xrightarrow{P} b$(a, b 为常数,且 $b \neq 0$),则 $\dfrac{\xi_n}{\eta_n} \xrightarrow{P} \dfrac{a}{b}$;

(10) 若 $\xi_n \xrightarrow{P} \xi$,且 η 为随机变量,则 $\xi_n \eta \xrightarrow{P} \xi\eta$.

方法技巧 (5),(7),(9) 可以用例 1 的结论或者沿用例 1 中的方法证明,其余 7 式用依概率收敛的定义,对不等式进行放缩.

证明 (1) $\xi_n \xrightarrow{P} \xi$,即对任意的 $\varepsilon > 0$,恒有 $\lim\limits_{n\to\infty} P(|\xi_n - \xi| \geqslant \varepsilon) = 0$,也即

$$\lim_{n\to\infty} P(|\xi_n - \xi - 0| \geqslant \varepsilon) = 0,$$

从而 $\xi_n - \xi \xrightarrow{P} 0$.

(2) 由 $\xi_n \xrightarrow{P} \xi$,且 $\xi_n \xrightarrow{P} \eta$ 知道,对任意的 $\varepsilon > 0$,有

$$\lim_{n\to\infty} P\left(|\xi - \xi_n| \geqslant \frac{\varepsilon}{2}\right) = 0 = \lim_{n\to\infty} P\left(|\xi_n - \eta| \geqslant \frac{\varepsilon}{2}\right).$$

设 L 为非负整数,则对任意的 $\varepsilon_1 > 0$,存在 N,使得当 $n > N$ 时,有

$$P\left(|\xi - \xi_n| \geqslant \frac{1}{L}\right) \leqslant \frac{\varepsilon_1}{2^{L+1}},\quad P\left(|\xi_n - \eta| \geqslant \frac{1}{L}\right) \leqslant \frac{\varepsilon_1}{2^{L+1}}.$$

从而,

$$\begin{aligned} P(|\xi - \eta| > 0) &\leqslant P\left(\bigcup_{L\geqslant 1} |\xi - \eta| > \frac{2}{L}\right) \leqslant \sum_{L\geqslant 1} P\left(|\xi - \eta| > \frac{2}{L}\right) \\ &\leqslant \sum_{L\geqslant 1}\left(P\left(|\xi - \xi_n| > \frac{1}{L}\right) + P\left(|\eta - \xi_n| > \frac{1}{L}\right)\right) \\ &\leqslant \sum_{L\geqslant 1} \frac{\varepsilon_1}{2^L} = \varepsilon_1. \end{aligned}$$

又 $\varepsilon_1 > 0$ 可以任意小,因此 $P(\xi = \eta) = 1$.

(3) 由 $\xi_n \xrightarrow{P} \xi$ 知,对任意的 $\varepsilon>0,\varepsilon_1>0$,存在 N,使得当 $n,m>N$ 时,有

$$P\left(|\xi_n-\xi|\geqslant\frac{\varepsilon}{2}\right)<\frac{\varepsilon_1}{2},\quad P\left(|\xi_m-\xi|\geqslant\frac{\varepsilon}{2}\right)<\frac{\varepsilon_1}{2},$$

$$\begin{aligned}P(|\xi_n-\xi_m|\geqslant\varepsilon)&=P(|\xi_n-\xi+\xi-\xi_m|\geqslant\varepsilon)\\&\leqslant P\left(|\xi_n-\xi|\geqslant\frac{\varepsilon}{2}\right)+P\left(|\xi_m-\xi|\geqslant\frac{\varepsilon}{2}\right)\leqslant\varepsilon_1,\end{aligned}$$

因此,$\xi_n-\xi_m\xrightarrow{P}0(n,m\to\infty)$.

(4) 由 $\xi_n\xrightarrow{P}\xi,\eta_n\xrightarrow{P}\eta$ 知,对任意的 $\varepsilon>0,\varepsilon_1>0$,存在 N,使得当 $n>N$ 时,有

$$P\left(|\xi_n-\xi|\geqslant\frac{\varepsilon}{2}\right)<\frac{\varepsilon_1}{2},\quad P\left(|\eta_n-\eta|\geqslant\frac{\varepsilon}{2}\right)<\frac{\varepsilon_1}{2},$$

则

$$\begin{aligned}P(|\xi_n\pm\eta_n-(\xi\pm\eta)|\geqslant\varepsilon)&=P(|(\xi_n-\xi)\pm(\eta_n-\eta)|\geqslant\varepsilon)\\&\leqslant P\left(|\xi_n-\xi|\geqslant\frac{\varepsilon}{2}\right)+P\left(|\eta_n-\eta|\geqslant\frac{\varepsilon}{2}\right)\\&<\frac{\varepsilon_1}{2}+\frac{\varepsilon_1}{2}=\varepsilon_1,\end{aligned}$$

因此,$\xi_n\pm\eta_n\xrightarrow{P}\xi\pm\eta$.

(5) 由 $\xi_n\xrightarrow{P}\xi$ 知,对任意的 $\varepsilon>0,\varepsilon_1>0$,存在 N,使得当 $n>N$ 时,有

$$P\left(|\xi_n-\xi|\geqslant\frac{\varepsilon}{|k|}\right)<\varepsilon_1,$$

则

$$P(|k\xi_n-k\xi|\geqslant\varepsilon)=P(|k||\xi_n-\xi|\geqslant\varepsilon)=P\left(|\xi_n-\xi|\geqslant\frac{\varepsilon}{|k|}\right)<\varepsilon_1,$$

从而 $k\xi_n\xrightarrow{P}k\xi$,其中 k 为常数.

(6) 注意到 $\xi_n\xrightarrow{P}\xi$,且 ξ 为随机变量,因此,对任意的 $\varepsilon>0$,存在常数 $M>0$,使得

$$P(|\xi|>M)<\varepsilon,\quad P(|\xi_n|>M)<\varepsilon.$$

由 $\xi_n\xrightarrow{P}\xi$ 知道,对任意的 $\varepsilon_1>0$,存在 N,使得当 $n>N$ 时,有

$$P\left(|\xi_n-\xi|\geqslant\frac{\varepsilon_1}{2M}\right)<\varepsilon,$$

则

$$\begin{aligned}0&\leqslant P(|\xi_n^2-\xi^2|\geqslant\varepsilon_1)=P(|\xi_n-\xi|\cdot|\xi_n+\xi|\geqslant\varepsilon_1)\\&\leqslant P(|\xi_n-\xi|(|\xi_n|+|\xi|)\geqslant\varepsilon_1)\\&\leqslant P(|\xi_n-\xi|\cdot 2M\geqslant\varepsilon_1)\leqslant P\left(|\xi_n-\xi|\geqslant\frac{\varepsilon_1}{2M}\right)<\varepsilon.\end{aligned}$$

从而对任意的 $\varepsilon_1>0$,$\lim\limits_{n\to\infty}P(|\xi_n^2-\xi^2|\geqslant\varepsilon_1)=0$,因此 $\xi_n^2\xrightarrow{P}\xi^2$.

(7) 注意到 $\xi_n\xrightarrow{P}a$,且 ξ 为随机变量,因此对任意的 $\varepsilon>0,\varepsilon_1>0$,存在常数 $M>0$,

$N_1>0$,使得当 $n>N_1$ 时,有

$$P(|\xi_n|>M)<\frac{\varepsilon}{3},\quad P\left(|\xi_n-a|\geqslant\frac{\varepsilon_1}{2M}\right)<\frac{\varepsilon}{3}.$$

同理存在 N_2,使得当 $n>N_2$ 时,有

$$P\left(|\eta_n-b|\geqslant\frac{\varepsilon_1}{2|b|}\right)<\frac{\varepsilon}{3}.$$

取 $N_3=\max(N_1,N_2)$,则当 $n>N_3$ 时,有

$$\begin{aligned}0&\leqslant P(|\xi_n\eta_n-ab|\geqslant\varepsilon_1)=P(|\xi_n\eta_n-\xi_nb+\xi_nb-ab|\geqslant\varepsilon_1)\\&=P(|\xi_n(\eta_n-b)+b(\xi_n-a)|\geqslant\varepsilon_1)\\&\leqslant P(|\xi_n|\cdot|\eta_n-b|+|b|\cdot|\xi_n-a|\geqslant\varepsilon_1)\\&\leqslant P(M|\eta_n-b|+|b|\cdot|\xi_n-a|\geqslant\varepsilon_1)+\frac{\varepsilon}{3}\\&\leqslant P\left(M|\eta_n-b|\geqslant\frac{\varepsilon_1}{2}\right)+P\left(|b|\cdot|\xi_n-a|\geqslant\frac{\varepsilon_1}{2}\right)+\frac{\varepsilon}{3}\\&=P\left(|\eta_n-b|\geqslant\frac{\varepsilon_1}{2M}\right)+P\left(|\xi_n-a|\geqslant\frac{\varepsilon_1}{2|b|}\right)+\frac{\varepsilon}{3}=\varepsilon.\end{aligned}$$

从而对任意的 $\varepsilon_1>0$,$\lim\limits_{n\to\infty}P(|\xi_n\eta_n-ab|\geqslant\varepsilon_1)=0$,因此,$\xi_n\eta_n\xrightarrow{P}ab$.

(8) 由 $\xi_n\xrightarrow{P}1$ 知,对任意的 $\varepsilon>0$,$\varepsilon_1>0$,存在 N,使得当 $n>N$ 时,有

$$P\left(|\xi_n|\leqslant\frac{1}{2}\right)\leqslant\frac{\varepsilon}{2},\quad P\left(|\xi_n-1|\geqslant\frac{\varepsilon_1}{2}\right)<\frac{\varepsilon}{2},$$

则

$$\begin{aligned}0&\leqslant P\left(\left|\frac{1}{\xi_n}-1\right|\geqslant\varepsilon_1\right)=P(|\xi_n-1|\geqslant\varepsilon_1|\xi_n|)\\&=P\left(|\xi_n-1|\geqslant\varepsilon_1|\xi_n|,|\xi_n|\leqslant\frac{1}{2}\right)\\&\quad+P\left(|\xi_n-1|\geqslant\varepsilon_1|\xi_n|,|\xi_n|>\frac{1}{2}\right)\\&\leqslant P\left(|\xi_n|\leqslant\frac{1}{2}\right)+P\left(|\xi_n-1|\geqslant\frac{\varepsilon_1}{2}\right)\leqslant\frac{\varepsilon}{2}+\frac{\varepsilon}{2}=\varepsilon.\end{aligned}$$

从而对任意的 $\varepsilon_1>0$,$\lim\limits_{n\to\infty}P\left(\left|\frac{1}{\xi_n}-1\right|\geqslant\varepsilon_1\right)=0$,因此,$\frac{1}{\xi_n}\xrightarrow{P}1$.

(9) 由 $\eta_n\xrightarrow{P}b$ 知,对任意的 $\varepsilon>0$,任意的 $\varepsilon_1>0$,存在 N,使得当 $n>N$ 时,有

$$P\left(|\eta_n|\leqslant\frac{|b|}{2}\right)\leqslant\frac{\varepsilon}{2},\quad P\left(|\eta_n-b|\geqslant\frac{\varepsilon_1|b|}{2}\right)<\frac{\varepsilon}{2},$$

则

$$\begin{aligned}0&\leqslant P\left(\left|\frac{1}{\eta_n}-\frac{1}{b}\right|\geqslant\varepsilon_1\right)=P(|\eta_n-b|\geqslant\varepsilon_1|\eta_nb|)\\&=P\left(|\eta_n-b|\geqslant\varepsilon_1|\eta_n|,|\eta_n|\leqslant\frac{|b|}{2}\right)\end{aligned}$$

$$+P\left(|\eta_n-b|\geqslant\varepsilon_1|\eta_n|,|\eta_n|>\frac{|b|}{2}\right)$$

$$\leqslant P\left(|\eta_n|\leqslant\frac{|b|}{2}\right)+P\left(|\eta_n-b|\geqslant\frac{\varepsilon_1|b|}{2}\right)\leqslant\frac{\varepsilon}{2}+\frac{\varepsilon}{2}=\varepsilon.$$

从而对任意的 $\varepsilon_1>0$，$\lim\limits_{n\to\infty}P\left(\left|\frac{1}{\eta_n}-\frac{1}{b}\right|\geqslant\varepsilon_1\right)=0$，因此，$\frac{1}{\eta_n}\xrightarrow{P}\frac{1}{b}$.再由习题1(7)及 $\xi_n\xrightarrow{P}\xi$ 可得，$\frac{\xi_n}{\eta_n}\xrightarrow{P}\frac{a}{b}$.

(10) 由 $\xi_n\xrightarrow{P}\xi$，及 η 为随机变量知，对任意的 $\varepsilon>0$，任意的 $\varepsilon_1>0$，存在正的常数 M 及 N_1，使得当 $n>N_1$ 时，有

$$P(|\eta|>M)<\frac{\varepsilon}{2},\quad P\left(|\xi_n-\xi|\geqslant\frac{\varepsilon_1}{M}\right)<\frac{\varepsilon}{2},$$

则

$$\begin{aligned}0&\leqslant P(|\xi_n\eta-\xi\eta|\geqslant\varepsilon_1)=P(|\eta||\xi_n-\xi|\geqslant\varepsilon_1)\\&\leqslant P(|\eta||\xi_n-\xi|\geqslant\varepsilon_1,|\eta|>M)\\&\quad+P(|\eta||\xi_n-\xi|\geqslant\varepsilon_1,|\eta|\leqslant M)\\&\leqslant P(|\eta|>M)+P(M|\xi_n-\xi|\geqslant\varepsilon_1)\\&=P(|\eta|>M)+P\left(|\xi_n-\xi|\geqslant\frac{\varepsilon_1}{M}\right)\leqslant\frac{\varepsilon}{2}+\frac{\varepsilon}{2}=\varepsilon.\end{aligned}$$

从而对任意的 $\varepsilon_1>0$，$\lim\limits_{n\to\infty}P(|\xi_n\eta-\xi\eta|\geqslant\varepsilon_1)=0$，因此，$\xi_n\eta\xrightarrow{P}\xi\eta$.

另外，本题中(4)～(10)都可以直接套用例3的结果.

2. 若 $\xi_n\xrightarrow{P}\xi$，g 是 **R** 上的连续函数，证明 $g(\xi_n)\xrightarrow{P}g(\xi)$.

方法技巧 与习题1类似，注意运用 $\xi_n\xrightarrow{P}\xi$ 及 g 是 **R** 上的连续函数，对不等式 $0\leqslant P(|g(\xi_n)-g(\xi)|\geqslant\varepsilon)$ 进行放缩，两边夹可证结论成立.此外，习题1中(5)，(6)，(8)是此题的特殊情形.

证明 对任意的 $\varepsilon>0$，$\varepsilon_1>0$，由 $\xi_n\xrightarrow{P}\xi$ 知，存在 N，使得 $n>N$，有

$$P(|\xi_n-\xi|\geqslant\varepsilon_1)<\frac{\varepsilon}{2}.$$

注意到 $\xi_n\xrightarrow{P}\xi$，且 ξ 为随机变量，因此存在常数 $M>0$，使得

$$P(|\xi|>M)<\varepsilon,\quad P(|\xi_n|>M)<\varepsilon.$$

又 $g(x)$ 在 **R** 上连续，所以 $g(x)$ 在 $[-M,M]$ 上一致连续.这样存在 $\varepsilon_2>0$，使得当 $|x_1-x_2|<\varepsilon_2$，$x_1,x_2\in[-M,M]$ 时，$|g(x_1)-g(x_2)|<\frac{\varepsilon}{2}$.取 $\varepsilon_3=\min(\varepsilon_1,\varepsilon_2)$，有

$$\begin{aligned}0&\leqslant P(|g(\xi_n)-g(\xi)|\geqslant\varepsilon)=P(|g(\xi_n)-g(\xi)|\geqslant\varepsilon,|\xi_n-\xi|\geqslant\varepsilon_3)\\&\quad+P(|g(\xi_n)-g(\xi)|\geqslant\varepsilon,|\xi_n-\xi|<\varepsilon_3)\\&\leqslant P(|\xi_n-\xi|\geqslant\varepsilon_3)+P(|g(\xi_n)-g(\xi)|\geqslant\varepsilon,|\xi_n-\xi|<\varepsilon_3)\end{aligned}$$

$$\leqslant P(|\xi_n-\xi|\geqslant\varepsilon_1)+P(|g(\xi_n)-g(\xi)|\geqslant\varepsilon,|\xi_n-\xi|<\varepsilon_2)\leqslant\frac{\varepsilon}{2}+\frac{\varepsilon}{2}=\varepsilon.$$

3. 设$\{\xi_n\}$是单调下降且是正随机变量，证明：若$\xi_n\xrightarrow{P}0$，则$\xi_n\xrightarrow{\text{a.s.}}0$.

方法技巧 $\{\xi_n\}$是单调下降且是正随机变量，则对于固定的m，$A_{n,m}=\left\{\xi_n\geqslant\frac{1}{m}\right\}$单调下降，由概率的连续性和$\xi_n\xrightarrow{P}0$的定义可证结论成立.

证明 令$A_{n,m}=\left\{\xi_n\geqslant\frac{1}{m}\right\}$，由假设知，对固定的$m$，$A_{1,m}\supset A_{2,m}\supset\cdots$，且$A_{n,m}=\bigcup\limits_{k=1}^{n}A_{k,m}$. 由概率连续性定理及假设$\xi_n\xrightarrow{P}0$可得，对任意的$m>0$，都有

$$P\left(\bigcap_{n=1}^{\infty}\bigcup_{k=n}^{\infty}A_{k,m}\right)=\lim_{n\to\infty}P(A_{n,m})=0,$$

从而

$$P\left(\bigcup_{m=1}^{\infty}\bigcap_{n=1}^{\infty}\bigcup_{k=n}^{\infty}A_{k,m}\right)=0,$$

即

$$P\left(\bigcap_{m=1}^{\infty}\bigcup_{n=1}^{\infty}\bigcap_{k=n}^{\infty}\overline{A_{k,m}}\right)=1,$$

则

$$\xi_n\xrightarrow{\text{a.s.}}0.$$

4. 将标有号码1至n的球随机投入编有号码1至n的匣子内，规定每一个匣子只能装一个球.设球与匣子的号码相一致的个数是S_n，试证：

$$\frac{S_n-\mathrm{E}(S_n)}{n}\xrightarrow{P}0.$$

方法技巧 运用切比雪夫不等式，证明当$n\to\infty$时，$\frac{\mathrm{D}(S_n)}{n^2\varepsilon^2}\to0$即可.

证明 设$\xi_i=0$表示号码为i的球投入号码不为i的匣子；$\xi_i=1$表示号码为i的球投入号码为i的匣子($i=1,2,\cdots,n$)，则

$$P(\xi_i=1)=\frac{1}{n},\quad P(\xi_i=0)=1-\frac{1}{n},\quad S_n=\sum_{i=1}^{n}\xi_i,$$

进而有

$$0\leqslant P\left(\left|\frac{S_n-\mathrm{E}(S_n)}{n}\right|\geqslant\varepsilon\right)=P\left(\left|\frac{S_n}{n}-\mathrm{E}\left(\frac{S_n}{n}\right)\right|\geqslant\varepsilon\right)\leqslant\frac{\mathrm{D}(S_n)}{n^2\varepsilon^2}=\frac{\mathrm{D}(\xi_1)}{n\varepsilon^2}.$$

又

$$\frac{\mathrm{D}(\xi_1)}{n\varepsilon^2}=\frac{\mathrm{E}(\xi_1^2)-[\mathrm{E}(\xi_1)]^2}{n\varepsilon^2}=\frac{\frac{1}{n}-\left(\frac{1}{n}\right)^2}{n\varepsilon^2}=\frac{n-1}{n^3\varepsilon^2}\xrightarrow{n\to\infty}0,$$

因此，

$$\lim_{n\to\infty}P\left(\left|\frac{S_n-\mathrm{E}(S_n)}{n}\right|\geqslant\varepsilon\right)=0,\quad 即\quad\frac{S_n-\mathrm{E}(S_n)}{n}\xrightarrow{P}0.$$

5. 证明(马尔可夫大数定律)：若随机变量序列$\{\xi_n\}$满足下述条件：对任意$n\geqslant1$，$\mathrm{E}(\xi_n)<\infty$，

$D\left(\sum_{k=1}^{n}\xi_k\right)<\infty$，且$\lim_{n\to\infty}\frac{1}{n^2}D\left(\sum_{k=1}^{n}\xi_k\right)=0$，则$\{\xi_n\}$服从大数定律.

方法技巧 由切比雪夫不等式及两边夹定理可得结论成立.

证明　设$\overline{\xi_n}=\frac{1}{n}\sum_{k=1}^{n}\xi_k$，则

$$0\leqslant\lim_{n\to\infty}P(|\overline{\xi_n}-E(\overline{\xi_n})|>\varepsilon)\leqslant\lim_{n\to\infty}\frac{D(\overline{\xi_n})}{\varepsilon^2}=\lim_{n\to\infty}\frac{D\left(\sum_{k=1}^{n}\xi_k\right)}{n^2\varepsilon^2}=0.$$

因此，$\lim_{n\to\infty}P(|\overline{\xi_n}-E(\overline{\xi_n})|>\varepsilon)=0$，即$\{\xi_n\}$服从大数定律.

6. 证明：设$\xi_n,n=1,2,\cdots$为相互独立的随机序列，若$E(\xi_n)=a_n,D(\xi_n)=\sigma_n^2\leqslant c<\infty$，则$\{\xi_n\}$服从大数定律.并说明它是马尔可夫定理的特殊情形，而它的特殊情形是：设$\xi_n,n=1,2,\cdots$为相互独立的随机序列，且$P(\xi_n=1)=p_n,P(\xi_n=0)=q_n$，其中$q_n=1-p_n$，则$\{\xi_n\}$服从大数定律.

证明　设$\overline{\xi_n}=\frac{1}{n}\sum_{k=1}^{n}\xi_k$，则

$$0\leqslant\lim_{n\to\infty}P(|\overline{\xi_n}-E(\overline{\xi_n})|>\varepsilon)\leqslant\lim_{n\to\infty}\frac{D(\overline{\xi_n})}{\varepsilon^2}=\lim_{n\to\infty}\frac{D\left(\sum_{k=1}^{n}\xi_k\right)}{n^2\varepsilon^2}$$

$$=\lim_{n\to\infty}\frac{\sum_{k=1}^{n}\sigma_k^2}{n^2\varepsilon^2}\leqslant\lim_{n\to\infty}\frac{nc}{n^2\varepsilon^2}=0,$$

因此，

$$\lim_{n\to\infty}P(|\overline{\xi_n}-E(\overline{\xi_n})|>\varepsilon)=0,$$

即$\{\xi_n\}$服从大数定律.由题意，

$$D\left(\sum_{k=1}^{n}\xi_k\right)=\sum_{k=1}^{n}D(\xi_k)\leqslant nc<\infty,$$

$$\lim_{n\to\infty}\frac{1}{n^2}D\left(\sum_{k=1}^{n}\xi_k\right)=\lim_{n\to\infty}\frac{1}{n^2}\sum_{k=1}^{n}D(\xi_k)\leqslant\lim_{n\to\infty}\frac{nc}{n^2}=0.$$

因此，满足马尔可夫定理的条件，从而它是马尔可夫定理的特殊情形.而

$$E(\xi_n)=p_n,\qquad D(\xi_n)=p_nq_n\leqslant\left(\frac{p_n+q_n}{2}\right)^2=\frac{1}{4}<\infty.$$

因此，这是它的特殊情形.

7. 设$\{\xi_n\}$，$\{\eta_n\}$均服从大数定律，证明：$\{\xi_n\perp\eta_n\}$也服从大数定律.

方法技巧 由大数定律再结合习题1(4)的结论可证.

证明　令$\overline{\xi_n}=\frac{1}{n}\sum_{k=1}^{n}\xi_k,\overline{\eta_n}=\frac{1}{n}\sum_{k=1}^{n}\eta_k$，则

$$\overline{\xi_n}-E(\overline{\xi_n})\xrightarrow{P}0,\quad\overline{\eta_n}-E(\overline{\eta_n})\xrightarrow{P}0.$$

令$\overline{\xi_n+\eta_n}=\frac{1}{n}\sum_{k=1}^{n}(\xi_k+\eta_k)$，则

$$\overline{\xi_n+\eta_n}=\overline{\xi_n}+\overline{\eta_n}.$$

由习题 1(4) 知道

$$\overline{\xi_n+\eta_n}-E(\overline{\xi_n+\eta_n})=\overline{\xi_n}+\overline{\eta_n}-E(\overline{\xi_n}+\overline{\eta_n})=(\overline{\xi_n}-E(\overline{\xi_n}))+(\overline{\eta_n}-E(\overline{\eta_n}))\xrightarrow{P}0,$$

从而$\{\xi_n\pm\eta_n\}$也服从大数定律.

8. 设$\{\xi_n\}$是相互独立的随机变量序列,且

$$\xi_n=\begin{cases}n^{\lambda}, & \text{概率为}\dfrac{1}{2},\\ -n^{\lambda}, & \text{概率为}\dfrac{1}{2},\end{cases}\quad n=1,2,\cdots.$$

证明:当$\lambda<\dfrac{1}{2}$时,$\{\xi_n\}$服从大数定律.

方法技巧 本题中ξ_n的数学期望与方差都存在,因此,证明$\lambda<\dfrac{1}{2}$时,马尔可夫条件$\lim\limits_{n\to\infty}\dfrac{1}{n^2}D\left(\sum\limits_{k=1}^{n}\xi_k\right)=0$成立即可.

证明 由题意知,$E(\xi_n)=0$,$D(\xi_n)=E(\xi_n^2)=n^{2\lambda}$.当$\lambda<\dfrac{1}{2}$时,有

$$D\left(\sum_{k=1}^{n}\xi_k\right)=\sum_{k=1}^{n}D(\xi_k)=\sum_{k=1}^{n}k^{2\lambda}<\sum_{k=1}^{n}k=\frac{n(n+1)}{2}<\infty,$$

从而,

$$\lim_{n\to\infty}\frac{1}{n^2}D\left(\sum_{k=1}^{n}\xi_k\right)=\lim_{n\to\infty}\frac{1}{n^2}\sum_{k=1}^{n}D(\xi_k)=\lim_{n\to\infty}\frac{1}{n^2}\sum_{k=1}^{n}k^{2\lambda}.$$

下面证明$\lim\limits_{n\to\infty}\dfrac{1}{n^2}\sum\limits_{k=1}^{n}k^{2\lambda}=0$.

法一 设$A_n=\sum\limits_{k=1}^{n}k^{2\lambda}$,$B_n=n^2$,则$B_n$满足 Stolze 定理的条件.由 Stolze 定理可知

$$\lim_{n\to\infty}\frac{1}{n^2}D\left(\sum_{k=1}^{n}\xi_k\right)=\lim_{n\to\infty}\frac{1}{n^2}\sum_{k=1}^{n}k^{2\lambda}=\lim_{n\to\infty}\frac{(n+1)^{2\lambda}}{(n+1)^2-n^2}$$
$$=\lim_{n\to\infty}\frac{(n+1)^{2\lambda}}{2n+1}=\lim_{n\to\infty}\lambda(n+1)^{2\lambda-1}.$$

当$\lambda<\dfrac{1}{2}$时,$\lim\limits_{n\to\infty}\lambda(n+1)^{2\lambda-1}=0$,因此,由两边夹法则可得,

$$\lim_{n\to\infty}\frac{1}{n^2}D\left(\sum_{k=1}^{n}\xi_k\right)=0.$$

故由马尔可夫大数定律可得,$\{\xi_n\}$服从大数定律.

法二

$$0\leqslant\frac{1}{n^2}\sum_{k=1}^{n}k^{2\lambda}=\sum_{k=1}^{n}\left(\frac{k^{\lambda}}{n}\right)^2\leqslant\sum_{k=1}^{n}\int_{k}^{k+1}\left(\frac{x^{\lambda}}{n}\right)^2dx$$
$$=\int_{1}^{n+1}\frac{x^{2\lambda}}{n^2}dx=\frac{(n+1)^{2\lambda+1}-1}{n^2(2\lambda+1)}.$$

当$\lambda<\dfrac{1}{2}$时,有

$$\lim_{n\to\infty}\frac{(n+1)^{2\lambda+1}-1}{n^2(2\lambda+1)}=\lim_{n\to\infty}\frac{(n+1)^{2\lambda}}{2n}=\lim_{n\to\infty}\lambda(n+1)^{2\lambda-1}=0,$$

因此，

$$\lim_{n\to\infty}\frac{1}{n^2}\sum_{k=1}^{n}k^{2\lambda}=0.$$

注　(Stolze 定理) 设数列 A_n,B_n，若 $B_n>0$ 递增且有 $n\to\infty$ 时 $B_n\to\infty$，则有：若

$$\lim_{n\to\infty}\frac{A_{n+1}-A_n}{B_{n+1}-B_n}=L$$

(L 可以是 0，有限数，或 $+\infty$，$-\infty$)，则 $\lim\limits_{n\to\infty}\frac{A_n}{B_n}=L$.

9. 设随机变量序列 $\{\xi_n\}$ 有相同方差且对任意 $i,k(i\neq k)$，$\mathrm{cov}(\xi_i,\xi_k)<0$，试问 $\{\xi_n\}$ 是否服从大数定律.

方法技巧 本题中随机变量 ξ_n 的数学期望与方差都存在，因此只需判断马尔可夫条件 $\lim\limits_{n\to\infty}\frac{1}{n^2}\mathrm{D}\left(\sum\limits_{k=1}^{n}\xi_k\right)=0$ 是否成立即可.注意 $\{\xi_n\}$ 不独立时，

$$\mathrm{D}\left(\sum_{k=1}^{n}\xi_k\right)=\sum_{k=1}^{n}\mathrm{D}(\xi_k)+2\sum_{1\leqslant i<k\leqslant n}\mathrm{cov}(\xi_i,\xi_k).$$

解　注意到

$$\mathrm{D}\left(\sum_{k=1}^{n}\xi_k\right)=\sum_{k=1}^{n}\mathrm{D}(\xi_k)+2\sum_{1\leqslant i<k\leqslant n}\mathrm{cov}(\xi_i,\xi_k)<\sum_{k=1}^{n}\mathrm{D}(\xi_k)=n\mathrm{D}(\xi_1)<\infty,$$

且

$$0\leqslant\lim_{n\to\infty}\frac{1}{n^2}\mathrm{D}\left(\sum_{k=1}^{n}\xi_k\right)\leqslant\lim_{n\to\infty}\frac{1}{n}\mathrm{D}(\xi_1)=0,$$

从而 $\{\xi_n\}$ 满足马尔可夫大数定律的条件，因此 $\{\xi_n\}$ 服从大数定律.

10. 设相互独立的随机变量序列 $\{\xi_n\}$ 有相同的概率密度函数：

$$f(x)=\begin{cases}0, & |x|<1,\\ |x^{-3}|, & |x|\geqslant 1.\end{cases}$$

证明：$\{\xi_n\}$ 服从大数定律，但不满足马尔可夫条件.

方法技巧 本题中 $\{\xi_n\}$ 独立同分布，若数学期望有限，则由辛钦大数定理知 $\{\xi_n\}$ 服从大数定律.

证明　$\mathrm{E}(\xi_k)=\int_{-\infty}^{+\infty}xf(x)\mathrm{d}x=\int_{-\infty}^{-1}x(-x^{-3})\mathrm{d}x+\int_{1}^{+\infty}x\cdot x^{-3}\mathrm{d}x=\frac{1}{x}\Big|_{-\infty}^{-1}-\frac{1}{x}\Big|_{1}^{+\infty}=0.$

已知 ξ_n，$n-1,2,\cdots$ 是相互独立同分布的随机序列，且 ξ_n 有有穷的数学期望，因此，由辛钦大数定律知 $\{\xi_n\}$ 服从大数定律.

$$\begin{aligned}\mathrm{D}(\xi_k)&=\int_{-\infty}^{+\infty}x^2f(x)\mathrm{d}x=\int_{|x|\geqslant 1}x^2|x^{-3}|\mathrm{d}x\\&=2\int_{1}^{+\infty}x^2\cdot x^{-3}\mathrm{d}x=2\ln x\Big|_{1}^{+\infty}=\infty,\end{aligned}$$

因此，方差不存在.从而不满足马尔可夫条件.

11. 用特征函数方法证明：若 $\lim\limits_{n\to\infty}np_n=\lambda\geqslant 0$，则

$$\lim_{n\to\infty} b(k;n,p_n)=\lim_{n\to\infty} C_n^k p_n^k(1-p_n)^{n-k}=\frac{\lambda^k}{k!}e^{-\lambda}.$$

方法技巧 由特征函数与分布函数一一对应可知，只需证明二项分布的特征函数的极限为泊松分布的特征函数即可.

证明 参数为 n,p_n 的二项分布的特征函数为

$$\varphi(t)=\sum_{k=0}^{n} e^{jtk}C_n^k p_n^k(1-p_n)^{n-k}=(e^{jt}p_n+1-p_n)^n$$
$$=\left(1+\frac{e^{jt}p_n n-np_n}{n}\right)^n \xrightarrow{n\to\infty} e^{\lambda(e^{jt}-1)}.$$

参数为 λ 的泊松分布的特征函数刚好是 $e^{\lambda(e^{jt}-1)}$.由特征函数与分布函数的一一对应关系知道

$$\lim_{n\to\infty} b(k;n,p_n)=\lim_{n\to\infty} C_n^k p_n^k(1-p_n)^{n-k}=\frac{\lambda^k}{k!}e^{-\lambda}.$$

12. 用特征函数方法证明:设随机变量 ξ_λ 服从参数为 λ 的泊松分布，则对任意 $a<b$，有

$$\lim_{\lambda\to\infty} P\left(a\leqslant\frac{\xi_\lambda-\lambda}{\sqrt{\lambda}}\leqslant b\right)=\frac{1}{\sqrt{2\pi}}\int_a^b e^{-\frac{1}{2}x^2}dx.$$

方法技巧 由特征函数与分布函数一一对应可知，只需证明泊松分布的特征函数的极限为标准正态分布的特征函数即可.

证明 令 $\eta_\lambda=\dfrac{\xi_\lambda-\lambda}{\sqrt{\lambda}}$，由特征函数的性质及泊松分布的特征函数可知，

$$\varphi_{\eta_\lambda}(t)=\varphi_{\frac{\xi_\lambda-\lambda}{\sqrt{\lambda}}}(t)=\varphi_{\frac{1}{\sqrt{\lambda}}\xi_\lambda+(-\sqrt{\lambda})}(t)=\varphi_{\xi_\lambda}\left(\frac{t}{\sqrt{\lambda}}\right)e^{-\sqrt{\lambda}jt}$$
$$=e^{\lambda(e^{\frac{jt}{\sqrt{\lambda}}}-1)-\sqrt{\lambda}jt}=e^{\frac{-t^2}{2}+o\left(\frac{-t^2}{\lambda}\right)}\xrightarrow{\lambda\to\infty} e^{\frac{-t^2}{2}},$$

因此，
$$\lim_{\lambda\to\infty} P\left(a\leqslant\frac{\xi_\lambda-\lambda}{\sqrt{\lambda}}\leqslant b\right)=\frac{1}{\sqrt{2\pi}}\int_a^b e^{-\frac{1}{2}x^2}dx.$$

13. 设 $\chi^2_{(n)}$ 服从自由度为 n 的 χ^2 分布，试证:当 $n\to\infty$ 时，$(\chi^2_{(n)}-n)/\sqrt{2n}$ 的极限分布为标准正态分布 $N(0,1)$.

方法技巧 **法一** 首先求出 $\chi^2_{(n)}$ 的特征函数，然后由特征函数的性质求出 $(\chi^2_{(n)}-n)/\sqrt{2n}$ 的特征函数，再证明当 $n\to\infty$ 时，$(\chi^2_{(n)}-n)/\sqrt{2n}$ 的特征函数趋于标准正态分布的特征函数.

法二 由于 $\chi^2_{(n)}$ 可以写成 n 个相互独立的标准正态分布的平方和，由列维-林德伯格定理判断中心极限定理成立.

证明 设 $\xi_1,\xi_2,\cdots,\xi_n,\cdots$ 为相互独立同分布的随机序列，且 $\xi_i\sim N(0,1)$，$i=1,2,\cdots,n,\cdots$，则 $\chi^2_{(n)}=\sum_{i=1}^{n}\xi_i^2$，进而

$$E(\xi_i^2)=D(\xi_i)+[E(\xi_i)]^2=1,$$
$$D(\xi_i^2)=E(\xi_i^4)-[E(\xi_i^2)]^2=3-1=2<\infty,\quad i=1,2,\cdots.$$

因此，由列维-林德伯格定理可得，$\xi_1,\xi_2,\cdots,\xi_n,\cdots$ 服从中心极限定理.又

$$E(\chi^2_{(n)})=E\left(\sum_{i=1}^{n}\xi_i^2\right)=n,\quad D(\chi^2_{(n)})=D\left(\sum_{i=1}^{n}\xi_i^2\right)=\sum_{i=1}^{n}D(\xi_i^2)=2n.$$

因此当 $n\to\infty$ 时，$(\chi^2_{(n)}-n)/\sqrt{2n}$ 的极限分布为标准正态分布 $N(0,1)$.

14. 设 t_n 服从自由度为 n 的 t 分布，试证：当 $n\to\infty$ 时，t_n 的极限分布为标准正态分布 $N(0,1)$.

方法技巧 **法一**　首先求出 t_n 的特征函数，然后证明当 $n\to\infty$ 时，t_n 的特征函数趋于标准正态分布的特征函数.

法二　由自由度为 n 的 t 分布的构造及例 2 的结论：若 $\xi_n\xrightarrow{W}\xi$ 且 $\eta_n\xrightarrow{P}1$，则 $\dfrac{\xi_n}{\eta_n}\xrightarrow{W}\xi$ 可证.

证明　设 $\eta,\xi_1,\xi_2,\cdots,\xi_n,\cdots$ 为相互独立同分布的随机序列，且 $\xi_i\sim N(0,1)$，则

$$t_n=\frac{\eta}{\sqrt{\dfrac{\sum\limits_{i=1}^{n}\xi_i^2}{n}}}\sim t(n).$$

由 $\xi_1,\xi_2,\cdots,\xi_n,\cdots$ 相互独立同分布可得，$\dfrac{\xi_1^2}{n},\dfrac{\xi_2^2}{n},\cdots,\dfrac{\xi_n^2}{n},\cdots$ 也相互独立同分布，则

$$\mathrm{E}\left(\frac{\xi_i^2}{n}\right)=\frac{\mathrm{E}(\xi_i^2)}{n}=\frac{1}{n},\quad \mathrm{D}\left(\frac{\xi_i^2}{n}\right)=\frac{\mathrm{D}(\xi_i^2)}{n^2}=\frac{2}{n^2}<\infty,\quad i=1,2,\cdots.$$

因此，由切比雪夫大数定律可得，$\dfrac{\xi_1^2}{n},\dfrac{\xi_2^2}{n},\cdots,\dfrac{\xi_n^2}{n},\cdots$ 服从大数定律，即

$$\frac{\sum\limits_{i=1}^{n}\xi_i^2}{n}\xrightarrow{P}\mathrm{E}(\xi_1^2)=1.$$

由习题 2 可得

$$\sqrt{\frac{\sum\limits_{i=1}^{n}\xi_i^2}{n}}\xrightarrow{P}1.$$

再由例 2 可得，当 $n\to\infty$ 时，t_n 的极限分布为标准正态分布 $N(0,1)$.

15. 设独立地随机重复投掷均匀硬币 $n=12\,000$ 次，用 μ_n 表示正面出现的次数.

(1) 求 $P(5\,800\leqslant\mu_n\leqslant 6\,200)$.

(2) 求满足 $P\left(\left|\dfrac{\mu_n}{n}-\dfrac{1}{2}\right|<\delta\right)\geqslant 0.99$ 的最小 δ 值.

(3) 为使 $P\left(\left|\dfrac{\mu_n}{n}-\dfrac{1}{2}\right|<0.005\right)\geqslant 0.99$，需要投掷硬币多少次？

方法技巧 $\mu_n\sim B\left(n,\dfrac{1}{2}\right)$，由二项分布的正态逼近可以求解.

解　$\mu_n\sim B\left(n,\dfrac{1}{2}\right)$，从而当 $n\to\infty$ 时，$\dfrac{\mu_n-\dfrac{n}{2}}{\sqrt{\dfrac{n}{4}}}=\dfrac{2\mu_n-n}{\sqrt{n}}=\dfrac{\mu_n-6\,000}{\sqrt{3\,000}}$ 的极限分布为标准正态分布 $N(0,1)$.

(1) $P(5\,800 \leqslant \mu_n \leqslant 6\,200) = P\left(\frac{-200}{\sqrt{3\,000}} \leqslant \frac{\mu_n - 6\,000}{\sqrt{3\,000}} \leqslant \frac{200}{\sqrt{3\,000}}\right)$

$$\approx \Phi\left(\frac{200}{\sqrt{3\,000}}\right) - \Phi\left(\frac{-200}{\sqrt{3\,000}}\right) \approx 2\Phi\left(\frac{200}{\sqrt{3\,000}}\right) - 1 \approx 0.999\,74.$$

(2)
$$P\left(\left|\frac{\mu_n}{n} - \frac{1}{2}\right| < \delta\right) = P\left(\left|\frac{\mu_n}{12\,000} - \frac{1}{2}\right| < \delta\right) = P\left(\left|\frac{\mu_n - 6\,000}{12\,000}\right| < \delta\right)$$
$$= P\left(\left|\frac{\mu_n - 6\,000}{\sqrt{3\,000}}\right| < \frac{12\,000\delta}{\sqrt{3\,000}}\right)$$
$$= P\left(\left|\frac{\mu_n - 6\,000}{\sqrt{3\,000}}\right| < 40\sqrt{30}\delta\right)$$
$$= 2\Phi(40\sqrt{30}\delta) - 1 \geqslant 0.99.$$

从而 $\Phi(40\sqrt{30}\delta) \geqslant 0.995$.查表可知,$\Phi(2.58) = 0.995\,060$,$\Phi(2.57) = 0.994\,915$.因此,

$$40\sqrt{30}\delta \geqslant 2.58, \quad 即 \quad \delta \geqslant 0.012.$$

最小 δ 值为 0.012.

(3)
$$P\left(\left|\frac{\mu_n}{n} - \frac{1}{2}\right| < 0.005\right) = P\left(\left|\frac{2\mu_n - n}{2n}\right| < 0.005\right) = P\left(\left|\frac{2\mu_n - n}{\sqrt{n}}\right| < 0.01\sqrt{n}\right)$$
$$= 2\Phi(0.01\sqrt{n}) - 1 \geqslant 0.99.$$

从而 $\Phi(0.01\sqrt{n}) \geqslant 0.995$,又 $\Phi(2.58) = 0.995\,060$,$\Phi(2.57) = 0.994\,915$.因此,

$$0.01\sqrt{n} \geqslant 2.58, \quad 即 \quad n \geqslant 66\,564.$$

因此需要投掷硬币 66 564 次.

16. 证明:若 $\{\xi_n\}$ 服从中心极限定理,则 $\{\xi_n + a_n\}$(a_n 为常数)也服从中心极限定理.

方法技巧 由数学期望与方差的性质,$\sum\limits_{k=1}^{n}(\xi_k + a_k)$ 的标准化随机变量与 $\sum\limits_{k=1}^{n}\xi_k$ 的标准化随机变量相同,从而由题设条件可以证明结论成立.

证明 $\{\xi_n\}$ 服从中心极限定理,即当 $n \to \infty$ 时,$\dfrac{\sum\limits_{k=1}^{n}\xi_k - \mathrm{E}\left(\sum\limits_{k=1}^{n}\xi_k\right)}{\sqrt{\mathrm{D}\left(\sum\limits_{k=1}^{n}\xi_k\right)}}$ 的极限分布为标准正态分布.注意到

$$\frac{\sum_{k=1}^{n}(\xi_k + a_k) - \mathrm{E}\left[\sum_{k=1}^{n}(\xi_k + a_k)\right]}{\sqrt{\mathrm{D}\left[\sum_{k=1}^{n}(\xi_k + a_k)\right]}} = \frac{\sum_{k=1}^{n}\xi_k + \sum_{k=1}^{n}a_k - \mathrm{E}\left(\sum_{k=1}^{n}\xi_k\right) - \sum_{k=1}^{n}a_k}{\sqrt{\mathrm{D}\left(\sum_{k=1}^{n}\xi_k\right)}}$$
$$= \frac{\sum_{k=1}^{n}\xi_k - \mathrm{E}\left(\sum_{k=1}^{n}\xi_k\right)}{\sqrt{\mathrm{D}\left(\sum_{k=1}^{n}\xi_k\right)}}.$$

因此,$\{\xi_n + a_n\}$(a_n 为常数)也服从中心极限定理.

17. 考虑相互独立随机变量$\{\xi_n\}$，有

$$P(\xi_n=\pm n)=\frac{1}{2n^2},\quad P(\xi_n=0)=1-\frac{1}{n^2},\quad n=1,2,\cdots.$$

回答下列问题：

(1) $\{\xi_n\}$是否服从中心极限定理；

(2) $\{\xi_n\}$是否满足林德伯格条件.

难点注释 (1) 当$n\to\infty$时，判断$\dfrac{\sum\limits_{k=1}^{n}\xi_k-\mathrm{E}\left(\sum\limits_{k=1}^{n}\xi_k\right)}{\sqrt{\mathrm{D}\left(\sum\limits_{k=1}^{n}\xi_k\right)}}$的特征函数是否趋于$\mathrm{e}^{-\frac{t^2}{2}}$即可.

(2) 相互独立随机变量序列$\{\xi_n\}$服从中心极限定理且满足费勒条件：

$$\lim_{n\to\infty}B_n=\infty,\quad 且\quad \lim_{n\to\infty}\frac{\sigma_n}{B_n}=0,$$

其中$B_n^2=\sum\limits_{k=1}^{n}\sigma_k^2$，其充要条件为$\{\xi_n\}$满足林德伯格条件.因此只需验证费勒条件是否成立即可.

解 (1) 令$a_k=\mathrm{E}(\xi_k)=0,\sigma_k^2=\mathrm{D}(\xi_k)=\mathrm{E}(\xi_k^2)=1,k=1,2,\cdots,n,B_n^2=\sum\limits_{k=1}^{n}\sigma_k^2=n$.随机变量

$$\frac{\sum\limits_{k=1}^{n}\xi_k-\mathrm{E}\left(\sum\limits_{k=1}^{n}\xi_k\right)}{\sqrt{\mathrm{D}\left(\sum\limits_{k=1}^{n}\xi_k\right)}}=\frac{\sum\limits_{k=1}^{n}\xi_k}{\sqrt{\sum\limits_{k=1}^{n}\mathrm{D}(\xi_k)}}=\frac{\sum\limits_{k=1}^{n}\xi_k}{\sqrt{n}}$$

的特征函数为

$$\begin{aligned}\varphi(t)&=\mathrm{E}\left(\mathrm{e}^{\mathrm{j}t\frac{\sum\limits_{k=1}^{n}\xi_k}{\sqrt{n}}}\right)=\prod_{k=1}^{n}\mathrm{E}(\mathrm{e}^{\mathrm{j}t\frac{\xi_k}{\sqrt{n}}})=\prod_{k=1}^{n}\left[\frac{1}{2k^2}\mathrm{e}^{\mathrm{j}t\frac{k}{\sqrt{n}}}+\frac{1}{2k^2}\mathrm{e}^{\mathrm{j}t\frac{-k}{\sqrt{n}}}+\left(1-\frac{1}{k^2}\right)\right]\\&=\prod_{k=1}^{n}\left[\frac{\cos\left(t\dfrac{k}{\sqrt{n}}\right)}{k^2}+\left(1-\frac{1}{k^2}\right)\right]\geqslant\prod_{k=1}^{n}\frac{\cos\left(t\dfrac{k}{\sqrt{n}}\right)}{k^2}.\end{aligned}$$

当$n\to\infty$时，$\varphi(t)$不趋于$\mathrm{e}^{-\frac{t^2}{2}}$，因此，$\dfrac{\sum\limits_{k=1}^{n}\xi_k-\mathrm{E}\left(\sum\limits_{k=1}^{n}\xi_k\right)}{\sqrt{\mathrm{D}\left(\sum\limits_{k=1}^{n}\xi_k\right)}}$的极限分布不是标准正态分布，即$\{\xi_n\}$不服从中心极限定理.

(2) $\lim\limits_{n\to\infty}B_n=\infty$且$\lim\limits_{n\to\infty}\dfrac{\sigma_n}{B_n}=0$，从而费勒条件成立.由费勒-林德伯格定理知道，$\{\xi_n\}$不满足林德伯格条件.

18. 设相互独立随机变量序列$\{\xi_n\}$，对每一n，$\xi_n\sim N(0,2^{-n})$，证明：

(1) $\{\xi_n\}$成立中心极限定理；

(2) $\{\xi_n\}$ 不满足费勒条件；

(3) $\{\xi_n\}$ 不满足林德伯格条件.

难点注释 (1) **法一** 证明当 $n\to\infty$ 时，$\dfrac{\sum\limits_{k=1}^{n}\xi_k-E\left(\sum\limits_{k=1}^{n}\xi_k\right)}{\sqrt{D\left(\sum\limits_{k=1}^{n}\xi_k\right)}}$ 的特征函数为 $e^{-\frac{t^2}{2}}$ 即可.

法二 由正态分布的性质知道，$\dfrac{\sum\limits_{k=1}^{n}\xi_k}{\sqrt{\frac{1}{3}\left[1-\left(\frac{1}{4}\right)^n\right]}}\sim N(0,1)$，则$\dfrac{\sum\limits_{k=1}^{n}\xi_k}{\sqrt{\frac{1}{3}\left[1-\left(\frac{1}{4}\right)^n\right]}}$的极限分布也是正态分布，从而中心极限定理成立.

(2) 验证费勒条件是否成立，即$\lim\limits_{n\to\infty}B_n=\infty$ 且$\lim\limits_{n\to\infty}\dfrac{\sigma_n}{B_n}=0$，直接证明即可.

由(1)，(2) 可得(3).

证明 令 $a_k=E(\xi_k)=0,\sigma_k^2=D(\xi_k)=2^{-2k},k=1,2,\cdots,n$，则

$$B_n^2=\sum_{k=1}^{n}\sigma_k^2=\frac{\frac{1}{4}\left[1-\left(\frac{1}{4}\right)^n\right]}{1-\frac{1}{4}}=\frac{1}{3}\left[1-\left(\frac{1}{4}\right)^n\right].$$

(1) ξ_n 的特征函数为

$$\phi_n(t)=E(e^{jt\xi_n})=e^{-\frac{1}{2}(2^{-2n})t^2}=e^{-2^{-2n-1}t^2}.$$

由特征函数的性质及随机变量序列$\{\xi_n\}$的相互独立性知道，

$$\frac{\sum\limits_{k=1}^{n}\xi_k-E\left(\sum\limits_{k=1}^{n}\xi_k\right)}{\sqrt{D\left(\sum\limits_{k=1}^{n}\xi_k\right)}}=\frac{\sum\limits_{k=1}^{n}\xi_k}{\sqrt{\sum\limits_{k=1}^{n}D(\xi_k)}}=\frac{\sum\limits_{k=1}^{n}\xi_k}{\sqrt{\frac{1}{3}\left[1-\left(\frac{1}{4}\right)^n\right]}}$$

的特征函数为

$$\varphi(t)=\varphi_1\left(\frac{t}{\sqrt{\frac{1}{3}\left[1-\left(\frac{1}{4}\right)^n\right]}}\right)\varphi_2\left(\frac{t}{\sqrt{\frac{1}{3}\left[1-\left(\frac{1}{4}\right)^n\right]}}\right)\cdots\varphi_n\left(\frac{t}{\sqrt{\frac{1}{3}\left[1-\left(\frac{1}{4}\right)^n\right]}}\right)$$

$$=e^{-(2^{-3}+2^{-5}+\cdots+2^{-2n-1})\times\frac{3t^2}{1-4^{-n}}}=e^{-\frac{t^2}{2}},$$

从而当 $n\to\infty$ 时，$\varphi(t)\to e^{-\frac{t^2}{2}}$.而标准正态分布的特征函数刚好为 $e^{-\frac{t^2}{2}}$，因此，由列维-克拉默定理可得，$\dfrac{\sum\limits_{k=1}^{n}\xi_k-E\left(\sum\limits_{k=1}^{n}\xi_k\right)}{\sqrt{D\left(\sum\limits_{k=1}^{n}\xi_k\right)}}$ 弱收敛到标准正态分布，即$\{\xi_n\}$成立中心极限定理.

(2) $\lim\limits_{n\to\infty}B_n=\sqrt{\frac{1}{3}}\cdot\sqrt{1-\left(\frac{1}{4}\right)^n}=\sqrt{\frac{1}{3}}$，因此$\{\xi_n\}$不满足费勒条件.

(3) 由(1)，(2) 及费勒-林德伯格定理知道$\{\xi_n\}$不满足林德伯格条件.

19. 设相互独立的随机变量序列$\{\xi_n\}$，对每一个n，ξ_n在$[-n,n]$上服从均匀分布. 证明$\{\xi_n\}$成立中心极限定理.

难点注释 注意$\{\xi_n\}$独立但不是同分布的，因此需由知识点5：林德伯格定理、李雅普诺夫定理或者费勒-林德伯格定理证明中心极限定理成立.

证明 令

$$a_k=\mathrm{E}(\xi_k)=0,\quad \sigma_k^2=\mathrm{D}(\xi_k)=\frac{(2k)^2}{12}=\frac{k^2}{3},\quad k=1,2,\cdots,n,$$

$$\mathrm{E}(|\xi_k|^3)=2\int_0^k\frac{1}{2k}x^3\mathrm{d}x=\frac{k^3}{4},\quad k=1,2,\cdots,n,$$

$$B_n^2=\sum_{k=1}^n\sigma_k^2=\frac{1^2+2^2+\cdots+n^2}{3}=\frac{n(n+1)(2n+1)}{18}.$$

$$\lim_{n\to\infty}\frac{1}{B_n^{2+1}}\sum_{k=1}^n\mathrm{E}(|\xi_k-a_k|^{2+1})=\lim_{n\to\infty}\frac{1}{B_n^3}\sum_{k=1}^n\mathrm{E}(|\xi_k|^3)=\lim_{n\to\infty}\frac{\sqrt{18^3}(1^3+2^3+\cdots+n^3)}{4\sqrt{n^3(n+1)^3(2n+1)^3}}$$

$$=\lim_{n\to\infty}\frac{\sqrt{18^3}}{4}\times\frac{n^2(n+1)^2}{4\sqrt{n^3(n+1)^3(2n+1)^3}}=0.$$

由李雅普诺夫定理知道$\{\xi_n\}$成立中心极限定理.

20. 设相互独立的随机变量序列$\{\xi_n\}$有$\mathrm{E}(\xi_n)=0$，$\mathrm{D}(\xi_n)=1$，证明：

$$\eta_n=\frac{\sqrt{n}\sum\limits_{k=1}^n\xi_k}{\sum\limits_{k=1}^n\xi_k^2},\quad \zeta_n=\frac{\sum\limits_{k=1}^n\xi_k}{\sqrt{\sum\limits_{k=1}^n\xi_k^2}}$$

的极限分布都是标准正态分布$N(0,1)$.

◆ **题型解析：** 由题意知，$\{\xi_n^2\}$为相互独立的随机序列，且$\mathrm{E}(\xi_n^2)=\mathrm{D}(\xi_n)+[\mathrm{E}(\xi_n)]^2=1$，$\mathrm{D}(\xi_n^2)=\mathrm{E}(\xi_n^4)-[\mathrm{E}(\xi_n^2)]^2=\mathrm{E}(\xi_n^4)-1$，但不知道对任意的$n$，$\mathrm{E}(\xi_n^4)$是否有共同的上界，因此，无法用切比雪夫大数定律. 又本题中$\{\xi_n\}$仅为相互独立的随机变量序列，不知道是否同分布，因此，无法用辛钦大数定律. 从而无法证明$\sum\limits_{k=1}^n\xi_k^2\xrightarrow{\mathrm{P}}1$. 此题为错题.

若把此题改为相互独立同分布的随机变量序列$\{\xi_n\}$，且有$\mathrm{E}(\xi_n)=0$，$\mathrm{D}(\xi_n)=1$，则

$$\mathrm{E}(\xi_n^2)=\mathrm{D}(\xi_n)+[\mathrm{E}(\xi_n)]^2=1,$$

由辛钦大数定律可知，$\{\xi_n\}$服从大数定律，从而

$$\frac{1}{n}\sum_{k=1}^n\xi_k^2\xrightarrow{\mathrm{P}}\frac{1}{n}\mathrm{E}\left(\sum_{k=1}^n\xi_k^2\right)=1.$$

由本章习题2可知，$\sqrt{\frac{1}{n}\sum\limits_{k=1}^n\xi_k^2}\xrightarrow{\mathrm{P}}1$. 另一方面，由列维-林德伯格定理可知，$\{\xi_n\}$服从中心极限定理，从而

$$\frac{\sum\limits_{k=1}^n\xi_k-\mathrm{E}\left(\sum\limits_{k=1}^n\xi_k\right)}{\sqrt{\mathrm{D}\left(\sum\limits_{k=1}^n\xi_k\right)}}=\frac{\sum\limits_{k=1}^n\xi_k}{\sqrt{n}}$$

弱收敛到标准正态分布.从而由本章习题 14 的证明知道,

$$\eta_n=\frac{\sqrt{n}\sum_{k=1}^{n}\xi_k}{\sum_{k=1}^{n}\xi_k^2}=\frac{\dfrac{\sum_{k=1}^{n}\xi_k}{\sqrt{n}}}{\dfrac{\sum_{k=1}^{n}\xi_k^2}{n}}$$

的极限分布是标准正态分布 $N(0,1)$.同理可证,

$$\zeta_n=\frac{\sum_{k=1}^{n}\xi_k}{\sqrt{\sum_{k=1}^{n}\xi_k^2}}=\frac{\dfrac{\sum_{k=1}^{n}\xi_k}{\sqrt{n}}}{\sqrt{\dfrac{1}{n}\sum_{k=1}^{n}\xi_k^2}}$$

的极限分布也是标准正态分布 $N(0,1)$.

21. 若林德伯格条件成立,则成立费勒条件:$\lim\limits_{n\to\infty}B_n=\infty$,且$\lim\limits_{n\to\infty}\dfrac{\sigma_n}{B_n}=0$.

特别提醒 用反证法证明$\lim\limits_{n\to\infty}B_n=\infty$ 成立.

解 林德伯格条件:若对任意 $\varepsilon>0$,有

$$\lim_{n\to\infty}\frac{1}{B_n^2}\sum_{k=1}^{n}\int_{|x-a_k|>\varepsilon B_n}(x-a_k)^2\mathrm{d}F_k(x)=0,$$

其中 $F_k(x)$ 是 ξ_k 的分布函数,$a_k=\mathrm{E}(\xi_k)$,$\sigma_k^2=\mathrm{D}(\xi_k)$,$B_n^2=\sum\limits_{k=1}^{n}\sigma_k^2$.

反证法. 若$\lim\limits_{n\to\infty}B_n=\sqrt{\sum\limits_{k=1}^{n}\sigma_k^2}<\infty$,则必有常数 B,使得 $B_n\leqslant B$.因为

$$b_1^2=\int_{-\infty}^{+\infty}(x-a_1)^2\mathrm{d}F_1(x),$$

故存在 $\tau>0$,使得

$$\int_{|x-a_1|>\tau B}(x-a_1)^2\mathrm{d}F_1(x)\geqslant\frac{b_1^2}{2}.$$

从而

$$\frac{1}{B_n}\sum_{k=1}^{n}\int_{|x-a_k|>\tau B_n}(x-a_k)^2\mathrm{d}F_k(x)\geqslant\frac{1}{B}\int_{|x-a_1|>\tau B}(x-a_1)^2\mathrm{d}F_1(x)\geqslant\frac{b_1^2}{2B}>0,$$

这与林德伯格条件矛盾,从而$\lim\limits_{n\to\infty}B_n=\infty$.下证$\lim\limits_{n\to\infty}\dfrac{\sigma_n}{B_n}=0$.

$$\begin{aligned}\sigma_n^2&=\int_{-\infty}^{+\infty}(x-a_n)^2\mathrm{d}F_n(x)\\&=\int_{|x-a_n|\geqslant\varepsilon B_n}(x-a_n)^2\mathrm{d}F_n(x)+\int_{|x-a_n|<\varepsilon B_n}(x-a_n)^2\mathrm{d}F_n(x)\\&\leqslant\sum_{k=1}^{n}\int_{|x-a_k|\geqslant\varepsilon B_n}(x-a_k)^2\mathrm{d}F_k(x)+\varepsilon^2B_n^2,\end{aligned}$$

故

$$\frac{a_n^2}{B_n^2} \leqslant \frac{1}{B_n^2}\sum_{k=1}^{n}\int_{|x-a_k|\geqslant \varepsilon B_n}(x-a_k)^2\mathrm{d}F_k(x)+\varepsilon^2.$$

当 n 足够大时,由林德伯格条件,可得 $\lim\limits_{n\to\infty}\dfrac{\sigma_n}{B_n}=0$ 成立.

22. 设相互独立随机变量序列 $\{\xi_n\}$,有

$$P(\xi_n=\pm 2^n)=2^{-2n-1},\quad P(\xi_n=0)=1-2^{-2n},\quad n=1,2,\cdots.$$

证明:$\{\xi_n\}$ 不成立中心极限定理.

方法技巧 证明 $\{\xi_n\}$ 满足费勒条件但不满足林德伯格条件,故 $\{\xi_n\}$ 不成立中心极限定理.

证明 $a_k=\mathrm{E}(\xi_k)=2^k\times 2^{-2k-1}+(-2^k)\times 2^{-2k-1}+0\times(1-2^{-2k})=0,$

$$\mathrm{E}(\xi_k^2)=2^{2k}\times 2^{-2k-1}+(-2^k)^2\times 2^{-2k-1}+0^2\times(1-2^{-2k})=1,$$

$$\sigma_k^2=\mathrm{D}(\xi_k)=\mathrm{E}(\xi_k^2)-[\mathrm{E}(\xi_k)]^2=1,\quad B_n^2=\sum_{k=1}^{n}\sigma_k^2=\sum_{k=1}^{n}1=n.$$

注意到,

$$\lim_{n\to\infty}B_n=\lim_{n\to\infty}\sqrt{n}=\infty,\qquad \lim_{n\to\infty}\frac{\sigma_n}{B_n}=\lim_{n\to\infty}\frac{1}{\sqrt{n}}=0,$$

即相互独立随机变量序列 $\{\xi_n\}$ 满足费勒条件.由费勒-林德伯格定理知道,$\{\xi_n\}$ 成立中心极限定理等价于 $\{\xi_n\}$ 满足林德伯格条件:若对任意 $\varepsilon>0$,有

$$\lim_{n\to\infty}\frac{1}{B_n^2}\sum_{k=1}^{n}\int_{|x-a_k|>\varepsilon B_n}(x-a_k)^2\mathrm{d}F_k(x)=0,$$

其中 $F_k(x)$ 是 ξ_k 的分布函数,$a_k=\mathrm{E}(\xi_k)$,$\sigma_k^2=\mathrm{D}(\xi_k)$,$B_n^2=\sum\limits_{k=1}^{n}\sigma_k^2$.

本题中,

$$F_k(x)=\begin{cases}0, & x\leqslant -2^k,\\ 2^{-2k-1}, & -2^k<x\leqslant 0,\\ 1-2^{-2k-1}, & 0<x\leqslant 2^k,\\ 1, & 2^k<x,\end{cases}$$

则

$$\begin{aligned}\lim_{n\to\infty}\frac{1}{B_n^2}\sum_{k=1}^{n}\int_{|x-a_k|>\varepsilon B_n}(x-a_k)^2\mathrm{d}F_k(x)&=\lim_{n\to\infty}\frac{1}{n}\sum_{k=1}^{n}\int_{|x|>\varepsilon\sqrt{n}}x^2\mathrm{d}F_k(x)\\ &\geqslant\lim_{n\to\infty}\frac{1}{n}\sum_{k=1}^{n}\int_{|x|>\varepsilon\sqrt{n}}\varepsilon^2 n\,\mathrm{d}F_k(x)\\ &\geqslant\lim_{n\to\infty}\frac{1}{n}\varepsilon^2 n\sum_{k=1}^{n}\int\mathrm{d}F_k(x)\geqslant\lim_{n\to\infty}\frac{1}{n}\varepsilon^2 n^2=\infty,\end{aligned}$$

即 $\{\xi_n\}$ 不满足林德伯格条件,从而 $\{\xi_n\}$ 不成立中心极限定理.

23. 设相互独立随机变量序列 $\{\xi_n\}$,有

$$P(\xi_n=\pm n^{\lambda})=n^{-2\lambda-1},\quad P(\xi_n=0)=1-n^{-2\lambda},\quad n=1,2,\cdots.$$

问 λ 为何值时,$\{\xi_n\}$ 成立中心极限定理.

方法技巧 用费勒-林德伯格定理.

解 已知 $0\leqslant P_n\leqslant 1$,因此,$\lambda\geqslant 0$.

$$a_n = \mathrm{E}(\xi_n) = (n^{\lambda} \times n^{-2\lambda-1} - n^{\lambda} \times n^{-2\lambda-1}) + 0 \times (1 - n^{-2\lambda}) = 0,$$

$$\mathrm{E}(\xi_n^2) = n^{2\lambda} \times n^{-2\lambda-1} + n^{2\lambda} \times n^{-2\lambda-1} + 0^2 \times (1 - n^{-2\lambda}) = \frac{2}{n},$$

$$\sigma_k^2 = \mathrm{D}(\xi_k) = \mathrm{E}(\xi_k^2) - [\mathrm{E}(\xi_k)]^2 = \frac{2}{k}, \quad B_n^2 = \sum_{k=1}^{n} \sigma_k^2 = \sum_{k=1}^{n} \frac{2}{k} \approx \ln(n+1) + 0.577.$$

注意到,

$$\lim_{n\to\infty} B_n = \lim_{n\to\infty} \sqrt{\sum_{k=1}^{n} \frac{2}{k}} = \infty, \qquad \lim_{n\to\infty} \frac{\sigma_n}{B_n} = \lim_{n\to\infty} \frac{1}{\sqrt{n \sum_{k=1}^{n} \frac{1}{k}}} = 0,$$

即相互独立随机变量序列$\{\xi_n\}$满足费勒条件.由费勒-林德伯格定理知道,$\{\xi_n\}$成立中心极限定理等价于$\{\xi_n\}$满足林德伯格条件:若对任意$\varepsilon > 0$,有

$$\lim_{n\to\infty} \frac{1}{B_n^2} \sum_{k=1}^{n} \int_{|x-a_k| > \varepsilon B_n} (x - a_k)^2 \mathrm{d}F_k(x) = 0,$$

其中$F_k(x)$是ξ_k的分布函数,$a_k = \mathrm{E}(\xi_k)$,$\sigma_k^2 = \mathrm{D}(\xi_k)$,$B_n^2 = \sum_{k=1}^{n} \sigma_k^2$.

本题中,

$$\lim_{n\to\infty} \frac{1}{B_n^2} \sum_{k=1}^{n} \int_{|x-a_k| > \varepsilon B_n} (x - a_k)^2 \mathrm{d}F_k(x) = \lim_{n\to\infty} \frac{1}{\sum_{k=1}^{n} \frac{2}{k}} \sum_{k=1}^{n} \int_{|x^2| > \varepsilon^2 B_n^2} x^2 \mathrm{d}F_k(x).$$

若对任意$\varepsilon > 0$,有

$$k^{2\lambda} \geqslant \varepsilon^2 B_n^2 \approx \varepsilon^2 [\ln(n+1) + 0.577] \approx \varepsilon^2 n, \quad n > k,$$

即$\lambda \geqslant \frac{1}{2}$,则

$$\int_{|x-a_k| > \varepsilon B_n} x^2 \mathrm{d}F_k(x) = k^{2\lambda} \cdot k^{-2\lambda-1} + k^{2\lambda} \cdot k^{-2\lambda-1} = \frac{2}{k}.$$

此时,

$$\lim_{n\to\infty} \frac{1}{B_n^2} \sum_{k=1}^{n} \int_{|x-a_k| > \varepsilon B_n} (x - a_k)^2 \mathrm{d}F_k(x) = 1 \neq 0.$$

若对任意$\varepsilon > 0$,有

$$k^{2\lambda} < \varepsilon^2 B_n^2 \approx \varepsilon^2 [\ln(n+1) + 0.577] \approx \varepsilon^2 n, \quad n > k,$$

则

$$\int_{|x-a_k| > \varepsilon B_n} x^2 \mathrm{d}F_k(x) = 0.$$

因此,当$0 < \lambda < \frac{1}{2}$时,$\{\xi_n\}$满足林德伯格条件,从而$\{\xi_n\}$成立中心极限定理.

第六章　数理统计的基本概念

一、本章内容全解

知识点1　总体、个体、样本、简单随机样本

1. 总体、个体、样本定义：

随机现象对某一个问题的研究对象的全体称为**总体**(或**母体**)，组成总体的每个基本成员称为**个体**，从总体中随机抽取的 n 个个体称为容量为 n 的**样本**(或**子样**).在相同条件下不能完全肯定将来的发展的现象称为偶然性现象或随机现象.

2. 简单随机样本定义：

设 $\xi_1,\xi_2,\cdots,\xi_n$ 为来自总体 ξ 的容量为 n 的样本，如果 $\xi_1,\xi_2,\cdots,\xi_n$ 相互独立，且每一个都是与总体 ξ 有相同分布的随机变量，则称 $\xi_1,\xi_2,\cdots,\xi_n$ 为总体 ξ 的容量为 n 的**简单随机样本**，简称为**简单样本**或**样本**.

知识点2　统计量(重点)

1. 统计量定义：

设 $\xi_1,\xi_2,\cdots,\xi_n$ 为总体 ξ 的样本，T 为 n 维实值函数，做样本 $\xi_1,\xi_2,\cdots,\xi_n$ 的函数 $T=T(\xi_1,\xi_2,\cdots,\xi_n)$(不带未知参数的随机变量)，$T$ 的取值记为 $t=T(x_1,x_2,\cdots,x_n)$，称 T 或 $T(\xi_1,\xi_2,\cdots,\xi_n)$ 为**统计量**.

2. 常见的几种统计量：

(1) 样本均值与样本方差：设 $\xi_1,\xi_2,\cdots,\xi_n$ 为总体 ξ 的样本，其容量为 n，记

$$\bar{\xi}=\frac{1}{n}\sum_{i=1}^{n}\xi_i,\quad S^2=\frac{1}{n}\sum_{i=1}^{n}(\xi_i-\bar{\xi})^2,$$

则 $\bar{\xi}$ 及 S^2 都是统计量，称 $\bar{\xi}$ 及 S^2 分别为样本 $\xi_1,\xi_2,\cdots,\xi_n$ 的**平均值**及**方差**.样本 $\xi_1,\xi_2,\cdots,\xi_n$ 也可用 n 维随机向量 $(\xi_1,\xi_2,\cdots,\xi_n)$ 表示.记 x_i 为 ξ_i 的一次观察值，并称为样本的一次观察值.样本的观察值为 $x_1,x_2,\cdots,x_n$，$\bar{\xi}$ 及 S^2 的观察值分别记作

$$\bar{x}=\frac{1}{n}\sum_{i=1}^{n}x_i,\quad s^2=\frac{1}{n}\sum_{i=1}^{n}(x_i-\bar{x})^2.$$

(2) 顺序统计量：设 $\xi_1,\xi_2,\cdots,\xi_n$ 为总体 ξ 的样本，由样本建立 n 个函数：

$$\xi_k^* = \xi_k^*(\xi_1, \xi_2, \cdots, \xi_n), \quad k = 1, 2, \cdots, n,$$

其中 ξ_k^* 为这样的统计量，它的观察值为 x_k^*，x_k^* 为样本 $\xi_1, \xi_2, \cdots, \xi_n$ 的观察值 $x_1, x_2, \cdots, x_n$ 中由小至大排列(即 $x_1^* \leqslant x_2^* \leqslant \cdots \leqslant x_n^*$)后的第 k 位数值，则称 $\xi_1^*, \xi_2^*, \cdots, \xi_n^*$ 为**顺序统计量**.易见，

$$\xi_1^* = \min(\xi_1, \xi_2, \cdots, \xi_n), \quad \xi_n^* = \max(\xi_1, \xi_2, \cdots, \xi_n),$$

称 ξ_1^* 为**最小项统计量**，ξ_n^* 为**最大项统计量**.若 n 为奇数，则称 $\xi_{\frac{n+1}{2}}^*$ 为样本的中值；若 n 为偶数，则称 $\xi_{\frac{n}{2}+1}^*$ 为样本的中值.

(3) 极差：设 $\xi_1, \xi_2, \cdots, \xi_n$ 为总体 ξ 的样本，则称统计量 $D_n^* = \xi_n^* - \xi_1^*$ 为样本的**极差**.

知识点3 抽样分布、经验分布函数

1. 抽样分布定义：

统计量的分布称为**抽样分布**.设总体 ξ 的分布函数表达式已知，对于任一正整数 n，如能求出给定统计量 $T(\xi_1, \xi_2, \cdots, \xi_n)$ 的分布函数，则称此分布为统计量 T 的**精确分布**.在样本容量 n 比较小的情况下，所讨论的各种统计问题称为小样本问题；在样本容量 n 比较大的情况下，所讨论的各种统计问题称为大样本问题.

2. 经验分布函数定义：

从总体 ξ 中抽取容量为 n 的样本 $\xi_1, \xi_2, \cdots, \xi_n$，当顺序统计量 $\xi_1^*, \xi_2^*, \cdots, \xi_n^*$ 的值给定时，对任何实数 x，我们定义函数 $F_n^*(x)$：

$$F_n^*(x) = \begin{cases} 0, & x \leqslant x_1^*, \\ \dfrac{k}{n}, & x_k^* < x \leqslant x_{k+1}^*, \quad k = 1, 2, \cdots, n-1, \\ 1, & x > x_n^*, \end{cases}$$

称 $F_n^*(x)$ 为总体 ξ 的**经验分布函数**.

3. 格列汶科定理：

设总体 ξ 的分布函数为 $F(x)$，经验分布函数为 $F_n^*(x)$，对于任何实数 x，记

$$D_n = \sup_{-\infty < x < +\infty} |F_n^*(x) - F(x)|,$$

则有

$$P\left(\lim_{n \to \infty} D_n = 0\right) = 1.$$

该定理说明，当 n 足够大时，对于所有的 x 值，$F_n^*(x)$ 同 $F(x)$ 之差的绝对值都很小这个事件发生的概率等于1，但是该定理没有阐明统计量 D_n 服从什么分布或以什么分布为其极限分布.

知识点4 样本的数字特征(重点)

1. 样本矩定义：

设 $F_n^*(x)$ 为总体 ξ 的经验分布函数，记

$$A_r = \int_{-\infty}^{+\infty} x^r \mathrm{d}F_n^*(x) = \frac{1}{n}\sum_{i=1}^{n} \xi_i^r, \quad B_r = \int_{-\infty}^{+\infty} (x - \bar{\xi})^r \mathrm{d}F_n^*(x) = \frac{1}{n}\sum_{i=1}^{n} (\xi_i - \bar{\xi})^r,$$

称 A_r, B_r 分别为样本的 r **阶原点矩**及 r **阶中心矩**，其中 r 为正整数.显然，$A_1 = \bar{\xi}$，$B_2 = S^2$.由于

A_r, B_r 都是样本的不带未知参数的函数，因而都是统计量.

2. 协方差与相关系数定义：

设$(\xi_1,\eta_1),(\xi_2,\eta_2),\cdots,(\xi_n,\eta_n)$为二维总体$(\xi,\eta)$的样本，记

$$\bar{\xi}=\frac{1}{n}\sum_{i=1}^{n}\xi_i,\quad S_1^2=\frac{1}{n}\sum_{i=1}^{n}(\xi_i-\bar{\xi})^2,$$

$$\bar{\eta}=\frac{1}{n}\sum_{i=1}^{n}\eta_i,\quad S_2^2=\frac{1}{n}\sum_{i=1}^{n}(\eta_i-\bar{\eta})^2,\quad S_{12}=\frac{1}{n}\sum_{i=1}^{n}(\xi_i-\bar{\xi})(\eta_i-\bar{\eta}),$$

称统计量 S_{12} 为样本的**协方差**.称统计量

$$R=\frac{S_{12}}{S_1\cdot S_2}$$

为样本的**相关系数**.

知识点5　样本数字特征的分布

1. 样本均值的分布：

设 $\varphi(t)$ 为总体 ξ 的特征函数，$\xi_1,\xi_2,\cdots,\xi_n$ 为总体 ξ 的样本，则样本均值 $\bar{\xi}$ 的特征函数为

$$\varphi_1(t)=[\varphi_0(t)]^n=\left[\varphi\left(\frac{t}{n}\right)\right]^n,$$

其中 $\varphi_0(t)=\varphi\left(\frac{t}{n}\right)$，它是$\frac{\xi}{n}$ 的特征函数.

2. 极值的分布：

设总体 ξ 的分布函数为 $F(x)$，$\xi_1,\xi_2,\cdots,\xi_n$ 为其样本，样本中的最大项 $\xi_n^*=\max(\xi_1,\xi_2,\cdots,\xi_n)$ 的分布函数记为 $F_n(x)$，则有

$$F_n(x)=P(\xi_n^*<x)=P(\xi_1<x,\xi_2<x,\cdots,\xi_n<x)=[F(x)]^n;$$

样本中的最小项 $\xi_1^*=\min(\xi_1,\xi_2,\cdots,\xi_n)$ 的分布函数记为 $F_1(x)$，则有

$$\begin{aligned}F_1(x)&=P(\xi_1^*<x)=1-P(\xi_1^*\geqslant x)=1-P(\xi_1\geqslant x,\xi_2\geqslant x,\cdots,\xi_n\geqslant x)\\&=1-P(\xi_1\geqslant x)P(\xi_2\geqslant x)\cdots P(\xi_n\geqslant x)\\&=1-[P(\xi\geqslant x)]^n=1-[1-F(x)]^n.\end{aligned}$$

如果总体 ξ 有概率密度函数 $f(x)$，则 ξ_n^* 及 ξ_1^* 的概率密度函数分别为

$$f_n(x)=nf(x)[F(x)]^{n-1},\quad f_1(x)=nf(x)[1-F(x)]^{n-1}.$$

一般地，由小到大的第 k 位统计量 ξ_k^* 的分布函数 $F_k(y)$ 为

$$F_k(y)=n\mathrm{C}_{n-1}^{k-1}\int_{-\infty}^{y}[F(x)]^{k-1}[1-F(x)]^{n-k}\mathrm{d}F(x),\quad k=1,2,\cdots,n.$$

3. 极差的分布：

设总体 ξ 的分布函数为 $F(x)$，$\xi_1,\xi_2,\cdots,\xi_n$ 为其样本，样本极差 $D_n^*=\xi_n^*-\xi_1^*$ 的分布函数记为 $F_{D_n^*}(y)$，其中 $y\geqslant 0$.如果总体 ξ 有概率密度函数 $f(x)$，则 D_n^* 的分布函数为

$$F_{D_n^*}(y)=\int_{-\infty}^{+\infty}n\left(F(v+y)-F(v)\right)^{n-1}f(v)\mathrm{d}v,$$

其概率密度函数为

$$f_{D_n^*}(y)=n(n-1)\int_{-\infty}^{+\infty}\left(\int_{v}^{v+y}f(x)\mathrm{d}x\right)^{n-2}f(v+y)f(v)\mathrm{d}v.$$

样本极差 D_n^* 的数学期望及方差分别为

$$c_n = \mathrm{E}(D_n^*) = \int_0^{+\infty} y f_{D_n^*}(y)\mathrm{d}y,\quad v_n^2 = \mathrm{D}(D_n^*) = \int_0^{+\infty} (y-c_n)^2 f_{D_n^*}(y)\mathrm{d}y.$$

知识点 6　抽样分布定理（重点）

1. 设总体 ξ 服从正态分布 $N(a,\sigma)$，$\xi_1,\xi_2,\cdots,\xi_n$ 为其样本，样本的均值与方差分别记为 $\bar{\xi}$，S^2，则 $\bar{\xi}$ 服从正态分布 $N\left(a,\dfrac{\sigma}{\sqrt{n}}\right)$，$\dfrac{nS^2}{\sigma^2}$ 服从自由度为 $n-1$ 的 χ^2 分布，简记作 $\dfrac{nS^2}{\sigma^2}\sim\chi^2(n-1)$，而且 $\bar{\xi}$ 与 S^2 相互独立.

2. 设总体 ξ 服从正态分布 $N(a,\sigma)$，$\xi_1,\xi_2,\cdots,\xi_n$ 为其样本，则

$$T=\sqrt{n-1}\,\frac{\bar{\xi}-a}{S}$$

服从自由度为 $n-1$ 的 t **分布**，记作 $T\sim t(n-1)$.

3. 设总体 ξ 服从正态分布 $N(a_1,\sigma)$，$\xi_1,\xi_2,\cdots,\xi_{n_1}$ 为其样本，总体 η 服从正态分布 $N(a_2,\sigma)$，$\eta_1,\eta_2,\cdots,\eta_{n_2}$ 为其样本，而且这两个样本是相互独立的.记

$$\bar{\xi}=\frac{1}{n_1}\sum_{i=1}^{n_1}\xi_i,\quad S_1^2=\frac{1}{n_1}\sum_{i=1}^{n_1}(\xi_i-\bar{\xi})^2,$$

$$\bar{\eta}=\frac{1}{n_2}\sum_{i=1}^{n_2}\eta_i,\quad S_2^2=\frac{1}{n_2}\sum_{i=1}^{n_2}(\eta_i-\bar{\eta})^2,$$

则有

(i) $$\frac{(n_2-1)n_1S_1^2}{(n_1-1)n_2S_2^2}\sim F(n_1-1,n_2-1),$$

即统计量 $\dfrac{(n_2-1)n_1S_1^2}{(n_1-1)n_2S_2^2}$ 服从第一自由度为 n_1-1，第二自由度为 n_2-1 的 F 分布；

(ii) $$\sqrt{\frac{n_1n_2(n_1+n_2-2)}{n_1+n_2}}\cdot\frac{(\bar{\xi}-\bar{\eta})-(a_1-a_2)}{\sqrt{n_1S_1^2+n_2S_2^2}}\sim t(n_1+n_2-2),$$

即统计量 $\sqrt{\dfrac{n_1n_2(n_1+n_2-2)}{n_1+n_2}}\cdot\dfrac{(\bar{\xi}-\bar{\eta})-(a_1-a_2)}{\sqrt{n_1S_1^2+n_2S_2^2}}$ 服从自由度为 n_1+n_2-2 的 t 分布.

4. 设 $\xi_1,\xi_2,\cdots,\xi_k$ 为 k 个相互独立的随机变量，且每个随机变量都服从标准正态分布 $N(0,1)$，今从 k 个总体中分别抽取容量为 n_i 的样本 $\xi_{i1},\xi_{i2},\cdots,\xi_{in_i}$，$i=1,2,\cdots,k$，记

$$\overline{\xi_i}=\frac{1}{n_i}\sum_{j=1}^{n_i}\xi_{ij},\quad S_i^2=\frac{1}{n_i}\sum_{j=1}^{n_i}(\xi_{ij}-\overline{\xi_i})^2,\quad n=\sum_{i=1}^{k}n_i,\quad \bar{\xi}=\frac{1}{n}\sum_{i=1}^{k}\sum_{j=1}^{n_i}\xi_{ij}=\frac{1}{n}\sum_{i=1}^{k}n_i\overline{\xi_i},$$

则有

(i) $S_{\text{总}}^2=\sum\limits_{i=1}^{k}\sum\limits_{j=1}^{n_i}(\xi_{ij}-\bar{\xi})^2=\sum\limits_{i=1}^{k}n_iS_i^2+\sum\limits_{i=1}^{k}n_i(\overline{\xi_i}-\bar{\xi})^2$；

(ii) 记 $Q_e=\sum\limits_{i=1}^{k}n_iS_i^2$，$U=\sum\limits_{i=1}^{k}n_i(\overline{\xi_i}-\bar{\xi})^2$，那么 $\dfrac{U/(k-1)}{Q_e/(n-k)}\sim F(k-1,n-k)$.

二、经典题型

题型Ⅰ 正态总体样本均值的分布

◆ **题型解析**：$\xi \sim N(a,\sigma)$，则容量为 n 的样本的均值 $\bar{\xi} \sim N\left(a,\frac{\sigma}{\sqrt{n}}\right)$，标准化后可用标准正态分布的分布函数来求概率.

例 1 设 $\xi_1,\xi_2,\cdots,\xi_n$ 为总体 $\xi \sim N(a,2)$ 的一个样本，$\bar{\xi}$ 为样本均值，试问样本容量 n 至少为多大才能使：

(1) $E(|\bar{\xi}-a|^2) \leqslant 0.1$；(2) $E(|\bar{\xi}-a|) \leqslant 0.1$；(3) $P(|\bar{\xi}-a| \leqslant 0.1) \geqslant 0.95$？

解 (1) 因为 $\bar{\xi} \sim N\left(a,\frac{2}{\sqrt{n}}\right)$，所以 $\bar{\xi}-a \sim N\left(0,\frac{2}{\sqrt{n}}\right)$，即 $E(\bar{\xi}-a)=0$，$D(\bar{\xi}-a)=\frac{4}{n}$，则

$$0.1 \geqslant E(|\bar{\xi}-a|^2)=D(\bar{\xi}-a)+\left[E(\bar{\xi}-a)\right]^2=D(\bar{\xi}-a)=\frac{4}{n},$$

所以 $n \geqslant 40$.

(2) 因为 $\bar{\xi}-a \sim N\left(0,\frac{2}{\sqrt{n}}\right)$，所以 $\frac{(\bar{\xi}-a)\sqrt{n}}{2} \sim N(0,1)$，则

$$0.1 \geqslant E(|\bar{\xi}-a|)=\frac{2}{\sqrt{n}}E\left(\left|\frac{(\bar{\xi}-a)\sqrt{n}}{2}\right|\right)=\frac{2}{\sqrt{n}}\int_{-\infty}^{+\infty}|x|\frac{1}{\sqrt{2\pi}}e^{-\frac{x^2}{2}}dx$$

$$=\frac{4}{\sqrt{n}}\int_0^{+\infty}x\frac{1}{\sqrt{2\pi}}e^{-\frac{x^2}{2}}dx=\frac{4}{\sqrt{2\pi}\sqrt{n}},$$

所以 $n \geqslant 255$.

(3) $P(|\bar{\xi}-a| \leqslant 0.1)=P\left(\left|\frac{(\bar{\xi}-a)\sqrt{n}}{2}\right| \leqslant 0.05\sqrt{n}\right)=2\Phi(0.05\sqrt{n})-1 \geqslant 0.95$，

所以 $0.05\sqrt{n} \geqslant 1.96$，则 $n \geqslant 1\ 537$.

题型Ⅱ 简单随机样本

◆ **题型解析**：目前所考虑的抽样都是简单随机抽样，从而所得的样本都是简单随机样本，即样本 $\xi_1,\xi_2,\cdots,\xi_n$ 相互独立且与总体 ξ 同分布.

例 2 设 $\xi_1,\xi_2,\cdots,\xi_n$ 为总体 ξ 的一个样本，$E(\xi)=a$，$D(\xi)=\sigma^2$ 都存在，求

$$Q=(\xi_1-\xi_2)^2+(\xi_2-\xi_3)^2+\cdots+(\xi_{n-1}-\xi_n)^2$$

的数学期望.

解 $$E(Q)=\sum_{i=2}^{n}E(\xi_{i-1}-\xi_i)^2=\sum_{i=2}^{n}E(\xi_{i-1}^2-2\xi_{i-1}\xi_i+\xi_i^2)$$

$$=(n-1)\left[\mathrm{E}(\xi^2)-\left(2\mathrm{E}(\xi)\right)^2+\mathrm{E}(\xi^2)\right]=2(n-1)\left[\mathrm{E}(\xi^2)-\left(\mathrm{E}(\xi)\right)^2\right]$$
$$=2(n-1)\mathrm{D}(\xi)=(2n-2)\sigma^2.$$

题型Ⅲ 多维正态分布

例 3 设 $\boldsymbol{\eta}\sim N_n(\boldsymbol{\theta},\boldsymbol{\Sigma})$,则 $\boldsymbol{\eta}$ 的特征函数为

$$\varphi_\eta(\boldsymbol{t})=\exp\left\{\mathrm{j}\boldsymbol{t}^{\mathrm{T}}\boldsymbol{\theta}-\frac{1}{2}\boldsymbol{t}^{\mathrm{T}}\boldsymbol{\Sigma}\boldsymbol{t}\right\},$$

其中 $\mathrm{j}=\sqrt{-1}$,$\boldsymbol{t}^{\mathrm{T}}=(t_1,t_2,\cdots,t_n)$.

特别提醒 注意:n 维随机变量的概率密度函数在 $\mathbf{R}^n$ 上的积分等于 1 及换元法的使用.

证明 令 $\boldsymbol{z}=\boldsymbol{y}-\boldsymbol{\theta}$,$k=(2\pi)^{\frac{n}{2}}\mid\boldsymbol{\Sigma}\mid^{\frac{1}{2}}$,则由特征函数的定义得

$$\varphi_{\boldsymbol{\eta}}(\boldsymbol{t})=\mathrm{E}(\mathrm{e}^{\mathrm{j}\boldsymbol{t}^{\mathrm{T}}\boldsymbol{\eta}})=\frac{1}{k}\int_{-\infty}^{+\infty}\cdots\int_{-\infty}^{+\infty}\exp\left\{\mathrm{j}\boldsymbol{t}^{\mathrm{T}}\boldsymbol{y}-\frac{1}{2}(\boldsymbol{y}-\boldsymbol{\theta})^{\mathrm{T}}\boldsymbol{\Sigma}^{-1}(\boldsymbol{y}-\boldsymbol{\theta})\right\}\mathrm{d}y_1\cdots\mathrm{d}y_n$$
$$=\frac{1}{k}\int_{-\infty}^{+\infty}\cdots\int_{-\infty}^{+\infty}\exp\left\{\mathrm{j}\boldsymbol{t}^{\mathrm{T}}(\boldsymbol{z}+\boldsymbol{\theta})-\frac{1}{2}\boldsymbol{z}^{\mathrm{T}}\boldsymbol{\Sigma}^{-1}\boldsymbol{z}\right\}\mathrm{d}z_1\cdots\mathrm{d}z_n$$
$$=\frac{1}{k}\int_{-\infty}^{+\infty}\cdots\int_{-\infty}^{+\infty}\exp\left\{\mathrm{j}\boldsymbol{t}^{\mathrm{T}}\boldsymbol{\theta}-\frac{1}{2}\boldsymbol{t}^{\mathrm{T}}\boldsymbol{\Sigma}\boldsymbol{t}-\frac{1}{2}(\boldsymbol{z}-\mathrm{j}\boldsymbol{\Sigma}\boldsymbol{t})^{\mathrm{T}}\boldsymbol{\Sigma}^{-1}(\boldsymbol{z}-\mathrm{j}\boldsymbol{\Sigma}\boldsymbol{t})\right\}\mathrm{d}z_1\cdots\mathrm{d}z_n$$
$$=\exp\left\{\mathrm{j}\boldsymbol{t}^{\mathrm{T}}\boldsymbol{\theta}-\frac{1}{2}\boldsymbol{t}^{\mathrm{T}}\boldsymbol{\Sigma}\boldsymbol{t}\right\}\frac{1}{k}\int_{-\infty}^{+\infty}\cdots\int_{-\infty}^{+\infty}\exp\left\{-\frac{1}{2}(\boldsymbol{z}-\mathrm{j}\boldsymbol{\Sigma}\boldsymbol{t})^{\mathrm{T}}\boldsymbol{\Sigma}^{-1}(\boldsymbol{z}-\mathrm{j}\boldsymbol{\Sigma}\boldsymbol{t})\right\}\mathrm{d}z_1\cdots\mathrm{d}z_n$$
$$=\exp\left\{\mathrm{j}\boldsymbol{t}^{\mathrm{T}}\boldsymbol{\theta}-\frac{1}{2}\boldsymbol{t}^{\mathrm{T}}\boldsymbol{\Sigma}\boldsymbol{t}\right\}.$$

例 4 设 n 维随机变量 $\boldsymbol{\eta}\sim N_n(\boldsymbol{\theta},\boldsymbol{\Sigma})$,$\boldsymbol{A}$ 是一个秩为 m 的 $m\times n$ 常数矩阵,$\boldsymbol{a}$ 是 m 维常数列向量,$\boldsymbol{\xi}=\boldsymbol{A\eta}+\boldsymbol{a}$,则 m 维随机向量 $\boldsymbol{\xi}\sim N_m(\boldsymbol{A\theta}+\boldsymbol{a},\boldsymbol{A\Sigma A}^{\mathrm{T}})$.

方法技巧 由分布函数与特征函数一一对应,借助于特征函数的性质及例 3 的结果,求 $\boldsymbol{\xi}$ 的特征函数即可.

证明 $\boldsymbol{\xi}$ 的特征函数为

$$\varphi_{\boldsymbol{\xi}}(\boldsymbol{t})=\mathrm{E}(\mathrm{e}^{\mathrm{j}\boldsymbol{t}^{\mathrm{T}}\boldsymbol{\xi}})=\mathrm{E}\left(\mathrm{e}^{\mathrm{j}\boldsymbol{t}^{\mathrm{T}}(\boldsymbol{A\eta}+\boldsymbol{a})}\right)=\mathrm{e}^{\mathrm{j}\boldsymbol{t}^{\mathrm{T}}\boldsymbol{a}}\varphi_{\boldsymbol{\eta}}(\boldsymbol{A}^{\mathrm{T}}\boldsymbol{t})=\mathrm{e}^{\mathrm{j}\boldsymbol{t}^{\mathrm{T}}\boldsymbol{a}+\mathrm{j}(\boldsymbol{A}^{\mathrm{T}}\boldsymbol{t})^{\mathrm{T}}\boldsymbol{\theta}-\frac{1}{2}[(\boldsymbol{A}^{\mathrm{T}}\boldsymbol{t})^{\mathrm{T}}\boldsymbol{\Sigma}(\boldsymbol{A}^{\mathrm{T}}\boldsymbol{t})]}$$
$$=\exp\left\{\mathrm{j}\boldsymbol{t}^{\mathrm{T}}(\boldsymbol{A\theta}+\boldsymbol{a})-\frac{1}{2}\boldsymbol{t}^{\mathrm{T}}(\boldsymbol{A\Sigma A}^{\mathrm{T}})\boldsymbol{t}\right\}.$$

由多元特征函数的唯一性定理知,$\boldsymbol{\xi}\sim N_m(\boldsymbol{A\theta}+\boldsymbol{a},\boldsymbol{A\Sigma A}^{\mathrm{T}})$.

例 5 设 $\boldsymbol{A}$ 为 n 阶对称矩阵,$\boldsymbol{\xi}$ 为 n 维随机列向量,证明:

$$\mathrm{E}(\boldsymbol{\xi}^{\mathrm{T}}\boldsymbol{A\xi})=\mathrm{tr}[\boldsymbol{A}\mathrm{E}(\boldsymbol{\xi\xi}^{\mathrm{T}})].$$

难点注释 矩阵的迹,即矩阵主对角线上的所有元素之和.矩阵转置的迹与该矩阵的迹一样.

证明 设 $\boldsymbol{A}=[a_{ij}]$,$\boldsymbol{B}=\mathrm{E}(\boldsymbol{\xi\xi}^{\mathrm{T}})=[\mathrm{E}(\xi_i\xi_j)]=[b_{ij}]$,其中 ξ_i 为 $\boldsymbol{\xi}$ 的第 i 个分量,则 $\boldsymbol{B}^{\mathrm{T}}=\boldsymbol{B}$,且

$$\mathrm{E}(\boldsymbol{\xi}^{\mathrm{T}}\boldsymbol{A\xi})=\mathrm{E}\left(\sum_{i=1}^{n}\sum_{j=1}^{n}a_{ij}\xi_i\xi_j\right)=\sum_{i=1}^{n}\sum_{j=1}^{n}a_{ij}\mathrm{E}(\xi_i\xi_j)$$
$$=\sum_{i=1}^{n}\sum_{j=1}^{n}a_{ij}b_{ij}=\mathrm{tr}(\boldsymbol{AB}^{\mathrm{T}})=\mathrm{tr}(\boldsymbol{AB})=\mathrm{tr}[\boldsymbol{A}\mathrm{E}(\boldsymbol{\xi\xi}^{\mathrm{T}})].$$

例 6　设 $\boldsymbol{\xi}=(\xi_1,\xi_2,\xi_3)^{\mathrm{T}}\sim N_3(\boldsymbol{\theta},\boldsymbol{\Sigma})$，其中

$$\boldsymbol{\theta}=\begin{pmatrix}2\\1\\2\end{pmatrix},\quad \boldsymbol{\Sigma}=\begin{pmatrix}2&1&1\\1&3&0\\1&0&1\end{pmatrix}.$$

求 $\eta_1=\xi_1+\xi_2+\xi_3,\eta_2=\xi_1-\xi_2$ 的联合分布.

方法技巧 用例 5 的结论可求解.

解　记 $\boldsymbol{C}=\begin{pmatrix}1&1&1\\1&-1&0\end{pmatrix},\boldsymbol{\eta}=(\eta_1,\eta_2)^{\mathrm{T}}$，则

$$\boldsymbol{\eta}=\boldsymbol{C\xi}=\begin{pmatrix}1&1&1\\1&-1&0\end{pmatrix}\begin{pmatrix}\xi_1\\\xi_2\\\xi_3\end{pmatrix}\sim N_2(\boldsymbol{C\theta},\boldsymbol{C\Sigma C}^{\mathrm{T}})=N_2\left(\begin{pmatrix}5\\1\end{pmatrix},\quad\begin{pmatrix}10&0\\0&3\end{pmatrix}\right).$$

题型Ⅳ　抽样分布定理

例 7　设总体 $\xi\sim N(0,\sigma)$，$\xi_1,\xi_2,\cdots,\xi_n$ 为 ξ 的样本，$S^2=\frac{1}{n}\sum_{i=1}^{n}(\xi_i-\bar{\xi})^2$，求 $E(S^2)$ 与 $D(S^2)$，并证明当 n 增大时，$E(S^2)=\sigma^2+o\left(\frac{1}{n}\right)$，$D(S^2)=\frac{2\sigma^2}{n}+o\left(\frac{1}{n^2}\right)$.

方法技巧 自由度为 n 的 χ^2 分布的数学期望为 n，方差为 $2n$，从而求出 $E(S^2)$. 也可以把 $\sum_{i=1}^{n}(\xi_i-\bar{\xi})^2$ 写成 $\boldsymbol{\xi}^{\mathrm{T}}\boldsymbol{A\xi}$，$\boldsymbol{\xi}=(\xi_1,\xi_2,\cdots,\xi_n)^{\mathrm{T}}$，用例 5 的结论求 $E(S^2)$ 与 $D(S^2)$.

证明　注意到，

$$\begin{aligned}\sum_{i=1}^{n}(\xi_i-\bar{\xi})^2=&\left(\frac{n-1}{n}\xi_1-\frac{1}{n}\xi_2-\frac{1}{n}\xi_3-\cdots-\frac{1}{n}\xi_n\right)^2\\&+\left(-\frac{1}{n}\xi_1+\frac{n-1}{n}\xi_2-\frac{1}{n}\xi_3-\cdots-\frac{1}{n}\xi_n\right)^2+\cdots\\&+\left(-\frac{1}{n}\xi_1+-\frac{1}{n}\xi_2-\frac{1}{n}\xi_3-\cdots-\frac{n-1}{n}\xi_n\right)^2.\end{aligned}$$

令

$$\boldsymbol{\xi}^{\mathrm{T}}=(\xi_1,\xi_2,\cdots,\xi_n),\quad \boldsymbol{A}=\begin{pmatrix}\frac{n-1}{n}&\frac{-1}{n}&\cdots&\frac{-1}{n}\\\frac{-1}{n}&\frac{n-1}{n}&\cdots&\frac{-1}{n}\\\vdots&\vdots&&\vdots\\\frac{-1}{n}&\frac{-1}{n}&\cdots&\frac{n-1}{n}\end{pmatrix},$$

则 $\sum_{i=1}^{n}(\xi_i-\bar{\xi})^2=\boldsymbol{\xi}^{\mathrm{T}}\boldsymbol{A\xi}$.

$$E(S^2)=\frac{1}{n}E\left[\sum_{i=1}^{n}(\xi_i-\bar{\xi})^2\right]=\frac{1}{n}E(\boldsymbol{\xi}^{\mathrm{T}}\boldsymbol{A\xi})=\frac{1}{n}\cdot\frac{n-1}{n}\cdot n\sigma^2=\frac{n-1}{n}\sigma^2$$

$$=\sigma^2-\frac{1}{n}\sigma^2=\sigma^2+o\left(\frac{1}{n}\right),$$

或

$$E(S^2)=\frac{\sigma^2}{n}E\left(\frac{nS^2}{\sigma^2}\right)=\frac{\sigma^2}{n}(n-1)=\frac{n-1}{n}\sigma^2=\sigma^2+o\left(\frac{1}{n}\right).$$

因为$\boldsymbol{\xi}\sim N_n(\mathbf{0},\sigma^2\boldsymbol{I}_n)$，所以

$$D(S^2)=D\left[\frac{1}{n}\sum_{i=1}^{n}(\xi_i-\bar{\xi})^2\right]=D\left(\frac{1}{n}\boldsymbol{\xi}^{T}\boldsymbol{A}\boldsymbol{\xi}\right)=\frac{1}{n^2}D(\boldsymbol{\xi}^{T}\boldsymbol{A}\boldsymbol{\xi})=\frac{2\sigma^4}{n^2}\mathrm{tr}(\boldsymbol{A}^2),$$

其中$\boldsymbol{A}=\left[\left(\sigma_{ij}-\frac{1}{n}\right)\right]_{n\times n}$，所以$\boldsymbol{A}^2=\boldsymbol{A}$，故$\mathrm{tr}(\boldsymbol{A}^2)=\mathrm{tr}(\boldsymbol{A})=n-1$，从而

$$D(S^2)=\frac{2\sigma^4}{n^2}(n-1)=\frac{2\sigma^4}{n}-\frac{2\sigma^4}{n^2},$$

或

$$D(S^2)=\frac{\sigma^4}{n^2}D\left(\frac{nS^2}{\sigma^2}\right)=\frac{\sigma^4}{n^2}\cdot 2(n-1)=\frac{2\sigma^4}{n}-\frac{2\sigma^4}{n^2}.$$

故

$$E(S^2)=\sigma^2+o\left(\frac{1}{n}\right),\quad D(S^2)=\frac{2\sigma^4}{n}+o\left(\frac{1}{n^2}\right).$$

例 8 设$\xi_1,\xi_2,\cdots,\xi_n$相互独立，且$\xi_i\sim N(a,\sigma_i)$，$i=1,2,\cdots,n$，试证：

$$\eta=\frac{\sum_{i=1}^{n}\frac{\xi_i}{\sigma_i^2}}{\sum_{i=1}^{n}\frac{1}{\sigma_i^2}}\quad 与\quad \zeta=\sum_{i=1}^{n}\left(\frac{\xi_i-\eta}{\sigma_i}\right)^2$$

独立，且$\eta\sim N\left(a,\frac{1}{\sqrt{\sum_{i=1}^{n}\frac{1}{\sigma_i^2}}}\right)$，$\zeta\sim\chi^2(n-1)$.

方法技巧 由正态分布的性质、χ^2分布的构造方式及性质可证.

证明 显然$\eta\sim N\left(a,\frac{1}{\sqrt{\sum_{i=1}^{n}\frac{1}{\sigma_i^2}}}\right)$，记$\sigma^2=\sum_{i=1}^{n}\frac{1}{\sigma_i^2}$，则$\sigma(\eta-a)\sim N(0,1)$，所以

$$\sigma^2(\eta-a)^2\sim\chi^2(1).$$

令$\zeta_i=\frac{\xi_i-a}{\sigma_i}$，则$\zeta_1,\zeta_2,\cdots,\zeta_n$独立同服从$N(0,1)$，故$\sum_{i=1}^{n}\zeta_i^2\sim\chi^2(n)$.但是

$$\zeta_i=\frac{\xi_i-a}{\sigma_i}=\frac{\xi_i-\eta+\eta-a}{\sigma_i},$$

所以

$$\sum_{i=1}^{n}\zeta_i^2=\sum_{i=1}^{n}\left(\frac{\xi_i-\eta}{\sigma_i}\right)^2+\sum_{i=1}^{n}\left(\frac{\eta-a}{\sigma_i}\right)^2+2(\eta-a)\sum_{i=1}^{n}\left(\frac{\xi_i-\eta}{\sigma_i^2}\right)$$

$$=\zeta+\sigma^2(\eta-a)^2+2(\eta-a)\sum_{i=1}^{n}\frac{\xi_i-\eta}{\sigma_i^2}.$$

而

$$\sum_{i=1}^{n}\frac{\xi_i-\eta}{\sigma_i^2}=\sigma^2\eta-\sigma^2\eta=0,$$

故

$$\zeta=\sum_{i=1}^{n}\zeta_i^2-\sigma^2(\eta-a)^2.$$

因为

$$\mathrm{E}[(\xi_1-\eta)\eta]=\frac{1}{\sigma^2}\left(\frac{\sigma_1^2+a^2}{\sigma_1^2}+\frac{a^2}{\sigma_2^2}+\cdots+\frac{a^2}{\sigma_n^2}\right)-a^2-\frac{1}{\sigma^2}=0,$$

故 $\xi_1-\eta$ 与 η 独立，从而 $\xi_i-\eta$ 与 $\eta-a$ 独立，ζ 与 η 独立，则 ζ 与 $(\eta-a)^2\sigma^2$ 独立.又

$$\sum_{i=1}^{n}\zeta_i^2\sim\chi^2(n),\quad(\eta-a)^2\sigma^2\sim\chi^2(1),$$

因此，

$$\zeta=\sum_{i=1}^{n}\zeta_i^2-\sigma^2(\eta-a)^2\sim\chi^2(n-1).$$

例 9　设 $\xi_1,\xi_2,\cdots,\xi_n,\xi_{n+1},\cdots,\xi_{n+m}$ 为总体 $\xi\sim N(0,\sigma)$ 的样本.

(1) 确定 a 与 b，使 $a\left(\sum\limits_{i=1}^{n}\xi_i\right)^2+b\left(\sum\limits_{i=n+1}^{n+m}\xi_i\right)^2$ 服从 χ^2 分布.

(2) 确定 c，使 $c\sum\limits_{i=1}^{n}\xi_i\Big/\sqrt{\sum\limits_{i=n+1}^{n+m}\xi_i^2}$ 服从 t 分布.

(3) 确定 d，使 $d\sum\limits_{i=1}^{n}\xi_i^2\Big/\sum\limits_{i=n+1}^{n+m}\xi_i^2$ 服从 F 分布.

方法技巧 由抽样分布定理及三大分布的构造方式可求解.

解　(1) 因为 $\sum\limits_{i=1}^{n}\xi_i\sim N(0,\sqrt{n}\sigma)$，所以 $\sum\limits_{i=1}^{n}\frac{\xi_i}{\sigma\sqrt{n}}\sim N(0,1)$，从而 $\frac{1}{n\sigma^2}\left(\sum\limits_{i=1}^{n}\xi_i\right)^2\sim\chi^2(1)$.同理

$$\frac{1}{m\sigma^2}\left(\sum_{i=n+1}^{n+m}\xi_i\right)^2\sim\chi^2(1).$$

又因 $\left(\sum\limits_{i=1}^{n}\xi_i\right)^2$ 与 $\left(\sum\limits_{i=n+1}^{n+m}\xi_i\right)^2$ 独立，故

$$\frac{1}{n\sigma^2}\left(\sum_{i=1}^{n}\xi_i\right)^2+\frac{1}{m\sigma^2}\left(\sum_{i=n+1}^{n+m}\xi_i\right)^2\sim\chi^2(2),$$

从而

$$a=\frac{1}{n\sigma^2},\quad b=\frac{1}{m\sigma^2}.$$

(2) 因为 $\sum\limits_{i=1}^{n}\frac{\xi_i}{\sigma\sqrt{n}}\sim N(0,1)$，$\sum\limits_{i=n+1}^{n+m}\frac{\xi_i^2}{\sigma^2}\sim\chi^2(m)$，且 $\sum\limits_{i=1}^{n}\frac{\xi_i}{\sigma\sqrt{n}}$ 与 $\sum\limits_{i=n+1}^{n+m}\frac{\xi_i^2}{\sigma^2}$ 独立，所以由 t 分布

知，

$$\frac{\sum_{i=1}^{n}\frac{\xi_i}{\sigma\sqrt{n}}}{\sqrt{\sum_{i=n+1}^{n+m}\frac{\xi_i^2}{m\sigma^2}}}=\frac{\sqrt{\frac{m}{n}}\sum_{i=1}^{n}\xi_i}{\sqrt{\sum_{i=n+1}^{n+m}\xi_i^2}}\sim t(m),$$

故

$$c=\sqrt{\frac{m}{n}}.$$

(3) 因为$\sum_{i=1}^{n}\frac{\xi_i^2}{\sigma^2}\sim\chi^2(n)$，$\sum_{i=n+1}^{n+m}\frac{\xi_i^2}{\sigma^2}\sim\chi^2(m)$，且$\sum_{i=1}^{n}\frac{\xi_i^2}{\sigma^2}$与$\sum_{i=n+1}^{n+m}\frac{\xi_i^2}{\sigma^2}$独立，所以由$F$分布知，

$$\frac{\sum_{i=1}^{n}\frac{\xi_i^2}{n\sigma^2}}{\sum_{i=n+1}^{n+m}\frac{\xi_i^2}{m\sigma^2}}=\frac{m}{n}\cdot\frac{\sum_{i=1}^{n}\xi_i^2}{\sum_{i=n+1}^{n+m}\xi_i^2}\sim F(n,m),$$

故

$$d=\frac{m}{n}.$$

综合题 (2010—2020 考研题)

例 10(2017 年数学一第 8 题、2017 年数学三第 8 题) 设 $X_1,X_2,\cdots,X_n$ 为来自总体 $N(\mu,1)$ 的简单随机样本，记 $\bar{X}=\frac{1}{n}\sum_{i=1}^{n}X_i$，则下列结论正确的是(　　).

A. $\sum_{i=1}^{n}(X_i-\mu)^2$ 服从 χ^2 分布　　B. $2(X_n-X_1)^2$ 服从 χ^2 分布

C. $\sum_{i=1}^{n}(X_i-\bar{X})^2$ 服从 χ^2 分布　　D. $n(\bar{X}-\mu)^2$ 服从 χ^2 分布

◘ **题型解析：** $X_i-\mu\sim N(0,1)$，注意到 $X_1,X_2,\cdots,X_n$ 相互独立，从而由 χ^2 分布的可加性得 $\sum_{i=1}^{n}(X_i-\mu)^2$ 服从 χ^2 分布.故 A 为正确答案.

例 11(2015 年数学三第 8 题) 设总体 $X\sim B(m,\theta)$，$X_1,X_2,\cdots,X_n$ 为来自该总体的简单随机样本，$\bar{X}$ 为样本均值，则 $\mathrm{E}\left[\sum_{i=1}^{n}(X_i-\bar{X})^2\right]=$(　　).

A. $(m-1)n\theta(1-\theta)$　　B. $m(n-1)\theta(1-\theta)$

C. $(m-1)(n-1)\theta(1-\theta)$　　D. $mn\theta(1-\theta)$

◘ **题型解析：** 无论总体服从什么分布，修正样本方差 $\frac{1}{n-1}\sum_{i=1}^{n}(X_i-\bar{X})^2$ 总是总体方差的无偏估计量.因此，

$$\mathrm{E}\left[\frac{1}{n-1}\sum_{i=1}^{n}(X_i-\bar{X})^2\right]=\mathrm{D}(X)=m\theta(1-\theta),$$

从而 $\mathrm{E}\left[\sum_{i=1}^{n}(X_i-\bar{X})^2\right]=m(n-1)\theta(1-\theta)$.故 B 为正确答案.

例 12(2014 年数学三第 8 题)　设 X_1,X_2,X_3 为来自正态总体 $N(0,\sigma)$ 的简单随机样本，则统计量 $S=\dfrac{X_1-X_2}{\sqrt{2}\,|X_3|}$ 服从的分布为(　　).

A. $F(1,1)$　　B. $F(2,1)$　　C. $t(1)$　　D. $t(2)$

◆ **题型解析**: X_1,X_2,X_3 来自总体 $N(0,\sigma)$，则 X_1-X_2 与 $|X_3|$ 独立;$X_1-X_2\sim N(0,\sqrt{2}\sigma)$，则 $\dfrac{X_1-X_2}{\sqrt{2}\sigma}\sim N(0,1)$. 而 $\dfrac{X_3}{\sigma}\sim N(0,1)$，则 $\dfrac{X_3^2}{\sigma^2}\sim\chi^2(1)$，从而 $S=\dfrac{X_1-X_2}{\sqrt{2}\,|X_3|}\sim t(1)$. 故 C 为正确答案.

例 13(2012 年数学三第 8 题)　设 X_1,X_2,X_3,X_4 为来自正态总体 $N(1,\sigma),\sigma>0$ 的简单随机样本，则统计量 $\dfrac{X_1-X_2}{|X_3+X_4-2|}$ 的分布为(　　).

A. $N(0,1)$　　B. $t(1)$　　C. $\chi^2(1)$　　D. $F(1,1)$

◆ **题型解析**: 因为 $X_i\sim N(1,\sigma),i=1,2,3,4$，所以

$$X_1-X_2\sim N(0,\sqrt{2}\sigma),\quad \frac{X_1-X_2}{\sqrt{2}\sigma}\sim N(0,1),$$

$$X_3+X_4\sim N(2,\sqrt{2}\sigma),\quad \frac{X_3+X_4-2}{\sqrt{2}\sigma}\sim N(0,1),\quad \frac{(X_3+X_4-2)^2}{2\sigma^2}\sim\chi^2(1).$$

因为 X_1,X_2,X_3,X_4 相互独立，$\dfrac{X_1-X_2}{\sqrt{2}\sigma}$ 与 $\dfrac{(X_3+X_4-2)^2}{2\sigma^2}$ 也相互独立，从而

$$\frac{\dfrac{X_1-X_2}{\sqrt{2}\sigma}}{\sqrt{\dfrac{(X_3+X_4-2)^2}{2\sigma^2}}}=\frac{X_1-X_2}{|X_3+X_4-2|}\sim t(1).$$

故 B 为正确答案.

例 14(2011 年数学三第 8 题)　设总体 X 服从参数为 $\lambda(\lambda>0)$ 的泊松分布，$X_1,X_2,\cdots,X_n,n\geqslant 2$ 为来自该总体的简单随机样本，则对应的统计量 $T_1=\dfrac{1}{n}\sum\limits_{i=1}^{n}X_i$，$T_2=\dfrac{1}{n-1}\sum\limits_{i=1}^{n-1}X_i+\dfrac{1}{n}X_n$ 满足(　　).

A. $E(T_1)>E(T_2),D(T_1)>D(T_2)$　　B. $E(T_1)>E(T_2),D(T_1)<D(T_2)$

C. $E(T_1)<E(T_2),D(T_1)>D(T_2)$　　D. $E(T_1)<E(T_2),D(T_1)<D(T_2)$

◆ **题型解析**: 由题意知道 $E(X_i)=\lambda,D(X_i)=\lambda,i=1,2,\cdots,n$，故有

$$E(T_1)=\frac{1}{n}\sum_{i=1}^{n}E(X_i)=\lambda,\quad E(T_2)=\frac{1}{n-1}\sum_{i=1}^{n-1}E(X_i)+\frac{1}{n}E(X_n)=\lambda+\frac{1}{n}\lambda,$$

$$D(T_1)=\frac{1}{n^2}\sum_{i=1}^{n}D(X_i)=\frac{\lambda}{n},$$

$$D(T_2)=\frac{1}{(n-1)^2}\sum_{i=1}^{n-1}D(X_i)+\frac{1}{n^2}D(X_n)=\frac{1}{n-1}\lambda+\frac{1}{n^2}\lambda>\frac{\lambda}{n}.$$

注意到 $\lambda>0$，故有 $E(T_1)<E(T_2),D(T_1)<D(T_2)$. 故 D 为正确答案.

例 15(2010 年数学三第 14 题) 设 $X_1,X_2,\cdots,X_n$ 是来自总体 $N(\mu,\sigma),\sigma>0$ 的简单随机样本,记统计量 $T=\frac{1}{n}\sum_{i=1}^{n}X_i^2$,则 $E(T)=$________.

◆ **题型解析**: $E(T)=E\left(\frac{1}{n}\sum_{i=1}^{n}X_i^2\right)=\frac{1}{n}\sum_{i=1}^{n}E(X_i^2)=E(X^2)=D(X)+[E(X)]^2=\sigma^2+\mu^2$.

例 16(2018 年数学三第 8 题) 设 $X_1,X_2,\cdots,X_n,n\geqslant 2$ 为来自总体 $N(\mu,\sigma^2)$ 的简单随机样本.令 $\overline{X}=\frac{1}{n}\sum_{i=1}^{n}X_i,S=\sqrt{\frac{1}{n-1}\sum_{i=1}^{n}(X_i-\overline{X})^2},S^*=\sqrt{\frac{1}{n}\sum_{i=1}^{n}(X_i-\overline{X})^2}$,则( ).

A. $\frac{\sqrt{n}(\overline{X}-\mu)}{S}\sim t(n)$　　B. $\frac{\sqrt{n}(\overline{X}-\mu)}{S}\sim t(n-1)$

C. $\frac{\sqrt{n}(\overline{X}-\mu)}{S^*}\sim t(n)$　　D. $\frac{\sqrt{n}(\overline{X}-\mu)}{S^*}\sim t(n-1)$

◆ **题型解析**:由一维正态总体下抽样分布定理可知 $\frac{\sqrt{n}(\overline{X}-\mu)}{S}\sim t(n-1)$,故选 B.

三、习题答案

1. 设总体 ξ 服从正态分布 $N(5,2)$,$\xi_1,\xi_2,\cdots,\xi_9$ 为其样本,试求样本的平均值 $\bar{\xi}$ 大于 8 的概率.

◆ **题型解析**: 本题考虑了抽样分布定理.

解 设 $\Phi(x)$ 为标准正态分布的分布函数,由抽样分布定理知道,

$$\frac{\bar{\xi}-5}{\frac{2}{3}}=\frac{\bar{\xi}-E(\xi)}{\sqrt{D(\xi)/n}}\sim N(0,1).$$

因此,

$$P(\bar{\xi}>8)=P\left(\frac{\bar{\xi}-5}{2/3}>\frac{8-5}{2/3}\right)=1-P\left(\frac{\bar{\xi}-5}{2/3}\leqslant 4.5\right)=1-\Phi(4.5)=0.006\,681.$$

2. 设总体 ξ 在区间 $\left(\theta-\frac{1}{2},\theta+\frac{1}{2}\right)$ 上服从均匀分布,$\xi_1,\xi_2,\cdots,\xi_9$ 为其样本,试指出 $\bar{\xi}-\frac{1}{2},\bar{\xi}+\theta$ 中哪个是统计量?

特别提醒 统计量是样本的函数且与未知参数无关.

解 此题中 θ 为未知参数,因此 $\bar{\xi}-\frac{1}{2}$ 是统计量,$\bar{\xi}+\theta$ 不是统计量.

3. 设总体 ξ 服从正态分布 $N(0,\sigma)$,ξ_1,ξ_2,ξ_3,ξ_4 为其样本,试问下列随机变量服从什么分布:

$$\eta=(\xi_1-\xi_2)^2/(\xi_3+\xi_4)^2.$$

方法技巧 两个相互独立的 χ^2 分布分别除以自由度,再相除,得到 F 分布.

解　注意到 ξ_1,ξ_2,ξ_3,ξ_4 相互独立，因此由正态分布的性质知道，

$$\xi_1-\xi_2\sim N(0,\sqrt{2}\sigma),\quad \frac{\xi_1-\xi_2}{\sqrt{2}\sigma}\sim N(0,1),\quad \left(\frac{\xi_1-\xi_2}{\sqrt{2}\sigma}\right)^2\sim\chi^2(1).$$

同理，

$$\xi_3+\xi_4\sim N(0,\sqrt{2}\sigma),\quad \frac{\xi_3+\xi_4}{\sqrt{2}\sigma}\sim N(0,1),\quad \left(\frac{\xi_3+\xi_4}{\sqrt{2}\sigma}\right)^2\sim\chi^2(1),$$

且 $\left(\frac{\xi_1-\xi_2}{\sqrt{2}\sigma}\right)^2$ 与 $\left(\frac{\xi_3+\xi_4}{\sqrt{2}\sigma}\right)^2$ 相互独立.因此由 F 分布的定义知道，

$$\eta=\frac{(\xi_1-\xi_2)^2}{(\xi_3+\xi_4)^2}=\frac{(\xi_1-\xi_2)^2/2\sigma^2}{(\xi_3+\xi_4)^2/2\sigma^2}\sim F(1,1).$$

4. 设总体 ξ 服从正态分布 $N(1,2)$，ξ_1,ξ_2,ξ_3,ξ_4 为其样本，记 $\eta=k\left(\sum\limits_{i=1}^{4}\xi_i-4\right)^2$，试问 k 取何值，使得 η 服从 $\chi^2(m)$ 分布，自由度 m 是何值？

方法技巧 m 个相互独立的服从标准正态分布的随机变量，其平方和服从自由度为 m 的给 χ^2 分布.

解　注意到 ξ_1,ξ_2,ξ_3,ξ_4 相互独立，因此由正态分布的性质知道，

$$\sum_{i=1}^{4}\xi_i\sim N(4,4),\quad \frac{\sum\limits_{i=1}^{4}\xi_i-4}{4}\sim N(0,1),\quad \frac{1}{16}\left(\sum_{i=1}^{4}\xi_i-4\right)^2=\left(\frac{\sum\limits_{i=1}^{4}\xi_i-4}{4}\right)^2\sim\chi^2(1).$$

因此，$k=\frac{1}{16}$，$m=1$.

5. 设总体 ξ 服从正态分布 $N(3,2)$，$\xi_1,\xi_2,\cdots,\xi_{16}$ 为其样本，$\bar{\xi}$ 及 S^2 分别为样本均值与方差，试建立 t 分布的统计量.

方法技巧 运用抽样分布定理及 t 分布的构造可求解.

解　由抽样分布定理知道，$\bar{\xi}$ 服从正态分布 $N\left(3,\frac{2}{\sqrt{16}}\right)$，则

$$2(\bar{\xi}-3)=\frac{\bar{\xi}-3}{\frac{2}{\sqrt{16}}}\sim N(0,1),\quad 4S^2=\frac{16S^2}{4}\sim\chi^2(15),$$

而且 $\bar{\xi}$ 与 S^2 相互独立.因此由 t 分布的定义知道，

$$\frac{2(\bar{\xi}-3)}{\sqrt{\frac{4S^2}{15}}}=\frac{\sqrt{15}(\bar{\xi}-3)}{\sqrt{S^2}}\sim t(15).$$

6. 设总体 ξ 服从正态分布 $N(5,6)$，n 及 $\bar{\xi}$ 分别为样本容量及样本均值，试问 n 至少应取多大，使得 $\bar{\xi}$ 位于区间 $(3,7)$ 的概率不小于 0.90？

方法技巧 运用抽样分布定理求解.

解 由抽样分布定理知道，$\bar{\xi}$ 服从正态分布 $N\left(5,\frac{6}{\sqrt{n}}\right)$，因此 $\dfrac{\bar{\xi}-5}{\frac{6}{\sqrt{n}}}\sim N(0,1)$，则

$$P(3<\bar{\xi}<7)=P\left(\frac{3-5}{6/\sqrt{n}}<\frac{\bar{\xi}-5}{6/\sqrt{n}}<\frac{7-5}{6/\sqrt{n}}\right)=P\left(\frac{-\sqrt{n}}{3}<\frac{\bar{\xi}-5}{6/\sqrt{n}}<\frac{\sqrt{n}}{3}\right)$$

$$=\Phi\left(\frac{\sqrt{n}}{3}\right)-\Phi\left(\frac{-\sqrt{n}}{3}\right)=2\Phi\left(\frac{\sqrt{n}}{3}\right)-1\geqslant 0.90.$$

从而，$\Phi\left(\frac{\sqrt{n}}{3}\right)\geqslant 0.95$，因此 $n\geqslant 25$.

7. 设总体 ξ 服从具有参数 $\lambda>0$ 的指数分布，$\xi_1,\xi_2,\cdots,\xi_n$ 为其样本，$\bar{\xi}$ 为样本均值.

(1) 试求 $\eta=2n\lambda\bar{\xi}$ 的分布.

(2) 若 $n=1$，试问 $P(\eta>6)$ 是何值?

方法技巧 此题中 ξ 不是正态总体，故不能用抽样分布定理.但 $\xi_1,\xi_2,\cdots,\xi_n$ 相互独立，其都服从参数 $\lambda>0$ 的指数分布，从而 $n\bar{\xi}$ 服从 $\Gamma(n,\lambda)$，再由随机变量函数的概率密度公式可得 $\eta=2n\lambda\bar{\xi}$ 的分布.由(1)可得(2).

解 (1) 由 $\xi_1,\xi_2,\cdots,\xi_n$ 相互独立且服从具有参数 $\lambda>0$ 的指数分布及 Γ 分布的定义知道，

$$n\bar{\xi}=\sum_{i=1}^{n}\xi_i\sim\Gamma(n,\lambda),$$

即 $n\bar{\xi}$ 的概率密度函数为

$$f_{n\bar{\xi}}(x)=\begin{cases}\dfrac{x^n\mathrm{e}^{-\frac{x}{2\lambda}}}{\lambda^{n+1}\Gamma(n+1)}, & x\geqslant 0,\\ 0, & x<0.\end{cases}$$

$\eta=2n\lambda\bar{\xi}$ 的分布为

$$F_\eta(y)=P(\eta\leqslant y)=P(2n\lambda\bar{\xi}\leqslant y)=P\left(n\bar{\xi}\leqslant\frac{y}{2\lambda}\right)=F_{n\bar{\xi}}\left(\frac{y}{2\lambda}\right).$$

因此 η 的概率密度函数为

$$f_\eta(y)=\frac{1}{2\lambda}f_{n\bar{\xi}}\left(\frac{y}{2\lambda}\right)=\begin{cases}\dfrac{\left(\frac{y}{2\lambda}\right)^n\mathrm{e}^{-\frac{y}{4\lambda^2}}}{2\lambda\cdot\lambda^{n+1}\Gamma(n+1)}, & y\geqslant 0,\\ 0, & y<0\end{cases}=\begin{cases}\dfrac{y^n\mathrm{e}^{-\frac{y}{4\lambda^2}}}{2^{n+1}\lambda^{2n+2}\Gamma(n+1)}, & y\geqslant 0,\\ 0, & y<0.\end{cases}$$

(2) 注意到 $\Gamma(1)=1,\Gamma(n)=(n-1)\Gamma(n-1)$，因此，当 $n=1$ 时，$\eta=2\lambda\bar{\xi}$ 的概率密度函数为

$$f_\eta(y)=\begin{cases}\dfrac{y\mathrm{e}^{-\frac{y}{2\lambda^2}}}{4\lambda^4}, & y\geqslant 0,\\ 0, & y<0.\end{cases}$$

因此，

$$P(\eta>6)=\int_6^{+\infty}\frac{ye^{-\frac{y}{4\lambda^2}}}{4\lambda^4}dy=\int_{\frac{3}{2\lambda^2}}^{+\infty}4ue^{-u}du=-\int_{\frac{3}{2\lambda^2}}^{+\infty}ude^{-u}$$

$$=-4ue^{-u}\Big|_{u=\frac{3}{2\lambda^2}}^{+\infty}+\int_{\frac{3}{2\lambda^2}}^{+\infty}4e^{-u}du=\left(4+\frac{6}{\lambda^2}\right)e^{-\frac{3}{2\lambda^2}}.$$

8. 设总体 ξ 服从正态分布 $N(12,2)$，今抽取容量为 5 的样本 $\xi_1,\xi_2,\xi_3,\xi_4,\xi_5$，试问：

(1) 样本的平均值 $\bar{\xi}$ 大于 13 的概率是多少?

(2) 样本的极小值小于 10 的概率是多少?

(3) 样本的极大值大于 15 的概率是多少?

方法技巧 设 $F(x)$ 是总体 ξ 的分布函数，则容量为 n 的样本的最大项和最小项的分布函数分别为

$$F_n(x)=P(\xi_n^*<x)=[F(x)]^n,\quad F_1(x)=1-[1-F(x)]^n.$$

解 (1) 由抽样分布定理知道，$\bar{\xi}$ 服从正态分布 $N\left(12,\frac{2}{\sqrt{5}}\right)$，因此 $\dfrac{\bar{\xi}-12}{\frac{2}{\sqrt{5}}}\sim N(0,1)$，则

$$P(\bar{\xi}>13)=P\left(\frac{\bar{\xi}-12}{2/\sqrt{5}}>\frac{13-12}{2/\sqrt{5}}\right)=1-\Phi\left(\frac{\sqrt{5}}{2}\right)=0.132.$$

(2) $$\begin{aligned}P(\xi_1^*<10)&=1-P(\xi_1^*\geqslant10)=1-P(\xi_1\geqslant10,\xi_2\geqslant10,\xi_3\geqslant10,\xi_4\geqslant10,\xi_5\geqslant10)\\&=1-P(\xi_1\geqslant10)P(\xi_2\geqslant10)P(\xi_3\geqslant10)P(\xi_4\geqslant10)P(\xi_5\geqslant10)\\&=1-\left[P(\xi\geqslant10)\right]^5=1-\left[P\left(\frac{\xi-12}{2}\geqslant\frac{10-12}{2}\right)\right]^5\\&=1-\left[1-P\left(\frac{\xi-12}{2}<\frac{10-12}{2}\right)\right]^5\\&=1-[1-\Phi(-1)]^5=1-[\Phi(1)]^5=0.578.\end{aligned}$$

(3) $$\begin{aligned}P(\xi_5^*>15)&=1-P(\xi_5^*\leqslant15)=1-P(\xi_1\leqslant15,\xi_2\leqslant15,\xi_3\leqslant15,\xi_4\leqslant15,\xi_5\leqslant15)\\&=1-P(\xi_1\leqslant15)P(\xi_2\leqslant15)P(\xi_3\leqslant15)P(\xi_4\leqslant15)P(\xi_5\leqslant15)\\&=1-\left[P(\xi\leqslant15)\right]^5=1-\left[P\left(\frac{\xi-12}{2}\leqslant\frac{15-12}{2}\right)\right]^5\\&=1-\left[\Phi\left(\frac{3}{2}\right)\right]^5=0.291.\end{aligned}$$

9. 设电子元件的寿命 ξ 服从以 $\lambda=0.001\,5$ 为参数的指数分布，即有概率密度函数

$$f(x)=0.001\,5e^{-0.001\,5x},\quad x>0.$$

今测试 6 个元件(单位:h)，并记录下它们各自失效的时间，试问：

(1) 至 800 h 时，没有一个元件失效的概率是多少?

(2) 至 3000 h 时，所有元件都失效的概率是多少?

方法技巧 运用极大值极小值的概率密度公式可求解.

解 设 6 个元件的使用寿命分别为 $\xi_1,\xi_2,\xi_3,\xi_4,\xi_5,\xi_6$.

(1) $$\begin{aligned}P(\xi_1^*>800)&=P(\xi_1>800,\xi_2>800,\xi_3>800,\xi_4>800,\xi_5>800,\xi_6>800)\\&=P(\xi_1>800)P(\xi_2>800)P(\xi_3>800)P(\xi_4>800)P(\xi_5>800)P(\xi_6>800)\end{aligned}$$

$$=[P(\xi>800)]^6=\left(\int_{800}^{+\infty}0.001\,5\mathrm{e}^{-0.001\,5x}\mathrm{d}x\right)^6=(\mathrm{e}^{-1.2})^6=\mathrm{e}^{-7.2}.$$

(2) $P(\xi_6^*<3\,000)=P(\xi_1<3\,000,\xi_2<3\,000,\xi_3<3\,000,\xi_4<3\,000,\xi_5<3\,000,\xi_6<3\,000)$

$$=P(\xi_1<3\,000)P(\xi_2<3\,000)P(\xi_3<3\,000)P(\xi_4<3\,000)P(\xi_6<3\,000)$$

$$=(P(\xi<3\,000))^6=\left(\int_0^{3\,000}0.001\,5\mathrm{e}^{-0.001\,5x}\mathrm{d}x\right)^6=(1-\mathrm{e}^{-4.5})^6.$$

10. 设总体ξ服从正态分布$N(20,\sqrt{3})$，今从中抽取容量分别为10和15的两个独立样本，试问这两个样本的平均值之差的绝对值大于0.3的概率是多少？

【方法技巧】由抽样分布定理及正态分布的性质可解.

解 容量为10和15的两个样本的平均值分别记为$\bar{\xi}_{10},\bar{\xi}_{15}$，由抽样分布定理知道，

$$\bar{\xi}_{10}\sim N\left(20,\frac{\sqrt{3}}{\sqrt{10}}\right),\quad \bar{\xi}_{15}\sim N\left(20,\frac{\sqrt{3}}{\sqrt{15}}\right).$$

由$\bar{\xi}_{15},\bar{\xi}_{10}$相互独立及正态分布的性质知道

$$\bar{\xi}_{15}-\bar{\xi}_{10}\sim N\left(0,\frac{1}{\sqrt{2}}\right),\quad \sqrt{2}(\bar{\xi}_{15}-\bar{\xi}_{10})\sim N(0,1).$$

因此，

$$\begin{aligned}P(|(\bar{\xi}_{15}-\bar{\xi}_{10})|>0.3)&=P(|\sqrt{2}(\bar{\xi}_{15}-\bar{\xi}_{10})|>0.3\sqrt{2})\\&=1-P(|\sqrt{2}(\bar{\xi}_{15}-\bar{\xi}_{10})|\leqslant 0.3\sqrt{2})\\&=1-2P(0\leqslant\sqrt{2}(\bar{\xi}_{15}-\bar{\xi}_{10})\leqslant 0.3\sqrt{2})\\&=1-2[\Phi(0.3\sqrt{2})-\Phi(0)]\\&=2-2\Phi(0.3\sqrt{2})=0.671.\end{aligned}$$

11. 设总体ξ服从正态分布$N(a,\sigma)$，ξ_1,ξ_2为其样本，试求样本极差的分布、极大值与极小值的分布.

【方法技巧】运用极差、极大值与极小值的概率密度公式可求解.

解 由ξ服从正态分布$N(a,\sigma)$知其概率密度函数为

$$f(x)=\frac{1}{\sqrt{2\pi}\sigma}\mathrm{e}^{-\frac{(x-a)^2}{2\sigma^2}}.$$

因此，极大值的概率密度函数为

$$\begin{aligned}f_2(x)=2f(x)\Phi(x)&=\frac{\sqrt{2}}{\sqrt{\pi}\sigma}\mathrm{e}^{-\frac{(x-a)^2}{2\sigma^2}}\int_{-\infty}^{x}\frac{1}{\sqrt{2\pi}\sigma}\mathrm{e}^{-\frac{(y-a)^2}{2\sigma^2}}\mathrm{d}y\\&=\frac{1}{\pi\sigma}\mathrm{e}^{-\frac{(x-a)^2}{2\sigma^2}}\int_{-\infty}^{\frac{x-a}{\sigma}}\mathrm{e}^{-\frac{y^2}{2}}\mathrm{d}y.\end{aligned}$$

极小值的概率密度函数为

$$f_1(x)=2f(x)[1-\Phi(x)]=\frac{\sqrt{2}}{\sqrt{\pi}\sigma}\mathrm{e}^{-\frac{(x-a)^2}{2\sigma^2}}\int_{x}^{+\infty}\frac{1}{\sqrt{2\pi}\sigma}\mathrm{e}^{-\frac{(y-a)^2}{2\sigma^2}}\mathrm{d}y.$$

样本极差的概率密度函数为

$$f_{D_n^*}(y)=2\int_{-\infty}^{+\infty}f(v+y)f(v)\mathrm{d}v=2\int_{-\infty}^{+\infty}\frac{1}{\sqrt{2\pi}\sigma}\mathrm{e}^{-\frac{(y+v-a)^2}{2\sigma^2}}\cdot\frac{1}{\sqrt{2\pi}\sigma}\mathrm{e}^{-\frac{(v-a)^2}{2\sigma^2}}\mathrm{d}v$$

$$=\int_{-\infty}^{+\infty}\frac{1}{\pi\sigma^2}\mathrm{e}^{-\frac{y^2+2y(v-a)+2(v-a)^2}{2\sigma^2}}\mathrm{d}v$$

$$=\int_{-\infty}^{+\infty}\frac{1}{\sqrt{\pi}\sigma}\mathrm{e}^{-\frac{y^2}{4\sigma^2}}\cdot\frac{1}{\sqrt{2\pi}\frac{\sigma}{\sqrt{2}}}\mathrm{e}^{-\frac{\left(v-a-\frac{y}{2}\right)^2}{2\left(\frac{\sigma}{\sqrt{2}}\right)^2}}\mathrm{d}v$$

$$=\frac{1}{\sqrt{\pi}\sigma}\mathrm{e}^{-\frac{y^2}{4\sigma^2}},\quad y\geqslant 0,$$

$$f_{D_n^*}(y)=0,\quad y<0.$$

12. 设总体 ξ 服从具有参数为 λ 的指数分布，ξ_1,ξ_2 为其样本.试求样本的极大值、极小值与极差的分布.

解　ξ 的概率密度函数为

$$f(x)=\begin{cases}\lambda\mathrm{e}^{-\lambda x}, & x>0,\\ 0, & \text{其他}.\end{cases}$$

ξ 的分布函数为

$$F(x)=\begin{cases}1-\mathrm{e}^{-\lambda x}, & x>0,\\ 0, & x\leqslant 0.\end{cases}$$

因此，极大值的概率密度函数为

$$f_2(x)=2f(x)[F(x)]=\begin{cases}2\lambda\mathrm{e}^{-\lambda x}(1-\mathrm{e}^{-\lambda x}), & x>0,\\ 0, & \text{其他}.\end{cases}$$

极小值的概率密度函数为

$$f_1(x)=2f(x)[1-F(x)]=\begin{cases}2\lambda\mathrm{e}^{-2\lambda x}, & x>0,\\ 0, & \text{其他}.\end{cases}$$

样本极差的概率密度函数为

$$f_{D_n^*}(y)=2\int_{-\infty}^{+\infty}f(v+y)f(v)\mathrm{d}v=2\int_{0}^{+\infty}\lambda\mathrm{e}^{-\lambda(y+v)}\cdot\lambda\mathrm{e}^{-\lambda v}\mathrm{d}v$$

$$=2\lambda^2\int_0^{+\infty}\mathrm{e}^{-\lambda(y+2v)}\mathrm{d}v=\lambda\mathrm{e}^{-\lambda y},\quad y\geqslant 0,$$

$$f_{D_n^*}(y)=0,\quad y<0.$$

13. 设 $\xi_1,\xi_2,\cdots,\xi_n$ 是 n 个相互独立，且都服从标准正态分布 $N(0,1)$ 的随机变量，$\xi_1,\xi_2,\cdots,\xi_n$ 到 $\eta_1,\eta_2,\cdots,\eta_n$ 的变换为正交变换.试证明：$\eta_1,\eta_2,\cdots,\eta_n$ 是 n 个相互独立，且都服从标准正态分布 $N(0,1)$ 的随机变量.

方法技巧 由例 5 及正交矩阵的性质即可得证.

证明　记 $\boldsymbol{\xi}=(\xi_1,\xi_2,\cdots,\xi_n)^{\mathrm{T}}$，$\boldsymbol{\eta}=(\eta_1,\eta_2,\cdots,\eta_n)^{\mathrm{T}}$.由题意知道 $\boldsymbol{\xi}$ 服从期望为 $\mathbf{0}$ 向量，协方差矩阵为单位矩阵的 n 维正态分布.因为 $\xi_1,\xi_2,\cdots,\xi_n$ 到 $\eta_1,\eta_2,\cdots,\eta_n$ 的变换为正交变换，因此存在正交矩阵 $\boldsymbol{A}$，使得

$$(\eta_1,\eta_2,\cdots,\eta_n)=(\xi_1,\xi_2,\cdots,\xi_n)\boldsymbol{A},\quad \text{即}\quad \boldsymbol{\eta}=\boldsymbol{A}^{\mathrm{T}}\boldsymbol{\xi}=\boldsymbol{A}\boldsymbol{\xi}.$$

由例 5 知道，$\boldsymbol{\eta}$ 服从期望为 $\boldsymbol{A}\mathbf{0}=\mathbf{0}$ 向量，协方差矩阵为 $\boldsymbol{A}\boldsymbol{I}\boldsymbol{A}^{\mathrm{T}}=\boldsymbol{I}$ 的 n 维正态分布.因此 η_1，

$\eta_2,\cdots,\eta_n$ 是相互独立,且都服从标准正态分布 $N(0,1)$ 的随机变量.

14. 设总体 ξ 服从正态分布 $N(a,\sigma)$,$\xi_1,\xi_2,\cdots,\xi_n$ 为其样本,$\bar{\xi}$ 和 S_n^2 分别为样本的平均值和方差.又设 ξ_{n+1} 服从正态分布 $N(a,\sigma)$,且与 $\xi_1,\xi_2,\cdots,\xi_n$ 相互独立.试求统计量

$$\eta=\frac{\xi_{n+1}-\bar{\xi}}{S_n}\sqrt{\frac{n-1}{n+1}}$$

的抽样分布.

方法技巧 由抽样分布定理及正态分布的性质可求解.

解 由抽样分布定理及正态分布的性质知道

$$\frac{nS_n^2}{\sigma^2}\sim\chi^2(n-1),\quad \bar{\xi}\sim N\left(a,\frac{\sigma}{\sqrt{n}}\right),\quad \xi_{n+1}-\bar{\xi}\sim N\left(0,\frac{\sqrt{n+1}\sigma}{\sqrt{n}}\right),$$

$$\frac{\sqrt{n}(\xi_{n+1}-\bar{\xi})}{\sqrt{n+1}\sigma}=\frac{\xi_{n+1}-\bar{\xi}}{\dfrac{\sqrt{n+1}\sigma}{\sqrt{n}}}\sim N(0,1).$$

从而

$$\eta=\frac{\xi_{n+1}-\bar{\xi}}{S_n}\sqrt{\frac{n-1}{n+1}}=\frac{\dfrac{\sqrt{n}(\xi_{n+1}-\bar{\xi})}{\sqrt{n+1}\sigma}}{\dfrac{\sqrt{n}S^2}{\sqrt{(n-1)}\sigma}}=\frac{\dfrac{\sqrt{n}(\xi_{n+1}-\bar{\xi})}{\sqrt{n+1}\sigma}}{\sqrt{\dfrac{nS^2}{(n-1)\sigma^2}}}\sim t(n-1).$$

15. 设 $\xi_1,\xi_2,\cdots,\xi_n$ 相互独立且都服从正态分布 $N(a_i,\sigma_i)$,试证:$\eta=\sum\limits_{i=1}^{n}c_i\xi_i$ 服从正态分布 $N\left(\sum\limits_{i=1}^{n}c_ia_i,\sqrt{\sum\limits_{i=1}^{n}c_i^2\sigma_i^2}\right)$.

方法技巧 由例 5 结论可求证.

证明 设 $\boldsymbol{\xi}=(\xi_1,\xi_2,\cdots,\xi_n)$,则 $\boldsymbol{\xi}\sim N_n\left(\boldsymbol{\theta},\boldsymbol{\Sigma}\right)$,其中,

$$\boldsymbol{\theta}=(a_1,a_2,\cdots,a_n),\quad \boldsymbol{\Sigma}=\begin{bmatrix}\sigma_1 & 0 & \cdots & 0 & 0\\ 0 & \sigma_2 & \cdots & 0 & 0\\ \vdots & \vdots & \ddots & \vdots & \vdots\\ 0 & 0 & \cdots & \sigma_{n-1} & 0\\ 0 & 0 & \cdots & 0 & \sigma_n\end{bmatrix}.$$

$\eta=\sum\limits_{i=1}^{n}c_i\xi_i=(c_1,c_2,\cdots,c_n)\times\boldsymbol{\xi}^{\mathrm{T}}$,令 $\boldsymbol{A}=(c_1,c_2,\cdots,c_n)$,则 $\eta=\sum\limits_{i=1}^{n}c_i\xi_i=\boldsymbol{A\xi}^{\mathrm{T}}$.由例 5 知道,

$$\eta=\sum_{i=1}^{n}c_i\xi_i\sim N_m(\boldsymbol{A\theta}^{\mathrm{T}},\boldsymbol{A\Sigma A}^{\mathrm{T}})=N\left(\sum_{i=1}^{n}c_ia_i,\sqrt{\sum_{i=1}^{n}c_i^2\sigma_i^2}\right).$$

16. 设总体 ξ 在区间 $\left(\theta-\dfrac{1}{2},\theta+\dfrac{1}{2}\right)$ 上服从均匀分布,$\xi_1,\xi_2,\cdots,\xi_n$ 为其样本,ξ_1^*,$\xi_2^*,\cdots,\xi_n^*$ 为顺序统计量.试求 ξ_1^*,ξ_n^* 及 (ξ_1^*,ξ_n^*) 的分布.

方法技巧 由均匀分布的概率密度函数、最大项最小项的分布函数公式可求解.

解 ξ 的概率密度函数为

$$f(x)=\begin{cases}1, & \theta-\frac{1}{2}<x<\theta+\frac{1}{2},\\ 0, & \text{其他}.\end{cases}$$

ξ 的分布函数为

$$F(x)=\begin{cases}0, & x\leqslant\theta-\frac{1}{2},\\ x+\frac{1}{2}-\theta, & \theta-\frac{1}{2}<x<\theta+\frac{1}{2},\\ 1, & \text{其他}.\end{cases}$$

因此,极大值 ξ_n^* 的概率密度函数为

$$f_n(x)=nf(x)[F(x)]^{n-1}=\begin{cases}n\left(x+\frac{1}{2}-\theta\right)^{n-1}, & \theta-\frac{1}{2}<x<\theta+\frac{1}{2},\\ 0, & \text{其他}.\end{cases}$$

极小值 ξ_1^* 的概率密度函数为

$$f_1(x)=nf(x)[1-F(x)]^{n-1}=\begin{cases}n\left(\frac{1}{2}+\theta-x\right)^{n-1}, & \theta-\frac{1}{2}<x<\theta+\frac{1}{2},\\ 0, & \text{其他}.\end{cases}$$

(ξ_1^*,ξ_n^*) 的分布函数为

$$\begin{aligned}F_{(\xi_1^*,\xi_n^*)}(x,y)&=P(\xi_1^*<x,\xi_n^*<y)=P(\xi_n^*<y)-P(\xi_1^*\geqslant x,\xi_n^*<y)\\&=\begin{cases}P(\xi_n^*<y), & y<x,\\ P(\xi_{(n)}<y)-P(x\leqslant\xi_1<y)P(x\leqslant\xi_2<y)\cdots P(x\leqslant\xi_n<y), & y\geqslant x\end{cases}\\&=\begin{cases}[F(y)]^n, & y<x,\\ [F(y)]^n-[F(y)-F(x)]^n, & y\geqslant x.\end{cases}\end{aligned}$$

(ξ_1^*,ξ_n^*) 的概率密度函数为

$$\begin{aligned}f_{(\xi_1^*,\xi_n^*)}(x,y)&=\frac{\partial^2F_{(\xi_1^*,\xi_n^*)}(x,y)}{\partial x\partial y}=n(n-1)[F(y)-F(x)]^{n-2}f(x)f(y)\\&=\begin{cases}n(n-1)(y-x)^{n-2}, & \theta-\frac{1}{2}<x<y<\theta+\frac{1}{2},\\ 0, & \text{其他}.\end{cases}\end{aligned}$$

第七章　参数估计

一、本章内容全解

知识点1　点估计(重点)

1. 参数空间定义：

设总体 ξ 的分布函数为 $F(x;\theta)$，其中 θ 为未知参数，θ 的取值范围记为 Ω，Ω 称为**参数空间**.

2. 点估计定义：

设总体 ξ 的分布函数 $F(x;\theta)$ 中的参数 θ 未知，$\theta\in\Omega$，Ω 为参数空间.今由样本 $\xi_1,\xi_2,\cdots,\xi_n$ 建立统计量 $T=T(\xi_1,\xi_2,\cdots,\xi_n)$，对于样本观察值 $(x_1,x_2,\cdots,x_n)$，若将 $T(x_1,x_2,\cdots,x_n)=t$ 作为 θ 的估计值，则称 $T(\xi_1,\xi_2,\cdots,\xi_n)$ 为 θ 的估计量，通常记作 $\hat{\theta}=T(\xi_1,\xi_2,\cdots,\xi_n)$.建立一个这样的统计量 $T(\xi_1,\xi_2,\cdots,\xi_n)$ 作为 θ 的估计量，称之为参数 θ 的**点估计**.

如果随机变量 ξ 的分布函数 $F(x;\theta_1,\theta_2,\cdots,\theta_l)$ 中有 l 个不同的未知参数，则要由样本 $\xi_1,\xi_2,\cdots,\xi_n$ 建立 l 个统计量作为这 l 个未知参数的估计量，分别记为 $\hat{\theta}_1,\hat{\theta}_2,\cdots,\hat{\theta}_l$.

3. 矩法估计量定义：

设总体 ξ 的分布函数 $F(x;\theta_1,\theta_2,\cdots,\theta_l)$ 中有 l 个未知参数 $\theta_1,\theta_2,\cdots,\theta_l$，假定总体 ξ 的 l 阶原点绝对矩有限，并记 $v_k=\mathrm{E}(\xi^k)$，$k=1,2,\cdots,l$，v_k 与参数有关，记作

$$v_k=g_k(\theta_1,\theta_2,\cdots,\theta_l),\quad k=1,2,\cdots,l.$$

假定求得

$$\theta_k=H_k(v_1,v_2,\cdots,v_l),\quad k=1,2,\cdots,l.$$

现用样本 k 阶原点矩作为总体 k 阶原点矩 v_k 的估计量 $\hat{v}_k$，即

$$\frac{1}{n}\sum_{i=1}^{n}\xi_i^k=\hat{v}_k,\quad k=1,2,\cdots,l,$$

将 $\hat{v}_1,\hat{v}_2,\cdots,\hat{v}_l$ 代入 $H_1,H_2,\cdots,H_l$ 中，得到

$$\hat{\theta}_k=H_k(\hat{v}_1,\hat{v}_2,\cdots,\hat{v}_l)=h_k(\xi_1,\xi_2,\cdots,\xi_l),\quad k=1,2,\cdots,l,$$

则称 $\hat{\theta}_k$ 为未知参数 θ_k 的**矩法估计量**.

若$\hat{\theta}$为θ的矩法估计量，$g(\theta)$为θ的连续函数，则也称$g(\hat{\theta})$为$g(\theta)$的**矩法估计量**.

4. 极大似然估计定义：

设总体ξ的概率密度函数为$f(x;\theta_1,\theta_2,\cdots,\theta_l)$，其中$\theta_1,\theta_2,\cdots,\theta_l$为未知参数，参数空间$\Omega$是$l$维的.$\xi_1,\xi_2,\cdots,\xi_n$为样本，它的联合概率密度函数为$f(x_1,x_2,\cdots,x_n;\theta_1,\theta_2,\cdots,\theta_l)$，称

$$L(\theta_1,\theta_2,\cdots,\theta_l)=\prod_{i=1}^{n}f(x_i;\theta_1,\theta_2,\cdots,\theta_l)$$

为$\theta_1,\theta_2,\cdots,\theta_l$的**似然函数**.若有$\hat{\theta}_1,\hat{\theta}_2,\cdots,\hat{\theta}_l$，使得下式成立：

$$L(\hat{\theta}_1,\hat{\theta}_2,\cdots,\hat{\theta}_l)=\max_{(\theta_1,\theta_2,\cdots,\theta_l)\in\Omega}L(\theta_1,\theta_2,\cdots,\theta_l),\tag{7.1}$$

则称$\hat{\theta}_j=\hat{\theta}_j(x_1,x_2,\cdots,x_n)$为$\theta_j$的**极大似然估计值**，相应地称$\hat{\theta}_j(\xi_1,\xi_2,\cdots,\xi_n)$为参数$\theta_j$的**极大似然估计量**，$j=1,2,\cdots,l$.考虑

$$\ln L(\theta_1,\theta_2,\cdots,\theta_l)=\sum_{i=1}^{n}\ln f(x_i;\theta_1,\theta_2,\cdots,\theta_l),$$

由于$\ln x$是x的单调上升函数，因而$\ln L$与L有相同的极大值点.称

$$\left.\frac{\partial\ln L(\theta_1,\theta_2,\cdots,\theta_l)}{\partial\theta_j}\right|_{\theta_j=\hat{\theta}_j}=0,\quad j=1,2,\cdots,l$$

为**似然方程**，由它解得$\hat{\theta}_j=\hat{\theta}_j(\xi_1,\xi_2,\cdots,\xi_n)$.当满足(7.1)式时，则称$\hat{\theta}_j$为$\theta_j$的**极大似然估计量**，$j=1,2,\cdots,l$.

若ξ为离散型随机变量，分布列为$P(x;\theta_1,\theta_2,\cdots,\theta_l)$，则似然函数为

$$\ln L(\theta_1,\theta_2,\cdots,\theta_l)=\sum_{i=1}^{n}\ln P(x_i;\theta_1,\theta_2,\cdots,\theta_l).$$

由似然方程组

$$\left.\frac{\partial\ln L(\theta_1,\theta_2,\cdots,\theta_l)}{\partial\theta_j}\right|_{\theta_j=\hat{\theta}_j}=0,\quad j=1,2,\cdots,l,$$

解得$\hat{\theta}_j=\hat{\theta}_j(\xi_1,\xi_2,\cdots,\xi_n)$.当满足(7.1)式时，则称$\hat{\theta}_j$为$\theta_j$的极大似然估计量，$j=1,2,\cdots,l$.

知识点2 无偏估计量(重点)

1. 无偏估计量定义：

若参数θ的估计量$T(\xi_1,\xi_2,\cdots,\xi_n)$对一切$n$及$\theta\in\Omega$，有

$$E_\theta[T(\xi_1,\xi_2,\cdots,\xi_n)]=\theta,$$

则称$T(\xi_1,\xi_2,\cdots,\xi_n)$为参数$\theta$的**无偏估计量**.记

$$E_\theta(T)-\theta=b_n,$$

称b_n为估计量$T(\xi_1,\xi_2,\cdots,\xi_n)$的**偏差**.若$b_n\neq0$，则称$T$为$\theta$的**有偏估计量**.如果

$$\lim_{n\to\infty}b_n=0,$$

则称T为θ的**渐近无偏估计量**.

2. 对于参数θ的任一实值函数$g(\theta)$，如果$g(\theta)$的无偏估计量存在，也就是说有估计量T，使得

$$E_\theta(T)=g(\theta),$$

则称$g(\theta)$为**可估计函数**.

知识点3 最小方差无偏估计量(难点)

1. 最小方差无偏估计量定义：

设 $T(\xi_1,\xi_2,\cdots,\xi_n)$ 为可估函数 $g(\theta)$ 的无偏估计量，若对于 $g(\theta)$ 的任一无偏估计量 $T'(\xi_1,\xi_2,\cdots,\xi_n)$，有

$$D_\theta(T) \leqslant D_\theta(T'), \quad 对一切 \theta \in \Omega,$$

则称 $T(\xi_1,\xi_2,\cdots,\xi_n)$ 为 $g(\theta)$ 的**最小方差无偏估计量**，简称为**最优无偏估计量**.

2. 最优无偏估计量的判断准则：

记

$$U=\{T: E_\theta(T)=\theta, D_\theta(T)<\infty, 对一切 \theta \in \Omega\}, \tag{7.2}$$

即 U 为参数 θ 的方差有限的无偏估计量的集合.记

$$U_0=\{T_0: E_\theta(T_0)=0, D_\theta(T_0)<\infty, 对一切 \theta \in \Omega\},$$

即 U_0 是参数 θ 的数学期望为零、方差有限的估计量的集合.

设U是非空的集合，有一 $T \in U$，则 T 为θ 的最优无偏估计量的充要条件为，对每个 $T_0 \in U_0$，有

$$E_\theta(T \cdot T_0)=0, \quad \theta \in \Omega.$$

3. 最优无偏估计量的性质：

设 T_1 和 T_2 分别是参数 θ 的可估计函数 $g_1(\theta)$ 和 $g_2(\theta)$ 的最优无偏估计量，则 $b_1T_1+b_2T_2$ 是 $b_1g_1(\theta)+b_2g_2(\theta)$ 的最优无偏估计量，其中 b_1 和 b_2 是常数.

4. 最优无偏估计的存在唯一性：

设 U 是(7.2)式所定义的非空集合，则对参数 θ，至多存在一个最优无偏估计.

知识点4 最小方差线性无偏估计量

1. 我们说参数 θ 的估计量 $T(\xi_1,\xi_2,\cdots,\xi_n)$ 是样本 $\xi_1,\xi_2,\cdots,\xi_n$ 的线性函数，是指

$$T(\xi_1,\xi_2,\cdots,\xi_n)=\sum_{i=1}^{n} c_i\xi_i,$$

其中 $c_1,c_2,\cdots,c_n$ 为给定的常数.

可估计函数 $g(\theta)$ 的估计量 $T(\xi_1,\xi_2,\cdots,\xi_n)$ 称为**最小方差线性无偏估计量**，是指：如果

(i) $T(\xi_1,\xi_2,\cdots,\xi_n)$ 为样本的线性函数；

(ii) $E_\theta[T(\xi_1,\xi_2,\cdots,\xi_n)]=g(\theta)$；

(iii) 对于满足(i)，(ii) 的任一估计量 $T'(\xi_1,\xi_2,\cdots,\xi_n)$，对一切 $\theta \in \Omega$ 有

$$D_\theta(T) \leqslant D_\theta(T').$$

2. 设 $T_1,T_2,\cdots,T_m$ 为可估计函数$g(\theta)$ 的 m 个相互独立的线性无偏估计量，而且它们有相同的方差 $D_\theta(T_j)=\sigma^2<\infty$，$j=1,2,\cdots,m$，则统计量

$$\overline{T}=\frac{1}{m}\sum_{i=1}^{m} T_i$$

是 $T_1,T_2,\cdots,T_m$ 的线性组合类中可估计函数 $g(\theta)$ 的最小方差线性无偏估计量，且有

$$D_\theta(T)=\frac{\sigma^2}{m}.$$

3. 设总体 ξ 的数学期望 a 及方差 σ^2 都存在，$\xi_1,\xi_2,\cdots,\xi_n$ 为样本，则样本平均值 $\bar{\xi}$ 为 a 的最小方差线性无偏估计量.

4. 最小方差线性无偏估计简称为最优线性无偏估计.对于线性无偏估计量，有类似于最优无偏估计的性质及判定准则.

知识点 5 拉奥-克拉默不等式(难点)

1. 拉奥-克拉默定理：

设总体 ξ 为连续型随机变量，概率密度函数为 $f(x;\theta)$，θ 为未知参数，$\theta\in\Omega$，$\xi_1,\xi_2,\cdots,\xi_n$ 为样本，$T(\xi_1,\xi_2,\cdots,\xi_n)$ 为可估计函数 $g(\theta)$ 的无偏估计量，如果

(i) $\dfrac{\partial f(x;\theta)}{\partial\theta}$ 存在，且 $\mathrm{E}_\theta\left[\dfrac{\partial}{\partial\theta}\ln f(\xi;\theta)\right]^2=I(\theta)>0$；

(ii) $\dfrac{\partial}{\partial\theta}\displaystyle\int_{-\infty}^{+\infty}\cdots\int_{-\infty}^{+\infty}\prod_{i=1}^{n}f(x_i;\theta)\mathrm{d}x_1\cdots\mathrm{d}x_n=\int_{-\infty}^{+\infty}\cdots\int_{-\infty}^{+\infty}\dfrac{\partial}{\partial\theta}\prod_{i=1}^{n}f(x_i;\theta)\mathrm{d}x_1\cdots\mathrm{d}x_n$；

(iii) $\dfrac{\partial g(\theta)}{\partial\theta}$ 存在，且有

$$\frac{\partial g(\theta)}{\partial\theta}=\int_{-\infty}^{+\infty}\cdots\int_{-\infty}^{+\infty}T(x_1,x_2,\cdots,x_n)\frac{\partial}{\partial\theta}\left(\prod_{i=1}^{n}f(x_i;\theta)\right)\mathrm{d}x_1\cdots\mathrm{d}x_n,$$

则有

$$\mathrm{D}_\theta(T)\geqslant\frac{[g'(\theta)]^2}{nI(\theta)},$$

其中 $g'(\theta)=\dfrac{\partial g(\theta)}{\partial\theta}$.特别当 $g(\theta)=\theta$ 时，上式可简化为

$$\mathrm{D}_\theta(T)\geqslant\frac{1}{nI(\theta)}.$$

可以证明：若 $\dfrac{\partial}{\partial\theta}\displaystyle\int_{-\infty}^{+\infty}\dfrac{\partial f(x;\theta)}{\partial\theta}\mathrm{d}x=\int_{-\infty}^{+\infty}\dfrac{\partial^2 f(x;\theta)}{\partial\theta^2}\mathrm{d}x$，则 $I(\theta)=-\mathrm{E}_\theta\left[\dfrac{\partial^2}{\partial\theta^2}\ln f(\xi;\theta)\right]$.

2. 正规分布：

若总体 ξ 的概率密度函数(或分布列)满足拉奥-克拉默不等式条件里的(i)，(ii)，则称 ξ 的分布函数为**正规分布**；满足条件(iii)的估计量称为**正规估计量**.

注 对 $f(x;\theta)$ 用积分式，对 $P(x;\theta)$ 用求和式.

知识点 6 优效估计量、有效率、渐近优效估计量

1. 优效估计定义：

如果参数 θ 的函数 $g(\theta)$ 的某个正规无偏估计量 $U(\xi_1,\xi_2,\cdots,\xi_n)$ 的方差达到拉奥-克拉默不等式的下界，则称这个无偏估计量 $U(\xi_1,\xi_2,\cdots,\xi_n)$ 为 $g(\theta)$ 的**优效估计量**.

2. 有效率定义：

设 $T(\xi_1,\xi_2,\cdots,\xi_n)$ 为可估计函数 $g(\theta)$ 的任一正规无偏估计量，$U(\xi_1,\xi_2,\cdots,\xi_n)$ 为 $g(\theta)$ 的优效估计量，则称

$$e_n=\frac{\mathrm{D}(U)}{\mathrm{D}(T)}$$

为正规无偏估计量 $T(\xi_1,\xi_2,\cdots,\xi_n)$ 的**有效率**.

易见,有效率 e_n 满足关系式:$0\leqslant e_n\leqslant 1$.

3. 渐近优效估计量定义:

如果正规无偏估计量 T 的有效率 e_n 满足:

$$\lim_{n\to\infty}e_n=1,$$

则称 $T(\xi_1,\xi_2,\cdots,\xi_n)$ 为参数 θ 的**渐近优效估计量**.

知识点7 相合估计量、一致估计量

1. 相合估计定义:

设统计量 $T(\xi_1,\xi_2,\cdots,\xi_n)$ 为待估函数 $g(\theta)$ 的估计量,若对任一 $\varepsilon>0$,有

$$\lim_{n\to\infty}P(|T(\xi_1,\xi_2,\cdots,\xi_n)-g(\theta)|\leqslant\varepsilon)=1,$$

则称 $T(\xi_1,\xi_2,\cdots,\xi_n)$ 为 $g(\theta)$ 的**弱相合估计量**.如果下式成立

$$P\left(\lim_{n\to\infty}T(\xi_1,\xi_2,\cdots,\xi_n)=g(\theta)\right)=1,$$

则称 $T(\xi_1,\xi_2,\cdots,\xi_n)$ 为 $g(\theta)$ 的**强相合估计量**.

2. 如果估计量 $\hat{\theta}=T(\xi_1,\xi_2,\cdots,\xi_n)$ 为参数 θ 的相合性估计量,则 $\hat{\theta}$ 依概率收敛于 θ,即对任给 $\varepsilon>0$,有

$$\lim_{n\to\infty}P(|\hat{\theta}-\theta|>\varepsilon)=0,$$

或等价地有

$$\lim_{n\to\infty}P(|\hat{\theta}-\theta|\leqslant\varepsilon)=1.$$

在有些书中,常称 $\hat{\theta}$ 为参数 θ 的一致估计量.

知识点8 充分统计量

1. 充分统计量定义:

设总体 ξ 的概率密度函数为 $f(x;\theta)$,θ 为未知参数,$\theta\in\Omega$,$\xi_1,\xi_2,\cdots,\xi_n$ 为样本,$T(\xi_1,\xi_2,\cdots,\xi_n)$ 为不带有未知参数的统计量,若在给定统计量 $T(x_1,x_2,\cdots,x_n)=t$ 时,$(\xi_1,\xi_2,\cdots,\xi_n)$ 的条件概率密度函数 $f(x_1,x_2,\cdots,x_n\mid t)$ 与 θ 无关,则称 $T=T(\xi_1,\xi_2,\cdots,\xi_n)$ 为 θ 的**充分统计量**(注:本定义也适合离散型随机变量).

设 $\hat{\theta}(\xi_1,\xi_2,\cdots,\xi_n)$ 为 θ 的充分统计量,$\hat{\theta}_1(\xi_1,\xi_2,\cdots,\xi_n)$ 为任一统计量,由上面的定义知,当 $\hat{\theta}$ 已知时,$\hat{\theta}_1$ 的条件分布不包含 θ,即当 $\hat{\theta}$ 已知时,$\hat{\theta}_1$ 不能为我们提供关于 θ 的更多的信息.

2. 充要条件:

费希尔-奈曼因子分解定理 若总体 ξ 为连续型随机变量,概率密度函数为 $f(x;\theta)$,$\xi_1,\xi_2,\cdots,\xi_n$ 为样本,则统计量 $T(\xi_1,\xi_2,\cdots,\xi_n)$ 为参数 θ 的充分估计量的充要条件是:样本的联合概率密度函数可表示为

$$\prod_{i=1}^{n}f(x_i;\theta)=f_T(t;\theta)h(x_1,x_2,\cdots,x_n),\tag{7.3}$$

其中 $f_T(t;\theta)$ 是仅通过 $T(x_1,x_2,\cdots,x_n)=t$ 而依赖于样本且与 θ 有关的非负函数,$h(x_1,x_2,\cdots,x_n)$ 是样本 $\xi_1,\xi_2,\cdots,\xi_n$ 的非负函数但与参数 θ 无关,特别地,$f_T(t;\theta)$ 可为统计量 T 的

概率密度函数.若总体 ξ 为离散型随机变量,则概率密度函数代之以分布列 $P(x;\theta)$,有类似于(7.3)式的分解.

3. 联合充分统计量定义:

如果 $\boldsymbol{\theta}$ 是参数向量,如正态分布 $N(a,\sigma)$ 中的 a 及 σ^2 都是未知参数,则记 $\boldsymbol{\theta}=(a,\sigma^2)$.统计量 $T(\xi_1,\xi_2,\cdots,\xi_n)$ 是随机向量,而且费希尔-奈曼因子分解定理的条件相应地成立,则称 T 为关于 θ 的**联合充分统计量**.

知识点 9　优效估计量与充分估计量之间的关系

参数 θ 的正规无偏估计量 $T(\xi_1,\xi_2,\cdots,\xi_n)$ 是优效估计量的充要条件为

(1) $T(\xi_1,\xi_2,\cdots,\xi_n)$ 为 θ 的充分估计量;

(2) 统计量 T 的密度函数(或概率密度函数,视总体 ξ 为连续型或离散型随机变量而定)概率为 1 地满足下述方程:

$$\frac{\partial \ln f_T(t;\theta)}{\partial \theta}=C(\theta)\big(T(\xi_1,\xi_2,\cdots,\xi_n)-\theta\big),$$

其中 $C(\theta)$ 与样本无关,$T(\xi_1,\xi_2,\cdots,\xi_n)$ 与 θ 无关.

知识点 10　充分估计量、似然方程的解、优效估计量之间的关系

1. 设总体 ξ 的概率密度函数 $f(x;\theta)$ 中只含一个未知参数 θ,如果 θ 的充分估计量 $T(\xi_1,\xi_2,\cdots,\xi_n)$ 存在,且似然方程

$$\frac{\partial \ln L(\xi_1,\xi_2,\cdots,\xi_n;\theta)}{\partial \theta}=0$$

有解,则其解一定是 $t=T(x_1,x_2,\cdots,x_n)$ 的函数.

2. 如果 $T(\xi_1,\xi_2,\cdots,\xi_n)$ 是参数 θ 的优效估计量,那么在满足 $f_T(t;\theta)>0$ 的区域内,$t=T(\xi_1,\xi_2,\cdots,\xi_n)$ 概率为 1 地都是似然方程的解.

3. 设总体 ξ 的分布函数为 $F(x;\theta)$,$\theta\in\Omega$,$\xi_1,\xi_2,\cdots,\xi_n$ 为其样本,如果

(1) $\hat{\theta}$ 是 θ 的无偏估计量且方差有限,即对一切 $\theta\in\Omega$,

$$\mathrm{E}_\theta(\hat{\theta})=\theta,\quad \mathrm{D}_\theta(\hat{\theta})<\infty;$$

(2) T 是 θ 的充分统计量,记 $\hat{\theta}$ 关于 T 的条件数学期望为

$$\hat{\theta}^*=\mathrm{E}_\theta(\hat{\theta}\mid T),$$

则有

(1) $\hat{\theta}^*$ 是不含有 θ 的,并为 θ 的无偏估计量,即对一切 $\theta\in\Omega$,有 $\mathrm{E}_\theta(\hat{\theta}^*)=\theta$;

(2) $\mathrm{D}_\theta(\hat{\theta}^*)\leqslant \mathrm{D}_\theta(\hat{\theta})$,当且仅当 $P_\theta(\hat{\theta}=\hat{\theta}^*)=1$ 时,等号成立.

知识点 11　完备统计量

1. 完备统计量定义:

设总体 ξ 的分布函数为 $F(x;\theta)$,$\theta\in\Omega$,$g(\xi)$ 为一随机变量,如果对一切 $\theta\in\Omega$,成立

$$\mathrm{E}_\theta[g(\xi)]=0,$$

且对于一切 $\theta\in\Omega$ 必有

$$P_\theta(g(\xi)=0)=1,$$

则称 $F(x;\theta)$ 是**完备的**.若 $\xi_1,\xi_2,\cdots,\xi_n$ 为样本,统计量 $T(\xi_1,\xi_2,\cdots,\xi_n)$ 的分布函数是完备的,则称 T 为**完备统计量**.

2. 充分完备统计量与最优无偏估计量之间的关系:

设总体 ξ 的分布函数为 $F(x;\theta)$,$\theta\in\Omega$,$\xi_1,\xi_2,\cdots,\xi_n$ 为其样本,$T(\xi_1,\xi_2,\cdots,\xi_n)$ 是 θ 的充分完备统计量.如果 θ 的无偏估计量存在,记为 $\hat{\theta}$,则 $\hat{\theta}^*=\mathrm{E}(\hat{\theta}\mid T)$ 是唯一的最优无偏估计量.

知识点 12 指数族分布

1. 指数族分布定义:

设总体 ξ 的概率密度函数为 $f(x;\theta)$,$\theta\in\Omega$,$\xi_1,\xi_2,\cdots,\xi_n$ 为其样本,样本的联合概率密度函数具有形式

$$f(\boldsymbol{x};\theta)=C(\theta)\exp\{b(\theta)T(\boldsymbol{x})\}h(\boldsymbol{x}),\tag{7.4}$$

其中 $\boldsymbol{x}=(x_1,x_2,\cdots,x_n)$,$C(\theta)$,$b(\theta)$ 只与参数 θ 有关而与样本无关,$h(\boldsymbol{x})$,$T(\boldsymbol{x})$ 只与样本有关而不带未知参数 θ,则称 $f(\boldsymbol{x};\theta)$ 为**指数族分布**.对于离散型随机变量,如果它的分布列 $P(\boldsymbol{x};\theta)$ 具有(7.4)式所定义的形式,也同样称它为指数族分布.

2. 指数族分布与充分完备估计量之间的关系:

设总体 ξ 的概率密度函数 $f(x;\tilde{\boldsymbol{\theta}})$ 为指数族分布,$\xi_1,\xi_2,\cdots,\xi_n$ 为其样本,联合概率密度函数具有如下形式:

$$f(\boldsymbol{x};\tilde{\boldsymbol{\theta}})=C(\tilde{\boldsymbol{\theta}})\exp\left\{\sum_{j=1}^{k}b_j(\tilde{\boldsymbol{\theta}})T_j(\boldsymbol{x})\right\}h(\boldsymbol{x}),$$

其中 $\tilde{\boldsymbol{\theta}}=(\theta_1,\theta_2,\cdots,\theta_k)$,$\boldsymbol{x}=(x_1,x_2,\cdots,x_n)$,$\tilde{\boldsymbol{\theta}}\in\Omega$.如果 Ω 中包含一个 k 维矩形,而且 $\boldsymbol{B}=(b_1,b_2,\cdots,b_k)$ 的值域包含一个 k 维开集,则

$$\boldsymbol{T}(\boldsymbol{x})=\big(T_1(\boldsymbol{x}),T_2(\boldsymbol{x}),\cdots,T_k(\boldsymbol{x})\big)$$

是 k 维参数向量 $\tilde{\boldsymbol{\theta}}$ 的充分完备估计量.

知识点 13 区间估计(重点)

1. 随机区间定义:

设总体 ξ 的分布函数为 $F(x;\theta)$,θ 为未知参数,$\xi_1,\xi_2,\cdots,\xi_n$ 为其样本,现建立两个统计量 $T_1(\xi_1,\xi_2,\cdots,\xi_n)$,$T_2(\xi_1,\xi_2,\cdots,\xi_n)$,并满足不等式

$$T_1(\xi_1,\xi_2,\cdots,\xi_n)<T_2(\xi_1,\xi_2,\cdots,\xi_n),$$

则称 $[T_1,T_2]$ 为**随机区间**.随机区间的端点及区间长度都是样本的函数,因而都是统计量.

2. 区间估计定义:

设 α 为一给定的常数,满足 $0<\alpha<1$,如果关系式

$$P(T_1\leqslant\theta\leqslant T_2)=1-\alpha\tag{7.5}$$

成立,并用这个随机区间作为参数 θ 的估计,则称 $[T_1,T_2]$ 是参数 θ 的置信度为 $1-\alpha$ 的**区间估计**,α 为**显著性水平**,$T_2(\xi_1,\xi_2,\cdots,\xi_n)$,$T_1(\xi_1,\xi_2,\cdots,\xi_n)$ 分别为**置信上、下限**.

3. 参数 θ 的区间估计的意义:

建立统计量 $T_1(\xi_1,\xi_2,\cdots,\xi_n)$ 及 $T_2(\xi_1,\xi_2,\cdots,\xi_n)$ 后，T_1 及 T_2 的观察值依赖于样本 $\xi_1,\xi_2,\cdots,\xi_n$ 的观察值.现对样本做了 N 次观察，每次样本的观察值记为 $(x_{1k},x_{2k},\cdots,x_{nk})$，$k=1,2,\cdots,N$，它对应于 t_{1k} 及 t_{2k} 观察值所组成的一个区间 $[t_{1k},t_{2k}]$，这 N 个区间不一定都包含参数 θ 的真值，有些区间包含着 θ 的真值，而另一些区间不包含它.当(7.5)式成立时，随机区间 $[T_1,T_2]$ 包含着参数 θ 的真值的频率近似为 $1-\alpha$.此时，若认为"区间 $[T_1,T_2]$ 包含着参数 θ 的真值"，那么这种"认为"犯错误的概率为 α.也就是说，随机区间以 $1-\alpha$ 的概率包含着参数 θ，这是参数 θ 的区间估计的本质所在.注意，我们并非说参数 θ 以 $1-\alpha$ 的概率落入随机区间 $[T_1,T_2]$，因为参数 θ 是非随机的.

知识点 14　分位数

1. 分位数定义：

设 ξ 为一个随机变量，α 为满足 $0<\alpha<1$ 的实数.如果 x_α 使得 $P(\xi\leqslant x_\alpha)=\alpha$，则称 x_α 为 ξ 的**下侧 α 分位数**，如果 y_α 使得 $P(\xi>y_\alpha)=\alpha$，则称 y_α 为 ξ 的**上侧 α 分位数**.分位数也称为**分位点**或**临界值**.本书中所用的分位数均为下侧分位数.

2. 分位数的性质：

(1) $x_\alpha=y_{1-\alpha}$，$y_\alpha=x_{1-\alpha}$；

(2) 对于标准正态分布 $N(0,1)$ 与 t 分布 $t(n)$ 有

$$y_{1-\alpha}=-y_\alpha,\quad x_{1-\alpha}=-x_\alpha;$$

(3) 设 $F_\alpha(m,n)$ 为 $F\sim F(m,n)$ 的下侧 α 分位数，则

$$F_\alpha(m,n)=\frac{1}{F_{1-\alpha}(n,m)}.$$

知识点 15　一个正态总体，均值和方差的置信区间

设总体 $\xi\sim N(a,\sigma)$，$\xi_1,\xi_2,\cdots,\xi_n$ 为 ξ 的样本.

1. (1) 当 σ^2 已知时，因为 $U=\dfrac{\bar{\xi}-a}{\sigma/\sqrt{n}}\sim N(0,1)$，所以由 $1-\alpha$ 的定义有

$$1-\alpha=P(\bar{\xi}-C<a<\bar{\xi}+C)=P(|\bar{\xi}-a|<C)=P\left(|U|<\frac{C}{\sigma/\sqrt{n}}\right).$$

由标准正态分布的下侧分位数的定义可得 $C=u_{1-\frac{\alpha}{2}}\sigma/\sqrt{n}$，因此置信度为 $1-\alpha$ 的置信区间为

$$\left(\bar{\xi}-u_{1-\frac{\alpha}{2}}\sigma/\sqrt{n},\bar{\xi}+u_{1-\frac{\alpha}{2}}\sigma/\sqrt{n}\right).$$

(2) 当 σ^2 未知时，因为 $S^{*2}=\dfrac{1}{n-1}\sum\limits_{i=1}^{n}(\xi_i-\bar{\xi})^2$ 是 σ^2 的最优无偏估计量，所以我们用 S^* 替换 $\dfrac{\bar{\xi}-a}{\sigma/\sqrt{n}}$ 中的 σ.由于

$$\frac{\bar{\xi}-a}{S^*/\sqrt{n}}=\frac{\bar{\xi}-a}{S/\sqrt{n-1}}\sim t(n-1),$$

所以我们得到置信度为 $1-\alpha$ 的置信区间为

$$\left(\bar{\xi}-\frac{S^{*}t_{1-\frac{\alpha}{2}}(n-1)}{\sqrt{n}},\bar{\xi}+\frac{S^{*}t_{1-\frac{\alpha}{2}}(n-1)}{\sqrt{n}}\right).$$

2. 当 a 未知时,σ^2 的区间估计:

因为 S^{*2} 是 σ^2 的最优无偏估计量,所以$\frac{S^{*2}}{\sigma^2}$ 应该接近于 1,即通常$\frac{S^{*2}}{\sigma^2}$ 既不太大也不太小,应位于某两个常数 k_1,k_2 之间($k_1<k_2$),即

$$k_1<\frac{S^{*2}}{\sigma^2}<k_2,$$

从而

$$\frac{S^{*2}}{k_2}<\sigma^2<\frac{S^{*2}}{k_1},$$

所以 σ^2 的置信区间应为

$$\left(\frac{S^{*2}}{k_2},\frac{S^{*2}}{k_1}\right),$$

其中 k_1,k_2 由置信度 $1-\alpha$ 确定.

当 $1-\alpha$ 给定后,因为 $\chi^2=\frac{(n-1)S^{*2}}{\sigma^2}\sim\chi^2(n-1)$,所以由 $1-\alpha$ 的定义,有

$$1-\alpha=P\left(\frac{S^{*2}}{k_2}<\sigma^2<\frac{S^{*2}}{k_1}\right)=P\big((n-1)k_1<\chi^2<(n-1)k_2\big),$$

即

$$\alpha=P\big(\chi^2<(n-1)k_1\big)+P\big(\chi^2>(n-1)k_2\big).$$

取 k_1,k_2 满足

$$\frac{\alpha}{2}=P\big(\chi^2<(n-1)k_1\big)=P\big(\chi^2>(n-1)k_2\big)=1-P\big(\chi^2<(n-1)k_2\big).$$

由分位数的定义知道

$$(n-1)k_1=\chi^2_{\alpha/2}(n-1),\quad (n-1)k_2=\chi^2_{1-\alpha/2}(n-1),$$

从而

$$k_1=\frac{1}{n-1}\chi^2_{\alpha/2}(n-1),\quad k_2=\frac{1}{n-1}\chi^2_{1-\alpha/2}(n-1).$$

于是 σ^2 的置信度为 $1-\alpha$ 的置信区间为

$$\left(\frac{(n-1)S^{*2}}{\chi^2_{1-\alpha/2}(n-1)},\frac{(n-1)S^{*2}}{\chi^2_{\alpha/2}(n-1)}\right).$$

二、经典题型

题型 I 矩估计量

◆ **题型解析**:如果总体 ξ 的分布函数中有 k 个参数,不妨设分布函数为 $F(x;\theta_1,\theta_2,\cdots,\theta_k)$,则需要建立 k 个方程求解这 k 个参数,即

$$\frac{1}{n}\sum_{i=1}^{n}\xi_i^m=\mathrm{E}(\xi^m)=\int_{-\infty}^{+\infty}\cdots\int_{-\infty}^{+\infty}x^m\mathrm{d}F(x;\theta_1,\theta_2,\cdots,\theta_k),\quad m=1,2,\cdots,k. \tag{7.6}$$

(7.6) 式的左边不需要计算,右边需由分布函数计算,计算结果应为参数的函数.

特别地,如果 $k=2$,通常让 $\bar{\xi}=\mathrm{E}(\xi)$,$S^2=\mathrm{D}(\xi)$ 来求参数的值.

例 1　设 $\xi_1,\xi_2,\cdots,\xi_n$ 为总体 ξ 的样本,ξ 的概率密度函数或分布列如下:

(1) $f(x;\theta)=\begin{cases}\dfrac{1}{\theta^2}2(\theta-x), & 0<x<\theta,\theta>0,\\ 0, & \text{其他};\end{cases}$

(2) $P(\xi=k)=(k-1)\theta^2(1-\theta)^{k-2},\quad k=2,3,4,\cdots,0<\theta<1.$

试求其中未知参数的矩估计量.

解　(1) 因为

$$\mathrm{E}(\xi)=\int_0^\theta x\,\frac{1}{\theta^2}2(\theta-x)\mathrm{d}x=\frac{2}{\theta^2}\int_0^\theta(x\theta-x^2)\mathrm{d}x=\frac{2}{\theta^2}\left(\frac{\theta x^2}{2}-\frac{x^3}{3}\right)\Big|_{x=\theta}=\frac{1}{3}\theta.$$

由 $\dfrac{1}{3}\hat{\theta}=\bar{\xi}$,得 $\hat{\theta}=3\bar{\xi}$.

(2)
$$\begin{aligned}\mathrm{E}(\xi)&=\sum_{k=2}^{\infty}k(k-1)\theta^2(1-\theta)^{k-2}=\theta^2\sum_{k=2}^{\infty}(x^k)''\Big|_{x=1-\theta}=\theta^2\left(\frac{x^2}{1-x}\right)''\Big|_{x=1-\theta}\\&=\theta^2\left[\frac{2x(1-x)-(-1)x^2}{(1-x)^2}\right]'\Big|_{x=1-\theta}=\theta^2\left[\frac{2x-x^2}{(1-x)^2}\right]'\Big|_{x=1-\theta}\\&=\theta^2\,\frac{(2-2x)(1-x)^2+2(2x-x^2)(1-x)}{(1-x)^4}\Big|_{x=1-\theta}\\&=\theta^2\,\frac{2(1-x)^2+2(2x-x^2)}{(1-x)^3}\Big|_{x=1-\theta}\\&=\theta^2\,\frac{2}{(1-x)^3}\Big|_{x=1-\theta}=\frac{2}{\theta}.\end{aligned}$$

由 $\dfrac{2}{\hat{\theta}}=\bar{\xi}$,得 $\hat{\theta}=\dfrac{2}{\bar{\xi}}$.

题型 II　极大似然估计量

◆ **题型解析**:通常需要先求似然函数,然后求似然方程,进而求解.如果似然方程无解,则此方法行不通,但不能说明极大似然估计量不存在.因为极大似然估计量是想找一个估计量使得似然函数取得最大值即可,因此只需看参数如何取值才能使得似然函数在整个参数中取得最大值.特别注意,极大似然估计量应为样本的函数.

例 2　设总体 ξ 的概率密度函数或分布列如下:

(1) $f(x,\theta)=\begin{cases}\sqrt{\theta}x^{\sqrt{\theta}-1}, & 0\leqslant x\leqslant 1,\theta>0,\\ 0, & \text{其他};\end{cases}$

(2) $P(\xi=k)=(k-1)\theta^2(1-\theta)^{k-2},k=2,3,4,\cdots,0<\theta<1.$

求参数 θ 的极大似然估计.

解　(1) 似然函数为

$$L(\theta)=\theta^{\frac{n}{2}}\left(\prod_{i=1}^{n}x_i\right)^{\sqrt{\theta}-1},\quad 0\leqslant x_i\leqslant 1,$$

对上式取自然对数,得

$$\ln L(\theta)=\frac{n}{2}\ln\theta+(\sqrt{\theta}-1)\sum_{i=1}^{n}\ln x_i,\quad 0\leqslant x_i\leqslant 1.$$

故似然方程为

$$\frac{\partial \ln L(\theta)}{\partial\theta}=\frac{n}{2\theta}+\frac{\sum\limits_{i=1}^{n}\ln x_i}{2\sqrt{\theta}}=0,$$

解之得$\hat{\theta}=\left(\dfrac{n}{\sum\limits_{i=1}^{n}\ln\xi_i}\right)^2$.

(2) 似然函数为

$$L(\theta)=\theta^{2n}\prod_{i=1}^{n}[(x_i-1)(1-\theta)^{x_i-2}]=\theta^{2n}\left[\prod_{i=1}^{n}(x_i-1)\right](1-\theta)^{\sum\limits_{i=1}^{n}x_i-2n},$$

对上式取自然对数,得

$$\ln L(\theta)=2n\ln\theta+\sum_{i=1}^{n}\ln(x_i-1)+\left(\sum_{i=1}^{n}x_i-2n\right)\ln(1-\theta).$$

故似然方程为

$$\frac{\partial \ln L(\theta)}{\partial\theta}=\frac{2n}{\theta}-\frac{\sum\limits_{i=1}^{n}x_i-2n}{1-\theta}=0,$$

解之得$\hat{\theta}=\dfrac{2n}{\sum\limits_{i=1}^{n}\xi_i}$.

题型Ⅲ 评判估计量好坏的标准

例 3 设总体$\xi\sim N(a,\sigma)$,a 为已知,$\xi_1,\xi_2,\cdots,\xi_n$ 为ξ 的样本,问下列四个统计量

$$S_1^2=S^{*2},\quad S_2^2=S^2,\quad S_3^2=\frac{1}{n+1}\sum_{i=1}^{n}(\xi_i-\bar{\xi})^2,\quad S_4^2=\frac{1}{n}\sum_{i=1}^{n}(\xi_i-a)^2$$

中,哪个是σ^2 的无偏估计量?哪个对σ^2 的均方误差$\mathrm{E}(S_i^2-\sigma^2)^2$ 最小?哪个方差最小?哪个比较有效?

方法技巧 由抽样分布定理得$\dfrac{(n-1)S_1^2}{\sigma^2}=\dfrac{nS_2^2}{\sigma^2}=\dfrac{(n+1)S_3^2}{\sigma^2}\sim\chi^2(n-1)$.由$\chi^2$ 分布的数学期望、方差及方差的性质可得S_1^2,S_2^2,S_3^2 的数学期望与方差.对σ^2 的无偏估计量来说,均方误差与方差相等.由正态分布的概率密度函数及数学期望与方差的性质可得S_4^2 的数学期望与均方误差.

解 因为$\dfrac{(n-1)S_1^2}{\sigma^2}=\dfrac{nS_2^2}{\sigma^2}=\dfrac{(n+1)S_3^2}{\sigma^2}\sim\chi^2(n-1)$,所以

$$\mathrm{E}\left[\frac{(n-1)S_1^2}{\sigma^2}\right]=\mathrm{E}\left(\frac{nS_2^2}{\sigma^2}\right)=\mathrm{E}\left[\frac{(n+1)S_3^2}{\sigma^2}\right]=n-1,$$

于是得

$$E(S_1^2)=\sigma^2,\quad E(S_2^2)=\frac{n-1}{n}\sigma^2,\quad E(S_3^2)=\frac{n-1}{n+1}\sigma^2.$$

又易见 $E(S_4^2)=\sigma^2$,所以 S_1^2,S_4^2 均为 σ^2 的无偏估计量.因为

$$D\left[\frac{(n-1)S_1^2}{\sigma^2}\right]=D\left(\frac{nS_2^2}{\sigma^2}\right)=D\left[\frac{(n+1)S_3^2}{\sigma^2}\right]=2(n-1),$$

故

$$D(S_1^2)=\frac{2\sigma^4}{n-1},\quad D(S_2^2)=\frac{2(n-1)\sigma^4}{n^2},\quad D(S_3^2)=\frac{2(n-1)\sigma^4}{(n+1)^2}.$$

又

$$E(S_1^2-\sigma^2)^2=D(S_1^2)=\frac{2\sigma^4}{n-1},$$

$$\begin{aligned}E(S_2^2-\sigma^2)^2&=E\left(\frac{\sigma^2}{n}\cdot\frac{nS_2^2}{\sigma^2}-\frac{\sigma^2}{n}\cdot n\right)^2=\frac{\sigma^4}{n^2}E\left[\frac{nS_2^2}{\sigma^2}-(n-1)-1\right]^2\\&=\frac{\sigma^4}{n^2}\left[D\left(\frac{nS_2^2}{\sigma^2}\right)+1\right]=\frac{\sigma^4}{n^2}[2(n-1)+1]=\frac{(2n-1)\sigma^4}{n^2},\end{aligned}$$

$$\begin{aligned}E(S_3^2-\sigma^2)^2&=E\left[\frac{\sigma^2}{n+1}\cdot\frac{(n+1)S_3^2}{\sigma^2}-\frac{\sigma^2}{n+1}\cdot(n+1)\right]^2\\&=\frac{\sigma^4}{(n+1)^2}E\left[\frac{(n+1)S_3^2}{\sigma^2}-(n-1)-2\right]^2\\&=\frac{\sigma^4}{(n+1)^2}\left[D\left(\frac{(n+1)S_3^2}{\sigma^2}\right)+4\right]=\frac{\sigma^4}{(n+1)^2}[2(n-1)+4]=\frac{2\sigma^4}{n+1},\end{aligned}$$

而

$$\begin{aligned}E(S_4^2-\sigma^2)^2&=D(S_4^2)=E\left[\frac{1}{n}\sum_{i=1}^{n}(\xi_i-a)^2-\sigma^2\right]^2\\&=\frac{1}{n^2}\sum_{i=1}^{n}\sum_{j=1}^{n}E\{[(\xi_i-a)^2-\sigma^2][(\xi_j-a)^2-\sigma^2]\}\\&=\frac{1}{n^2}\sum_{i=1}^{n}E[(\xi_i-a)^2-\sigma^2]^2=\frac{1}{n}E[(\xi-a)^2-\sigma^2]^2\\&=\frac{1}{n}E[(\xi-a)^4-\sigma^4]=\frac{1}{n}(3\sigma^4-\sigma^4)=\frac{2\sigma^4}{n}.\end{aligned}$$

由上可知,S_3^2 对 σ^2 的均方误差最小, S_3^2 的方差最小,S_4^2 比 S_1^2 有效.

例 4 设总体 $\xi\sim N(a,\sigma)$,试讨论未知参数 a,σ^2 的有效估计量.

方法技巧 在拉奥-克拉默定理成立的条件下,可估计函数 $g(\theta)$ 的有效估计量存在且为 $T(\xi_1,\xi_2,\cdots,\xi_n)$ 的充要条件是可化为 $C(\theta)(T-g(\theta))$ 的形式,即

$$\frac{\partial}{\partial\theta}\ln L(\theta)=C(\theta)(T-g(\theta)),$$

其中 $C(\theta)\neq 0$ 是与样本无关的数,且 $E_\theta(T)=g(\theta)$.

解 因为

$$\frac{\partial}{\partial a}\ln L(a,\sigma^2)=\frac{1}{\sigma^2}\sum_{i=1}^{n}(\xi_i-a)=\frac{n}{\sigma^2}(\bar{\xi}-a),$$

且 $E(\bar{\xi})=a$，所以$\hat{a}=\bar{\xi}$ 为 a 的有效估计量，且 a 的 R-C 下界（即拉奥-克拉默定理结论中方差的下界）为

$$\frac{1}{nI(a)}=\frac{\sigma^2}{n}.$$

又因

$$\frac{\partial}{\partial\sigma^2}\ln L(a,\sigma^2)=\frac{n}{2\sigma^4}\left[\frac{1}{n}\sum_{i=1}^{n}(\xi_i-a)^2-\sigma^2\right],$$

虽然 $E\left[\frac{1}{n}\sum_{i=1}^{n}(\xi_i-a)^2\right]=\sigma^2$，但是$\frac{1}{n}\sum_{i=1}^{n}(\xi_i-a)^2$ 不是统计量，因其中含有未知参数 a，所以 σ^2 的有效估计量不存在.当 a 为已知时，$\frac{1}{n}\sum_{i=1}^{n}(\xi_i-a)^2$ 是 σ^2 的有效估计量，且 σ^2 的 R-C 下界为

$$\frac{1}{nI(\sigma^2)}=\frac{2\sigma^4}{n}.$$

例 5 设总体 $\xi\sim B(1,p)$，$0<p<1$，$\xi_1,\xi_2,\cdots,\xi_n$ 为 ξ 的样本，证明：$\bar{\xi}=\frac{1}{n}\sum_{i=1}^{n}\xi_i$ 是未知参数 p 的最优无偏估计量.

难点解析 因为 $\bar{\xi}$ 是未知参数 p 的无偏估计量，因此只需要证明 $\bar{\xi}$ 是未知参数 p 的充分完备统计量即可，因此由知识点 11 第 2 条充分完备统计量与最优无偏估计量之间的关系知道，$\bar{\xi}=E(\bar{\xi}\mid\bar{\xi})$ 是唯一的最优方差无偏估计量.

证明 首先我们证明 $\bar{\xi}$ 是 p 的充分统计量.样本 $\xi_1,\xi_2,\cdots,\xi_n$ 的联合概率密度函数为

$$\prod_{i=1}^{n}P(\xi_i=x_i)=\prod_{i=1}^{n}p^{x_i}(1-p)^{1-x_i}=p^{\sum_{i=1}^{n}x_i}(1-p)^{n-\sum_{i=1}^{n}x_i}.$$

令

$$T(x_1,\cdots,x_n)=\frac{1}{n}\sum_{i=1}^{n}x_i,\quad h(x_1,\cdots,x_n)=1,\quad K(T,p)=\left(\frac{p}{1-p}\right)^{nT}(1-p)^n,$$

则

$$\prod_{i=1}^{n}P(\xi_i=x_i)=\left(\frac{p}{1-p}\right)^{nT}(1-p)^n=K(T,p)h(x_1,x_2,\cdots,x_n),$$

因此 $\bar{\xi}$ 是 p 的充分统计量.

又 $E(\bar{\xi})=p$，因此只需证明 $\bar{\xi}$ 是完备的.假定 $g(n\bar{\xi})$ 使得 $E_p(g(n\bar{\xi}))=0$，对一切 $p\in(0,1)$ 成立，则有

$$\sum_{k=0}^{n}g(k)C_n^k p^k(1-p)^{n-k}=0,$$

即

$$\sum_{k=0}^{n}g(k)C_n^k\left(\frac{p}{1-p}\right)^k=0.$$

所以多项式的系数均为零，即

$$g(k)C_n^k=0,\quad k=0,1,2,\cdots,n,$$

也即

$$g(k)=0,\quad k=0,1,2,\cdots,n.$$

从而 $\bar{\xi}$ 是完备的.

题型Ⅳ　置信区间

◆ **题型解析**：设 $\xi_1,\xi_2,\cdots,\xi_n$ 为总体 $\xi \sim N(a,\sigma^2)$ 的一个样本.在置信度 $1-\alpha$ 下,求 a,σ^2 的置信区间的步骤如下：

(1) 选择一个统计量,此统计量可以含有已知参数,但不能含有未知参数,且统计量的分布为四大分布之一:标准正态分布、χ^2 分布、t 分布、F 分布.通常需要结合抽样分布定理找该统计量及其分布.

(2) 由置信度 $1-\alpha$,查表找分位数.

(3) 导出置信区间.

例 6　用一台机器经过一个星期做得一批球轴承,其 200 个随机样本的直径长度有 0.824 英寸(1 英寸 =2.54 厘米)的均值和 0.042 英寸的标准差.求对于全部球轴承的均值直径的置信度分别为(1)95%,(2)99% 的置信限.

方法技巧：由于 $n=200$ 是很大的,所以我们可假设直径 X 接近正态分布.本题属于方差已知,求均值的置信区间,因此用标准正态分布(即 U 统计量)来求解.

解　(1) 置信度为 95% 的置信限为

$$\bar{x} \pm u_{1-\frac{0.05}{2}} \frac{s}{\sqrt{n}} = \bar{x} \pm 1.96 \times \frac{s}{\sqrt{n}} = 0.824 \pm 1.96 \times \frac{0.042}{\sqrt{200}} = 0.824 \pm 0.005\ 8.$$

(2) 置信度为 99% 的置信限为

$$\bar{x} \pm u_{1-\frac{0.01}{2}} \frac{s}{\sqrt{n}} = 0.824 \pm 2.58 \times \frac{0.042}{\sqrt{200}} = 0.824 \pm 0.007\ 7.$$

综合题(2010—2020 考研题)

例 7(2017 年数学一第 23 题、2017 年数学三第 23 题)　某工程师为了解一台天平的精度,用该天平对一物体的质量做 n 次测量,该物体的质量 μ 是已知的,设 n 次测量结果 $X_1,X_2,\cdots,X_n$ 相互独立且均服从正态分布 $N(\mu,\sigma)$,该工程师记录的是 n 次测量的绝对误差 $Z_i=|X_i-\mu|$,$i=1,2,\cdots,n$,利用 $Z_1,Z_2,\cdots,Z_n$ 估计 σ.

(1) 求 Z_i,$i=1,2,\cdots,n$ 的概率密度函数.

(2) 利用一阶矩求 σ 的矩估计量.

(3) 求 σ 的最大似然估计量.

◆ **题型解析**：(1) Z_i 的分布函数为

$$F_{Z_i}(z)=P(Z_i \leqslant z)=P(|X_i-\mu| \leqslant z)=P\left(\left|\frac{X_i-\mu}{\sigma}\right| \leqslant \frac{z}{\sigma}\right).$$

当 $z \leqslant 0$ 时,$F_{Z_i}(z)=0$;当 $z>0$ 时,$F_{Z_i}(z)=2\Phi\left(\frac{z}{\sigma}\right)-1$.所以 Z_i 的概率密度函数为

$$f_{Z_i}(z)=F'_{Z_i}(z)=\begin{cases}\dfrac{2}{\sqrt{2\pi}\sigma}e^{-\frac{z^2}{2\sigma^2}}, & z>0,\\ 0, & 其他.\end{cases}$$

(2) $$E(Z)=\int_0^{+\infty} z\frac{2}{\sqrt{2\pi}\sigma}e^{-\frac{z^2}{2\sigma^2}}dz=\frac{2\sigma}{\sqrt{2\pi}}\int_0^{+\infty} te^{-\frac{t^2}{2}}dt=\frac{2\sigma}{\sqrt{2\pi}}.$$

令 $E(Z)=\overline{Z}$,即$\frac{2\sigma}{\sqrt{2\pi}}=\overline{Z}$,则可得 σ 的矩估计量为$\hat{\sigma}=\frac{\overline{Z}\sqrt{2\pi}}{2}$.

(3) 似然函数为

$$L(\sigma)=\prod_{i=1}^{n} f_{Z_i}(z)=\begin{cases}\prod\limits_{i=1}^{n}\frac{2}{\sqrt{2\pi}\sigma}e^{-\frac{z_i^2}{2\sigma^2}}, & z_1^*>0,\\ 0, & 其他.\end{cases}$$

只需考虑最小顺序统计量 $z_1^*>0$ 的情形即可,此时似然方程为

$$\frac{\partial \ln L(\sigma)}{\partial\sigma}=\sum_{i=1}^{n}\frac{\partial\left(\ln 2-\ln\sqrt{2\pi}-\ln\sigma-\frac{z_i^2}{2\sigma^2}\right)}{\partial\sigma}=\sum_{i=1}^{n}\left(-\frac{1}{\sigma}+\frac{z_i^2}{\sigma^3}\right)=-\frac{n}{\sigma}+\frac{\sum\limits_{i=1}^{n} z_i^2}{\sigma^3}=0.$$

从而 σ 的最大似然估计量为$\hat{\sigma}=\sqrt{\frac{\sum\limits_{i=1}^{n} z_i^2}{n}}$.

例 8(2016 年数学一第 14 题) 设 $X_1,X_2,\cdots,X_n$ 为来自总体$N(\mu,\sigma)$的简单随机样本,样本均值$\bar{x}=9.5$,参数 μ 的置信度为 0.95 的双侧置信区间的置信上限为 10.8,则 μ 的置信度为 0.95 的双侧置信区间为________.

◆ **题型解析:** 置信区间为$\left(\bar{x}-\frac{St_{1-\frac{\alpha}{2}}}{\sqrt{n-1}},\bar{x}+\frac{St_{1-\frac{\alpha}{2}}}{\sqrt{n-1}}\right)$,从而$\frac{St_{1-\frac{\alpha}{2}}}{\sqrt{n-1}}=10.8-\bar{x}=1.3$,因此下限为 $9.5-1.3=8.2$,从而置信区间为(8.2,10.8).

例 9(2016 年数学一第 23 题、2016 年数学三第 23 题) 设总体 X 的概率密度函数为

$$f(x;\theta)=\begin{cases}\frac{3x^2}{\theta^3}, & 0<x<\theta,\\ 0, & 其他,\end{cases}$$

其中$\theta\in(0,+\infty)$为未知参数,X_1,X_2,X_3 为来自总体 X 的简单随机样本,令 $T=\max(X_1,X_2,X_3)$.

(1) 求 T 的概率密度函数.

(2) 确定 a,使得 aT 为θ 的无偏估计.

◆ **题型解析:** (1) 由 X_1,X_2,X_3 独立同分布知道,T 的分布函数为

$$\begin{aligned}F_T(t)&=P\left(\max(X_1,X_2,X_3)\leqslant t\right)=P(X_1\leqslant t,X_2\leqslant t,X_3\leqslant t)\\&=P(X_1\leqslant t)P(X_2\leqslant t)P(X_3\leqslant t)=\left[P(X_1\leqslant t)\right]^3,\end{aligned}$$

$$F_T(t)=\begin{cases}0, & t<0,\\ \left(\int_0^t\frac{3x^2}{\theta^3}dx\right)^3=\frac{t^9}{\theta^9}, & 0\leqslant t<\theta,\\ 1, & t\geqslant\theta.\end{cases}$$

所以,T 的概率密度函数为

$$f_T(t)=\begin{cases}\dfrac{9t^8}{\theta^9}, & 0<t<\theta,\\ 0, & 其他.\end{cases}$$

(2)
$$E(aT)=aE(T)=a\int_0^\theta \frac{9t^9}{\theta^9}dt=\frac{9a\theta}{10}.$$

根据题意，aT 为θ 的无偏估计，则

$$E(aT)=\frac{9a\theta}{10}=\theta,\quad 即\quad a=\frac{10}{9}.$$

例 10(2015 年数学一第 23 题)　设总体 X 的概率密度函数为

$$f(x;\theta)=\begin{cases}\dfrac{1}{1-\theta}, & \theta\leqslant x\leqslant 1,\\ 0, & 其他,\end{cases}$$

其中 θ 为未知参数，$X_1,X_2,\cdots,X_n$ 为来自总体的简单随机样本.求：

(1) θ 的矩估计量；

(2) θ 的极大似然估计量.

◆ **题型解析：**(1)$E(X)=\int_{-\infty}^{+\infty}xf(x;\theta)dx=\int_\theta^1 x\,\dfrac{1}{1-\theta}dx=\dfrac{1+\theta}{2}$.

令 $E(X)=\bar{X}$，即$\dfrac{1+\theta}{2}=\bar{X}$，解得$\hat{\theta}=2\bar{X}-1$，则$\dfrac{2}{n}\sum\limits_{i=1}^{n}X_i-1$ 为 θ 的矩估计量.

(2) 似然函数 $L(\theta)=\prod\limits_{i=1}^{n}f(x_i;\theta)$.当 $\theta\leqslant x_i\leqslant 1$ 时，

$$L(\theta)=\prod_{i=1}^{n}\frac{1}{1-\theta}=\frac{1}{(1-\theta)^n},$$

则 $\ln L(\theta)=-n\ln(1-\theta)$，从而$\dfrac{d\ln L(\theta)}{d\theta}=\dfrac{n}{1-\theta}$，关于 θ 单调增加，所以$\hat{\theta}=\min(X_1,X_2,\cdots,X_n)$ 为 θ 的极大似然估计量.

例 11(2014 年数学一第 14 题、2014 年数学三第 14 题)　设总体 X 的概率密度函数为

$$f(x;\theta)=\begin{cases}\dfrac{2x}{3\theta^2}, & \theta\leqslant x\leqslant 2\theta,\\ 0, & 其他,\end{cases}$$

其中 θ 是未知参数，$X_1,X_2,\cdots,X_n$ 为来自总体 X 的简单随机样本，若 $c\sum\limits_{i=1}^{n}X_i^2$ 为θ^2 的无偏估计，则 $c=$________.

◆ **题型解析：**

$$E\left(c\sum_{i=1}^{n}X_i^2\right)=c\sum_{i=1}^{n}E(X_i^2)=cnE(X^2)=cn\int_\theta^{2\theta}x^2\,\frac{2x}{3\theta^2}dx=\frac{5}{2}cn\theta^2=\theta^2,$$

因此 $c=\dfrac{2}{5n}$.

例 12(2015 年数学三第 22 题)　设总体 X 的分布函数为

$$F(x;\theta)=\begin{cases}1-e^{-\frac{x^2}{\theta}}, & x\geqslant 0,\\ 0, & x<0,\end{cases}$$

其中 θ 是未知参数且大于零，$X_1,X_2,\cdots,X_n$ 为来自总体 X 的简单随机样本.

(1) 求 $E(X)$ 与 $E(X^2)$.

(2) 求 θ 的最大似然估计量 $\hat{\theta}_n$.

(3) 是否存在实数 a，使得对任何 $\varepsilon>0$，都有 $\lim\limits_{n\to\infty}P(|\hat{\theta}_n-a|\geqslant\varepsilon)=0$.

◆ **题型解析**：(1) X 的概率密度函数为

$$f(x;\theta)=F'(x;\theta)=\begin{cases}\dfrac{2x}{\theta}e^{-\frac{x^2}{\theta}}, & x\geqslant 0,\\ 0, & x<0.\end{cases}$$

$$E(X)=\int_{-\infty}^{+\infty}xf(x;\theta)dx=\int_0^{+\infty}x\frac{2x}{\theta}e^{-\frac{x^2}{\theta}}dx=-\int_0^{+\infty}x\,de^{-\frac{x^2}{\theta}}=-xe^{-\frac{x^2}{\theta}}\Big|_0^{+\infty}+\int_0^{+\infty}e^{-\frac{x^2}{\theta}}dx$$

$$=\frac{1}{2}\int_{-\infty}^{+\infty}e^{-\frac{x^2}{\theta}}dx=\frac{1}{2}\left(\int_{-\infty}^{+\infty}e^{-\frac{x^2}{\theta}}dx\int_{-\infty}^{+\infty}e^{-\frac{y^2}{\theta}}dy\right)^{\frac{1}{2}}=\frac{1}{2}\left(\int_{-\infty}^{+\infty}\int_{-\infty}^{+\infty}e^{-\frac{x^2+y^2}{\theta}}dxdy\right)^{\frac{1}{2}}$$

$$=\frac{1}{2}\left(\int_0^{2\pi}\int_0^{+\infty}e^{-\frac{r^2}{\theta}}rdrd\theta\right)^{\frac{1}{2}}=\frac{1}{2}\left(\int_0^{2\pi}\left(-\frac{\theta}{2}\right)\int_0^{+\infty}de^{-\frac{r^2}{\theta}}d\theta\right)^{\frac{1}{2}}=\frac{1}{2}\left(\int_0^{2\pi}\frac{\theta}{2}d\theta\right)^{\frac{1}{2}}=\frac{\sqrt{\pi\theta}}{2},$$

$$E(X^2)=\int_{-\infty}^{+\infty}x^2f(x;\theta)dx=\int_0^{+\infty}x^2\frac{2x}{\theta}e^{-\frac{x^2}{\theta}}dx=\int_0^{+\infty}t\frac{2\sqrt{t}}{\theta}e^{-\frac{t}{\theta}}\frac{1}{2\sqrt{t}}dt$$

$$=\int_0^{+\infty}t\frac{1}{\theta}e^{-\frac{t}{\theta}}dt=\theta.$$

(2) 设 $x_1,x_2,\cdots,x_n$ 为样本的观测值，θ 的似然函数为

$$L(\theta)=\prod_{i=1}^{n}f(x_i;\theta)=\begin{cases}\dfrac{2^n\prod\limits_{i=1}^{n}x_i}{\theta^n}e^{-\frac{\sum\limits_{i=1}^{n}x_i^2}{\theta}}, & x_i\geqslant 0,i=1,2,\cdots,n,\\ 0, & \text{其他}.\end{cases}$$

当 $x_i\geqslant 0,i=1,2,\cdots,n$ 时，

$$L(\theta)=\frac{2^n\prod\limits_{i=1}^{n}x_i}{\theta^n}e^{-\frac{\sum\limits_{i=1}^{n}x_i^2}{\theta}},$$

对上式求对数，可得

$$\ln L(\theta)=n\ln 2+\ln\prod_{i=1}^{n}x_i-n\ln\theta-\frac{1}{\theta}\sum_{i=1}^{n}x_i^2.$$

令 $\dfrac{d\ln L(\theta)}{d\theta}=-\dfrac{n}{\theta}+\dfrac{1}{\theta^2}\sum\limits_{i=1}^{n}x_i^2=0$，因此 $\hat{\theta}_n=\dfrac{1}{n}\sum\limits_{i=1}^{n}x_i^2$ 为 θ 的最大似然估计值.

(3) 因为 $X_1,X_2,\cdots,X_n$ 独立同分布，故 $X_1^2,X_2^2,\cdots,X_n^2$ 独立同分布，又 $E(X_i^2)=\theta,i=1,2,\cdots,n$，由辛钦大数定律可得，

$$\lim_{n\to\infty}P\left(\left|\frac{1}{n}\sum_{i=1}^{n}x_i^2-E\left(\frac{1}{n}\sum_{i=1}^{n}x_i^2\right)\right|<\varepsilon\right)=1.$$

$E\left(\dfrac{1}{n}\sum\limits_{i=1}^{n}x_i^2\right)=\dfrac{1}{n}\sum\limits_{i=1}^{n}E(x_i^2)=\theta$，存在实数 $a=\theta$，使得对于 $\forall\varepsilon>0$，

$$\lim_{n\to\infty}P(|\hat{\theta}_n-a|\geqslant\varepsilon)=0.$$

例 13(2013 年数学一第 23 题、2013 年数学三第 23 题) 设总体 X 的概率密度函数为

$$f(x;\theta)=\begin{cases}\dfrac{\theta^2}{x^3}e^{-\frac{\theta}{x}}, & x>0,\\ 0, & \text{其他},\end{cases}$$

其中 θ 为未知参数,$X_1,X_2,\cdots,X_n$ 为来自总体的简单随机样本.求:

(1) θ 的矩估计量;

(2) θ 的极大似然估计量.

◆ **题型解析:**(1) $E(X)=\int_{-\infty}^{+\infty}xf(x;\theta)\mathrm{d}x=\int_0^{+\infty}x\dfrac{\theta^2}{x^3}e^{-\frac{\theta}{x}}\mathrm{d}x=\theta\int_0^{+\infty}e^{-\frac{\theta}{x}}\mathrm{d}\left(-\dfrac{\theta}{x}\right)=\theta.$

令 $E(X)=\overline{X}$,故 $\overline{X}=\dfrac{1}{n}\sum\limits_{i=1}^{n}X_i$ 为 θ 的矩估计量.

(2) 似然函数 $L(\theta)=\prod\limits_{i=1}^{n}f(x_i;\theta)$.当 $x_i>0$ 时,

$$L(\theta)=\prod_{i=1}^{n}\frac{\theta^2}{x_i^3}e^{-\frac{\theta}{x_i}}=\theta^{2n}\prod_{i=1}^{n}\frac{1}{x_i^3}e^{-\frac{\theta}{x_i}}.$$

对上式两边取对数,得

$$\ln L(\theta)=2n\ln\theta-3\sum_{i=1}^{n}\ln x_i-\theta\sum_{i=1}^{n}\frac{1}{x_i}.$$

令

$$\frac{\mathrm{d}\ln L(\theta)}{\mathrm{d}\theta}=\frac{2n}{\theta}-\sum_{i=1}^{n}\frac{1}{x_i}=0,$$

得 $\theta=\dfrac{2n}{\sum\limits_{i=1}^{n}\dfrac{1}{x_i}}$.当 $x_i\leqslant 0$ 时,$L(\theta)=0$,所以 $\hat{\theta}=\dfrac{2n}{\sum\limits_{i=1}^{n}\dfrac{1}{X_i}}$ 为 θ 的最大似然估计量.

例 14(2012 年数学一第 23 题) 设随机变量 X 与 Y 相互独立且分别服从正态分布 $N(\mu,\sigma)$ 与 $N(\mu,\sqrt{2}\sigma)$,其中 σ 是未知参数,且 $\sigma>0$.设 $Z=X-Y$.

(1) 求 Z 的概率密度函数.

(2) 设 $Z_1,Z_2,\cdots,Z_n$ 为来自总体 Z 的简单随机样本,求 σ^2 的最大似然估计量 $\hat{\sigma}^2$.

(3) 证明 $\hat{\sigma}^2$ 为 σ^2 的无偏估计量.

◆ **题型解析:**(1) $\quad E(Z)=E(X-Y)=E(X)-E(Y)=0,$

$$D(Z)=D(X-Y)=D(X)+D(Y)=3\sigma^2.$$

因为 $X\sim N(\mu,\sigma)$,$Y\sim N(\mu,\sqrt{2}\sigma)$,且 X 与 Y 相互独立,所以 $Z=X-Y\sim N(0,\sqrt{3}\sigma)$,则 Z 的概率密度函数为 $f_Z(z)=\dfrac{1}{\sqrt{2\pi}\sqrt{3}\sigma}e^{-\frac{z^2}{6\sigma^2}}$.

(2) 最大似然函数为

$$L(\sigma^2)=\prod_{i=1}^{n}f(z_i;\sigma^2)=\prod_{i=1}^{n}\left(\frac{1}{\sqrt{2\pi}\sqrt{3}\sigma}e^{-\frac{z_i^2}{6\sigma^2}}\right),\quad -\infty<z_i<+\infty,i=1,2,\cdots,n.$$

对上式两边取对数,得

$$\ln L(\sigma^2)=\sum_{i=1}^{n}\left(-\ln\sqrt{6\pi}-\frac{1}{2}\ln\sigma^2-\frac{z_i^2}{6\sigma^2}\right).$$

再对上式取导数，得

$$\frac{\mathrm{d}\ln L(\sigma^2)}{\mathrm{d}(\sigma^2)}=\sum_{i=1}^{n}\left[-\frac{1}{2\sigma^2}+\frac{z_i^2}{6(\sigma^2)^2}\right]=\frac{-3n\sigma^2+\sum_{i=1}^{n}z_i^2}{6(\sigma^2)^2}.$$

令 $\frac{\mathrm{d}\ln L(\sigma^2)}{\mathrm{d}\sigma^2}=0$，得 $\hat{\sigma}^2=\frac{\sum_{i=1}^{n}Z_i^2}{3n}$.

(3) $\mathrm{E}(\hat{\sigma}^2)=\mathrm{E}\left(\frac{\sum_{i=1}^{n}Z_i^2}{3n}\right)=\frac{\sum_{i=1}^{n}\mathrm{E}(Z_i^2)}{3n}=\frac{\mathrm{E}(Z^2)}{3}=\frac{\mathrm{D}(Z)+[\mathrm{E}(z)]^2}{3}=\frac{3\sigma^2+0}{3}=\sigma^2$，

所以 $\hat{\sigma}^2$ 为 σ^2 的无偏估计量.

例 15(2011 年数学一第 23 题) 设 $X_1,X_2,\cdots,X_n$ 为来自正态总体 $N(\mu,\sigma)$ 的简单随机样本，其中 μ 已知，$\sigma^2>0$，$\overline{X}$ 和 S^2 分别表示样本均值和样本方差.

(1) 求参数 σ^2 的最大似然估计 $\hat{\sigma}^2$.

(2) 计算 $\mathrm{E}(\hat{\sigma}^2)$ 和 $\mathrm{D}(\hat{\sigma}^2)$.

◆ **题型解析**：(1) 最大似然函数为

$$L(\sigma^2)=\prod_{i=1}^{n}f(x_i;\sigma^2)=\prod_{i=1}^{n}\left[\frac{1}{\sqrt{2\pi}\sigma}\mathrm{e}^{-\frac{(x_i-\mu)^2}{2\sigma^2}}\right]^n,\quad -\infty<x_i<+\infty, i=1,2,\cdots,n.$$

对上式两边取对数，得

$$\ln L(\sigma^2)=\sum_{i=1}^{n}\left[-\ln\sqrt{2\pi}-\frac{1}{2}\ln\sigma^2-\frac{(x_i-\mu)^2}{2\sigma^2}\right].$$

再对上式求导，得

$$\frac{\mathrm{d}\ln L(\sigma^2)}{\mathrm{d}(\sigma^2)}=\sum_{i=1}^{n}\left[-\frac{1}{2\sigma^2}+\frac{(x_i-\mu)^2}{2(\sigma^2)^2}\right]=\frac{-n\sigma^2+\sum_{i=1}^{n}(x_i-\mu)^2}{2(\sigma^2)^2}.$$

令 $\frac{\mathrm{d}\ln L(\sigma^2)}{\mathrm{d}(\sigma^2)}=0$，得

$$\hat{\sigma}^2=\frac{\sum_{i=1}^{n}(X_i-\mu)^2}{n}.$$

(2) 因为 $\frac{\sum_{i=1}^{n}(X_i-\mu)^2}{\sigma^2}\sim\chi^2(n)$，所以

$$\mathrm{E}\left(\frac{\sum_{i=1}^{n}(X_i-\mu)^2}{\sigma^2}\right)=n,\quad \mathrm{D}\left(\frac{\sum_{i=1}^{n}(X_i-\mu)^2}{\sigma^2}\right)=2n.$$

从而

$$\mathrm{E}(\hat{\sigma}^2)=\mathrm{E}\left(\frac{\sum_{i=1}^{n}(X_i-\mu)^2}{n}\right)=\sigma^2,\quad \mathrm{D}(\hat{\sigma}^2)=\mathrm{D}\left(\frac{\sum_{i=1}^{n}(X_i-\mu)^2}{n}\right)=\frac{\sigma^4}{n^2}\mathrm{D}\left(\frac{\sum_{i=1}^{n}(X_i-\mu)^2}{\sigma^2}\right)=\frac{2}{n}\sigma^4.$$

例 16(2010 年数学一第 23 题) 设总体 X 的概率分布为

X	1	2	3
P	$1-\theta$	$\theta-\theta^2$	θ^2

其中 $\theta\in(0,1)$ 未知, N_i 表示来自总体的简单随机样本(样本容量为 n)中等于 i 的个数, $i=1,2,3$.试求常数 a_1,a_2,a_3,使 $T=\sum_{i=1}^{3}a_iN_i$ 为 θ 的无偏估计量,并求 T 的方差.

◆ **题型解析:** $N_1\sim B(n,1-\theta)$, $N_2\sim B(n,\theta-\theta^2)$, $N_3\sim B(n,\theta^2)$,则

$$\begin{aligned}\mathrm{E}(T)&=\mathrm{E}\left(\sum_{i=1}^{3}a_iN_i\right)=a_1\mathrm{E}(N_1)+a_2\mathrm{E}(N_2)+a_3\mathrm{E}(N_3)\\&=a_1n(1-\theta)+a_2n(\theta-\theta^2)+a_3n\theta^2\\&=a_1n+n(a_1-a_2)\theta+n(a_3-a_2)\theta^2.\end{aligned}$$

因为 T 为 θ 的无偏估计量,所以 $\mathrm{E}(T)=\theta$,即得

$$\begin{cases}na_1=0,\\n(a_1-a_2)=1,\\n(a_3-a_2)=0,\end{cases}$$

整理得到

$$\begin{cases}a_1=0,\\a_2=\dfrac{1}{n},\\a_3=\dfrac{1}{n}.\end{cases}$$

所以统计量

$$T=0\times N_1+\frac{1}{n}\times N_2+\frac{1}{n}\times N_3=\frac{1}{n}\times(n-N_1).$$

T 的方差为

$$\mathrm{D}(T)=\mathrm{D}\left[\frac{1}{n}\times(n-N_1)\right]=\frac{1}{n^2}\mathrm{D}(N_1)=\frac{1}{n^2}\times n\times(1-\theta)\times\theta=\frac{(1-\theta)\theta}{n}.$$

例 17(2019 年数学一第 23 题、2019 年数学三第 23 题) 设总体 X 的概率密度函数为

$$f(x)=\begin{cases}\dfrac{A}{\sigma}\mathrm{e}^{-\frac{(x-\mu)2}{2\sigma2}}, & x\geqslant\mu,\\0, & x<\mu.\end{cases}$$

μ 是已知参数, $\sigma>0$ 是未知参数, A 是常数, $X_1,X_2,\cdots,X_n$ 是来自总体 X 的简单随机样本.

(1) 求 A.

(2) 求 σ^2 的最大似然估计量.

◆ **题型解析:**(1) 由概率密度函数的规范性知道 $\int_{-\infty}^{+\infty}f(x)\,\mathrm{d}x=1$,又

$$\int_{-\infty}^{+\infty}f(x)\,\mathrm{d}x=\int_{\mu}^{+\infty}\frac{A}{\sigma}\mathrm{e}^{-\frac{(x-\mu)2}{2\sigma2}}\mathrm{d}x=A\int_{0}^{+\infty}\mathrm{e}^{-\frac{x2}{2\sigma2}}\mathrm{d}\left(\frac{x}{\sigma}\right)=A\frac{\sqrt{2\pi}}{2},$$

因此 $A=\sqrt{\dfrac{2}{\pi}}$.

（2）设 $x_1,x_2,\cdots,x_n$ 为 $X_1,X_2,\cdots,X_n$ 的观测值，则似然函数

$$L(\sigma,x_1,x_2,\cdots,x_n)=\prod_{i=1}^{n}\frac{A}{\sigma}\mathrm{e}^{-\frac{(x_i-\mu)^2}{2\sigma^2}}=\left(\sqrt{\frac{2}{\pi}}\frac{1}{\sigma}\right)^n\mathrm{e}^{-\frac{\sum\limits_{i=1}^{n}(x_i-\mu)^2}{2\sigma^2}}.$$

对上式取对数可得

$$\ln L=n\ln\sqrt{\frac{2}{\pi}}-\frac{n}{2}\ln\sigma^2-\frac{1}{2\sigma^2}\sum_{i=1}^{n}(x_i-\mu)^2.$$

再对上式求导，得

$$\frac{\mathrm{d}\ln L}{\mathrm{d}\sigma^2}=-\frac{n}{2\sigma^2}+\frac{1}{2\sigma^4}\sum_{i=1}^{n}(x_i-\mu)^2.$$

令 $\dfrac{\mathrm{d}\ln L}{\mathrm{d}\sigma^2}=0$，则解得 σ^2 的最大似然估计量为

$$\hat{\sigma}^2=\frac{1}{n}\sum_{i=1}^{n}(X_i-\mu)^2.$$

例 18（2018 年数学一第 23 题、数学三第 23 题） 设总体 X 的概率密度函数为

$$f(x;\sigma)=\frac{1}{2\sigma}\mathrm{e}^{-\frac{|x|}{\sigma}},\quad -\infty<x<+\infty,$$

其中 $\sigma\in(0,+\infty)$ 为未知参数，$X_1,X_2,\cdots,X_n$ 为来自总体 X 的简单随机样本.记 σ 的最大似然估计量为 $\hat{\sigma}$.

（1）求 $\hat{\sigma}$.

（2）求 $\mathrm{E}(\hat{\sigma})$ 和 $\mathrm{D}(\hat{\sigma})$.

◘ 题型解析：（1）设 $x_1,x_2,\cdots,x_n$ 为 $X_1,X_2,\cdots,X_n$ 的观测值，则似然函数为

$$L(\sigma,x_1,x_2,\cdots,x_n)=\prod_{i=1}^{n}\frac{1}{2\sigma}\mathrm{e}^{-\frac{|x_i|}{\sigma}}=\frac{1}{2^n}\mathrm{e}^{-\frac{\sum\limits_{i=1}^{n}|x_i|}{\sigma}},$$

对上式取对数可得

$$\ln L=-n\ln 2-n\ln\sigma-\frac{1}{\sigma}\sum_{i=1}^{n}|x_i|.$$

再对上式求导，得

$$\frac{\mathrm{d}\ln L}{\mathrm{d}\sigma}=-\frac{n}{\sigma}+\frac{1}{\sigma^2}\sum_{i=1}^{n}|x_i|.$$

令 $\dfrac{\mathrm{d}\ln L}{\mathrm{d}\sigma}=0$，则解得 σ 的最大似然估计量为 $\hat{\sigma}=\dfrac{1}{n}\sum\limits_{i=1}^{n}|X_i|$.

（2）由数学期望的计算公式可得

$$\begin{aligned}\mathrm{E}(\hat{\sigma})&=\mathrm{E}\left(\frac{1}{n}\sum_{i=1}^{n}|X_i|\right)=\frac{1}{n}\mathrm{E}\left(\sum_{i=1}^{n}|X_i|\right)=\mathrm{E}(|X|)\\&=\int_{-\infty}^{+\infty}|x|\frac{1}{2\sigma}\mathrm{e}^{-\frac{|x|}{\sigma}}\mathrm{d}x=\int_{0}^{+\infty}\frac{x}{\sigma}\mathrm{e}^{-\frac{x}{\sigma}}\mathrm{d}x=\sigma.\end{aligned}$$

$$D(\hat{\sigma})=D\left(\frac{1}{n}\sum_{i=1}^{n}|X_i|\right)=\frac{1}{n^2}D\left(\sum_{i=1}^{n}|X_i|\right)=\frac{1}{n}D(|X|).$$

而

$$E(|X|^2)=\int_{-\infty}^{+\infty}|x|^2\frac{1}{2\sigma}e^{-\frac{|x|}{\sigma}}dx=\int_0^{+\infty}\frac{x^2}{\sigma}e^{-\frac{x}{\sigma}}dx=\sigma^2\int_0^{+\infty}\left(\frac{x}{\sigma}\right)^2e^{-\frac{x}{\sigma}}d\left(\frac{x}{\sigma}\right)=2\sigma^2,$$

$$D(|X|)=E(|X|^2)-[E(|X|)]^2=2\sigma^2-\sigma^2=\sigma^2.$$

故 $D(\hat{\sigma})=\frac{\sigma^2}{n}$.

例 19(2020 年数学一、数学三第 23 题)　设某种元件的使用寿命 T 的分布函数为

$$F(t)=\begin{cases}1-e^{-\left(\frac{t}{\theta}\right)^m}, & t\geqslant 0,\\ 0, & \text{其他},\end{cases}$$

其中 θ,m 为参数且大于零.

(1) 求概率 $P(T>t)$ 与 $P(T>s+t\mid T>t)$,其中 $s>0,t>0$.

(2) 任取 n 个这种元件做寿命试验,测得它们的寿命分别为 $t_1,t_2,\cdots,t_n$,若 m 已知,求 θ 的极大似然估计值 $\hat{\theta}$.

◆ **题型解析**:本题考查了分布函数及条件概率的定义和极大似然估计.

(1) 由分布函数的定义及 $t>0$ 知,

$$P(T>t)=1-P(T\leqslant t)=1-F(t)=e^{-\left(\frac{t}{\theta}\right)^m}.$$

由条件概率的定义及 $s>0,t>0$ 知,

$$P(T>s+t\mid T>t)=\frac{P(T>s+t,T>t)}{P(T>t)}=\frac{P(T>s+t)}{P(T>t)}=\frac{e^{-\left(\frac{s+t}{\theta}\right)^m}}{e^{-\left(\frac{t}{\theta}\right)^m}}$$

$$=e^{\left(\frac{t}{\theta}\right)^m-\left(\frac{s+t}{\theta}\right)^m}.$$

(2) T 的概率密度函数为

$$f(t)=F'(t)=\begin{cases}\frac{mt^{m-1}}{\theta^m}e^{-\left(\frac{t}{\theta}\right)^m}, & t\geqslant 0,\\ 0, & \text{其他}.\end{cases}$$

因此似然函数为

$$L(\theta)=m^n(t_1t_2\cdots t_n)^{m-1}\theta^{-mn}e^{-\frac{1}{\theta^m}\sum_{i=1}^{n}t_i^m},$$

对上式取对数

$$\ln L(\theta)=n\ln m+(m-1)\ln(t_1t_2\cdots t_n)-mn\ln\theta-\frac{1}{\theta^m}\sum_{i=1}^{n}t_i^m,$$

再求导可得

$$\frac{d\ln L(\theta)}{d\theta}=-\frac{mn}{\theta}+m\frac{1}{\theta^{m+1}}\sum_{i=1}^{n}t_i^m=0.$$

从而 θ 的极大似然估计为

$$\hat{\theta}=\sqrt[m]{\frac{1}{n}\sum_{i=1}^{n}t_i^m}.$$

三、习题答案

1. 设某地区的风速 ξ 服从 $\Gamma(\alpha,\beta)$，概率密度函数为

$$f(x;\alpha,\beta)=\begin{cases}\dfrac{\beta^{-(\alpha+1)}}{\Gamma(\alpha+1)}x^{\alpha}\mathrm{e}^{-\frac{x}{\beta}}, & x>0,\\ 0, & x\leqslant 0,\end{cases}$$

其中 $\alpha+1>0,\beta>0$.试按频率估计概率的原理，在 $\beta=\dfrac{1}{9},\alpha=2,n=5$ 时，求百年一遇的最大风速值 M(即 $\bar{\xi}$ 大于 M 的概率为 1%).

难点解析 由于 ξ 不是正态总体，因此不能用抽样分布定理求 $\bar{\xi}$ 的分布.但考虑到 Γ 分布与 χ^2 分布之间的关系，我们可以导出 $\dfrac{2n}{\beta}\bar{\xi}$ 服从 χ^2 分布，从而由 χ^2 分布的分位数可求 M 的值.

解 由已知条件易得 ξ 的特征函数为

$$\varphi_{\xi}(t)=(1-\mathrm{j}\beta t)^{-(\alpha+1)}.$$

设 $\xi_1,\xi_2,\cdots,\xi_n$ 为样本，则 $\bar{\xi}=\dfrac{1}{n}\sum\limits_{i=1}^{n}\xi_i$ 的特征函数为

$$\varphi_{\bar{\xi}}(t)=\left(1-\mathrm{j}\beta\frac{t}{n}\right)^{-n(\alpha+1)}.$$

现记 $\eta=\dfrac{2n}{\beta}\bar{\xi}$，则 η 的特征函数为

$$\varphi_{\eta}(t)=(1-2\mathrm{j}t)^{-n(\alpha+1)}.$$

由此可知，η 服从自由度为 $2n(\alpha+1)$ 的 χ^2 分布.由题意知，欲求 M 值，使得

$$0.01=P(\bar{\xi}>M),\quad 即\quad 0.01=P\left(\eta>\frac{2n}{\beta}M\right).$$

由 $\beta=\dfrac{1}{9},\alpha=2,n=5$ 知 $\eta\sim\chi^2(30)$，从而查表可得 $90M=50.892$，解得 $M=0.565$.

2. 对任一地区地震的震级数 y 与其发生的次数 n 之间有经验公式：$n(y)=\mathrm{e}^{\alpha-\beta y},\alpha>0,\beta>0,y\geqslant 0$，试按频数估计概率的原理，求震级 ξ 的分布函数.

难点解析 按频数估计概率的原理，$P(\xi<M)$ 等于震级小于 M 的次数除以总的次数.由于次数是震级数 y 的函数，因此需积分来求震级小于 M 的次数及总的次数.

解 由题意知，震级 ξ 小于 M 的频率为

$$P(\xi<M)=\frac{\int_0^M n(y)\mathrm{d}y}{\int_0^{+\infty}n(y)\mathrm{d}y}=\frac{\frac{1}{\beta}\mathrm{e}^{\alpha-\beta y}\Big|_0^M}{\frac{1}{\beta}\mathrm{e}^{\alpha-\beta y}\Big|_0^{+\infty}}=\frac{\mathrm{e}^{\alpha}-\mathrm{e}^{\alpha-\beta M}}{\mathrm{e}^{\alpha}}=1-\mathrm{e}^{-\beta M},\quad M\geqslant 0.$$

由频数估计概率的原理，震级 ξ 小于 M 的概率可用上式估计，从而 ξ 的分布函数为

$$F(M)=\begin{cases}1-\mathrm{e}^{-\beta M}, & M\geqslant 0,\\ 0, & M<0.\end{cases}$$

3. 设总体ξ服从正态分布$N(a,1)$，今观察了20次，只记录是否为负值，若事件"$\xi<0$"出现了14次，试按频率估计概率的原理，求a的估计值.

方法技巧 由题意知，事件"$\xi<0$"出现的频率为0.7，由频率估计概率的原理知道，$0.7=\frac{14}{20}=P(\xi<0)$，再由$\xi$服从正态分布$N(a,1)$可求解.

解 因为

$$0.7=\frac{14}{20}=P(\xi<0)=P(\xi-a<-a)=\Phi(-a).$$

查表得$-a=0.525$，所以$a=-0.525$.

4. 设总体ξ的概率密度函数为$f(x;\theta)$，$\xi_1,\xi_2,\cdots,\xi_n$为其样本，求参数θ的极大似然估计量.

(1) $f(x;\theta)=\frac{1}{2}e^{-|x-\theta|},\quad |x|>\theta,-\infty<\theta<0,-\infty<x<+\infty$;

(2) $f(x;\theta)=\begin{cases}\theta x^{\theta-1}, & 0<x<1,0<\theta<+\infty,\\ 0, & \text{其他};\end{cases}$

(3) $f(x;\theta)=\begin{cases}\frac{1}{\theta}, & 0<x\leqslant\theta,0<\theta<+\infty,\\ 0, & \text{其他};\end{cases}$

(4) $f(x;\theta)=\begin{cases}\frac{1}{\theta}e^{-\frac{x}{\theta}}, & 0<x<+\infty,0<\theta<+\infty,\\ 0, & \text{其他}.\end{cases}$

方法技巧 对连续型随机变量，可先求似然函数$L(\theta)=\prod_{i=1}^{n}f(x_i;\theta)$，然后解似然方程$\frac{\partial\ln L(\theta)}{\partial\theta}=0$，得到$\theta$的值.如果似然方程无解，则需要直接求$\theta$，使得$L(\theta)=\prod_{i=1}^{n}f(x_i;\theta)$在参数空间中取得最大值.特别地，当概率密度函数为分段函数时，要注意似然函数的表示.

解 (1) 设$\xi_1^*,\xi_2^*,\cdots,\xi_n^*$为样本$\xi_1,\xi_2,\cdots,\xi_n$的顺序统计量，因为

$$L(\theta)=\prod_{i=1}^{n}f(\xi_i;\theta)=\frac{1}{2^n}e^{-\sum\limits_{i=1}^{n}|\xi_i-\theta|}I_{\min(|\xi_i|)>\theta},$$

故似然方程为

$$\frac{\partial\ln L(\theta)}{\partial\theta}=\frac{\partial\ln\left(\frac{1}{2^n}e^{-\sum\limits_{i=1}^{n}|\xi_i-\theta|}I_{\min(|\xi_i|)>\theta}\right)}{\partial\theta}=-\frac{\partial\left(\sum\limits_{i=1}^{n}|\xi_i-\theta|\right)}{\partial\theta}I_{\min(|\xi_i|)>\theta}$$

$$=\sum_{i=1}^{n}\frac{\partial(|\xi_i-\theta|)}{\partial\theta}I_{\min(|\xi_i|)>\theta}=0,$$

解之得，当$n=2k+1$时，$\hat{\theta}=\xi_{k+1}^*$；当$n=2k$时，$\xi_k^*<\hat{\theta}<\xi_{k+1}^*$.

或者不求似然方程，欲使$L(\theta)$最大，须使$\sum\limits_{i=1}^{n}|\xi_i-\theta|$最小.又因为当$\xi_i\geqslant\theta$时，$|\xi_i-\theta|=\xi_i-\theta$；当$\xi_i<\theta$时，$|\xi_i-\theta|=\theta-\xi_i$，所以

$$\sum_{i=1}^{n}|\xi_i-\theta|=\sum_{i=1}^{k}(\theta-\xi_i^*)+\sum_{i=k+1}^{n}(\xi_i^*-\theta).$$

从而，当 $n=2k+1$ 时，$\hat{\theta}=\xi_{k+1}^*$；当 $n=2k$ 时，$\xi_k^*<\hat{\theta}<\xi_{k+1}^*$.

(2) 因为

$$L(\theta)=\theta^n\left(\prod_{i=1}^n \xi_i\right)^{\theta-1} I_{0<\min(\xi_i)<\max(\xi_i)<1},$$

故似然方程为

$$\begin{aligned}\frac{\partial \ln L(\theta)}{\partial\theta}&=\frac{\partial \ln\left[\theta^n\left(\prod_{i=1}^n \xi_i\right)^{\theta-1} I_{0<\min(\xi_i)<\max(\xi_i)<\theta}\right]}{\partial\theta}\\&=\frac{\partial\left[n\ln\theta+(\theta-1)\sum_{i=1}^n \ln\xi_i\right]}{\partial\theta} I_{0<\min(\xi_i)<\max(\xi_i)<\theta}\\&=\left(\frac{n}{\theta}+\sum_{i=1}^n \ln\xi_i\right) I_{0<\min(\xi_i)<\max(\xi_i)<\theta}=0,\end{aligned}$$

解之得 $\hat{\theta}=-\dfrac{n}{\sum_{i=1}^n \ln\xi_i}$.

(3) 因为

$$L(\theta)=\frac{1}{\theta^n} I_{0<\min(\xi_i)<\max(\xi_i)<\theta},$$

故 $\theta=\xi_n^*$ 时 $L(\theta)$ 取得最大值，因此 $\hat{\theta}=\xi_n^*$.

(4) 因为

$$L(\theta)=\theta^{-n} e^{-\frac{\sum_{i=1}^n \xi_i}{\theta}},$$

故似然方程为

$$\frac{\partial \ln L(\theta)}{\partial\theta}=\frac{\partial\left(-n\ln\theta-\frac{\sum_{i=1}^n \xi_i}{\theta}\right)}{\partial\theta}=-\frac{n}{\theta}+\frac{\sum_{i=1}^n \xi_i}{\theta^2}=0,$$

解之得 $\hat{\theta}=\dfrac{\sum_{i=1}^n \xi_i}{n}=\bar{\xi}$.

5. 设总体 ξ 服从二项分布 $B(N,p)$，$0<p<1$，N 为正整数，$\xi_1,\xi_2,\cdots,\xi_n$ 为其样本，求 N 及 p 的矩法估计量.

方法技巧 因为未知参数有 2 个，因此让样本均值等于总体的数学期望，样本方差等于总体的方差，再借助二项分布参数的含义，可以把数学期望与方差分别用参数表示，从而求解.

解 $\bar{\xi}=\mathrm{E}(\xi)=Np$，$S^2=\dfrac{1}{n}\sum_{i=1}^n(\xi_i-\bar{\xi})^2=\mathrm{D}(\xi)=Np(1-p)$.

因此

$$\hat{p}=1-\frac{S^2}{\bar{\xi}},\quad \hat{N}=\frac{\bar{\xi}}{\hat{p}},$$

即 N 及 p 的矩法估计量分别为$\dfrac{\bar{\xi}^2}{\bar{\xi}-S^2}$ 及 $1-\dfrac{S^2}{\bar{\xi}}$.

6. 设总体 ξ 服从对数正态分布，其概率密度函数为

$$f(x;a,\sigma)=\frac{\lg e}{\sqrt{2\pi}\sigma x}\exp\left\{-\frac{1}{2\sigma^2}\lg(x-a)^2\right\}.$$

$\xi_1,\xi_2,\cdots,\xi_n$ 为其样本，求 a 及σ^2 的矩法估计量.

方法技巧 因为未知参数有 2 个，因此让样本均值等于总体的数学期望，样本方差等于总体的方差从而求解.本题的难点在于，由对数正态分布的概率密度函数求数学期望与方差.

解 $\bar{\xi}=E(\xi)=10^{a+\frac{\sigma^2\ln 10}{2}}$，$S^2=\dfrac{1}{n}\sum\limits_{i=1}^{n}(\xi_i-\bar{\xi})^2=D(\xi)=10^{2a+\sigma^2\ln 10}(10^{\sigma^2\ln 10}-1)$.

因此，

$$a=\lg\bar{\xi}-\frac{\sigma^2\ln 10}{2},\quad \sigma^2=\frac{1}{\ln 10}\ln\frac{S^2-\bar{\xi}^2}{\bar{\xi}^2},$$

即 a 及σ^2 的矩法估计量分别为

$$\hat{a}=\lg\bar{\xi}-\frac{1}{2}\ln\frac{S^2-\bar{\xi}^2}{\bar{\xi}^2},\quad \hat{\sigma}^2=\frac{1}{\ln 10}\ln\frac{S^2-\bar{\xi}^2}{\bar{\xi}^2}.$$

7. 设 T 为电子元件的失效时间(单位：h)，其概率密度函数为

$$f(t)=\beta e^{-\beta(t-t_0)},\quad t>t_0>0,$$

即随机变量 T 服从具有在t_0 左边截头的、参数为β 的指数分布.假定 n 个元件独立地试验并记录其失效时间分别为 $T_1,T_2,\cdots,T_n$.

(1) 当 t_0 为已知时，求 β 的极大似然估计量.

(2) 当β 为已知时，求 t_0 的极大似然估计量.

难点解析 先求似然函数，然后解似然方程得极大似然估计量.注意，问题(1) 中 t_0 为已知时，β 的极大似然估计量可以含有t_0；问题(2) 中似然方程无解，需注意 t 的范围，由似然函数直接求解.

解 因为

$$L(\beta,t_0)=\beta^n e^{-\beta\sum\limits_{i=1}^{n}(t_i-t_0)}I_{t_1^*>t_0},$$

$$\ln L(\beta,t_0)=\left[n\ln\beta-\beta\sum_{i=1}^{n}(t_i-t_0)\right]I_{t_1^*>t_0}=\left(n\ln\beta-\beta\sum_{i=1}^{n}t_i+n\beta t_0\right)I_{t_1^*>t_0}.$$

(1) 当 t_0 为已知时，似然方程为

$$\frac{\partial\ln L(\beta,t_0)}{\partial\beta}=\frac{\partial\left(n\ln\beta-\beta\sum\limits_{i=1}^{n}t_i+n\beta t_0\right)}{\partial\beta}=\frac{n}{\beta}-\sum_{i=1}^{n}t_i+nt_0=0,$$

解之得$\hat{\beta}=\dfrac{n}{\sum\limits_{i=1}^{n}T_i-nt_0}=\dfrac{1}{\overline{T}-t_0}$.

(2) 当β 为已知时，似然方程为

$$\frac{\partial \ln L(\beta,t_0)}{\partial t_0}=\frac{\partial\left(n\ln\beta-\beta\sum_{i=1}^{n}t_i+n\beta t_0\right)}{\partial t_0}I_{t_1^*>t_0}=n\beta I_{t_1^*>t_0}=0,$$

此方程无解.由于β已知且为正,因此似然函数$\ln L(\beta,t_0)=\left(n\ln\beta-\beta\sum_{i=1}^{n}t_i+n\beta t_0\right)I_{t_1^*>t_0}$关于$t_0$单增.因此当$t_0=t_1^*$时,似然函数取得最大值,从而$t_0$的极大似然估计量为$T_1^*$.

8. 设总体ξ服从正态分布$N(a,\sigma)$,$\xi_1,\xi_2,\cdots,\xi_n$为其样本.

(1) 求k,使$\hat{\sigma}=\frac{1}{k}\sum_{i=1}^{n}|\xi_i-a|$为$\sigma$的无偏估计量.

(2) 求k,使$\hat{\sigma}^2=\frac{1}{k}\sum_{i=1}^{n-1}|\xi_{i+1}-\xi_i|^2$为$\sigma^2$的无偏估计量.

方法技巧 问题(1)和(2)都需由$E(\hat{\sigma})=\sigma$来求k.注意,问题(1)需由ξ的概率密度函数来求数学期望;问题(2)可以由ξ的数学期望、方差及数学期望的性质来求解.

解 (1) $E(\hat{\sigma})=E\left(\frac{1}{k}\sum_{i=1}^{n}|\xi_i-a|\right)=\frac{1}{k}\sum_{i=1}^{n}E(|\xi_i-a|)=\frac{n\sigma}{k}E\left(\left|\frac{\xi-a}{\sigma}\right|\right)$

$$=\frac{n\sigma}{k}\int_{-\infty}^{+\infty}\frac{|x|}{\sqrt{2\pi}}e^{-\frac{x^2}{2}}dx=\frac{2n\sigma}{k}\int_{0}^{+\infty}\frac{x}{\sqrt{2\pi}}e^{-\frac{x^2}{2}}dx=\frac{2n\sigma}{k\sqrt{2\pi}}\int_{0}^{+\infty}xe^{-\frac{x^2}{2}}dx$$

$$=\sqrt{\frac{2}{\pi}}\cdot\frac{n\sigma}{k},$$

因此$k=n\sqrt{\frac{2}{\pi}}$.

(2) $E(\hat{\sigma}^2)=E\left[\frac{1}{k}\sum_{i=1}^{n-1}(\xi_{i+1}-\xi_i)^2\right]=E\left[\frac{1}{k}\sum_{i=1}^{n-1}(\xi_{i+1}-a+a-\xi_i)^2\right]$

$$=\frac{1}{k}\sum_{i=1}^{n-1}E[(\xi_{i+1}-a)^2-2(\xi_{i+1}-a)(\xi_i-a)+(\xi_i-a)^2]$$

$$=\frac{1}{k}\sum_{i=1}^{n-1}\left\{E[(\xi_{i+1}-a)^2]-2E(\xi_{i+1}-a)E(\xi_i-a)+E[(\xi_i-a)^2]\right\}$$

$$=\frac{1}{k}\sum_{i=1}^{n-1}2\sigma^2=\frac{2(n-1)}{k}\sigma^2,$$

因此,$k=2(n-1)$.

9. 设总体ξ的数学期望为a,方差为σ^2,$\xi_1,\xi_2,\cdots,\xi_n$是它的样本,$T(\xi_1,\xi_2,\cdots,\xi_n)$为$a$的任一线性无偏估计量.证明:样本平均$\bar{\xi}$与$T$的相关系数为$\sqrt{D(\bar{\xi})/D(T)}$.

难点注释 $T(\xi_1,\xi_2,\cdots,\xi_n)$为$a$的任一线性无偏估计量,则$E[T(\xi_1,\xi_2,\cdots,\xi_n)]=a$.又$\bar{\xi}$为$a$的最优线性无偏估计,因此由最优线性无偏估计的充要条件有$E[\bar{\xi}(\bar{\xi}-T)]=0$,再由相关系数的定义可证明结论成立.

解 注意到,$\bar{\xi}$为a的最优线性无偏估计,$E(\bar{\xi}-T)=0$,因此,

$$E[\bar{\xi}(\bar{\xi}-T)]=0,\quad 即\quad E(\bar{\xi}^2)=E(\bar{\xi}T).$$

$\bar{\xi}$与T的相关系数为

$$\rho=\frac{\operatorname{cov}(\bar{\xi},T)}{\sqrt{D(\bar{\xi})D(T)}}=\frac{E(\bar{\xi}T)-E(\bar{\xi})E(T)}{\sqrt{D(\bar{\xi})D(T)}}=\frac{E(\bar{\xi}^2)-a^2}{\sqrt{D(\bar{\xi})D(T)}}$$
$$=\frac{E(\bar{\xi}^2)-\left[E(\bar{\xi})\right]^2}{\sqrt{D(\bar{\xi})D(T)}}=\frac{D(\bar{\xi})}{\sqrt{D(\bar{\xi})D(T)}}=\sqrt{\frac{D(\bar{\xi})}{D(T)}}.$$

10. 设总体 ξ 服从正态分布 $N(a,1)$，$-\infty<a<+\infty$，ξ_1,ξ_2,ξ_3 为其样本，试证下述三个统计量：

(1) $\hat{a}_1=\frac{1}{5}\xi_1+\frac{3}{10}\xi_2+\frac{1}{2}\xi_3$，

(2) $\hat{a}_2=\frac{1}{3}\xi_1+\frac{1}{4}\xi_2+\frac{5}{12}\xi_3$，

(3) $\hat{a}_3=\frac{1}{3}\xi_1+\frac{1}{6}\xi_2+\frac{1}{2}\xi_3$

都是 a 的无偏估计量，并求出每一估计量的方差，问哪一个最小？

方法技巧 由数学期望的线性性质及相互独立随机变量和的方差等于方差的和可求解.

证明 由题意知，$E(\xi_1)=E(\xi_2)=E(\xi_3)=a$，$D(\xi_1)=D(\xi_2)=D(\xi_3)=1$.

(1) $E(\hat{a}_1)=E\left(\frac{1}{5}\xi_1+\frac{3}{10}\xi_2+\frac{1}{2}\xi_3\right)=\frac{1}{5}E(\xi_1)+\frac{3}{10}E(\xi_2)+\frac{1}{2}E(\xi_3)$

$=\left(\frac{1}{5}+\frac{3}{10}+\frac{1}{2}\right)a=a$，

$D(\hat{a}_1)=D\left(\frac{1}{5}\xi_1+\frac{3}{10}\xi_2+\frac{1}{2}\xi_3\right)=\frac{1}{25}D(\xi_1)+\frac{9}{100}D(\xi_2)+\frac{1}{4}D(\xi_3)=\frac{38}{100}=0.38.$

(2) $E(\hat{a}_2)=E\left(\frac{1}{3}\xi_1+\frac{1}{4}\xi_2+\frac{5}{12}\xi_3\right)=\frac{1}{3}E(\xi_1)+\frac{1}{4}E(\xi_2)+\frac{5}{12}E(\xi_3)$

$=\left(\frac{1}{3}+\frac{1}{4}+\frac{5}{12}\right)a=a$，

$D(\hat{a}_2)=D\left(\frac{1}{3}\xi_1+\frac{1}{4}\xi_2+\frac{5}{12}\xi_3\right)=\frac{1}{9}D(\xi_1)+\frac{1}{16}D(\xi_2)+\frac{25}{144}D(\xi_3)=\frac{25}{72}=0.347.$

(3) $E(\hat{a}_3)=E\left(\frac{1}{3}\xi_1+\frac{1}{6}\xi_2+\frac{1}{2}\xi_3\right)=\frac{1}{3}E(\xi_1)+\frac{1}{6}E(\xi_2)+\frac{1}{2}E(\xi_3)$

$=\left(\frac{1}{3}+\frac{1}{6}+\frac{1}{2}\right)a=a$，

$D(\hat{a}_1)=D\left(\frac{1}{3}\xi_1+\frac{1}{6}\xi_2+\frac{1}{2}\xi_3\right)=\frac{1}{9}D(\xi_1)+\frac{1}{36}D(\xi_2)+\frac{1}{4}D(\xi_3)=\frac{14}{36}=0.389.$

因此，$\hat{a}_2$ 的方差最小.

11. 设总体 ξ 的数学期望为 a，$\hat{a}_1$ 及 $\hat{a}_2$ 分别为参数 a 的两个无偏估计量，它们的方差分别为 σ_1^2 及 σ_2^2，相关系数为 ρ.试确定常数 $c_1>0$，$c_2>0$，$c_1+c_2=1$，使得 $c_1\hat{a}_1+c_2\hat{a}_2$ 有最小方差.

特别提醒 注意：相互独立的随机变量和的方差等于方差的和，如果两个随机变量不独立，则和的方差等于方差的和，再加上 2 倍的协方差.

解 由题意知，

$$E(\hat{a}_1)=E(\hat{a}_2)=a,\quad D(\hat{a}_1)=\sigma_1^2,\quad D(\hat{a}_2)=\sigma_2^2,$$

$$\rho=\frac{\operatorname{cov}(\hat{a}_1,\hat{a}_2)}{\sqrt{D(\hat{a}_1)}\sqrt{D(\hat{a}_2)}}=\frac{\operatorname{cov}(\hat{a}_1,\hat{a}_2)}{\sigma_1\sigma_2}.$$

$$\begin{aligned}D(c_1\hat{a}_1+c_2\hat{a}_2)&=c_1^2D(\hat{a}_1)+c_2^2D(\hat{a}_2)+2c_1c_2\operatorname{cov}(\hat{a}_1,\hat{a}_2)\\&=c_1^2\sigma_1^2+c_2^2\sigma_2^2+2c_1c_2\sigma_1\sigma_2\rho\\&=c_1^2\sigma_1^2+(1-c_1)^2\sigma_2^2+2c_1(1-c_1)\sigma_1\sigma_2\rho\\&=c_1^2(\sigma_1^2-2\sigma_1\sigma_2\rho+\sigma_2^2)+2c_1(\sigma_1\sigma_2\rho-\sigma_2^2)+\sigma_2^2.\end{aligned}$$

上式对 c_1 求导，并让导数等于 0，可得

$$c_1(\sigma_1^2-2\sigma_1\sigma_2\rho+\sigma_2^2)=-(\sigma_1\sigma_2\rho-\sigma_2^2),$$

从而

$$c_1=\frac{\sigma_2^2-\sigma_1\sigma_2\rho}{\sigma_1^2-2\sigma_1\sigma_2\rho+\sigma_2^2},\quad c_2=\frac{\sigma_1^2-\sigma_1\sigma_2\rho}{\sigma_1^2-2\sigma_1\sigma_2\rho+\sigma_2^2}.$$

12. 设总体 ξ 服从正态分布 $N(a_1,1)$，总体 η 服从正态分布 $N(a_2,2)$，$\xi_1,\xi_2,\cdots,\xi_{n_1}$ 为总体 ξ 的样本，$\eta_1,\eta_2,\cdots,\eta_{n_2}$ 为总体 η 的样本，且这两个样本相互独立.

(1) 试求 $a=a_1-a_2$ 的无偏估计量 $\hat{a}$.

(2) 如果 $n_1+n_2=n$ 固定，问 n_1 及 n_2 如何配置，可使 $\hat{a}$ 的方差达到最小？

方法技巧 不论总体服从什么分布，矩法估计量总是无偏估计量. 问题(2) 由方差的性质及约束条件 $n_1+n_2=n$，让导数等于 0 可解.

解 (1) 因为 $E(\bar{\xi})=a_1$，$E(\bar{\eta})=a_2$，从而 $E(\bar{\xi}-\bar{\eta})=a_1-a_2$，取 $\hat{a}=\bar{\xi}-\bar{\eta}$ 即可.

(2) $D(\hat{a})=D(\bar{\xi}-\bar{\eta})=D(\bar{\xi})+D(\bar{\eta})=\dfrac{D(\xi)}{n_1}+\dfrac{D(\eta)}{n_2}=\dfrac{1}{n_1}+\dfrac{4}{n_2}=\dfrac{n+3n_1}{n_1n_2}=\dfrac{n+3n_1}{n_1(n-n_1)}$.

上式对 n_1 求导，并让导数等于 0，可得

$$\frac{3n_1(n-n_1)-(n+3n_1)(n-2n_1)}{n_1^2(n-n_1)^2}=\frac{3n_1^2+2n_1n-n^2}{n_1^2(n-n_1)^2}=\frac{(3n_1-n)(n_1+n)}{n_1^2(n-n_1)^2}=0.$$

从而 $n_1=\left[\dfrac{n}{3}\right]$，$n_2=n-\left[\dfrac{n}{3}\right]$，其中[ ]表示整数部分.

13. 设总体 ξ 及 η 的数学期望及方差分别为 a_1,a_2 及 σ_1^2,σ_2^2，$\xi_1,\xi_2,\cdots,\xi_n$ 及 $\eta_1,\eta_2,\cdots,\eta_n$ 分别为它们的样本，且这两个样本相互独立，$\bar{\xi}=\dfrac{1}{n}\sum\limits_{i=1}^{n}\xi_i$，$\bar{\eta}=\dfrac{1}{n}\sum\limits_{i=1}^{n}\eta_i$. 试证：$\bar{\xi}-\bar{\eta}$ 为 a_1-a_2 的最优线性无偏估计量.

方法技巧 需证明 $\bar{\xi}-\bar{\eta}$ 为 $\xi_1,\xi_2,\cdots,\xi_n,\eta_1,\eta_2,\cdots,\eta_n$ 的线性组合，$E(\bar{\xi}-\bar{\eta})=a_1-a_2$，且在所有的线性无偏估计量中，$\bar{\xi}-\bar{\eta}$ 的方差最小. 或者利用最优线性无偏估计量的充要条件去证明.

解 由 $\bar{\xi}-\bar{\eta}=\dfrac{1}{n}\sum\limits_{i=1}^{n}(\xi_i-\eta_i)$ 知，$\bar{\xi}-\bar{\eta}$ 为样本 $\xi_1-\eta_1,\xi_2-\eta_2,\cdots,\xi_n-\eta_n$ 的线性函数，且

$$\mathrm{E}(\bar{\xi}-\bar{\eta})=\frac{1}{n}\sum_{i=1}^{n}\mathrm{E}(\xi_i-\eta_i)=a_1-a_2,$$

从而$\bar{\xi}-\bar{\eta}$为a_1-a_2的线性无偏估计量.下面证明$\bar{\xi}-\bar{\eta}$的方差在a_1-a_2的所有线性无偏估计量中是最小的.

设T'为a_1-a_2的任一线性无偏估计量.不妨设$T'=\sum_{i=1}^{n}b_i(\xi_i-\eta_i)$,则

$$\mathrm{E}(T')=\sum_{i=1}^{n}b_i\mathrm{E}(\xi_i-\eta_i)=\sum_{i=1}^{n}b_i[\mathrm{E}(\xi_i)-\mathrm{E}(\eta_i)]=(a_1-a_2)\sum_{i=1}^{n}b_i=a_1-a_2,$$

从而$\sum_{i=1}^{n}b_i=1$.又

$$\begin{aligned}\mathrm{D}(T')&=\mathrm{D}\Big[\sum_{i=1}^{n}b_i(\xi_i-\eta_i)\Big]=\sum_{i=1}^{n}b_i^2\mathrm{D}(\xi_i-\eta_i)\\&=\sum_{i=1}^{n}b_i^2[\mathrm{D}(\xi_i)+\mathrm{D}(\eta_i)]=(\sigma_1^2+\sigma_2^2)\sum_{i=1}^{n}b_i^2\\&\geqslant(\sigma_1^2+\sigma_2^2)\frac{\left(\sum_{i=1}^{n}b_i\right)^2}{n}=\frac{\sigma_1^2+\sigma_2^2}{n}=\mathrm{D}(T).\end{aligned}$$

因此,由最优线性无偏估计量的定义知,$\bar{\xi}-\bar{\eta}$为a_1-a_2的最优线性无偏估计量.

14. 设总体ξ的概率密度函数为

$$f(x;\theta)=\begin{cases}\dfrac{1}{\theta}, & 0<x\leqslant\theta,0<\theta<+\infty,\\ 0, & \text{其他}.\end{cases}$$

ξ_1,ξ_2,ξ_3为其样本,试证$\frac{4}{3}\max\limits_{1\leqslant i\leqslant 3}\xi_i$及$4\min\limits_{1\leqslant i\leqslant 3}\xi_i$都是参数$\theta$的无偏估计量,问哪一个较有效?

方法技巧 先求$\max\limits_{1\leqslant i\leqslant 3}\xi_i$及$\min\limits_{1\leqslant i\leqslant 3}\xi_i$的概率密度函数,进而可求$\frac{4}{3}\max\limits_{1\leqslant i\leqslant 3}\xi_i$及$4\min\limits_{1\leqslant i\leqslant 3}\xi_i$的数学期望与方差,两个无偏估计量中方差越小的,越有效.

证明　因

$$f_{\max\limits_{1\leqslant i\leqslant 3}\xi_i}(x)=\frac{3}{\theta}\left(\frac{x}{\theta}\right)^2,\ 0<x<\theta;\ f_{\min\limits_{1\leqslant i\leqslant 3}\xi_i}(x)=\frac{3}{\theta}\left(1-\frac{x}{\theta}\right)^2,\ 0<x<\theta,$$

所以

$$\mathrm{E}\Big(\frac{4}{3}\max_{1\leqslant i\leqslant 3}\xi_i\Big)=\frac{4}{3}\int_0^\theta x\,\frac{3}{\theta}\left(\frac{x}{\theta}\right)^2\mathrm{d}x=\theta,$$

$$\begin{aligned}\mathrm{E}\Big(4\min_{1\leqslant i\leqslant 3}\xi_i\Big)&=4\int_0^\theta x\,\frac{3}{\theta}\left(1-\frac{x}{\theta}\right)^2\mathrm{d}x=12\theta\int_0^1 u(1-u)^2\mathrm{d}u\\&=12\theta\int_0^1(u^3-2u^2+u)\mathrm{d}u=\theta.\end{aligned}$$

因此,$\frac{4}{3}\max\limits_{1\leqslant i\leqslant 3}\xi_i$及$4\min\limits_{1\leqslant i\leqslant 3}\xi_i$都是参数$\theta$的无偏估计量.

因为

$$\mathrm{E}\left(\frac{4}{3}\max_{1\leqslant i\leqslant 3}\xi_i\right)^2=\frac{16}{9}\mathrm{E}\left(\max_{1\leqslant i\leqslant 3}\xi_i\right)^2=\frac{16}{9}\int_0^\theta x^2\,\frac{3}{\theta}\left(\frac{x}{\theta}\right)^2\mathrm{d}x=\frac{16}{15}\theta^2,$$

$$\mathrm{E}\left(4\min_{1\leqslant i\leqslant 3}\xi_i\right)^2=16\int_0^\theta x^2\,\frac{3}{\theta}\left(1-\frac{x}{\theta}\right)^2\mathrm{d}x=48\theta^2\int_0^1 u^2\,(1-u)^2\mathrm{d}u$$
$$=48\theta^2\int_0^1(u^4-2u^3+u^2)\mathrm{d}u=\frac{8}{5}\theta^2,$$

所以

$$\mathrm{D}\left(\frac{4}{3}\max_{1\leqslant i\leqslant 3}\xi_i\right)=\frac{16}{15}\theta^2-\theta^2=\frac{\theta^2}{15},\quad \mathrm{D}\left(4\min_{1\leqslant i\leqslant 3}\xi_i\right)=\frac{8}{5}\theta^2-\theta^2=\frac{3}{5}\theta^2.$$

因此，$\frac{4}{3}\max\limits_{1\leqslant i\leqslant 3}\xi_i$ 比 $4\min\limits_{1\leqslant i\leqslant 3}\xi_i$ 较有效.

15. 设$\hat{\theta}_1$及$\hat{\theta}_2$都是参数θ的两个独立的无偏估计量，且$\hat{\theta}_1$的方差为$\hat{\theta}_2$的方差的两倍，试确定常数c_1及c_2，使得$c_1\hat{\theta}_1+c_2\hat{\theta}_2$为参数$\theta$的无偏估计量，并且在所有这样的线性估计中方差最小.

方法技巧 由$c_1\hat{\theta}_1+c_2\hat{\theta}_2$为参数$\theta$的无偏估计量可得$c_1+c_2=1$，再由方差的性质可得$c_1\hat{\theta}_1+c_2\hat{\theta}_2$的方差，在约束条件$c_1+c_2=1$下求$c_1\hat{\theta}_1+c_2\hat{\theta}_2$的方差的最小值点即可.

解 由数学期望与方差的性质知，

$$\mathrm{E}(c_1\hat{\theta}_1+c_2\hat{\theta}_2)=c_1\mathrm{E}(\hat{\theta}_1)+c_2\mathrm{E}(\hat{\theta}_2)=\theta(c_1+c_2)=\theta,$$

因此$c_1+c_2=1$.又

$$\mathrm{D}(c_1\hat{\theta}_1+c_2\hat{\theta}_2)=2c_1^2\mathrm{D}(\hat{\theta}_2)+c_2^2\mathrm{D}(\hat{\theta}_2)=\mathrm{D}(\hat{\theta}_2)[2c_1^2+(1-c_1)^2]=\mathrm{D}(\hat{\theta}_2)(3c_1^2-2c_1+1).$$

上式对c_1求导数，并让导数等于0，可得$c_1=\frac{1}{3}$，从而$c_2=\frac{2}{3}$.

16. 设T_1及T_2分别是参数θ的可估计函数$g_1(\theta)$及$g_2(\theta)$的最优无偏估计量，试证$b_1T_1+b_2T_2$是$b_1g_1(\theta)+b_2g_2(\theta)$的最优无偏估计量，其中$b_1$和$b_2$是常数.

难点注释 由最优无偏估计量的充要条件得证.

证明 由T_1及T_2分别是参数θ的可估计函数$g_1(\theta)$及$g_2(\theta)$的最优无偏估计量知，

$$\mathrm{E}(T_1)=g_1(\theta),\quad \mathrm{E}(T_2)=g_2(\theta),$$

从而

$$\mathrm{E}(b_1T_1+b_2T_2)=b_1\mathrm{E}(T_1)+b_2\mathrm{E}(T_2)=b_1g_1(\theta)+b_2g_2(\theta),$$

即$b_1T_1+b_2T_2$是$b_1g_1(\theta)+b_2g_2(\theta)$的无偏估计量.

记$T=b_1T_1+b_2T_2$，则$|\mathrm{cov}_\theta(T_1,T_2)|\leqslant\sqrt{\mathrm{D}_\theta(T_1)\mathrm{D}_\theta(T_2)}<\infty$，因此，

$$T\in U=\{T:\mathrm{E}_\theta(T)=b_1g_1(\theta)+b_2g_2(\theta),\mathrm{D}_\theta(T)<\infty,\text{对一切}\,\theta\in\Omega\}.$$

对任一

$$T_0\in U_0=\{T_0:\mathrm{E}_\theta(T_0)=0,\mathrm{D}_\theta(T_0)<\infty,\text{对一切}\,\theta\in\Omega\},$$

由$\mathrm{E}_\theta(T_1T_0)=\mathrm{E}_\theta(T_2T_0)$得

$$\mathrm{E}_\theta(TT_0)=\mathrm{E}_\theta[(b_1T_1+b_2T_2)T_0]=b_1\mathrm{E}_\theta(T_1T_0)+b_2\mathrm{E}_\theta(T_2T_0)=0.$$

因此，$b_1T_1+b_2T_2$是$b_1g_1(\theta)+b_2g_2(\theta)$的最优无偏估计量.

17. 设总体ξ服从正态分布$N(a_1,\sigma_1)$，总体η服从正态分布$N(a_2,\sigma_2)$，$\xi_1,\xi_2,\cdots,\xi_{n_1}$为总体$\xi$的样本，$\eta_1,\eta_2,\cdots,\eta_{n_2}$为总体$\eta$的样本，且这两个样本相互独立.

(1) 试建立σ_1^2/σ_2^2的置信度为$1-\alpha$的区间估计.

(2) 假定 $\sigma_1^2=\sigma_2^2$，试建立 a_1-a_2 的置信度为 $1-\alpha$ 的区间估计.

方法技巧 构造服从 F 分布的统计量，由分位数的定义可得问题(1).构造服从 t 分布的统计量，由分位数的定义可得问题(2).

解 (1) 因为 S_1^{*2}/σ_1^2，S_2^{*2}/σ_2^2 通常都接近 1，所以 $\dfrac{S_1^{*2}/\sigma_1^2}{S_2^{*2}/\sigma_2^2}=\dfrac{S_1^{*2}\sigma_2^2}{S_2^{*2}\sigma_1^2}$ 通常也接近 1，既不太大也不太小，即 $\dfrac{S_1^{*2}\sigma_2^2}{S_2^{*2}\sigma_1^2}$ 通常位于两个数 $k_1,k_2(k_1<k_2)$ 之间，即

$$k_1<\frac{S_1^{*2}\sigma_2^2}{S_2^{*2}\sigma_1^2}<k_2.$$

从而

$$\frac{S_1^{*2}}{k_2S_2^{*2}}<\frac{\sigma_1^2}{\sigma_2^2}<\frac{S_1^{*2}}{k_1S_2^{*2}}.$$

故 σ_1^2/σ_2^2 的置信区间为 $\left(\dfrac{S_1^{*2}}{k_2S_2^{*2}},\dfrac{S_1^{*2}}{k_1S_2^{*2}}\right)$，其中 k_1,k_2 由置信度 $1-\alpha$ 确定.当 $1-\alpha$ 选定后，因为

$$\frac{(n_1-1)S_1^{*2}}{\sigma_1^2}\sim\chi^2(n_1-1),\quad \frac{(n_2-1)S_2^{*2}}{\sigma_2^2}\sim\chi^2(n_2-1),$$

且 $\dfrac{(n_1-1)S_1^{*2}}{\sigma_1^2}$ 与 $\dfrac{(n_2-1)S_2^{*2}}{\sigma_2^2}$ 相互独立，所以由 F 分布定义知，

$$F\triangleq\frac{\dfrac{(n_1-1)S_1^{*2}}{\sigma_1^2(n_1-1)}}{\dfrac{(n_2-1)S_2^{*2}}{\sigma_2^2(n_2-1)}}=\frac{\dfrac{S_1^{*2}}{\sigma_1^2}}{\dfrac{S_2^{*2}}{\sigma_2^2}}=\frac{S_1^{*2}\sigma_2^2}{S_2^{*2}\sigma_1^2}\sim F(n_1-1,n_2-1),$$

则由

$$1-\alpha=P\left(\frac{S_1^{*2}}{S_2^{*2}k_1}<\frac{\sigma_1^2}{\sigma_2^2}<\frac{S_1^{*2}}{S_2^{*2}k_2}\right)=P\left(k_1<\frac{S_1^{*2}\sigma_2^2}{S_2^{*2}\sigma_1^2}<k_2\right)=P(k_1<F<k_2)$$

得

$$\alpha=P(F\leqslant k_1)+P(F\geqslant k_2).$$

取 k_1,k_2 满足

$$\frac{\alpha}{2}=P(F\leqslant k_1)=P(F\geqslant k_2).$$

查 F 分布表得下侧分位数 $F_{\frac{\alpha}{2}}(n_1-1,n_2-1)$，使得

$$\frac{\alpha}{2}=P\left(F\leqslant F_{\frac{\alpha}{2}}(n_1-1,n_2-1)\right),\quad \frac{\alpha}{2}=P\left(F>F_{1-\frac{\alpha}{2}}(n_1-1,n_2-1)\right),$$

所以

$$k_1=F_{\frac{\alpha}{2}}(n_1-1,n_2-1),\quad k_2=F_{1-\frac{\alpha}{2}}(n_1-1,n_2-1).$$

故 σ_1^2/σ_2^2 的置信度为 $1-\alpha$ 的置信区间为

$$\left(\frac{S_1^{*2}/S_2^{*2}}{F_{1-\frac{\alpha}{2}}(n_1-1,n_2-1)},\frac{S_1^{*2}/S_2^{*2}}{F_{\frac{\alpha}{2}}(n_1-1,n_2-1)}\right).$$

(2) 当$\sigma_1^2=\sigma_2^2=\sigma^2$,但$\sigma^2$未知时,由于

$$Z=\frac{\bar{\xi}-\bar{\eta}-(a_1-a_2)}{\sigma^2\sqrt{\frac{1}{n_1}+\frac{1}{n_2}}}\sim N(0,1),$$

$$\frac{(n_1-1)S_1^{*2}}{\sigma^2}\sim\chi^2(n_1-1),\quad\frac{(n_2-1)S_2^{*2}}{\sigma^2}\sim\chi^2(n_2-1),$$

且由S_1^2与S_2^2相互独立得

$$\frac{(n_1-1)S_1^{*2}}{\sigma^2}+\frac{(n_2-1)S_2^{*2}}{\sigma^2}\sim\chi^2(n_1+n_2-2).$$

因此,

$$T=\frac{\bar{\xi}-\bar{\eta}-(a_1-a_2)}{\sqrt{(n_1-1)S_1^{*2}+(n_2-1)S_2^{*2}}}\sqrt{\frac{n_1n_2(n_1+n_2-2)}{n_1+n_2}}\sim t(n_1+n_2-2).$$

故a_1-a_2的置信度为$1-\alpha$的置信区间为

$$\left(\bar{\xi}-\bar{\eta}\pm t_{1-\frac{\alpha}{2}}(n_1+n_2-2)\sqrt{(n_1-1)S_1^{*2}+(n_2-1)S_2^{*2}}\sqrt{\frac{n_1+n_2}{n_1n_2(n_1+n_2-2)}}\right),$$

也可写为

$$\left(\bar{\xi}-\bar{\eta}\pm t_{1-\frac{\alpha}{2}}(n_1+n_2-2)\sqrt{n_1S_1^2+n_2S_2^2}\sqrt{\frac{n_1+n_2}{n_1n_2(n_1+n_2-2)}}\right).$$

18. 设总体ξ服从正态分布$N(a_1,\sigma)$,总体η服从正态分布$N(a_2,\sigma)$,其中σ未知,ξ_1,$\xi_2,\cdots,\xi_n$及$\eta_1,\eta_2,\cdots,\eta_n$分别为其样本,并且这两个样本相互独立,求$a_1-a_2$的置信度为0.95的区间估计.

方法技巧 构造服从t分布的统计量,由分位数的定义可得a_1-a_2的区间估计.

解 令$\zeta_i=\xi_i-\eta_i$,则$\zeta_i\sim N(a_1-a_2,\sqrt{2}\sigma)$,$i=1,2,\cdots,n$,且$\zeta_1,\zeta_2,\cdots,\zeta_n$独立同分布,所以$\zeta_1,\zeta_2,\cdots,\zeta_n$可视为总体$\zeta\sim N(a_1-a_2,\sqrt{2}\sigma)$的样本,且

$$\bar{\zeta}=\bar{\xi}-\bar{\eta},\quad S_\zeta^2=\frac{1}{n}\sum_{i=1}^{n}(\zeta_i-\bar{\zeta})^2,\quad\frac{\bar{\zeta}-(a_1-a_2)}{\sqrt{2}\sigma}\sim N(0,1),\quad\frac{nS_\zeta^2}{2\sigma^2}\sim\chi^2(n-1),$$

从而

$$\frac{\frac{\bar{\zeta}-(a_1-a_2)}{\sqrt{2}\sigma}}{\sqrt{\frac{nS_\zeta^2}{2\sigma^2(n-1)}}}=\frac{\sqrt{n-1}[\bar{\zeta}-(a_1-a_2)]}{\sqrt{nS_\zeta^2}}\sim t(n-1),$$

则a_1-a_2的置信度为0.95的置信区间为

$$\left[\bar{\xi}-\bar{\eta}-\frac{\sqrt{n}S_\zeta}{\sqrt{n-1}}t_{0.975}(n-1),\bar{\xi}-\bar{\eta}+\frac{\sqrt{n}S_\zeta}{\sqrt{n-1}}t_{0.975}(n-1)\right].$$

19. 设总体ξ服从正态分布$N(a,\sigma)$,已知$\sum\limits_{i=1}^{15}x_i=8.7$,$\sum\limits_{i=1}^{15}x_i^2=25.05$,试分别求置信度为0.95的$a$及$\sigma^2$的区间估计.

方法技巧 分别构造服从 t 分布的统计量及服从 χ^2 分布的统计量，由分位数的定义可分别得到 a 及 σ^2 的区间估计.

解 置信度为 $1-\alpha$ 的 a 的区间估计为 $\left(\bar{\xi}-\frac{S^* t_{1-\frac{\alpha}{2}}(n-1)}{\sqrt{n}},\bar{\xi}+\frac{S^* t_{1-\frac{\alpha}{2}}(n-1)}{\sqrt{n}}\right)$.本题中 $\bar{\xi}$ 的观测值为 $\bar{x}=\frac{8.7}{15}$，$n=15$，$\alpha=0.05$，S^{*2} 的观测值为

$$s^{*2}=\frac{1}{15-1}\sum_{i=1}^{15}(x_i-\bar{x})^2=\frac{1}{14}\left(\sum_{i=1}^{15}x_i^2-30\bar{x}^2+15\bar{x}^2\right)=\frac{1}{14}\left(\sum_{i=1}^{15}x_i^2-15\bar{x}^2\right)$$
$$=\frac{1}{14}\left(25.05-15\times\frac{8.7}{15}\right)=1.168.$$

因此，置信度为 0.95 的 a 的区间估计为 $(-0.07,1.23)$.

置信度为 $1-\alpha$ 的 σ^2 的区间估计为 $\left(\frac{(n-1)S^{*2}}{\chi^2_{1-\alpha/2}(n-1)},\frac{(n-1)S^{*2}}{\chi^2_{\alpha/2}(n-1)}\right)$，因此置信度为 0.95 的 σ^2 的区间估计为 $\left(\frac{14\times1.168}{\chi^2_{0.975}(14)},\frac{14\times1.168}{\chi^2_{0.025}(14)}\right)=(1.262,7.212)$.

20. 若从自动车床加工的一批零件中随机抽取 10 个，测得其尺寸与规定尺寸的偏差(单位：μm) 分别为

$$2,\ 1,\ -2,\ 3,\ 2,\ 4,\ -2,\ 5,\ 3,\ 4.$$

零件尺寸的偏差记为 ξ，假设总体 ξ 服从正态分布 $N(a,\sigma)$，试求 a 及 σ^2 的无偏估计值，并求置信度为 0.9 的区间估计.

方法技巧 分别构造服从 t 分布的统计量及服从 χ^2 分布的统计量，由分位数的定义可分别得 a 及 σ^2 的区间估计.

解 a 的无偏估计值为

$$\bar{x}=\frac{2+1+(-2)+3+2+4+(-2)+5+3+4}{10}=2.$$

σ^2 的无偏估计值为

$$s^{*2}=\frac{(1-2)^2+(-2-2)^2+(3-2)^2+(4-2)^2+(-2-2)^2+(5-2)^2+(3-2)^2+(4-2)^2}{9}$$
$$=\frac{52}{9}.$$

置信度为 $1-\alpha$ 的 a 的区间估计为

$$\left(\bar{\xi}-\frac{S^* t_{1-\frac{\alpha}{2}}(n-1)}{\sqrt{n}},\bar{\xi}+\frac{S^* t_{1-\frac{\alpha}{2}}(n-1)}{\sqrt{n}}\right),$$

本题中 $\bar{\xi}$ 的观测值为 $\bar{x}=2$，$n=10$，$\alpha=0.9$，S^{*2} 的观测值为 $\frac{52}{9}$，因此，置信度为 0.9 的 a 的区间估计为 $(-0.607,3.393)$.置信度为 $1-\alpha$ 的 σ^2 的区间估计为

$$\left(\frac{(n-1)S^{*2}}{\chi^2_{1-\alpha/2}(n-1)},\frac{(n-1)S^{*2}}{\chi^2_{\alpha/2}(n-1)}\right),$$

因此置信度为 0.9 的 σ^2 的区间估计为 $(3.415,17.707)$.

第八章　假设检验

一、本章内容全解

知识点 1　假设检验(重点)

1. 假设检验:

设总体ξ的分布函数为$F(x;\theta)$,其中θ为未知参数,现对未知参数θ提出假设"θ_0为其真值",试问应怎样利用样本$\xi_1,\xi_2,\cdots,\xi_n$提供的信息来检验这个假设是否定还是不否定,"最佳"检验的准则又怎样确定?这类统计问题称为参数的假设检验问题.假设检验是统计推断的重要组成部分,它分为参数假设检验与非参数假设检验.

参数假设检验:先对总体分布函数中的未知参数提出某种假设,然后利用样本提供的信息对所提出的假设进行检验,最后根据检验的结果对所提出的假设做出拒绝或接受的判断.

非参数假设检验:先对总体分布函数的形式或总体的性质提出某种假设,然后利用样本提供的信息对所提出的假设进行检验,最后根据检验的结果对所提出的假设做出拒绝或接受的判断.

2. 原假设、备选假设:

设总体ξ的分布函数$F(x;\theta)$中,θ为未知参数,$\theta\in\Omega$,Ω为参数空间.我们将参数空间分解为互不相交的两个部分Ω_0及$\Omega-\Omega_0$,即

$$\Omega_0\cap(\Omega-\Omega_0)=\varnothing,\quad \Omega_0\cup(\Omega-\Omega_0)=\Omega.$$

考虑检验问题:

$$H_0:\theta\in\Omega_0,\quad H_1:\theta\in\Omega-\Omega_0,$$

Ω_0为非空子集,H_0是假设检验的对象,称H_0为**原假设**(**或零假设**),H_1为**备选假设**.

如果Ω只含两个点,即若$\Omega=\{\theta_0,\theta_1\}$,$\Omega_0=\{\theta_0\}$,$\Omega-\Omega_0=\{\theta_1\}$,则有

$$H_0:\theta=\theta_0,\quad H_1:\theta=\theta_1,$$

这时称H_0及H_1分别为**简单原假设**及**简单备选假设**.

如果Ω多于两个点,$\Omega_0=\{\theta_0\}$,而$\Omega-\Omega_0=\{\theta\neq\theta_0\}$为非单点集,即有

$$H_0:\theta=\theta_0,\quad H_1:\theta\neq\theta_0,$$

则称H_0为**简单原假设**,H_1为**复合备选假设**.

3. 第一类错误:当原假设H_0本来是正确的,却错误地否定了H_0,这种"弃真"的错误,称

为**犯第一类错误**,犯第一类错误的概率记为α.

第二类错误:当原假设H_0是错误的,却接受了H_0,这种"取伪"的错误,称为**犯第二类错误**,犯第二类错误的概率记为β,即

$$\alpha = P(\text{"犯第一类错误"}) = P(\text{拒绝 } H_0 \mid H_0 \text{ 为真}),$$
$$\beta = P(\text{"犯第二类错误"}) = P(\text{接受 } H_0 \mid H_0 \text{ 为伪}).$$

我们当然希望犯两类错误的概率α与β都尽可能地小,最好都为0.但当样本容量n固定时,要使α与β同时变小是不可能的.只有增加样本容量,才能使α与β同时变小.在实际问题中,通常的做法是,先限制犯第一类错误的概率α,即根据实际情况,指定一个较小的数作为α的值,从而确定拒绝域,再由备选假设确定β的值,如果β的值太大,则需要增大样本容量使β变小.如果实际问题不需要β太小,则可考虑适当减小n,以节省人力、物力与时间.

称犯第一类错误的概率α为**显著性水平(或检验水平)**,称$1-\alpha$为**置信度**.对原假设H_0做出否定或不否定的判断,通常称之为对H_0做显著性检验.称$1-\beta$为**检验的功效**.

4. 假设检验的步骤:(本章及后续章节中分位数是下侧分位数,即如果x_α使得$P(\xi \leqslant x_\alpha) = \alpha$,则称$x_\alpha$为$\xi$的下侧$\alpha$分位数)

(1) 根据实际问题和已知信息提出原假设与备选假设,如

$$H_0: \theta = \theta_0, \quad H_1: \theta \neq \theta_0,$$

或

$$H_0: F(x) = F_0(x), \quad H_1: F(x) \neq F_0(x),$$

其中θ为总体分布中的未知参数,θ_0为参数空间中的一个已知数;$F(x)$为总体的分布函数,$F_0(x)$为某特定的分布函数.必须注意,原假设H_0一般是根据实际问题提出的,往往是从过去经验中总结出来的,没有充分理由是不能拒绝它的.

(2) 分析并提出H_0的拒绝域的形式.根据原假设H_0与备选假设H_1的形式,分析并提出H_0的拒绝域的形式.

(3) 选择一个适当的检验统计量.根据给定的显著性水平(犯第一类错误的概率)α,确定拒绝域中的待定数,从而确定H_0的拒绝域.

(4) 做出是否拒绝H_0的判断.考察样本$(\xi_1, \xi_2, \cdots, \xi_n)$的观察值$(x_1, x_2, \cdots, x_n)$是否属于$H_0$的拒绝域,如果属于,则拒绝$H_0$,否则就接受$H_0$.判断的基本思想是小概率事件原理.

知识点2 一个正态总体数学期望的假设检验(重点)

一个正态总体数学期望a的检验问题:

$$H_0: a = a_0, \quad H_1: a \neq a_0.$$

(1) 方差σ^2已知时,记$\sigma^2 = \sigma_0^2$.设$U^* = \dfrac{\bar{\xi} - a}{\sigma_0 / \sqrt{n}}$,则$U^* \sim N(0,1)$.当原假设成立时,

$$U = \frac{\bar{\xi} - a_0}{\sigma_0 / \sqrt{n}} \sim N(0,1),$$

不带有未知参数,可作为判断原假设的检验统计量.这种检验法称之为**U检验法**.给定显著性水平α,其拒绝域为

$$\left\{ \left| \frac{\bar{\xi} - a_0}{\sigma_0 / \sqrt{n}} \right| > u_{1-\frac{\alpha}{2}} \right\}.$$

(2) 方差 σ^2 未知时,设 $T^* = \sqrt{n-1}\,\dfrac{\bar{\xi}-a}{S}$,则 $T^* \sim t(n-1)$.当原假设成立时,

$$T = \sqrt{n-1}\,\frac{\bar{\xi}-a_0}{S} \sim t(n-1),$$

不带有未知参数,可作为判断原假设的检验统计量.这种检验法称之为 t **检验法**.给定显著性水平 α,其拒绝域为

$$\left\{\left|\sqrt{n-1}\,\frac{\bar{\xi}-a_0}{S}\right| > t_{1-\frac{\alpha}{2}}(n-1)\right\}.$$

知识点3 一个正态总体方差的假设检验(重点)

一个正态总体方差 σ^2 的检验问题:

$$H_0:\sigma^2=\sigma_0^2,\quad H_1:\sigma^2\neq\sigma_0^2.$$

设 $\chi^2 = \dfrac{(n-1)S^{*2}}{\sigma^2}$,则 $\chi^2 \sim \chi^2(n-1)$.当原假设成立时,

$$\chi^2 = \frac{(n-1)S^{*2}}{\sigma_0^2} \sim \chi^2(n-1),$$

不带有未知参数,可作为判断原假设的检验统计量.这种检验法称之为 χ^2 **检验法**.给定显著性水平 α,其拒绝域为

$$\left\{\frac{(n-1)S^{*2}}{\sigma_0^2} < \chi^2_{\frac{\alpha}{2}}(n-1) \text{ 或 } \frac{(n-1)S^{*2}}{\sigma_0^2} > \chi^2_{1-\frac{\alpha}{2}}(n-1)\right\}.$$

知识点4 两个正态总体均值差与方差比的检验问题(难点)

设总体 ξ 服从正态分布 $N(a_1,\sigma_1)$,$\xi_1,\xi_2,\cdots,\xi_{n_1}$ 为其样本,总体 η 服从正态分布 $N(a_2,\sigma_2)$,$\eta_1,\eta_2,\cdots,\eta_{n_2}$ 为其样本,而且这两个样本是相互独立的,记

$$\bar{\xi}=\frac{1}{n_1}\sum_{i=1}^{n_1}\xi_i,\qquad S_1^2=\frac{1}{n_1}\sum_{i=1}^{n_1}(\xi_i-\bar{\xi})^2,\qquad S_1^{*2}=\frac{1}{n_1-1}\sum_{i=1}^{n_1}(\xi_i-\bar{\xi})^2,$$

$$\bar{\eta}=\frac{1}{n_2}\sum_{i=1}^{n_2}\eta_i,\qquad S_2^2=\frac{1}{n_2}\sum_{i=1}^{n_2}(\eta_i-\bar{\eta})^2,\qquad S_2^{*2}=\frac{1}{n_2-1}\sum_{i=1}^{n_2}(\eta_i-\bar{\eta})^2.$$

1. $H_0:a_1=a_2,H_1:a_1\neq a_2$.

(1) σ_1 与 σ_2 均为已知,当原假设 H_0 成立时,$\dfrac{\bar{\xi}-\bar{\eta}}{\sqrt{\sigma_1^2/n_1+\sigma_2^2/n_2}} \sim N(0,1)$ 不带有未知参数,因而可作为 H_0 的检验统计量.给定显著性水平 α,其拒绝域为

$$\left\{\frac{|\bar{\xi}-\bar{\eta}|}{\sqrt{\sigma_1^2/n_1+\sigma_2^2/n_2}} > u_{1-\alpha/2}\right\}.$$

(2) $\sigma_1=\sigma_2=\sigma$,σ 未知,$\sqrt{\dfrac{n_1n_2(n_1+n_2-2)}{n_1+n_2}}\cdot\dfrac{(\bar{\xi}-\bar{\eta})-(a_1-a_2)}{\sqrt{n_1S_1^2+n_2S_2^2}} \sim t(n_1+n_2-2)$,

因此当原假设 H_0 成立时,$\sqrt{\dfrac{n_1n_2(n_1+n_2-2)}{n_1+n_2}}\cdot\dfrac{\bar{\xi}-\bar{\eta}}{\sqrt{n_1S_1^2+n_2S_2^2}} \sim t(n_1+n_2-2)$ 不带有未

知参数,因而可作为 H_0 的检验统计量,这是 t 检验法.给定显著性水平 α,其拒绝域为

$$\left\{\frac{|\bar{\xi}-\bar{\eta}|\sqrt{n_1n_2(n_1+n_2-2)}}{\sqrt{n_1S_1^2+n_2S_2^2}\sqrt{n_1+n_2}}>t_{1-\frac{\alpha}{2}}(n_1+n_2-2)\right\}.$$

(3) 当 $n_1=n_2=n$ 时,设 $Z=\xi-\eta$,$Z_i=\xi_i-\eta_i$,$i=1,2,\cdots,n$,Z 可看成一维的总体,Z_1,Z_2,$\cdots$,Z_n 为其样本,$Z\sim N(a_1-a_2,\sigma)$,其中 $\sigma=\sqrt{\sigma_1^2+\sigma_2^2}$ 为未知参数.设 $\bar{Z}=\frac{1}{n}\sum_{i=1}^{n}Z_i$,$S^2=\frac{1}{n}\sum_{i=1}^{n}(Z_i-\bar{Z})^2$,当 H_0 为真时,$\frac{\bar{Z}}{S/\sqrt{n-1}}\sim t(n-1)$.给定显著性水平 α,其拒绝域为

$$\left\{\frac{|\bar{Z}|}{S/\sqrt{n-1}}>t_{1-\frac{\alpha}{2}}(n-1)\right\}.$$

2. (1) $H_0:\sigma_1^2=\sigma_2^2$, $H_1:\sigma_1^2\neq\sigma_2^2$.

已知

$$\frac{\dfrac{n_1S_1^2}{(n_1-1)\sigma_1^2}}{\dfrac{n_2S_2^2}{(n_2-1)\sigma_2^2}}\sim F(n_1-1,n_2-1),$$

因此当原假设 H_0 成立时,

$$\frac{n_1(n_2-1)S_1^2}{n_2(n_1-1)S_2^2}\sim F(n_1-1,n_2-1)$$

不带有未知参数,因而可作为 H_0 的检验统计量,这是 F 检验法.给定显著性水平 α,其拒绝域为

$$\left\{\frac{n_1(n_2-1)S_1^2}{n_2(n_1-1)S_2^2}<F_{\frac{\alpha}{2}}(n_1-1,n_2-1)\text{ 或 }\frac{n_1(n_2-1)S_1^2}{n_2(n_1-1)S_2^2}>F_{1-\frac{\alpha}{2}}(n_1-1,n_2-1)\right\}.$$

(2) $H_0:\sigma_1^2\leqslant\sigma_2^2$, $H_1:\sigma_1^2>\sigma_2^2$.

给定显著性水平 α,其拒绝域为

$$\left\{\frac{n_1(n_2-1)S_1^2}{n_2(n_1-1)S_2^2}>F_{1-\alpha}(n_1-1,n_2-1)\right\}.$$

知识点5 检验统计量的 p 值(难点)

参数假设检验的基本步骤为:对于提出的原假设 H_0,建立检验统计量 $T=T(\xi_1,\xi_2,\cdots,\xi_n)$,给定显著性水平 α,$0<\alpha<1$,确定临界值 λ_α,再由样本观察值 $x_1,x_2,\cdots,x_n$ 计算统计量的观察值 $t=T(x_1,x_2,\cdots,x_n)$,通过 t 值与 λ_α 值做比较,对 H_0 做出否定或不否定的判断.

在SAS或SPSS等统计分析计算软件中,假设检验的基本程序为:有了检验统计量 T 的观察值 $T(x_1,x_2,\cdots,x_n)$ 后,用 T 的概率密度函数计算的一个概率值 p,这个概率值的意义是:如果 H_0 为真,在 H_1 指示的方向实际出现的值 T 作为极端值时可能出现的概率.比较 p 值与显著性水平 α,若 $p\leqslant\alpha$,则否定 H_0;若 $p>\alpha$,则不否定 H_0.

知识点6 分布函数的拟合检验

1. 总体分布只取有限个值的情况：

设总体 X 可以分成 k 类，记为 $A_1,A_2,\cdots,A_k$，现对总体做了 n 次观测，k 个类出现的频数分别为：$n_1,n_2,\cdots,n_k$，且 $\sum_{i=1}^{k} n_i=n$，检验如下假设：

$$H_0:P(A_i)=p_i,\quad i=1,2,\cdots,k.$$

其中 $p_i\geqslant 0,i=1,2,\cdots,k$，且 $\sum_{i=1}^{k} p_i=1$.

(1) $p_i,i=1,2,\cdots,k$ 均已知.

如果 H_0 成立，则对每一类 A_i，其频率 n_i/n 与概率 p_i 应较接近，即观测频数 n_i 与理论频数 np_i 应该相差不大.据此，英国统计学家皮尔逊提出如下检验统计量：

$$\chi^2=\sum_{i=1}^{k}\frac{(n_i-np_i)^2}{np_i},$$

并证明了在 H_0 成立时，对充分大的 n，上式给出的检验统计量近似服从自由度为 $k-1$ 的 χ^2 分布，于是拒绝域为

$$\{\chi^2\geqslant\chi^2_{1-\alpha}(k-1)\}.$$

(2) $p_i,i=1,2,\cdots,k$ 不完全已知.

若 $p_i,i=1,2,\cdots,k$ 由 $r(r<k)$ 个未知参数 $\theta_1,\theta_2,\cdots,\theta_r$ 确定，即

$$p_i=p_i(\theta_1,\theta_2,\cdots,\theta_r),\quad i=1,2,\cdots,k.$$

首先分别给出 $\theta_1,\theta_2,\cdots,\theta_r$ 的极大似然估计 $\hat{\theta}_1,\hat{\theta}_2,\cdots,\hat{\theta}_r$，然后给出 $p_i,i=1,2,\cdots,k$ 的极大似然估计 $\hat{p}_i=\hat{p}_i(\hat{\theta}_1,\hat{\theta}_2,\cdots,\hat{\theta}_r)$.费希尔证明了 $\chi^2=\sum_{i=1}^{k}\frac{(n_i-n\hat{p}_i)^2}{n\hat{p}_i}$ 在 H_0 成立时近似服从自由度为 $k-r-1$ 的 χ^2 分布，于是拒绝域为

$$\{\chi^2\geqslant\chi^2_{1-\alpha}(k-r-1)\}.$$

2. 列联表的独立性检验：

列联表是将观测数据按两个或更多属性(定性变量)分类时所列出的频数表.例如，对随机抽取的 1 000 个人按性别(男或女)及色觉(正常或色盲)两个属性分类，就得到了一个二维的 2×2 列联表.一般地，若总体中的个体可按两个属性 A 与 B 分类，A 有 r 个类 $A_1,A_2,\cdots,A_r$，B 有 c 个类 $B_1,B_2,\cdots,B_c$.从总体中抽取大小为 n 的样本，设其中有 n_{ij} 个个体既属于 A_i 类又属于 B_j 类，称 n_{ij} 为频数，将 $r\times c$ 个 n_{ij} 排列为一个 r 行 c 列的二维列联表，简称为 $r\times c$ 列联表.

以 $p_{i\cdot},p_{\cdot j}$ 和 p_{ij} 分别表示总体中的个体仅属于 A_i，仅属于 B_j 和同时属于 A_i 与 B_j 的概率.检验如下假设：

$$H_0:p_{ij}=p_{i\cdot}p_{\cdot j},\quad i=1,2,\cdots,r;j=1,2,\cdots,c.$$

设检验统计量 $\chi^2=\sum_{i=1}^{r}\sum_{j=1}^{c}\frac{(n_{ij}-n\hat{p}_{ij})^2}{n\hat{p}_{ij}}$，在 H_0 成立时，χ^2 服从自由度为 $rc-(r+c-2)-1$ 的 χ^2 分布，其中 $\hat{p}_{ij}$ 是在 H_0 成立下得到的 p_{ij} 的极大似然估计，其表达式为

$$\hat{p}_{ij}=\hat{p}_{i\cdot}\,\hat{p}_{\cdot j}=\frac{n_{i\cdot}}{n}\cdot\frac{n_{\cdot j}}{n},\quad i=1,2,\cdots,r;j=1,2,\cdots,c.$$

从而 $\chi^2=\sum_{i=1}^{r}\sum_{j=1}^{c}\frac{(nn_{ij}-n_{i}.n._{j})^2}{nn_{i}.n._{j}}$.对给定的显著性水平 α,检验的拒绝域为

$$\{\chi^2\geqslant\chi^2_{1-\alpha}((r-1)(c-1))\}.$$

知识点 7 最优势检验(难点)

1. 势函数或功效函数:

设总体 ξ 的分布函数 $F(x;\theta)$ 中含有未知参数 θ,参数空间为 Ω,即 $\theta\in\Omega$.考虑检验问题:

$$H_0:\theta\in\Omega_0,\quad H_1:\theta\in\Omega-\Omega_0.$$

将样本的值域 h 剖分为互不相交的两部分 h_0 及 $h-h_0$,引进记号 $M(h_0,\theta)$:对于每一 $\theta\in\Omega$,令

$$M(h_0,\theta)=P_\theta(h_0)=P\big((\xi_1,\xi_2,\cdots,\xi_n)\in h_0\mid\theta\big)=\begin{cases}\alpha(\theta), & \theta\in\Omega_0,\\ 1-\beta(\theta), & \theta\in\Omega-\Omega_0,\end{cases}$$

其中 h_0 为原假设 $H_0:\theta\in\Omega_0$ 的否定域,则称 $M(h_0,\theta)$ 为具有否定域 h_0 的**势函数**或**功效函数**.若给定常数 α,$0<\alpha<1$,否定域 h_0 满足下述不等式:

$$M(h_0,\theta)=P_\theta(h_0)\leqslant\alpha,\quad\theta\in\Omega_0,$$

则称 α 为**否定域 h_0 的检验水平**.

如果参数空间 $\Omega=\{\theta_0,\theta_1\}$,$\Omega_0=\{\theta_0\}$,$\Omega_1=\{\theta_1\}$,那么势函数为

$$M(h_0,\theta)=\begin{cases}\alpha, & \theta=\theta_0,\\ 1-\beta, & \theta=\theta_1.\end{cases}$$

2. 设参数空间为 Ω,考虑

$$H_0:\theta_0\in\Omega_0,\quad H_1:\theta_0\in\Omega_1=\Omega-\Omega_0.$$

称具有显著性水平 α 的否定域 h_0 所确定的检验为**最优势检验**(简称为**最佳检验**),是指对于具有显著性水平 α 的任一否定域 h'_0,对每一 $\theta_1\in\Omega_1$,有

$$P_{\theta_1}(h_0)=M(h_0,\theta_1)\geqslant M(h'_0,\theta_1)=P_{\theta_1}(h'_0),$$

其中

$$M(h_0,\theta_0)\leqslant\alpha,\quad\theta_0\in\Omega_0;\quad M(h'_0,\theta_0)\leqslant\alpha,\quad\theta_0\in\Omega_0.$$

3. 奈曼-皮尔逊定理:设总体 ξ 的分布函数 $F(x;\theta)$ 中含有未知参数 θ,$\theta\in\Omega=\{\theta_0,\theta_1\}$,则对任一数 α,$0<\alpha<1$,对于假设检验问题:

$$H_0:\theta=\theta_0,\quad H_1:\theta=\theta_1,$$

必存在显著性水平为 α 的最佳检验.

若总体 ξ 有概率密度函数 $f(x;\theta)$,$\xi_1,\xi_2,\cdots,\xi_n$ 为其样本,θ 为未知参数,$\theta\in\Omega$,则 θ 的似然函数为

$$L(\theta)=\prod_{i=1}^{n}f(\xi_i;\theta),$$

称

$$\frac{L(\theta_1)}{L(\theta_0)}=\frac{\prod_{i=1}^{n}f(\xi_i;\theta_1)}{\prod_{i=1}^{n}f(\xi_i;\theta_0)}$$

为**似然比**.显著性水平为 α 的最佳否定域为

$$h_0=\{(x_1,x_2,\cdots,x_n):L(\theta_1)\geqslant c_\alpha L(\theta_0)\},$$

其中 c_α 为满足 $P((\xi_1,\xi_2,\cdots,\xi_n):L(\theta_1)\geqslant c_\alpha L(\theta_0)\mid H_0)=\alpha$ 的常数.

知识点8　样本容量 n 的确定

1. 参数估计与检验中 n 的确定:

设总体 ξ 服从正态分布 $N(a,\sigma)$,a,σ 都是未知参数,给定显著性水平 α,要判断原假设 $H_0:a=a_0$.当 H_0 成立时,由$\sqrt{n-1}\,\dfrac{\bar{\xi}-a_0}{S}\sim t(n-1)$,选择临界值 $t_{1-\frac{\alpha}{2}}(n-1)$,使得

$$P\left(\left|\sqrt{n-1}\,\frac{\bar{\xi}-a_0}{S}\right|\geqslant t_{1-\frac{\alpha}{2}}(n-1)\right)=\alpha,$$

亦即

$$P\left(\left|\sqrt{n-1}\,\frac{\bar{\xi}-a_0}{S}\right|\leqslant t_{1-\frac{\alpha}{2}}(n-1)\right)=1-\alpha.$$

于是在 σ 为未知时,给出了 a 的置信度为 $1-\alpha$ 的区间估计:

$$\left(\bar{\xi}-\frac{S}{\sqrt{n-1}}t_{1-\frac{\alpha}{2}}(n-1),\bar{\xi}+\frac{S}{\sqrt{n-1}}t_{1-\frac{\alpha}{2}}(n-1)\right).$$

这个置信区间的长度记作 2Δ,其中

$$\Delta=\frac{S}{\sqrt{n-1}}t_{1-\frac{\alpha}{2}}(n-1).$$

在实际工作中,常称 Δ 为**估计精度**或**误差精度**、**试验精度**.如果事先给定 Δ 值,则有

$$n=1+\frac{S^2}{\Delta^2}t^2_{1-\frac{\alpha}{2}}(n-1).$$

对于显著性水平 $\alpha\leqslant 0.05$ 的情形,当 $n>30$ 时,$t^2_{1-\frac{\alpha}{2}}(n-1)\approx 2$.这个临界值对于大于30的各个 n 值的影响不太大,因此我们采用近似公式

$$n\approx 1+\frac{4S^2}{\Delta^2}.$$

2. 最佳检验中 n 的确定:

假设总体 ξ 服从正态分布 $N(a,\sigma)$,其中 a 为未知参数,σ 已知,记作 σ_0,提出假设检验问题:

$$H_0:a=a_0,\quad H_1:a=a_1,$$

其中 $a_0<a_1$.在给定犯两类错误的概率 α 及 β 的大小,用最佳检验法判断这个假设时,试问样本容量 n 应多大?

对于上述问题,最佳否定域由 $\bar{\xi}\geqslant A$ 确定.在原假设成立的条件下,$\bar{\xi}\sim N\left(a_0,\dfrac{\sigma_0}{\sqrt{n}}\right)$.由 $P(\bar{\xi}\geqslant A\mid a=a_0)=\alpha$ 及 $P(\bar{\xi}<A\mid a=a_1)=\beta$,可得

$$n=\frac{(u_\alpha-u_\beta)^2\sigma_0^2}{(a_1-a_0)^2},\quad A=\frac{a_1u_\alpha-a_0u_\beta}{u_\alpha-u_\beta}.$$

二、经典题型

题型 I　犯两类错误的概率

例 1　设 $\xi_1,\xi_2,\cdots,\xi_{10}$ 为总体 $\xi\sim B(1,p)$ 的样本，对未知参数 p 的假设检验问题为

$$H_0:p=0.2,\quad H_1:p=0.5.$$

H_0 的拒绝域为

$$h_0=\left\{(x_1,x_2,\cdots,x_{10}):\sum_{i=1}^{10}x_i\leqslant 1\text{ 或}\sum_{i=1}^{10}x_i\geqslant 5\right\}.$$

求犯两类错误的概率 α 与 β.

难点解析　α 为原假设正确的条件下，检验统计量的观察值落入拒绝域的概率，β 为备选假设正确的条件下，检验统计量的观察值落入接收域的概率.由简单随机抽样及二项分布的可加性知道，$\sum\limits_{i=1}^{10}\xi_i\sim B(10,p)$.

解　因为当 H_0 成立时，$\sum\limits_{i=1}^{10}\xi_i\sim B(10,0.2)$，所以

$$\alpha=P_{H_0}\left(\sum_{i=1}^{10}\xi_i\leqslant 1\text{ 或}\sum_{i=1}^{10}\xi_i\geqslant 5\right)=1-P_{H_0}\left(2\leqslant\sum_{i=1}^{10}\xi_i\leqslant 4\right)$$

$$=1-\sum_{k=2}^{4}C_{10}^{k}\,0.2^k\times 0.8^{10-k}=1-0.591\,4=0.408\,6.$$

当 H_1 成立时，$\sum\limits_{i=1}^{10}\xi_i\sim B(10,0.5)$，所以

$$\beta=P_{H_1}\left(2\leqslant\sum_{i=1}^{10}\xi_i\leqslant 4\right)=\sum_{k=2}^{4}C_{10}^{k}\,0.5^k\times 0.5^{10-k}=0.366\,2.$$

题型 II　单个正态总体数学期望的假设检验

例 2　某公司生产的荧光灯泡 100 只的平均寿命测算为 1 570 小时，标准差为 120 小时，如果 μ 是该公司生产的全部灯泡的平均寿命，试检验 $\mu=1\,600$ 小时，备选假设为 $\mu\neq 1\,600$ 小时，使用显著性水平(1) 0.05，(2) 0.01，并求检验的 p 值.

方法技巧　本题中方差已知，对数学期望的假设检验可以用 U 检验，即

$$U=\frac{\bar{\xi}-1\,600}{120/\sqrt{100}}\sim N(0,1).$$

由备选假设及 $\bar{\xi}$ 为数学期望的最优无偏估计，找出拒绝域的形式，然后判断 U 的观察值是否落入拒绝域内.

解　当原假设成立时，$U=\dfrac{\bar{\xi}-1\,600}{120/\sqrt{100}}\sim N(0,1)$，不带有未知参数，可作为判断原假设的

检验统计量，拒绝域为

$$\left\{\left|\frac{\bar{\xi}-1600}{120/\sqrt{100}}\right|>u_{1-\frac{\alpha}{2}}\right\}.$$

本题中，$\left|\dfrac{\bar{\xi}-1\,600}{120/\sqrt{100}}\right|$ 的观测值为 $\left|\dfrac{1\,570-1\,600}{120/\sqrt{100}}\right|=2.5$.

(1) $u_{1-\frac{\alpha}{2}}=u_{0.975}=1.96$，因此拒绝原假设，认为 $\mu\neq 1\,600$ 小时.

(2) $u_{1-\frac{\alpha}{2}}=u_{0.995}=2.58$，因此接受原假设，认为 $\mu=1\,600$ 小时.

设 Z 为服从标准正态分布的随机变量，则检验的 p 值为

$$p=P(Z\geqslant 2.5)+P(Z\leqslant -2.5)=0.012\,4.$$

这是当 H_0 为真时，样本均值小于 1 570 小时或大于 1 630 小时的概率.

例 3 设总体 $\xi\sim N(a,\sigma)$，σ 已知，$\xi_1,\xi_2,\cdots,\xi_n$ 为其样本，求下列几种假设检验问题的拒绝域：

(1) $H_0:a=a_0$，$H_1:a>a_0$（a_0 为已知）；

(2) $H_0:a=a_0$，$H_1:a=a_1$（a_0,a_1 均为已知，且 $a_0<a_1$）；

(3) $H_0:a\leqslant a_0$，$H_1:a>a_0$（a_0 为已知）；

(4) $H_0:a=a_0$，$H_1:a<a_0$（a_0 为已知）；

(5) $H_0:a=a_0$，$H_1:a=a_1$（a_0,a_1 均为已知，且 $a_0>a_1$）；

(6) $H_0:a>a_0$，$H_1:a\leqslant a_0$（a_0 为已知）.

方法技巧 本题中方差已知，对数学期望的假设检验可以用 U 检验，即

$$U=\frac{\bar{\xi}-a}{\sigma/\sqrt{n}}\sim N(0,1).$$

由备选假设及 $\bar{\xi}$ 为数学期望的最优无偏估计，找出拒绝域的形式，然后由显著性水平及分位数的定义确定拒绝域.

解 (1) 由于 $\bar{\xi}$ 是 a 的最小方差无偏估计量，所以，当 H_0 成立时，$\bar{\xi}$ 通常应在 a_0 附近.考虑到备选假设，$\bar{\xi}$ 不能太大，如果 $\bar{\xi}$ 较大，我们就不能认为 H_0 成立，而应认为 H_1 成立，故 H_0 的拒绝域应为 $\bar{\xi}>C$，其中数 C 由 α 确定.由于 $\dfrac{\bar{\xi}-a}{\sigma/\sqrt{n}}\sim N(0,1)$，所以当 H_0 成立时，$\dfrac{\bar{\xi}-a_0}{\sigma/\sqrt{n}}\sim N(0,1)$.当 α 给定时，由 α 的定义得

$$\alpha=P\left(\frac{\bar{\xi}-a_0}{\sigma/\sqrt{n}}>\frac{C-a_0}{\sigma/\sqrt{n}}\,\middle|\,H_0\right).$$

从而由分位数的定义知道，$\dfrac{C-a_0}{\sigma/\sqrt{n}}=u_{1-\alpha}$，从而 $C=a_0+u_{1-\alpha}\sigma/\sqrt{n}$.拒绝域为

$$\{\bar{\xi}>a_0+u_{1-\alpha}\sigma/\sqrt{n}\}=\left\{\frac{\bar{\xi}-a_0}{\sigma/\sqrt{n}}>u_{1-\alpha}\right\}.$$

(2) 类似地，可得拒绝域为 $\{\bar{\xi}>a_0+u_{1-\alpha}\sigma/\sqrt{n}\}=\left\{\dfrac{\bar{\xi}-a_0}{\sigma/\sqrt{n}}>u_{1-\alpha}\right\}$.

(3) H_0 的拒绝域应为 $\bar{\xi} > C$，其中数 C 由 α 确定. 因为当 H_0 成立时，有

$$\frac{\bar{\xi}-a_0}{\sigma/\sqrt{n}} \leqslant \frac{\bar{\xi}-a}{\sigma/\sqrt{n}} \sim N(0,1).$$

从而当 α 给定时，

$$P(\text{拒绝 } H_0 \mid H_0 \text{ 为真}) = P_0(\bar{\xi} > C) = P_0\left(\frac{\bar{\xi}-a_0}{\sigma/\sqrt{n}} > \frac{C-a_0}{\sigma/\sqrt{n}}\right) \leqslant P_0\left(\frac{\bar{\xi}-a}{\sigma/\sqrt{n}} > \frac{C-a_0}{\sigma/\sqrt{n}}\right).$$

取 $P_0\left(\frac{\bar{\xi}-a}{\sigma/\sqrt{n}} > \frac{C-a_0}{\sigma/\sqrt{n}}\right) = \alpha$，由分位数的定义知道，$\frac{C-a_0}{\sigma/\sqrt{n}} = u_{1-\alpha}$，从而 $C = a_0 + u_{1-\alpha}\sigma/\sqrt{n}$. 拒绝域为

$$\left\{\bar{\xi} > a_0 + u_{1-\alpha}\sigma/\sqrt{n}\right\} = \left\{\frac{\bar{\xi}-a_0}{\sigma/\sqrt{n}} > u_{1-\alpha}\right\}.$$

(4), (5), (6) 的讨论与前面类似，它们的拒绝域为 $\left\{\bar{\xi} < a_0 + u_{1-\alpha}\sigma/\sqrt{n}\right\} = \left\{\frac{\bar{\xi}-a_0}{\sigma/\sqrt{n}} < u_{1-\alpha}\right\}$.

例 4　设总体 $\xi \sim N(a,\sigma)$，σ 未知，$\xi_1,\xi_2,\cdots,\xi_n$ 为其样本，求下列几种假设检验问题的拒绝域：

(1) $H_0: a = a_0, H_1: a > a_0$（$a_0$ 为已知）；

(2) $H_0: a = a_0, H_1: a = a_1$（$a_0, a_1$ 均为已知，且 $a_0 < a_1$）；

(3) $H_0: a \leqslant a_0, H_1: a > a_0$（$a_0$ 为已知）；

(4) $H_0: a = a_0, H_1: a < a_0$（$a_0$ 为已知）；

(5) $H_0: a = a_0, H_1: a = a_1$（$a_0, a_1$ 均为已知，且 $a_0 > a_1$）；

(6) $H_0: a > a_0, H_1: a \leqslant a_0$（$a_0$ 为已知）.

方法技巧　本题中方差未知，对数学期望的假设检验可以用 t 检验，即

$$\sqrt{n-1}\,\frac{\bar{\xi}-a}{S} \sim t(n-1).$$

由备选假设及 $\bar{\xi}$ 为数学期望的最优无偏估计，找出拒绝域的形式，然后由显著性水平及分位数的定义确定拒绝域.

解　这 6 种假设的拒绝域分别与 σ 已知时各种假设的拒绝域在形式上是一样的. 当 σ 已知时，$\frac{\bar{\xi}-a}{\sigma/\sqrt{n}} \sim N(0,1)$. 现在 σ 未知，我们自然想到用 S^* 去代替 σ，由抽样分布定理知，

$$T = \frac{\sqrt{n}(\bar{\xi}-a)}{S^*} = \sqrt{n-1}\,\frac{\bar{\xi}-a}{S} \sim t(n-1).$$

相应地，将例 3 中的 σ 换成 S^*，将标准正态分布的下侧 α 分位数 u_α 换成自由度为 $n-1$ 的 t 分布的下侧分位数 $t_\alpha(n-1)$，就可得拒绝域.

(1) 拒绝域为 $\left\{\bar{\xi} > a_0 + t_{1-\alpha}(n-1)S/\sqrt{n-1}\right\} = \left\{\frac{\bar{\xi}-a_0}{S^*/\sqrt{n}} > t_{1-\alpha}(n-1)\right\}$.

(2),(3) 拒绝域为$\left\{\bar{\xi} > a_0 + t_{1-\alpha}(n-1)S/\sqrt{n-1}\right\} = \left\{\dfrac{\bar{\xi}-a_0}{S^*/\sqrt{n}} > t_{1-\alpha}(n-1)\right\}$.

(4),(5),(6) 拒绝域为$\left\{\bar{\xi} < a_0 + t_{1-\alpha}(n-1)S/\sqrt{n-1}\right\} = \left\{\dfrac{\bar{\xi}-a_0}{S^*/\sqrt{n}} < t_{1-\alpha}(n-1)\right\}$.

例 5 某生产者制造的缆绳的断裂强度均值为 1 800 磅(1 磅=0. 454 千克).今在制造过程中使用了新技术,认为断裂强度可增加,为了检验这一主张,用 50 根缆绳的样本做试验,发现平均断裂强度为 1 850 磅,样本方差为 10 000 磅^2.

(1) 在显著性水平 0.01 下,我们能否支持这一主张? (2) 求检验的 p 值.

方法技巧 本题中方差未知,首先找出原假设和备选假设,然后用例 4 的结果找出拒绝域,如果样本点落入拒绝域,则拒绝原假设,否则,接受原假设.

解 本题问题可归结为检验如下假设:

$H_0:\mu=1\,800$ 磅(断裂强度实际上未改变),

$H_1:\mu>1\,800$ 磅(断裂强度实际上增加了).

拒绝域为

$$\left\{\bar{\xi} > a_0 + t_{1-\alpha}(n-1)S/\sqrt{n-1}\right\} = \left\{\frac{\bar{\xi}-a_0}{S/\sqrt{n-1}} > t_{1-\alpha}(n-1)\right\}.$$

本题中$\dfrac{\bar{\xi}-a_0}{S/\sqrt{n-1}}$的观测值为$\dfrac{1\,850-1\,800}{100/\sqrt{49}}=3.5$.

(1) $t_{0.99}(49)=0.012\,6$,因此拒绝原假设,认为断裂强度可增加.

(2) 设 $T\sim t(49)$,则检验的 p 值为

$$p=P(T>3.5)=0.000\,5.$$

这是当 H_0 为真时,断裂强度的样本均值大于 1 850 磅的概率.

题型 Ⅲ 单个正态总体方差的假设检验

例 6 设总体 $\xi\sim N(a,\sigma)$,a 未知,$\xi_1,\xi_2,\cdots,\xi_n$ 为其样本,求下列几种假设检验问题的拒绝域:

(1) $H_0:\sigma^2\leqslant\sigma_0^2, H_1:\sigma^2>\sigma_0^2$($\sigma_0^2$ 为已知);

(2) $H_0:\sigma^2>\sigma_0^2, H_1:\sigma^2\leqslant\sigma_0^2$($\sigma_0^2$ 为已知);

(3) $H_0:\sigma^2=\sigma_0^2, H_1:\sigma^2>\sigma_0^2$($\sigma_0^2$ 为已知);

(4) $H_0:\sigma^2=\sigma_0^2, H_1:\sigma^2=\sigma_1^2$($\sigma_1^2>\sigma_0^2$);

(5) $H_0:\sigma^2=\sigma_0^2, H_1:\sigma^2<\sigma_0^2$($\sigma_0^2$ 为已知);

(6) $H_0:\sigma^2=\sigma_0^2, H_1:\sigma^2=\sigma_1^2$($\sigma_1^2<\sigma_0^2$).

方法技巧 本题中 a 未知,对 σ^2 的假设检验需用 χ^2 统计量.先由备选假设及 S^{*2} 是 σ^2 的最小方差无偏估计量找出拒绝域的形式,然后由 χ^2 分布的分位数和显著性水平找出拒绝域.

解 (1) 因为 S^{*2} 是 σ^2 的最小方差无偏估计量,所以,当 H_0 成立时,即 $\sigma^2\leqslant\sigma_0^2$,$\sigma^2$ 应较小,从而 S^{*2} 较小,如果 S^{*2} 较大,我们就不能认为 H_0 成立,而应认为 H_1 成立.故 H_0 的拒绝域应为

$$\{S^{*2}>C\},$$

其中,C 仍依赖于α.当α 给定后,由于当 H_0 成立时,有

$$\frac{(n-1)S^{*2}}{\sigma_0^2}\leqslant\frac{(n-1)S^{*2}}{\sigma^2}\sim\chi^2(n-1),$$

故

$$P(S^{*2}>C\mid\sigma^2\leqslant\sigma_0^2)=P_0\left(\frac{(n-1)S^{*2}}{\sigma_0^2}>\frac{(n-1)C}{\sigma_0^2}\right)\leqslant P_0\left(\frac{(n-1)S^{*2}}{\sigma^2}>\frac{(n-1)C}{\sigma_0^2}\right).$$

令 $P_0\left(\frac{(n-1)S^{*2}}{\sigma^2}>\frac{(n-1)C}{\sigma_0^2}\right)=\alpha$,则当 H_0 成立时,即$\sigma^2\leqslant\sigma_0^2$ 时,$\{S^{*2}>C\}$ 是概率不超过α 的小概率事件.由

$$P_0\left(\frac{(n-1)S^{*2}}{\sigma^2}>\frac{(n-1)C}{\sigma_0^2}\right)=\alpha$$

得

$$P_0\left(\frac{(n-1)S^{*2}}{\sigma^2}\leqslant\frac{(n-1)C}{\sigma_0^2}\right)=1-\alpha.$$

查χ^2 分布表得

$$P_0\left(\frac{(n-1)S^{*2}}{\sigma^2}\leqslant\chi^2_{1-\alpha}(n-1)\right)=1-\alpha.$$

所以$\frac{(n-1)C}{\sigma_0^2}=\chi^2_{1-\alpha}(n-1)$,即 $C=\frac{\sigma_0^2}{n-1}\chi^2_{1-\alpha}(n-1)$,所以 H_0 的拒绝域为

$$\left\{S^{*2}>\frac{\sigma_0^2}{n-1}\chi^2_{1-\alpha}(n-1)\right\}=\left\{\frac{(n-1)S^{*2}}{\sigma_0^2}>\chi^2_{1-\alpha}(n-1)\right\}.$$

(2) 类似地,可得拒绝域为

$$\left\{S^{*2}<\frac{\sigma_0^2}{n-1}\chi^2_{1-\alpha}(n-1)\right\}=\left\{\frac{(n-1)S^{*2}}{\sigma_0^2}<\chi^2_{1-\alpha}(n-1)\right\}.$$

(3),(4) 类似于(1),可得拒绝域为

$$\left\{S^{*2}>\frac{\sigma_0^2}{n-1}\chi^2_{1-\alpha}(n-1)\right\}=\left\{\frac{(n-1)S^{*2}}{\sigma_0^2}>\chi^2_{1-\alpha}(n-1)\right\}.$$

(5),(6) 类似于(2),可得拒绝域为

$$\left\{S^{*2}<\frac{\sigma_0^2}{n-1}\chi^2_{1-\alpha}(n-1)\right\}=\left\{\frac{(n-1)S^{*2}}{\sigma_0^2}<\chi^2_{1-\alpha}(n-1)\right\}.$$

例 7 某类钢板的重量指标平日服从正态分布,其制造规格规定,钢板重量的方差不得超过$\sigma_0^2=0.016(\mathrm{kg})^2$.现从今天生产的钢板中随机抽测25块,得修正样本方差$S^{*2}=0.025(\mathrm{kg})^2$,问今天生产的钢板是否符合规格?($\alpha=0.01$)

方法技巧 从题中找出原假设和备选假设,然后用例 6 的结论找到拒绝域,再看样本点是否落入拒绝域,从而做出判断.

解 此问题可归结为检验如下假设:

$$H_0:\sigma^2\leqslant\sigma_0^2=0.016,\quad H_1:\sigma^2>\sigma_0^2=0.016.$$

因为 $n=25,\alpha=0.01,a$ 未知,$S^{*2}=0.025,\chi^2_{0.99}(24)=42.98$,注意到拒绝域为

$$\left\{S^{*2}>\frac{\sigma_0^2}{n-1}\chi^2_{1-\alpha}(n-1)\right\}=\left\{\frac{(n-1)S^{*2}}{\sigma_0^2}>\chi^2_{1-\alpha}(n-1)\right\}.$$

本题中，

$$\frac{\sigma_0^2}{n-1}\chi_{1-\alpha}^2(n-1)=\frac{0.016}{24}\times 42.98=0.028\,65>S^{*2}=0.025,$$

故不拒绝 H_0，即认为今天生产的钢板符合规格.

题型Ⅳ 拟合度检验

例 8 下表给出了 50 天期间，一个城市出现的一日汽车事故数 x 和出现的天数 f，对该数据拟合一个泊松分布.

事故数 x	天数 f
0	21
1	18
2	7
3	3
4	1
总数	50

难点注释 题中并未指出泊松分布的参数，需用极大似然估计求出参数的值，从而可求出事故数为 x 时的理论天数，然后跟实际天数对比.

解 事故数的均值为

$$\lambda=\frac{\sum f_i x_i}{\sum f_i}=\frac{21\times 0+18\times 1+7\times 2+3\times 3+1\times 4}{50}=0.90.$$

那么，按泊松分布

$$P(\text{“}x_i\text{ 次事故”})=\frac{0.9^x\mathrm{e}^{-0.9}}{x!}.$$

在下表中列出了事故数为 0,1,2,3,4 时，该泊松分布相应的概率，同时给出了发生 x_i 次事故的理论天数(用 50 乘相应的概率).为了方便比较，第四列给出了实际的天数.

事故数 x_i	P(“x_i 次事故”)	理论天数	实际天数
0	0.4066	20	21
1	0.3659	18	18
2	0.1647	8	7
3	0.0494	2	3
4	0.011	1	1

可以看到，这批数据的泊松分布拟合得相当好.

例 9 在用豌豆进行的孟德尔实验中，观测到 315 粒饱满且为黄色，108 粒饱满且为绿色，101 粒干缩且为黄色，32 粒干缩且为绿色. 根据他的遗传学理论，这些数的比例应为 9∶3∶3∶1，有没有什么证据怀疑他的理论？

(1) 显著性水平 0.01； (2) 显著性水平 0.05； (3) 求 p 值.

◆ 题型解析： 设原假设比例为9∶3∶3∶1，没有未知参数，从而可以直接用皮尔逊引理，拒绝域为$\sum \frac{(\text{实际频数}-\text{理论频数})^2}{\text{理论频数}} > \chi^2_{1-\alpha}(4-1)$，从而作出判断.注意 p 值为一个服从自由度为 3 的 χ^2 分布的随机变量大于统计量观测值的概率.

解　豌豆总数是 $315+108+101+32=556$，期望的比例是$9:3:3:1$，我们可期望

$$\frac{9}{16}\times 556=312.75 \text{ 饱满黄色}, \quad \frac{3}{16}\times 556=104.25 \text{ 干缩黄色},$$

$$\frac{3}{16}\times 556=104.25 \text{ 饱满绿色}, \quad \frac{1}{16}\times 556=34.75 \text{ 干缩绿色},$$

那么

$$\chi^2=\frac{(315-312.75)^2}{312.75}+\frac{(315-104.25)^2}{104.25}+\frac{(315-104.25)^2}{104.25}+\frac{(315-34.75)^2}{34.75}=0.470.$$

由于分类数 $k=4$，自由度为 $n=4-1=3$，则

(1) $\chi^2_{0.99}(3)=11.3$，拒绝域为$\left\{\chi^2>\chi^2_{0.99}(3)\right\}$，因此不能拒绝他的理论；

(2) $\chi^2_{0.95}(3)=7.81$，拒绝域为$\left\{\chi^2>\chi^2_{0.95}(3)\right\}$，因此不能拒绝他的理论；

(3) 设 X 服从自由度为 3 的 χ^2 分布，则 p 值为 $P(X>0.470)=0.93$.

例 10　下表给出了三位教员 X,Y,Z 考试中通过的和未通过的学生数，检验假设问题为：三位教员未通过的学生的比例相等.

	X	Y	Z	总数
通过	50	47	56	153
未通过	5	14	8	27
总数	55	61	64	180

◆ **题型解析**：与例 9 类似，用皮尔逊引理.注意，虽然分了 6 类，但是只要 X,Y,Z 考试中通过的学生数已知，则未通过的学生数可由总数求出，从而自由度为 $3-1=2$.

解　在原假设 H_0：三个教员未通过的学生的比例相同.未通过的比例应为 $27/180=15\%$，通过的比例为 85%，下表给出了 H_0 下的期望频数：

	X	Y	Z	总数
通过	46.75	51.85	54.40	153
未通过	8.25	9.15	9.60	27
总数	55	61	64	180

那么

$$\chi^2=\frac{(50-46.75)^2}{46.75}+\frac{(47-51.85)^2}{51.85}+\frac{(56-54.40)^2}{54.40}+\frac{(5-8.25)^2}{8.25}+\frac{(14-9.15)^2}{9.15}+\frac{(8-9.60)^2}{9.60}=4.84.$$

在第一列的空单元小格中仅一个自由的位置，而第二列和第三列各空格仅有一个是自由的，其他空格将被指明的总数唯一确定.因此，这时自由度为2.由于$\chi^2_{0.95}(2)=5.99$，故在0.05 水平下不能拒绝 H_0.然而$\chi^2_{0.9}(2)=4.61$，如果我们愿意采用10次中有一次犯错误的风险，在0.10

的显著性水平下我们应拒绝 H_0.设 X 服从自由度为 2 的 χ^2 分布,则 p 值为

$$P(X>4.84)=0.089.$$

综合题 (2010—2020 考研题)

例 11(2018 年数学一第 8 题) 设总体 X 服从正态分布 $N(\mu,\sigma)$,$X_1,X_2,\cdots,X_n$ 是来自总体 X 的简单随机样本,据此样本检测,假设 $H_0:\mu=\mu_0$,$H_1:\mu\neq\mu_0$,则(　　).

A. 如果在检验水平 $\alpha=0.05$ 下拒绝 H_0,那么在检验水平 $\alpha=0.01$ 下必拒绝 H_0

B. 如果在检验水平 $\alpha=0.05$ 下拒绝 H_0,那么在检验水平 $\alpha=0.01$ 下必接受 H_0

C. 如果在检验水平 $\alpha=0.05$ 下接受 H_0,那么在检验水平 $\alpha=0.01$ 下必拒绝 H_0

D. 如果在检验水平 $\alpha=0.05$ 下接受 H_0,那么在检验水平 $\alpha=0.01$ 下必接受 H_0

◆ **题型解析**:$\overline{X}=\dfrac{1}{n}\sum\limits_{i=1}^{n}X_i$,$\overline{X}\sim N\left(\mu,\dfrac{1}{\sqrt{n}}\sigma\right)$,故由抽样分布定理可知 $\dfrac{\overline{X}-\mu}{\sigma/\sqrt{n}}\sim N(0,1)$,所以 $\alpha_1=0.05$ 时,拒绝域为

$$\left|\frac{\bar{x}-\mu}{\sigma/\sqrt{n}}\right|>u_{0.025},$$

其中 $u_{0.025}$ 为上 α 分位数.当 $\alpha_2=0.001$ 时,拒绝域为

$$\left|\frac{\bar{x}-\mu}{\sigma/\sqrt{n}}\right|>u_{0.005},$$

又因为 $u_{0.025}>u_{0.005}$,故选 A.

三、习题答案

1. 某化工原料在处理前后取样分析,测得其含脂率的数据(单位:%)如下表:

处理前/%	0.19	0.18	0.21	0.30	0.66	0.42	0.08	0.12	0.30	0.27
处理后/%	0.19	0.24	1.04	0.08	0.20	0.12	0.31	0.29	0.13	0.07

假定处理前后的含脂率都服从正态分布,且其标准差 σ 不变,给定显著性水平 $\alpha=0.05$,问处理前后含脂率的平均值有无显著变化?

方法技巧 把处理前的含脂率看作一个总体,处理后的含脂率看作另一个总体,需要比较这两个总体的数学期望是否相等,本题中方差未知,需用 t 检验来做.

解 设处理前后的含脂率分别为 ξ,η.由题意知,$\xi\sim N(a_1,\sigma)$,$\eta\sim N(a_2,\sigma)$.假设检验问题为

$$H_0:a_1=a_2,\quad H_1:a_1\neq a_2.$$

σ 未知时,

$$\sqrt{\frac{n_1n_2(n_1+n_2-2)}{n_1+n_2}}\cdot\frac{(\bar{\xi}-\bar{\eta})-(a_1-a_2)}{\sqrt{n_1S_1^2+n_2S_2^2}}\sim t(n_1+n_2-2).$$

因此当原假设 H_0 成立时，

$$\sqrt{\frac{n_1 n_2(n_1+n_2-2)}{n_1+n_2}}\cdot\frac{\bar{\xi}-\bar{\eta}}{\sqrt{n_1S_1^2+n_2S_2^2}}\sim t(n_1+n_2-2)$$

不带有未知参数，因而可作为 H_0 的检验统计量，这是 t 检验法，拒绝域为

$$\left\{\frac{|\bar{\xi}-\bar{\eta}|\sqrt{n_1n_2(n_1+n_2-2)}}{\sqrt{n_1S_1^2+n_2S_2^2}\sqrt{n_1+n_2}}>t_{1-\frac{\alpha}{2}}(n_1+n_2-2)\right\}.$$

本题中，$\dfrac{|\bar{\xi}-\bar{\eta}|\sqrt{n_1n_2(n_1+n_2-2)}}{\sqrt{n_1S_1^2+n_2S_2^2}\sqrt{n_1+n_2}}$ 的观测值为

$$\frac{(0.273-0.267)\sqrt{10\times10(10+10-2)}}{\sqrt{10\times0.025\,301+10\times0.072\,521}\sqrt{10+10}}=0.025\,738.$$

而 $t_{1-\frac{\alpha}{2}}(n_1+n_2-2)=t_{0.975}(18)=0.063\,587>0.025\,738$，因此接受原假设，认为处理前后含脂率的平均值无显著变化.

- SPSS 操作步骤：

（1）录入数据：

（2）分析 → 比较平均值 → 配对样本 T 检验：

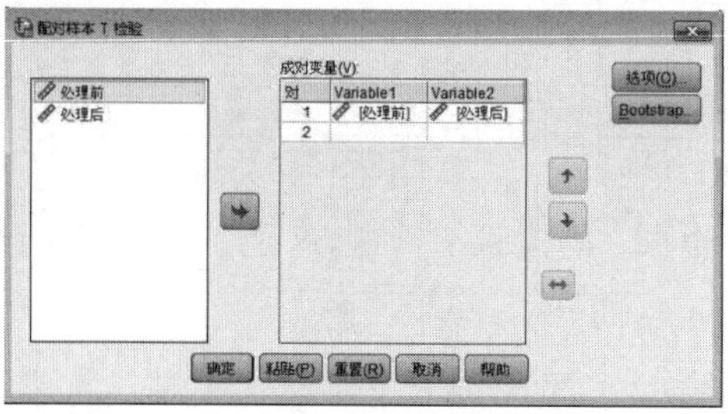

其他项默认，输出如下结果：

配对样本检验

	配对差值					t	自由度	显著性（双尾）
	平均值(E)	标准偏差	标准误差平均值	差值的 95% 置信区间 下限	差值的 95% 置信区间 上限			
配对 1 处理前 - 处理后	0.00600	0.36406	0.11513	-0.25443	0.26643	0.052	9	0.960

显著性水平为 0.96，大于 0.05，因此在显著性水平 0.05 下，接受原假设，认为处理前后含脂率的平均值无显著变化.

2. 今有两台机床加工同一零件，分别取 6 个及 9 个零件测其口径，数据记为$(x_1,x_2,\cdots,x_6)$及$(y_1,y_2,\cdots,y_9)$，计算得

$$\sum_{i=1}^{6}x_i=204.6,\quad \sum_{i=1}^{6}x_i^2=6\,978.93,\quad \sum_{i=1}^{9}y_i=307.8,\quad \sum_{i=1}^{9}y_i^2=15\,280.173.$$

假定零件口径 ξ 服从正态分布，给定显著性水平 $\alpha=0.05$，问是否可认为这两台机床加工零件口径的方差无显著差异？

方法技巧 两台机床加工的零件口径各看作一个总体，我们要比较的是这两个总体的方差是否相等.由于数学期望未知，因此需用 F 检验来做.

解 设两台机床加工的零件口径分别为 ξ,η.由题意知，$\xi\sim N(a_1,\sigma_1)$，$\eta\sim N(a_2,\sigma_2)$.假设检验问题为

$$H_0:\sigma_1^2=\sigma_2^2,\quad H_1:\sigma_1^2\neq\sigma_2^2.$$

检验统计量

$$\frac{n_1S_1^2}{(n_1-1)\sigma_1^2}\bigg/\frac{n_2S_2^2}{(n_2-1)\sigma_2^2}\sim F(n_1-1,n_2-1).$$

因此当原假设 H_0 成立时，

$$\frac{n_1(n_2-1)S_1^2}{n_2(n_1-1)S_2^2}\sim F(n_1-1,n_2-1)$$

不带有未知参数，因而可作为 H_0 的检验统计量，这是 F 检验法，拒绝域为

$$\left\{\frac{n_1(n_2-1)S_1^2}{n_2(n_1-1)S_2^2}<F_{\frac{\alpha}{2}}(n_1-1,n_2-1)\text{ 或}\frac{n_1(n_2-1)S_1^2}{n_2(n_1-1)S_2^2}>F_{1-\frac{\alpha}{2}}(n_1-1,n_2-1)\right\}.$$

本题中，

$$\frac{n_1(n_2-1)S_1^2}{n_2(n_1-1)S_2^2}=\frac{(9-1)\times\left(6\,978.93-\dfrac{204.6^2}{6}\right)}{(6-1)\times\left(15\,280.173-\dfrac{307.8^2}{9}\right)}=0.000\,697,$$

$$F_{\frac{\alpha}{2}}(n_1-1,n_2-1)=F_{0.025}(5,8)=0.147\,991,$$

$$F_{1-\frac{\alpha}{2}}(n_1-1,n_2-1)=F_{0.975}(5,8)=4.817\,276.$$

因此拒绝原假设,认为这两台机床加工的零件口径的方差有显著差异.

3. 某电话在一小时内接到电话用户的呼叫次数按每分钟记录,得下表:

呼叫次数	0	1	2	3	4	5	6	≥7
频数	8	16	17	10	6	2	1	0

试问这个分布能否看作泊松分布?

◘ **题型解析:** 本题和下一道习题 4 属于拟合度检验,需用皮尔逊引理,注意泊松分布的参数未知,需由极大似然估计法求出参数的值,然后才能算理论频数,此时 χ^2 分布的自由度应为

分组数 − 未知参数的个数 − 1.

解　假设检验问题为

H_0:这个分布为参数为 λ 的泊松分布.

由极大似然估计法知,

$$\lambda=\bar{x}=\frac{16+34+30+24+10+6}{8+16+17+10+6+2+1+0}=\frac{120}{60}=2.$$

若 H_0 成立,则呼叫次数为 0 的频数应为

$$n\hat{p}_0=60\times\frac{2^0\mathrm{e}^{-2}}{0!}=60\mathrm{e}^{-2}=8.120\,117,$$

呼叫次数为 1 的频数应为

$$n\hat{p}_1=60\times\frac{2^1\mathrm{e}^{-2}}{1!}=120\mathrm{e}^{-2}=16.240\,23,$$

呼叫次数为 2 的频数应为

$$n\hat{p}_2=60\times\frac{2^2\mathrm{e}^{-2}}{2!}=120\mathrm{e}^{-2}=16.240\,23,$$

呼叫次数为 3 的频数应为

$$n\hat{p}_3=60\times\frac{2^3\mathrm{e}^{-2}}{3!}=80\mathrm{e}^{-2}=10.826\,82,$$

呼叫次数为 4 的频数应为

$$n\hat{p}_4=60\times\frac{2^4\mathrm{e}^{-2}}{4!}=40\mathrm{e}^{-2}=5.413\,411,$$

呼叫次数为 5 的频数应为

$$n\hat{p}_5=60\times\frac{2^5\mathrm{e}^{-2}}{5!}=16\mathrm{e}^{-2}=2.165\,365,$$

呼叫次数为 6 的频数应为

$$n\hat{p}_6=60\times\frac{2^6\mathrm{e}^{-2}}{6!}=\frac{16\mathrm{e}^{-2}}{3}=0.72,$$

呼叫次数至少为 7 的频数应为

$$n\hat{p}_7=60\times\left(\sum_{k=7}^{\infty}\frac{2^k}{k!}\mathrm{e}^{-2}\right)=60\times0.004\,534=0.272\,028.$$

在 H_0 成立时，$\chi^2=\sum\limits_{i=1}^{k}\dfrac{(n_i-n\hat{p}_i)^2}{n\hat{p}_i}$ 近似服从自由度为 $k-1-1$ 的 χ^2 分布，检验拒绝域为

$$\left\{\chi^2\geqslant\chi^2_{1-\alpha}(k-1-1)\right\}.$$

本题中，

$$\chi^2=\sum_{i=1}^{8}\frac{(n_i-n\hat{p}_i)^2}{n\hat{p}_i}=\frac{(8-60\mathrm{e}^{-2})^2}{60\mathrm{e}^{-2}}+\frac{(16-120\mathrm{e}^{-2})^2}{120\mathrm{e}^{-2}}+\frac{(17-120\mathrm{e}^{-2})^2}{120\mathrm{e}^{-2}}+\frac{(10-80\mathrm{e}^{-2})^2}{80\mathrm{e}^{-2}}$$

$$+\frac{(6-40\mathrm{e}^{-2})^2}{40\mathrm{e}^{-2}}+\frac{(2-16\mathrm{e}^{-2})^2}{16\mathrm{e}^{-2}}+\frac{\left(1-\frac{16}{3}\mathrm{e}^{-2}\right)^2}{\frac{16}{3}\mathrm{e}^{-2}}+\frac{(0-0.272\,028)^2}{0.272\,028}=0.54.$$

查表得，$\chi^2_{1-\alpha}(k-1-1)=\chi^2_{0.95}(8-1-1)=12.59>0.54$.因此接受原假设，认为该分布服从泊松分布.

4. 在某公路上 50 分钟之内，记录每 15 秒钟过路汽车的辆数，得到分布情况如下表：

辆数	0	1	2	3	4	5
频数	92	68	28	11	1	0

试问这个分布能否看作泊松分布?

解 假设检验问题为

$$H_0:\text{这个分布为参数为 }\lambda\text{ 的泊松分布}.$$

由极大似然估计法知，

$$\lambda=\bar{x}=\frac{68+56+33+4}{92+68+28+11+1+0}=\frac{161}{200}=0.805.$$

若 H_0 成立，则车辆数为 0 的频数应为

$$n\hat{p}_0=200\times\frac{0.805^0\mathrm{e}^{-0.805}}{0!}=200\mathrm{e}^{-0.805}=89.417\,59,$$

车辆数为 1 的频数应为

$$n\hat{p}_1=200\times\frac{0.805^1\mathrm{e}^{-0.805}}{1!}=71.98,$$

车辆数为 2 的频数应为

$$n\hat{p}_2=200\times\frac{0.805^2\mathrm{e}^{-0.805}}{2!}=28.97,$$

车辆数为 3 的频数应为

$$n\hat{p}_3=200\times\frac{0.805^3\mathrm{e}^{-0.805}}{3!}=7.77,$$

车辆数为 4 的频数应为

$$n\hat{p}_4=200\times\frac{0.805^4\mathrm{e}^{-0.805}}{4!}=1.56,$$

车辆数为 5 的频数应为

$$n\hat{p}_5=200\times\frac{0.805^5\mathrm{e}^{-0.805}}{5!}=0.25.$$

在 H_0 成立时,

$$\chi^2=\sum_{i=1}^{k}\frac{(n_i-n\hat{p}_i)^2}{n\hat{p}_i}$$

近似服从自由度为 $k-1-1$ 的 χ^2 分布,检验拒绝域为

$$\left\{\chi^2\geqslant\chi^2_{1-\alpha}(k-1-1)\right\}.$$

本题中,

$$\chi^2=\sum_{i=1}^{6}\frac{(n_i-n\hat{p}_i)^2}{n\hat{p}_i}=\frac{(92-89.42)^2}{89.42}+\frac{(68-71.98)^2}{71.98}+\frac{(28-28.97)^2}{28.97}+\frac{(11-7.77)^2}{7.77}$$
$$+\frac{(1-1.56)^2}{1.56}+\frac{(0-0.25)^2}{0.25}=2.12.$$

查表知,

$$\chi^2_{1-\alpha}(k-1-1)=\chi^2_{0.95}(6-1-1)=9.49>2.12.$$

因此接受原假设,认为该分布服从泊松分布.

5. 在数 $\pi=3.14159\cdots$ 的前 800 位小数中,数字 0,1,2,…,9 出现的次数记录如下表:

字数	0	1	2	3	4	5	6	7	8	9
频数	74	92	83	79	80	73	77	75	76	91

试问这个分布能否看作均匀分布?

◘ **题型解析:** 本题属于拟合度检验,需用皮尔逊引理,注意均匀分布没有参数,因此可以直接计算理论频数,从而 χ^2 分布的自由度应为分组数 -1.

解 假设检验问题为

$$H_0:\text{这个分布为均匀分布}.$$

若 H_0 成立,则在数 $\pi=3.14159\cdots$ 的前 800 位小数中,字数 0,1,2,…,9 出现的次数都应为 80.

在 H_0 成立时,$\chi^2=\sum_{i=1}^{k}\frac{(n_i-np_i)^2}{np_i}$ 近似服从自由度为 $k-1$ 的 χ^2 分布,检验拒绝域为

$$\{\chi^2\geqslant\chi^2_{\alpha}(10-1)\}.$$

本题中,

$$\chi^2=\sum_{i=1}^{10}\frac{(n_i-np_i)^2}{np_i}=\frac{(74-80)^2}{80}+\frac{(92-80)^2}{80}+\frac{(83-80)^2}{80}+\frac{(79-80)^2}{80}$$
$$+\frac{(80-80)^2}{80}+\frac{(73-80)^2}{80}+\frac{(77-80)^2}{80}+\frac{(75-80)^2}{80}+\frac{(76-80)^2}{80}$$
$$+\frac{(91-80)^2}{80}=5.125.$$

查表得,$\chi^2_{1-\alpha}(k-1)=\chi^2_{0.95}(10-1)=16.92>5.125$.因此接受原假设,认为该分布服从均匀分布.

- SPSS 操作步骤:

(1) 录入数据:

（2）加权个案：

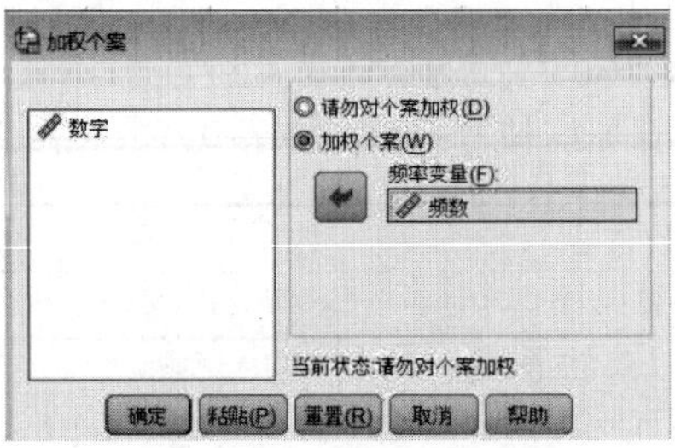

（3）分析 → 非参数检验 → 旧对话框 → 卡方检验：

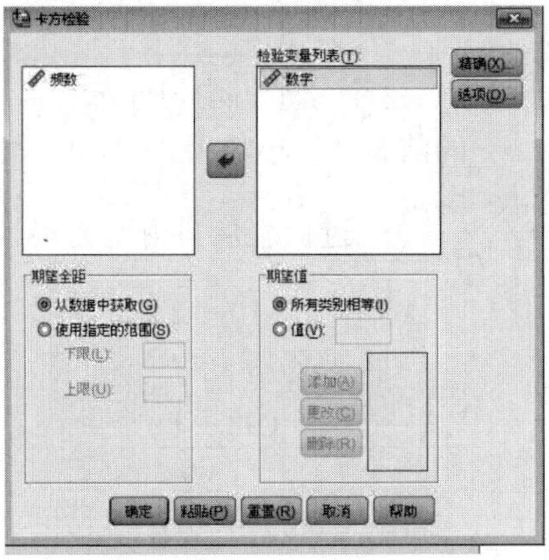

（4）输出如下结果：

检验统计

	数字
卡方	5.125[a]
自由度	9
渐近显著性	.823

a. 0 个单元格 (0.0%) 的期望频率小于 5。最少的期望频率数为 80.0。

渐近显著性为0.823，大于0.05，因此在显著性水平0.05下应接受原假设，认为该分布服从均匀分布.

6. 检查产品质量时，每次抽取10个产品来检查，共抽取100次，记录每10个产品中的次品数，列表如下：

次品数	0	1	2	3	4	5	6	…	10
频数	35	40	18	5	1	1	0	…	0

试问生产过程中出现次品的概率能否看作是不变的，即次品数 ξ 是否服从二项分布？

◆ 题型解析： 本题属于拟合度检验，需用皮尔逊引理，注意二项分布 $B(n,p)$ 的参数 p 未知，需由极大似然估计法求出参数的值，然后才能算理论频数，此时 χ^2 分布的自由度应为

$$\text{分组数}-\text{未知参数的个数}-1.$$

解 假设检验问题为

$$H_0:\xi \text{ 服从二项分布 } B(10,p).$$

由极大似然估计法知道，

$$10\hat{p}=\bar{x}=\frac{40+36+15+4+5}{100}=1,\quad \text{即}\ \hat{p}=0.1.$$

若 H_0 成立，则次品数为0的频数应为

$$n\hat{p}_0=100\times C_{10}^0\times 0.1^0\times 0.9^{10}=34.88,$$

次品数为1的频数应为

$$n\hat{p}_1=100\times C_{10}^1\times 0.1^1\times 0.9^9=38.74,$$

次品数为2的频数应为

$$n\hat{p}_2=100\times C_{10}^2\times 0.1^2\times 0.9^8=19.37,$$

次品数为3的频数应为

$$n\hat{p}_3=100\times C_{10}^3\times 0.1^3\times 0.9^7=5.74,$$

次品数为4的频数应为

$$n\hat{p}_4=100\times C_{10}^4\times 0.1^4\times 0.9^6=1.12,$$

次品数为5的频数应为

$$n\hat{p}_5=100\times C_{10}^5\times 0.1^5\times 0.9^5=0.15,$$

次品数为6的频数应为

$$n\hat{p}_6=100\times C_{10}^6\times 0.1^6\times 0.9^4=0.014,$$

次品数为7的频数应为

$$n\hat{p}_7=100\times C_{10}^7\times 0.1^7\times 0.9^3=0.001,$$

次品数为8的频数应为

$$n\hat{p}_8=100\times C_{10}^8\times 0.1^8\times 0.9^2\approx 0,$$

次品数为9的频数应为

$$n\hat{p}_9=100\times C_{10}^9\times 0.1^9\times 0.9^1\approx 0,$$

次品数为10的频数应为

$$n\hat{p}_{10}=100\times C_{10}^{10}\times 0.1^{10}\times 0.9^{0}\approx 0.$$

在 H_0 成立时，$\chi^2=\sum_{i=1}^{k}\dfrac{(n_i-n\hat{p}_i)^2}{n\hat{p}_i}$ 近似服从自由度为 $k-1-1$ 的 χ^2 分布，检验拒绝域为

$$\left\{\chi^2\geqslant\chi^2_{1-\alpha}(k-1-1)\right\}.$$

本题中，

$$\chi^2=\sum_{i=1}^{11}\frac{(n_i-n\hat{p}_i)^2}{n\hat{p}_i}=\frac{(35-34.88)^2}{34.87}+\frac{(40-38.74)^2}{38.74}+\frac{(18-19.37)^2}{19.37}+\frac{(5-5.74)^2}{5.74}$$
$$+\frac{(1-1.12)^2}{1.12}+\frac{(1-0.15)^2}{0.15}+\frac{(0-0.014)^2}{0.013}+\frac{(0-0.001)^2}{0.000875}=5.13.$$

查表得，$\chi^2_{1-\alpha}(k-1-1)=\chi^2_{0.95}(11-1-1)=16.92$.因此接受原假设，认为该分布服从二项分布.

7. 某香烟厂生产两种香烟，独立地随机抽取容量大小相同的烟叶标本，测其尼古丁含量的毫克数，实验室分别做了 6 次测定，数据记录如下表：

甲 / 毫克	25	28	23	26	29	22
乙 / 毫克	28	23	30	25	21	27

试问这两种香烟的尼古丁含量有无显著差异？给定显著性水平 $\alpha=0.05$，假定含量服从正态分布并具有公共方差.

◘ **题型解析：**本题属于两个正态总体均值的假设检验，由于方差未知，因此需用到 t 检验.注意提出原假设和备选假设，然后构造统计量，用统计量的分布及分位数的定义确定拒绝域，再看样本点是否落入拒绝域中.

解 设甲、乙两厂生产的香烟中尼古丁含量分别为 ξ,η，样本方差分别为 S_1^2,S_2^2.由题意知，$\xi\sim N(a_1,\sigma)$，$\eta\sim N(a_2,\sigma)$.检验假设问题为

$$H_0:a_1=a_2,\quad H_1:a_1\neq a_2.$$

当 $n_1=n_2=n$ 时，设 $Z=\xi-\eta$，$Z_i=\xi_i-\eta_i$，$i=1,2,\cdots,n$.Z 可看成一维的总体，$Z_1,Z_2,\cdots,Z_n$ 为其样本，$Z\sim N(a_1-a_2,\sigma)$，其中 $\sigma=\sqrt{\sigma_1^2+\sigma_2^2}$ 为未知参数.设

$$\overline{Z}=\frac{1}{n}\sum_{i=1}^{n}Z_i,\quad S^2=\frac{1}{n}\sum_{i=1}^{n}(Z_i-\overline{Z})^2.$$

当 H_0 为真时，$\dfrac{\overline{Z}}{S/\sqrt{n-1}}\sim t(n-1)$.给定显著性水平 α，其拒绝域为

$$\left\{\frac{|\overline{Z}|}{S/\sqrt{n-1}}>t_{1-\frac{\alpha}{2}}(n-1)\right\}.$$

本题中 Z 的观测值分别为 $-3,5,-7,1,8,-5$，从而 Z 的样本均值为 1，样本方差为 $\dfrac{181}{6}$，$\dfrac{|\overline{Z}|}{S/\sqrt{n-1}}$ 的观测值为 0.407.查表得，$t_{1-\frac{\alpha}{2}}(n-1)=t_{0.975}(6-1)=3.16$，因此接受原假设，认为这两种香烟的尼古丁含量无显著差异.

• SPSS 操作步骤：

（1）数据录入：

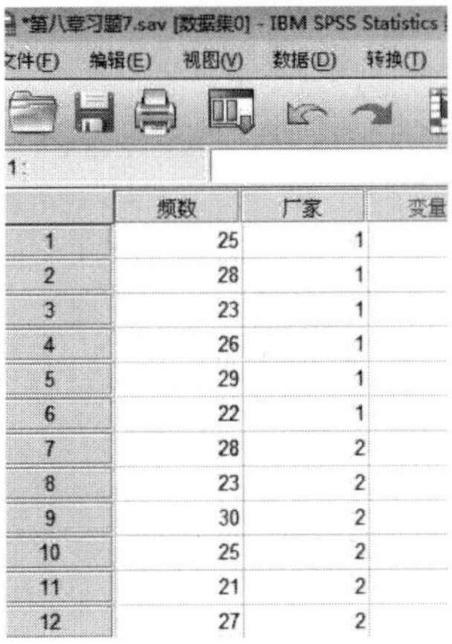

*第八章习题7.sav [数据集0] - IBM SPSS Statistics

	频数	厂家	变量
1	25	1	
2	28	1	
3	23	1	
4	26	1	
5	29	1	
6	22	1	
7	28	2	
8	23	2	
9	30	2	
10	25	2	
11	21	2	
12	27	2	

（2）分析 → 比较均值 → 单因素 anova：

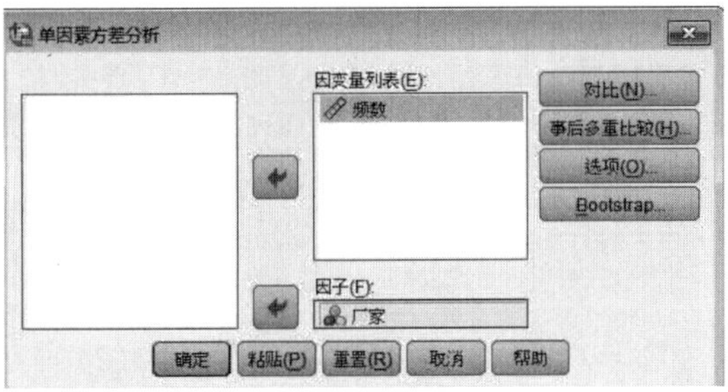

（3）输出如下结果：

ANOVA

频数

	平方和	df	均方	F	显著性
组之间	.083	1	.083	.009	.926
组内	92.833	10	9.283		
总计	92.917	11			

由 $p=0.926>0.05$ 知，应接受原假设，认为这两种香烟的尼古丁含量无显著差异.

8. 为了研究慢性气管炎与吸烟量的关系，调查了 385 人，统计数据由下表所示：

类型	烟量			求和
	A 支 / 日	B 支 / 日	C 支 / 日	
患病者人数	26	147	37	210
健康者人数	30	123	22	175
求和	56	270	59	385

试问慢性气管炎与吸烟量是否有关？给定显著性水平 $\alpha=0.05$.

◘ **题型解析：** 本题属于独立性检验，用皮尔逊引理可得在慢性气管炎与吸烟量无关条件下，$\chi^2=\sum_{i=1}^{r}\sum_{j=1}^{c}\frac{(n_{ij}-n\hat{p}_{ij})^2}{n\hat{p}_{ij}}$ 服从自由度为 $rc-(r+c-2)-1$ 的 χ^2 分布，其中 $\hat{p}_{ij}=\hat{p}_{i\cdot}\,\hat{p}_{\cdot j}$

$=\frac{n_{i\cdot}}{n}\cdot\frac{n_{\cdot j}}{n}$.由题设条件找到拒绝域,再根据样本点是否落入拒绝域做出拒绝原假设还是接受原假设的判断.

解 设原假设为 H_0:慢性气管炎与吸烟量无关,即

$$H_0: p_{ij}=p_{i\cdot}p_{\cdot j},\quad i=1,2,\cdots,r; j=1,2,\cdots,c.$$

设 $\chi^2=\sum_{i=1}^{r}\sum_{j=1}^{c}\frac{(n_{ij}-n\hat{p}_{ij})^2}{n\hat{p}_{ij}}$,在 H_0 成立时,上式服从自由度为 $rc-(r+c-2)-1$ 的 χ^2 分布,其中 $\hat{p}_{ij}$ 是在 H_0 成立下得到的 p_{ij} 的极大似然估计,其表达式为

$$\hat{p}_{ij}=\hat{p}_{i\cdot}\hat{p}_{\cdot j}=\frac{n_{i\cdot}}{n}\cdot\frac{n_{\cdot j}}{n}.$$

从而 $\chi^2=\sum_{i=1}^{r}\sum_{j=1}^{c}\frac{(nn_{ij}-n_{i\cdot}n_{\cdot j})^2}{nn_{i\cdot}n_{\cdot j}}$.对给定的显著性水平 α,检验的拒绝域为

$$\{\chi^2\geqslant\chi^2_{1-\alpha}((r-1)(c-1))\}.$$

本题中,

$$\begin{aligned}\chi^2=&\frac{(385\times26-56\times210)^2}{385\times56\times210}+\frac{(385\times147-270\times210)^2}{385\times270\times210}+\frac{(385\times37-59\times210)^2}{385\times59\times210}\\&+\frac{(385\times30-56\times175)^2}{385\times56\times175}+\frac{(385\times123-270\times175)^2}{385\times270\times175}+\frac{(385\times22-59\times175)^2}{385\times59\times175}\\=&3.08.\end{aligned}$$

查表得,$\chi^2_{1-\alpha}((r-1)(c-1))=\chi^2_{0.95}((2-1)(3-1))=\chi^2_{0.95}(2)=5.99>3.08$.因此拒绝原假设,认为慢性气管炎与吸烟量有关.

- SPSS 操作步骤:

(1) 数据录入:

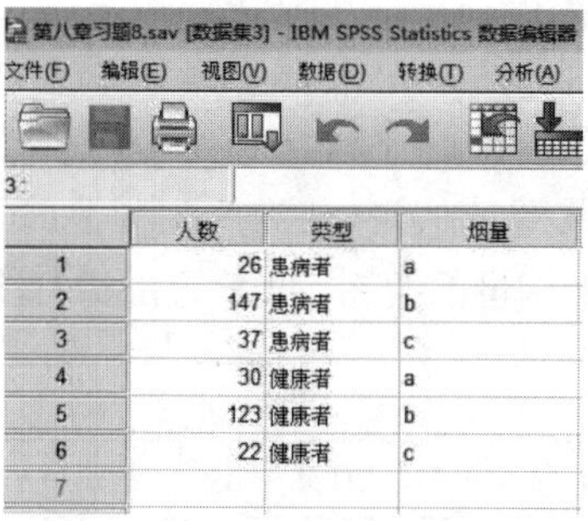

(2) 加权个案:

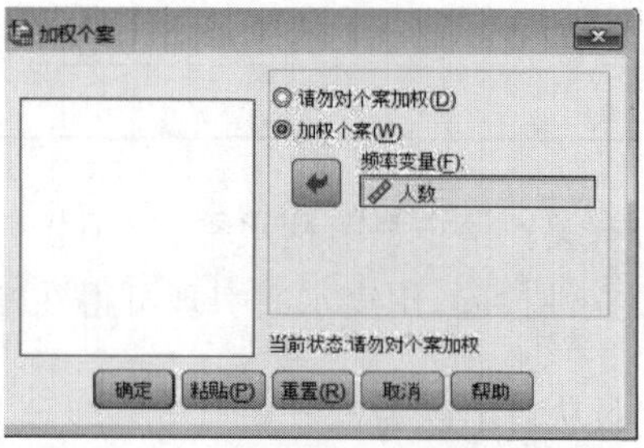

（3）分析 → 描述性统计 → 旧对话框 → 交叉表：

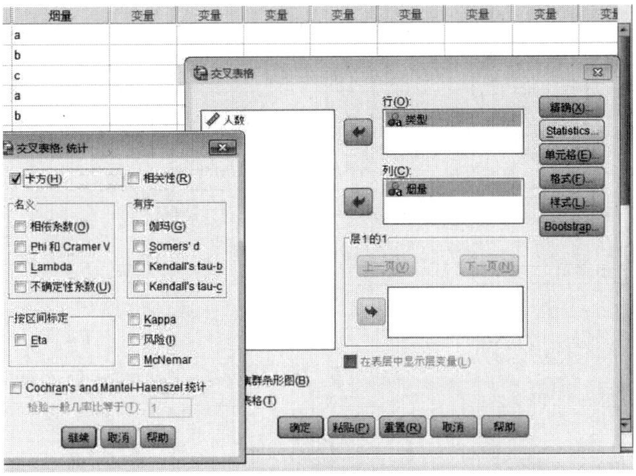

（4）输出如下结果：

卡方检验

	值	自由度	渐近显著性（双向）
皮尔逊卡方	3.076[a]	2	.215
似然比(L)	3.092	2	.213
有效个案数	385		

a. 0 个单元格 (0.0%) 具有的预期计数少于 5。最小预期计数为 25.45。

由皮尔逊 χ^2 检验知道，$0.215 > 0.05$，因此接受原假设，认为慢性气管炎与吸烟量无关.

9. 设总体 ξ 服从正态分布 $N(a,\sigma)$，考查如下检验问题：

$$H_0: a = a_0,\quad H_1: a = a_1,\quad a_1 \neq a_0.$$

证明：当样本容量 n 充分大时，可使犯两类错误的概率任意地小.

方法技巧 首先求出取伪错误的概率及弃真错误的概率；然后证明 n 充分大时，这两个概率极限为 0.注意，由于不知道 a_1 与 a_0 的大小，需分类讨论，从而确定拒绝域的形式.

证明 当 $a_1 > a_0$ 时，设 $\xi_1,\xi_2,\cdots,\xi_n$ 为总体 ξ 的样本，由于似然比，

$$\frac{L(a_1)}{L(a_0)} = \mathrm{e}^{-\frac{1}{2\sigma^2}\left[-2n\bar{\xi}(a_1-a_0)+n(a_0^2-a_1^2)\right]} = \exp\left\{\frac{\sqrt{n}(a_1-a_0)}{\sigma}\left[\frac{\sqrt{n}(\bar{\xi}-a_0)}{\sigma} - \frac{\sqrt{n}(a_1-a_0)}{2\sigma}\right]\right\},$$

所以，由奈曼-皮尔逊基本引理知道，H_0 的最佳否定域为

$$\begin{aligned} h_0 &= \left\{(x_1,\cdots,x_n): \frac{L(a_1)}{L(a_0)} \geqslant k\right\} \\ &= \left\{(x_1,x_2,\cdots,x_n): \frac{\sqrt{n}(\bar{\xi}-a_0)}{\sigma} \geqslant \frac{\sigma \ln k}{\sqrt{n}(a_1-a_0)} + \frac{\sqrt{n}(a_1-a_0)}{2\sigma}\right\}. \end{aligned}$$

从而弃真概率(犯第一类错误的概率) 为

$$\begin{aligned} \alpha = P(h_0 \mid H_0) &= P_{H_0}\left(\frac{\sqrt{n}(\bar{\xi}-a_0)}{\sigma} \geqslant \frac{\sigma \ln k}{\sqrt{n}(a_1-a_0)} + \frac{\sqrt{n}(a_1-a_0)}{2\sigma}\right) \\ &= 1 - \Phi\left(\frac{\sigma \ln k}{\sqrt{n}(a_1-a_0)} + \frac{\sqrt{n}(a_1-a_0)}{2\sigma}\right) \xrightarrow{n\to\infty} 0. \end{aligned}$$

这表明 α 可随 n 增大而任意地小.

取伪概率(犯第二类错误的概率)为

$$\beta=P(\overline{h_0}\mid H_1)=P_{H_1}\left\{\frac{\sqrt{n}(\bar{\xi}-a_0)}{\sigma}<\frac{\sigma\ln k}{\sqrt{n}(a_1-a_0)}+\frac{\sqrt{n}(a_1-a_0)}{2\sigma}\right\}$$
$$\leqslant P_{H_1}\left\{\frac{\sqrt{n}(\bar{\xi}-a_1)}{\sigma}<\frac{\sigma\ln k}{\sqrt{n}(a_1-a_0)}-\frac{\sqrt{n}(a_1-a_0)}{2\sigma}\right\}$$
$$=\Phi\left(\frac{\sigma\ln k}{\sqrt{n}(a_1-a_0)}-\frac{\sqrt{n}(a_1-a_0)}{2\sigma}\right)\xrightarrow{n\to\infty}0.$$

这表明 β 可随 n 增大而任意地小.

当 $a_1<a_0$ 时,类似地有

$$\alpha=P(h_0\mid H_0)=P_{H_0}\left\{\frac{\sqrt{n}(a_1-a_0)}{\sigma}\left[\frac{\sqrt{n}(\bar{\xi}-a_0)}{\sigma}-\frac{\sqrt{n}(a_1-a_0)}{2\sigma}\right]\geqslant\ln k\right\}$$
$$=P_{H_0}\left\{\frac{\sqrt{n}(\bar{\xi}-a_0)}{\sigma}\leqslant\frac{\sigma\ln k}{\sqrt{n}(a_1-a_0)}+\frac{\sqrt{n}(a_1-a_0)}{2\sigma}\right\}$$
$$=\Phi\left(\frac{\sigma\ln k}{\sqrt{n}(a_1-a_0)}+\frac{\sqrt{n}(a_1-a_0)}{2\sigma}\right)\xrightarrow{n\to\infty}0,$$
$$\beta=P(\overline{h_0}\mid H_1)=P_{H_1}\left\{\frac{\sqrt{n}(a_1-a_0)}{\sigma}\left[\frac{\sqrt{n}(\bar{\xi}-a_0)}{\sigma}-\frac{\sqrt{n}(a_1-a_0)}{2\sigma}\right]<\ln k\right\}$$
$$=P_{H_1}\left\{\frac{\sqrt{n}(\bar{\xi}-a_0)}{\sigma}>\frac{\sigma\ln k}{\sqrt{n}(a_1-a_0)}-\frac{\sqrt{n}(a_1-a_0)}{2\sigma}\right\}$$
$$=1-\Phi\left(\frac{\sigma\ln k}{\sqrt{n}(a_1-a_0)}-\frac{\sqrt{n}(a_1-a_0)}{2\sigma}\right)\xrightarrow{n\to\infty}0.$$

因此,当样本容量 n 充分大时,可使犯两类错误的概率任意地小.

10. 设总体 ξ 服从正态分布 $N(a,2)$,$\xi_1,\xi_2,\cdots,\xi_{16}$ 为其样本,样本平均值为

$$\bar{\xi}=\frac{1}{16}\sum_{i=1}^{16}\xi_i.$$

考虑如下检验问题:

$$H_0:a=0,\quad H_1:a\neq 0.$$

试证下述三个否定域有相同的显著性水平 $\alpha=0.05$:

(1) $2\bar{\xi}\leqslant-1.645$; (2) $1.50\leqslant 2\bar{\xi}\leqslant 2.125$; (3) $2\bar{\xi}\leqslant-1.96$ 及 $2\bar{\xi}\geqslant 1.96$.

方法技巧 $\alpha=P(\text{否定域}\mid H_0)$,在原假设成立条件下,$2\bar{\xi}\sim N(0,1)$,从而由标准正态分布分位数的定义可证 $\alpha=0.05$.

解 由已知得,$\bar{\xi}\sim N\left(a,\frac{1}{2}\right)$,因此原假设成立时,有 $2\bar{\xi}\sim N(0,1)$.

(1) $\alpha=P(2\bar{\xi}\leqslant-1.645\mid H_0)=\Phi(-1.645)=1-\Phi(1.645)=0.05$.

(2) $\alpha=P(1.50\leqslant 2\bar{\xi}\leqslant 2.125\mid H_0)=\Phi(2.125)-\Phi(1.5)=0.98-0.93=0.05$.

(3) $\alpha=P(2\bar{\xi}\leqslant -1.96$ 及 $2\bar{\xi}\geqslant 1.96\mid H_0)=\Phi(-1.96)+1-\Phi(1.96)=2[1-\Phi(1.96)]$
$=2(1-0.975)=0.05.$

11. 设总体 ξ 的概率密度函数为

$$f(x;\theta)=\begin{cases}\dfrac{1}{\theta}\mathrm{e}^{-\frac{x}{\theta}}, & 0<x<+\infty, 0<\theta<+\infty,\\ 0, & \text{其他}.\end{cases}$$

$\xi_1,\xi_2,\cdots,\xi_n$ 为其样本,试分别求:

(1) $H_0:\theta=2,\ H_1:\theta=4$; (2) $H_0:\theta=2,\ H_1:\theta=1$

的最佳检验,给定显著性水平 $\alpha=0.05$.

方法技巧 最佳检验拒绝域的形式为 $h_0=\{(\xi_1,\xi_2,\cdots,\xi_n):L(\theta_1)\geqslant cL(\theta_0)\}$,需先由 ξ 的概率密度函数计算出似然比函数 $\dfrac{L(\theta_1)}{L(\theta_0)}$.

解 似然函数为

$$L(\theta)=\prod_{i=1}^{n}f(\xi_i;\theta)=\theta^{-n}\mathrm{e}^{-\frac{\xi_1+\xi_2+\cdots+\xi_n}{\theta}}I_{0<\xi_1^*}.$$

(1) 似然比为

$$\frac{L(\theta_1)}{L(\theta_0)}=\frac{\prod\limits_{i=1}^{n}f(\xi_i;\theta_1)}{\prod\limits_{i=1}^{n}f(\xi_i;\theta_0)}=\frac{4^{-n}\mathrm{e}^{-\frac{\xi_1+\xi_2+\cdots+\xi_n}{4}}I_{0<\xi_1^*}}{2^{-n}\mathrm{e}^{-\frac{\xi_1+\xi_2+\cdots+\xi_n}{2}}I_{0<\xi_1^*}}=\frac{\mathrm{e}^{\frac{\xi_1+\xi_2+\cdots+\xi_n}{4}}}{2^n}.$$

显著性水平为 α 的最佳否定域的形式为

$$\begin{aligned}h_0&=\{(\xi_1,\xi_2,\cdots,\xi_n):L(\theta_1)\geqslant cL(\theta_0)\}\\&=\left\{(\xi_1,\xi_2,\cdots,\xi_n):\frac{\mathrm{e}^{\frac{\xi_1+\xi_2+\cdots+\xi_n}{4}}}{2^n}\geqslant c\right\}.\end{aligned}$$

因此,

$$\begin{aligned}\alpha&=P(h_0\mid H_0)=P_{H_0}\left(\frac{\mathrm{e}^{\frac{\xi_1+\xi_2+\cdots\xi_n}{4}}}{2^n}\geqslant c\right)=P_{H_0}(\xi_1+\xi_2+\cdots+\xi_n\geqslant 4\ln(2^n c))\\&=P_{H_0}(\xi_1+\xi_2+\cdots+\xi_n\geqslant 4n\ln 2+4\ln c).\end{aligned}$$

注意到,在原假设 $H_0:\theta=2$ 成立条件下,$\xi_1,\xi_2,\cdots,\xi_n$ 独立同分布且分布函数为 $\Gamma(0,2)$,因此

$$\xi_1+\xi_2+\cdots+\xi_n\sim\Gamma(0+n-1,2)=\Gamma\left(\frac{2n}{2}-1,2\right)=\chi^2(2n).$$

最佳检验的拒绝域为

$$\{\xi_1+\xi_2+\cdots+\xi_n\geqslant\chi^2_{0.95}(2n)\}.$$

(2) 似然比为

$$\frac{L(\theta_1)}{L(\theta_0)}=\frac{\prod\limits_{i=1}^{n}f(\xi_i;\theta_1)}{\prod\limits_{i=1}^{n}f(\xi_i;\theta_0)}=\frac{\mathrm{e}^{-(\xi_1+\xi_2+\cdots+\xi_n)}I_{0<\xi_1^*}}{2^{-n}\mathrm{e}^{-\frac{\xi_1+\xi_2+\cdots+\xi_n}{2}}I_{0<\xi_1^*}}=2^n\mathrm{e}^{-\frac{\xi_1+\xi_2+\cdots+\xi_n}{2}}.$$

显著性水平为 α 的最佳否定域的形式为

$$h_0=\left\{(\xi_1,\xi_2,\cdots,\xi_n):L(\theta_1)\geqslant cL(\theta_0)\right\}=\left\{(\xi_1,\xi_2,\cdots,\xi_n):2^n \mathrm{e}^{-\frac{\xi_1+\xi_2+\cdots+\xi_n}{2}}\geqslant c\right\}.$$

因此，

$$\begin{aligned}\alpha&=P(h_0\mid H_0)=P\left(2^n \mathrm{e}^{-\frac{\xi_1+\xi_2+\cdots+\xi_n}{2}}\geqslant c\right)\\&=P_{H_0}(\xi_1+\xi_2+\cdots+\xi_n\leqslant -2\ln(2^{-n}c))\\&=P_{H_0}(\xi_1+\xi_2+\cdots+\xi_n\leqslant 2n\ln 2-2\ln c).\end{aligned}$$

注意到，在原假设 $H_0:\theta=2$ 成立条件下，$\xi_1,\xi_2,\cdots,\xi_n$ 独立同分布且分布函数为 $\Gamma(0,2)$，因此

$$\xi_1+\xi_2+\cdots+\xi_n\sim\Gamma(0+n-1,2)=\Gamma\left(\frac{2n}{2}-1,2\right)=\chi^2(2n).$$

最佳检验的拒绝域为

$$\left\{\xi_1+\xi_2+\cdots+\xi_n\leqslant\chi^2_{0.05}(2n)\right\}.$$

12. 设总体 ξ 服从伯努利分布 $B(1,p)$，即有

$$f(x;p)=\begin{cases}C_1^x p^x(1-p)^{1-x}, & x=0,1,\\0, & \text{其他}.\end{cases}$$

其中 $0<p<1$，$\xi_1,\xi_2,\cdots,\xi_n$ 为其样本，对于足够大的 n，分别求

(1) $H_0:p=\frac{1}{2}$，$H_1:p=\frac{1}{3}$；(2) $H_0:p=\frac{1}{3}$，$H_1:p=\frac{1}{2}$

在显著性水平 $\alpha=0.05$ 下的最佳检验.

方法技巧 最佳检验拒绝域的形式为

$$h_0=\left\{(\xi_1,\xi_2,\cdots,\xi_n):L(\theta_1)\geqslant cL(\theta_0)\right\},$$

需先由伯努利分布计算出似然比函数 $\frac{L(\theta_1)}{L(\theta_0)}$.

解 似然函数为

$$L(p)=\prod_{i=1}^n f(\xi_i;p)=\prod_{i=1}^n C_1^{\xi_i} p^{\xi_1+\xi_2+\cdots+\xi_n}(1-p)^{n-(\xi_1+\xi_2+\cdots+\xi_n)}.$$

(1) 似然比为

$$\begin{aligned}\frac{L(p_1)}{L(p_0)}&=\frac{\prod\limits_{i=1}^n f(\xi_i;p_1)}{\prod\limits_{i=1}^n f(\xi_i;p_0)}=\frac{\prod\limits_{i=1}^n C_1^{\xi_i}3^{-(\xi_1+\xi_2+\cdots+\xi_n)}\left(\frac{2}{3}\right)^{n-(\xi_1+\xi_2+\cdots+\xi_n)}}{\prod\limits_{i=1}^n C_1^{\xi_i}2^{-(\xi_1+\xi_2+\cdots+\xi_n)}\left(\frac{1}{2}\right)^{n-(\xi_1+\xi_2+\cdots+\xi_n)}}\\&=\frac{4^n 2^{-(\xi_1+\xi_2+\cdots+\xi_n)}}{3^n}=\frac{4^n 2^{-n\bar{\xi}}}{3^n}.\end{aligned}$$

显著性水平为 α 的最佳拒绝域的形式为

$$h_0=\left\{(\xi_1,\xi_2,\cdots,\xi_n):L(\theta_1)\geqslant cL(\theta_0)\right\}=\left\{(\xi_1,\xi_2,\cdots,\xi_n):\frac{4^n 2^{-n\bar{\xi}}}{3^n}\geqslant c\right\}.$$

注意到，在原假设 $H_0:p=\frac{1}{2}$ 成立条件下，$\xi_1,\xi_2,\cdots,\xi_n$ 独立同分布且分布函数为 $B\left(1,\frac{1}{2}\right)$，因此，

$$\xi_1+\xi_2+\cdots+\xi_n\sim B\left(n,\frac{1}{2}\right).$$

对给定的 $\alpha=0.05$ 和 n，如果存在非负整数 C_α，使得

$$0.05=P_{H_0}(n\bar{\xi}\leqslant C_\alpha)=\sum_{i=0}^{C_\alpha}\mathrm{C}_n^i\left(\frac{1}{2}\right)^k\left(\frac{1}{2}\right)^{n-k}=\sum_{i=0}^{C_\alpha}\mathrm{C}_n^i\left(\frac{1}{2}\right)^n \tag{8.1}$$

成立，则 H_0 的最佳拒绝域为

$$h_0=\left\{(x_1,x_2,\cdots,x_n):\sum_{i=1}^{n}x_i\leqslant C_\alpha\right\}.$$

从而最佳检验为

$$\varphi(X)=\begin{cases}1, & \sum\limits_{i=0}^{n}x_i\leqslant C_\alpha,\\ 0, & \sum\limits_{i=0}^{n}x_i>C_\alpha.\end{cases}$$

但是，对给定的 $\alpha=0.05$ 和 n 可能找不到非负整数 C_α，使得(8.1)式成立，这时所得的最佳检验将是随机化检验.例如，当 $n=10$ 时，

$$\alpha_1\triangleq\sum_{k=0}^{1}\mathrm{C}_{10}^k\left(\frac{1}{2}\right)^{10}=0.010\ 7<\alpha=0.05<\sum_{k=0}^{2}\mathrm{C}_{10}^k\left(\frac{1}{2}\right)^{10}=0.054\ 7.$$

记 $\delta=(\alpha-\alpha_1)/P_{H_0}(n\bar{\xi}=2)=0.893\ 2$，于是得最佳检验

$$\varphi(X)=\begin{cases}1, & \sum\limits_{i=0}^{10}x_i\leqslant 2,\\ \delta=0.893\ 2 & \sum\limits_{i=0}^{10}x_i=2,\\ 0, & \sum\limits_{i=0}^{10}x_i>2.\end{cases}$$

(2) 似然比为

$$\frac{L(p_1)}{L(p_0)}=\frac{\prod\limits_{i=1}^{n}f(\xi_i;p_1)}{\prod\limits_{i=1}^{n}f(\xi_i;p_0)}=\frac{\prod\limits_{i=1}^{n}\mathrm{C}_1^{\xi_i}2^{-(\xi_1+\xi_2+\cdots+\xi_n)}\left(\frac{1}{2}\right)^{n-(\xi_1+\xi_2+\cdots+\xi_n)}}{\prod\limits_{i=1}^{n}\mathrm{C}_1^{\xi_i}3^{-(\xi_1+\xi_2+\cdots+\xi_n)}\left(\frac{2}{3}\right)^{n-(\xi_1+\xi_2+\cdots+\xi_n)}}=\frac{3^n2^{\xi_1+\xi_2+\cdots+\xi_n}}{4^n}.$$

显著性水平为 α 的最佳拒绝域的形式为

$$\begin{aligned}h_0&=\{(\xi_1,\xi_2,\cdots,\xi_n):L(\theta_1)\geqslant cL(\theta_0)\}\\&=\left\{(\xi_1,\xi_2,\cdots,\xi_n):\frac{3^n2^{\xi_1+\xi_2+\cdots+\xi_n}}{4^n}\geqslant c\right\}.\end{aligned}$$

因此

$$\begin{aligned}\alpha&=P(h_0\mid H_0)=P\left(\frac{3^n2^{\xi_1+\xi_2+\cdots+\xi_n}}{4^n}\geqslant c\right)\\&=P_{H_0}\left(\xi_1+\xi_2+\cdots+\xi_n\geqslant\log_2\left(\frac{4^nc}{3^n}\right)\right)=P_{H_0}\left(n\bar{\xi}\geqslant\log_2\left(\frac{4^nc}{3^n}\right)\right).\end{aligned}$$

注意到，在原假设 $H_0: p=\frac{1}{3}$ 成立条件下，$\xi_1,\xi_2,\cdots,\xi_n$ 独立同分布且分布函数为 $B\left(1,\frac{1}{3}\right)$，因此

$$\xi_1+\xi_2+\cdots+\xi_n \sim B\left(n,\frac{1}{3}\right).$$

对给定的 $\alpha=0.05$ 和 n，如果存在非负整数 C_α，使得

$$0.05=P_{H_0}(n\bar{\xi}\geqslant C_\alpha)=\sum_{i=C_\alpha}^{n}C_n^i\left(\frac{1}{3}\right)^k\left(\frac{2}{3}\right)^{n-k} \tag{2}$$

成立，则 H_0 的最佳拒绝域为

$$h_0=\left\{(x_1,x_2,\cdots,x_n):\sum_{i=1}^{n}x_i\geqslant C_\alpha\right\}.$$

但是，对给定的 $\alpha=0.05$ 和 n，可能找不到非负整数 C_α，使得(8.2) 式成立，这时所得的最佳检验将是随机化检验.

13. 设总体 ξ 服从参数为 λ 的泊松分布：

$$P(x;\lambda)=\frac{\lambda^x}{x!}e^{-\lambda},\quad x=0,1,2,\cdots,$$

其中 $\lambda>0$，$\xi_1,\xi_2,\cdots,\xi_{10}$ 是容量为 10 的样本，试求假设检验问题

$$H_0:\lambda=0.1,\quad H_1:\lambda=1$$

在显著性水平 $\alpha=0.05$ 下的最佳检验.

方法技巧 最佳检验拒绝域的形式为

$$h_0=\{(\xi_1,\xi_2,\cdots,\xi_n):L(\theta_1)\geqslant cL(\theta_0)\},$$

需先由泊松分布计算出似然比函数 $\frac{L(\theta_1)}{L(\theta_0)}$. 由于本题中样本容量为 10，因此是小样本，由泊松分布的可加性可以得出精确分布.

解 似然函数为

$$L(\lambda)=\prod_{i=1}^{n}P(\xi_i;\lambda)=\frac{\lambda^{\xi_1+\xi_2+\cdots+\xi_n}}{\xi_1!\ \xi_2!\ \cdots\xi_n!}e^{-n\lambda},$$

似然比为

$$\frac{L(\lambda_1)}{L(\lambda_0)}=\frac{\prod_{i=1}^{n}P(\xi_i;\lambda_1)}{\prod_{i=1}^{n}P(\xi_i;\lambda_0)}=\frac{\dfrac{1^{\xi_1+\xi_2+\cdots+\xi_n}}{\xi_1!\ \xi_2!\ \cdots\xi_n!}e^{-n}}{\dfrac{0.1^{\xi_1+\xi_2+\cdots+\xi_n}}{\xi_1!\ \xi_2!\ \cdots\xi_n!}e^{-0.1n}}=10^{\xi_1+\xi_2+\cdots+\xi_n}e^{-0.9n}.$$

显著性水平为 α 的最佳拒绝域的形式为

$$\begin{aligned}h_0&=\{(\xi_1,\xi_2,\cdots,\xi_n):L(\theta_1)\geqslant cL(\theta_0)\}\\&=\{(\xi_1,\xi_2,\cdots,\xi_n):10^{\xi_1+\xi_2+\cdots+\xi_n}e^{-0.9n}\geqslant c\}.\end{aligned}$$

因此，

$$\begin{aligned}\alpha&=P(h_0\mid H_0)=P_{H_0}(10^{\xi_1+\xi_2+\cdots+\xi_n}e^{-0.9n}\geqslant c)\\&=P_{H_0}(\xi_1+\xi_2+\cdots\xi_n\geqslant \lg(e^{0.9n}c)).\end{aligned}$$

注意到，在原假设 $H_0:\lambda=0.1$ 成立条件下，$\xi_1,\xi_2,\cdots,\xi_n$ 独立同服从参数为 0.1 的泊松分布，因

此$\xi_1+\xi_2+\cdots+\xi_n$服从参数为$0.1n$的泊松分布.因此,

$$P_{H_0}(\xi_1+\xi_2+\cdots+\xi_n \geqslant \lg(e^{0.9n}c)) = \sum_{k=[\lg(e^{0.9n}c)]}^{\infty} \frac{(0.1n)^k e^{-0.1n}}{k!}.$$

本题中$n=10$,因此$P_{H_0}(\xi_1+\xi_2+\cdots+\xi_{10} \geqslant \lg(e^9 c)) = \sum_{k=[\ln(e^9 c)]}^{\infty} \frac{e^{-1}}{k!}$.由给定的$\alpha=0.05$,

$$\begin{aligned} P_{H_0}(\xi_1+\xi_2+\cdots+\xi_{10} \geqslant 3) &= 1-P_{H_0}(\xi_1+\xi_2+\cdots+\xi_{10} \leqslant 2) \\ &= 0.080\,3 > \alpha = 0.05, \\ P_{H_0}(\xi_1+\xi_2+\cdots+\xi_{10} \geqslant 4) &= 1-P_{H_0}(\xi_1+\xi_2+\cdots+\xi_{10} \leqslant 3) \\ &= 0.019 < \alpha = 0.05, \end{aligned}$$

$$\delta = (0.05-0.019)/P(\xi_1+\cdots+\xi_{10}=3) = 0.506.$$

故所求最佳检验为如下随机化检验:

$$\varphi(X) = \begin{cases} 1, & \sum_{i=1}^{10} x_i > 3, \\ \delta = 0.506, & \sum_{i=1}^{10} x_i = 3, \\ 0, & \sum_{i=1}^{10} x_i < 3. \end{cases}$$

14. 利用切比雪夫不等式,试说明均匀对称的钱币需抛掷多少次,才能使得样本均值$\bar{\xi}$落在0.4到0.6之间的概率至少为0.9?

方法技巧 注意,先求出$\bar{\xi}$的数学期望与方差,然后用$P(|\bar{\xi}-E(\bar{\xi})| \leqslant \varepsilon) \geqslant 1-\frac{D(\bar{\xi})}{\varepsilon^2}$求解.

解 由题意,$\xi \sim B\left(1,\frac{1}{2}\right)$,$E(\bar{\xi})=E(\xi)=\frac{1}{2}$,$D(\bar{\xi})=\frac{D(\xi)}{n}=\frac{1}{4n}$,则

$$\begin{aligned} P(0.4 \leqslant \bar{\xi} \leqslant 0.6) &= P(|\bar{\xi}-0.5| \leqslant 0.1) \\ &= P(|\bar{\xi}-E(\bar{\xi})| \leqslant 0.1) \\ &\geqslant 1-\frac{D(\bar{\xi})}{0.01} = 1-\frac{25}{n} > 0.9, \end{aligned}$$

从而$0.1 > \frac{25}{n}$,即n至少为250.

15. 对方差σ^2为已知的正态总体来说,问需抽取容量n为多大的样本,才能使得总体的数学期望a的置信度为$1-\alpha$的置信区间的长度不大于L?

方法技巧 考虑统计量$\frac{(\bar{\xi}-a)\sqrt{n}}{\sigma} \sim N(0,1)$,找出置信度为$1-\alpha$的置信区间,通过区间长度小于等于$L$,得到$n$的范围即可.

解 由题意,$\bar{\xi} \sim N\left(a,\frac{\sigma}{\sqrt{n}}\right)$,则$\frac{(\bar{\xi}-a)\sqrt{n}}{\sigma} \sim N(0,1)$,因此由标准正态分布的分位数知,

$$1-\alpha=P\left(\left|\frac{(\bar{\xi}-a)\sqrt{n}}{\sigma}\right|\leqslant u_{1-\frac{\alpha}{2}}\right).$$

总体的数学期望 a 的置信度为 $1-\alpha$ 的置信区间的长度为 $2\frac{\sigma u_{\frac{\alpha}{2}}}{\sqrt{n}}$.由题意知,$2\frac{\sigma u_{\frac{\alpha}{2}}}{\sqrt{n}}\leqslant L$,因此

$$n\geqslant\left(\frac{2\sigma u_{1-\frac{\alpha}{2}}}{L}\right)^2.$$

16. 证明:若统计量 F 服从 $F(n_1,n_2)$ 分布,则 $\frac{1}{F}$ 服从 $F(n_2,n_1)$ 分布,且临界值之间有如下关系式:

$$F_{1-\alpha}(n_2,n_1)=\frac{1}{F_\alpha(n_1,n_2)}.$$

方法技巧 两个相互独立的 χ^2 分布分别除以自由度,再相除,可得 F 分布,最后结合分位数的定义可证结论成立.

证明 设 $\xi\sim\chi^2(n_1)$,$\eta\sim\chi^2(n_2)$,且 ξ 与 η 相互独立,则统计量 $F=\frac{\xi/n_1}{\eta/n_2}\sim F(n_1,n_2)$.从而

$$\frac{1}{F}=\frac{\eta/n_2}{\xi/n_1}\sim F(n_2,n_1).$$

由分位数的定义知道,

$$\alpha=P(F\leqslant F_\alpha(n_1,n_2))=P\left(\frac{1}{F}\geqslant\frac{1}{F_\alpha(n_1,n_2)}\right)$$
$$=1-P\left(\frac{1}{F}<\frac{1}{F_\alpha(n_1,n_2)}\right),$$
$$P\left(\frac{1}{F}<\frac{1}{F_\alpha(n_1,n_2)}\right)=1-\alpha=P\left(\frac{1}{F}<F_{1-\alpha}(n_2,n_1)\right),$$

因此

$$F_{1-\alpha}(n_2,n_1)=\frac{1}{F_\alpha(n_1,n_2)}.$$

17. 现有抽样所得的520间商店获利与否和逃税与否的列联表,试以 χ^2 检验判断获利与逃税两者有无关联,给定 $\alpha=0.05$?

逃税与否	获利与否		合计
	获利商店数	未获利商店数	
逃税商店数	185	53	238
未逃税商店数	215	67	282
求和	400	120	520

◆ **题型解析:** 本题属于独立性检验,用皮尔逊引理来做.注意,χ^2 分布的自由度为每个类别数减1再相乘.

解 以 $p_{i\cdot}, p_{\cdot j}$ 和 p_{ij} 分别表示总体中的个体仅属于 A_i、仅属于 B_j 和同时属于 A_i 与 B_j 的概率.假设检验问题为

$$H_0: p_{ij} = p_{i\cdot} p_{\cdot j}, \quad i=1,2,\cdots,r; j=1,2,\cdots,c.$$

设 $\chi^2 = \sum_{i=1}^{r}\sum_{j=1}^{c}\frac{(n_{ij}-n\hat{p}_{ij})^2}{n\hat{p}_{ij}}$，在 H_0 成立时，χ^2 服从自由度为 $rc-(r+c-2)-1$ 的 χ^2 分布，其中 $\hat{p}_{ij}$ 是在 H_0 成立下得到的 p_{ij} 的极大似然估计，其表达式为

$$\hat{p}_{ij} = \hat{p}_{i\cdot}\,\hat{p}_{\cdot j} = \frac{n_{i\cdot}}{n}\cdot\frac{n_{\cdot j}}{n}, \quad i=1,2,\cdots,r; j=1,2,\cdots,c.$$

从而 $\chi^2 = \sum_{i=1}^{r}\sum_{j=1}^{c}\frac{(nn_{ij}-n_{i\cdot}n_{\cdot j})^2}{nn_{i\cdot}n_{\cdot j}}$.对给定的显著性水平 α，检验的拒绝域为

$$\{\chi^2 \geqslant \chi^2_{1-\alpha}((r-1)(c-1))\}.$$

本题中，

$$\chi^2 = \sum_{i=1}^{2}\sum_{j=1}^{2}\frac{(nn_{ij}-n_{i\cdot}n_{\cdot j})^2}{nn_{i\cdot}n_{\cdot j}} = \frac{(520\times185-400\times238)^2}{520\times400\times238} + \frac{(520\times215-400\times282)^2}{520\times400\times282}$$
$$+\frac{(520\times53-120\times238)^2}{520\times120\times238} + \frac{(520\times67-120\times282)^2}{520\times120\times282}$$
$$=0.161\ 42.$$

查表得，$\chi^2_{1-\alpha}((r-1)(c-1)) = \chi^2_{0.95}(1) = 0.003\ 9$，因此拒绝原假设，认为商店获利与否和逃税与否有关联.

- SPSS 操作步骤：

(1) 录入数据：

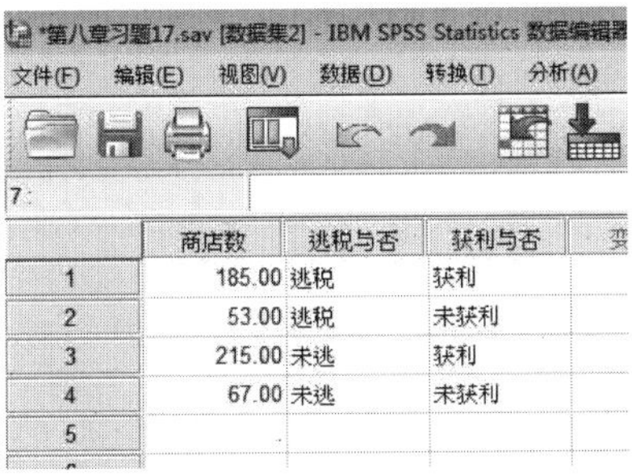

(2) 加权个案：

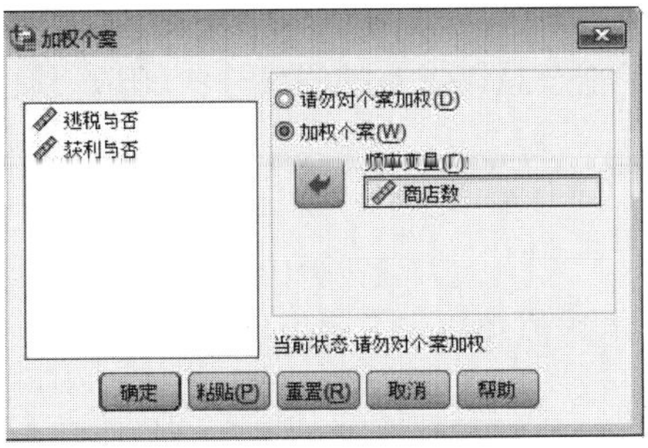

(3) 分析 → 描述性统计 → 交叉表：

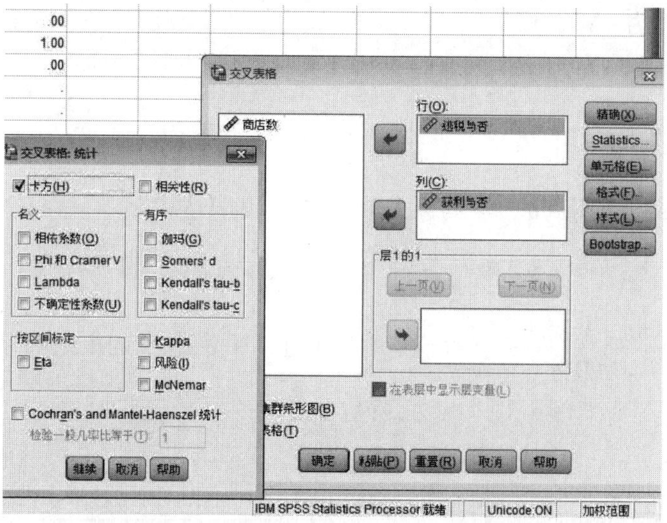

(4) 输出如下结果：

卡方检验

	值	自由度	渐近显著性（双向）
皮尔逊卡方	287.921[a]	2	.000
似然比(L)	309.394	2	.000
有效个案数	520		

a. 0 个单元格 (0.0%) 具有的预期计数少于 5。最小预期计数为 15.46。

由皮尔逊 χ^2 检验的渐近显著性为 0(小于 0.05) 知道，在显著性水平 0.05 下，应拒绝原假设，即认为不独立.

18. 从两个电影制片公司 A,B 生产的电影中随机地抽出 12 部影片查看每部片长(单位：min)，得到如下数据：

公司 A：102,86,98,109,92；

公司 B：81,165,91,134,92,87,114.

分别以 σ_A 和 σ_B 记两个公司的影片长的方差，假定影片长服从正态分布，这两个样本相互独立，给定 $\alpha=0.01$，检验假设：

$$H_0:\sigma_A^2=\sigma_B^2,\quad H_1:\sigma_A^2\neq\sigma_B^2.$$

方法技巧 本题属于两个正态总体方差的假设检验，用 F 检验来做.

解 拒绝域为

$$\left\{\frac{n_1(n_2-1)S_1^2}{n_2(n_1-1)S_2^2}<F_{\frac{\alpha}{2}}(n_1-1,n_2-1)\text{ 或}\frac{n_1(n_2-1)S_1^2}{n_2(n_1-1)S_2^2}>F_{1-\frac{\alpha}{2}}(n_1-1,n_2-1)\right\}.$$

本题中公司 A 的影片长的样本均值和样本方差分别

$$\bar{x}=\frac{102+86+98+109+92}{5}=97.4,\quad n_1=5,$$

$$s_1^2=\frac{1}{5}\left[(102-97.4)^2+(86-97.4)^2+(98-97.4)^2+(109-97.4)^2+(92-97.4)^2\right]=63.04.$$

公司 B 的影片长的样本均值和样本方差分别为

$$\bar{y}=\frac{81+165+91+134+92+87+114}{7}=109.142\ 9,\quad n_2=7,$$

$$s_2^2=\frac{1}{7}\Big[(81-109.142\ 9)^2+(165-109.142\ 9)^2+(91-109.142\ 9)^2+(134-109.142\ 9)^2$$
$$+(92-109.142\ 9)^2+(87-109.142\ 9)^2+(114-109.142\ 9)^2\Big]=809.551.$$

$$\frac{n_1(n_2-1)S_1^2}{n_2(n_1-1)S_2^2}=\frac{5\times(7-1)\times 63.04}{7\times(5-1)\times 809.551}=0.083\ 4.$$

查表得，$F_{0.995}(4,6)=12.027\ 5$，$F_{0.005}(4,6)=0.045\ 507$，因此接受原假设，认为 $\sigma_A^2=\sigma_B^2$.

• R 操作步骤：

x = c(102,86,98,109,92)

y = c(81,165,91,134,92,87,114)

var.test(x,y)

输出如下结果：

```
        F test to compare two variances

data:  x and y
F = 0.0834, num df = 4, denom df = 6, p-value = 0.03102
alternative hypothesis: true ratio of variances is not equal to 1
95 percent confidence interval:
 0.01339816 0.76735456
sample estimates:
ratio of variances
        0.08343249
```

由 p 值 $=0.031\ 02>0.01$ 知道，在显著性水平 0.01 下，应接受原假设，即认为这两个公司的影片长的方差相等.

第九章　回归分析与方差分析

一、本章内容全解

知识点1　一般的线性模型(重点)

设因变量 y 和自变量 $x_1,x_2,\cdots,x_k$ 之间服从如下线性关系：

$$y=\beta_0+\beta_1x_1+\beta_2x_2+\cdots+\beta_kx_k+\varepsilon. \tag{9.1}$$

对 y 及 $x_1,x_2,\cdots,x_k$ 同时做了 n 次观察(或试验)之后，得到 n 组数据($y_t;x_{t1},x_{t2},\cdots,x_{tk}$)，$t=1,2,\cdots,n$.它们满足下述线性关系式：

$$y_t=\beta_0+\beta_1x_{t1}+\beta_2x_{t2}+\cdots+\beta_kx_{tk}+\varepsilon_t,\quad t=1,2,\cdots,n.$$

用向量、矩阵形式记作

$$\boldsymbol{y}=\begin{pmatrix}y_1\\y_2\\\vdots\\y_n\end{pmatrix}_{n\times1},\quad \boldsymbol{\beta}=\begin{pmatrix}\beta_0\\\beta_1\\\vdots\\\beta_k\end{pmatrix}_{(k+1)\times1},\quad \boldsymbol{X}=\begin{pmatrix}1&x_{11}&\cdots&x_{1k}\\\vdots&\vdots&&\vdots\\1&x_{n1}&\cdots&x_{nk}\end{pmatrix}_{n\times(k+1)},\quad \boldsymbol{\varepsilon}=\begin{pmatrix}\varepsilon_1\\\varepsilon_2\\\vdots\\\varepsilon_n\end{pmatrix}_{n\times1},$$

则(9.1)式可表示为

$$\boldsymbol{y}=\boldsymbol{X\beta}+\boldsymbol{\varepsilon}, \tag{9.2}$$

其中 $\boldsymbol{X}$ 是已知的 $n\times(k+1)$ 常数矩阵，$\boldsymbol{\beta}$ 是 $k+1$ 维的未知参数向量，$\boldsymbol{\varepsilon}$ 是数学期望为零的 n 维随机向量，$\boldsymbol{y}$ 是已知的 n 维观察向量.

我们对 $\boldsymbol{\varepsilon}$ 做如下假定：

$$\mathrm{E}(\boldsymbol{\varepsilon})=\boldsymbol{0},\quad \mathrm{cov}(\boldsymbol{\varepsilon},\boldsymbol{\varepsilon})=\sigma^2\boldsymbol{I}_{n\times n},$$

其中 σ^2 是未知参数，$\boldsymbol{I}_{n\times n}$ 是单位矩阵，即有

$$\left.\begin{array}{l}\mathrm{E}(\varepsilon_t)=0,\\\mathrm{D}(\varepsilon_t)=\sigma^2,\\\mathrm{cov}(\varepsilon_t,\varepsilon_s)=0,\quad t\neq s,\end{array}\right\} \tag{9.3}$$

$t,s=1,2,\cdots,n$.这就是说，对随机误差项 $\varepsilon_1,\varepsilon_2,\cdots,\varepsilon_n$ 做这样的假定：无偏性、等方差性、不相关性.这种假定在一般情况下是合理的或允许的.

对于(9.2)式中的 $\boldsymbol{y}$，我们称它服从线性模型，并且简记作($\boldsymbol{y},\boldsymbol{X\beta},\sigma^2\boldsymbol{I}_{n\times n}$).习惯上，我们说线性模型是指(9.2)及(9.3)两式组成.由(9.2)及(9.3)两式容易算得

$$\left.\begin{aligned}\mathrm{E}(\boldsymbol{y})&=\boldsymbol{X\beta},\\ \mathrm{cov}(\boldsymbol{y},\boldsymbol{y})&=\sigma^2\boldsymbol{I}_{n\times n}.\end{aligned}\right\}\tag{9.4}$$

通常称(9.4)式为高斯-马尔可夫线性模型.若对 $\varepsilon_1,\varepsilon_2,\cdots,\varepsilon_n$ 做具有独立同分布 $N(0,\sigma)$ 的假定,则称(9.4)式为正态线性模型.

知识点2　最小二乘估计(重点)

1. 考虑

$$Q=\boldsymbol{\varepsilon}^{\mathrm{T}}\boldsymbol{\varepsilon}=(\boldsymbol{y}-\boldsymbol{X\beta})^{\mathrm{T}}(\boldsymbol{y}-\boldsymbol{X\beta}),$$

亦即

$$Q=\boldsymbol{\varepsilon}^{\mathrm{T}}\boldsymbol{\varepsilon}=\sum_{t=1}^{n}\varepsilon_t^2=\sum_{t=1}^{n}\left(y_t-\sum_{i=0}^{k}\beta_i x_{ti}\right)^2.$$

Q 是 n 次观察中误差项 ε_t^2 之和,称 Q 为**误差平方和**,它反映了 y_t 与 $\sum\limits_{i=0}^{k}\beta_i x_{ti}$ 之间 n 次观察中总的误差程度.

最小二乘法原理是:寻找使得 Q 达到最小值的 $\hat{\beta}_0,\hat{\beta}_1,\hat{\beta}_2,\cdots,\hat{\beta}_k$ 作为 $\beta_0,\beta_1,\beta_2,\cdots,\beta_k$ 的点估计.这时称 $\hat{\beta}_i$ 为参数 β_i 的最小二乘法估计量,$i=0,1,2,\cdots,k$.由于 Q 是 β_i 的非负的二次函数,求 Q 的最小解是有可能的.所要求的 $\hat{\beta}_i$ 应满足如下关系式:

$$\sum_{t=1}^{n}\left(y_t-\sum_{i=0}^{k}\hat{\beta}_i x_{ti}\right)^2=\min_{(\beta_1,\beta_2,\cdots,\beta_k)}\left(\sum_{t=1}^{n}\left(y_t-\sum_{i=0}^{k}\beta_i x_{ti}\right)^2\right).\tag{9.5}$$

用微积分求满足(9.5)式的解 $\hat{\beta}_i$,$i=0,1,2,\cdots,k$,可得

$$\hat{\boldsymbol{\beta}}=\boldsymbol{L}^{-1}\boldsymbol{X}^{\mathrm{T}}\boldsymbol{y},$$

其中 $\boldsymbol{L}=\boldsymbol{X}^{\mathrm{T}}\boldsymbol{X}$ 为对称的常数矩阵,$\boldsymbol{L}^{-1}=(\boldsymbol{X}^{\mathrm{T}}\boldsymbol{X})^{-1}$ 为 $\boldsymbol{L}$ 的唯一逆矩阵.

2. 最小二乘法估计量的性质:

我们对高斯-马尔可夫线性模型给出 $\boldsymbol{\beta}$ 的最小二乘估计量 $\hat{\boldsymbol{\beta}}$ 的一些基本性质:

(1) $\hat{\boldsymbol{\beta}}$ 是 $\boldsymbol{\beta}$ 的线性无偏估计量.

(2) $\hat{\boldsymbol{\beta}}$ 的协方差矩阵为 $\sigma^2\boldsymbol{L}^{-1}$.

(3) 记 $\boldsymbol{e}=\boldsymbol{y}-\boldsymbol{X}\hat{\boldsymbol{\beta}}=\boldsymbol{y}-\hat{\boldsymbol{y}}$,其中 $\hat{\boldsymbol{y}}=\boldsymbol{X}\hat{\boldsymbol{\beta}}$,称 $\boldsymbol{y}$ 为观察向量,$\hat{\boldsymbol{y}}$ 为由 $\boldsymbol{X}$ 对 $\boldsymbol{y}$ 的估计向量,$\boldsymbol{e}$ 为剩余向量,则有

$$\mathrm{E}(\boldsymbol{e})=\boldsymbol{0},\quad 即\quad \mathrm{E}(e_t)=0,\quad t=1,2,\cdots,n.$$

$$\mathrm{cov}(\hat{\boldsymbol{\beta}},\boldsymbol{e})=\boldsymbol{0},\quad 即对每一\hat{\beta}_i,\mathrm{cov}(\hat{\beta}_i,e_t)=0,i=0,1,2,\cdots,k;t=1,2,\cdots,n.$$

(4) $\mathrm{E}(\boldsymbol{e}^{\mathrm{T}}\boldsymbol{e})=(n-k-1)\sigma^2$,记 $Q_e=\boldsymbol{e}^{\mathrm{T}}\boldsymbol{e}$,称 Q_e 为**误差平方和**,则 $\mathrm{E}\left(\dfrac{Q_e}{n-k-1}\right)=\sigma^2$,记 $\hat{\sigma}_e^2=\dfrac{Q_e}{n-k-1}$,称 $\hat{\sigma}_e^2$ 为**剩余方差**,即 $\hat{\sigma}^2$ 是 σ^2 的无偏估计量.

(5) $\hat{\boldsymbol{\beta}}$ 是 $\boldsymbol{\beta}$ 的最优线性无偏估计量.

(6) 假定 $\varepsilon_1,\varepsilon_2,\cdots,\varepsilon_n$ 为总体 ε 的样本,总体 ε 服从正态分布 $N(0,\sigma)$,则

(i) $\hat{\boldsymbol{\beta}}$ 与 $\boldsymbol{e}$ 相互独立,$\hat{\boldsymbol{\beta}}$ 与 Q_e 相互独立.

(ii) $\hat{\boldsymbol{\beta}}$ 与 $\boldsymbol{e}$ 都服从正态分布,数学期望和协方差分别为

$$\mathrm{E}(\hat{\boldsymbol{\beta}})=\boldsymbol{\beta},\quad \mathrm{cov}(\hat{\boldsymbol{\beta}},\hat{\boldsymbol{\beta}})=\sigma^2\boldsymbol{L}^{-1},\quad \mathrm{E}(\boldsymbol{e})=\boldsymbol{0},\quad \mathrm{cov}(\boldsymbol{e},\boldsymbol{e})=\sigma^2(\boldsymbol{I}_{n\times n}-\boldsymbol{X}\boldsymbol{L}^{-1}\boldsymbol{X}^{\mathrm{T}}).$$

(iii) $\dfrac{Q_e}{\sigma^2}\sim\chi^2(n-k-1)$.

(7) 假定 $\varepsilon_1,\varepsilon_2,\cdots,\varepsilon_n$ 为总体 ε 的样本，总体 ε 服从正态分布 $N(0,\sigma)$，则 $\hat{\boldsymbol{\beta}}$ 是 $\boldsymbol{\beta}$ 的极大似然估计量.

(8) 设 $\boldsymbol{\varepsilon}\sim N(\boldsymbol{0},\sigma\boldsymbol{I}_{n\times n})$，并记

$$S_{总}=\sum_{t=1}^{n}(y_t-\bar{y})^2,\quad \bar{y}=\frac{1}{n}\sum_{t=1}^{n}y_t,\quad U_R=\sum_{t=1}^{n}(\hat{y}_t-\bar{y})^2,$$

则

(i) $S_{总}=U_R+Q_e$，即 $\sum_{t=1}^{n}(y_t-\bar{y})^2=\sum_{t=1}^{n}(\hat{y}_t-\bar{y})^2+\sum_{t=1}^{n}(y_t-\hat{y}_t)^2$.

(ii) Q_e 与 U_R 相互独立，且当 $\beta_1=\beta_2=\cdots=\beta_k$ 时，$\dfrac{U_R}{\sigma^2}\sim\chi^2(k+1)$.

我们称 $S_{总}$ 为**总离差平方和**，称 U_R 为**回归平方和**，Q_e 是**剩余平方和**，也称为**残差平方和**.

(9) 设 $\boldsymbol{\varepsilon}\sim N(\boldsymbol{0},\sigma\boldsymbol{I}_{n\times n})$，记 $U=\hat{\boldsymbol{Y}}^{\mathrm{T}}\hat{\boldsymbol{Y}}$，则 U 与 Q_e 独立，且当 $\boldsymbol{\beta}=\boldsymbol{0}$ 时，有

$$\frac{U}{\sigma^2}\sim\chi^2(k+1).$$

知识点3 线性模型的检验

1. 整个模型的检验：

考虑如下模型的检验问题：

$$\begin{cases}\boldsymbol{y}=\boldsymbol{X}\boldsymbol{\beta}+\boldsymbol{\varepsilon},\\ \boldsymbol{\varepsilon}\sim N_n(\boldsymbol{0},\sigma^2\boldsymbol{I}_{n\times n}),\end{cases}$$

$$H_0:\beta_1=\beta_2=\cdots=\beta_k=0.$$

当 H_0 成立时，$F\triangleq\dfrac{\dfrac{U_R}{k+1}}{\dfrac{Q_e}{n-k-1}}\sim F(k+1,n-k-1)$，且 F 应较小(即误差主要由随机误差产生)，否则应拒绝 H_0.故 H_0 的拒绝域为

$$h_0=\{F>C\},$$

C 由显著性水平 α 确定.当 α 给定后，由 $\alpha=P(F>C\mid H_0 成立)$，即 $1-\alpha=P(F\leqslant C\mid H_0 成立)$ 知，

$$C=F_{1-\alpha}(k+1,n-k-1).$$

如果 F 的观察值 $f>F_{1-\alpha}(k+1,n-k-1)$，则拒绝 H_0，认为 y 与 $x_1,x_2,\cdots,x_k$ 之间显著地有线性关系，否则就接受 H_0，认为 y 与 $x_1,x_2,\cdots,x_k$ 之间线性关系不显著.

2. 某个自变量系数的检验：

我们说某个自变量 x_i 对 y 的影响不显著是指原假设

$$H_{0i}:\beta_i=0,\quad i=0,1,2,\cdots,k,x_0\equiv 1$$

不拒绝.$\hat{\beta}_i\sim N(\beta_i,\sigma\sqrt{c_{ii}})$，$i=0,1,2,\cdots,k$，$\boldsymbol{C}=\boldsymbol{L}^{-1}=[c_{ij}]$，且 $\hat{\boldsymbol{\beta}}$ 与 Q_e 相互独立，因此当 H_0 成立时，则有

$$T_i \triangleq \frac{\hat{\beta}_i}{\sigma/\sqrt{c_{ii}}}\Bigg/\sqrt{\frac{Q_e}{\sigma^2(n-k-1)}} \sim t(n-k-1), \quad F \triangleq \frac{\hat{\beta}_i^2}{c_{ii}}\Bigg/\frac{Q_e}{(n-k-1)} \sim F(1,n-k-1).$$

因此，对于给定的显著性水平 α，拒绝域为

$$\left\{\frac{|\hat{\beta}_i|}{\sigma/\sqrt{c_{ii}}}\Bigg/\sqrt{\frac{Q_e}{\sigma^2(n-k-1)}} > t_{1-\frac{\alpha}{2}}(n-k-1)\right\} \text{ 或 } \left\{\frac{\hat{\beta}_i^2/c_{ii}}{\dfrac{Q_e}{(n-k-1)}} > F_{1-\alpha}(1,n-k-1)\right\}.$$

特别地，对于一元线性回归模型，拒绝域为

$$\left\{|\hat{\beta}_1|\sqrt{\sum_{i=1}^{n}(x_i-\bar{x})^2}\Bigg/\sqrt{\frac{Q_e}{(n-2)}} > t_{1-\frac{\alpha}{2}}(n-2)\right\}.$$

知识点 4 线性模型的预测

1. 一元线性回归模型的预测：$y=\beta_0+\beta_1x_1+\varepsilon$.

（1）回归系数 β_1 的一个置信度为 $1-\alpha$ 的置信区间为

$$\left(\hat{\beta}_1 - t_{1-\frac{\alpha}{2}}(n-2)\frac{\sqrt{Q_e}}{\sqrt{(n-2)\sum_{i=1}^{n}(x_i-\bar{x})^2}}, \hat{\beta}_1 + t_{1-\frac{\alpha}{2}}(n-2)\frac{\sqrt{Q_e}}{\sqrt{(n-2)\sum_{i=1}^{n}(x_i-\bar{x})^2}}\right).$$

（2）Y 在 x_0 处的观察值 y_0 的预测值以及预测区间.以 x_0 处的回归值 $\hat{y}_0=\hat{\beta}_0+\hat{\beta}_1x_0$ 作为 Y 在 x_0 处的观察值 $y_0=\beta_0+\beta_1x_0+\varepsilon$ 的预测值，并可求得 Y 的置信度为 $1-\alpha$ 的预测区间为

$$\left(\hat{\beta}_0+\hat{\beta}_1(x-\bar{x})-t_{1-\frac{\alpha}{2}}(n-2)\sqrt{\frac{Q_e}{n-2}}\sqrt{1+\frac{1}{n}+\frac{(x_0-\bar{x})^2}{\sum_{i=1}^{n}(x_i-\bar{x})^2}},\right.$$
$$\left.\hat{\beta}_0+\hat{\beta}_1(x-\bar{x})+t_{1-\frac{\alpha}{2}}(n-2)\sqrt{\frac{Q_e}{n-2}}\sqrt{1+\frac{1}{n}+\frac{(x_0-\bar{x})^2}{\sum_{i=1}^{n}(x_i-\bar{x})^2}}\right).$$

2. 多元线性回归方程的预测：

（1）点预测.

当我们求出回归方程

$$\hat{y}=\hat{\beta}_0+\hat{\beta}_1x_1+\hat{\beta}_2x_2+\cdots+\hat{\beta}_kx_k,$$

并经过检验之后，对于给定自变量的值 $x_1^*,x_2^*,\cdots,x_k^*$，我们自然会用

$$\hat{y}^*=\hat{\beta}_0+\hat{\beta}_1x_1^*+\hat{\beta}_2x_2^*+\cdots+\hat{\beta}_kx_k^*$$

来预测

$$y^*=\beta_0+\beta_1x_1^*+\beta_2x_2^*+\cdots+\beta_kx_k^*+\varepsilon,$$

称 $\hat{y}^*$ 为 y^* 的**点预测**.因为 $E(\hat{y}^*-y^*)=0$，所以 $\hat{y}^*$ 实际上是 y^* 的无偏估计.

（2）区间预测.

对于正态线性模型，由于 $\hat{\boldsymbol{\beta}} \sim N_{k+1}(\boldsymbol{\beta},\sigma^2\boldsymbol{C})$，$\boldsymbol{C}=\boldsymbol{L}^{-1}=[c_{ij}]$，记 $\boldsymbol{G}=(1,x_1,\cdots,x_k)$，则

$$\hat{y}=\boldsymbol{G}\hat{\boldsymbol{\beta}} \sim N(\boldsymbol{G}\boldsymbol{\beta},\sigma^2\boldsymbol{GCG}^{\mathrm{T}})=N\left(\sum_{i=0}^{k}\beta_ix_i,\sigma^2\sum_{i=0}^{k}\sum_{j=0}^{k}c_{ij}x_ix_j\right), \quad \text{其中 } x_0=1.$$

当 $\boldsymbol{G}$ 为已知时，

$$y-\hat{y}\sim N\left(0,\sigma^2\left(1+\sum_{i=0}^{k}\sum_{j=0}^{k}c_{ij}x_ix_j\right)\right),\quad \frac{Q_e}{\sigma^2}\sim\chi^2(n-k-1).$$

令

$$T\triangleq\frac{y-\hat{y}}{\sigma\sqrt{1+\sum_{i=0}^{k}\sum_{j=0}^{k}c_{ij}x_ix_j}}\Bigg/\sqrt{\frac{Q_e}{\sigma^2(n-k-1)}}=\frac{y-\hat{y}}{\hat{\sigma}_e\sqrt{1+\sum_{i=0}^{k}\sum_{j=0}^{k}c_{ij}x_ix_j}}\sim t(n-k-1),$$

其中$\hat{\sigma}_e=\sqrt{\frac{Q_e}{n-k-1}}$.因此 y 的置信度为 $1-\alpha$ 的置信区间为

$$\left(\hat{y}-\hat{\sigma}_e t_{1-\frac{\alpha}{2}}(n-k-1)\sqrt{1+\sum_{i=0}^{k}\sum_{j=0}^{k}c_{ij}x_ix_j},\hat{y}+\hat{\sigma}_e t_{1-\frac{\alpha}{2}}(n-k-1)\sqrt{1+\sum_{i=0}^{k}\sum_{j=0}^{k}c_{ij}x_ix_j}\right).$$

知识点5 单因子方差分析

1. 方差分析模型:

在实际中常常要通过试验来了解各种因素对产品的性能、产量等的影响,这些性能、产量等统称为**试验指标**,而称影响试验指标的条件、原因等为**因素**或**因子**,称因素所处的不同状态为**水平**.方差分析是通过对试验数据进行分析,检验方差相同的各正态总体的均值是否相等,以判断各因素对试验指标的影响是否显著的一种常用的统计方法.方差分析按影响试验指标的因素个数分为单因素方差分析、双因素方差分析和多因素方差分析.

2. 单因素方差分析:

单因素方差分析是固定其他因素只考虑某一因素 A 对试验指标的影响,为此将因素 A 以外的条件保持不变.取因素 A 的 r 个水平 $A_1,A_2,\cdots,A_r$,对水平 A_i 重复做 n_i 次试验,可得试验指标的 n_i 个数据 $y_{i1},y_{i2},\cdots,y_{in_i},i=1,2,\cdots,r$.如果我们用 η_i 表示在水平 A_i 的情况下试验指标的数值,用 $\eta_{i1},\eta_{i2},\cdots,\eta_{in_i}$ 表示以 η_i 为总体的样本,则 $y_{i1},y_{i2},\cdots,y_{in_i}$ 就是样本 $\eta_{i1},\eta_{i2},\cdots,\eta_{in_i}$ 的观察值,$i=1,2,\cdots,r$,于是我们得到单因素多水平重复试验的结果,见下表:

水平号	试验指标观察值
1	$y_{11},y_{12},\cdots,y_{1n_1}$
2	$y_{21},y_{22},\cdots,y_{2n_2}$
⋮	⋮
r	$y_{r1},y_{r2},\cdots,y_{rn_r}$

其中 y_{ij} 是 η_{ij} 的观察值,表示在水平 A_i 情况下第 j 次试验的指标值,$j=1,2,\cdots,n_i;i=1,2,\cdots,r$.

假定上述 r 个总体 $\eta_1,\eta_2,\cdots,\eta_r$ 是相互独立的随机变量,

$$\eta_i\sim N(a_i,\sigma),\quad i=1,2,\cdots,r,$$

其中 σ 未知,诸 a_i 也未知,并假定在各水平下每次试验是独立进行的,所以诸 η_{ij} 是相互独立的.又因 $\eta_{i1},\eta_{i2},\cdots,\eta_{in_i}$ 是 η_i 的样本,所以 $\eta_{i1},\eta_{i2},\cdots,\eta_{in_i}$ 还是同分布的.记

$$e_{ij}=\eta_{ij}-a_i,\quad n=\sum_{i=1}^{r}n_i,\quad a=\frac{1}{n}\sum_{i=1}^{n}n_ia_i,\quad \mu_i=a_i-a,$$

则

$$\eta_{ij}=a_i+e_{ij}=a+\mu_i+e_{ij},\quad j=1,2,\cdots,n_i;i=1,2,\cdots,r,$$

其中诸 e_{ij} 独立同分布,且 $e_{ij}\sim N(0,\sigma)$,称 μ_i 为第 i 个水平 A_i 对试验指标的效应值,它反映水平 A_i 对试验指标作用的大小,易见 $\sum_{i=1}^{n}n_i\mu_i=0$.我们称

$$\begin{cases}\eta_{ij}=a+\mu_i+e_{ij},\quad j=1,2,\cdots,n_i;i=1,2,\cdots,r,\\ e_{ij}\sim N(0,\sigma),\text{且诸 } e_{ij} \text{ 相互独立},\\ \sum_{i=1}^{n}n_i\mu_i=0\end{cases}$$

为单因素方差分析的数学模型.

3. 单因素方差分析的检验问题:

设

$$\overline{\eta_i}=\frac{1}{n_i}\sum_{j=1}^{n_i}\eta_{ij},\quad S_i^2=\frac{1}{n_i}\sum_{i=1}^{n_i}(\eta_{ij}-\overline{\eta_i})^2,\quad i=1,2,\cdots,r,$$

$$\bar{\eta}=\frac{1}{n}\sum_{i=1}^{r}\sum_{j=1}^{n_i}\eta_{ij}=\frac{1}{n}\sum_{i=1}^{r}n_i\bar{\eta}_i,\quad S^2=\frac{1}{n}\sum_{i=1}^{r}\sum_{j=1}^{n_i}(\eta_{ij}-\bar{\eta})^2,$$

其中 $n=\sum_{i=1}^{r}n_i$,称 $\bar{\eta}$ 及 S^2 分别为**全体样本的平均**及**方差**,简称为**总平均**及**总方差**.$\overline{\eta_i}$ 及 S_i^2 分别为第 i 个总体的样本平均及样本方差.设

$$Q_e=\sum_{i=1}^{r}n_iS_i^2=\sum_{i=1}^{r}\sum_{j=1}^{n_i}(\eta_{ij}-\overline{\eta_i})^2,\quad Q_A=\sum_{i=1}^{r}n_i(\overline{\eta_i}-\bar{\eta})^2.$$

记 $S_{总}^2=nS^2$,称 $S_{总}^2$ 为**总离差平方和**,从而有

$$nS^2=Q_e+Q_A,$$

称上式为**总离差平方和的分解式**,其中称 Q_e 为**误差项平方和**,Q_A 为**因子的平方和**.假设检验问题为

$$H_0:a_1=a_2=\cdots=a_r.$$

显著性水平为 α 的拒绝域为

$$\left\{\frac{\frac{Q_A}{r-1}}{\frac{Q_e}{n-r}}\geqslant F_{1-\alpha}(r-1,n-r)\right\}.$$

单因素方差分析表如下:

方差来源	平方和	自由度	样本方差	F 值
组间(因素 A)	Q_A	$r-1$	$\frac{Q_A}{r-1}$	$\frac{Q_A}{r-1}\Big/\frac{Q_e}{n-r}$
组内(误差)	Q_e	$n-r$	$\frac{Q_e}{n-r}$	
总和	$S_{总}^2$	$n-1$		

二、经典题型

题型 I 一元线性回归

例 1 下表列出了一个样本中的 12 对父子的身高 x 和 y(单位:cm).求:

(1) y 关于 x 的最小二乘回归直线;

(2) x 关于 y 的最小二乘回归直线.

父亲身高 x/cm	165	160	170	162	172	157	177	167	172	170	175	180
儿子身高 y/cm	172	167	172	165	175	167	172	165	180	170	172	177

方法技巧 写出系数矩阵 $\boldsymbol{X}$,用公式$\hat{\boldsymbol{\beta}}=(\boldsymbol{X}^{\mathrm{T}}\boldsymbol{X})^{-1}\boldsymbol{X}^{\mathrm{T}}\boldsymbol{y}$ 可求出回归方程系数,从而写出回归直线.

- SPSS 操作步骤:

(1) 录入数据:

父亲身高x	儿子身高y
165	172
160	167
170	172
162	165
172	175
157	167
177	172
167	165
172	180
170	170
175	172
180	177

(2) 在菜单栏中选择:分析 → 回归 → 线性,选择 y 为因变量,x 为自变量,其他默认:

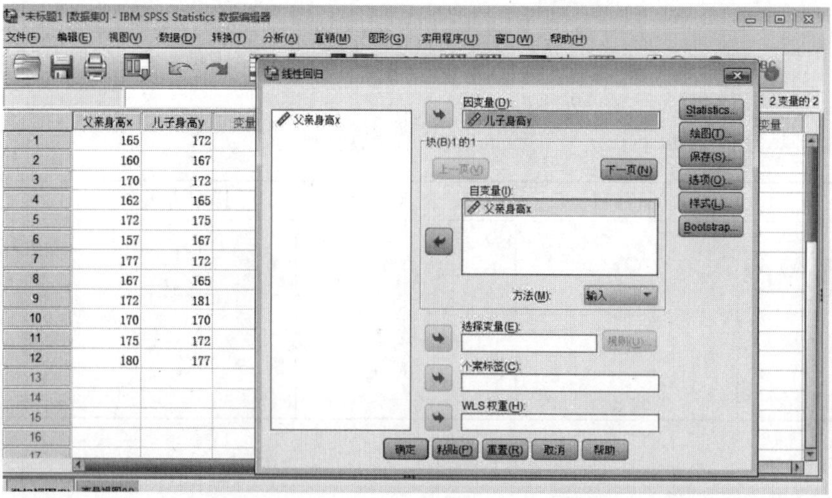

(3) 点击确定,输出如下结果:

系数[a]

模型		非标准化系数 B	非标准化系数 标准错误	标准系数 贝塔	t	显著性
1	(常量)	35.825	10.178		3.520	.006
	父亲身高x	.476	.153	.703	3.123	.011

a. 因变量:儿子身高y

由显著性可知,$p=0.011<0.05$,从而在显著性水平 0.05 下,认为儿子身高 y 与父亲身高 x 线性关系显著.观察非标准化系数的 B 列,可知回归直线的常数项及 x 的系数,从而回归直线为 $y=35.825+0.476x$.

(4) 求 x 对 y 的回归直线时,操作步骤与上面类似,只需把 x 当作因变量,y 当作自变量即可,从而输出如下结果:

系数[a]

模型		非标准化系数 B	非标准化系数 标准错误	标准系数 贝塔	t	显著性
1	(常量)	-3.377	22.438		-.151	.883
	儿子身高y	1.036	.332	.703	3.123	.011

a. 因变量:父亲身高x

因此回归直线为 $x=-3.377+1.036y$.

解　当自变量只有一个,即 $k=1$ 时,

$$\boldsymbol{y}=\begin{pmatrix}y_1\\\vdots\\y_n\end{pmatrix}_{n\times1},\quad \boldsymbol{\beta}=\begin{pmatrix}\beta_0\\\beta_1\end{pmatrix}_{2\times1},\quad \boldsymbol{X}=\begin{pmatrix}1&x_1\\\vdots&\vdots\\1&x_n\end{pmatrix},\quad \boldsymbol{\varepsilon}=\begin{pmatrix}\varepsilon_1\\\vdots\\\varepsilon_n\end{pmatrix}_{n\times1},$$

$$\boldsymbol{L}=\boldsymbol{X}^{\mathrm{T}}\boldsymbol{X}=\begin{pmatrix}1&\cdots&1\\x_1&\cdots&x_n\end{pmatrix}\begin{pmatrix}1&x_1\\\vdots&\vdots\\1&x_n\end{pmatrix}=\begin{pmatrix}n&\sum_{i=1}^n x_i\\\sum_{i=1}^n x_i&\sum_{i=1}^n x_i^2\end{pmatrix}=\begin{pmatrix}n&n\bar{x}\\n\bar{x}&\sum_{i=1}^n x_i^2\end{pmatrix},$$

$$\boldsymbol{L}^{-1}=\frac{1}{n\sum_{i=1}^n x_i^2-(n\bar{x})^2}\begin{pmatrix}\sum_{i=1}^n x_i^2&-n\bar{x}\\-n\bar{x}&n\end{pmatrix}=\frac{1}{n\sum_{i=1}^n (x_i-\bar{x})^2}\begin{pmatrix}\sum_{i=1}^n x_i^2&-n\bar{x}\\-n\bar{x}&n\end{pmatrix},$$

$$\hat{\boldsymbol{\beta}}=\boldsymbol{L}^{-1}\boldsymbol{X}^{\mathrm{T}}\boldsymbol{y}=\frac{1}{n\sum_{i=1}^n (x_i-\bar{x})^2}\begin{pmatrix}\sum_{i=1}^n x_i^2&-n\bar{x}\\-n\bar{x}&n\end{pmatrix}\begin{pmatrix}1&\cdots&1\\x_1&\cdots&x_n\end{pmatrix}\begin{pmatrix}y_1\\\vdots\\y_n\end{pmatrix}$$

$$=\frac{1}{n\sum_{i=1}^{n}(x_i-\bar{x})^2}\begin{pmatrix}n\bar{y}\sum_{i=1}^{n}x_i^2-n\bar{x}\sum_{i=1}^{n}x_iy_i\\ n\sum_{i=1}^{n}x_iy_i-n^2\bar{x}\bar{y}\end{pmatrix},$$

(1) 本题中

$$\sum_{i=1}^{12}x_i=800,\quad \sum_{i=1}^{12}y_i=811,\quad \sum_{i=1}^{12}x_i^2=53\ 418,$$

$$\sum_{i=1}^{12}x_iy_i=54\ 107,\quad \sum_{i=1}^{12}y_i^2=54\ 849.$$

因此，

$$\begin{pmatrix}\hat{\beta}_0\\ \hat{\beta}_1\end{pmatrix}=\frac{1}{12\sum_{i=1}^{12}(x_i-\bar{x})^2}\begin{pmatrix}12\bar{y}\sum_{i=1}^{12}x_i^2-12\bar{x}\sum_{i=1}^{12}x_iy_i\\ 12\sum_{i=1}^{12}x_iy_i-12^2\bar{x}\bar{y}\end{pmatrix}=\begin{pmatrix}35.820\\ 0.476\end{pmatrix},$$

即回归直线为 $y=35.82+0.476x$.

(2) 同理可得，

$$\begin{pmatrix}\hat{\beta}_0\\ \hat{\beta}_1\end{pmatrix}=\frac{1}{12\sum_{i=1}^{12}(y_i-\bar{y})^2}\begin{pmatrix}12\bar{x}\sum_{i=1}^{12}y_i^2-12\bar{y}\sum_{i=1}^{12}x_iy_i\\ 12\sum_{i=1}^{12}x_iy_i-12^2\bar{x}\bar{y}\end{pmatrix}=\begin{pmatrix}-3.380\\ 1.036\end{pmatrix},$$

即回归直线为 $x=-3.38+1.036y$.

例 2 下表列出了18名5～8岁儿童的体重(这是容易测得的)和体积(这是难以测得的)：

体重 x/kg	17.1	10.5	13.8	15.7	11.9	10.4	15.0	16.0	17.8
体积 y/dm^2	16.7	10.4	13.5	15.7	11.6	10.2	14.5	15.8	17.6
体重 x/kg	15.8	15.1	12.1	18.4	17.1	16.7	16.5	15.1	15.1
体积 y/dm^2	15.2	14.8	11.9	18.3	16.7	16.6	15.9	15.1	14.5

(1) 求 y 关于 x 的线性回归方程：$\hat{y}=\hat{a}+\hat{b}x$.

(2) 求 $x=14.0$kg 时，y 的置信度为 0.95 的预测区间.

方法技巧 写出系数矩阵 $\boldsymbol{X}$，用公式 $\hat{\boldsymbol{\beta}}=(\boldsymbol{X}^{\mathrm{T}}\boldsymbol{X})^{-1}\boldsymbol{X}^{\mathrm{T}}\boldsymbol{y}$ 可求出回归方程系数，从而写出回归直线.预测区间为

$$\left(\hat{\beta}_0+\hat{\beta}_1x_0-t_{1-\frac{\alpha}{2}}(n-2)\sqrt{\frac{Q_e}{n-2}}\sqrt{1+\frac{1}{n}+\frac{(x_0-\bar{x})^2}{\sum_{i=1}^{n}(x_i-\bar{x})^2}},\right.$$

$$\left.\hat{\beta}_0+\hat{\beta}_1 x_0+t_{1-\frac{\alpha}{2}}(n-2)\sqrt{\frac{Q_e}{n-2}}\sqrt{1+\frac{1}{n}+\frac{(x_0-\bar{x})^2}{\sum\limits_{i=1}^{n}(x_i-\bar{x})^2}}\right).$$

- SPSS 操作如下步骤：

（1）录入数据，且在第 19 行第一列输入 14.0，第 19 行与第 2 列交叉位置不录入：

	体重x	体积y
1	17.1	16.7
2	10.5	10.4
3	13.8	13.5
4	15.7	15.7
5	11.9	11.6
6	10.4	10.2
7	15.0	14.5
8	16.0	15.8
9	17.8	17.6
10	15.8	15.2
11	15.1	14.8
12	12.1	11.9
13	18.4	18.3
14	17.1	16.7
15	16.7	16.6
16	16.5	15.9
17	15.1	15.1
18	15.1	14.5
19	14.0	.

（2）在菜单栏中选择：分析→回归→线性，把 y 选入因变量，x 选入自变量，点击保存，预测区间选择单值，其他默认：

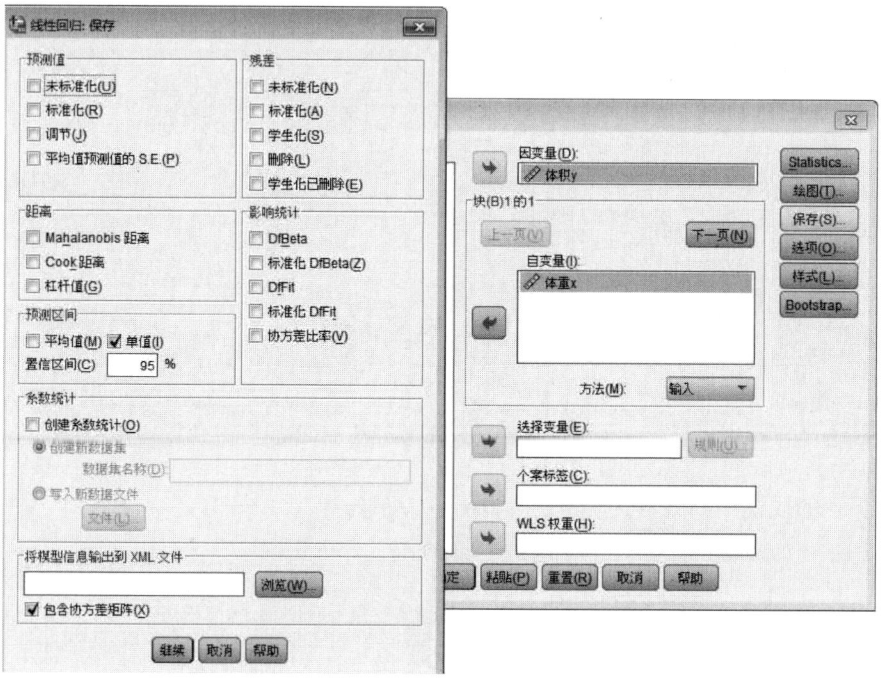

(3) 点击继续,再点击确定,输出如下结果:

系数[a]

模型		非标准化系数		标准系数	t	显著性
		B	标准错误	贝塔		
1	(常量)	-.104	.312		.333	.743
	体重x	.988	.021	.997	48.082	.000

a. 因变量:体积y

从而 y 关于 x 的线性回归方程为 $\hat{y}=-0.104+0.988x$.

在原来的表格中还多了两列:

体重x	体积y	LICI_1	UICI_1	LICI_2	UICI_2
17.1	16.7	16.32418	17.24960	16.34286	17.24042
10.5	10.4	9.83697	10.82720	9.78925	10.75175
13.8	13.5	13.10333	14.01565	13.08854	13.97361
15.7	15.7	14.96350	15.87188	14.96792	15.84882
11.9	11.6	10.93039	11.88538	11.19401	12.11353
10.4	10.2	9.73736	10.73121	9.68865	10.65474
15.0	14.6	14.28001	15.18617	14.27733	15.15614
16.0	15.8	15.25578	16.16640	15.26325	16.14632
17.8	17.6	17.00148	17.94151	17.02732	17.93924
15.8	15.2	15.06097	15.97001	15.06641	15.94794
15.1	14.8	14.37778	15.28400	14.37611	15.25497
12.1	11.9	11.42594	12.36783	11.39411	12.30866
18.4	18.3	17.58049	18.53610	17.61249	18.53973
17.1	16.7	16.32418	17.24960	16.34286	17.24042
16.7	16.6	15.93626	16.85512	15.95086	16.84199
16.5	15.9	15.74205	16.65813	15.75461	16.64301
15.1	15.1	14.37778	15.28400	14.37611	15.25497
15.1	14.5	14.37778	15.28400	14.37611	15.25497
14.0	.	13.29988	14.21030	13.28710	14.17027

从而,当 $x=14.0$kg 时,y 的置信度为 0.95 的预测区间为[13.287 10,14.170 27].

解 (1) 本题中,

$$n=18,\quad \sum_{i=1}^{n}x_i=270,\quad \sum_{i=1}^{n}x_i^2=4\,149.39,\quad \bar{x}=15.006,$$

$$\sum_{i=1}^{n}y_i=265,\quad \sum_{i=1}^{n}y_i^2=3\,996.14,\quad \bar{y}=14.722,\quad \sum_{i=1}^{n}x_iy_i=4\,071.71.$$

因此,

$$\begin{pmatrix}\hat{\beta}_0\\ \hat{\beta}_1\end{pmatrix}=\frac{1}{n\sum_{i=1}^{n}(x_i-\bar{x})^2}\begin{pmatrix}n\bar{y}\sum_{i=1}^{n}x_i^2-n\bar{x}\sum_{i=1}^{n}x_iy_i\\ n\sum_{i=1}^{n}x_iy_i-n^2\bar{x}\,\bar{y}\end{pmatrix}=\begin{pmatrix}-0.104\\ 0.988\end{pmatrix}.$$

从而 y 关于 x 的线性回归方程为 $\hat{y}=-0.104+0.988x$.

(2) $1-\alpha=0.95$,$\alpha=0.05$,$t_{0.975}(16)=2.120$,$Q_e=0.651$,则

$$t_{1-\frac{\alpha}{2}}(16)\frac{Q_e}{16}\sqrt{1+\frac{1}{18}+\frac{(14-\bar{x})^2}{\sum_{i=1}^{n}(x_i-\bar{x})^2}}=0.442.$$

在 $x=14.0$kg 处,观察值 y 的预测值为 $-0.104+0.988\times 14=13.728$.于是在 $x=14$ 处,观察

值 y 的置信度为 0.95 的预测区间为(13.29,14.17).

题型Ⅱ　单因素方差分析

例 3　下表是一家公司制造的三种不同型号的电视显像管所抽样本的寿命(单位:h),使用直接公式,在(1)0.05,(2)0.01 显著性水平下,检验三种型号间是否存在差异?

型号 1/h	407　411　409
型号 2/h	404　406　408　405　402
型号 3/h	410　408　406　408

方法技巧　三种型号的电视显像管的寿命可以看作服从正态分布,设三种型号间无差异,即

$$H_0: a_1 = a_2 = a_3.$$

该假设的显著性水平为 α 的拒绝域为

$$\left\{\frac{Q_A}{r-1}\Big/\frac{Q_e}{n-r} \geqslant F_{1-\alpha}(r-1, n-r)\right\},$$

其中

$$Q_e = \sum_{i=1}^{r} n_i S_i^2 = \sum_{i=1}^{r}\sum_{j=1}^{n_i}(\eta_{ij} - \bar{\eta}_i)^2, \quad Q_A = \sum_{i=1}^{r} n_i(\bar{\eta}_i - \bar{\eta})^2.$$

为了计算方便可以先把数据预处理,都减去 400.

- SPSS 操作步骤:

(1) 录入数据:

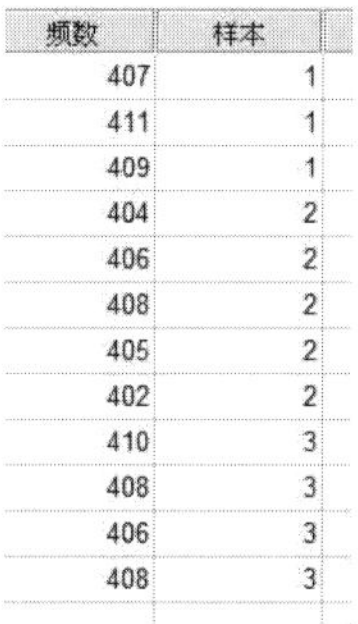

频数	样本
407	1
411	1
409	1
404	2
406	2
408	2
405	2
402	2
410	3
408	3
406	3
408	3

(2) 在菜单栏选择:分析 → 比较均值 → 单因素 ANOVA:

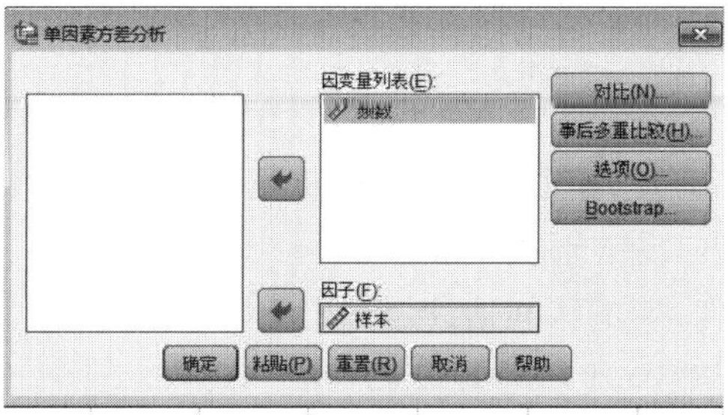

(3) 点击确定,输出如下结果:

ANOVA

频数

	平方和	df	均方	F	显著性
组之间	36.000	2	18.000	4.500	.044
组内	36.000	9	4.000		
总计	72.000	11			

(1) 由 $p=0.044<0.5$ 可得,当显著性水平为 0.05 时,拒绝原假设,认为有差异.

(2) 由 $p=0.044>0.01$ 可得,当显著性水平为 0.01 时,接受原假设,认为无差异.

解 把样本表中的每一数据减去 400 后可得下表:

		总和	平均
型号 1/h	7 11 9	27	9
型号 2/h	4 6 8 5 2	25	5
型号 3/h	10 8 6 8	32	8
总和		84	7

这样可得方差分析表如下:

方差来源	平方和	自由度	样本方差	F 值
组间(因素 A)	$Q_A=36$	2	18	4.5
组内(误差)	$Q_e=36$	9	4	
总和	$S_{总}^2=72$	11		

又 $F_{0.95}(2,9)=4.26$,$F_{0.99}(2,9)=8.02$,因此在显著性水平 0.05 下,能够拒绝等均值的假设,即三种型号的电视显像管存在差异,但是在显著性水平 0.01 下,不能拒绝假设.

三、习题答案

1. 今有 10 组观测数据,由下表给出:

x	0.5	-0.8	0.9	-2.8	6.5	2.3	1.6	5.1	-1.9	-1.5
y	-0.3	-1.2	1.1	-3.5	4.6	1.8	0.5	3.8	-2.8	0.5

应用线性模型:$y=\beta_0+\beta_1 x+\varepsilon$,假定误差项 ε 服从正态分布 $N(0,\sigma)$,$\varepsilon_1,\varepsilon_2,\cdots,\varepsilon_{10}$ 为其样本.

(1) 求 β_0 及 β_1 的最小二乘法估计.

(2) 求 β_1 的置信度为 0.95 的区间估计.

(3) 在显著性水平 $\alpha=0.05$ 下检验假设 $H_0:\beta_1=0$.

(4) 计算剩余方差 $\hat{\sigma}_e^2$.

(5) 求 $\hat{y}=\beta_0+\beta_1 x$ 的置信度为 0.95 的预测区间.

解 (1) 本题中，

$$\boldsymbol{y}=\begin{pmatrix}-0.3\\-1.2\\\vdots\\0.5\end{pmatrix},\quad \boldsymbol{\beta}=\begin{pmatrix}\beta_0\\\beta_1\end{pmatrix},\quad \boldsymbol{X}=\begin{pmatrix}1&0.5\\1&-0.8\\\vdots&\vdots\\1&-1.5\end{pmatrix},\quad \boldsymbol{\varepsilon}=\begin{pmatrix}\varepsilon_1\\\varepsilon_2\\\vdots\\\varepsilon_{10}\end{pmatrix}.$$

因此，

$$\boldsymbol{L}=\boldsymbol{X}^{\mathrm{T}}\boldsymbol{X}=\begin{bmatrix}1&1&\cdots&1\\0.5&-0.8&\cdots&-1.5\end{bmatrix}\begin{pmatrix}1&0.5\\1&-0.8\\\vdots&\vdots\\1&-1.5\end{pmatrix}=\begin{bmatrix}10&9.9\\9.9&91.51\end{bmatrix},$$

$$\boldsymbol{L}^{-1}=(\boldsymbol{X}^{\mathrm{T}}\boldsymbol{X})^{-1}=\begin{bmatrix}10&9.9\\9.9&91.51\end{bmatrix}^{-1}=\frac{1}{817.09}\begin{bmatrix}91.51&-9.9\\-9.9&10\end{bmatrix}=\begin{bmatrix}0.112&-0.012\\-0.012&0.012\end{bmatrix},$$

$$\hat{\boldsymbol{\beta}}=\boldsymbol{L}^{-1}\boldsymbol{X}^{\mathrm{T}}\boldsymbol{y}=\frac{1}{817.09}\begin{bmatrix}91.51&-9.9\\-9.9&10\end{bmatrix}\times\begin{bmatrix}1&1&\cdots&1\\0.5&-0.8&\cdots&-1.5\end{bmatrix}\begin{pmatrix}-0.3\\-1.2\\\vdots\\0.5\end{pmatrix}$$

$$=\frac{1}{817.09}\times\begin{bmatrix}-285.066\\659.35\end{bmatrix}=\begin{bmatrix}-0.348\ 9\\0.806\ 9\end{bmatrix}.$$

因此，β_0 及 β_1 的最小二乘法估计分别为 $-0.348\ 9$，$0.806\ 9$，从而回归方程为

$$y=-0.348\ 9+0.806\ 9x.$$

(2) β_1 的置信度为 $1-\alpha$ 的置信区间为

$$\left(\hat{\beta}_1-t_{1-\frac{\alpha}{2}}(n-2)\frac{\sqrt{Q_e}}{\sqrt{(n-2)\sum\limits_{i=1}^{n}(x_i-\bar{x})^2}},\ \hat{\beta}_1+t_{1-\frac{\alpha}{2}}(n-2)\frac{\sqrt{Q_e}}{\sqrt{(n-2)\sum\limits_{i=1}^{n}(x_i-\bar{x})^2}}\right).$$

本题中 $\hat{\beta}_1=0.806\ 9$，$t_{1-\frac{\alpha}{2}}(n-2)=t_{0.975}(8)=2.75$，则

$$\sqrt{\sum_{i=1}^{10}(x_i-\bar{x})^2}=\sqrt{(0.5-0.99)^2+(-0.8-0.99)^2+\cdots+(-1.5-0.99)^2}=9.566,$$

$$\begin{aligned}Q_e&=\sum_{t=1}^{10}(y_t-\hat{y}_t)^2\\&=(-0.3+0.348\ 9-0.806\ 9\times0.5)^2+(-1.2+0.348\ 9+0.806\ 9\times0.8)^2\\&\quad+(1.1+0.348\ 9-0.806\ 9\times0.9)^2+\cdots+(0.5+0.348\ 9+0.806\ 9\times1.5)^2=6.94,\end{aligned}$$

$$\frac{\sqrt{Q_e}}{\sqrt{(n-2)}}=\sqrt{0.867}=0.93,$$

从而置信区间为 $(0.569, 1.045)$.

(3) 对于给定显著性水平 α，拒绝域为

$$\left\{\frac{|\hat{\beta}_1|\sqrt{c_{11}}}{\sigma}\Bigg/\sqrt{\frac{Q_e}{\sigma^2(n-k-1)}}>t_{1-\frac{\alpha}{2}}(n-k-1)\right\}.$$

本题中，$\hat{\beta}_1=0.806\ 9$，$t_{1-\frac{\alpha}{2}}(n-3)=t_{0.975}(7)=2.306$，则

$$\frac{|\hat{\beta}_1|}{\sigma\sqrt{c_{11}}}\Bigg/\sqrt{\frac{Q_e}{\sigma^2(n-k-1)}}=\frac{|\hat{\beta}_1|}{\sqrt{\dfrac{Q_e c_{11}}{n-k-1}}}=\frac{0.806\,9}{\sqrt{0.112}\times 0.93}=7.92.$$

因此拒绝原假设,认为 $\beta_1\neq 0$.

(4) $\hat{\sigma}_e^2=\dfrac{Q_e}{n-k-1}=\dfrac{6.94}{10-1-1}=0.868.$

(5) y 在 x_0 处的置信度为 $1-\alpha$ 的预测区间为

$$\left(\hat{\beta}_0+\hat{\beta}_1 x_0-t_{1-\frac{\alpha}{2}}(n-2)\sqrt{\frac{Q_e}{n-2}}\sqrt{1+\frac{1}{n}+\frac{(x_0-\bar{x})^2}{\sum\limits_{i=1}^{n}(x_i-\bar{x})^2}},\right.$$

$$\left.\hat{\beta}_0+\hat{\beta}_1 x_0+t_{1-\frac{\alpha}{2}}(n-2)\sqrt{\frac{Q_e}{n-2}}\sqrt{1+\frac{1}{n}+\frac{(x_0-\bar{x})^2}{\sum\limits_{i=1}^{n}(x_i-\bar{x})^2}}\right),$$

本题中,$t_{1-\frac{\alpha}{2}}(n-2)=t_{0.975}(8)=2.75$,因此 y 在 x_0 处的置信度为 0.95 的预测区间为

$$\left(-0.35+0.81x_0-0.932\times 2.75\sqrt{1+\frac{1}{10}+\frac{(x_0-0.99)^2}{81.709}},\right.$$

$$\left.-0.35+0.81x_0+0.932\times 2.75\sqrt{1+\frac{1}{10}+\frac{(x_0-0.99)^2}{81.709}}\right).$$

- SPSS 操作步骤:

(1) 录入数据:

x	y
.5	-.3
-.8	-1.2
.9	1.1
-2.8	-3.5
6.5	4.6
2.3	1.8
1.6	.5
5.1	3.8
-1.9	-2.8
-1.5	.5

(2) 在菜单栏选择:分析 → 回归 → 线性,把 x 选入自变量,y 选入因变量,点击统计量,在回归系数中勾选估计、误差条形图的表征,级别默认:

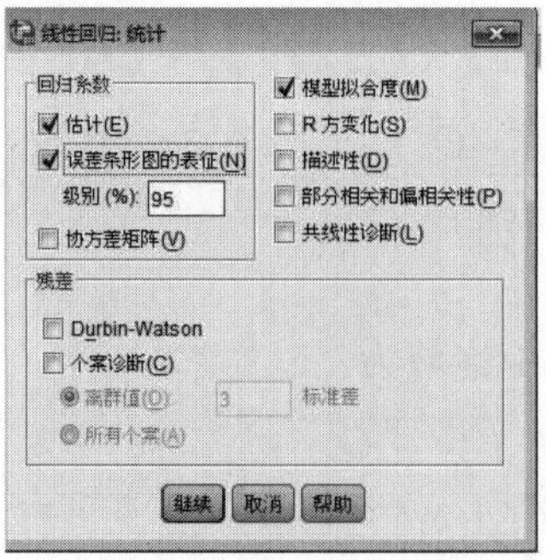

(3) 点击继续 → 确认，输出如下结果：

ANOVA[a]

模型		平方和	自由度	均方	F	显著性
1	回归	53.206	1	53.206	61.343	.000[b]
	残差	6.939	8	.867		
	总计	60.145	9			

a. 因变量：y

b. 预测变量：(常量)，x

系数[a]

模型		非标准化系数		标准系数	t	显著性	B 的 95.0% 置信区间	
		B	标准错误	贝塔			下限值	上限
1	(常量)	-.349	.312		-1.119	.295	-1.068	.370
	x	.807	.103	.941	7.832	.000	.569	1.045

a. 因变量：y

从而，β_0 及 β_1 的最小二乘法估计分别为 0.349，0.807；β_1 的置信度为 0.95 的区间估计为 [0.569，1.045]；在显著性水平 $\alpha=0.05$ 下检验假设 $H_0:\beta_1=0$，由 $p=0<0.05$ 知道，应拒绝原假设；剩余方差 $\hat{\sigma}_e^2=\dfrac{Q_e}{n-k-1}=\dfrac{Q_e}{n-2}=\dfrac{6.939}{8}=0.868$.

2. 在维尼纶醛化试验中，固定其他因素，考虑甲醛浓度(单位：g/L) 与反应时间(单位：s) 对醛化度的关系，试验数据(单位：mol%) 如下表：

甲醛浓度 /g/L	反应时间 /s					
	3	5	7	12	20	30
32.10	17.8	22.9	25.9	29.9	32.9	35.4
33.00	18.2	22.9	25.1	28.6	31.2	34.1
27.60	16.8	20.0	23.6	28.0	30.0	33.1

记醛化度为 y，反应时间为 x_1，甲醛浓度为 x_2，由经验知道，y 与 x_2 成正比，而与 x_1 成反比，并有

$$\hat{y}=b_0+b_1\frac{1}{x_1}+b_2x_2.$$

试求 b_0，b_1 及 b_2 的最小二乘法估计值.

方法技巧 $\hat{y}=b_0+b_1\dfrac{1}{x_1}+b_2x_2$ 中 y 不是 x_1，x_2 的线性函数，不能直接用最小二乘法求 b_0，b_1 及 b_2，需通过变量替换，转化为线性模型，然后由最小二乘法求出 b_0，b_1 及 b_2 的值.

解　令 $x_1'=\dfrac{1}{x_1}$，$x_2'=x_2$，则 $\hat{y}=b_0+b_1\dfrac{1}{x_1}+b_2x_2$ 可表示为 $\hat{y}=b_0+b_1x_1'+b_2x_2'$，从而为二元线性模型.本题中，

$$\boldsymbol{y}^{\mathrm{T}}=(17.8\quad 22.9\quad \cdots\quad 33.1),$$
$$\boldsymbol{\beta}^{\mathrm{T}}=(b_0\quad b_1\quad b_2),$$

$$X^{\mathrm{T}}=\begin{pmatrix}1 & 1 & \cdots & 1\\ \dfrac{1}{3} & \dfrac{1}{5} & \cdots & \dfrac{1}{30}\\ 32.1 & 32.1 & \cdots & 27.6\end{pmatrix},$$

$$\boldsymbol{\varepsilon}^{\mathrm{T}}=(\varepsilon_1\quad \varepsilon_2\quad \cdots\quad \varepsilon_{18}),$$

$$L=X^{\mathrm{T}}X=\begin{bmatrix}18 & 2.528\,6 & 556.2\\ 2.528\,6 & 0.546\,1 & 78.132\,9\\ 556.2 & 78.132\,9 & 17\,287.02\end{bmatrix},$$

$$L^{-1}=(X^{\mathrm{T}}X)^{-1}=\begin{bmatrix}9.665\,6 & -0.737\,3 & -0.307\,7\\ -0.737\,3 & 5.328\,7 & 0.000\,04\\ -0.307\,7 & 0.000\,04 & 0.009\,9\end{bmatrix},$$

$$\hat{\boldsymbol{\beta}}=L^{-1}X^{\mathrm{T}}\boldsymbol{y}=\begin{bmatrix}23.481\\ -53.253\\ 0.339\end{bmatrix}.$$

因此，b_0，b_1 及 b_2 的最小二乘法估计值分别为 23.481，−53.253，0.339.

• SPSS 操作步骤：

（1）录入数据：

醛化度y	反应时间x1	甲醛x2
17.8	3	32.10
22.9	5	32.10
25.9	7	32.10
29.9	12	32.10
32.9	20	32.10
35.4	30	32.10
18.2	3	33.00
22.9	5	33.00
25.1	7	33.00
28.6	12	33.00
31.2	20	33.00
34.1	30	33.00
16.8	3	27.60
20.0	5	27.60
23.6	7	27.60
28.0	12	27.60
30.0	20	27.60
33.1	30	27.60

（2）转换 → 计算变量：

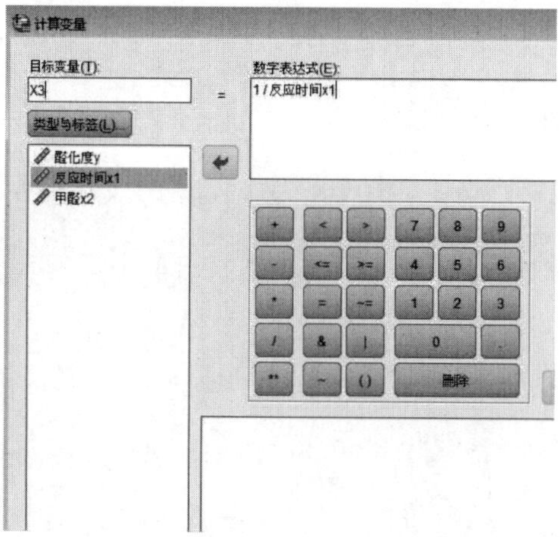

(3) 点击确定,在原来的表格中多了一列:

醛化度y	反应时间x1	甲醛x2	X3
17.8	3	32.10	.33
22.9	5	32.10	.20
25.9	7	32.10	.14
29.9	12	32.10	.08
32.9	20	32.10	.05
35.4	30	32.10	.03
18.2	3	33.00	.33
22.9	5	33.00	.20
25.1	7	33.00	.14
28.6	12	33.00	.08
31.2	20	33.00	.05
34.1	30	33.00	.03
16.8	3	27.60	.33
20.0	5	27.60	.20
23.6	7	27.60	.14
28.0	12	27.60	.08
30.0	20	27.60	.05
33.1	30	27.60	.03

(4) 分析→回归→线性,把 y 选入因变量,x_2,x_3 选入自变量,其他默认,输出如下结果:

系数[a]

模型		非标准化系数		标准系数	t	显著性
		B	标准错误	贝塔		
1	(常量)	23.481	4.972		4.723	.000
	甲醛x2	.339	.160	.140	2.122	.051
	X3	-53.253	3.659	-.957	-14.553	.000

a. 因变量:醛化度y

从而,b_0,b_1 及 b_2 的最小二乘法估计值分别为 23.481,-53.253,0.339.

3. 物体降落的距离 s 与时间 t 的关系,由下式确定:

$$\hat{s}=\beta_0+\beta_1 t+\beta_2 t^2.$$

若测得数据如下表:

t/s	1/30	2/30	3/30	4/30	5/30	6/30	7/30	8/30
s/cm	11.86	15.67	20.60	26.69	33.71	41.93	51.13	61.49
t/s	9/30	10/30	11/30	12/30	13/30	14/30	15/30	
s/cm	72.90	85.44	99.08	113.77	129.54	146.48	165.06	

假定 s 服从正态分布 $N(\beta_0+\beta_1 t+\beta_2 t^2,\sigma)$.

(1) 试确定 β_0,β_1,β_2 及 σ^2 的极大似然估计.

(2) 检验原假设:H_0:$\beta_2=0$.

(3) 给出 s 的置信度为 0.95 的预测区域.

特别提醒 注意变量替换,转化为线性模型.

解 (1) 建立模型:

$$s=\beta_0+\beta_1 t+\beta_2 t^2+\varepsilon,$$

其中 $\varepsilon\sim N(0,1)$.令 $x_1=t$,$x_2=t^2$,则模型可改写为

$$s=\beta_0+\beta_1 x_1+\beta_2 x_2+\varepsilon,$$

其中 $\varepsilon\sim N(0,1)$,这是一个二元线性模型,因此 β_0,β_1,β_2 的最小二乘估计即为极大似然估计.

$$\boldsymbol{s}^{\mathrm{T}}=(11.86\quad 15.67\quad \cdots\quad 165.06),$$

$$\boldsymbol{\beta}^{\mathrm{T}}=(\beta_0\quad \beta_1\quad \beta_2),$$

$$\boldsymbol{X}^{\mathrm{T}}=\begin{bmatrix}1 & \cdots & 1 & 1\\ 1/30 & \cdots & 2/30 & 15/30\\ 1/900 & \cdots & 4/900 & 225/900\end{bmatrix},$$

$$\boldsymbol{\varepsilon}^{\mathrm{T}}=(\varepsilon_1\quad \varepsilon_2\quad \cdots\quad \varepsilon_{15}).$$

因此，

$$\hat{\boldsymbol{\beta}}=\boldsymbol{L}^{-1}\boldsymbol{X}^{\mathrm{T}}\boldsymbol{s}=(\boldsymbol{X}^{\mathrm{T}}\boldsymbol{X})^{-1}\boldsymbol{X}^{\mathrm{T}}\boldsymbol{s}=(9.265\quad 64.059\quad 493.653)^{\mathrm{T}},$$

β_0,β_1 及 β_2 的极大似然估计分别为 9.265，64.059，493.653.剩余平方和为

$$\begin{aligned}Q_e=&[11.86-(-67.600\,1+802.319\,0\times 1/30-87.041\,4\times 1/900)]^2\\&+[15.67-(-67.600\,1+802.319\,0\times 2/30-87.041\,4\times 4/900)]^2+\cdots\\&+[11.86-(-67.600\,1+802.319\,0\times 15/30-87.041\,4\times 225/900)]^2\\=&0.246,\end{aligned}$$

σ^2 的极大似然估计为

$$\frac{Q_e}{n-k-1}=\frac{Q_e}{15-2}=\frac{Q_e}{13}=0.02.$$

（2）对于给定显著性水平 α，拒绝域为

$$\left\{\frac{|\hat{\beta}_2|}{\sigma\sqrt{c_{22}}}\Big/\sqrt{\frac{Q_e}{\sigma^2(n-k-1)}}>t_{1-\frac{\alpha}{2}}(n-k-1)\right\}.$$

本题中，$\hat{\beta}_2=493.653$，$t_{1-\frac{\alpha}{2}}(n-k-1)=t_{0.975}(12)=0.032$，而

$$\frac{|\hat{\beta}_2|}{\sigma\sqrt{c_{22}}}\Big/\sqrt{\frac{Q_e}{\sigma^2(n-k-1)}}=\frac{|\hat{\beta}_2|}{\sqrt{0.02c_{22}}}>0.032.$$

因此拒绝原假设，认为 $\beta_2\neq 0$.

（3）此题中 $\hat{\sigma}_e=\sqrt{\dfrac{Q_e}{n-k-1}}$. s 的置信度为 $1-\alpha$ 的置信区间为

$$\left(\hat{s}-\hat{\sigma}_e t_{1-\frac{\alpha}{2}}(n-k-1)\sqrt{1+\sum_{i=0}^{k}\sum_{j=0}^{k}c_{ij}x_ix_j},\ \hat{s}+\hat{\sigma}_e t_{1-\frac{\alpha}{2}}(n-k-1)\sqrt{1+\sum_{i=0}^{k}\sum_{j=0}^{k}c_{ij}x_ix_j}\right).$$

- SPSS 操作步骤：

（1）录入数据，先录入前两列：

t1	s	t
1	11.86	.03
2	15.67	.07
3	20.60	.10
4	26.69	.13
5	33.71	.17
6	41.93	.20
7	51.13	.23
8	61.49	.27
9	72.90	.30
10	85.44	.33
11	99.08	.37
12	113.77	.40
13	129.54	.43
14	146.48	.47
15	165.06	.50

（2）然后选择数据 → 计算变量：

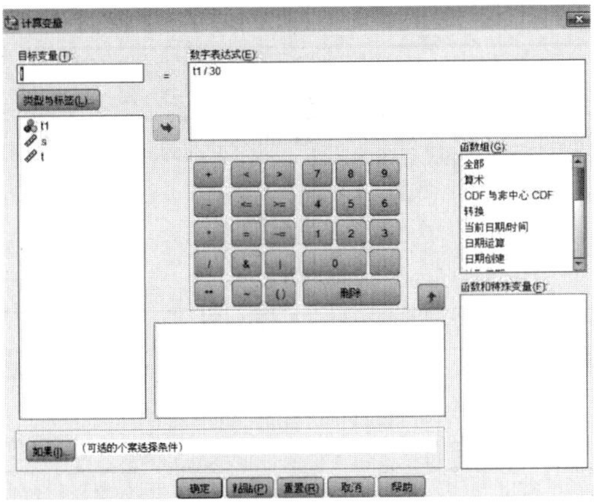

（3）点击确定，会在原来的表格中多一列.

（4）数据 → 计算变量：

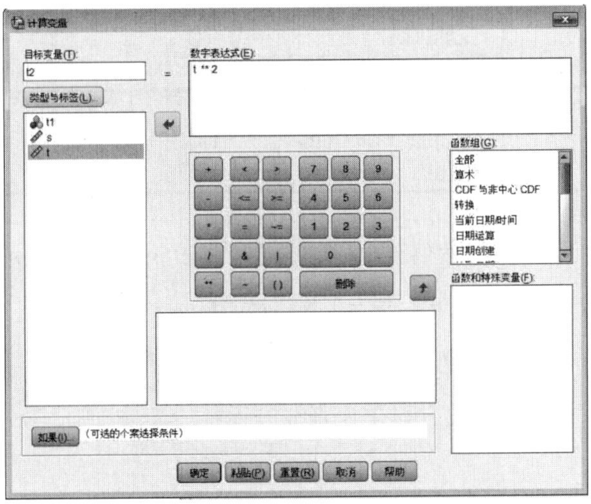

（5）点击确定，表格变为：

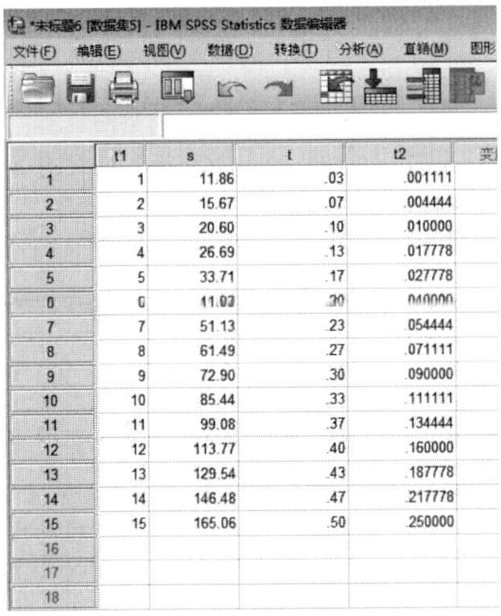

	t1	s	t	t2
1	1	11.86	.03	.001111
2	2	15.67	.07	.004444
3	3	20.60	.10	.010000
4	4	26.69	.13	.017778
5	5	33.71	.17	.027778
6	6	41.03	.20	.040000
7	7	51.13	.23	.054444
8	8	61.49	.27	.071111
9	9	72.90	.30	.090000
10	10	85.44	.33	.111111
11	11	99.08	.37	.134444
12	12	113.77	.40	.160000
13	13	129.54	.43	.187778
14	14	146.48	.47	.217778
15	15	165.06	.50	.250000
16				
17				
18				

(6) 分析 → 回归 → 线性，选 s 为因变量，t，t_2 为自变量，其他默认，输出如下结果：

模型摘要

模型	R	R 平方	调整后的 R 平方	标准估算的错误
1	1.000[a]	1.0 双击以激活	1.000	.14306

a. 预测变量：（常量），t2,

ANOVA[a]

模型		平方和	自由度	均方	F	显著性
1	回归	34577.292	2	17288.646	844792.402	.000[b]
	残差	.246	12	.020		
	总计	34577.538	14			

a. 因变量：s

b. 预测变量：（常量），t2, t

系数[a]

模型		非标准化系数		标准系数	t	显著性
		B	标准错误	贝塔		
1	（常量）	9.265	.127		72.707	.000
	t	64.059	1.099	.192	58.266	.000
	t2	493.653	2.005	.812	246.265	.000

a. 因变量：s

从而，β_0，β_1 及 β_2 的极大似然估计分别为 9.265，64.059，493.653.σ^2 的极大似然估计为

$$\frac{Q_e}{n-k-1}=\frac{Q_e}{15-3}=\frac{Q_e}{12}=0.02.$$

由 t_2 对应的显著性为 0，小于 0.05，因此在显著性水平 0.05 下，拒绝原假设，认为 $\beta_2 \neq 0$.

4. 试做变量变换，将如下曲线方程化为直线方程：

(1) 双曲线方程：$\frac{1}{y}=a+\frac{b}{x}$；

(2) 幂函数方程：$y=ax^b$；

(3) 指数曲线方程：$y=a\mathrm{e}^{bx}$；

(4) 指数曲线方程：$y=a\mathrm{e}^{\frac{b}{x}}$；

(5) 对数曲线方程：$y=a+b\ln x$；

(6) S 形曲线方程：$y=\frac{1}{a+b\mathrm{e}^{-x}}$；

(7) 抛物曲线方程：$y=b_0+b_1x+b_2x^2$.

解 (1) 令 $u=\frac{1}{y}$，$v=\frac{1}{x}$，则 $u=a+bv$；

(2) 令 $u=\ln y$，$v=\ln x$，则 $u=\ln y=\ln a+b\ln x=\ln a+bv$；

(3) 令 $u=\ln y$，$v=x$，则 $u=\ln y=\ln a+bx=\ln a+bv$；

(4) 令 $u=\ln y$，$v=\frac{1}{x}$，则 $u=\ln y=\ln a+b\,\frac{1}{x}=\ln a+bv$；

(5) 令 $u=y$，$v=\ln x$，则 $u=y=a+bv$；

(6) 令 $u=\frac{1}{y}, v=e^{-x}$,则 $u=a+bv$;

(7) 令 $u=y, v_1=x, v_2=x^2$,则 $u=y=b_0+b_1v_1+b_2v_2$.

5. 设 ξ_1 与 ξ_2 为独立的随机变量,数学期望分别为 θ 与 2θ,试求 θ 的最小二乘法估计与剩余平方和.

难点解析 求 θ 的最小二乘法估计,即求使得 $Q(\theta)=(\xi_1-\theta)^2+(\xi_2-2\theta)^2$ 取得最小值的 θ 值.剩余平方和即 $Q_e(\theta)=(\xi_1-\hat{\theta})^2+(\xi_2-2\hat{\theta})^2$.

解 设

$$Q(\theta)=(\xi_1-\theta)^2+(\xi_2-2\theta)^2=5\theta^2-(2\xi_1+4\xi_2)\theta+\xi_1^2+\xi_2^2,$$

上式两边对 θ 求导,并让导数等于 0,可得 $\theta=\frac{1}{5}(\xi_1+2\xi_2)$,即 θ 的最小二乘法估计为

$$\hat{\theta}=\frac{1}{5}(\xi_1+2\xi_2),$$

剩余平方和为

$$\begin{aligned}Q_e&=\left[\xi_1-\frac{1}{5}(\xi_1+2\xi_2)\right]^2+\left[\xi_2-\frac{2}{5}(\xi_1+2\xi_2)\right]^2\\&=\frac{1}{25}[(4\xi_1-2\xi_2)^2+(\xi_2-2\xi_1)^2]\\&=\frac{1}{25}(20\xi_1^2-20\xi_1\xi_2+5\xi_2^2)=\frac{1}{5}(\xi_2^2-4\xi_1\xi_2+4\xi_1^2)\\&=\frac{1}{5}(2\xi_1-\xi_2)^2.\end{aligned}$$

6. 设 $\boldsymbol{y}^{\mathrm{T}}=(y_1,y_2,y_3)$ 服从线性模型 $(\boldsymbol{y},\boldsymbol{X\beta},\sigma^2\boldsymbol{I}_3)$,其中

$$\mathrm{E}(y_i)=\beta_0+\beta_1x_i+\beta_2(3x_i^2-2),\quad i=1,2,3,$$
$$x_1=-1,\quad x_2=0,\quad x_3=1.$$

试写出矩阵 $\boldsymbol{X}$,并求出 β_0,β_1,β_2 的最小二乘法估计,且证明当 $\beta_2=0$ 时,β_0 与 β_1 的最小二乘法估计量不变.

难点解析 矩阵 $\boldsymbol{X}$,即 β_0,β_1,β_2 的系数矩阵.

解
$$\boldsymbol{y}=\begin{pmatrix}y_1\\y_2\\y_3\end{pmatrix},\quad \boldsymbol{\beta}=\begin{pmatrix}\beta_0\\\beta_1\\\beta_2\end{pmatrix},\quad \boldsymbol{X}=\begin{pmatrix}1&-1&1\\1&0&-2\\1&1&1\end{pmatrix},\quad \boldsymbol{\varepsilon}=\begin{pmatrix}\varepsilon_1\\\varepsilon_2\\\varepsilon_3\end{pmatrix},$$

$$\boldsymbol{L}=\boldsymbol{X}^{\mathrm{T}}\boldsymbol{X}=\begin{pmatrix}3&0&0\\0&2&0\\0&0&6\end{pmatrix},\quad \boldsymbol{L}^{-1}=(\boldsymbol{X}^{\mathrm{T}}\boldsymbol{X})^{-1}=\begin{pmatrix}\frac{1}{3}&0&0\\0&\frac{1}{2}&0\\0&0&\frac{1}{6}\end{pmatrix},$$

$$\hat{\boldsymbol{\beta}}=\boldsymbol{L}^{-1}\boldsymbol{X}^{\mathrm{T}}\boldsymbol{y}=\begin{bmatrix}\frac{1}{3}y_1+\frac{1}{3}y_2+\frac{1}{3}y_3\\ -\frac{1}{2}y_1+\frac{1}{2}y_3\\ \frac{1}{6}y_1-\frac{1}{3}y_2+\frac{1}{6}y_3\end{bmatrix}.$$

当 $\beta_2=0$ 时,有

$$\boldsymbol{y}=\begin{pmatrix}y_1\\y_2\\y_3\end{pmatrix},\quad \boldsymbol{\beta}=\begin{pmatrix}\beta_0\\\beta_1\end{pmatrix},\quad \boldsymbol{X}=\begin{pmatrix}1&-1\\1&0\\1&1\end{pmatrix},\quad \boldsymbol{\varepsilon}=\begin{pmatrix}\varepsilon_1\\\varepsilon_2\end{pmatrix},$$

$$\boldsymbol{L}=\boldsymbol{X}^{\mathrm{T}}\boldsymbol{X}=\begin{pmatrix}3&0\\0&2\end{pmatrix},\quad \boldsymbol{L}^{-1}=(\boldsymbol{X}^{\mathrm{T}}\boldsymbol{X})^{-1}=\begin{pmatrix}\frac{1}{3}&0\\0&\frac{1}{2}\end{pmatrix},$$

$$\hat{\boldsymbol{\beta}}=\boldsymbol{L}^{-1}\boldsymbol{X}^{\mathrm{T}}\boldsymbol{y}=\begin{bmatrix}\frac{1}{3}y_1+\frac{1}{3}y_2+\frac{1}{3}y_3\\ -\frac{1}{2}y_1+\frac{1}{2}y_3\end{bmatrix}.$$

因此当 $\beta_2=0$ 时,β_0 与 β_1 的最小二乘法估计量不变.

7. 设

$$y_i=\theta+\varepsilon_i,\quad i=1,2,\cdots,m,$$
$$y_{m+i}=\theta+\varphi+\varepsilon_{m+i},\quad i=1,2,\cdots,m,$$
$$y_{2m+i}=\theta-2\varphi+\varepsilon_{2m+i},\quad i=1,2,\cdots,n.$$

假定 ε_i 之间互不相关,且有

$$\mathrm{E}(\varepsilon_i)=0,\quad \mathrm{D}(\varepsilon_i)=\sigma^2,\quad i=1,2,\cdots,2m+n.$$

试求 θ 及 φ 的最小二乘法估计,并证明当 $m=2n$ 时,$\hat{\theta}$ 与 $\hat{\varphi}$ 互不相关.

难点解析 先求出 θ 及 φ 的系数矩阵 $\boldsymbol{X}$,然后由 $\begin{pmatrix}\hat{\theta}\\\hat{\varphi}\end{pmatrix}=(\boldsymbol{X}^{\mathrm{T}}\boldsymbol{X})^{-1}\boldsymbol{X}^{\mathrm{T}}\boldsymbol{Y}$ 可计算 θ 及 φ 的最小二乘法估计.当 $m=2n$ 时,证明 $\hat{\theta}$ 与 $\hat{\varphi}$ 的协方差为 0 即可.

解 因为

$$\boldsymbol{X}^{\mathrm{T}}=\Big[\underbrace{\begin{matrix}1&\cdots&1\\0&\cdots&0\end{matrix}}_{m}\ \underbrace{\begin{matrix}1&\cdots&1\\1&\cdots&1\end{matrix}}_{m}\ \underbrace{\begin{matrix}1&\cdots&1\\-2&\cdots&-2\end{matrix}}_{n}\Big],$$

故

$$\boldsymbol{X}^{\mathrm{T}}\boldsymbol{X}=\begin{bmatrix}2m+n&m-2n\\m-2n&m+4n\end{bmatrix},\quad (\boldsymbol{X}^{\mathrm{T}}\boldsymbol{X})^{-1}=\frac{1}{m^2+13mn}\begin{bmatrix}m+4n&2n-m\\2n-m&2m+n\end{bmatrix},$$

$$\boldsymbol{X}^{\mathrm{T}}\boldsymbol{Y}=\begin{bmatrix}\sum_{i=1}^{m}(y_i+y_{m+i})+\sum_{i=1}^{n}y_{2m+i}\\ \sum_{i=1}^{m}y_{m+i}-2\sum_{i=1}^{n}y_{2m+i}\end{bmatrix},$$

$$\hat{\boldsymbol{\beta}}=\begin{pmatrix}\hat{\theta}\\ \hat{\varphi}\end{pmatrix}=(\boldsymbol{X}^{\mathrm{T}}\boldsymbol{X})^{-1}\boldsymbol{X}^{\mathrm{T}}\boldsymbol{Y}$$

$$=\frac{1}{m^2+13mn}\begin{bmatrix}(m+4n)\sum_{i=1}^{m}y_i+6n\sum_{i=1}^{m}y_{m+i}+3m\sum_{i=1}^{n}y_{2m+i}\\ (2n-m)\sum_{i=1}^{m}y_i+(3n+m)\sum_{i=1}^{m}y_{m+i}-5m\sum_{i=1}^{n}y_{2m+i}\end{bmatrix}.$$

当 $m=2n$ 时，

$$(\boldsymbol{X}^{\mathrm{T}}\boldsymbol{X})^{-1}=\frac{1}{30n^2}\begin{bmatrix}6n & 0\\ 0 & 5n\end{bmatrix}=\begin{bmatrix}\frac{1}{5n} & 0\\ 0 & \frac{1}{6n}\end{bmatrix},$$

所以

$$\mathrm{cov}(\hat{\boldsymbol{\beta}},\hat{\boldsymbol{\beta}})=\sigma^2(\boldsymbol{X}^{\mathrm{T}}\boldsymbol{X})^{-1}=\sigma^2\begin{bmatrix}\frac{1}{5n} & 0\\ 0 & \frac{1}{6n}\end{bmatrix}=\begin{bmatrix}\mathrm{cov}(\hat{\theta},\hat{\theta}) & \mathrm{cov}(\hat{\theta},\hat{\varphi})\\ \mathrm{cov}(\hat{\theta},\hat{\varphi}) & \mathrm{cov}(\hat{\varphi},\hat{\theta})\end{bmatrix},$$

$\mathrm{cov}(\hat{\theta},\hat{\varphi})=0$，故 $\hat{\theta}$ 与 $\hat{\varphi}$ 互不相关.

8. 设

$$\begin{cases}y_1=a+\varepsilon_1,\\ y_2=2a-b+\varepsilon_2,\\ y_3=a+2b+\varepsilon_3,\end{cases}$$

其中 $\varepsilon_1,\varepsilon_2,\varepsilon_3$ 相互独立，且有

$$\mathrm{E}(\varepsilon_i)=0,\quad \mathrm{D}(\varepsilon_i)=\sigma^2,\quad i=1,2,3.$$

试求 a 及 b 的最小二乘法估计量.

难点解析 先求出 a 及 b 的系数矩阵 $\boldsymbol{X}$，然后由 $\begin{pmatrix}\hat{a}\\ \hat{b}\end{pmatrix}=(\boldsymbol{X}^{\mathrm{T}}\boldsymbol{X})^{-1}\boldsymbol{X}^{\mathrm{T}}\boldsymbol{Y}$ 可计算 a 及 b 的最小二乘法估计.

解　本题中

$$\boldsymbol{y}=\begin{pmatrix}y_1\\ y_2\\ y_3\end{pmatrix},\quad \boldsymbol{\beta}=\begin{pmatrix}a\\ b\end{pmatrix},\quad \boldsymbol{X}=\begin{pmatrix}1 & 0\\ 2 & -1\\ 1 & 2\end{pmatrix},\quad \boldsymbol{\varepsilon}=\begin{pmatrix}\varepsilon_1\\ \varepsilon_2\\ \varepsilon_3\end{pmatrix},$$

$$\boldsymbol{L}=\boldsymbol{X}^{\mathrm{T}}\boldsymbol{X}=\begin{bmatrix}6 & 0\\ 0 & 5\end{bmatrix},\quad \boldsymbol{L}^{-1}=(\boldsymbol{X}^{\mathrm{T}}\boldsymbol{X})^{-1}=\begin{bmatrix}0.166\,7 & 0\\ 0 & 0.2\end{bmatrix},$$

$$\hat{\boldsymbol{\beta}}=\boldsymbol{L}^{-1}\boldsymbol{X}^{\mathrm{T}}\boldsymbol{y}=\begin{bmatrix}0.166\,7y_1+0.333y_2+0.166\,7y_3\\ -0.2y_2+0.4y_3\end{bmatrix}.$$

因此，

$$\hat{a}=0.166\,7y_1+0.333y_2+0.166\,7y_3,\quad \hat{b}=-0.2y_2+0.4y_3.$$

9. 某医院用广电比色计检尿汞时，获得尿汞含量(单位：mg/L) 与消光系数读数的数据如

下表：

尿汞含量 x/mg/L	2	4	6	8	10
消光系数 y	64	138	205	285	360

已知它们之间服从线性模型：

$$E(y)=\beta_0+\beta_1 x.$$

试求 β_0 与 β_1 的最小二乘法估计，并在显著性水平 $\alpha=0.05$ 下，检验原假设 $H_0:\beta_1=0$ 是否成立.

难点解析 先求出 β_0 与 β_1 的系数矩阵 $\boldsymbol{X}$，然后由 $\begin{pmatrix}\hat{\beta}_0\\ \hat{\beta}_1\end{pmatrix}=(\boldsymbol{X}^{\mathrm{T}}\boldsymbol{X})^{-1}\boldsymbol{X}^{\mathrm{T}}\boldsymbol{Y}$ 可计算 β_0 与 β_1 的最小二乘法估计.

解 (1) 本题中，

$$\boldsymbol{y}=\begin{pmatrix}64\\138\\205\\285\\360\end{pmatrix},\quad \boldsymbol{\beta}=\begin{pmatrix}\beta_0\\ \beta_1\end{pmatrix},\quad \boldsymbol{X}=\begin{pmatrix}1&2\\1&4\\1&6\\1&8\\1&10\end{pmatrix},\quad \boldsymbol{\varepsilon}=\begin{pmatrix}\varepsilon_1\\ \varepsilon_2\end{pmatrix},$$

$$\boldsymbol{L}=\boldsymbol{X}^{\mathrm{T}}\boldsymbol{X}=\begin{bmatrix}5&30\\30&220\end{bmatrix},\quad \boldsymbol{L}^{-1}=(\boldsymbol{X}^{\mathrm{T}}\boldsymbol{X})^{-1}=\begin{bmatrix}1.1&-0.15\\-0.15&0.025\end{bmatrix},$$

$$\hat{\boldsymbol{\beta}}=\boldsymbol{L}^{-1}\boldsymbol{X}^{\mathrm{T}}\boldsymbol{y}=\begin{pmatrix}-11.3\\36.95\end{pmatrix}.$$

(2) 拒绝域为

$$\left\{|\hat{\beta}_1|\sqrt{\sum_{i=1}^{n}(x_i-\bar{x})^2}\Big/\sqrt{\frac{Q_e}{(n-2)}}>t_{1-\frac{\alpha}{2}}(n-2)\right\}.$$

本题中，

$$\hat{\beta}_1=36.95,\quad \sqrt{\sum_{i=1}^{5}(x_i-\bar{x})^2}=6.32,\quad \sqrt{\frac{Q_e}{(5-2)}}=3.52.$$

查表得，$t_{1-\frac{\alpha}{2}}(n-2)=t_{0.975}(3)=4.12$，而

$$|\hat{\beta}_1|\sqrt{\sum_{i=1}^{5}(x_i-\bar{x})^2}\Big/\sqrt{\frac{Q_e}{(5-2)}}=66.41>4.12,$$

因此落到拒绝域，从而拒绝原假设.

- SPSS 操作步骤：

(1) 数据录入：

(2) 分析→回归→线性,选 y 为因变量,x 为自变量,输出如下结果:

系数[a]

模型		非标准化系数		标准系数	t	显著性
		B	标准错误	贝塔		
1	(常量)	-11.300	3.688		-3.064	.055
	尿汞含量x	36.950	.556	1.000	66.454	.000

a. 因变量:消光系数y

从而,$\hat{\boldsymbol{\beta}}=\begin{pmatrix}\hat{\beta}_0\\\hat{\beta}_1\end{pmatrix}=\begin{pmatrix}-11.3\\36.95\end{pmatrix}$.由尿汞含量 x 对应的显著性 0 小于 0.05 可得,在显著性水平 $\alpha=0.05$ 下,原假设 $H_0:\beta_1=0$ 不成立.

10. 今有 4 个物体,按下面方法称,得到数据如下表:

x_1	x_2	x_3	x_4	y/g
1	1	1	1	20.2
1	-1	1	-1	8.0
1	1	-1	-1	9.2
1	-1	-1	1	1.4

其中 1 表示该物体放在天平左边,-1 表示放在天平的右边,y 是使天平达到平衡时,在右边所加砝码的重量,试估计这 4 个物体的重量 $\beta_i,i=1,2,3,4$.

难点解析 建立 y 对 x_1,x_2,x_3,x_4 的线性回归模型,由最小二乘法可求 4 个物体的重量 $\beta_i,i=1,2,3,4$ 及模型的系数.

解 本题中,

$$\boldsymbol{X}=\begin{pmatrix}1&1&1&1\\1&-1&1&-1\\1&1&-1&-1\\1&-1&-1&1\end{pmatrix},\quad \boldsymbol{Y}^{\mathrm{T}}=(20.2\quad 8.0\quad 9.2\quad 1.4),\quad \boldsymbol{\beta}^{\mathrm{T}}=(\beta_1\quad \beta_2\quad \beta_3\quad \beta_4),$$

$$\boldsymbol{X}^{\mathrm{T}}\boldsymbol{X}=\begin{pmatrix}4&0&0&0\\0&4&0&0\\0&0&4&0\\0&0&0&4\end{pmatrix},\quad (\boldsymbol{X}^{\mathrm{T}}\boldsymbol{X})^{-1}=\begin{pmatrix}\frac{1}{4}&0&0&0\\0&\frac{1}{4}&0&0\\0&0&\frac{1}{4}&0\\0&0&0&\frac{1}{4}\end{pmatrix},$$

所以

$$\hat{\boldsymbol{\beta}}=(\boldsymbol{X}^{\mathrm{T}}\boldsymbol{X})^{-1}\boldsymbol{X}^{\mathrm{T}}\boldsymbol{Y}=\begin{pmatrix}9.7\\5.0\\4.4\\1.1\end{pmatrix}.$$

• SPSS 操作步骤：

(1) 录入数据：

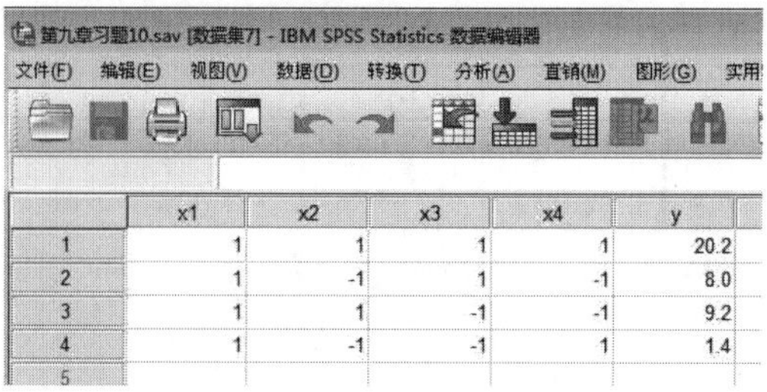

(2) 分析 → 回归 → 线性，把 y 选入因变量，x_1, x_2, x_3, x_4 选入自变量，其他默认，输出如下结果：

系数[a]

模型		非标准化系数 B	非标准化系数 标准错误	标准系数 贝塔	t	显著性
1	(常量)	9.700	.000		.	.
	x2	5.000	.000	.741	.	.
	x3	4.400	.000	.652	.	.
	x4	1.100	.000	.163	.	.

a. 因变量：y

从而这 4 个物体的重量为

$$\hat{\boldsymbol{\beta}} = \begin{pmatrix} \hat{\beta}_1 \\ \hat{\beta}_2 \\ \hat{\beta}_3 \\ \hat{\beta}_4 \end{pmatrix} = \begin{pmatrix} 9.7 \\ 5.0 \\ 4.4 \\ 1.1 \end{pmatrix}.$$

11. 粮食加工厂用 4 种不同的方法贮藏粮食，贮藏一段时间后，分别抽样化验，得到粮食含水率(单位：%) 如下：

贮藏方法	含水率/%				
A	7.3	8.3	7.6	8.4	8.3
B	5.8	7.4	7.1		
C	8.1	6.4	7.0		
D	7.9	9.0			

检验这 4 种不同的贮藏方法对粮食的含水率是否有显著影响？

难点解析 本题属于单因素方差分析，用 F 检验法.

解 假设这 4 种不同的贮藏方法对粮食的含水率有显著影响，则有下表：

贮藏方法	含水率/%					均值	标准差
A	7.3	8.3	7.6	8.4	8.3	7.4	1.055 94
B	5.8	7.4	7.1			6.766 7	8.504 90
C	8.1	6.4	7.0			7.166 7	0.862 17
D	7.9	9.0				8.45	0.777 82

由组内方差

$$Q_e = \sum_{i=1}^{r} n_i S_i^2 = \sum_{i=1}^{r} \sum_{j=1}^{n_i} (\eta_{ij} - \overline{\eta}_i)^2,$$

组间方差

$$Q_A = \sum_{i=1}^{r} n_i (\overline{\eta}_i - \overline{\eta})^2$$

可得方差分析表如下：

	平方和	自由度	均方	F 值	显著性
组间	4.811	3	1.604	3.188	0.077
组内	4.526	9	0.503		
总数	9.337	12			

由显著性 $0.077 > 0.05$ 知道，在显著性水平 0.05 下，接受原假设，即含水率无显著影响.

- SPSS 操作步骤：

（1）数据录入：

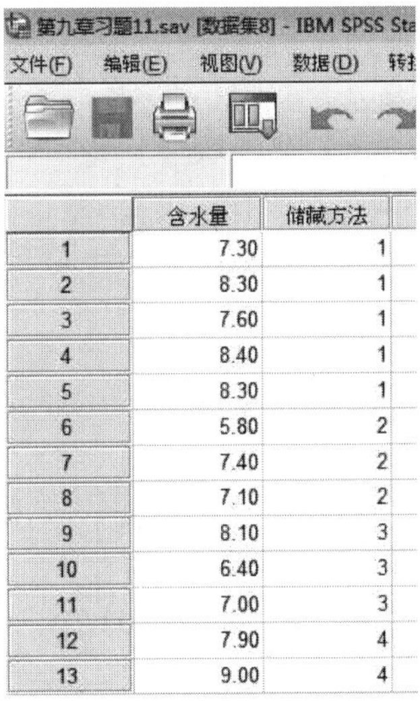

（2）分析 → 比较均值 → 单因素 ANOVA：

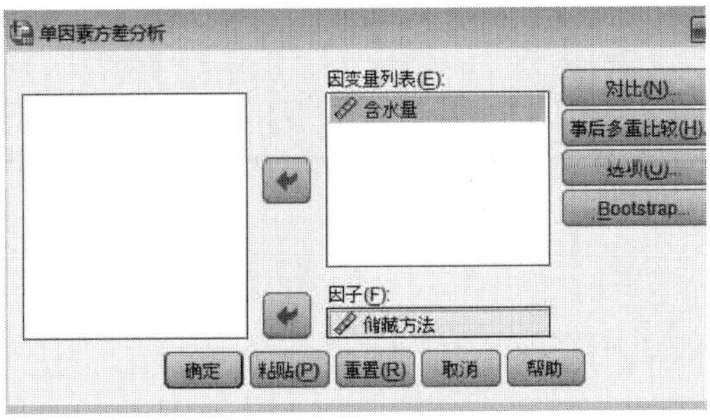

(3) 点击确定,输出如下结果:

ANOVA

含水量

	平方和	df	均方	F	显著性
组之间	4.811	3	1.604	3.188	.077
组内	4.526	9	.503		
总计	9.337	12			

由 p 值 $0.077>0.05$ 知道,在显著性水平 0.05 下,接受原假设,即含水率无显著影响.

12. 小车产量 x(单位:万辆)与薄钢板的需求量 y(单位:万吨)有关,某汽车厂前5个月的数据资料如下:

序号	x/万辆	y/万吨
1	13.98	191.90
2	13.52	199.37
3	12.54	217.19
4	14.91	302.62
5	18.60	303.99

试用线性回归分析:$y=\beta_0+\beta_1 x+\varepsilon,\varepsilon\sim N(0,\sigma)$,求 β_0 与 β_1 的最小二乘法估计,并在显著性水平 $\alpha=0.05$ 下,检验原假设 $H_0:\beta_1=0$ 是否成立?

方法技巧 写出 β_0 与 β_1 的系数矩阵 $\boldsymbol{X}$,由 $\hat{\boldsymbol{\beta}}=(\boldsymbol{X}^{\mathrm{T}}\boldsymbol{X})^{-1}\boldsymbol{X}^{\mathrm{T}}\boldsymbol{Y}$ 可求 β_0 与 β_1 的最小二乘法估计.用 t 检验可检验原假设 $H_0:\beta_1=0$ 是否成立.

解 本题中,

$$\boldsymbol{X}^{\mathrm{T}}=\begin{pmatrix}1 & 1 & 1 & 1 & 1\\ 13.98 & 13.52 & 12.54 & 14.91 & 18.6\end{pmatrix},\quad \boldsymbol{\beta}^{\mathrm{T}}=(\beta_0\quad \beta_1),$$

$$\boldsymbol{Y}^{\mathrm{T}}=(191.90\quad 199.37\quad 217.19\quad 302.62\quad 303.99),$$

$$\boldsymbol{X}^{\mathrm{T}}\boldsymbol{X}=\begin{pmatrix}5 & 73.55\\ 73.55 & 1103.751\end{pmatrix},$$

所以,

$$\hat{\boldsymbol{\beta}}=(\boldsymbol{X}^{\mathrm{T}}\boldsymbol{X})^{-1}\boldsymbol{X}^{\mathrm{T}}\boldsymbol{Y}=\begin{pmatrix}-22.754\\ 18.067\end{pmatrix},$$

因此 $\hat{y}=-22.754+18.067x$.拒绝域为

$$\left\{|\hat{\beta}_1|\sqrt{\sum_{i=1}^{n}(x_i-\bar{x})^2}\Big/\sqrt{\frac{Q_e}{(n-2)}}>t_{1-\frac{\alpha}{2}}(n-2)\right\}.$$

本题中,

$$\hat{\beta}_1=18.08,\quad \sqrt{\sum_{i=1}^{5}(x_i-\bar{x})^2}=4.67,\quad \sqrt{\frac{Q_e}{(5-2)}}=\sqrt{\frac{5\,329.5}{3}}=42.15,$$

则

$$|\hat{\beta}_1|\sqrt{\sum_{i=1}^{5}(x_i-\bar{x})^2}\Big/\sqrt{\frac{Q_e}{(5-2)}}=2.$$

查表得，$t_{1-\frac{\alpha}{2}}(n-2)=t_{0.975}(3)=4.18>2$.因此接受原假设，认为 $H_0:\beta_1=0$ 成立.

- SPSS 操作步骤：

（1）数据录入：

	x	y	变
1	13.98	191.90	
2	13.52	199.37	
3	12.54	217.19	
4	14.91	302.62	
5	18.60	303.99	
6			
7			
8			

（2）分析 → 回归 → 线性，把 y 选入因变量，x 选入自变量，输出如下结果：

系数[a]

模型		非标准化系数		标准系数	t	显著性
		B	标准错误	贝塔		
1	（常量）	-22.754	134.031		-.170	.876
	x	18.067	9.021	.756	2.003	.139

a. 因变量：y

从而，$\hat{\boldsymbol{\beta}}=(\boldsymbol{X}^{\mathrm{T}}\boldsymbol{X})^{-1}\boldsymbol{X}^{\mathrm{T}}\boldsymbol{Y}=\begin{pmatrix}-22.754\\18.067\end{pmatrix}$.由 $0.139>0.05$ 可得，在显著性水平 $\alpha=0.05$ 下，原假设 $H_0:\beta_1=0$ 成立.

13. 某地区对服务性工作人员需求量的预测，用 x 表示平均国民收入(单位：百美元)，用 y 表示每一千人口所需要的服务性工作人员数量(单位：个)，现记录了 $n=12$ 组数据资料，见下表：

序号	x/百美元	y/个
1	1.2	8.0
2	2.0	12.0
3	3.0	10.0
4	4.8	12.5
5	8.3	17.0
6	8.4	21.3
7	11.5	25.0
8	14.0	47.3
9	14.2	38.6
10	14.8	76.4
11	15.6	97.3
12	16.1	88.0

试建立指数曲线方程：

$$y = ab^x, \quad a > 0, b > 0.$$

注 记 $Z = \ln y, A = \ln a, B = \ln b$，建立线性回归方程：

$$Z = A + Bx + \varepsilon, \quad \varepsilon \sim N(0, \sigma).$$

求 A 与 B 的最小二乘法估计，并在显著性水平 $\alpha = 0.05$ 下，检验原假设 $H_0: B = 0$ 是否成立？

特别提醒 $Z = \ln y, A = \ln a, B = \ln b$，因此要先对原来的变量 y 的数据取对数，然后用最小二乘法来求 A 与 B.

解 本题中，

$$\boldsymbol{X}^{\mathrm{T}} = \begin{pmatrix} 1 & 1 & \cdots & 1 \\ 1.2 & 2.0 & \cdots & 16.1 \end{pmatrix},$$

$$\boldsymbol{\beta}^{\mathrm{T}} = (A \quad B),$$

$$\boldsymbol{Z}^{\mathrm{T}} = (\ln 8 \quad \ln 12 \quad \cdots \quad \ln 88),$$

所以

$$\boldsymbol{X}^{\mathrm{T}}\boldsymbol{X} = \begin{pmatrix} 12 & 113.9 \\ 113.9 & 1428.43 \end{pmatrix}, \quad \hat{\boldsymbol{\beta}} = (\boldsymbol{X}^{\mathrm{T}}\boldsymbol{X})^{-1}\boldsymbol{X}^{\mathrm{T}}\boldsymbol{Y} = \begin{pmatrix} 0.806 \\ 0.065 \end{pmatrix}.$$

从而，

$$\hat{Z} = 0.806\,3 + 0.065\,3x, \quad \hat{y} = 6.401 \times 1.162\,3^x.$$

在原假设 $H_0: \beta_1 = 0$ 下，拒绝域为

$$\left\{ |\hat{\beta}_1| \sqrt{\sum_{i=1}^{n} (x_i - \bar{x})^2} \Big/ \sqrt{\frac{Q_e}{(n-2)}} > t_{1-\frac{\alpha}{2}}(n-2) \right\}.$$

本题中，

$$\hat{\beta}_1 = 0.065, \quad \sqrt{\sum_{i=1}^{12} (x_i - \bar{x})^2} = 18.64, \quad \sqrt{\frac{Q_e}{(12-2)}} = \sqrt{\frac{0.131}{10}} = 0.114,$$

则

$$|\hat{\beta}_1| \sqrt{\sum_{i=1}^{12} (x_i - \bar{x})^2} \Big/ \sqrt{\frac{Q_e}{(12-2)}} = 10.63.$$

查表得 $t_{1-\frac{\alpha}{2}}(n-2) = t_{0.975}(10) = 2.63 < 10.63$.因此拒绝原假设.

- SPSS 操作步骤：

(1) 数据录入：

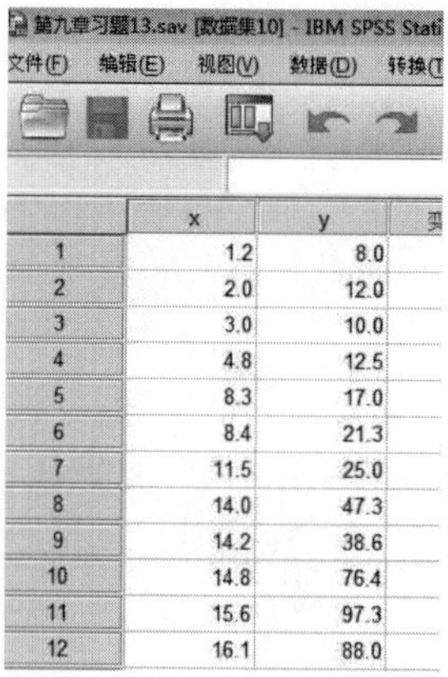

	x	y
1	1.2	8.0
2	2.0	12.0
3	3.0	10.0
4	4.8	12.5
5	8.3	17.0
6	8.4	21.3
7	11.5	25.0
8	14.0	47.3
9	14.2	38.6
10	14.8	76.4
11	15.6	97.3
12	16.1	88.0

(2) 转换 → 计算变量：

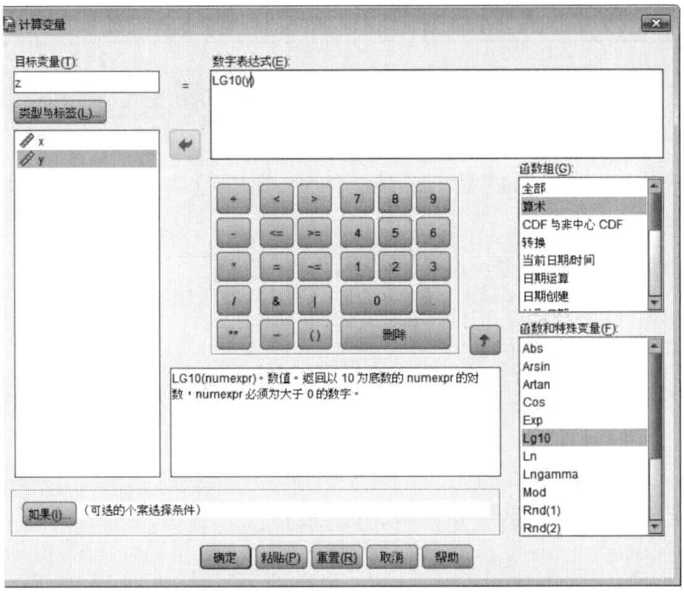

(3) 原来的表格变为：

*第九章习题13.sav [数据集10] - IBM SPSS Statistics 数据编辑器

	x	y	z
1	1.2	8.0	.90
2	2.0	12.0	1.08
3	3.0	10.0	1.00
4	4.8	12.5	1.10
5	8.3	17.0	1.23
6	8.4	21.3	1.33
7	11.5	25.0	1.40
8	14.0	47.3	1.67
9	14.2	38.6	1.59
10	14.8	76.4	1.88
11	15.6	97.3	1.99
12	16.1	88.0	1.94

(4) 分析 → 回归 → 线性，把 z 选入因变量，x 选入自变量，其他默认，输出如下结果：

系数[a]

模型		非标准化系数		标准系数	t	显著性
		B	标准错误	贝塔		
1	（常量）	.806	.067		12.025	.000
	x	.065	.006	.959	10.634	.000

a. 因变量：z

因此

$$\hat{\boldsymbol{\beta}}=(\boldsymbol{X}^{\mathrm{T}}\boldsymbol{X})^{-1}\boldsymbol{X}^{\mathrm{T}}\boldsymbol{Y}=\begin{pmatrix}0.806\\0.065\end{pmatrix},\quad \hat{Z}=0.806+0.065x.$$

由 x 显著性为 0，小于 0.05 知，在显著性水平 $\alpha=0.05$ 下，拒绝原假设 $H_0:B=0$.

14. 某地百货商店的销售额(单位：万元)用 y 表示，t 为年份序号，记录了 $n=10$ 年的数据资料，见下表，试建立(Gompertz) 曲线回归方程，并预测未来两年的销售额.

t/年	0	1	2	3	4	5	6	7	8	9
y/万元	2 239	2 760	3 206	3 417	3 200	3 308	4 182	4 381	5 610	6 510

$$y=ka^{bt},\quad k>0,a>0,a\neq 1,b>0,b\neq 1,t>0.$$

试求 k,a 与 b 三个参数的估计值.

注 由时间数列$\{y_t\}$求参数的最小二乘法估计,要用 Q 对 k,a 与 b 分别求导数.求解超越方程困难较大,其中,

$$Q(k,a,b)=\sum_{t=1}^{n}(y_t-ka^{bt})^2.$$

现用三和值法确定参数的估计值,记

$$Z_t=\ln y_t,\quad K=\ln k,\quad A=\ln a,$$

则有

$$Z_t=K+Ab^t.$$

将时间数列$\{Z_t\}$按时间顺序等分三组,分组求和:

$$\text{Ⅰ}=\sum_{t=0}^{m-1}Z_t=mK+A\sum_{t=0}^{m-1}b^t,\quad \text{Ⅱ}=\sum_{t=m}^{2m-1}Z_t=mK+Ab^m\sum_{t=1}^{m-1}b^t,$$

$$\text{Ⅲ}=\sum_{t=2m}^{3m-1}Z_t=mK+Ab^{2m}\sum_{t=0}^{m-1}b^t,$$

$$\text{Ⅱ}-\text{Ⅰ}=A(b^m-1)\sum_{t=0}^{m-1}b^t,\quad \text{Ⅲ}-\text{Ⅱ}=Ab^m(b^m-1)\sum_{t=0}^{m-1}b^t,$$

$$b^m=\frac{\text{Ⅲ}-\text{Ⅱ}}{\text{Ⅱ}-\text{Ⅰ}},\quad A=\frac{b-1}{(b^m-1)^2}(\text{Ⅱ}-\text{Ⅰ}),\quad K=\frac{1}{m}\left(1-A\frac{b^m-1}{b-1}\right).$$

难点解析 此题不能通过变量替换化为线性模型,但 SPSS 软件可以处理非线性模型,给出数值解.

解 取 $m=3$,则

$$\text{Ⅰ}=\sum_{t=0}^{3-1}Z_t=\ln 2\,239+\ln 2\,760+\ln 3\,206=23.71,$$

$$\text{Ⅱ}=\sum_{t=3}^{5}Z_t=\ln 3\,417+\ln 3\,200+\ln 3\,308=24.31,$$

$$\text{Ⅲ}=\sum_{t=6}^{8}Z_t=\ln 4\,182+\ln 4\,381+\ln 5\,610=25.36,$$

$$b^3=\frac{\text{Ⅲ}-\text{Ⅱ}}{\text{Ⅱ}-\text{Ⅰ}}=\frac{25.36-24.31}{24.31-23.71}=1.73,\quad b=1.2,$$

$$A=\frac{1.2-1}{(1.73-1)^2}(24.31-23.71)=0.225,$$

$$K=\frac{1}{m}\left(1-A\frac{b^m-1}{b-1}\right)=\frac{1}{3}\left(1-0.225\times\frac{1.73-1}{1.2-1}\right)=0.06.$$

因此

$$k=e^K=1.06,\quad a=e^A=1.25,\quad b=1.2,$$

$$y_t=e^K(e^A)^{bt}=1.06\times 1.25^{1.2t}.$$

• SPSS 操作步骤：

（1）录入数据：

	t	y	变量
1	0	2239	
2	1	2760	
3	2	3206	
4	3	3417	
5	4	3200	
6	5	3308	
7	6	4182	
8	7	4381	
9	8	5610	
10	9	6510	

（2）分析 → 回归 → 非线性，注意给出参数的初值，才能迭代：

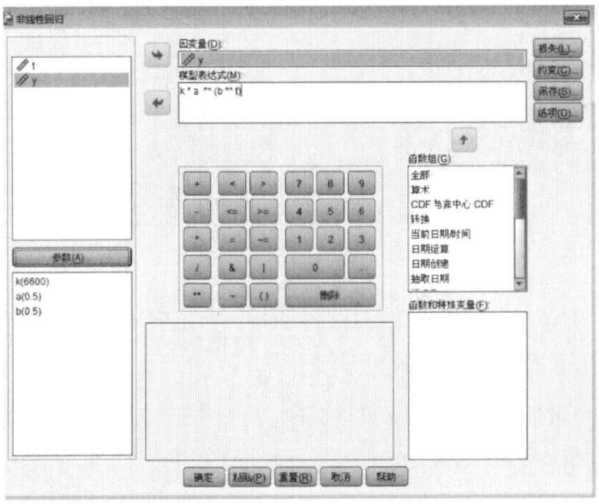

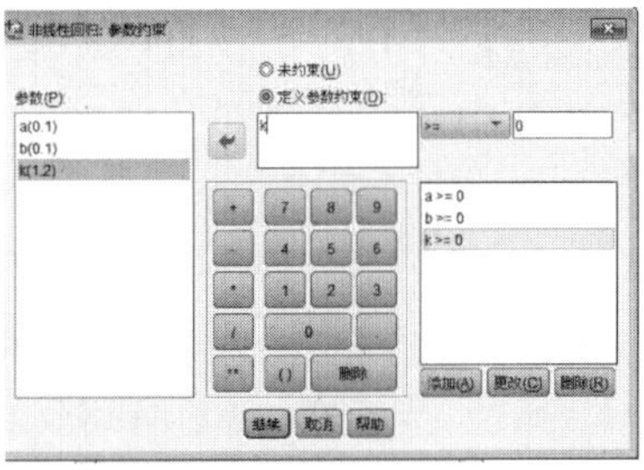

（3）输出如下结果：

参数估计值

参数	估算	标准错误	95% 置信区间	
			下限值	上限
a	4.901	14.652	-29.746	39.549
b	1.055	.082	.861	1.249
k	474.852	1459.019	-2975.180	3924.884

15. 柯布-道格拉斯生产函数：

$$Q_t = AK_t^{\alpha}L_t^{\beta},\quad A>0, K>0, L>0,$$

认为生产总值 Q_t 同劳力 L_t 及资本 K_t 有关，同技术进步 A 的贡献也有关.某地制造业记录了 $n=12$ 个年份的数据资料，见下表：

年份序号	Q/万元	K/万元	L/个
1	144 336	47 729	37 392
2	176 397	46 172	40 818
3	241 911	46 850	48 222

（续表）

年份序号	Q/万元	K/万元	L/个
4	311 551	57 929	54 773
5	371 024	74 475	61 045
6	479 744	122 995	63 128
7	568 366	149 694	60 087
8	646 235	186 251	61 570
9	927 999	250 220	76 248
10	1 028 315	295 506	78 070
11	1 135 466	327 464	68 980
12	1 280 389	365 835	81 845

记 $y_t=\ln Q_t, x_{t1}=\ln K_t, x_{t2}=\ln L_t, t=1,2,\cdots,n$，且

$$\beta_0=\ln A,\quad \beta_1=\alpha,\quad \beta_2=\beta,$$

则有

$$y_t=\beta_0+\beta_1 x_{t1}+\beta_2 x_{t2}+\varepsilon_t,\quad \varepsilon_t\sim N(0,\sigma).$$

试求 β_0 与 β_1 的最小二乘法估计.

方法技巧 写出 β_0 与 β_1 的系数矩阵，由 $\hat{\boldsymbol{\beta}}=(\boldsymbol{X}^{\mathrm{T}}\boldsymbol{X})^{-1}\boldsymbol{X}^{\mathrm{T}}\boldsymbol{Y}$ 可求 β_0 与 β_1 的最小二乘法估计.

解 本题中，

$$\boldsymbol{X}=\begin{pmatrix}1 & 1 & \cdots & 1\\ \ln 47\,729 & \ln 46\,172 & \cdots & \ln 365\,835\\ \ln 37\,392 & \ln 40\,818 & \cdots & \ln 81\,845\end{pmatrix},$$

$$\boldsymbol{Y}^{\mathrm{T}}=(\ln 144\,336\quad \ln 176\,397\quad \cdots\quad \ln 1\,280\,389),$$

$$\boldsymbol{\beta}^{\mathrm{T}}=(\beta_0\quad \beta_1\quad \beta_2),$$

所以

$$\boldsymbol{X}^{\mathrm{T}}\boldsymbol{X}=\begin{pmatrix}0.012\,0 & 0.140\,8 & 0.131\,9\\ 0.140\,8 & 1.658\,4 & 1.549\,2\\ 0.131\,9 & 1.549\,2 & 1.450\,6\end{pmatrix},$$

$$(\boldsymbol{X}^{\mathrm{T}}\boldsymbol{X})^{-1}=\begin{pmatrix}487.999\,0 & 14.915\,6 & -60.304\,5\\ 14.915\,6 & 0.721\,4 & -2.126\,8\\ -60.304\,5 & -2.126\,8 & 7.755\,7\end{pmatrix},$$

$$\hat{\boldsymbol{\beta}}=(\boldsymbol{X}^{\mathrm{T}}\boldsymbol{X})^{-1}\boldsymbol{X}^{\mathrm{T}}\boldsymbol{Y}=(-1.916\quad 0.156\quad 1.175),$$

从而，

$$-1.916=\beta_0=\ln A,\quad 0.156=\beta_1=\alpha,\quad 1.175=\beta_2=\beta,$$

因此，

$$\hat{Q}_t=\mathrm{e}^{-1.916}K_t^{0.156}L_t^{1.175}.$$

- SPSS 操作步骤：

（1）录入数据：

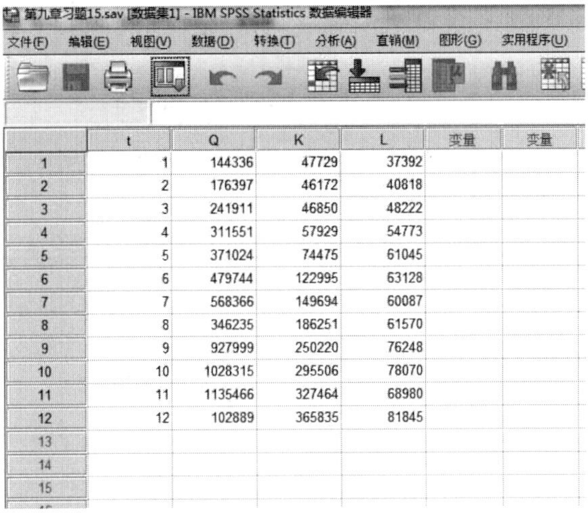

	t	Q	K	L	变量	变量
1	1	144336	47729	37392		
2	2	176397	46172	40818		
3	3	241911	46850	48222		
4	4	311551	57929	54773		
5	5	371024	74475	61045		
6	6	479744	122995	63128		
7	7	568366	149694	60087		
8	8	346235	186251	61570		
9	9	927999	250220	76248		
10	10	1028315	295506	78070		
11	11	1135466	327464	68980		
12	12	102889	365835	81845		
13						
14						
15						

(2) 转换 → 计算变量：

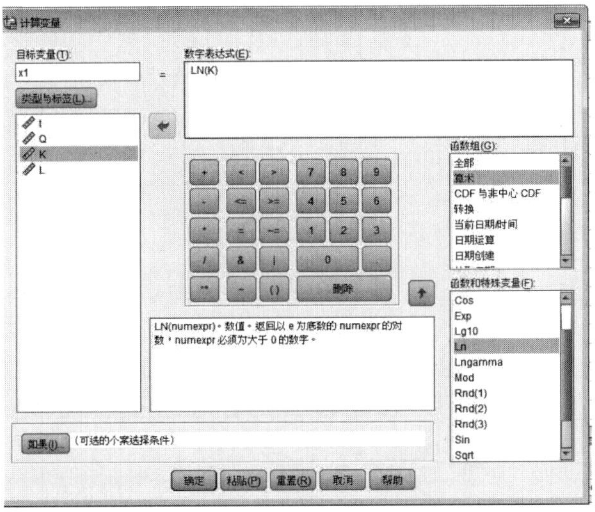

(3) 同样方法来算 $x_2 = \ln L, y = \ln Q$，从而表格变为：

	t	Q	K	L	x1	y	x2
1	1	144336	47729	37392	10.77	11.88	10.53
2	2	176397	46172	40818	10.74	12.08	10.62
3	3	241911	46850	48222	10.75	12.40	10.78
4	4	311551	57929	54773	10.97	12.65	10.91
5	5	371024	74475	61045	11.22	12.82	11.02
6	6	479744	122995	63128	11.72	13.08	11.05
7	7	568366	149694	60087	11.92	13.25	11.00
8	8	346235	186251	61570	12.13	12.75	11.03
9	9	927999	250220	76248	12.43	13.74	11.24
10	10	1028315	295506	78070	12.60	13.84	11.27
11	11	1135466	327464	68980	12.70	13.94	11.14
12	12	102889	365835	81845	12.81	11.54	11.31

(4) 分析→回归→线性，把 y 选入因变量，x_1，x_2 选入自变量，其他默认，输出如下结果：

系数[a]

模型		非标准化系数 B	非标准化系数 标准错误	标准系数 贝塔	t	显著性
1	（常量）	-1.916	16.217		-.118	.909
	x1	.156	.624	.163	.251	.808
	x2	1.175	2.044	.373	.575	.580

a. 因变量：y

从而，$-1.916=\beta_0=\ln A$，$0.156=\beta_1=\alpha$，$1.175=\beta_2=\beta$.

第十章　统计决策及贝叶斯统计

一、本章内容全解

知识点1　先验信息

如果在抽样之前，即获得样本信息之前，对统计推断（估计、检验、预测等）的有关统计问题能从实践经验和历史资料获得某些信息，则称这种信息为先验信息.

基于总体信息、样本信息、先验信息进行的统计推断称为贝叶斯统计学.

知识点2　决策、决策空间、决策函数、损失函数、风险函数（重点）

1. 决策空间定义：

设总体 ξ 的分布函数为 $F(x;\theta)$，$\theta\in\Omega$，θ 为未知参数，Ω 为参数空间，$\xi_1,\xi_2,\cdots,\xi_n$ 为其样本，求参数 θ 的点估计，可看作由样本 $\xi_1,\xi_2,\cdots,\xi_n$ 的一次观察值——样本值域 h 中的一点 $(x_1,x_2,\cdots,x_n)$，对未知参数 θ 采取一种决定.在数理统计中，我们称所采取的一个决定为决策，将可能采取的全部决策所组成的集合称为**决策空间**，记为 $\wp$.

2. 决策定义：

若将我们选取的统计量 $d(\xi_1,\xi_2,\cdots,\xi_n)$ 作为 θ 或 $F(x;\theta)$ 的估计，则称 $d(\xi_1,\xi_2,\cdots,\xi_n)$ 为决策函数，称 $a=d(x_1,x_2,\cdots,x_n)$ 为一个**决策**.

3. 损失函数定义：

损失函数是参数 θ 及决策 a 的一个实值非负函数，它表示参数为 θ 时而采取决策 a 所造成的损失. 损失函数记为 $L(\theta,a)$.

4. 风险函数定义：

记 $R(\theta,d)=\mathrm{E}_\theta\left[L(\theta,d(\xi_1,\xi_2,\cdots,\xi_n))\right]$，它是损失函数在总体 ξ 的分布函数取参数为 θ 时计算得到的数学期望，称 $R(\theta,d)$ 为**风险函数**.它是参数 θ 及决策 $d(\xi_1,\xi_2,\cdots,\xi_n)$ 的函数，表示参数为 θ 时而采取决策 $d(\xi_1,\xi_2,\cdots,\xi_n)$ 所造成的平均损失.

知识点3　极大极小估计

设 D 是由决策函数为元素组成的集合，若有 $d^*(\xi_1,\xi_2,\cdots,\xi_n)\in D$，对任一 $d(\xi_1,\xi_2,\cdots,\xi_n)\in D$，使得

$$\sup_{\theta\in\Omega}\{R(\theta,d^*)\}\leqslant\sup_{\theta\in\Omega}\{R(\theta,d)\},$$

则称 $d^*(\xi_1,\xi_2,\cdots,\xi_n)$ 为参数 θ 的极大极小估计量.

这个定义的直观背景是：使得最大风险达到最小的决策函数 $d^*(\xi_1,\xi_2,\cdots,\xi_n)$ 是考虑到最不利的情况，并要求最不利的情况尽可能地好的一种策略. 这就是通常所说的从最坏处着想，争取最好的结果，是一种稳妥的考虑，也是一种偏于保守的考虑.

知识点 4 贝叶斯估计(重点)

1. 贝叶斯风险定义：

设总体 ξ 的概率密度函数为 $f(x;\theta)$，$\theta\in\Omega$，贝叶斯学派的观点是把参数 θ 看作随机变量 η，假定 η 具有给定的概率密度函数 $\pi(\theta)$（通常称 $\pi(\theta)$ 为参数 η 的先验分布），认为 $f(x;\theta)$ 是 η 取值 θ 时的条件密度函数 $f(x\mid\theta)$. 假定二维连续型随机变量 (ξ,η) 的联合概率密度函数为 $f(x;\theta)$，它可由下式确定：

$$f(x;\theta)=\pi(\theta)f(x\mid\theta).$$

对于决策函数 $d(\xi_1,\xi_2,\cdots,\xi_n)$，风险函数为

$$R(\theta,d)=\mathrm{E}\big[L\big(\eta,d(\xi_1,\xi_2,\cdots,\xi_n)\big)\mid\eta=\theta\big],$$

上式右边是随机变量 η 取值 θ 时损失函数的条件期望值. 由于 η 取值 θ，遵从概率密度函数 $\pi(\theta)$ 的规律，再取一次平均，可得

$$B(d)=\int_\Omega\mathrm{E}\big[L\big(\eta,d(\xi_1,\xi_2,\cdots,\xi_n)\big)\mid\eta=\theta\big]\pi(\theta)\mathrm{d}\theta,$$

称 $B(d)$ 为决策函数 $d(\xi_1,\xi_2,\cdots,\xi_n)$ 的**贝叶斯风险**.

2. 贝叶斯估计量定义：

设总体 ξ 的分布函数为 $F(x;\theta)$，参数 θ 为随机变量 η，对于任一决策函数 $d(\xi_1,\xi_2,\cdots,\xi_n)$，若有一决策函数 $d^*(\xi_1,\xi_2,\cdots,\xi_n)$，使得

$$B(d^*)=\min_{d\in D}\{B(d)\},$$

则称 d^* 为参数 θ 的**贝叶斯估计量**. 贝叶斯估计量 $d^*(\xi_1,\xi_2,\cdots,\xi_n)$ 是使得贝叶斯风险 $B(d)$ 达到最小的决策函数，是依赖于先验分布 $\pi(\theta)$ 的，也就是说，对于不同的先验分布 $\pi(\theta)$，θ 的贝叶斯估计量是不同的.

3. 如果损失函数取二次式

$$L(\theta,d)=[\theta-d(\xi_1,\xi_2,\cdots,\xi_n)]^2,$$

则参数 θ 的贝叶斯估计量为

$$d(\xi_1,\xi_2,\cdots,\xi_n)=\mathrm{E}(\eta\mid\xi_1,\xi_2,\cdots,\xi_n)=\int_\Omega\theta h(\theta\mid\xi_1,\xi_2,\cdots,\xi_n)\mathrm{d}\theta.$$

4. 在线性损失函数

$$L(\theta,d)=\begin{cases}k_0(\theta-d), & \theta\geqslant d,\\ k_1(\theta-d), & \theta<d\end{cases}$$

下，θ 的贝叶斯估计量 $\hat{\theta}(\xi_1,\xi_2,\cdots,\xi_n)$ 为 η 的后验分布 $h(\theta\mid\xi_1,\xi_2,\cdots,\xi_n)$ 的 $\lambda=\dfrac{k_0}{k_0+k_1}$ 分位数.

知识点 5　区间估计

设参数 θ 的后验分布为 $h(\theta \mid X)$，$X=(\xi_1,\xi_2,\cdots,\xi_n)$，对于给定的概率 $1-\alpha$，$0<\alpha<1$，若存在两个统计量 $T_1(X)$ 与 $T_2(X)$，使得

$$P(T_1(X) \leqslant \theta \leqslant T_2(X) \mid X) \geqslant 1-\alpha,$$

则称随机区间 $[T_1(X),T_2(X)]$ 为参数 θ 的置信度为 $1-\alpha$ 的**贝叶斯区间估计**.满足

$$P(\theta \geqslant T_1(X) \mid X) \geqslant 1-\alpha$$

的 $T_1(X)$ 称为 θ 的置信度为 $1-\alpha$ 的**置信下限**；满足

$$P(\theta \leqslant T_2(X) \mid X) \geqslant 1-\alpha$$

的 $T_2(X)$ 称为 θ 的置信度为 $1-\alpha$ 的**置信上限**.

知识点 6　假设检验

设 Ω 为参数空间，$\Omega_0 \subset \Omega$，假设检验为

$$H_0:\theta \in \Omega_0,\quad H_1:\theta \in \Omega-\Omega_0=\Omega_1.$$

假设检验的贝叶斯方法是：不引进检验统计量、两类错判概率及 H_0 的否定域，利用参数 θ 的后验分布 $h(\theta \mid X)$，分别计算 H_0 与 H_1 的后验概率 $p_0=h(\theta \in \Omega_0 \mid X)$ 与 $p_1=h(\theta \in \Omega_1 \mid X)$，其中 $X=(x_1,x_2,\cdots,x_n)$ 为样本观察值.当 $p_0<p_1$ 时，则否定 H_0；当 $p_0>p_1$ 时，不否定 H_0.

知识点 7　共轭先验分布

设 θ 是总体 ξ 分布中的参数，$X=(\xi_1,\xi_2,\cdots,\xi_n)$ 表示样本，$\pi(\theta)$ 为 η 的先验分布（概率密度函数或分布列），如果 η 的后验分布 $h(\theta \mid X)$ 与 $\pi(\theta)$ 有相同的函数形式，则称 $\pi(\theta)$ 是 θ 的**共轭先验分布**.

参数 θ 的贝叶斯估计 $\hat{\theta}(X)$，同总体 ξ 的分布、η 的先验分布 $\pi(\theta)$ 及损失函数 $L(\theta,d)$ 都有关.如何确定 η 的先验分布 $\pi(\theta)$ 是贝叶斯统计中最困难的、必须解决而又易引起争议的问题.

正态分布共轭于正态分布、β 分布共轭于 0-1 分布、Γ 分布共轭于泊松分布、逆 Γ 分布共轭于指数分布.

如果函数 $\varphi(x)$ 与函数 $f(x)$ 只相差一个常数因子，则称 $\varphi(x)$ 为 $f(x)$ 的**核**，记为

$$f(x) \propto \varphi(x).$$

二、经典题型

题型 I　贝叶斯估计量

例 1　某海域天气变化无常，该地区有一渔业公司，每天清晨决定是否派渔船出海.如派渔船出海，遇晴天可获利 1.5 万元，遇阴雨天则亏损 0.5 万元，据以往气象资料，该海域当前季节晴天的概率为 0.8，阴雨天的概率为 0.2.为更好地掌握天气情况公司成立了一个气象站，专门对该海域天气进行预测.晴天，它预报的准确率为 0.95，阴雨天预报的准确率为 0.9.某天，该气

象站预报为晴天，该公司是否该派船出海？如果预报为阴雨天，又是否该派船出海？

方法技巧 设 θ_1,θ_2 分别表示该天晴与阴雨两状态，a_1,a_2 分别表示该公司派船出海与不派船出海两个行动，我们需要计算贝叶斯风险 $B(d)=\mathrm{E}\left[\mathrm{E}\left(L(\theta,a)\mid\xi\right)\right]$，采取使贝叶斯风险最小的策略.

解 设 θ_1,θ_2 分别表示该天晴与阴雨两状态，a_1,a_2 分别表示该公司派船出海与不派船出海两个行动，则由题意有先验分布

$$P(\theta=\theta_1)=0.8,\quad P(\theta=\theta_2)=0.2.$$

收益函数 $Q(\theta,a)$ 由下表(称为收益矩阵) 给出：

θ	a	
	a_1	a_2
θ_1	1.5	0
θ_2	-0.5	0

故 $\max\limits_{a'\in\wp}Q(\theta,a')=\begin{bmatrix}1.5 & 1.5\\ 0 & 0\end{bmatrix}$.损失函数 $L(\theta,a)$ 由下表(称为损失矩阵) 给出：

θ	a	
	a_1	a_2
θ_1	0	1.5
θ_2	0.5	0

于是采取 a_1 行动风险为

$$R(\theta,a_1)=\mathrm{E}[L(\theta,a_1)]=0.8\times0+0.2\times0.5=0.1;$$

采取 a_2 行动风险为

$$R(\theta,a_2)=\mathrm{E}[L(\theta,a_2)]=0.8\times1.5+0.1\times0=1.2.$$

所以先验最优行动为 a_1.

设 x_1,x_2 分别表示气象站预报为晴天与阴雨天两个情报值，则得条件分布矩阵(条件似然分布矩阵) 为(ξ 表示预报天气状态)

θ	p	$P(\xi=x_1\mid\theta)$	$P(\xi=x_2\mid\theta)$
θ_1	0.8	0.95	0.05
θ_2	0.2	0.1	0.9

由全概率公式得似然分布

$$\begin{aligned}P(\xi=x_1)&=P(\xi=x_1\mid\theta=\theta_1)P(\theta=\theta_1)+P(\xi=x_1\mid\theta=\theta_2)P(\theta=\theta_2)\\&=0.8\times0.95+0.2\times0.1=0.78.\end{aligned}$$

类似地，$P(\xi=x_2)=0.22$.于是得后验分布

$$P(\theta=\theta_1\mid\xi=x_1)=\frac{P(\xi=x_1,\theta=\theta_1)}{P(\xi=x_1)}=0.974\,4.$$

类似地，

$$P(\theta=\theta_2 \mid \xi=x_1)=\frac{P(\xi=x_1,\theta=\theta_2)}{P(\xi=x_1)}=0.025\,6,$$

$$P(\theta=\theta_1 \mid \xi=x_2)=0.181\,8,$$

$$P(\theta=\theta_2 \mid \xi=x_2)=0.818\,2.$$

因为贝叶斯风险 $B(d)=\mathrm{E}\left[\mathrm{E}(L(\theta,a)\mid\xi)\right]$ 达到最小几乎处处等价于 $\mathrm{E}(L(\theta,a)\mid\xi)$ 达到最小，而

$$\begin{aligned}\mathrm{E}(L(\theta,a_1)\mid\xi=x_1)&=L(\theta_1,a_1)P(\theta=\theta_1\mid\xi=x_1)+L(\theta_2,a_1)P(\theta=\theta_2\mid\xi=x_1)\\&=0\times0.974\,4+0.5\times0.025\,6=0.012\,8.\end{aligned}$$

类似地，

$$\begin{aligned}\mathrm{E}(L(\theta,a_2)\mid\xi=x_1)&=L(\theta_1,a_2)P(\theta=\theta_1\mid\xi=x_1)+L(\theta_2,a_2)P(\theta=\theta_2\mid\xi=x_1)\\&=1.5\times0.974\,4+0\times0.025\,6=1.461\,6.\end{aligned}$$

故当预报为晴天时应派船出海.又因

$$\mathrm{E}(L(\theta,a_2)\mid\xi=x_2)=1.5\times0.181\,8+0\times0.818\,2=0.272\,7,$$

$$\mathrm{E}(L(\theta,a_1)\mid\xi=x_2)=0\times0.181\,8+0.5\times0.818\,2=0.409\,1,$$

所以当预报为阴雨天时不派船出海.

题型 Ⅱ 最大风险最小化决策

例 2 一个收藏家正在考虑买一副名画，这幅画标价为 5 000 美元，如果画是真品，则它可值 1 万美元；如果画是赝品，则它就一钱不值.此外，买一幅假画或没能买下一幅真画都会损害她的名誉.收益函数 $Q(\theta,a)$ 由下表给出：

买否 a	品别 θ	
	真品 θ_1(美元)	赝品 θ_2(美元)
买 a_1	+5 000	−6 000
不买 a_2	−3 000	0

她去寻找一位鉴赏家，他能以概率 0.95 识别一幅真画和以概率 0.7 识别一幅假画.

(1) 对下列三种决策做一风险表：d_1：以概率 0.5 买；d_2：如果鉴赏家说是真品就买；d_3：不买，并求最大风险最小化决策.

(2) 如果由卖画者以往的资料知这幅画以概率 0.75 是真品，以概率 0.25 是赝品，她(在请鉴赏家鉴别之前) 是否应买这幅画?

(3) 在她知道这幅画分别以概率 0.75，0.25 为真与假后，又去请上述的鉴赏家鉴别，如果他说是真品，问她买下这幅画将要冒多大的风险? 如果咨询鉴赏家的咨询费为 500 美元，问她是否请鉴赏家鉴别?

解 由收益函数可得损失函数 $L(\theta,a)$ 表如下：

a	θ	
	θ_1	θ_2
a_1	0	6 000
a_2	8 000	0

表中的θ_1,θ_2分别表示这幅画为真与假,a_1,a_2分别表示她买与不买两个行动(决策).并设x_1,x_2分别表示鉴赏家说这幅画是真与假,ξ表示鉴赏家的鉴赏结论.

(1) 因为

$$P(\xi=x_1 \mid \theta=\theta_1)=0.95,\quad P(\xi=x_2 \mid \theta=\theta_1)=0.05,$$
$$P(\xi=x_1 \mid \theta=\theta_2)=0.3,\quad P(\xi=x_2 \mid \theta=\theta_2)=0.7,$$

且

$$\begin{aligned} R(\theta_1,d_1)&=\mathrm{E}\big(L(\theta_1,d_1)\big)=L(\theta_1,a_1)P(d_1=a_1)+L(\theta_1,a_2)P(d_1=a_2) \\ &=8\,000\times\frac{1}{2}=4\,000, \end{aligned}$$

类似地,

$$R(\theta_2,d_1)=3\,000,\quad R(\theta_1,d_2)=0\times 0.95+8\,000\times 0.05=400,$$
$$R(\theta_2,d_2)=L(\theta_2,a_1)\times 0.3+L(\theta_2,a_2)\times 0.7=1\,800,$$
$$R(\theta_1,d_3)=L(\theta_1,a_2)\times 1=8\,000,\quad R(\theta_2,d_3)=L(\theta_2,a_2)\times 1=0.$$

所以得下表:

d_i	$R(\theta_1,d_i)$	$R(\theta_2,d_i)$	$\sup\limits_i R(\theta_i,d_i)$
d_1	4 000	3 000	4 000
d_2	400	1 800	1 800
d_3	8 000	0	8 000

由上表知,最大风险最小化决策是d_2.

(2) 因为

$$P(\theta=\theta_1)=0.75,\quad \text{最大风险最小化}\ P(\theta=\theta_2)=0.25,$$

所以

$$R(\theta,a_1)=\mathrm{E}\big(L(\theta,a_1)\big)=L(\theta_1,a_1)P(\theta=\theta_1)+L(\theta_2,a_1)P(\theta=\theta_2)=1\,500,$$
$$R(\theta,a_2)=6\,000.$$

因此,$R(\theta,a_1)<R(\theta,a_2)$.故先验最优行动是$a_1$(买下这幅画).

(3) 因为

$$P(\xi=x_1)=P(x_1 \mid \theta_1)P(\theta_1)+P(x_1 \mid \theta_2)P(\theta_2)=0.95\times 0.75+0.3\times 0.25=0.787\,5,$$

类似地,$P(\xi=x_2)=0.212\,5$.又有

$$P(\theta_1 \mid x_1)=\frac{P(x_1 \mid \theta_1)P(\theta_1)}{P(x_1)}=\frac{0.95\times 0.75}{0.787\,5}=0.904\,8,$$

$$P(\theta_2 \mid x_1)=0.095\,2,\quad P(\theta_1 \mid x_2)=\frac{P(x_2 \mid \theta_1)P(\theta_1)}{P(x_2)}=0.176\,5,$$

$$P(\theta_2 \mid x_2)=0.823\,5.$$

故

$$
\begin{aligned}
\mathrm{E}(L(\theta,a_1)\mid x_1)&=L(\theta_1,a_1)P(\theta_1\mid x_1)+L(\theta_2,a_1)P(\theta_2\mid x_1)\\
&=6\,000\times0.095\,2=571.2,\\
\mathrm{E}(L(\theta,a_2)\mid x_1)&=L(\theta_1,a_2)P(\theta_1\mid x_1)+L(\theta_2,a_2)P(\theta_2\mid x_1)\\
&=8\,000\times0.904\,8=7\,238.4,
\end{aligned}
$$

$$\mathrm{E}(L(\theta,a_1)\mid x_2)=6\,000\times0.823\,5=4\,941,$$

$$\mathrm{E}(L(\theta,a_2)\mid x_2)=8\,000\times0.176\,5=1\,412.$$

从而，当鉴赏家认为这幅画是真的，她买下它所谓的风险为571.2美元，且在$\xi=x_1$下最优决策是a_1，在$\xi=x_2$下最优决策是a_2.

又因为

$$
\begin{aligned}
B(\tilde{d})&=\mathrm{E}(L(\theta,d))=\mathrm{E}(L(\theta,a_2)\mid x_1)P(x_1)+\mathrm{E}(L(\theta,a_2)\mid x_2)P(x_2)\\
&=571.2\times0.787\,5+1\,412\times0.212\,5=749.87,
\end{aligned}
$$

即贝叶斯最小风险为749.87美元，而先验(行动)最小风险为1 500美元，所以补充情报价值为

$$R(\theta,a_1)-B(\tilde{d})=750.13>500,$$

故她应该请鉴赏家来鉴别.

三、习题答案

1. 设总体ξ服从正态分布$N(a,\sigma)$，$\xi_1,\xi_2,\cdots,\xi_n$为随机样本，若a有先验分布$N(0,\sigma_0)$，σ_0为已知数值，试求a的后验分布(用充分统计量$\bar{\xi}$来表示).

方法技巧 后验分布等于$\xi_1,\xi_2,\cdots,\xi_n,a$的联合分布与$\xi_1,\xi_2,\cdots,\xi_n$的联合分布的商，由$\xi_1,\xi_2,\cdots,\xi_n$相互独立且服从正态分布$N(a,\sigma)$，可求在$a$条件下$\xi_1,\xi_2,\cdots,\xi_n$的分布，再由$a$的先验分布可求得$\xi_1,\xi_2,\cdots,\xi_n,a$的联合分布，由联合分布的边缘分布可得$\xi_1,\xi_2,\cdots,\xi_n$的联合分布.

解 设$\xi_1,\xi_2,\cdots,\xi_n$的样本均值为$\bar{\xi}$，其观测值为$\bar{x}=\frac{1}{n}\sum_{i=1}^{n}x_i$，样本方差为

$$S^2=\frac{1}{n}\sum_{i=1}^{n}(\xi_i-\bar{\xi})^2=\frac{1}{n}\sum_{i=1}^{n}\xi_i^2-\bar{\xi}^2,$$

其观测值为$s^2=\frac{1}{n}\sum_{i=1}^{n}x_i^2-\bar{x}^2$，则$\bar{\xi}$，$S^2$均为充分统计量.$(\xi_1,\xi_2,\cdots,\xi_n)$在$a=y$下的条件分布为

$$f(x_1,x_2,\cdots,x_n\mid a=y)=\frac{1}{\sigma^n(\sqrt{2\pi})^n}\exp\left\{-\frac{\sum_{i=1}^{n}(x_i-y)^2}{2\sigma^2}\right\}$$

$$=\frac{1}{\sigma^n(\sqrt{2\pi})^n}\exp\left\{-\frac{\sum_{i=1}^n x_i^2-2ny\bar{x}+ny^2}{2\sigma^2}\right\}.$$

a 的先验分布函数为

$$\pi(y)=\frac{1}{\sigma_0\sqrt{2\pi}}\exp\left\{-\frac{y^2}{2\sigma_0^2}\right\},$$

从而$(\xi_1,\xi_2,\cdots,\xi_n,a)$的联合分布为

$$f(x_1,x_2,\cdots,x_n,y)=\frac{1}{\sigma_0\sqrt{2\pi}}\exp\left\{-\frac{y^2}{2\sigma_0^2}\right\}\frac{1}{\sigma^n(\sqrt{2\pi})^n}\exp\left\{-\frac{\sum_{i=1}^n x_i^2-2ny\bar{x}+ny^2}{2\sigma^2}\right\}$$

$$=\frac{1}{\sigma_0\sigma^n(\sqrt{2\pi})^{n+1}}\exp\left\{-\frac{\sigma_0^2\sum_{i=1}^n x_i^2-2\sigma_0^2ny\bar{x}+(n\sigma_0^2+\sigma^2)y^2}{2\sigma^2\sigma_0^2}\right\}$$

$$=\frac{1}{\sigma_0\sigma^n(\sqrt{2\pi})^{n+1}}\exp\left\{-\frac{(n\sigma_0^2+\sigma^2)\left(y-\frac{\sigma_0^2n\bar{x}}{n\sigma_0^2+\sigma^2}\right)^2-\frac{\sigma_0^4(n\bar{x})^2}{n\sigma_0^2+\sigma^2}+\sigma_0^2\sum_{i=1}^n x_i^2}{2\sigma^2\sigma_0^2}\right\}.$$

$(\xi_1,\xi_2,\cdots,\xi_n)$的联合分布为

$$f(x_1,x_2,\cdots,x_n)=\int_{-\infty}^{+\infty}f(x_1,x_2,\cdots,x_n,y)\mathrm{d}y$$

$$=\frac{1}{\sigma^{n-1}(2\pi)^{\frac{n}{2}}\sqrt{n\sigma_0^2+\sigma^2}}\exp\left\{-\frac{\sum_{i=1}^n x_i^2-\frac{\sigma_0^2(n\bar{x})^2}{n\sigma_0^2+\sigma^2}}{2\sigma^2}\right\}$$

$$=\frac{1}{\sigma^{n-1}(2\pi)^{\frac{n}{2}}\sqrt{n\sigma_0^2+\sigma^2}}\exp\left\{-\frac{\sigma_0^2n^2s^2+\sigma^2\sum_{i=1}^n x_i^2}{2\sigma^2(n\sigma_0^2+\sigma^2)}\right\}.$$

a 的后验分布为

$$f(y\mid x_1,x_2,\cdots,x_n)=\frac{f(x_1,x_2,\cdots,x_n,y)}{f(x_1,x_2,\cdots,x_n)}$$

$$=\frac{\sqrt{n\sigma_0^2+\sigma^2}}{\sigma_0\sigma\sqrt{2\pi}}\exp\left\{-\frac{(n\sigma_0^2+\sigma^2)\left(y-\frac{\sigma_0^2n\bar{x}}{n\sigma_0^2+\sigma^2}\right)^2}{2\sigma^2\sigma_0^2}\right\},$$

σ^2 用其无偏估计 S^{*2} 替换即可.

2. 设总体ξ服从指数分布,即 $f(x)=\lambda e^{-\lambda x}$,$x>0$,$\lambda>0$,损失函数为二次式,$\lambda$ 的先验分布为 $\Gamma(\alpha,\beta)$,即

$$g(\lambda)=\frac{\beta^{-(\alpha+1)}}{\Gamma(\alpha+1)}\lambda^{\alpha}\mathrm{e}^{-\frac{\lambda}{\beta}},\quad \lambda>0,\beta>0,\alpha+1>0.$$

试求参数 λ 的贝叶斯估计.

方法技巧 当损失函数为二次式时，参数 λ 的贝叶斯估计即 $\mathrm{E}(\lambda \mid \xi_1,\xi_2,\cdots,\xi_n)$，与习题1类似，先求 $(\lambda \mid \xi_1,\xi_2,\cdots,\xi_n)$ 的概率密度，然后求数学期望即可.

解　如果损失函数取二次式，即

$$L(\lambda,d)=(\lambda-d(\xi_1,\xi_2,\cdots,\xi_n))^2,$$

则参数 λ 的贝叶斯估计量为

$$d(\xi_1,\xi_2,\cdots,\xi_n)=\mathrm{E}(\lambda \mid \xi_1,\xi_2,\cdots,\xi_n)=\int_{\Omega}\lambda h(\lambda \mid \xi_1,\xi_2,\cdots,\xi_n)\mathrm{d}\lambda.$$

本题中，

$$h(y \mid x_1,x_2,\cdots,x_n)\propto \pi(y)f(x_1,x_2,\cdots,x_n \mid y)\propto y^{\alpha}\mathrm{e}^{-\frac{y}{\beta}}y^{n}\mathrm{e}^{-y\sum\limits_{i=1}^{n}x_i}$$
$$=y^{n+\alpha}\mathrm{e}^{-y\left(\frac{1}{\beta}+n\bar{x}\right)},\quad y>0.$$

故参数 $\lambda\sim\Gamma\left(n+\alpha,\dfrac{1}{\frac{1}{\beta}+n\bar{x}}\right)$，从而 λ 的贝叶斯估计为

$$\hat{\lambda}(\xi_1,\xi_2,\cdots,\xi_n)=\mathrm{E}(\lambda \mid \xi_1,\xi_2,\cdots,\xi_n)=\frac{\alpha+n}{\frac{1}{\beta}+n\bar{\xi}}.$$

3. 设总体 ξ 服从正态分布 $N(a,1)$，$-\infty<a<+\infty$，ξ_1,ξ_2 为其样本，考虑下述三个估计量：

$$\hat{a}_1=d_1(\xi_1,\xi_2)=\frac{2}{5}\xi_1+\frac{3}{5}\xi_2,$$

$$\hat{a}_2=d_2(\xi_1,\xi_2)=\frac{5}{6}\xi_1+\frac{1}{6}\xi_2,$$

$$\hat{a}_3=d_3(\xi_1,\xi_2)=\frac{1}{3}\xi_1+\frac{2}{3}\xi_2.$$

定义损失函数为 $L(a,\hat{a})=3a^2(a-\hat{a})^2$，试求 $R(a,d_1)$，$R(a,d_2)$，$R(a,d_3)$，问哪个风险最小?

方法技巧 风险函数 $R(a,d_i)=\mathrm{E}(L(a,\hat{a}_i))$，$i=1,2,3$.

解　因为

$$R(a,d_1)=\mathrm{E}(L(a,\hat{a}_1))=\mathrm{E}\left[3a^2\left(a-\frac{2}{5}\xi_1-\frac{3}{5}\xi_2\right)^2\right]=\frac{39}{25}a^2,$$

$$R(a,d_2)=\mathrm{E}(L(a,\hat{a}_2))=\mathrm{E}\left[3a^2\left(a-\frac{5}{6}\xi_1-\frac{1}{6}\xi_2\right)^2\right]=\frac{13}{6}a^2,$$

$$R(a,d_3)=\mathrm{E}(L(a,\hat{a}_3))=\mathrm{E}\left[3a^2\left(a-\frac{1}{3}\xi_1-\frac{2}{3}\xi_2\right)^2\right]=\frac{5}{3}a^2,$$

故 $R(a,d_1)=\frac{39}{25}a^2$ 最小，所以 $\hat{a}_1=d_1(\xi_1,\xi_2)=\frac{2}{5}\xi_1+\frac{3}{5}\xi_2$ 的风险最小.

4. 设总体 ξ 服从正态分布 $N(0,\sigma)$，$\xi_1,\xi_2,\cdots,\xi_n$ 为样本，建立 $\hat{\sigma}^2=c\sum_{i=1}^{n}\xi_i^2$，$c$ 为任一实数. 选定损失函数

$$L(\sigma^2,\hat{\sigma}^2)=\left(1-\frac{\hat{\sigma}^2}{\sigma^2}\right)^2,\quad \sigma>0.$$

求 $\hat{\sigma}^2$ 的风险函数 $R(\sigma^2,\hat{\sigma}^2)$，试问 c 取何值，风险函数达到最小值.

方法技巧 风险函数 $R(\sigma^2,\hat{\sigma}^2)=\mathrm{E}(L(\sigma^2,\hat{\sigma}^2))$，$R(\sigma^2,\hat{\sigma}^2)$ 对 c 求导，让导数等于 0，可得 c 的值.

解 本题中，$\dfrac{\xi_i}{\sigma}\sim N(0,1)$，$i=1,2,\cdots,n$，则有

$$\sum_{i=1}^{n}\frac{\xi_i^2}{\sigma^2}\sim\chi^2(n),\quad \frac{\hat{\sigma}^2}{c\sigma^2}=\sum_{i=1}^{n}\frac{\xi_i^2}{\sigma^2}\sim\chi^2(n),\quad \mathrm{E}\left(\frac{\hat{\sigma}^2}{c\sigma^2}\right)=n,\quad \mathrm{D}\left(\frac{\hat{\sigma}^2}{c\sigma^2}\right)=2n.$$

从而 $\hat{\sigma}^2$ 的风险函数 $R(\sigma^2,\hat{\sigma}^2)$ 为

$$\begin{aligned}
R(\sigma^2,\hat{\sigma}^2)&=\mathrm{E}(L(\sigma^2,\hat{\sigma}^2))=\mathrm{E}\left[\left(1-\frac{\hat{\sigma}^2}{\sigma^2}\right)^2\right]=c^2\mathrm{E}\left[\left(\frac{1}{c}-\frac{\hat{\sigma}^2}{c\sigma^2}\right)^2\right]\\
&=c^2\mathrm{E}\left[\left(\frac{1}{c}-n+n-\frac{\hat{\sigma}^2}{c\sigma^2}\right)^2\right]\\
&=c^2\left\{\mathrm{E}\left[\left(\frac{1}{c}-n\right)^2\right]+\mathrm{E}\left[\left(n-\frac{\hat{\sigma}^2}{c\sigma^2}\right)^2\right]-2\left(\frac{1}{c}-n\right)\mathrm{E}\left(n-\frac{\hat{\sigma}^2}{c\sigma^2}\right)\right\}\\
&=(1-cn)^2+2c^2n-2(c-cn)(n-n)\\
&=c^2(n^2+2n)-2cn+1.
\end{aligned}$$

上式两边对 c 求异，并等于 0，可得 $c=\dfrac{1}{n+2}$. 因此 $c=\dfrac{1}{n+2}$ 时，风险函数达到最小值.

5. 设总体 ξ 服从指数分布，概率密度函数为

$$f(x;\theta)=\begin{cases}\dfrac{1}{\theta}\mathrm{e}^{-x/\theta}, & x\geqslant 0,\theta>0,\\ 0, & x<0.\end{cases}$$

$\xi_1,\xi_2,\cdots,\xi_n$ 为样本，建立 $\hat{\theta}=c\bar{\xi}$，c 为任一实数，$\bar{\xi}$ 为样本均值. 选定损失函数

$$L(\theta,\hat{\theta})=\left(1-\frac{\hat{\theta}}{\theta}\right)^2.$$

求 $\hat{\theta}$ 的风险函数 $R(\theta,\hat{\theta})$，试问 c 取何值，风险函数达到最小值?

方法技巧 求风险函数 $R(\theta,\hat{\theta})=\mathrm{E}(L(\theta,\hat{\theta}))$ 时，注意结合指数分布的数学期望与方差求解. $R(\theta,\hat{\theta})$ 对 c 求导，让导数等于 0，可得 c 的值.

解 本题中，

$$\mathrm{E}(\xi_i)=\theta,\quad \mathrm{D}(\xi_i)=\theta^2,\quad i=1,2,\cdots,n,$$

$$\mathrm{E}(\hat{\theta})=\mathrm{E}(c\bar{\xi})=c\mathrm{E}(\xi_1)=c\theta,\quad \mathrm{D}(\hat{\theta})=\mathrm{D}(c\bar{\xi})=\frac{c^2}{n}\mathrm{D}(\xi_1)=\frac{c^2\theta^2}{n},$$

$$\mathrm{E}(\hat{\theta}^2)=\mathrm{D}(\hat{\theta})+[\mathrm{E}(\hat{\theta})]^2=\frac{(1+n)c^2\theta^2}{n}.$$

从而$\hat{\theta}$ 的风险函数为

$$R(\theta,\hat{\theta})=\mathrm{E}(L(\theta,\hat{\theta}))=\mathrm{E}\left[\left(1-\frac{\hat{\theta}}{\theta}\right)^2\right]=1-2\frac{\mathrm{E}(\hat{\theta})}{\theta}+\frac{\mathrm{E}(\hat{\theta}^2)}{\theta^2}=1-2c+\frac{(1+n)c^2}{n},$$

上式两边对 c 求导数,并让导数等于 0,可得 $c=\dfrac{n}{n+1}$.因此,$c=\dfrac{n}{n+1}$ 时,风险函数达到最小值.

6. 设总体 ξ 服从两点分布,$\xi_1,\xi_2,\cdots,\xi_n$ 为样本,分布列为

$$P(\xi=x)=p^x(1-p)^{1-x},\quad x=0,1,0<p<1.$$

p 的先验分布为

$$\pi(p)=6p(1-p),\quad 0<p<1.$$

选定损失函数为 $L(p,\hat{p})=(p-\hat{p})^2$.试求 p 的贝叶斯估计.

方法技巧 当损失函数为二次式时,参数 p 的贝叶斯估计为 $\mathrm{E}(p\mid\xi_1,\xi_2,\cdots,\xi_n)$,与习题1类似,先求$(p\mid\xi_1,\xi_2,\cdots,\xi_n)$的分布列,然后求数学期望即可.

解 $(\xi_1,\xi_2,\cdots,\xi_n)$ 在 $p=y$ 下的条件分布为

$$f(x_1,x_2,\cdots,x_n\mid p=y)=y^{\sum\limits_{i=1}^n x_i}(1-y)^{n-\sum\limits_{i=1}^n x_i}.$$

从而$(\xi_1,\xi_2,\cdots,\xi_n,p)$ 的联合分布为

$$\begin{aligned}f(x_1,x_2,\cdots,x_n,y)&=y^{\sum\limits_{i=1}^n x_i}(1-y)^{n-\sum\limits_{i=1}^n x_i}6y(1-y)\\&=6y^{1+\sum\limits_{i=1}^n x_i}(1-y)^{n+1-\sum\limits_{i=1}^n x_i},\quad 0<y<1.\end{aligned}$$

$(\xi_1,\xi_2,\cdots,\xi_n)$ 的联合分布为

$$\begin{aligned}f(x_1,x_2,\cdots,x_n)&=\int_{-\infty}^{+\infty}f(x_1,x_2,\cdots,x_n,y)\mathrm{d}y\\&=\int_0^1 6y^{1+\sum\limits_{i=1}^n x_i}(1-y)^{n+1-\sum\limits_{i=1}^n x_i}\mathrm{d}y\\&=6\beta(n\bar{x}+2,n+2-n\bar{x}).\end{aligned}$$

p 的后验分布为

$$f(y\mid x_1,x_2,\cdots,x_n)=\frac{f(x_1,x_2,\cdots,x_n,y)}{f(x_1,x_2,\cdots,x_n)}=\frac{y^{1+\sum\limits_{i=1}^n x_i}(1-y)^{n+1-\sum\limits_{i=1}^n x_i}}{\beta(n\bar{x}+2,n+2-n\bar{x})},\quad 0<y<1,$$

即$(p\mid\xi_1,\xi_2,\cdots,\xi_n)\sim B(n\bar{x}+2,n+2-n\bar{x})$.从而 p 的贝叶斯估计为

$$\mathrm{E}(p\mid\xi_1,\xi_2,\cdots,\xi_n)=\frac{n\bar{\xi}+2}{n+4}.$$

7. 设总体 ξ 服从泊松分布,$\xi_1,\xi_2,\cdots,\xi_n$ 为样本,分布列为

$$P(\xi=x)=\frac{\lambda^x}{x!}\mathrm{e}^{-\lambda},\quad x=0,1,2,\cdots,\lambda>0.$$

λ 的先验分布为

$$\pi(\lambda)=\mathrm{e}^{-\lambda},\quad \lambda>0,$$

选定损失函数为 $L(\lambda,\hat{\lambda})=(\lambda-\hat{\lambda})^2$,试求 λ 的贝叶斯估计.

方法技巧 当损失函数为二次式时,参数λ 的贝叶斯估计为 $\mathrm{E}(\lambda\mid\xi_1,\xi_2,\cdots,\xi_n)$,与习题1

类似,先求$(\lambda \mid \xi_1,\xi_2,\cdots,\xi_n)$的概率密度函数,然后求数学期望即可.

解 $(\xi_1,\xi_2,\cdots,\xi_n)$在$\lambda=y$下的条件分布为

$$f(x_1,x_2,\cdots,x_n \mid \lambda=y)=\frac{y^{\sum_{i=1}^{n}x_i}}{x_1!\ x_2!\ \cdots x_n!}\mathrm{e}^{-ny}.$$

从而$(\xi_1,\xi_2,\cdots,\xi_n,\lambda)$的联合分布为

$$f(x_1,x_2,\cdots,x_n,y)=\frac{y^{\sum_{i=1}^{n}x_i}}{x_1!\ x_2!\ \cdots x_n!}\mathrm{e}^{-(n+1)y},\quad y>0.$$

$(\xi_1,\xi_2,\cdots,\xi_n)$的联合分布为

$$f(x_1,x_2,\cdots,x_n)=\int_{-\infty}^{+\infty}f(x_1,x_2,\cdots,x_n,y)\mathrm{d}y=\int_{0}^{+\infty}\frac{y^{\sum_{i=1}^{n}x_i}}{x_1!\ x_2!\ \cdots x_n!}\mathrm{e}^{-(n+1)y}\mathrm{d}y$$
$$=\frac{\Gamma(1+n\bar{x})}{(n+1)^{1+n\bar{x}}x_1!\ x_2!\ \cdots x_n!}.$$

λ的后验分布为

$$f(y \mid x_1,x_2,\cdots,x_n)=\frac{f(x_1,x_2,\cdots,x_n,y)}{f(x_1,x_2,\cdots,x_n)}=\frac{\dfrac{y^{\sum_{i=1}^{n}x_i}}{x_1!\ x_2!\ \cdots x_n!}\mathrm{e}^{-(n+1)y}}{\dfrac{\Gamma(1+n\bar{x})}{(n+1)^{1+n\bar{x}}x_1!\ x_2!\ \cdots x_n!}}$$
$$=\frac{(n+1)^{1+n\bar{x}}y^{\sum_{i=1}^{n}x_i}\mathrm{e}^{-(n+1)y}}{\Gamma(1+n\bar{x})},\quad y>0,$$

即$(\lambda \mid \xi_1,\xi_2,\cdots,\xi_n)\sim\Gamma\left(n\bar{x},\dfrac{1}{n+1}\right)$.从而$\lambda$的贝叶斯估计为

$$\mathrm{E}(\lambda \mid \xi_1,\xi_2,\cdots,\xi_n)=\frac{n\bar{\xi}+1}{n+1}.$$

8. 检查某设备零件的质量状况,在设备工作时,用手摸零件的温度判别是否正常,温度正常用$x=1$表示,温度异常(发烫)用$x=0$表示.零件的温度是否正常同零件的质量状况有关.零件的质量状况有两种可能状态:θ_1表示好,θ_2表示坏.总体ξ服从两点分布,分布列为

$$P(\xi=x)=\begin{cases}p, & x=1,\\ 1-p, & x=0,\end{cases}\quad 0<p<1.$$

(注:θ_1及θ_2的含义与p_1及p_2等同.)假定ξ的分布列为

$P(x;p)$	$x=0$	$x=1$
p_1	0.8	0.2
p_2	0.3	0.7

手摸一次判别零件的质量状况,表明样本容量$n=1$,当手摸判别零件的温度是否正常后,假定可能采取的行动有三个:a_1(保留),a_2(更换),a_3(修理).选定损失函数$L(\theta,a)$为

$L(\theta,a)$	a_1	a_2	a_3
θ_1	0	8	3
θ_2	12	2	6

(1) 试问可能的决策函数 $d(\xi)$ 有哪几个?

(2) 试求决策函数 $d(\xi)$ 的风险函数 $R(\theta,d(\xi))$.

提示:$R(\theta,d(\xi))=\mathrm{E}(L(\theta,d(\xi)))$

$$=L(\theta,a_1)P_p(d(\xi)=a_1)+L(\theta,a_2)P_p(d(\xi)=a_2)+L(\theta,a_3)P_p(d(\xi)=a_3).$$

于是,

$$R(\theta_1,d(\xi))=8P_{p_1}(d(\xi)=a_2)+3P_{p_1}(d(\xi)=a_3),$$

$$R(\theta_2,d(\xi))=12P_{p_2}(d(\xi)=a_1)+2P_{p_2}(d(\xi)=a_2)+6P_{p_2}(d(\xi)=a_3).$$

(3) 确定极大极小决策函数.

难点解析 决策函数实质上是对样本值域中的每一点,在决策空间中寻找一点与之对应.本题中样本的值域为{0,1},决策空间为$\{a_1,a_2,a_3\}$,因此可以建立 9 种对应,从而决策函数有 9 个.要结合决策函数的表达式来求风险函数 $R(\theta,d(\xi))=\mathrm{E}[L(\theta,d(\xi))]$.极大极小决策函数是使得最大风险最小化的那个决策.

解 (1) 根据ξ的取值0,1来决策采用a_1方案、a_2方案或a_3方案,共能建立9个决策函数,见下表:

x	$d_1(x)$	$d_2(x)$	$d_3(x)$	$d_4(x)$	$d_5(x)$	$d_6(x)$	$d_7(x)$	$d_8(x)$	$d_9(x)$
0	a_1	a_1	a_1	a_2	a_2	a_2	a_3	a_3	a_3
1	a_1	a_2	a_3	a_1	a_2	a_3	a_1	a_2	a_3

(2) $R(\theta,d(\xi))=\mathrm{E}[L(\theta,d(\xi))]=L(\theta,a_1)P_p(d(\xi)=a_1)+L(\theta,a_2)P_p(d(\xi)=a_2)$

$$+L(\theta,a_3)P_p(d(\xi)=a_3).$$

于是,

$$R(\theta_1,d_1(\xi))=8P_{p_1}(d_1(\xi)=a_2)+3P_{p_1}(d_1(\xi)=a_3)=0,$$

$$R(\theta_1,d_2(\xi))=8P_{p_1}(d_2(\xi)=a_2)+3P_{p_1}(d_2(\xi)=a_3)$$
$$=8P_{p_1}(\xi=1)=8p_1=8\times0.2=1.6,$$

$$R(\theta_1,d_3(\xi))=8P_{p_1}(d_3(\xi)=a_2)+3P_{p_1}(d_3(\xi)=a_3)$$
$$=3P_{p_1}(\xi=1)=3p_1=3\times0.2=0.6,$$

$$R(\theta_1,d_4(\xi))=8P_{p_1}(d_4(\xi)=a_2)+3P_{p_1}(d_4(\xi)=a_3)$$
$$=8P_{p_1}(\xi=0)=8(rp_1)=8\times0.8=6.4,$$

$$R(\theta_1,d_5(\xi))=8P_{p_1}(d_5(\xi)=a_2)+3P_{p_1}(d_5(\xi)=a_3)$$
$$=8P_{p_1}(\xi=0)+8P_{p_1}(\xi=1)=8,$$

$$R(\theta_1,d_6(\xi))=8P_{p_1}(d_6(\xi)=a_2)+3P_{p_1}(d_6(\xi)=a_3)$$
$$=8P_{p_1}(\xi=0)+3P_{p_1}(\xi=1)=8\times0.8+3\times0.2=7,$$
$$R(\theta_1,d_7(\xi))=8P_{p_1}(d_7(\xi)=a_2)+3P_{p_1}(d_7(\xi)=a_3)$$
$$=3P_{p_1}(\xi=0)=3\times0.8=2.4,$$
$$R(\theta_1,d_8(\xi))=8P_{p_1}(d_8(\xi)=a_2)+3P_{p_1}(d_8(\xi)=a_3)$$
$$=8P_{p_1}(\xi=1)+3P_{p_1}(\xi=0)=8\times0.2+3\times0.8=4,$$
$$R(\theta_1,d_9(\xi))=8P_{p_1}(d_9(\xi)=a_2)+3P_{p_1}(d_9(\xi)=a_3)=3.$$

从以上风险函数可以看出，当$\theta=\theta_1$时，最大风险为$R(\theta_1,d_5(\xi))=8$，此时决策函数为$d_5(\xi)$.

因为

$$R(\theta_2,d(\xi))=12P_{p_2}(d(\xi)=a_1)+2P_{p_2}(d(\xi)=a_2)+6P_{p_2}(d(\xi)=a_3),$$

因此，

$$R(\theta_2,d_1(\xi))=12P_{p_2}(d_1(\xi)=a_1)+2P_{p_2}(d_1(\xi)=a_2)+6P_{p_2}(d_1(\xi)=a_3)$$
$$=12P_{p_2}(d_1(\xi)=a_1)=12,$$
$$R(\theta_2,d_2(\xi))=12P_{p_2}(d_2(\xi)=a_1)+2P_{p_2}(d_2(\xi)=a_2)+6P_{p_2}(d_2(\xi)=a_3)$$
$$=12P_{p_2}(d_2(\xi)=a_1)+2P_{p_2}(d_2(\xi)=a_2)$$
$$=12\times P_{p_2}(\xi=0)+2\times P_{p_2}(\xi=1)=12\times0.3+2\times0.7=5,$$
$$R(\theta_2,d_3(\xi))=12P_{p_2}(d_3(\xi)=a_1)+2P_{p_2}(d_3(\xi)=a_2)+6P_{p_2}(d_3(\xi)=a_3)$$
$$=12P_{p_2}(d_3(\xi)=a_1)+6P_{p_2}(d_3(\xi)=a_3)$$
$$=12\times P_{p_2}(\xi=0)+6\times P_{p_2}(\xi=1)=12\times0.3+6\times0.7=7.8,$$
$$R(\theta_2,d_4(\xi))=12P_{p_2}(d_4(\xi)=a_1)+2P_{p_2}(d_4(\xi)=a_2)+6P_{p_2}(d_4(\xi)=a_3)$$
$$=12P_{p_2}(d_4(\xi)=a_1)+2P_{p_2}(d_4(\xi)=a_2)$$
$$=12\times P_{p_2}(\xi=1)+2\times P_{p_2}(\xi=0)=12\times0.7+6\times0.3=10.2,$$
$$R(\theta_2,d_5(\xi))=12P_{p_2}(d_5(\xi)=a_1)+2P_{p_2}(d_5(\xi)=a_2)+6P_{p_2}(d_5(\xi)=a_3)$$
$$=2P_{p_2}(d_5(\xi)=a_2)=2,$$
$$R(\theta_2,d_6(\xi))=12P_{p_2}(d_6(\xi)=a_1)+2P_{p_2}(d_6(\xi)=a_2)+6P_{p_2}(d_6(\xi)=a_3)$$
$$=2P_{p_2}(d_6(\xi)=a_2)+6P_{p_2}(d_6(\xi)=a_3)$$
$$=2\times P_{p_2}(\xi=0)+6\times P_{p_2}(\xi=1)=2\times0.3+6\times0.7=4.8,$$
$$R(\theta_2,d_7(\xi))=12P_{p_2}(d_7(\xi)=a_1)+2P_{p_2}(d_7(\xi)=a_2)+6P_{p_2}(d_7(\xi)=a_3)$$
$$=12P_{p_2}(d_7(\xi)=a_1)+6P_{p_2}(d_7(\xi)=a_3)$$
$$=12\times P_{p_2}(\xi=1)+6\times P_{p_2}(\xi=0)=12\times0.7+6\times0.3=10.2,$$
$$R(\theta_2,d_8(\xi))=12P_{p_2}(d_8(\xi)=a_1)+2P_{p_2}(d_8(\xi)=a_2)+6P_{p_2}(d_8(\xi)=a_3)$$
$$=2P_{p_2}(d_8(\xi)=a_2)+6P_{p_2}(d_8(\xi)=a_3)$$

$$=2\times P_{p_2}(\xi=1)+6\times P_{p_2}(\xi=0)=2\times 0.7+6\times 0.3=3.2,$$

$$R(\theta_2,d_9(\xi))=12P_{p_2}(d_9(\xi)=a_1)+2P_{p_2}(d_9(\xi)=a_2)+6P_{p_2}(d_9(\xi)=a_3)$$

$$=6P_{p_2}(d_9(\xi)=a_3)=6.$$

(3) $R(\theta_2,d(\xi))$ 中最大的为 $R(\theta_2,d_1(\xi))=12$,$R(\theta_1,d(\xi))$ 中最大的为 $R(\theta_1,d_5(\xi))=8$,因此极大极小决策函数为 $d_5(\xi)$.

9. 在习题 8 中,假定 θ 有先验分布:

$$\pi(\theta_1)=0.7,\quad \pi(\theta_2)=0.3,$$

试求贝叶斯决策函数.

提示:决策函数 $d(\xi)$ 的贝叶斯风险为

$$B(d(\xi))=\pi(\theta_1)R(\theta_1,d(\xi))+\pi(\theta_2)R(\theta_2,d(\xi)).$$

贝叶斯风险最小的决策函数称为贝叶斯决策函数.

方法技巧 使得贝叶斯风险最小的决策称为贝叶斯决策函数,需先求出 $\mathrm{E}[R(\theta,d(\xi))]$.

解 $B(d_1(\xi))=\pi(\theta_1)R(\theta_1,d_1(\xi))+\pi(\theta_2)R(\theta_2,d_1(\xi))=0.7\times 0+0.3\times 12=3.6,$

$$B(d_2(\xi))=\pi(\theta_1)R(\theta_1,d_2(\xi))+\pi(\theta_2)R(\theta_2,d_2(\xi))=0.7\times 1.6+0.3\times 5=2.62,$$

$$B(d_3(\xi))=\pi(\theta_1)R(\theta_1,d_3(\xi))+\pi(\theta_2)R(\theta_2,d_3(\xi))=0.7\times 0.6+0.3\times 7.8=2.76,$$

$$B(d_4(\xi))=\pi(\theta_1)R(\theta_1,d_4(\xi))+\pi(\theta_2)R(\theta_2,d_4(\xi))=0.7\times 6.4+0.3\times 10.2=7.54,$$

$$B(d_5(\xi))=\pi(\theta_1)R(\theta_1,d_5(\xi))+\pi(\theta_2)R(\theta_2,d_5(\xi))=0.7\times 8+0.3\times 2=6.2,$$

$$B(d_6(\xi))=\pi(\theta_1)R(\theta_1,d_6(\xi))+\pi(\theta_2)R(\theta_2,d_6(\xi))=0.3\times 4.8=6.34,$$

$$B(d_7(\xi))=\pi(\theta_1)R(\theta_1,d_7(\xi))+\pi(\theta_2)R(\theta_2,d_7(\xi))=0.7\times 2.4+0.3\times 10.2=4.74,$$

$$B(d_8(\xi))=\pi(\theta_1)R(\theta_1,d_8(\xi))+\pi(\theta_2)R(\theta_2,d_8(\xi))=0.3\times 3.2=3.76,$$

$$B(d_9(\xi))=\pi(\theta_1)R(\theta_1,d_9(\xi))+\pi(\theta_2)R(\theta_2,d_9(\xi))=0.7\times 3+0.3\times 6=3.9.$$

贝叶斯风险最小的为 $B(d_2(\xi))=2.76$,因此贝叶斯决策函数为 $d_2(\xi)$.

10. 设总体 ξ 服从几何分布,分布列为

$$P(\xi=x)=p(1-p)^{x-1},\quad x=1,2,3,\cdots,0<p<1.$$

设参数 p 的先验分布为

$$\pi\left(p=\frac{i}{4}\right)=\frac{1}{3},\quad i=1,2,3.$$

设一次抽样得到样本观察值 $x=3$,试求参数 p 的后验分布,并求后验分布的数学期望与方差.

注 总体及参数的先验分布都为离散型,由 $\left(\xi=3,p=\frac{i}{4}\right)$ 的联合概率求出 $P(\xi=3)$,从而得出 $P\left(p=\frac{i}{4}\middle|\xi=3\right),i=1,2,3.$

方法技巧 参数 p 的后验分布等于样本与 p 的联合分布除以样本的联合分布,样本与 p 的联合分布等于样本的分布乘以 p 的先验分布,对样本与 p 的联合分布求边缘分布可得样本的联合分布.

解 $(\xi_1 \mid p)$ 的概率分布为 $P(x_1 \mid p)=p(1-p)^{x_1-1}$，从而 (ξ_1,p) 的分布列为

$$P\left(\xi_1=x_1,p=\frac{i}{4}\right)=\frac{1}{3}\left(\frac{i}{4}\right)\left(1-\frac{i}{4}\right)^{x_1-1},\quad i=1,2,3.$$

参数 p 的后验分布为

$$P\left(p=\frac{i}{4}\,\middle|\,\xi_1=x_1\right)=\frac{P\left(p=\frac{i}{4},\xi_1=x_1\right)}{P(\xi_1=x_1)}=\frac{\frac{1}{3}\left(\frac{i}{4}\right)\left(1-\frac{i}{4}\right)^{x_1-1}}{\sum\limits_{i=1}^{3}\frac{1}{3}\left(\frac{i}{4}\right)\left(1-\frac{i}{4}\right)^{x_1-1}}.$$

当观测值为 $x=3$ 时，

$$P\left(p=\frac{i}{4}\,\middle|\,\xi_1=3\right)=\frac{\frac{1}{3}\cdot\left(\frac{i}{4}\right)\left(1-\frac{i}{4}\right)^2}{\sum\limits_{i=1}^{3}\frac{1}{3}\cdot\left(\frac{i}{4}\right)\left(1-\frac{i}{4}\right)^2}=\frac{i(4-i)^2}{20},\quad i=1,2,3.$$

p 的数学期望为

$$\mathrm{E}(p \mid \xi_1=3)=\sum_{i=1}^{3}\frac{i^2(4-i)^2}{20}=\frac{9+16+9}{20}=1.7.$$

p 的方差为

$$\begin{aligned}\mathrm{D}(p \mid \xi_1=3)&=\mathrm{E}(p^2 \mid \xi_1=3)-\left[\mathrm{E}(p \mid \xi_1=3)\right]^2\\&=\sum_{i=1}^{3}\frac{i^3(4-i)^2}{20}-1.7^2=3.4-2.89=0.51.\end{aligned}$$

11. 设总体 ξ 服从几何分布，分布列为

$$P(\xi=x)=p(1-p)^{x-1},\quad x=1,2,3,\cdots,0<p<1.$$

设参数 p 的先验分布为(0,1)上的均匀分布，概率密度为

$$\pi(p)=1,\quad 0<p<1.$$

设一次抽样得到样本观察值 $x=3$，试求参数 p 的后验分布及其数学期望(也称贝叶斯估计).

方法技巧 与习题10类似，不同的地方在于习题10中总体和参数的先验分布都是离散型的，而本题中总体的分布是离散型的，参数的先验分布是连续型的.

解 $(\xi_1,\xi_2,\cdots,\xi_n \mid p)$ 的概率密度函数为

$$f(x_1,x_2,\cdots,x_n \mid p)=p^n(1-p)^{\sum_{i=1}^{n}x_i-1},$$

从而 $(\xi_1,\xi_2,\cdots,\xi_n,p)$ 的概率密度函数为

$$f(x_1,x_2,\cdots,x_n,p)=f(x_1,x_2,\cdots,x_n \mid p)\pi(p)=p^n(1-p)^{\sum_{i=1}^{n}x_i-1}.$$

参数 p 的后验分布为

$$f(p \mid x_1,x_2,\cdots,x_n)=\frac{f(x_1,x_2,\cdots,x_n,p)}{\int_0^1 f(x_1,x_2,\cdots,x_n,p)\mathrm{d}p}=\frac{p^n(1-p)^{\sum_{i=1}^{n}x_i-1}}{\int_0^1 p^n(1-p)^{\sum_{i=1}^{n}x_i-1}\mathrm{d}p}.$$

当一次抽样得到样本观察值 $x=3$ 时，

$$f(p \mid 3)=\frac{p(1-p)^2}{\int_0^1 p(1-p)^2\mathrm{d}p}=12p(1-p)^2,\quad 0<p<1.$$

p 的数学期望为

$$E(p \mid 3)=\int_0^1 pf(p \mid 3)\mathrm{d}p=12\int_0^1 p^2(1-p)^2\mathrm{d}p=0.4.$$

12. 设总体 ξ 服从正态分布 $N(a,\sigma)$，$\xi_1,\xi_2,\cdots,\xi_n$ 为样本，建立 σ^2 的三个估计量：

$$d_1(\xi_1,\xi_2,\cdots,\xi_n)=\frac{1}{n-1}\sum_{i=1}^n(\xi_i-\bar{\xi})^2,$$

$$d_2(\xi_1,\xi_2,\cdots,\xi_n)=\frac{1}{n+1}\sum_{i=1}^n(\xi_i-\bar{\xi})^2,$$

$$d_3(\xi_1,\xi_2,\cdots,\xi_n)=\frac{1}{n+2}\sum_{i=1}^n\xi_i^2.$$

假定损失函数为 $L(\sigma^2,d(\xi_1,\xi_2,\cdots,\xi_n))=\left(\frac{d}{\sigma^2}-1\right)^2$，试求它们的风险函数.

方法技巧 风险函数即损失函数的数学期望.

解 由抽样分布定理知道 $\frac{\sum_{i=1}^n(\xi_i-\bar{\xi})^2}{\sigma^2}\sim\chi^2(n-1)$，从而

$$E\left[\frac{(n-1)d_1}{\sigma^2}\right]=(n-1),\quad D\left[\frac{(n-1)d_1}{\sigma^2}\right]=2(n-1),$$

$$E\left[\frac{(n+1)d_2}{\sigma^2}\right]=(n-1),\quad D\left[\frac{(n+1)d_2}{\sigma^2}\right]=2(n-1).$$

从而

$$E\left(\frac{d_1}{\sigma^2}\right)=1,\quad D\left(\frac{d_1}{\sigma^2}\right)=\frac{2}{n-1},\quad E\left(\frac{d_2}{\sigma^2}\right)=\frac{n-1}{n+1},\quad D\left(\frac{d_2}{\sigma^2}\right)=\frac{2(n-1)}{(n+1)^2},$$

$$\begin{aligned}R(\sigma^2,d)&=E[L(\sigma^2,d(\xi_1,\xi_2,\cdots,\xi_n))]=E\left[\left(\frac{d}{\sigma^2}-1\right)^2\right]=E\left[\left(\frac{d}{\sigma^2}\right)^2\right]-2E\left(\frac{d}{\sigma^2}\right)+1\\&=D\left(\frac{d}{\sigma^2}\right)+\left[E\left(\frac{d}{\sigma^2}\right)\right]^2-2E\left(\frac{d}{\sigma^2}\right)+1.\end{aligned}$$

因此，

$$R(\sigma^2,d_1)=\frac{2}{n-1}+1-2+1=\frac{2}{n-1},$$

$$R(\sigma^2,d_2)=\frac{2(n-1)}{(n+1)^2}+\frac{(n-1)^2}{(n+1)^2}-\frac{2(n-1)}{n+1}+1=\frac{2}{n+1}.$$

注意到，$\frac{\xi_i}{\sigma}\sim N\left(\frac{a}{\sigma},1\right)$，$i=1,2,\cdots,n$，因此

$$E\left(\frac{\xi_i}{\sigma}\right)=\frac{a}{\sigma},\quad D\left(\frac{\xi_i}{\sigma}\right)=1,\quad E\left[\left(\frac{\xi_i}{\sigma}\right)^2\right]=D\left(\frac{\xi_i}{\sigma}\right)+\left[E\left(\frac{\xi_i}{\sigma}\right)\right]^2=1+\frac{a^2}{\sigma^2},$$

$$\begin{aligned}E\left[\left(\frac{\xi}{\sigma}\right)^4\right]&=\frac{1}{\sqrt{2\pi}}\int_{-\infty}^{+\infty}x^4e^{-\frac{\left(x-\frac{a}{\sigma}\right)^2}{2}}\mathrm{d}x=\frac{1}{\sqrt{2\pi}}\int_{-\infty}^{+\infty}\left(x-\frac{a}{\sigma}+\frac{a}{\sigma}\right)^4e^{-\frac{\left(x-\frac{a}{\sigma}\right)^2}{2}}\mathrm{d}x\\&=\frac{1}{\sqrt{2\pi}}\int_{-\infty}^{+\infty}\left(x-\frac{a}{\sigma}\right)^4e^{-\frac{\left(x-\frac{a}{\sigma}\right)^2}{2}}\mathrm{d}x+\frac{a}{\sigma}\times\frac{4}{\sqrt{2\pi}}\int_{-\infty}^{+\infty}\left(x-\frac{a}{\sigma}\right)^3e^{-\frac{\left(x-\frac{a}{\sigma}\right)^2}{2}}\mathrm{d}x\end{aligned}$$

$$+\left(\frac{a}{\sigma}\right)^2\times\frac{6}{\sqrt{2\pi}}\int_{-\infty}^{+\infty}\left(x-\frac{a}{\sigma}\right)^2 e^{-\frac{\left(x-\frac{a}{\sigma}\right)^2}{2}}dx$$

$$+\left(\frac{a}{\sigma}\right)^3\times\frac{4}{\sqrt{2\pi}}\int_{-\infty}^{+\infty}\left(x-\frac{a}{\sigma}\right) e^{-\frac{\left(x-\frac{a}{\sigma}\right)^2}{2}}dx$$

$$+\left(\frac{a}{\sigma}\right)^4\times\frac{1}{\sqrt{2\pi}}\int_{-\infty}^{+\infty} e^{-\frac{\left(x-\frac{a}{\sigma}\right)^2}{2}}dx$$

$$=3+0+6\left(\frac{a}{\sigma}\right)^2+0+\left(\frac{a}{\sigma}\right)^4=3+6\left(\frac{a}{\sigma}\right)^2+\left(\frac{a}{\sigma}\right)^4,$$

$$R(\sigma^2,d_3)=\mathrm{E}\left[L(\sigma^2,d_3(\xi_1,\xi_2,\cdots,\xi_n))\right]=\mathrm{E}\left[\left(\frac{d_3}{\sigma^2}-1\right)^2\right]$$

$$=\mathrm{E}\left[\left(\frac{d_3}{\sigma^2}\right)^2\right]-2\mathrm{E}\left(\frac{d_3}{\sigma^2}\right)+1.$$

又$\dfrac{d_3(\xi_1,\xi_2,\cdots,\xi_n)}{\sigma^2}=\dfrac{1}{n+2}\sum\limits_{i=1}^{n}\left(\dfrac{\xi_i}{\sigma}\right)^2$，因此，

$$\mathrm{E}\left(\frac{d_3(\xi_1,\xi_2,\cdots,\xi_n)}{\sigma^2}\right)=\frac{1}{n+2}\sum_{i=1}^{n}\mathrm{E}\left(\frac{\xi_i}{\sigma}\right)^2=\frac{n(\sigma^2+a^2)}{(n+2)\sigma^2},$$

$$\mathrm{E}\left[\left(\frac{d_3}{\sigma^2}\right)^2\right]=\frac{1}{\sigma^4}\mathrm{E}\left[\left(\frac{1}{n+2}\sum_{i=1}^{n}\xi_i^2\right)\times\left(\frac{1}{n+2}\sum_{j=1}^{n}\xi_j^2\right)\right]$$

$$=\frac{1}{(n+2)^2\sigma^4}\left[\sum_{i=1}^{n}\mathrm{E}(\xi_i^4)+\sum_{i=1}^{n}\mathrm{E}\left[\xi_i^2\sum_{j\neq i}\xi_j^2\right]\right]$$

$$=\frac{1}{(n+2)^2\sigma^4}\left[\sum_{i=1}^{n}\mathrm{E}(\xi_i^4)+\sum_{i=1}^{n}\mathrm{E}(\xi_i^2)(n-1)\mathrm{E}(\xi^2)\right]$$

$$=\frac{1}{(n+2)^2}\left\{n\mathrm{E}\left[\left(\frac{\xi}{\sigma}\right)^4\right]+n(n-1)\mathrm{E}^2\left[\left(\frac{\xi}{\sigma}\right)^2\right]\right\}$$

$$=\frac{1}{(n+2)^2}\left[3n+6n\left(\frac{a}{\sigma}\right)^2+n\left(\frac{a}{\sigma}\right)^4+n(n-1)\left(1+\frac{a^2}{\sigma^2}\right)^2\right]$$

$$=\frac{1}{(n+2)^2}\left[n^2+2n+n^2\left(\frac{a}{\sigma}\right)^4+2n(n+2)\left(\frac{a}{\sigma}\right)^2\right].$$

因此，

$$R(\sigma^2,d_3)=\frac{1}{(n+2)^2}\left[n^2+2n+n^2\left(\frac{a}{\sigma}\right)^4+2n(n+2)\left(\frac{a}{\sigma}\right)^2\right]-2\frac{n(\sigma^2+a^2)}{(n+2)\sigma^2}+1$$

$$=\frac{n^2}{(n+2)^2}\left(\frac{a}{\sigma}\right)^4+\frac{2}{n+2}.$$

13. 设总体 ξ 服从两点分布，分布列为

$$P(\xi=x)=\begin{cases}p, & x=1,\\ 1-p, & x=0.\end{cases}$$

参数 $p\in\Omega=\left\{\dfrac{1}{4},\dfrac{1}{2}\right\}$，样本容量 $n=1$，建立如下 4 个决策函数：

$$d_1(\xi)=\frac{1}{4},\quad d_2(\xi)=\begin{cases}\frac{1}{4}, & x=0,\\ \frac{1}{2}, & x=1,\end{cases}\quad d_3(\xi)=\begin{cases}\frac{1}{2}, & x=0,\\ \frac{1}{4}, & x=1,\end{cases}\quad d_4(\xi)=\frac{1}{2}.$$

选定损失函数为

$L(p,a)$	$a=\frac{1}{4}$	$a=\frac{1}{2}$
$p_1=\frac{1}{4}$	0	5
$p_2=\frac{1}{2}$	3	2

试求参数 p 的极大极小决策函数.

难点解析 首先求损失函数的数学期望，即风险函数，使得最大风险最小化的决策为极大极小决策函数.

解 设 $a_1=\frac{1}{4},a_2=\frac{1}{2}$，则

$$R(p,d(\xi))=\mathrm{E}\left[L(p,d(\xi))\right]=L(p,a_1)P_p\left(d(\xi)=a_1\right)+L(p,a_2)P_p\left(d(\xi)=a_2\right).$$

于是

$$\begin{aligned}R(p_1,d_1(\xi))&=L(p_1,a_1)P_{p_1}\left(d_1(\xi)=a_1\right)+L(p_1,a_2)P_{p_1}\left(d_1(\xi)=a_2\right)\\&=0+5P_{p_1}\left(d_1(\xi)=\frac{1}{2}\right)=0,\end{aligned}$$

$$\begin{aligned}R(p_1,d_2(\xi))&=L(p_1,a_1)P_{p_1}\left(d_2(\xi)=a_1\right)+L(p_1,a_2)P_{p_1}\left(d_2(\xi)=a_2\right)\\&=0+5P_{p_1}\left(d_2(\xi)=\frac{1}{2}\right)=5P_{p_1}(\xi=1)=5\times\frac{1}{4}=1.25,\end{aligned}$$

$$R(p_1,d_3(\xi))=5P_{p_1}\left(d_3(\xi)=a_2\right)=5P_{p_1}(\xi=0)=5\times\frac{3}{4}=3.75,$$

$$R(p_1,d_4(\xi))=5P_{p_1}\left(d_4(\xi)=a_2\right)=5P_{p_1}\left(d_4(\xi)=\frac{1}{2}\right)=5,$$

$$R(p_2,d_1(\xi))=3P_{p_2}\left(d_1(\xi)=\frac{1}{4}\right)+2P_{p_2}\left(d_1(\xi)=\frac{1}{2}\right)$$

$$=3P_{p_2}\left(d_1(\xi)=\frac{1}{4}\right)=3,$$

$$\begin{aligned}R(p_2,d_2(\xi))&=3P_{p_2}\left(d_2(\xi)=\frac{1}{4}\right)+2P_{p_2}\left(d_2(\xi)=\frac{1}{2}\right)\\&=3P_{p_2}(\xi=0)+2P_{p_2}(\xi=1)=3\times\frac{1}{2}+2\times\frac{1}{2}=2.5,\end{aligned}$$

$$\begin{aligned}R(p_2,d_3(\xi))&=3P_{p_2}\left(d_3(\xi)=\frac{1}{4}\right)+2P_{p_2}\left(d_3(\xi)=\frac{1}{2}\right)\\&=3P_{p_2}(\xi=1)+2P_{p_2}(\xi=0)=5\times\frac{1}{2}=2.5,\end{aligned}$$

$$R(p_2,d_4(\xi))=3P_{p_2}\left(d_4(\xi)=\frac{1}{4}\right)+2P_{p_2}\left(d_4(\xi)=\frac{1}{2}\right)=2P_{p_2}\left(d_4(\xi)=\frac{1}{2}\right)=2.$$

$R(p_1,d(\xi))$ 中最大的为 $R(p_1,d_4(\xi))=5$，$R(p_2,d(\xi))$ 中最大的为 $R(p_2,d_1(\xi))=3$，因此极大极小决策函数为 $d_1(\xi)$.

14. 在习题 13 中，假定参数 p 有先验分布：

$$\pi\left(p=\frac{1}{4}\right)=0.8,\quad \pi\left(p=\frac{1}{2}\right)=0.2.$$

试求参数 p 的贝叶斯估计.

方法技巧 习题 13 中求出风险函数后，把 p 看作参数，再求一次数学期望，可得贝叶斯风险，使得贝叶斯风险最小的决策为贝叶斯估计.

解

$$B(d_1(\xi))=\pi(p_1)R(p_1,d_1(\xi))+\pi(p_2)R(p_2,d_1(\xi))=0+0.2\times 3=0.6,$$

$$B(d_2(\xi))=\pi(p_1)R(p_1,d_2(\xi))+\pi(p_2)R(p_2,d_2(\xi))=0.8\times 1.25+0.2\times 2.5=1.5,$$

$$B(d_3(\xi))=\pi(p_1)R(p_1,d_3(\xi))+\pi(p_2)R(p_2,d_3(\xi))=0.8\times 3.75+0.2\times 2.5=3.5,$$

$$B(d_4(\xi))=\pi(p_1)R(p_1,d_4(\xi))+\pi(p_2)R(p_2,d_4(\xi))=0.8\times 5+0.2\times 2=4.4.$$

贝叶斯风险最小的为 $B(d_1(\xi))=0.6$，因此贝叶斯决策函数为 $d_1(\xi)$. 参数 p 的贝叶斯估计为 $d_1(\xi)$.

15. 设总体 ξ 服从两点分布，分布列为

$$P(\xi=x)=\begin{cases}p, & x=1,\\ 1-p, & x=0,\end{cases}\quad 0<p<1.$$

设参数 p 在 $(0,1)$ 上服从均匀分布，损失函数为

$$L(p,d)=\left[\frac{p-d}{p(1-p)}\right]^2.$$

$\xi_1,\xi_2,\cdots,\xi_n$ 为样本，试求 p 的贝叶斯估计.

方法技巧 对损失函数求数学期望可得风险函数，此风险函数与参数 p 有关，把 p 看作随机变量，再对风险函数求数学期望，可得贝叶斯风险，使得贝叶斯风险最小的决策为贝叶斯估计. 也可以直接求 $(\xi_1,\xi_2,\cdots,\xi_n,p)$ 的联合分布，从而得出贝叶斯风险 $\mathrm{E}(L(p,d))$.

解 $(\xi_1,\xi_2,\cdots,\xi_n\mid p)$ 的分布为

$$f(x_1,x_2,\cdots,x_n\mid p)=p^{\sum\limits_{i=1}^n x_i}(1-p)^{n-\sum\limits_{i=1}^n x_i},$$

从而 $(\xi_1,\xi_2,\cdots,\xi_n,p)$ 的分布为

$$f(x_1,x_2,\cdots,x_n,p)=f(x_1,x_2,\cdots,x_n\mid p)\pi(p)=p^{\sum\limits_{i=1}^n x_i}(1-p)^{n-\sum\limits_{i=1}^n x_i},\quad 0<p<1.$$

风险函数为

$$\begin{aligned}\mathrm{E}(L(p,d))&=\mathrm{E}\left\{\left[\frac{p-\mathrm{d}}{p(1-p)}\right]^2\right\}=\sum_{x_1=0}^{1}\cdots\sum_{x_n=0}^{1}\int_0^1\left[\frac{p-d(x_1,x_2,\cdots,x_n)}{p(1-p)}\right]^2 p^{\sum\limits_{i=1}^n x_i}(1-p)^{n-\sum\limits_{i=1}^n x_i}\mathrm{d}p\\&=\sum_{x_1=0}^{1}\cdots\sum_{x_n=0}^{1}\int_0^1[p-d(x_1,x_2,\cdots,x_n)]^2 p^{\sum\limits_{i=1}^n x_i-2}(1-p)^{n-2-\sum\limits_{i=1}^n x_i}\mathrm{d}p.\end{aligned}$$

设 $L'(p,d)=(p-d)^2$，本题转化为$(\xi_1,\xi_2,\cdots,\xi_n,p)$的分布为

$$g(x_1,x_2,\cdots,x_n,p)=p^{\sum\limits_{i=1}^{n}x_i-2}(1-p)^{n-2-\sum\limits_{i=1}^{n}x_i},\quad 0<p<1.$$

风险函数为

$$\mathrm{E}(L(p,d(\xi_1,\xi_2,\cdots,\xi_n)))=\mathrm{E}(L'(p,d(\xi_1,\xi_2,\cdots,\xi_n))=\mathrm{E}\left[(p-d(\xi_1,\xi_2,\cdots,\xi_n))^2\right],$$

因此 p 的贝叶斯估计为 $\mathrm{E}[p\mid(\xi_1,\xi_2,\cdots,\xi_n)]$.

参数 p 的后验分布为

$$f(p\mid x_1,x_2,\cdots,x_n)=\frac{g(x_1,x_2,\cdots,x_n,p)}{\int_0^1 g(x_1,x_2,\cdots,x_n,p)\mathrm{d}p}=\frac{p^{\sum\limits_{i=1}^{n}x_i-2}(1-p)^{n-2-\sum\limits_{i=1}^{n}x_i}}{\int_0^1 p^{\sum\limits_{i=1}^{n}x_i-2}(1-p)^{n-2-\sum\limits_{i=1}^{n}x_i}\mathrm{d}p}$$

$$=\frac{p^{\sum\limits_{i=1}^{n}x_i-2}(1-p)^{n-2-\sum\limits_{i=1}^{n}x_i}}{B\left(\sum\limits_{i=1}^{n}x_i-1,n-1-\sum\limits_{i=1}^{n}x_i\right)}.$$

$(p\mid\xi_1,\xi_2,\cdots,\xi_n)\sim B\left(\sum\limits_{i=1}^{n}\xi_i-1,n-1-\sum\limits_{i=1}^{n}\xi_i\right)$，因此，

$$\mathrm{E}(p\mid\xi_1,\xi_2,\cdots,\xi_n)=\frac{\sum\limits_{i=1}^{n}\xi_i-1}{\sum\limits_{i=1}^{n}\xi_i-1+n-1-\sum\limits_{i=1}^{n}\xi_i}=\frac{\sum\limits_{i=1}^{n}\xi_i-1}{n-2}.$$

16. 设总体 ξ 服从指数分布，$\xi_1,\xi_2,\cdots,\xi_n$ 为样本，概率密度函数为

$$f(x;\lambda)=\begin{cases}\lambda\mathrm{e}^{-\lambda x}, & x\geqslant 0,\lambda>0,\\ 0, & x<0.\end{cases}$$

参数 λ 的先验分布为 $\Gamma(\alpha,\beta)$ 分布，且有

$$\pi(\lambda;\alpha,\beta)=\begin{cases}0, & \lambda<0,\\ \dfrac{\lambda^{\alpha}\mathrm{e}^{-\frac{\lambda}{\beta}}}{\beta^{\alpha+1}\Gamma(\alpha+1)}, & \lambda\geqslant 0,\beta>0,\alpha+1>0.\end{cases}$$

选定损失函数 $L(\lambda-\hat{\lambda})^2=(\lambda-\hat{\lambda})^2$，试求 λ 的贝叶斯估计.

方法技巧 当损失函数为二次式时，参数 λ 的贝叶斯估计为 $\mathrm{E}(\lambda\mid\xi_1,\xi_2,\cdots,\xi_n)$，与习题1类似，先求$(\lambda\mid\xi_1,\xi_2,\cdots,\xi_n)$的概率密度函数，然后求数学期望即可.

解 如果损失函数取二次式，即

$$L(\lambda,d)-(\lambda-d(\zeta_1,\zeta_2,\cdots,\xi_n))^2,$$

则参数 λ 的贝叶斯估计量为

$$d(\xi_1,\xi_2,\cdots,\xi_n)=\mathrm{E}(\lambda\mid\xi_1,\xi_2,\cdots,\xi_n)=\int_{\Omega}\lambda h(\lambda\mid\xi_1,\xi_2,\cdots,\xi_n)\mathrm{d}\lambda.$$

本题中

$$h(y\mid x_1,x_2,\cdots,x_n)\propto\pi(y)f(x_1,x_2,\cdots,x_n\mid y)\propto y^{\alpha}\mathrm{e}^{-\frac{y}{\beta}}y^{n}\mathrm{e}^{-y\sum\limits_{i=1}^{n}x_i}$$

$$=y^{n+\alpha}\mathrm{e}^{-y\left(\frac{1}{\beta}+nx\right)},\quad y>0.$$

故参数 λ 的贝叶斯估计为

$$\hat{\lambda}(\xi_1,\xi_2,\cdots,\xi_n)=\mathrm{E}(\lambda\mid\xi_1,\xi_2,\cdots,\xi_n)=\frac{\alpha+n+1}{\frac{1}{\beta}+n\bar{\xi}}.$$

17. 设总体 ξ 在 $(0,\theta)$ 上服从均匀分布，$\xi_1,\xi_2,\cdots,\xi_n$ 为样本，参数 θ 在 $(0,a)$ 上服从均匀分布，$L(\theta,\hat{\theta})=(\theta-\hat{\theta})^2$.试求 θ 的贝叶斯估计.(提示：写出给定 θ 时，样本极大值 ξ_n^* 的概率密度函数，求出 (θ,ξ_n^*) 的联合概率密度函数.)

方法技巧 当损失函数为二次式时，参数 θ 的贝叶斯估计为 $\mathrm{E}(\theta\mid\xi_1,\xi_2,\cdots,\xi_n)$，与习题1类似，先求 $(\theta\mid\xi_1,\xi_2,\cdots,\xi_n)$ 的概率密度函数，然后求数学期望即可.

解 如果损失函数取二次式，即

$$L(\theta,d)=\left(\theta-d(\xi_1,\xi_2,\cdots,\xi_n)\right)^2,$$

则参数 θ 的贝叶斯估计量为

$$d(\xi_1,\xi_2,\cdots,\xi_n)=\mathrm{E}(\theta\mid\xi_1,\xi_2,\cdots,\xi_n)=\int_\Omega\theta h(\theta\mid\xi_1,\xi_2,\cdots,\xi_n)\mathrm{d}\theta.$$

本题中，$(\xi_1,\xi_2,\cdots,\xi_n,\theta)$ 的联合分布为

$$f(x_1,x_2,\cdots,x_n,y)=\pi(y)f(x_1,x_2,\cdots,x_n\mid y)=\frac{1}{a}\cdot\frac{1}{y^n}I_{\{x_1^*>0,x_n^*<y<a\}}.$$

$(\xi_1,\xi_2,\cdots,\xi_n)$ 的联合分布为

$$\begin{aligned}f(x_1,x_2,\cdots,x_n)&=\int_{-\infty}^{+\infty}\pi(y)f(x_1,x_2,\cdots,x_n\mid y)\mathrm{d}y\\&=\int_{x_n^*}^{a}\frac{1}{a}\cdot\frac{1}{y^n}\mathrm{d}y=\frac{a^{1-n}-(x_n^*)^{1-n}}{a(1-n)}.\end{aligned}$$

$(\theta\mid\xi_1,\xi_2,\cdots,\xi_n)$ 的分布为

$$\begin{aligned}h(y\mid x_1,x_2,\cdots,x_n)&=\frac{f(x_1,x_2,\cdots,x_n,y)}{f(x_1,x_2,\cdots,x_n)}=\frac{\frac{1}{a}\cdot\frac{1}{y^n}I_{\{x_1^*>0,x_n^*<y<a\}}}{\frac{a^{1-n}-(x_n^*)^{1-n}}{a(1-n)}}\\&=\frac{(1-n)I_{\{x_1^*>0,x_n^*<y<a\}}}{y^n\left[a^{1-n}-(x_n^*)^{1-n}\right]}.\end{aligned}$$

参数 θ 的贝叶斯估计量为

$$\begin{aligned}d(\xi_1,\xi_2,\cdots,\xi_n)&=\mathrm{E}(\theta\mid\xi_1,\xi_2,\cdots,\xi_n)=\int_{-\infty}^{+\infty}y\frac{(1-n)I_{\{x_1^*>0,x_n^*<y<a\}}}{y^n\left[a^{1-n}-(x_n^*)^{1-n}\right]}\mathrm{d}y\\&=(1-n)\int_{x_n^*}^{a}\frac{y^{1-n}}{\left[a^{1-n}-(x_n^*)^{1-n}\right]}\mathrm{d}y=\frac{(1-n)\left[a^{2-n}-(x_n^*)^{2-n}\right]}{(2-n)\left[a^{1-n}-(x_n^*)^{1-n}\right]}.\end{aligned}$$

18. 设总体 ξ 服从正态分布 $N(a,1)$，$\xi_1,\xi_2,\cdots,\xi_{n_1}$ 为样本，总体 η 服从正态分布 $N(b,1)$，$\eta_1,\eta_2,\cdots,\eta_{n_2}$ 为样本.设这两个样本相互独立.用 d_0 表示判定“$a\leqslant b$”，用 d_1 表示判定“$a>b$”，建立决策函数为

$$\delta(\xi_1,\xi_2,\cdots,\xi_{n_1};\eta_1,\eta_2,\cdots,\eta_{n_2})=\begin{cases}d_0, & \text{当}\ \bar{\xi}\leqslant\bar{\eta},\\ d_1, & \text{当}\ \bar{\xi}>\bar{\eta},\end{cases}$$

$\bar{\xi}$ 及$\bar{\eta}$ 分别为样本均值.选定损失函数为

$L(\theta,\delta)$	$a \leqslant b$	$a > b$
d_0	0	$a-b$
d_1	$b-a$	0

θ 表示参数a 及b,试求$\delta(\bar{\xi},\bar{\eta})$ 的风险函数$R(\theta,\delta)$.(提示:写出$Z=\bar{\xi}-\bar{\eta}$ 的概率密度函数$f(z;\theta)$,分别对于$a \leqslant b$ 及$a > b$ 两种场合,计算$R(\theta,\delta)$,计算结果可用标准正态分布函数$\Phi(x)$ 表示.)

方法技巧 损失函数即风险函数的数学期望$\mathrm{E}(L(\theta,\delta))$,需分两种场合$a \leqslant b$ 及$a > b$ 计算.

解 由抽样分布定理知道,

$$\bar{\xi} \sim N\left(a,\frac{1}{\sqrt{n_1}}\right),\quad \bar{\eta} \sim N\left(b,\frac{1}{\sqrt{n_2}}\right),\quad \bar{\xi}-\bar{\eta} \sim N\left(a-b,\sqrt{\frac{1}{n_1}+\frac{1}{n_2}}\right).$$

当$a \leqslant b$ 时,

$$\begin{aligned} R(\theta,\delta) &= \mathrm{E}(L(\theta,\delta)) = (b-a)P(\bar{\xi} > \bar{\eta}) = (b-a)P(\bar{\xi}-\bar{\eta} > 0) \\ &= (b-a)P\left(\frac{\bar{\xi}-\bar{\eta}-(a-b)}{\sqrt{\frac{1}{n_1}+\frac{1}{n_2}}} > \frac{b-a}{\sqrt{\frac{1}{n_1}+\frac{1}{n_2}}}\right) \\ &= (b-a)\left[1-\Phi\left(\frac{b-a}{\sqrt{\frac{1}{n_1}+\frac{1}{n_2}}}\right)\right]. \end{aligned}$$

当$a > b$ 时,

$$\begin{aligned} R(\theta,\delta) &= \mathrm{E}(L(\theta,\delta)) = (a-b)P(\bar{\xi} \leqslant \bar{\eta}) = (a-b)P(\bar{\xi}-\bar{\eta} \leqslant 0) \\ &= (a-b)P\left(\frac{\bar{\xi}-\bar{\eta}-(a-b)}{\sqrt{\frac{1}{n_1}+\frac{1}{n_2}}} \leqslant \frac{b-a}{\sqrt{\frac{1}{n_1}+\frac{1}{n_2}}}\right) = (a-b)\Phi\left(\frac{b-a}{\sqrt{\frac{1}{n_1}+\frac{1}{n_2}}}\right). \end{aligned}$$